Genetik für Dummies

Schummelseite

DIE WILDE 13: WICHTIGE GENETISCHE BEGRIFFE

1. DNA (auch DNS genannt): Desoxyribonukleinsäure; das Molekül, das die Erbinformation trägt
2. Chromosom: ein linearer oder ringförmiger Strang aus DNA, der Gene enthält
3. Locus: ein bestimmter Ort auf einem Chromosom
4. Diploid: ... sind Organismen, die zwei Kopien jedes Chromosoms besitzen
5. Gen: die Grundeinheit der Vererbung; ein bestimmter DNA-Abschnitt eines Chromosoms
6. Allele: alternative Versionen eines Gens
7. Genotyp: die genetische Ausstattung eines Individuums; die Allelkombination an einem Locus
8. Phänotyp: die physischen Eigenschaften eines Individuums
9. Heterozygot: ... ist ein Individuum mit zwei verschiedenen Allelen an einem Locus
10. Homozygot: ... ist ein Individuum mit zwei identischen Allelen an einem Locus
11. Dominant: ... ist ein Allel, das bei Heterozygoten die Gegenwart des anderen, rezessiven Allels bei der Ausprägung des Phänotyps völlig überdeckt
12. Rezessiver Phänotyp: ein Phänotyp, der nur von homozygoten Individuen ausgeprägt wird
13. Autosomales Chromosom (Autosom): ein normales Chromosom, das kein Geschlechtschromosom (Gonosom) ist

WO IST WAS?

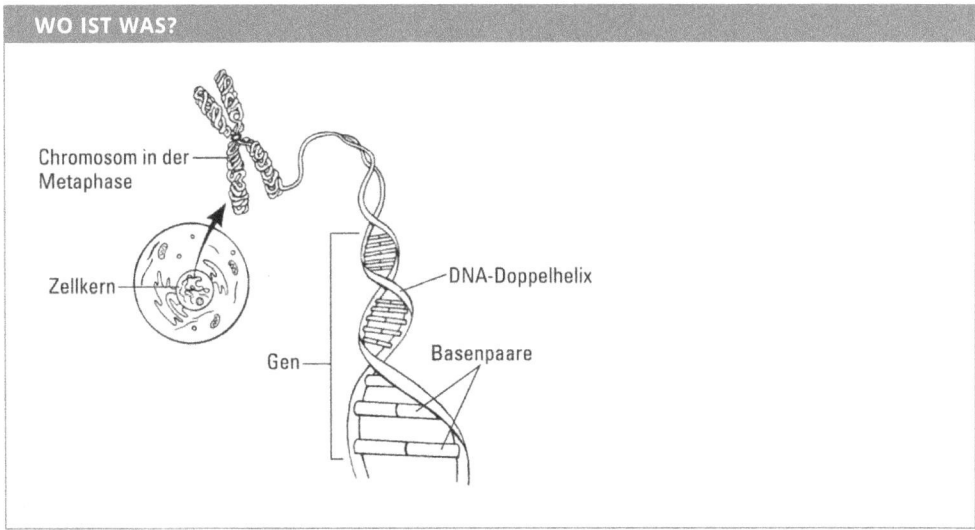

Genetik für Dummies

Schummelseite

STRUKTUR DER DNA

Die DNA besteht aus zwei langen Nukleotidketten. Jedes Nukleotid besteht aus:

- ✔ einem Zuckermolekül (»Z«) mit einem Grundgerüst aus fünf Kohlenstoffatomen (einer Pentose) namens Desoxyribose
- ✔ einem Phosphatrest (»P«)
- ✔ einer von vier stickstoffhaltigen Basen: Adenin (A), Thymin (T), Cytosin (C), Guanin (G)

Die Nukleotide einer Kette sind über Phosphodiesterbindungen miteinander verbunden.

Die beiden Nukleotidketten der DNA verlaufen antiparallel (gegenläufig) und werden über Wasserstoffbrücken zwischen den Basen zusammengehalten. Adenin paart immer mit Thymin, Guanin paart immer mit Cytosin.

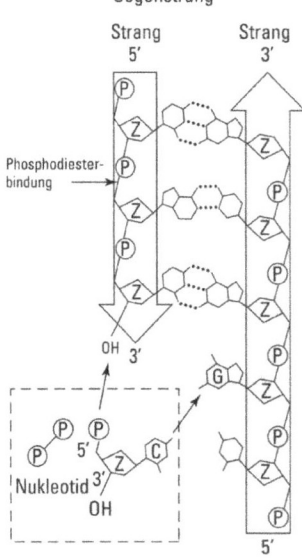

STRUKTUR DER RNA

Im Gegensatz zur DNA ist die RNA (Ribonukleinsäure) fast immer einzelsträngig und enthält Uracil (U) anstatt der Base Thymin.

Genetik für Dummies

Schummelseite

MENDELS VERERBUNGSREGELN

1. Uniformitätsregel: Die Nachkommen der F_1-Generation sind auf das untersuchte Merkmal bezogen untereinander gleich (»uniform«), wenn homozygote Eltern (P-Generation) gekreuzt werden, die sich in einem Merkmal unterscheiden.
2. Segregationsregel: Die Nachkommen der F_1-Generation spalten sich bezüglich der Merkmalsausprägung auf und die unterschiedlichen Merkmale der P-Generation treten wieder in Erscheinung.
3. Unabhängigkeitsregel: Zwei Merkmale werden bei der Kreuzung homozygoter Individuen unabhängig voneinander vererbt.

WICHTIGE VERHÄLTNISSE

Genotyp der Eltern	Phänotypisches Verhältnis der Nachkommen	Art der Vererbung
		monohybride Kreuzung
Aa × Aa	3 A_ : 1 aa	vollständige Dominanz
Aa × Aa	1 AA : 2 Aa : 1 aa	unvollständige Dominanz
		dihybride Kreuzung
AaBb × AaBb	9 A_B_ : 3 A_bb : 3 aaB_ : 1 aabb	jeweils dominant/rezessiv
AaBb × AaBb	9 A_B_ : 3 A_bb : 4 aaB_, aabb	rezessive Epistase
AaBb × AaBb	12 A_B_ oder A_bb : 3 aaB_ : 1 aabb	dominante Epistase

Großbuchstaben kennzeichnen dominante, Kleinbuchstaben rezessive Merkmale.
A_ bedeutet, dass der Genotyp AA oder Aa sein kann, aber in beiden Fällen ist der Phänotyp identisch.

Genetik für Dummies

Tara Rodden Robinson und Lisa Cushman Spock

Genetik für dummies®

4. Auflage

Übersetzung aus dem Amerikanischen von
Jan H. Schneider und Babette Balzer
Fachkorrektur von Miriam Kortenjann und
Katharina Hemschemeier

WILEY-VCH GmbH

Genetik für Dummies

Bibliografische Information der Deutschen Nationalbibliothek
Die Deutsche Nationalbibliothek verzeichnet diese Publikation in der Deutschen Nationalbibliografie; detaillierte bibliografische Daten sind im Internet über http://dnb.d-nb.de abrufbar.

4. Auflage 2022
© 2022 Wiley-VCH GmbH Weinheim

Original English language edition Genetics for Dummies © 2019 by Wiley Publishing, Inc.

All rights reserved including the right of reproduction in whole or in part in any form. This translation published by arrangement with John Wiley and Sons, Inc.

Copyright der englischsprachigen Originalausgabe Genetics for Dummies © 2019 by Wiley Publishing, Inc.

Alle Rechte vorbehalten inklusive des Rechtes auf Reproduktion im Ganzen oder in Teilen und in jeglicher Form. Diese Übersetzung wird mit Genehmigung von John Wiley and Sons, Inc. publiziert.

Wiley, the Wiley logo, Für Dummies, the Dummies Man logo, and related trademarks and trade dress are trademarks or registered trademarks of John Wiley & Sons, Inc. and/or its affiliates, in the United States and other countries. Used by permission.

Wiley, die Bezeichnung »Für Dummies«, das Dummies-Mann-Logo und darauf bezogene Gestaltungen sind Marken oder eingetragene Marken von John Wiley & Sons, Inc., USA, Deutschland und in anderen Ländern.

Das vorliegende Werk wurde sorgfältig erarbeitet. Dennoch übernehmen Autoren und Verlag für die Richtigkeit von Angaben, Hinweisen und Ratschlägen sowie eventuelle Druckfehler keine Haftung.

The manufacturer's authorized representative according to the EU General Product Safety Regulation is Wiley-VCH GmbH, Boschstr. 12, 69469 Weinheim, Germany, e-mail: Product_Safety@wiley.com.

Print ISBN: 978-3-527-71920-4
ePub ISBN: 978-3-527-83709-0

Coverfoto: © nobeastsofierce/stock.adobe.com
Korrektur: Frauke Wilkens
Satz: Straive, Chennai, India
Druck und Bindung: CPI Group (UK) Ltd, Croydon, CR0 4YY

Über die Autorin

Tara Rodden Robinson, staatlich geprüfte Krankenschwester, Bachelor of Science in Krankenpflege, Doktor der Biologie, wurde in Monroe, Louisiana, USA, geboren. Nach ihrem Schulabschluss an der Ouachita Parish High School machte sie einen Bachelor in Krankenpflege an der University of Southern Mississippi und arbeitete darauf fast sechs Jahre als examinierte Krankenschwester (hauptsächlich als OP-Schwester), bevor sie sich entschloss, ihrer Heimatstadt den Rücken zu kehren, um im Regenwald von Costa Rica Vögel zu erforschen. Von den Regenwäldern Costa Ricas zog Tara zu den Maisfeldern des Mittleren Westen der USA, um dort ihren Doktor in Biologie an der Universität von Illinois, Urbana-Champaign, USA, zu machen. Ihre Dissertation führte sie nach Panama, wo sie das Sozialverhalten von Singvögeln untersuchte. Ihre postdoktorale Ausbildung in Genetik absolvierte sie bei Dr. Colin Hughes (an der Universität von Miami, USA) und mithilfe eines Forschungsstipendiums der Auburn University. Dr. Robinson erhielt eine Auszeichnung für ihren Genetikkurs an der Auburn University und wurde zweimal in den *Wer ist wer bei den Lehrern Amerikas* aufgenommen (2002 und 2005).

Zurzeit unterrichtet Tara Rodden Robinson Genetik im Fernstudium im Rahmen des Biologieprogramms der Oregon State University. In Sachen Forschung hat Dr. Robinson Untersuchungen zu Vögeln in allen Teilen der Welt durchgeführt, einschließlich Oregon, Michigan, Yap (ein Teilstaat der Föderierten Staaten von Mikronesien) und Panama. Ihre Arbeit umfasst Vaterschaftsanalysen zur Entschlüsselung der Mysterien des Sozialverhaltens von Vögeln, die Untersuchung der Populationsgenetik bedrohter Lachse wie auch die Erforschung der von Seevögeln bevorzugten Art Lachse unter Verwendung von DNA.

Lisa Cushman Spock, PhD, CGC, stammt aus Hoosier und absolvierte die Clay High School in South Bend, Indiana. Lisa besuchte das College an der Indiana University in Bloomington, wo sie einen Bachelor of Science in Biologie mit dem Nebenfach Psychologie erwarb. Lisa setzte ihre Ausbildung an der University of Michigan fort und promovierte dort in Humangenetik. In ihrer Dissertation befasste sich Lisa mit der Molekulargenetik der Hypophysenentwicklung. Danach entschied sich Lisa für eine Rückkehr zur Graduiertenschule und erwarb einen Master-Abschluss beim Genetic Counseling Program der Indiana University.

Nach Abschluss ihrer Ausbildung arbeitete Lisa als klinische genetische Beraterin an der Indiana University School of Medicine sowie als Dozentin und stellvertretende Leiterin des dortigen genetischen Beratungsprogramms. Danach arbeitete Lisa als medizinische Forschungsanalystin für Hayes, Inc. und bewertete die Gültigkeit und den Nutzen von genetischen und genomischen Tests. Außerdem beriet sie Probanden, die an der von der Michael J. Fox Foundation geförderten Parkinson's Progression Markers Initiative teilnahmen. Anschließend arbeitete Lisa als klinische Genomforscherin bei Myriad Women's Health (ehemals Counsyl, Inc.), wo sie sich auf Gentests und die Klassifizierung von Sequenzvarianten spezialisierte. Derzeit arbeitet Lisa als freiberufliche medizinische Autorin mit den Schwerpunkten Molekulargenetik, genetische Beratung, genetische und genomische Tests und verwandte medizinische Fachgebiete. So hat sie Zeit, die sie mit ihrem Mann Mike und ihrer Tochter Emma verbringt, sich ehrenamtlich in ihrer Gemeinde engagiert und all die anderen Dinge tut, die sie liebt.

Über die Fachkorrektorin der 3. Auflage

Dr. Susanne Katharina Hemschemeier ist promovierte Mikrobiologin und arbeitete viele Jahre wissenschaftlich an der University of California, Los Angeles und der Justus-Liebig-Universität Gießen, bevor sie die Laborarbeit 1999 an den Nagel hängte. Nach acht Jahren Mitarbeit in E-Learning-Projekten in der Physiologischen Chemie und Pathobiochemie der Johannes Gutenberg-Universität Mainz ist sie heute freiberufliche Journalistin, Lektorin, Autorin und Übersetzerin für naturwissenschaftliche Texte und pendelt mit ihrer Familie zwischen Berlin, Stuttgart und Bielefeld.

Über die Fachkorrektorin der 4. Auflage

Dr. Monika Kortenjann kommt ursprünglich aus Recklinghausen in Nordrhein-Westfalen. Sie ist promovierte Biologin und arbeitete viele Jahre (1989–2003) in der wissenschaftlichen Forschung: an der Ruhr-Universität Bochum (Diplom- und Doktorarbeit: Untersuchungen zur Regulation lichtabhängiger Gene in *Chlamydomonas reinhardtii*), dem Queen's Medical Center in Nottingham (Signaltransduktion zum *fos*-Promotor über MAP-Kinasen), der Medizinischen Universität zu Lübeck und dem Max-Planck-Institut für Immunbiologie und Epigenetik in Freiburg (Transkriptionsregulation und Signaltransduktion über MAP-Kinasen in Zellen, Entwicklung des Knochenmarks). Seit 2004 ist sie als freiberufliche Wissenschaftslektorin tätig und kümmert sich um naturwissenschaftliche Texte in Zeitschriften und Büchern. Sie lebt jetzt in der Nähe von Freiburg.

Auf einen Blick

Über die Autorin 9

Einführung 23

Teil I: Fakten zur Genetik: Die Grundlagen 29
Kapitel 1: Was Genetik ist und warum man sich damit auskennen muss. 31
Kapitel 2: Grundlagen der Zellbiologie 43
Kapitel 3: Erbsenzählen: Wir entdecken die Vererbungsregeln 61
Kapitel 4: Gesetzesvollzug: Mendels Regeln angewandt
bei komplexen Merkmalen 75
Kapitel 5: Der kleine Unterschied: Genetik der Geschlechter 91

Teil II: DNA: Das genetische Material 107
Kapitel 6: Die DNA: Grundlage des Lebens 109
Kapitel 7: Replikation: DNA auf dem Kopierer 127
Kapitel 8: DNA-Sequenzierung 145
Kapitel 9: Die RNA: Die enge Verwandte der DNA 159
Kapitel 10: Den genetischen Code knacken 175
Kapitel 11: Genexpression: Was für ein Pärchen 191

Teil III: Genetik und Ihre Gesundheit 211
Kapitel 12: Genetische Beratung 213
Kapitel 13: Mutationen und Erbkrankheiten: Dinge, die man nicht ändern kann 231
Kapitel 14: Etwas genauer hingeschaut: Die Genetik von Krebs 247
Kapitel 15: Chromosomenanomalien: Alles ein Zahlenspiel 267
Kapitel 16: Behandlung von Gendefekten mit Gentherapie 287
Kapitel 17: Die Geschichte der Menschheit und die Zukunft unseres Planeten 305

Teil IV: Genetik und Ihre Welt 321
Kapitel 18: Geheimnisse lüften mit der DNA 323
Kapitel 19: Genetische Veränderung: Neue Gene in Pflanzen und Tiere einbauen ... 345
Kapitel 20: Klone: Sie sind ein echtes Unikat 369
Kapitel 21: Ethische Gesichtspunkte 385

Teil V: Der Top-Ten-Teil 399
Kapitel 22: Zehn entscheidende Ereignisse in der Genetik 401
Kapitel 23: Heiße Themen in der Genetik 409
Kapitel 24: Kaum zu glauben: Zehn Genetik-Geschichten 423

Stichwortverzeichnis 431

Inhaltsverzeichnis

Über die Autorin 9
    Über die Fachkorrektorin der 3. Auflage 10
    Über die Fachkorrektorin der 4. Auflage 10

Einführung 23
    Über dieses Buch 23
    Konventionen in diesem Buch 24
    Was Sie nicht lesen müssen 24
    Törichte Annahmen über den Leser 25
    Wie dieses Buch aufgebaut ist 25
        Teil I: Fakten zur Genetik: Die Grundlagen 25
        Teil II: DNA: Das genetische Material 25
        Teil III: Genetik und Ihre Gesundheit 26
        Teil IV: Genetik und Ihre Welt 26
        Teil V: Der Top-Ten-Teil 26
    Symbole, die in diesem Buch verwendet werden 26
    Wie es weitergeht 27

TEIL I
FAKTEN ZUR GENETIK: DIE GRUNDLAGEN 29

Kapitel 1
Was Genetik ist und warum man sich damit auskennen muss 31
    Was ist Genetik? 31
        Klassische Genetik: Die Weitergabe von Merkmalen
        von Generation zu Generation 32
        Molekulargenetik: DNA und die Chemie der Gene 33
        Populationsgenetik: Die Genetik einer Gruppe 34
        Quantitative Genetik: Die Vererbung in den Griff kriegen 35
    Aus dem Leben eines Genetikers 35
        Ein Blick ins Genetiklabor 35
        Arbeitsfelder in der Genetik 37

Kapitel 2
Grundlagen der Zellbiologie 43
    Sehen Sie sich in Ihrer Zelle um 43
        Zellen ohne Kern 44
        Zellen mit Kern 45
        Das Einmaleins der Chromosomen 47
    Mitose: Aufspaltung 50
        Schritt 1: Zeit zu wachsen 52
        Schritt 2: Aufteilen der Chromosomen 53
        Schritt 3: Die Teilung 55

Meiose: Zellen für die Fortpflanzung 55
    Meiose, Teil I.. 57
    Meiose, Teil II: Fortsetzung folgt 59
    Mami, wo komme ich eigentlich her? 59

Kapitel 3
Erbsenzählen: Wir entdecken die Vererbungsregeln 61

Im Garten mit Gregor Mendel... 62
Die Sprache der Vererbung 63
Vererbung leicht gemacht 64
    Vorherrschaft sichern 65
    Segregation der Allele 67
    Unabhängigkeitserklärung 69
Unbekannte Allele ermitteln 69
Einfache Wahrscheinlichkeitsrechnung zur Ermittlung der
vielfältigen Möglichkeiten der Vererbung 70
Lösung einfacher genetischer Probleme 72
    Eine monohybride Kreuzung entschlüsseln.................... 72
    Eine dihybride Kreuzung bewältigen.............................. 73

Kapitel 4
Gesetzesvollzug: Mendels Regeln angewandt
bei komplexen Merkmalen.. 75

Doch nicht so dominant 75
    Kneifen durch unvollständige Dominanz 76
    Fairplay mit Kodominanz 76
    Inkonsequent – die unvollständige Penetranz............... 77
Allele, die Schwierigkeiten machen...................................... 78
    Mehr als zwei Allele 78
    Letale Allele... 80
Allele, die einem das Leben schwer machen....................... 81
    Wenn Gene zusammenarbeiten 81
    Versteckte Gene 82
    Gekoppelte Gene 83
    Ein Gen – viele Phänotypen 87
Noch mehr Ausnahmen von der (Mendel-)Regel 87
    Epigenetik 87
    Genomische Prägung 88
    Antizipation... 89
    Umwelteffekte 89

Kapitel 5
Der kleine Unterschied: Genetik der Geschlechter 91

Wann ist ein Mann ein Mann?.. 91
    Geschlechtsdetermination beim Menschen 92
    Geschlechtsdetermination bei anderen Lebewesen 96
Drei sind einer zu viel: Falsche Anzahl
an Geschlechtschromosomen beim Menschen 99

Zusätzliche X-Chromosomen 101
Zusätzliche Y-Chromosomen 101
Ein X und kein Y 101
Was man auf den Geschlechtschromosomen findet:
Geschlechtsgekoppelte Vererbung... 102
X-gekoppelte Merkmale 102
Geschlechtslimitierte Merkmale 104
Geschlechtsbeeinflusste Merkmale.. 104
Y-gekoppelte Merkmale 105

TEIL II
DNA: DAS GENETISCHE MATERIAL.................................. 107

Kapitel 6
Die DNA: Grundlage des Lebens................................. 109

Demontage der Doppelhelix 110
Die chemischen Bestandteile der DNA............................ 112
Die Herstellung der Doppelhelix: DNA-Struktur 115
Untersuchung verschiedener DNA-Varianten............................. 120
Kern-DNA... 120
Mitochondriale DNA 120
Chloroplasten-DNA 122
Hervorgekramt: Die Geschichte der DNA 122
Die Entdeckung der DNA....................................... 122
Chargaffs Regel unterworfen 123
Intrigen um die Helix: Franklin, Wilkins, Watson und Crick 124

Kapitel 7
Replikation: DNA auf dem Kopierer 127

Immer offen für Neues: Das DNA-Muster 128
Wie die DNA sich selbst kopiert.................................... 131
Darf ich vorstellen: Das Replikationsteam!...................... 132
Spalten der Helix 135
Die Dinge ins Rollen bringen 136
Voreilen und Nachhinken 137
Das Puzzle setzt sich zusammen 139
Vertrauen ist gut, Kontrolle ist besser......................... 139
Replikation bei Eukaryoten 140
Kurz angebunden: Telomere 140
Endabfertigung.. 142
Herr der Ringe: Replikation ringförmiger DNA 143
Theta 143
Der »rollende Kreis«: Das Rolling-Circle-Prinzip 144
D-Schleife... 144

Kapitel 8
DNA-Sequenzierung 145

Ein Blick auf ein paar Genome..................................... 145
Der Weg zur humanen Gensequenz................................... 148

Das Hefegenom 148
Der elegante Fadenwurm und sein Genom 150
Das Hühnergenom 150
Das Humangenomprojekt (HGP) 151
Sequenzierung: Die Sprache der DNA lesen 153
Die Mitspieler bei der DNA-Sequenzierung 154
Aufspüren der Botschaft in den Sequenzierungsergebnissen 155

Kapitel 9
Die RNA: Die enge Verwandte der DNA 159

Sie wissen schon einiges über die RNA 159
Der etwas andere Zucker 160
Begrüßen Sie eine neue Base: Uracil 161
Knoten und Schleifen 162
Transkription: Übersetzung der Botschaft der DNA in die Sprache der RNA 163
Fertig machen zur Transkription 164
Initiation 168
Elongation 169
Termination 170
Weiterverarbeitung nach der Transkription 171
Kappe und Schwanz dazu 171
... und Schnitt! 172

Kapitel 10
Den genetischen Code knacken 175

Das Gute am Verfall 175
Wer die Wahl hat, hat die Qual 177
Im Rahmen bleiben – oder wie man den Code liest 178
Doch nicht ganz so universell 179
Das Translationsteam stellt sich vor 179
Auf zur Translation! 180
Initiation 180
Elongation 183
Termination 184
Proteine sind wertvolle Polypeptide 187
Identifikation radikaler Gruppen 187
Proteine, in Form gepresst 187

Kapitel 11
Genexpression: Was für ein Pärchen 191

Ihre Gene in den Griff kriegen 191
Transkriptionskontrolle 194
Bevor es überhaupt losgeht 194
Stark eingebunden: Die Auswirkungen der DNA-Verpackung 195
Ferne Elemente kontrollieren Gene 196
Proteine kontrollieren die Transkription 198
Hormone machen Gene an 200

Nachbesserung: Was nach der Transkription geschehen kann 202
    Schnippschnapp: Spleißen der RNA 202
    Ruhe bitte! mRNA-Stilllegung 203
    mRNA mit Verfallsdatum. 205
Genkontrolle »Lost in Translation«....................................... 205
    Ortswechsel 205
    Terminverschiebung 206
    Formsache... 206
Prokaryotische Genexpression 208
    Die Anordnung bakterieller Gene 209
    Bakterielle Genexpression 209

TEIL III
GENETIK UND IHRE GESUNDHEIT 211

Kapitel 12
Genetische Beratung 213

Die Arbeit genetischer Berater 213
Aufstellung und Analyse eines Familienstammbaums 215
    Autosomal-dominant vererbte Merkmale 217
    Autosomal-rezessiv vererbte Merkmale.................................... 219
    X-gekoppelte rezessive Merkmale... 221
    X-gekoppelte dominante Merkmale 223
    Y-gekoppelte Merkmale 224
Gentests als Vorwarnung 225
    Gentests – wie und warum? 225
    Invasive Pränataldiagnostik 226
    Nichtinvasive pränatale Testverfahren (NIPT) 227
    Nach der Geburt: Das Neugeborenenscreening 228

Kapitel 13
Mutationen und Erbkrankheiten:
Dinge, die man nicht ändern kann 231

Die Arten der Mutation.. 231
Was verursacht Mutationen?.. 233
    Spontane Mutationen 233
    Induzierte Mutationen... 237
Die Folgen von Mutationen 242
Die Möglichkeiten der DNA-Reparatur 243
Einige häufige Erbkrankheiten... 244
    Zystische Fibrose (Mukoviszidose)....................................... 244
    Sichelzellenanämie 245
    Tay-Sachs-Syndrom 246

Kapitel 14
Etwas genauer hingeschaut: Die Genetik von Krebs 247

Was ist Krebs eigentlich? 247

Gutartige Tumoren: Fast harmloser Zuwachs 248
Bösartige Tumoren: Ernsthaft schlechte Nachrichten 249
Metastasen: Der Krebs auf Achse 250
Krebs als DNA-Krankheit 251
Der Zellzyklus und Krebs. 252
Chromosomenanomalien – kein Geheimnis mehr 258
Analyse der verschiedenen Krebsarten 259
Erbliche Krebserkrankungen 261
Vermeidbare Krebserkrankungen 264

Kapitel 15
Chromosomenanomalien: Alles ein Zahlenspiel 267

Was Chromosomen uns verraten 268
Chromosomen zählen. 268
Aneuploidie: Zusätzliche oder fehlende Chromosomen 269
Euploidie: Chromosomensätze 271
Erforschung von Chromosomenvariationen............................ 273
Wenn Chromosomen verschwinden. 274
Wenn zu viele Chromosomen vorhanden sind 274
Weitere Dinge, die bei Chromosomen schieflaufen können........ 278
Wie Chromosomen untersucht werden. 283
Groß genug für eine sofortige Entdeckung 283
Zu klein für das bloße Auge 283
Nichtinvasives vorgeburtliches Testen auf Aneuploidie............. 284

Kapitel 16
Behandlung von Gendefekten mit Gentherapie 287

Linderung von Erbkrankheiten 287
Ein Gen zur richtigen Zeit am richtigen Ort 288
Viren, die ihre DNA direkt einfügen. 290
Unentschieden für Adenoviren 290
Gesunde Gene werden ins Spiel gebracht............................. 291
Unter die Lupe genommen: Die DNA-Bibliothek. 293
Die Kartierung des Gens 296
Fortschritt an der Gentherapie-Front. 297
Genetische Informationen für die Präzisionsmedizin nutzen........... 299
Pharmakogenetik (und Pharmakogenomik) 299
Cytochrom P450 und der Abbau von Medikamenten 300
Das Nebenwirkungsrisiko einer Behandlung herabsetzen 301
Die Wirksamkeit einer Behandlung erhöhen..................... 302

Kapitel 17
Die Geschichte der Menschheit und die
Zukunft unseres Planeten 305

Genetische Variation ist überall. 305
Allelfrequenzen 307
Genotypfrequenzen. 308
Das Hardy-Weinberg-Gesetz der Populationsgenetik 309

Die Beziehung von Allelen und Genotypen 309
Gesetzesverletzung 311
Kartierung des Genpools 313
Eine große, glückliche Familie 313
Herkunftsanalyse 314
Das geheime Sozialleben der Tiere 315
Allmähliche Formvollendung: Evolutionsgenetik 316
Der Schlüssel heißt: Genetische Variation 317
Wo neue Arten herkommen 317
So wächst der phylogenetische Baum 319

TEIL IV
GENETIK UND IHRE WELT 321

Kapitel 18
Geheimnisse lüften mit der DNA 323

Ihre Identität steckt im DNA-Schrott 324
Spurensuche am Tatort: Wo ist die DNA? 326
Sammlung von biologischen Beweismitteln 327
Auf ins Labor! 328
Mithilfe von DNA Verbrecher dingfest machen (oder
Unschuldige wieder auf freien Fuß setzen) 333
Böse Jungs mit Beweisen festnageln 333
Fehlurteile aufdecken 335
Familienfragen 336
Vaterschaftstest 336
Verwandtschaftstests 340

Kapitel 19
Genetische Veränderung: Neue Gene
in Pflanzen und Tiere einbauen 345

Genetisch veränderte Organismen sind überall 345
Genetische Veränderung auf dem Bauernhof 346
Anwendung von Strahlen oder Chemikalien 348
Ungewollte genetische Veränderung 348
Auch ohne Gentechnik erfolgreich: Präzisionszucht 349
Alte Gene an neuen Orten 349
Transgene Pflanzen lassen Kontroversen wachsen 351
Der Prozess des Gentransfers bei Pflanzen 351
Mögliche kommerzielle Anwendungen 353
Abwägung der Streitpunkte 354
Folgenabschätzung 357
Ein Blick in den GVO-Zoo 358
Transgene Tiere 358
Kleinigkeiten: Transgene Insekten 362
An transgenen Bakterien herumfummeln 362
Die Blaupause verändern durch Gen-Editing 364

CRISPR/Cas9-Gen-Editing 365
Keimbahn-Gen-Editing versus somatisches Gen-Editing 366
Debatte zur Ethik des Gen-Editings. 367

Kapitel 20
Klone: Sie sind ein echtes Unikat 369

Einsatz der Klone 369
Klonen von Tieren: Aus der Brust geschnitten 370
Klonen vor Dolly: Klonen mit Geschlechtszellen 370
Was an Dolly wirklich einzigartig ist. 372
Klone erzeugen 373
Zwillings-Klon 373
Klone aus Körperzellen 374
Probleme beim Klonen 376
Schnelleres Altern 376
Größere Nachkommen 378
Entwicklungsstörungen 379
Umwelteffekte 380
Die Klonkriege 381
Argumente für das Klonen 381
Argumente gegen das Klonen 381

Kapitel 21
Ethische Gesichtspunkte 385

Analyse des genetischen Rassismus 386
Das perfekte Kind 387
Designerbaby auf Bestellung 387
Föten als Ersatzteillager? 388
Schon Realität: Präimplantationsdiagnostik (PID) 388
Wer weiß? Die Sache mit der Einverständniserklärung 390
Restriktionen für Gentests 391
Nur noch sichere Gentherapie 392
Für sich behalten 392
Zufallsbefunde 393
Direct-to-Consumer-Gentests 395
Eigentumsrechte an Genen 395

TEIL V
DER TOP-TEN-TEIL 399

Kapitel 22
Zehn entscheidende Ereignisse in der Genetik 401

Darwins Publikation »Über die Entstehung der Arten« 401
Die Wiederentdeckung von Mendels Arbeit 402
Das transformierende Prinzip 403
Die Entdeckung der springenden Gene 404

Die Geburt der Sequenzierung	405
Die Erfindung der PCR	405
Die Entwicklung der rekombinanten DNA-Technologie	406
Die Erfindung des DNA-Fingerabdrucks	407
Die Entdeckungen in der Entwicklungsgenetik	407
Die Arbeit von Francis Collins und das Humangenomprojekt	408

Kapitel 23
Heiße Themen in der Genetik 409

Personalisierte Medizin	409
Direct-to-Consumer-Gentests	410
Gesamtexom-Sequenzierung	411
Gesamtgenom-Sequenzierung	412
Stammzellforschung	413
Das ENCODE-Projekt	414
Alternde Gene	415
Proteomik	415
Bioinformatik	416
Genchips – DNA ist nicht alles	417
Die Evolution der Antibiotikaresistenzen	418
Genetik der Infektionskrankheiten	419
Bioterrorismus	419
Kinderleicht crispern am Küchentisch?	420
Mutter Natur einfach umgehen	421
Genetik aus der Ferne	422

Kapitel 24
Kaum zu glauben: Zehn Genetik-Geschichten 423

Genmix: Wie das Schnabeltier mit allen Regeln bricht	423
Ein Name sagt mehr als tausend Worte	424
Second Life	424
Lausige Chromosomen	425
Nicht sie selbst: DNA-Chimären	425
Gene, die nur eine Mutter lieben kann	426
Ein Gen, sie alle zu beherrschen	426
Warum Alligatoren uns alle überleben könnten	427
Genetik Marke Eigenbau	427
Schrott ist gut – alles Ansichtssache	428

Stichwortverzeichnis **431**

Einführung

Die Genetik beeinflusst alles Leben. Obwohl diese Wissenschaft manchmal kompliziert und überaus vielfältig ist, geht es letzten Endes immer wieder um das grundlegende Prinzip der *Vererbung* – wie Merkmale von einer Generation an die nächste weitergegeben werden – und um die Zusammensetzung der DNA. Genetik als Wissenschaft ist ein schnell wachsendes Gebiet, schon allein aufgrund seines enormen Potenzials, und das im Guten wie im Schlechten. Trotz seiner Komplexität ist die Genetik eigentlich überraschend leicht zu erschließen. Ein Blick in die Genetik ist in etwa vergleichbar mit einem Blick hinter die Spezialeffekte eines Kinofilms, bei dem man feststellt, wie einfach und elegant doch im Grunde genommen die fantastischen Bilder erzeugt wurden.

Über dieses Buch

Die 4. Auflage von *Genetik für Dummies* gibt einen Überblick über das ganze Gebiet der Genetik. Mein Ziel ist es, jedes Themengebiet darin so einfach zu erklären, dass jeder Leser auch ohne Vorwissen in Genetik folgen kann und versteht, wie Genetik funktioniert. Wie schon in den ersten drei Auflagen habe ich viele Beispiele von der vordersten Front der Forschung eingebracht. Außerdem behandele ich in diesem Buch viele heiße Themen, die Sie aus den Nachrichten kennen: Klonen, Gentherapie, Rechtsmedizin oder ethische Fragen. Und ich spreche die praktischen Seiten an: Wie beeinflusst die Genetik Ihre Gesundheit und Ihre Umwelt? Kurzum, dieses Buch ist dazu gedacht, Ihnen eine ausführliche Einführung in die Grundlagen der Genetik und einige Details darüber hinaus an die Hand zu geben.

Die Genetik entwickelt sich rasant; neue Entdeckungen werden alle naselang publiziert. Sie können dieses Buch unterstützend zu Ihrem Genetikkurs nutzen oder zum Selbststudium. *Genetik für Dummies* gibt Ihnen genügend Informationen an die Hand, mit denen Sie die aktuellen Ereignisse verfolgen, den Fachjargon in Krimis verstehen und die Aussagen von Medizinprofis übersetzen können. Das Buch ist mit Geschichten über die wichtigsten Entdeckungen und »Wow«-Entwicklungen gespickt. Ich habe versucht, den Text möglichst einfach zu halten und dann und wann ein wenig Humor einfließen zu lassen. Gleichzeitig habe ich mich aber auch bemüht, so feinfühlig wie möglich bezogen auf Ihre etwaige persönliche Situation zu bleiben.

Dieses Buch ist ein kompakter Führer durch das Gebiet der Genetik, falls Sie noch gar nichts darüber wissen. Wenn Sie bereits über das Grundwissen verfügen, können Sie Ihr Detailwissen zu den einzelnen Themen vertiefen und Ihren Horizont erweitern.

Konventionen in diesem Buch

Ich halte Vorlesungen in Genetik an einer Universität. Also wäre es sehr einfach für mich, das Buch mit Fachsprache zu füllen, für die Sie nachher einen Übersetzer bräuchten. Aber würden Sie dann das Buch noch gerne lesen? Ich habe versucht, den wissenschaftlichen Fachjargon weitestgehend zu vermeiden, Ihnen aber gleichzeitig auch aktuell gebräuchliche Fachausdrücke näherzubringen. Mitunter ist es notwendig, einige dieser langen Zungenbrecher zu verstehen, falls Sie einen entsprechenden Kurs belegen wollen oder Sie oder einer Ihrer Angehörigen sich in medizinischer Behandlung befinden.

Um Ihnen den Weg durch das Buch zu erleichtern, habe ich folgende Formatierungen benutzt:

- Ich verwende *kursiv* für Hervorhebungen und für neue Wörter oder Bezeichnungen, die ich im Text definiere.

- **Fettgedruckte** Wörter sind Schlüsselwörter in Aufzählungen oder wichtige Schritte in Handlungsanweisungen.

- `Monofont` verwende ich für Webadressen und E-Mail-Adressen. Bitte beachten Sie, dass einige Webadressen über zwei Zeilen reichen können. In diesen Fällen habe ich keine Trennstriche verwendet, die normalerweise bei einem Zeilenumbruch als Silbentrennstrich eingefügt werden. Wenn Sie also genau das eingeben, was Sie lesen (und dabei den Zeilenumbruch ignorieren), gelangen Sie direkt auf die angegebene Website.

- Zur besseren Lesbarkeit wird in diesem Buch auf die vollständige Darstellung der männlichen, weiblichen und diversen Formen verzichtet. Mit der männlichen Form (beispielsweise Leser, Arzt, Wissenschaftler) sind jedoch immer alle Geschlechter gleichermaßen gemeint.

Was Sie nicht lesen müssen

Jedes Mal, wenn Sie ein »Techniker«-Symbol sehen (siehe den Abschnitt »Symbole, die in diesem Buch verwendet werden«), können Sie den Text auch überspringen, ohne eine wichtige Erklärung zu verpassen. Für den interessierten Leser bieten diese technischen Details die Möglichkeit, etwas mehr in die Tiefe zu gehen. Sie müssen auch die grauen Kästen nicht lesen. Diese sind für das Verständnis des Themas nicht notwendig, aber dort trage ich viele erstaunliche Informationen zusammen – zum Beispiel über den Beitrag Ihrer DNA zum Alterungsprozess (und umgekehrt) oder welchen Einfluss die Genetik auf Ihr Essen hat. Das fällt also eher in die Kategorie »nett zu wissen« und soll ein wenig die komprimierte Darstellung der Genetik auflockern.

Törichte Annahmen über den Leser

Ich fühle mich geehrt, Ihr Begleiter in die faszinierende Welt der Genetik sein zu dürfen. Da mir damit eine gewisse Verantwortung auferlegt wurde, waren Sie oft in meinen Gedanken, während ich dieses Buch schrieb. Ich habe Sie mir als Leser folgendermaßen vorgestellt:

- ✔ Sie sind Student (oder vielleicht noch Schüler) und lernen für Ihren Genetik- oder Biologiekurs.
- ✔ Sie sind neugierig und wollen mehr über diese Wissenschaft erfahren, über die in den Nachrichten ständig berichtet wird.
- ✔ Sie sind werdende Eltern oder gehören zur Familie und bemühen sich zu verstehen, was die Mediziner Ihnen mitgeteilt haben.
- ✔ Sie leiden an Krebs oder einer Erbkrankheit und wollen wissen, welche Folgen das für Sie und Ihre Familie hat.

Falls einer dieser Punkte auf Sie zutrifft, haben Sie zum richtigen Buch gegriffen.

Wie dieses Buch aufgebaut ist

In den ersten beiden Teilen werden vor allem die Grundlagen und Hintergründe des Themas behandelt, in den folgenden drei Teilen die Anwendungen der Genetik. Ich denke, dass ich das Thema so für Sie am besten zugänglich aufgebaut habe.

Teil I: Fakten zur Genetik: Die Grundlagen

In diesem Teil erkläre ich Ihnen, wie die Vererbung von Merkmalen funktioniert. Das erste Kapitel gibt Ihnen einen Überblick, wie genetische Informationen bei der Zellteilung weitergegeben werden. Dies ist die Grundlage für alles Weitere, was mit Genetik zu tun hat. Davon ausgehend werde ich die einfache Vererbung eines Gens erklären und dann zu den komplexeren Formen der Vererbung übergehen. Am Ende dieses Teils werde ich Ihnen noch zeigen, was es mit den Geschlechtern auf sich hat – das heißt, wie die Genetik das weibliche und männliche Geschlecht und das Geschlecht wiederum Ihre Gene beeinflusst. (Falls Sie darüber hinaus mehr über die Interaktion der Geschlechter erfahren wollen, hilft Ihnen vielleicht *Sex für Dummies* von Dr. Ruth Westheimer und Pierre Lehu.)

Teil II: DNA: Das genetische Material

Dieser Teil befasst sich mit dem, was manchmal auch *Molekulargenetik* genannt wird. Doch lassen Sie sich nicht von dem Wort »molekular« abschrecken. Zugegeben, hier geht es »ans Eingemachte«, aber ich habe die Details so aufbereitet, dass Sie mir leicht folgen können. Ich erkläre Ihnen, wie Ihre Gene vom Anfang bis zum Ende funktionieren, wie die DNA zusammengesetzt ist, wie sie kopiert wird und wie die Baupläne für Ihren Körper in der Doppelhelix verschlüsselt sind. Sie werden verstehen, wie Wissenschaftler mithilfe der

DNA-Sequenzierung Ihrer DNA die Geheimnisse entlocken können und warum das Humangenomprojekt ein Meilenstein der Forschung war.

Teil III: Genetik und Ihre Gesundheit

Teil III zielt darauf ab, Ihnen die Beziehungen zwischen der Genetik, Ihrer Gesundheit und Ihrem Wohlergehen aufzuzeigen. In diesem Teil geht es um genetische Beratung, Erbkrankheiten, den Zusammenhang zwischen Genetik und Krebs sowie Chromosomenstörungen wie zum Beispiel das Down-Syndrom. Ich habe außerdem ein Kapitel über die Gentherapie beigefügt, eine Methode, die vielleicht den Schlüssel zur Heilung für viele der in diesem Buch beschriebenen Gendefekte birgt.

Teil IV: Genetik und Ihre Welt

Dieser Teil erklärt weitere Auswirkungen der Genetik und behandelt einige heiße Themen, die oft in den Nachrichten zu hören sind. Ich erkläre Ihnen die verschiedenen Techniken und beleuchte die Möglichkeiten, aber auch die Gefahren dabei. Ich gehe dabei auf Themen wie die Populationsgenetik ein (die der Menschen sowohl aus der Vergangenheit als auch von heute und die bedrohter Tierarten) sowie auf die Evolution, DNA und Rechtsmedizin, gentechnisch veränderte Pflanzen und Tiere, das Klonen und Fragen der Ethik, die täglich neu gestellt werden, da die Wissenschaft die Grenzen mit innovativer neuer Technologie ständig verschiebt.

Teil V: Der Top-Ten-Teil

In Teil V stelle ich Ihnen die zehn Meilensteine und bedeutendsten Personen vor, die die Geschichte der Genetik gestaltet haben, die nächsten zehn (+fünf) großen Herausforderungen, die in der Genetik zu bewältigen sind, und zehn »Glaub es oder nicht«-Geschichten, die Ihnen mehr Erkenntnisse zu den Themen liefern, die an anderer Stelle in diesem Buch bereits angesprochen wurden.

Symbole, die in diesem Buch verwendet werden

In jedem ... *für Dummies*-Buch werden Symbole verwendet, an denen sich der Leser orientieren und langhangeln kann. Hier finden Sie eine Auflistung der in diesem Buch verwendeten Symbole und ihre Bedeutung.

Dieses Symbol kennzeichnet Informationen, die für das Verständnis wichtig sind oder die Sie unbedingt im Gedächtnis behalten sollten.

Dieses Symbol weist auf Stellen hin, an denen ich zusätzliche Erkenntnisse zum Thema aufzeige, die das Verständnis erleichtern. Hier bringe ich meine Erfahrungen aus der Lehre ein und verweise auf andere Quellen, die Sie sich ansehen können.

 Diese Details sind zwar nützlich, aber nicht unbedingt notwendig. Wenn Sie kein Schüler oder Student sind, können Sie diese Stellen getrost überspringen.

 Dieses Symbol markiert Geschichten über bestimmte Menschen hinter der Wissenschaft und erzählt, wie bestimmte Entdeckungen zustande gekommen sind.

 Dieses Symbol weist auf aktuelle Anwendungen der Genetik im Freiland oder im Labor hin.

Wie es weitergeht

In dieser 4. Auflage von *Genetik für Dummies* können Sie mit jedem Kapitel starten, je nachdem, was Sie wissen wollen oder was Sie interessiert. Ich habe überall im Buch mit vielen Querverweisen gearbeitet, die Ihnen helfen sollen, die Hintergrunddetails zu finden, die Sie vielleicht übersprungen haben. Das Inhaltsverzeichnis und das Stichwortverzeichnis führen Sie schnell zum gesuchten Thema. Sie können aber auch vorn anfangen und sich bis nach hinten durcharbeiten. Dieses Buch gibt Ihnen einen Überblick über die Genetik, wie sie auch in Schulen und Universitäten gelehrt wird – von Mendel über die DNA bis hin zu modernen Klonierungstechniken.

Teil I
Fakten zur Genetik: Die Grundlagen

IN DIESEM TEIL ...

In erster Linie befasst sich Genetik damit, wie Merkmale vererbt werden. Der Prozess der Zellteilung ist von zentraler Bedeutung für die Weitergabe und Verteilung von Chromosomen auf die Nachkommen. Die weitergegebenen Gene sind entweder durchsetzungsfähig und dominant oder eher schüchtern und rezessiv. Die Wissenschaft, die sich mit der Vererbung von Merkmalen befasst, ist die mendelsche Genetik. Die Genetik legt auch Ihr Geschlecht fest und Ihr Geschlecht wiederum gibt an, wie bestimmte Merkmale ausgeprägt sind.

In diesem Teil werde ich erläutern, was Genetik ist und wofür sie gebraucht wird, wie sich Zellen teilen und wie Merkmale von Eltern an ihre Nachkommen weitergereicht werden.

IN DIESEM KAPITEL

Das Themengebiet Genetik mit seinen verschiedenen Disziplinen

Die alltägliche Arbeit in einem Genetiklabor

Berufsmöglichkeiten in der Genetik

Kapitel 1
Was Genetik ist und warum man sich damit auskennen muss

Willkommen in der vielschichtigen und faszinierenden Welt der Genetik! Dieses Kapitel erklärt das Arbeitsgebiet der Genetik und zeigt Ihnen, was Genetiker tun. Sie erhalten einen Überblick über das gesamte Gebiet und einen ersten Eindruck von den Details, die in den anderen Kapiteln dieses Buches vertiefend beschrieben werden.

Was ist Genetik?

Genetik ist die Wissenschaft, die die Weitergabe von Merkmalen von einer Generation zur nächsten untersucht. Einfach ausgedrückt bestimmt die Genetik einfach *alles* eines *jeden* Lebewesens auf unserer Erde. Die Gene eines Organismus, also Abschnitte auf der DNA, sind die grundlegenden Einheiten der Vererbung. Gene kontrollieren, wie ein Organismus aussieht, sich verhält und sich vermehrt. Gerade weil die gesamte Biologie von den Genen abhängt, ist das Verständnis der Genetik für alle Lebenswissenschaften einschließlich der Landwirtschaft oder der Medizin von entscheidender Bedeutung.

Historisch betrachtet ist die Genetik noch eine relativ junge Wissenschaft. Die Prinzipien der Vererbung von einer Generation zur nächsten wurden vor über 150 Jahren von Gregor Mendel zum ersten Mal beschrieben (und erfuhren zunächst keine Beachtung). Anfang des 20. Jahrhunderts wurden die Gesetze der Vererbung wiederentdeckt und veränderten die Biologie für immer. Damals aber war der eigentliche Star der Genetik-Show, die DNA, noch gar nicht erforscht. Dies geschah erst in den 1950ern. Heute helfen modernste Technologien den Genetikern, das Wissen über die DNA und die Vererbung von Tag zu Tag zu erweitern.

Die Genetik wird in vier größere Gebiete eingeteilt:

- ✔ **Klassische oder mendelsche Genetik:** Diese Disziplin beschreibt, wie physische Charakteristika (Merkmale) von einer Generation zur nächsten weitergegeben werden.

- ✔ **Molekulargenetik:** Die Molekulargenetik ist die Lehre vom chemischen und physikalischen Aufbau der DNA, der eng verwandten RNA und der Übersetzung der genetischen Information in Proteine. Molekulargenetiker beschäftigen sich außerdem damit, wie Gene arbeiten.

- ✔ **Populationsgenetik:** Der Bereich der Genetik, der sich mit der genetischen Ausstattung großer Gruppen von Lebewesen befasst.

- ✔ **Quantitative Genetik:** Ein hochmathematisches Arbeitsfeld, das sich mit den statistischen Zusammenhängen zwischen Genen und den Merkmalen, die sie verschlüsseln, befasst.

An den Hochschulen beginnen Genetikvorlesungen meistens mit der klassischen Genetik und gehen dann zur Molekulargenetik über, mit Abstechern in die Populationsgenetik, die Evolutionsgenetik und die quantitative Genetik. Dieses Buch folgt demselben Weg, weil die Inhalte der Gebiete aufeinander aufbauen. Nichtsdestotrotz ist es natürlich völlig in Ordnung und auch problemlos möglich, zwischen den Disziplinen hin und her zu springen. Wie auch immer Sie die Lektüre dieses Buches angehen, gebe ich Ihnen auf jeden Fall jede Menge Verweise an die Hand, damit Sie den Überblick nicht verlieren.

Klassische Genetik: Die Weitergabe von Merkmalen von Generation zu Generation

Im Grunde genommen ist die *klassische Genetik* die Genetik der Individuen und ihrer Familien. Sie konzentriert sich meistens auf die Erforschung physischer Merkmale oder *Phänotypen* als Stellvertreter und sichtbares Zeichen für die Gene, die den Phänotyp bestimmen.

Gregor Mendel (1822–1884) war ein einfacher Mönch und begründete die Wissenschaft der Genetik. Mendel war Gärtner, dessen unstillbare Neugier sich mit einem grünen Daumen paarte. Seine Beobachtungen mögen nach heutiger Sicht sehr einfach gewesen sein, aber seine Rückschlüsse waren verblüffend elegant. Dieser Teilzeitwissenschaftler hatte keinen Zugang zu modernen Technologien, Computern oder einem Taschenrechner. Dennoch fand er mit größter Sorgfalt heraus, wie die Vererbung funktioniert.

Klassische Genetik wird manchmal auch bezeichnet als:

✔ **Mendelsche Genetik:** Wenn man eine wissenschaftliche Disziplin gründet, wird sie nach einem benannt – das ist nur fair!

✔ **Transmissionsgenetik:** Dieser Ausdruck bezieht sich darauf, dass in der klassischen Genetik die Weitergabe (*Transmission*) von Merkmalen von den Eltern an ihre Nachkommen beschrieben wird.

Egal wie man es nennt – die klassische Genetik beinhaltet auch die Forschung an Zellen und Chromosomen (auf die ich dann in Kapitel 2 zu sprechen komme). Die Zellteilung ist der eigentliche Motor der Vererbung, aber man muss ja auch nicht die Funktionsweise eines Verbrennungsmotors verstehen, um Auto fahren zu können, oder? Deshalb könnten Sie auch direkt bei der einfachen Vererbung (siehe Kapitel 3) einsteigen und sich zu den komplizierten Vererbungsformen (siehe Kapitel 4) durcharbeiten, ohne irgendetwas von der Zellteilung zu wissen. (Mendel hat, nebenbei erwähnt, nichts über Zellen und Chromosomen gewusst, als er seine Theorie aufstellte.)

Geschlecht und Reproduktion sind ebenfalls Bestandteile der klassischen Genetik. Verschiedene Kombinationen von Genen und Chromosomen (DNA-Strängen) bestimmen das Geschlecht, also ob ein Lebewesen männlich oder weiblich ist. Aber das Thema wird noch komplizierter – und interessanter: Bei einigen Lebewesen wie zum Beispiel Krokodilen und Schildkröten spielt die Umwelt bei der Festlegung des Geschlechts eine wichtige Rolle. Andere Tiere wechseln das Geschlecht mit ihrem Wohnort. Sollte ich Ihr Interesse geweckt haben, finden Sie die etwas absonderlichen Details in Kapitel 5.

Die klassische Genetik bietet auch den Rahmen für viele weitere Unterdisziplinen. Die humangenetische Beratung (siehe Kapitel 12) hängt stark vom Wissen über Vererbungsmuster ab, um die medizinische Vorgeschichte von Personen in einen genetischen Kontext bringen zu können. Das Wissen über chromosomale Defekte wie das Down-Syndrom (siehe Kapitel 15) baut auf dem Wissen über Zellbiologie und dem Verständnis des Geschehens während der Zellteilung auf. Bei forensischen Analysen (siehe Kapitel 18) wird ebenfalls die mendelsche Genetik verwendet, zum Beispiel bei Vaterschaftstests oder zur Identifizierung von Personen im Kontext von Straftaten.

Molekulargenetik: DNA und die Chemie der Gene

Während sich die klassische Genetik mit den äußerlich sichtbaren Auswirkungen beschäftigt, fällt die Untersuchung der Gene selbst unter die Bezeichnung *Molekulargenetik*. Das Arbeitsgebiet der Molekulargenetiker beinhaltet alle Vorgänge, die das Leben der Zellen betreffen, und die Herstellung der dazu benötigten Substanzen, deren Baupläne in den Genen beschrieben sind. Das Blickfeld der Molekulargenetiker liegt dabei auf den chemischen und physikalischen Strukturen der Doppelhelix, der DNA, die ich in Kapitel 6 vorstelle. Die Baupläne für Ihr Aussehen und alles andere an und in Ihrem Körper – von der Funktion der Muskeln über das Augenblinzeln bis hin zur Blutgruppe und zu Ihrer Empfänglichkeit für bestimmte Krankheiten – sind als Information in Ihrer DNA (Ihren Genen) enthalten.

Ihre Gene werden über einen komplizierten Vorgang in all die Proteine übersetzt, die Sie und Ihre Persönlichkeit ausmachen. Er beginnt mit dem Kopieren der DNA-Informationen im Zellkern in eine leicht vergängliche Transportform, die RNA (siehe Kapitel 9). Die RNA bringt die Information aus der DNA aus dem Zellkern zu den Orten der Translation (das wird in Kapitel 10 behandelt). Das heißt, die Informationen werden in Proteine übersetzt, die schließlich einen menschlichen Körper wie Ihren bilden und Tag für Tag organisieren – Muskeln, Haut, Augen, Ohren, Enzyme oder Hormone. Um es mit einem Beispiel zu erläutern, können Sie es sich so vorstellen: Die Blaupause einer Bauanleitung des Architekten wird dem Bauträger übergeben, der anhand dieser Anweisungen ein Haus baut.

Die *Genexpression* (das An- und Ausschalten von Genen, siehe Kapitel 11) und der Aufbau des genetischen Codes in der DNA und RNA werden als Teilbereiche der Molekulargenetik betrachtet. Die Ursachenforschung für Krebs und die Jagd nach einem Heilmittel (was ich in Kapitel 14 bespreche) konzentrieren sich auf die Molekulargenetik, weil die für Krebs verantwortlichen Veränderungen (die als *Mutationen* bezeichnet werden) auf chemischer Ebene in der DNA stattfinden (mehr zu Mutationen in Kapitel 13). Die Gentherapie (siehe Kapitel 16), die Gentechnologie (siehe Kapitel 19) und das Klonen (siehe Kapitel 20) sind allesamt Unterdisziplinen der Molekulargenetik.

Populationsgenetik: Die Genetik einer Gruppe

Die Genetik ist, zum Schrecken vieler Studenten, insgesamt erstaunlich mathematisch. Ein Gebiet, in dem nach der quantitativen Genetik (siehe nächster Abschnitt) besonders viel Mathematik zur Beschreibung genetischer Vorgänge benutzt wird, ist die Populationsgenetik.

Wenn man mithilfe der mendelschen Genetik die Vererbungsmuster vieler Individuen untersucht, die etwas gemein haben, weil sie zum Beispiel alle in einem bestimmten Gebiet leben, dann ist das Populationsgenetik. Die *Populationsgenetik* ist die Lehre der genetischen Zusammensetzung der Lebewesen einer bestimmten Gruppe (Details in Kapitel 17). An und für sich ist die Populationsgenetik die Suche nach Mustern, die die genetische Signatur einer bestimmten Gruppe ausmachen, wie zum Beispiel die Auswirkungen von Wanderungen oder einer Isolation vom Rest der Population durch beispielsweise geografische Barrieren wie Berge oder Meere, von den Paarungsmöglichkeiten und von Verhaltensveränderungen.

Mithilfe der Populationsgenetik können Wissenschaftler verstehen, wie die Verteilung der Gene in einer Population beispielsweise die Gesundheit der Individuen innerhalb dieser Population beeinflusst. Nehmen Sie etwa die Geparde: Diese eher schmächtige Katze ist die Königin der Geschwindigkeitsrekorde in Afrika. Populationsgenetiker haben herausgefunden, dass sich alle Geparde genetisch sehr ähnlich sind, und zwar so ähnlich, dass Hauttransplantationen von einem Gepard zum anderen problemlos funktionieren. Die genetische Vielfalt der Geparde ist aufgrund der natürlich bedingten Inzucht und der damit verbundenen genetischen Verarmung so gering, dass Artenschützer befürchten, alle Tiere könnten von einer Krankheit dahingerafft werden. Wenn kein Tier resistent wäre, bestünde die Gefahr, dass diese faszinierenden Jäger sehr schnell aussterben könnten.

Die mathematische Beschreibung der Genetik bei Populationen ist zum Beispiel für die Rechtsmedizin wichtig (siehe Kapitel 18). Um die Einzigartigkeit eines genetischen Fingerabdrucks genau feststellen zu können, müssen Genetiker die genetischen Fingerabdrücke vieler Individuen untersuchen und herausfinden, wie verbreitet oder selten ein bestimmtes Muster sein kann. Auch in der Medizin nutzt man die Populationsgenetik, um die Häufigkeit bestimmter Mutationen zu ermitteln und um Medikamente für bestimmte Krankheiten zu finden. Mehr über Mutationen erfahren Sie in Kapitel 13. In Kapitel 21 finden Sie Informationen über Genetik im Zusammenhang mit der Entwicklung neuer Medikamente. Die *Evolutionsgenetik* oder die Art und Weise, wie sich Merkmale im Laufe der Zeit verändern, behandele ich in Kapitel 17.

Quantitative Genetik: Die Vererbung in den Griff kriegen

Die *quantitative Genetik* untersucht Merkmale, die geringfügig variieren, und bringt diese Merkmale mit der dem Organismus zugrunde liegenden Genetik in Beziehung. Eine Kombination eines ganzen Gefolges von Genen und Umwelteinflüssen bestimmt über die Merkmalsausprägung, wie zum Beispiel über die Fähigkeit von Hunden zum Apportieren, die Größe oder Anzahl der Eier bei Vögeln und die Laufgeschwindigkeit von Menschen. Über einen komplexen statistischen Ansatz kann die quantitative Genetik auch berechnen, inwiefern die Variation eines Merkmals genetisch oder von der Umwelt bestimmt ist.

Ein Anwendungsgebiet der quantitativen Genetik ist, die Erblichkeit (Heritabilität) eines bestimmten Merkmals zu bestimmen. Dieses Maß erlaubt es Wissenschaftlern, basierend auf den Eigenschaften der Eltern Vorhersagen über die Nachkommen zu machen. Die Erblichkeit gibt an, wie stark ein Merkmal wie zum Beispiel die Samenproduktion von Pflanzen durch gezielte Züchtung (oder im Zuge der Evolution durch natürliche Selektion) verändert wird.

Aus dem Leben eines Genetikers

Der Alltag eines Genetikers kann sich in einem Labor, in einem Seminarraum oder bei der Arbeit mit Patienten und deren Familien abspielen. In diesem Abschnitt erfahren Sie, wie ein typisches Genetiklabor aussieht. Außerdem erhalten Sie einen Überblick über die Karrieremöglichkeiten im Bereich der Genetik.

Ein Blick ins Genetiklabor

Ein Genetiklabor ist ein geschäftiger, unruhiger Ort. Es steht voll mit Apparaten, Zubehör und Wissenschaftlern, die sich an ihren Arbeitsplätzen (der sogenannten *Laborbank* oder »Bench«, auch wenn es sich dabei tatsächlich um eine Arbeitsfläche handelt, an der man stehend arbeiten kann) abmühen. Je nach Labor trifft man Mitarbeiter, die in ihren weißen

Kitteln sehr offiziell aussehen, oder Forscher, die eher salopp in Jeans und T-Shirt gekleidet sind. Generell haben Genetiklabore mindestens die folgende Ausstattung:

- *Einmalhandschuhe*, um den Laborarbeiter vor den Chemikalien und die DNA oder andere Materialien vor einer Kontamination (Verunreinigung) zu schützen

- *Pipetten*, um auch kleinste Mengen von Flüssigkeiten mit größtmöglicher Genauigkeit zu dosieren; Glasbehälter (zur Abmessung, Sterilisierung und Lagerung von Flüssigkeiten), *Mikroreaktionsgefäße* (das sind kleine Plastikgefäße für chemische Reaktionen von 0,2 bis 2 Milliliter Volumen, die auch zentrifugiert werden können) und *Mikrotiterplatten* (in denen viele chemische Reaktionen im Miniaturmaßstab parallel durchgeführt und in einem entsprechenden Gerät ausgewertet werden können)

- elektronische *Waagen*, um supergenaue Wiegungen vorzunehmen

- *Chemikalien* und ultrareines Wasser

- einen *Kühlschrank* (der auf 4,4 Grad Celsius eingestellt ist), einen Gefrierschrank (−20 Grad Celsius) und einen Ultratief-Gefrierschrank (−80 Grad Celsius). Wiederholtes Einfrieren und Auftauen führt dazu, dass DNA in kleinste Stücke zerbricht und so zerstört wird. Aus diesem Grund werden im Genlabor keine Gefrierschränke mit No-Frost-Funktion verwendet, weil diese die Temperatur hoch- und wieder herunterfahren, um das entstandene Eis zu schmelzen.

- *Zentrifugen*, um Substanzgemische zu trennen. Jede Substanz, ob Zellreste, Proteine oder DNA, hat eine andere Schwimmdichte und kann durch Zentrifugieren mit extrem hoher Geschwindigkeit vom Rest der Zelle getrennt werden. Das wiederum ermöglicht es den Forschern, Zellbestandteile separat voneinander zu untersuchen.

- *Inkubatoren* für das Wachstum von Mikroorgansimen unter kontrollierten Bedingungen. Forscher nutzen häufig Hefezellen oder Bakterien, um im Experiment zu testen, wie Gene wirken.

- *Trockenschränke* und *Autoklaven* sterilisieren Glasbehälter, andere Geräte oder Flüssigkeiten. Mikroorganismen und Viren werden hier durch extreme Hitze abgetötet.

- Geräte wie *Vortexer* (zum Homogenisieren von Flüssigkeiten), Wasserbäder, Schüttler, *Thermozykler* (die man für die PCR verwendet – siehe Kapitel 18) oder DNA-Sequenzer (siehe Kapitel 8)

- *Laborbücher*, um jede Reaktion und deren Ergebnisse bis ins kleinste Detail aufzuzeichnen. Auch andere Genetiker müssen jedes Experiment komplett wiederholen können (wieder und wieder), um sicherzustellen, dass das Ergebnis Bestand hat. Das Laborbuch kann auch digital geführt werden (elektronisches Laborjournal oder ELN für »Electronic Laboratory Notebook«) und ist ein rechtsgültiges Dokument, das vor Gericht als Beweismittel verwendet werden kann. Präzision und Vollständigkeit sind ein Muss, vor allem dann, wenn genetisch veränderte Organismen (GVOs) verwendet wurden, die nach dem Experiment ordnungsgemäß vernichtet werden müssen.

- ✔ *Computer*, die vollgepackt sind mit Auswertungssoftware für Analyseergebnisse und die über Internetanschluss Zugriff auf riesige Datenbanken mit genetischen Informationen ermöglichen (wenn Sie an das Ende dieses Kapitels blättern, finden Sie einige nützliche Adressen)

Die wichtigsten Geräte eines Genetikers kennen Sie nun bereits. Folgende Arbeitsschritte gehören zum Arbeitsalltag im Genetiklabor:

- ✔ das Trennen der DNA von den restlichen Zellbestandteilen (siehe Kapitel 6)

- ✔ die Messung der Reinheit der gewonnenen DNA und die Bestimmung, wie viel DNA gewonnen wurde (nach Gewicht)

- ✔ das Mischen von Chemikalien, die für Reaktionen und Experimente zur DNA-Analyse benötigt werden

- ✔ die Kultivierung bestimmter Zellarten, Bakterienstämme oder Viren zur Untersuchung kurzer DNA-Abschnitte (siehe Kapitel 16)

- ✔ die DNA-Sequenzierung (die ich in Kapitel 8 behandele), um die Reihenfolge der Basen auf dem DNA-Strang herauszufinden (das erkläre ich genauer in Kapitel 6)

- ✔ die Polymerase-Kettenreaktion oder PCR (siehe Kapitel 18) – eine sehr gute Methode, um DNA praktisch unendlich zu vermehren, um dann andere Untersuchungen an der DNA durchführen zu können

- ✔ das Analysieren der gewonnenen DNA-Sequenzen durch den Vergleich mit entsprechenden Sequenzen vieler anderer Organismen (die Information steht in einer riesigen, öffentlich zugänglichen Datenbank zur Verfügung – Näheres hierzu am Ende des Kapitels)

- ✔ der Vergleich von DNA-Fingerabdrücken mehrerer Individuen, um Täter zu überführen oder eine Vaterschaft festzustellen (siehe Kapitel 18)

- ✔ tägliche oder wöchentliche Laborbesprechungen, an denen jeder Mitarbeiter teilnimmt, um Ergebnisse zu diskutieren und neue Versuche zu planen

Arbeitsfelder in der Genetik

Viele Menschen beteiligen sich an der Erforschung der Genetik. Über die folgenden Berufsbeschreibungen können Sie nachgrübeln, falls Sie eine Karriere in der Genetik anstreben.

Labortechniker

Die *Labortechniker* führen die meisten alltäglichen Arbeiten im Labor aus. Die Techniker mischen die Chemikalien, die von jedem Mitarbeiter im Labor für die Experimente verwendet werden. Techniker bereiten normalerweise auch die richtigen Materialien vor, auf denen Bakterienkulturen wachsen (die als Träger für DNA benutzt werden, siehe Kapitel 16), kultivieren die Bakterien und überwachen deren Wachstum. Die Techniker sind ebenfalls dafür verantwortlich, dass immer genug Verbrauchsmaterial vorhanden ist und die Glasbehälter gewaschen sind – nicht gerade eine glamouröse Arbeit, aber notwendig, wenn man bedenkt, dass im Labor tonnenweise Glasbecher und Flaschen benötigt werden, die sauber gehalten werden müssen.

Bei Experimenten sind die Techniker verantwortlich für die Separation der DNA von anderem Gewebe und die Kontrolle der Reinheit (um sicherzustellen, dass die Probe keine Verunreinigungen wie Proteine enthält). Mit einer recht komplizierten Maschine, dem Fotometer, kann der Techniker auch die genaue Menge der gewonnenen DNA ermitteln. Wenn die Probe den Anforderungen genügt, analysiert der Techniker sie vielleicht etwas genauer (mit PCR oder Sequenzierung).

Die Ausbildung, die ein Techniker benötigt, hängt letztlich vom Maß der Verantwortung ab, die eine bestimmte Position mit sich bringt. Laboranten absolvieren in der Regel eine dreijährige Ausbildung nach dem Bundesausbildungsgesetz, technische Assistenten eine zweijährige schulische Ausbildung an Berufsfachschulen und Berufskollegs. Darauf aufbauend kann eine Weiterbildung an einer Fachschule zum Beispiel zum staatlich geprüften Techniker der Fachrichtung Biotechnik absolviert werden. Kenntnisse der Mikrobiologie, um den Umgang mit Bakterien zu verstehen und sicher und sauber durchführen zu können, sind natürlich vonnöten. Alle Techniker müssen gute Protokollführer sein, weil jede einzelne Aktivität im Labor schriftlich im Laborbuch festgehalten werden muss.

Studierende, Doktoranden und Postdoktoranden

An den meisten Universitäten sind die Labore voll mit *Studierenden* und *Doktoranden*, die an ihrer Abschlussarbeit arbeiten, Studierende an ihrer Masterarbeit (was früher die Diplomarbeit war) oder Doktoranden an ihrer Doktorarbeit. In einigen Laboren forschen diese Studierenden selbstständig und unabhängig. Andererseits sind viele Institute aber auf einige wenige Fragestellungen in einem bestimmten Arbeitsgebiet spezialisiert, zum Beispiel in der Krebsbekämpfung oder in der Pflanzenzüchtung. Die Studierenden dieser Institute arbeiten dann an speziellen Aspekten der Fragestellung, die ihr Professor bearbeitet. Viele Tätigkeiten der Studierenden ähneln denen der Techniker (siehe vorangegangener Abschnitt). Zusätzlich gestalten sie den Versuchsablauf, führen die Experimente durch und werten die Ergebnisse und ihre Bedeutung aus. Am Ende verfassen die Studierenden dann ein langes Dokument (*Diplom-/Masterarbeit* oder *Doktorarbeit* beziehungsweise *Dissertation*), in dem sie beschreiben, was sie getan haben, was dabei herausgekommen ist und was die Ergebnisse auch im Hinblick auf frühere Forschungsergebnisse bedeuten. Neben der Laborarbeit besuchen die Studierenden Vorlesungen und müssen sich zermürbenden Prüfungen unterziehen (glauben Sie mir, besonders was das »zermürbend« anbelangt).

Die Regelstudienzeit beträgt für einen Bachelor-Studiengang sechs bis acht Semester, für einen Master-Studiengang noch einmal zwei bis vier Semester. Studieren kann man mit der Fachhochschulreife an einer Fachhochschule oder heute vielfach auch an einer Hochschule für Angewandte Wissenschaften oder mit dem Abitur an einer Universität. Für eine Doktorarbeit braucht man dann mindestens drei weitere Jahre.

Wenn man den Doktortitel hat, muss man als Azubi-Genetiker gegebenenfalls noch weitere Erfahrung sammeln, bevor man sich ernsthaft auf entsprechende Stellen bewirbt. *Postdoktoranden* (meist *Postdocs* genannt) werden nach der Fertigstellung ihrer Dissertation an einer Universität oder einem Forschungsinstitut angestellt. Als Postdoc hat man die Möglichkeit, neue Techniken zu erlernen oder sich zu spezialisieren, bevor man zum Beispiel eine Professur anstrebt oder als Wissenschaftler in die Forschung geht.

Wissenschaftler in der Forschung

Wissenschaftler in der Forschung arbeiten meistens für die Privatindustrie, wo sie mit der Versuchsplanung und Laborleitung betraut sind. Viele Industriezweige und Institutionen bieten Möglichkeiten für Wissenschaftler in der Forschung:

- ✔ Pharmazeutische Unternehmen forschen beispielsweise danach, wie bestimmte Medikamente die Genexpression (siehe Kapitel 11) beeinflussen, und entwickeln neue Behandlungsmethoden wie zum Beispiel die Gentherapie (siehe Kapitel 16).

- ✔ Rechtsmedizinische Labore analysieren DNA, die an Tatorten gefunden wurde, und vergleichen genetische Fingerabdrücke (siehe Kapitel 18).

- ✔ Unternehmen arbeiten die Informationen aus Genomprojekten auf und vermarkten sie (Humangenomprojekt und andere, siehe Kapitel 11).

- ✔ Unternehmen entwerfen und vermarkten Produkte wie Testkits oder Laborgeräte für andere Genetiklabore.

Als Forscher in der Industrie sollte man mindestens ein Diplom, einen Master oder einen Doktortitel besitzen. Mit einigen Jahren Erfahrung kann man aber auch mit einer einfachen Berufsausbildung oder auch einem FH-Abschluss eine höher dotierte Stelle bekommen. Als Forscher sollte man in der Lage sein, Versuche zu planen und die Ergebnisse statistisch auszuwerten. Kommunikationsstärke und gute Englischkenntnisse sind ein Muss. Viele Forscher müssen darüber hinaus über Personalführungsqualitäten verfügen. Zusätzlich tragen sie die finanzielle Verantwortung für Investitionen, Ausgaben für Ausrüstung und Verbrauchsmaterial und die Lohnkosten.

Fachhochschul- oder Universitätsprofessor

Professoren machen dieselbe Arbeit wie Forscher in der Privatwirtschaft, allerdings müssen sie zusätzlich noch Lehrtätigkeiten, die Ausbildung der Studierenden, die Einwerbung von sogenannten Drittmitteln zur Durchführung von Forschungsvorhaben und die Publikation der Forschungsergebnisse in angesehenen, von Experten begutachteten Fachzeitschriften übernehmen. Professoren leiten ihr Labor mit den Technikern, Studierenden, Doktoranden und Postdocs. Sie sind nicht nur für den Entwurf eines Forschungsvorhabens verantwortlich, sondern müssen auch gewährleisten, dass das Vorhaben zeitgerecht (und innerhalb des Budgets!) abgewickelt wird.

Bei kleineren Bildungsstätten werden Professoren bis zu drei Kurse jedes Semester abverlangt. Größere Einrichtungen (Elite-Universitäten) mögen hier von ihren Professoren nur einen Kurs pro Jahr verlangen. Genetikprofessoren unterrichten die Grundlagen wie auch fortgeschrittene und Spezialkurse zum Beispiel über rekombinante DNA (siehe Kapitel 16) oder Populationsgenetik (siehe Kapitel 17).

Um sich als Professor an einer wissenschaftlichen Hochschule bewerben zu können, muss man promoviert sein. Seit der Novelle des Hochschulrahmengesetzes 2002 ist eine Habilitation allerdings nicht mehr zwingend erforderlich. Die Bewerber sollten schon mehrere Forschungsergebnisse veröffentlicht haben, um die Fähigkeit zu wissenschaftlicher Arbeit unter Beweis zu stellen. Die meisten Universitäten wollen auch sicherstellen, dass der Professor *in spe* erfolgreich Geldmittel einwerben kann – was heißt, dass der Kandidat in der Regel schon Fördergelder an Land gezogen haben sollte, bevor er den Job erhält.

Genetischer Berater

Genetische Berater arbeiten mit medizinischem Personal zusammen, um die medizinische Vorgeschichte der Patienten und ihrer Familienmitglieder auszuwerten. Dabei beraten sie sich direkt mit dem Patienten und erfragen von ihm möglichst alle Informationen über den Familienstammbaum (siehe Kapitel 12), wobei sie nach Mustern suchen, die erblich sein könnten. Sie können auch feststellen, welche Krankheiten ein Patient wahrscheinlich geerbt hat. Genetische Berater werden dazu ausgebildet, die Befragungen vorsichtig und gründlich durchzuführen, um sicherzustellen, dass keine Information übersehen oder übergangen wird.

Für die genetische Beratung muss sich ein Arzt zum »Facharzt für Humangenetik« oder mit der Zusatzbezeichnung »Medizinische Genetik« qualifizieren. Die weitere Ausbildung umfasst viele Stunden Arbeit mit Patienten, um ihre Fähigkeiten bei der Patientenbefragung und Analyse zu verfeinern (unter der Anleitung erfahrener Profis versteht sich). Die Arbeit erfordert exzellente Dokumentationsfähigkeit und strikte Beachtung von Details. Genetische Berater müssen nicht nur mit Patienten, sondern auch mit Ärzten und Wissenschaftlern gut auskommen. Eine gute mündliche und schriftliche Kommunikationsfähigkeit ist ein Muss.

Die wichtigsten Fähigkeiten eines Beraters sind Unvoreingenommenheit und Personenzentriertheit. Der Berater muss in der Lage sein, die Familiengeschichte unvoreingenommen und ohne Vorurteile zu analysieren und den Patienten hinsichtlich seiner Optionen zu beraten, ohne bei mehreren Optionen einer bestimmten Vorgehensweise den Vorzug zu geben. Außerdem muss er alle Informationen vertraulich behandeln und darf diese nur mit autorisierten Personen wie zum Beispiel dem Hausarzt des Patienten teilen, um die Privatsphäre des Patienten zu schützen.

Nützliche Websites zur weiteren Vertiefung

Im Internet finden Sie eigentlich fast alles zum Thema Genetik. Mit ein paar Klicks können Sie die neuesten Entdeckungen finden und die besten Vorlesungen besuchen, die zu diesem Thema angeboten werden. Hier ist ein kurzer Überblick:

- ✔ Erste Anlaufstelle bei der Suche nach einem möglichen Tätigkeitsfeld im Bereich der Genetik ist die Datenbank der Bundesagentur für Arbeit. Diese bietet unter https://berufenet.arbeitsagentur.de eine recht gute Übersicht mit Ausbildungs- und Tätigkeitsbeschreibungen (zum Beispiel: Suche »Fachhumangenetiker«).
- ✔ Bundesverband Deutscher Humangenetiker e. V.: www.bvdh.de/
- ✔ Deutsche Gesellschaft für Humangenetik e. V. (GfH): www.gfhev.de/
- ✔ Human Genome Organisation (HUGO): www.hugo-international.org/

> **IN DIESEM KAPITEL**
>
> Die Zelle kennenlernen
>
> Chromosomen verstehen
>
> Die einfache Zellteilung
>
> Die komplexe Meiose

Kapitel 2
Grundlagen der Zellbiologie

Genetik und Zellbiologie sind eng miteinander verwandt. Die Weitergabe von Genen von einer Generation zur nächsten ist vollends auf das Zellwachstum und die Zellteilung angewiesen. Um sich zu vermehren, kopieren einfache Organismen wie Bakterien oder Blaualgen ihr Erbgut (der Vorgang nennt sich *Replikation* und ist in Kapitel 7 beschrieben) und teilen sich in zwei Zellen. Aber Lebewesen, die sich sexuell fortpflanzen, durchlaufen ein kompliziertes Ritual aus Mischen, Teilen und Zusammenfügen von DNA-Strängen (was *Rekombination* genannt wird), um das doppelte Erbgut einer normalen Zelle für die Anlage spezieller Geschlechtszellen zu halbieren. Damit werden völlig neue Genkombinationen bei den Nachkommen möglich, wenn sich das halbe Erbgut der Mutter (der Eizelle) mit dem halben Erbgut des Vaters (dem Spermium) verbindet. Genau dieser erstaunliche Vorgang macht Sie so einzigartig. Also treten Sie ein in Ihre Zelle – und schauen Sie sich den Vorgang der *Mitose* (Zellteilung) und der *Meiose* (Produktion von Geschlechtszellen) an. Erst dann können Sie richtig verstehen, wie die Genetik funktioniert.

Sehen Sie sich in Ihrer Zelle um

Bezogen auf den Zellkern unterscheiden wir zwei verschiedene Zellstrukturen:

- ✔ **Prokaryoten:** Diese sehr einfach aufgebauten Einzeller besitzen keinen Kern und die DNA schwimmt lose im Zellinneren herum. Blaualgen, Bakterien und die urtümlichen Archaeen (Archaebakterien) sind Prokaryoten.

- ✔ **Eukaryoten:** Die Zellen besitzen einen Zellkern, der die DNA dieser Ein- oder Mehrzeller enthält und schützt. Menschen, Tiere, Pflanzen und Pilze sind Eukaryoten.

Der Zellkern ist ein abgeschirmter Bereich in der Zelle, der von einer Kernmembran umgeben ist und die DNA enthält.

Pro- und Eukaryoten sind grundsätzlich ähnlich aufgebaut, sie sind aber nicht identisch, denn die Prokaryoten sind evolutionsbiologisch sehr viel älter. Alle Lebewesen besitzen die eine oder andere Zellstruktur, deshalb ist es wichtig, sowohl die Ähnlichkeiten als auch die Unterschiede zwischen den beiden zu verstehen. Im Folgenden zeige ich, wie man sie voneinander unterscheidet, und gebe eine kurze Führung durch die beiden Zelltypen – einmal ohne und einmal mit Kern. Abbildung 2.1 zeigt Ihnen die Struktur der beiden Zelltypen im Vergleich.

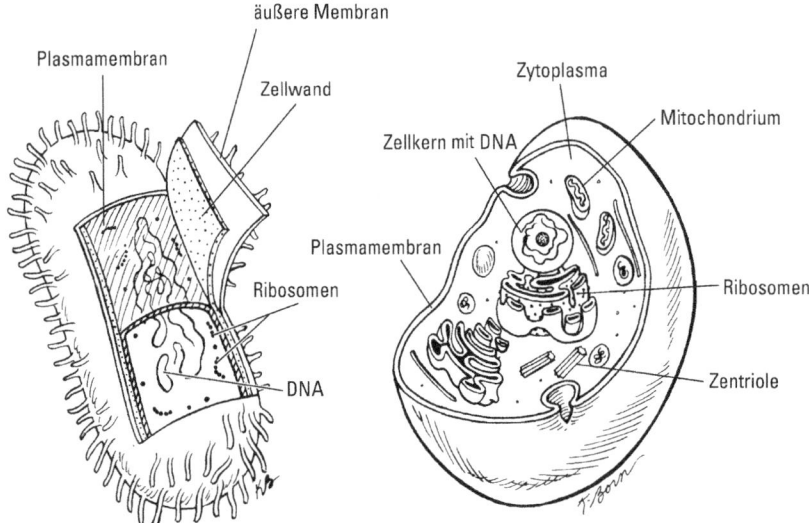

Abbildung 2.1: Eine prokaryotische Zelle (links) ist im Vergleich zu einer eukaryotischen Zelle (rechts) sehr einfach aufgebaut.

Zellen ohne Kern

Organismen, deren Zellen keinen Zellkern besitzen, werden als Prokaryoten bezeichnet, was frei übersetzt »vor dem Kern« bedeutet. Die Prokaryoten sind die meistverbreiteten Lebewesen auf der Erde. In und auf Ihnen leben in diesem Moment Millionen Prokaryoten: die Bakterien. Viele Dinge in Ihrem Leben und viele Vorgänge in Ihrem Körper hängen von diesem Zusammenleben ab. Bakterien helfen beispielsweise bei der Verdauung im Dickdarm, wo sie noch unverdaute Speisereste aufspalten. Die meisten Bakterien in Ihrem Körper sind für Sie komplett harmlos, andere können jedoch hoch ansteckende Krankheiten wie beispielsweise Cholera verursachen.

Alle Bakterien sind einfache, einzellige prokaryotische Organismen. Sie haben keinen Zellkern, sind relativ klein und besitzen nur wenig DNA (wenn Sie wissen wollen, wie viel DNA verschiedene Organismen besitzen, schauen Sie in Kapitel 8 nach).

Die prokaryotischen Zellen sind von einer *Zellwand* umgeben, die den einzigen Schutz des Bakteriums vor der Außenwelt darstellt. Eine *Plasmamembran* (*Membranen* sind dünne

Trennschichten, die eine Zelle umhüllen) regelt den Austausch von Nährstoffen, Wasser und Gasen, die die Zelle zum Leben braucht. Das prokaryotische Chromosom ist eine ringförmige DNA, die im Inneren der Zelle herumschwimmt (mehr dazu im Abschnitt »Das Einmaleins der Chromosomen« weiter hinten in diesem Kapitel). Die flüssige Füllung der Zelle wird *Zytoplasma* genannt. Das Zytoplasma bietet der DNA und den anderen Zellbestandteilen, die die Zelle am Leben halten, ein kuscheliges Zuhause und sorgt für konstante Reaktionsbedingungen. Prokaryoten vermehren sich durch eine einfache Zellteilung, die im Abschnitt »Mitose: Aufspaltung« weiter hinten in diesem Kapitel beschrieben wird.

Zellen mit Kern

Organismen, deren Zellen einen echten Zellkern besitzen, nennt man *Eukaryoten*, was so viel heißt wie »der wahre Kern«. Die Vielfalt der Eukaryoten reicht von einzelligen Hefen und Algen bis hin zu komplexen Lebewesen aus Milliarden von Zellen, wie zum Beispiel Sie eines sind. Eukaryotische Zellen besitzen zahlreiche Zellbestandteile (siehe Abbildung 2.1). Wie die Prokaryoten sind auch die eukaryotischen Zellen von einer *Plasmamembran* umgeben, und manchmal wird die Membran zusätzlich durch eine *Zellwand* verstärkt (Pflanzen haben zum Beispiel Zellwände). Aber damit hören die Gemeinsamkeiten auch schon auf.

Das wichtigste Charakteristikum der Eukaryoten ist der *Zellkern* (oder auch *Nukleus*). Der Zellkern ist ebenfalls von einer Membran umgeben, der *Kernmembran*. Der Nukleus enthält das Erbgut (DNA), das auf ein oder mehrere Chromosomen verteilt ist, und schützt dieses im täglichen Leben vor Schäden. Die Chromosomen der Eukaryoten sind im Gegensatz zu den Ringen der Prokaryoten normalerweise lange, fadenartige Elemente. Ein weiteres Kennzeichen der Eukaryoten ist die Art und Weise, wie die DNA im Zellkern verpackt ist: Eukaryoten haben in der Regel viel mehr DNA zu lagern als Prokaryoten. Darüber hinaus muss diese dann auch noch in den kleinen Zellkern gepackt werden. Dafür wird sie fest um spezielle Proteine gewickelt. (Wenn Sie sich das näher ansehen wollen, lesen Sie Kapitel 6.)

Die Endosymbiontenhypothese

Die Natur verschwendet keine Idee, die sich als praktisch herausgestellt hat – und das gilt auch für die Prokaryoten, die ersten Lebewesen auf der Erde. Die ersten Eukaryoten sind vermutlich entstanden, als zwei Prokaryoten eine Symbiose eingegangen sind. Ein Bakterium hat ein anderes Bakterium umschlossen, dieses aber nicht verdaut, sondern als eine Art »Haustier« (als Endosymbiont) in der Zelle behalten. Daraus sind nicht nur die Mitochondrien (die Kraftwerke einer Zelle), sondern auch die Chloroplasten der Pflanzen entstanden, die Sonnenlicht zur Energiegewinnung nutzen können. Belege für diese Hypothese sind die doppelten Membranen von Mitochondrien und Chloroplasten und die Tatsache, dass beide Zellorganellen noch kleine eigene, ringförmige Chromosomen besitzen.

Im Gegensatz zu den Prokaryoten besitzen die Eukaryoten weitere Zellbestandteile, *Organellen* genannt, die das tägliche Leben ermöglichen. Die Organellen findet man im Zytoplasma außerhalb des Zellkerns. Die zwei wichtigsten Organellen sind:

- ✔ **Mitochondrien:** Das sind die Kraftwerke der eukaryotischen Zelle. Sie pumpen Energie in Form von *Adenosintriphosphat (ATP)*, die aus Kohlenhydraten, Fetten oder Proteinen gewonnen wurde, in die Zelle. ATP ist wie eine Batterie, die Energie für die Zelle speichert. Sowohl Tier- als auch Pflanzenzellen besitzen Mitochondrien.

- ✔ **Chloroplasten:** Diese Organellen findet man nur in Pflanzenzellen. Sie wandeln die Energie des Sonnenlichts in Glukose um (der Umwandlungsprozess heißt *Fotosynthese*). Die Mitochondrien der Pflanzen verwandeln diese Glukose wieder in Energie (ATP, siehe oben), die die Zelle am Leben hält.

Eukaryotische Zellen können Dinge tun, zu denen die Prokaryoten gar nicht in der Lage sind. Zum Beispiel haben einige einzellige Eukaryoten Fortsätze, wie zum Beispiel einen langen Zellschwanz, die *Geißel*. Andere Eukaryoten tragen haarähnliche Auswüchse wie die *Zilien*, die wie Hunderte kleiner Ruder zur Fortbewegung der Zelle dienen. Des Weiteren können nur eukaryotische Zellen Flüssigkeiten und Partikel als Nahrung aufnehmen. Prokaryoten müssen alles durch ihre Zellwand transportieren, was ihrem Nahrungsspektrum enge Grenzen setzt.

Auch Prokaryoten können fadenartige Fortsätze tragen, die *Flagellen* (Einzahl: Flagellum oder Flagelle) genannt werden. Diese Fortsätze dienen ebenfalls der Fortbewegung, sind aber anders aufgebaut als die Geißeln der Eukaryoten. Leider werden die Begriffe »Flagelle« und »Geißel« in vielen Lehrbüchern synonym verwendet, was einige Verwirrung stiften kann, zumal auch noch in beiden Fällen von der »Begeißelung« einer Zelle die Rede ist. Merken Sie sich einfach: Prokaryotische Flagellen und die »Flagellen« der Eukaryoten (die ja eigentlich Geißeln sind) mögen vielleicht auf den ersten Blick ähnlich aussehen, sie sind es aber nicht.

Bei den meisten mehrzelligen Eukaryoten kommen zwei Zelltypen vor: Körperzellen (auch *somatische Zellen* genannt) und Geschlechtszellen. Beide Zelltypen haben unterschiedliche Aufgaben und werden unterschiedlich hergestellt.

Somatische Zellen

Somatische Zellen werden durch einfache Zellteilung produziert, die *Mitose* genannt wird (wie das funktioniert, finden Sie im Abschnitt »Mitose: Aufspaltung« weiter hinten in diesem Kapitel). Somatische Zellen mehrzelliger Organismen wie zum Beispiel des Menschen können hoch spezialisiert sein. Haut- und Muskelzellen beispielsweise sind somatische Zellen. Sie werden jedoch feststellen, dass sie unter dem Mikroskop betrachtet sehr unterschiedlich aussehen. Die verschiedenen Zellen bestehen zwar alle aus den gleichen Bestandteilen (Membran, Organellen, Zellkern und so weiter), aber deren Zusammenstellung variiert von einem Zelltyp zum anderen, sodass sie alle verschiedene Aufgaben wie die Verdauung (Darmzellen), die Energiespeicherung (Fettzellen) oder den Sauerstofftransport zu den Geweben (Blutzellen) übernehmen können.

Geschlechtszellen

Geschlechtszellen sind auf die Fortpflanzung spezialisierte Zellen. Nur eukaryotische Organismen pflanzen sich sexuell fort, was ich weiter hinten in diesem Kapitel im Abschnitt »Mami, wo komme ich eigentlich her?« genauer besprechen werde. Die *sexuelle Fortpflanzung* kombiniert das Erbgut zweier Organismen. Dazu bedarf es besonderer Vorbereitungen: Der Umfang an genetischem Material für die Geschlechtszelle wird halbiert – dieser Prozess nennt sich *Meiose* (Näheres im Abschnitt »Meiose: Zellen für die Fortpflanzung« weiter hinten in diesem Kapitel). Bei Menschen und fast allen Tieren gibt es zwei Sorten von Geschlechtszellen: Eizellen und Spermienzellen.

Das Einmaleins der Chromosomen

Chromosomen sind fadenartige Stränge aus DNA. Zur Weitergabe genetischer Informationen von einer Generation zur nächsten müssen die Chromosomen kopiert (siehe Kapitel 7) und die Kopien zu gleichen Teilen verteilt werden. Die meisten Prokaryoten haben nur ein ringförmiges Chromosom, das für die Zellteilung kopiert wird. Eine Kopie wird an die *Tochterzelle* (das ist die neu entstandene Zelle) weitergegeben. Eukaryotische Zellen müssen da ein paar Probleme mehr lösen (zum Beispiel die hälftige Aufteilung der vielen Chromosomen bei der Herstellung von Geschlechtszellen), und außerdem verhalten sich die Chromosomen bei der Mitose anders als bei der Meiose. So gibt es denn auch viele wissenschaftliche Ausdrücke, die die Anatomie, Form, Anzahl der Kopien und die vielen verschiedenen Zustände der eukaryotischen Chromosomen beschreiben. Dieser Abschnitt befasst sich mit den kniffligen Details der Chromosomen einer eukaryotischen Zelle.

Chromosomen zählen

Jeder eukaryotische Organismus hat eine bestimmte Anzahl von Chromosomen – von einem einzigen Chromosom bis hin zu ganz vielen. Der Mensch beispielsweise besitzt 46 Chromosomen. Von diesen Chromosomen gibt es zwei Sorten:

✔ **Geschlechtschromosomen (Gonosomen):** Diese werden auch als *gonosomale Chromosomen* bezeichnet und bestimmen das Geschlecht. Menschliche Zellen enthalten zwei Geschlechtschromosomen. Wenn Sie eine Frau sind, besitzen Sie normalerweise zwei X-Chromosomen. Sind Sie ein Mann, haben Sie ein X- und ein Y-Chromosom. (Wenn Sie mehr über das Geschlecht und die XY-Chromosomen wissen wollen, blättern Sie zu Kapitel 5.)

✔ **Autosomale Chromosomen (Autosomen):** *Autosomal* heißen schlichtweg alle Chromosomen, die keine Geschlechtschromosomen sind. So besitzt der Mensch – Sie können es ja einfach ausrechnen – 44 autosomale Chromosomen.

Aber das ist noch nicht alles. Beim Menschen liegen die Chromosomen paarweise vor. Das heißt, dass Sie 22 Paare von jeweils gleich geformten autosomalen Chromosomen besitzen plus ein Paar Geschlechtschromosomen – also 23 Chromosomenpaare insgesamt. Ihre autosomalen Chromosomen werden einfach durchnummeriert. Sie besitzen also zwei Stück von Chromosom 1, zwei Stück von Chromosom 2 und so weiter. In Abbildung 2.2 finden Sie alle menschlichen Chromosomen in Paaren zusammengestellt und durchnummeriert. (Das Karyogramm in Abbildung 2.2 ist eine Art, Chromosomen zu beschreiben; mehr über Karyotypisierung finden Sie in Kapitel 15.)

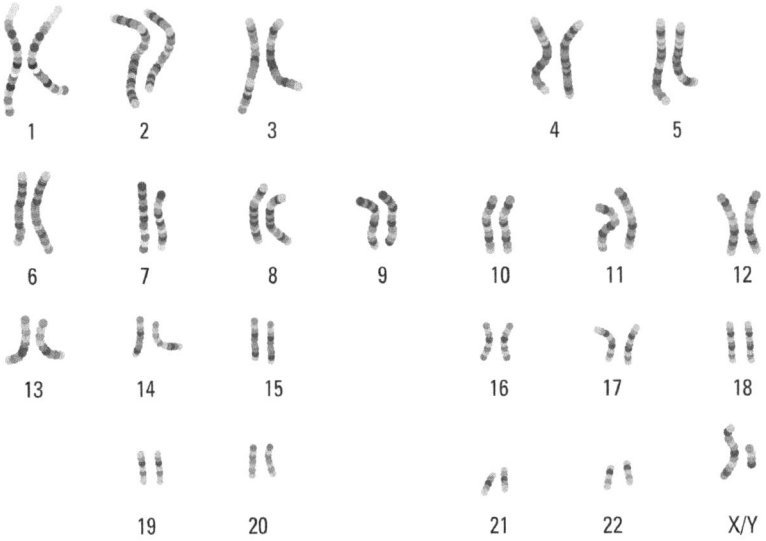

Abbildung 2.2: Normales Karyogramm eines Menschen. Die 46 menschlichen Chromosomen sind in 23 Paare aufgeteilt.

Die zwei autosomalen Chromosomen eines Paares bezeichnet man als jeweils *homolog* zueinander. Das bedeutet, dass diese Chromosomen identisch sind in Bezug auf die Gene, die sie tragen. Darüber hinaus stimmen die homologen Chromosomen auch noch in Größe und Form überein. Ein solches Chromosomenpaar wird manchmal der Einfachheit halber auch als *Homologe* bezeichnet.

Das mit den Chromosomenzahlen kann ein wenig verwirren. Der menschliche Chromosomensatz wird als *diploid* bezeichnet, was nichts anderes heißt, als dass wir zwei Kopien eines jeden Chromosoms besitzen. Einige Organismen wie Bienen und Wespen haben nur einen einfachen Satz Chromosomen (Zellen mit nur einem einfachen Chromosomensatz werden *haploid* genannt), wieder andere haben drei, vier oder sogar bis zu sechzehn Kopien eines jeden Chromosoms! Die Anzahl der Chromosomensätze, die ein bestimmter Organismus besitzt, wird mit dem *Ploidiegrad* umschrieben. Wenn Sie tiefer in das Thema eintauchen wollen, lesen Sie weiter in Kapitel 15.

Die absolute Anzahl der Chromosomen sagt nichts über den Ploidiegrad des Organismus aus, daher wird die Anzahl der Chromosomen eines Organismus oft auch mit einem Vielfachen von n angegeben. Bezogen auf den Menschen bedeutet $2n = 46$, dass Menschen diploid sind (zweifacher Satz) und insgesamt 46 Chromosomen besitzen. Menschliche Geschlechtszellen, also die Ei- und Spermienzellen, sind mit $1n$ haploid (siehe den Abschnitt »Mami, wo komme ich eigentlich her?« weiter hinten in diesem Kapitel) und haben entsprechend nur 23 Chromosomen.

Der Aufbau von Chromosomen

Chromosomen sind oft in würstchenähnlicher Form abgebildet, wie man in Abbildung 2.2 sehen kann. In Wirklichkeit sehen die Chromosomen nicht wie Würstchen aus, sie sind vielmehr lose und fadenartig. Die markante »Wurstform« nehmen die Chromosomen nur während der Zellteilung an, wenn sie transportiert werden müssen (also während der Metaphase bei Mitose und Meiose). Oft werden Chromosomen aber so abgebildet wie in Abbildung 2.3 dargestellt, da so die besonderen Merkmale eukaryotischer Chromosomen am besten zu erkennen sind.

Den Teil, an dem die Chromosomen zusammengeschnürt scheinen (in der Abbildung in der Mitte), nennt man *Zentromer*. Die Platzierung des Zentromers (er muss nicht notwendigerweise in der Mitte liegen, also im »Zentrum«, sondern kann sich auch etwas weiter oben oder ganz am Rand befinden, siehe Abbildung 2.4) gibt jedem Chromosom eine einzigartige Form. Die Enden der Chromosomen nennt man *Telomere*. Sie bestehen aus dicht gepackter DNA und dienen zum Schutz der codierenden DNA weiter innen. (Mehr über Telomere und ihre Bedeutung für das Altern lesen Sie in Kapitel 23.)

Die Unterschiede der Chromosomen in Form und Größe sind leicht zu erkennen, aber die wichtigsten Unterschiede sind tief in der DNA versteckt. Die Chromosomen tragen die *Gene* – das sind die Abschnitte der DNA, die die Baupläne für bestimmte physische Merkmale enthalten. Die Gene sagen dem Körper, wie, wann, wo und welche für das Überleben notwendigen Substanzen herzustellen sind (mehr über die Arbeit der Gene in Kapitel 11). Jedes Paar homologer Chromosomen trägt zwar die gleichen, aber nicht unbedingt identischen Gene. Zum Beispiel tragen die beiden Chromosomen eines Paares das Gen für »Haarfarbe«, ein Chromosom enthält jedoch das Gen »Haarfarbe Braun«, das andere die Version »Haarfarbe Blond«. Verschiedene Versionen eines Gens werden *Allele* genannt (siehe Abbildung 2.3).

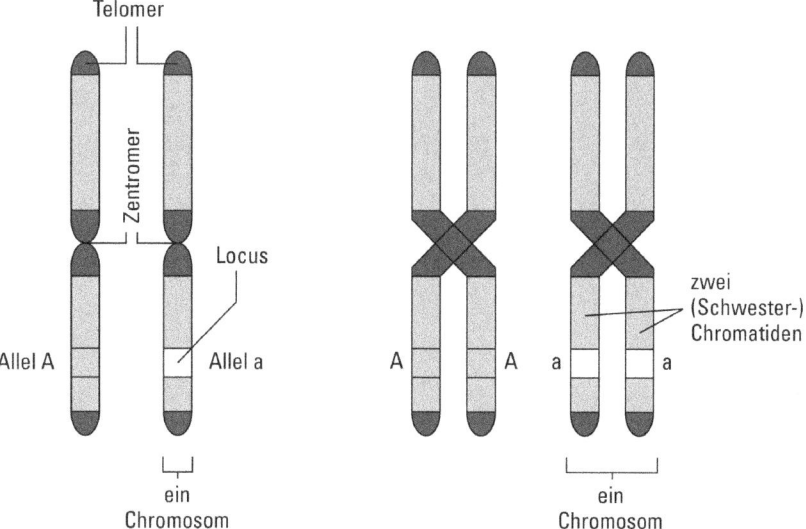

Abbildung 2.3: Grundstruktur der eukaryotischen Chromosomen

Jedes Gen kann verschiedene Allele besitzen. Allele sind verschiedene Varianten eines Gens, die sich im Hinblick auf die Nukleotidsequenz leicht unterscheiden. In Abbildung 2.3 trägt ein Chromosom das Allel *A* und das homologe Chromosom das Allel *a* (die Größe eines Gens ist eigentlich winzig; in dieser Abbildung sind sie nur so groß eingezeichnet, damit man sie überhaupt sehen kann). Die Allele codieren die verschiedenen physischen Merkmale (*Phänotypen*), wie man sie bei Tieren und Pflanzen erkennen kann, zum Beispiel die Fellfarbe oder die Blütenform. Wie die Allele den Phänotyp bestimmen, können Sie in Kapitel 3 nachlesen.

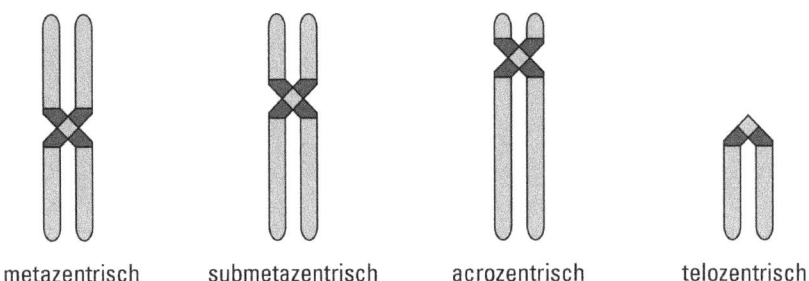

metazentrisch   submetazentrisch   acrozentrisch   telozentrisch

Abbildung 2.4: Die Chromosomen werden anhand der Position des Zentromers klassifiziert.

Jeder Punkt auf einem Chromosom wird *Locus* (lateinisch für »Ort«, die Mehrzahl von Locus ist *Loci*, sprich Loh-zi) genannt. Die meisten physischen Merkmale werden durch das Zusammenspiel mehrerer Gene bestimmt (das heißt von Genen, die sich an verschiedenen Loci und manchmal auf unterschiedlichen Chromosomen befinden). So wird die Augenfarbe beim Menschen von mindestens drei Genen auf zwei verschiedenen Chromosomen bestimmt. Mehr darüber, wie Gene auf einem Chromosom angeordnet sind, finden Sie in Kapitel 15.

Locus oder Lokus?

Wie Sie wissen, stammen viele Begriffe in der Wissenschaftssprache aus dem Lateinischen. In der Genetik bezeichnet das Wort »Locus« einen bestimmten Genort auf dem Chromosom. Aber auch der Lokus – umgangssprachlich für die Toilette verwendet – war ursprünglich ein »Locus« und entstammt dem lateinischen »locus necessitatis«, also dem »Ort der Notdurft«. Okay, das hat jetzt nicht viel mit Genetik zu tun, aber Sie können bei Kollegen und Kolleginnen immerhin mit humanistischer Allgemeinbildung punkten!

Mitose: Aufspaltung

Die meisten Zellen im Organismus führen ein einfaches Leben: Sie wachsen, teilen sich und sterben irgendwann. Abbildung 2.5 zeigt den Lebenszyklus einer typischen somatischen oder auch Körperzelle.

Der *Zellzyklus* (die Stadien, die eine Zelle zwischen zwei Zellteilungen durchläuft) ist streng reguliert. Einige Zellen teilen sich ständig, während andere Zellen sich niemals teilen. Der Körper stellt durch Mitose (Kernteilung mit anschließender Zellteilung) immer wieder neue Zellen her, die zum Beispiel während des Körperwachstums, für die Erneuerung abgestorbener Zellen oder bei Verletzungen beschädigter Zellen benötigt werden. Während Sie das hier lesen, betreiben Sie nebenher ausgiebig Mitose – und Sie dachten, Sie wären nicht multitaskingfähig! Einige Zellen teilen sich nur dann, wenn sie für eine bestimmte Aufgabe wie beispielsweise die Immunabwehr benötigt werden. Krebszellen jedoch geraten außer Kontrolle und teilen sich völlig unkontrolliert in einem fort. (In Kapitel 14 erfahren Sie, wie der Zellzyklus reguliert wird und was passiert, wenn etwas schiefgeht.)

Eine Phase des Zellzyklus ist die *Mitose* (hier im engeren Sinne) – die Reproduktion des Zellkerns durch Teilung. Das Ergebnis des Zellzyklus ist die einfache Zellteilung, bei der zwei neue identische Zellen aus der einen, ursprünglichen hervorgehen. Während der Mitose-Phase (M-Phase) wird die kopierte DNA geteilt (siehe Kapitel 7). Wenn sich die Ursprungszelle teilt, wird je ein komplettes Set von Chromosomen (beim Menschen 23 Paare) in die neuen Zellen gebracht. Prokaryoten und einfache Eukaryoten vermehren sich durch einfache Zellteilung. Komplexere eukaryotische Lebewesen benutzen hingegen die *Meiose* als Vorbereitung für die sexuelle Fortpflanzung, bei der jede Geschlechtszelle nur einen einfachen Chromosomensatz enthält (mehr dazu im Abschnitt »Meiose: Zellen für die Fortpflanzung« weiter hinten in diesem Kapitel).

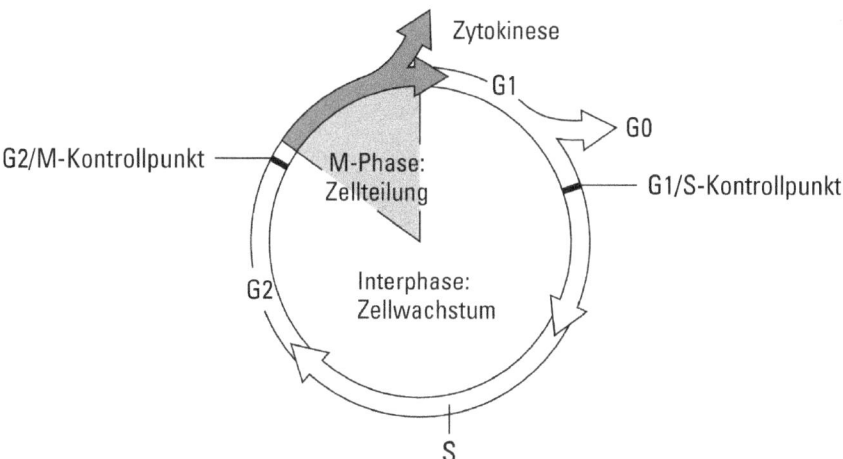

Abbildung 2.5: Der Zellzyklus: Mitose, Zellteilung und alles dazwischen

Zwei wichtige Dinge sollten Sie sich zur Mitose merken:

✓ **Durch Mitose entstehen zwei identische Zellen.** Die neu entstandenen Zellen unterscheiden sich ebenso wenig voneinander wie von der Ursprungszelle.

✓ **Die Zellen, die durch Mitose entstehen, haben die gleiche Chromosomenzahl wie die Ursprungszelle.** Wenn die Ursprungszelle 46 Chromosomen besaß, haben die beiden Tochterzellen auch je 46 Chromosomen.

Die Mitose ist nur eine Phase des Zellzyklus, die andere Phase nennt sich *Interphase*. In den folgenden Abschnitten stelle ich Ihnen die einzelnen Phasen des Zellzyklus vor und erkläre Ihnen, was genau dabei passiert.

Schritt 1: Zeit zu wachsen

Die *Interphase* ist die Phase des Zellzyklus, in der die Zelle wächst, ihre DNA kopiert und sich auf die nächste Teilung vorbereitet. Die Interphase ist in drei Abschnitte geteilt: die G1-Phase, die S-Phase und die G2-Phase.

G1-Phase

Wenn ein Zellleben beginnt, so wie bei der Befruchtung der Eizelle oder direkt nach der Zellteilung, muss die Zelle zunächst einmal wachsen. Diese Phase wird als *G1-Phase* der Interphase bezeichnet (*G* vom Englischen »gap« = Lücke). Während dieser Zeit überwacht die DNA die Arbeit der Zelle. Der Stoffwechsel (auch *Metabolismus*) läuft, die Zellen atmen und »essen«.

Einige Zellen steigen schon hier aus dem Zellzyklus aus. Sie stoppen das Wachstum und verlassen den Prozess bei G0. Die Gehirnzellen haben sich beispielsweise vom Zellzyklus zurückgezogen. Rote Blutkörperchen und Muskelzellen teilen sich ebenfalls nicht mehr. Tatsächlich enthalten rote Blutkörperchen überhaupt keinen Zellkern und deshalb auch keine eigene DNA.

Wenn sich eine Zelle teilen will, muss sie jedoch aus der G1-Phase austreten. Zellen, die sich aktiv teilen, durchlaufen den Zellzyklus in etwa 24 Stunden. Nach einer bestimmten Zeit des Wachsens, was wenige Minuten bis zu mehreren Stunden dauern kann, erreicht die Zelle den ersten Kontrollpunkt (siehe Abbildung 2.5), und wenn sie den ersten Kontrollpunkt überschreitet, gibt es kein Zurück mehr.

Verschiedene Proteine kontrollieren den Übergang von einer Phase des Zyklus zur nächsten. Am ersten Kontrollpunkt, also an der Grenze zwischen der G1- und S-Phase, stehen Cycline (Proteine zur Regulation des Zellzyklus) und Kinasen (Enzyme, die Phosphatgruppen anhängen) bereit. Cycline und Kinasen arbeiten zusammen und läuten jede neue Runde des Zellzyklus ein. Zwei Proteine, G1-Cyclin und eine Cyclin-abhängige Kinase (CDK), verbinden sich, um die Zelle sicher über die Schwelle von G1 zur nächsten Phase zu geleiten, der S-Phase.

S-Phase

Die *S-Phase* ist das Stadium, in dem die Zelle ihre DNA kopiert (hier steht das *S* für Synthese, in dem Fall das Kopieren der DNA). Sobald die Zelle in die S-Phase eintritt, nimmt die Aktivität um die Chromosomen enorm zu, denn alle Chromosomen müssen kopiert werden, um exakte Repliken für die Tochterzellen herzustellen. DNA zu kopieren ist ein sehr komplexer Vorgang, der in Kapitel 7 sehr ausführlich beschrieben wird.

Fürs Erste brauchen Sie nur zu wissen, dass die DNA während der S-Phase kopiert wird und dass die beiden Kopien eines Chromosoms miteinander an den Zentromeren verbunden sind (siehe Abbildung 2.3), wenn die Zelle von der S-Phase in die G2-Phase übertritt. Die replizierten Chromosomen nennt man *Schwesterchromatiden* (siehe Abbildung 2.3). Diese Schwesterchromatiden gleichen sich in jeder Hinsicht. Sie tragen exakt gleiche Kopien exakt gleicher Gene. Ab diesem Zeitpunkt trägt die Zelle bis zur Teilung nicht mehr den zweifachen ($2n$), sondern den vierfachen Chromosomensatz ($4n$). Während der Mitose (und auch der Meiose) werden die Schwesterchromatiden voneinander getrennt und in die verschiedenen Tochterzellen gebracht.

G2-Phase

Die *G2-Phase* leitet die Zellteilung ein. Sie ist die letzte Phase vor der eigentlichen Zellteilung. Die G2-Phase (*Gap-2-Phase*) gibt der Zelle Zeit, um weiterzuwachsen, bevor sie sich in zwei kleinere Zellen aufteilt. Ein weiteres Set aus Cyclinen und CDKs arbeitet zusammen, um die Zelle über den zweiten Kontrollpunkt zu hieven, der sich zwischen G2-Phase und Mitose befindet. Während die Zelle wächst, bleiben die Schwesterchromatiden immer noch zusammen im Zellkern. Die DNA ist zu diesem Zeitpunkt immer noch »lose« und hat noch nicht diese würstchenartige Form eingenommen, die sie während der Mitose besitzt. Sobald die Zelle den G2/M-Kontrollpunkt (siehe Abbildung 2.5) passiert, geht es richtig los mit der Mitose.

Schritt 2: Aufteilen der Chromosomen

Im Zellzyklus ist die *Mitose* die Phase, in der die während der Interphase kopierten Chromosomen aufgeteilt werden und sichergestellt wird, dass jede Tochterzelle einen vollständigen Chromosomensatz bekommt. Grundsätzlich ist die Mitose in vier verschiedene Phasen aufgeteilt. Welche das sind, sehen Sie in Abbildung 2.6 und in den folgenden Abschnitten.

Die einzelnen Phasen der Mitose lassen sich nicht wirklich festmachen, da der Prozess zu keinem Zeitpunkt unterbrochen wird. Vielmehr gehen die Chromosomen eher fließend von einer in die nächste Phase über. Trotzdem ist die Aufteilung in die vier Phasen nützlich, um zu verstehen, wie die miteinander verworrenen Chromosomen fein säuberlich voneinander getrennt in die neuen Zellen sortiert werden.

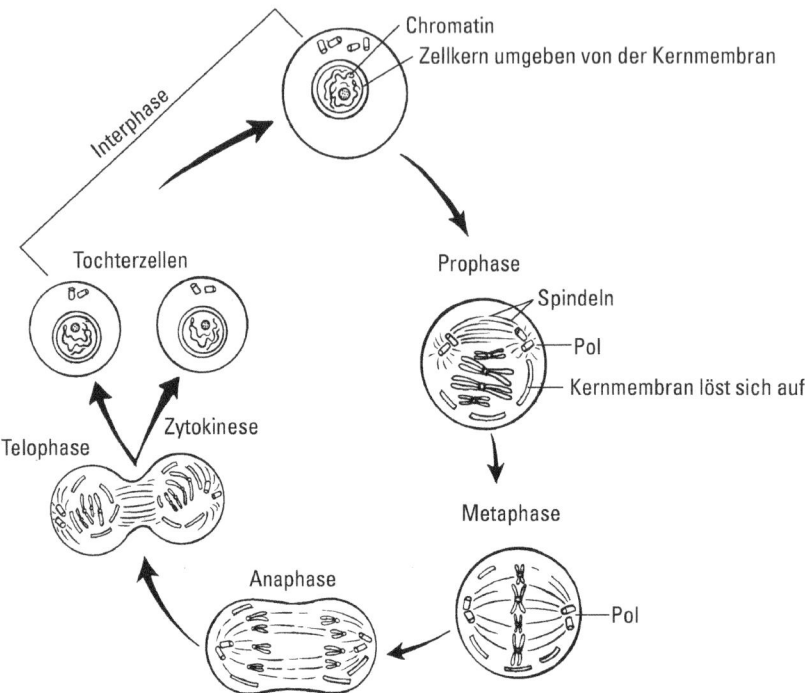

Abbildung 2.6: Der Vorgang der Mitose ist in die vier Abschnitte Prophase, Metaphase, Anaphase und Telophase eingeteilt.

Prophase

Während der *Prophase* werden die Chromosomen stark verdichtet und bekommen so die bekannte Würstchenform. Während der Interphase (siehe Abschnitt »Schritt 1: Zeit zu wachsen« weiter vorn in diesem Kapitel) ist die DNA, aus der die Chromosomen bestehen, dicht um besondere Proteine gewickelt, wie wenn man einen Faden um Kugeln wickelt. Diese »Perlenkette« ist nochmals um sich selbst gewunden, um die riesigen DNA-Moleküle so zu komprimieren, dass sie in den winzigen Zellkern passen. Aber auch die in der Interphase aufgewickelten Chromosomen sind noch so dünne und schmale Fäden, dass sie im Wesentlichen unsichtbar sind. Das ändert sich während der Prophase. Die Chromosomen werden so dicht gepackt, dass sie leicht unter einem einfachen Lichtmikroskop erkannt werden können.

 Wenn die Chromosomen in die Prophase eintreten, haben sie sich bereits dupliziert und Schwesterchromatiden gebildet (siehe Abbildung 2.3). Schwesterchromatiden sind quasi die eineiigen Zwillinge der Chromosomen. Eine Chromatide ist dabei ein vollwertiges Chromosom, aber wenn Sie sich die Chromosomen hier als Chromatiden vorstellen, hilft es Ihnen vielleicht, die vielen Mitspieler bei der Mitose auseinanderzuhalten.

Sobald sich die Chromosomen/Chromatiden verdichtet haben, bricht die Kernmembran auseinander und die Chromosomen können sich während der Zellteilung frei in der Zelle bewegen.

Metaphase

Nachdem sich die Kernmembran aufgelöst hat und die Prophase beendet ist, ordnen sich die Chromosomen während der *Metaphase* in einer Ebene in der Mitte der Zelle an (siehe Abbildung 2.6). Fadenartige Gebilde, *Spindelfasern* genannt, fassen jedes Chromosom am Zentromer. Die Spindelfasern sind an den beiden Seiten der Zelle, den *Polen*, befestigt.

Manchmal benutzen Wissenschaftler geografische Begriffe, um die Position der Chromosomen während der Metaphase zu beschreiben. Die Chromosomen sammeln sich in der *Äquatorialebene* und werden mit den *Zellpolen* verbunden. So kann man sich die Ereignisse während der Metaphase besser vorstellen.

Anaphase

Während der *Anaphase* werden die Zentromere der Schwesterchromatiden getrennt und je eine Schwesterchromatide wird von den Spindelfasern in Richtung des jeweiligen Pols gezogen (siehe Abbildung 2.6). Zu diesem Zeitpunkt lässt sich gut erkennen, dass es sich bei den Chromatiden in Wirklichkeit um Chromosomen handelt. Die Schwesterchromatiden werden so getrennt, dass jede Tochterzelle einen vollständigen Chromosomensatz wie die Ausgangszelle erhält.

Telophase

Während der *Telophase* beginnen sich neue Kernmembranen um die beiden Chromosomengruppen zu bilden (siehe Abbildung 2.6). Die Chromosomen lockern sich und gehen langsam wieder in ihre für die Interphase übliche Form zurück. Mit dem Ende der Telophase beginnt die eigentliche Zellteilung.

Schritt 3: Die Teilung

Sobald die Mitose abgelaufen ist und sich zwei neue Kerne geformt haben, teilt sich die Zelle in zwei kleinere identische Tochterzellen. Dieser Vorgang wird auch *Zytokinese* genannt (*Zyto* bedeutet »Zelle« und *Kinese* heißt »Bewegung«). Im Prinzip beginnt die Zytokinese nach der Metaphase und endet mit dem Beginn der Interphase. Jede Zelle enthält jeweils einen kompletten Chromosomensatz wie die Ausgangszelle. Sämtliche Organellen und das Zytoplasma werden aufgeteilt, um die neuen Zellen gleichermaßen mit dem für ihren Stoffwechsel und ihr Wachstum Notwendigen auszustatten. Die beiden neuen Zellen befinden sich nun in der Interphase (genauer gesagt in der G1-Phase) und beginnen von Neuem mit ihrem eigenen, neuen Zellzyklus.

Meiose: Zellen für die Fortpflanzung

Die *Meiose* ist eine Form der Zellteilung, bei der sich die Anzahl der Chromosomen zur Vorbereitung auf die sexuelle Fortpflanzung reduziert. Die DNA-Menge im Zellkern wird bei der Meiose genau halbiert, sodass bei einer späteren Befruchtung (bei der die Chromosomen von Vater und Mutter zusammengeführt werden) die Nachkommen wieder eine vollständige Anzahl von Chromosomen erhalten (oder besser gesagt: einen vollständigen 2n-Chromosomensatz und nicht etwa einen 4n-Satz, den sie hätten, wenn eine 2n-Zelle mit einer 2n-Zelle verschmelzen würde). Diploide Zellen sind nach der Meiose haploid oder anders ausgedrückt: Die Zelle reduziert ihre Chromosomenzahl von 2n auf 1n. Beim Menschen werden bei der Meiose Geschlechtszellen (also Eizellen oder Spermien) mit jeweils 23 Chromosomen produziert – also mit nur jeweils einer Kopie der homologen Chromosomen (siehe den Abschnitt »Chromosomen zählen« weiter vorn in diesem Kapitel).

Die Meiose ähnelt der Mitose in vielerlei Hinsicht. Die Phasen haben ähnliche Namen und die Chromosomen verhalten sich ähnlich, aber die Produkte der Meiose sind vollkommen anders als die der Mitose. Während bei der Mitose zwei vollkommen identische Zellen herauskommen, produziert die Meiose vier Zellen mit jeweils der Hälfte des Erbguts der Ursprungszelle. Des Weiteren tauschen die homologen Chromosomen während der Meiose durch *Rekombination* einzelne DNA-Segmente aus. Diese Rekombination ist der eigentliche Clou der Meiose – da werden genetische Merkmale neu gemischt – und führt zu einer größeren genetischen Variation, die dafür sorgt, dass jedes Individuum, das durch sexuelle Fortpflanzung gezeugt wurde, wirklich einzigartig ist.

Im Grunde genommen besteht die Meiose aus zwei Zellteilungen: *Meiose I* und der Fortsetzung, *Meiose II*. In Abbildung 2.7 erkennen Sie die beiden Phasen der Meiose. Im Gegensatz zu vielen Filmen ist bei der Meiose eine Fortsetzung wirklich notwendig. In beiden »Episoden« durchlaufen die Chromosomen Phasen, die denen der Mitose entsprechen. Jedoch passiert in der Prophase, Metaphase, Anaphase und Telophase der Meiose etwas anderes als in den entsprechenden Phasen der Mitose.

Studenten halten sich oft mit den Phasen der Meiose auf und verlieren dabei die wichtigsten Aspekte aus den Augen – die Rekombination und die zufällige Aufteilung der elterlichen Chromosomen auf die Geschlechtszellen. Um Verwirrung zu vermeiden, teile ich die Meiose nicht in einzelne Phasen auf, sondern konzentriere mich darauf, was mit den Chromosomen selbst geschieht.

Während der Meiose I:

✔ Die homologen Paare der Chromosomen liegen im Zellkern Seite an Seite und können dabei einige Teile des Erbguts austauschen. Dies nennt man *Crossing-over* oder *Rekombination*. Dies geschieht während der Prophase I.

✔ Während der Metaphase I ordnen sich die homologen Chromosomen paarweise in der Äquatorialebene an und werden dann in der Anaphase I zu den entgegengesetzten Zellpolen gezogen und dabei getrennt.

✔ In der Telophase I teilt sich die Zelle; dabei reduziert sich das genetische Material um die Hälfte. Danach gehen die beiden Tochterzellen sofort in die zweite Runde – die Meiose II.

Während der Meiose II:

✔ In der Prophase II verdichten sich die einzelnen Chromosomen (jetzt als Schwesterchromatiden) und stellen sich während der Metaphase II wieder in der Äquatorialebene auf.

✔ Dann trennen sich die Chromatiden und werden zu den jeweiligen Zellpolen transportiert (Anaphase II).

✔ Die Zellen teilen sich, und so entstehen insgesamt zweimal zwei, also vier Tochterzellen mit nur einer Kopie (1n) jedes Chromosoms.

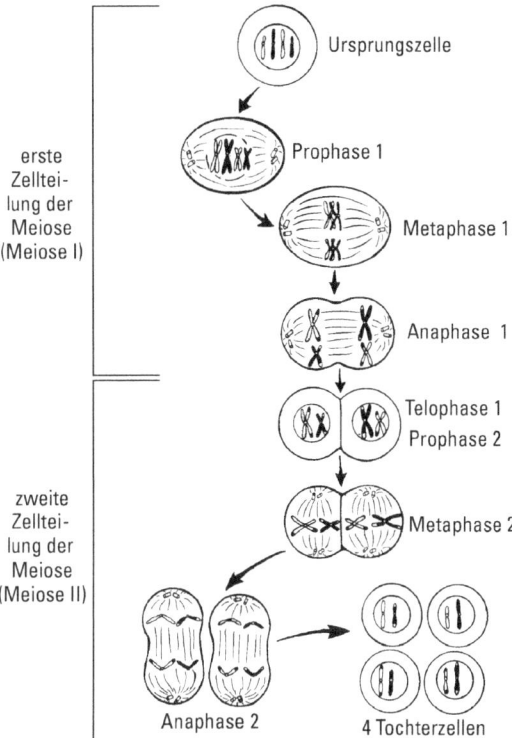

Abbildung 2.7: Die Phasen der Meiose

Meiose, Teil I

Zellen, die sich meiotisch teilen, starten in einer Phase, die der Interphase vor der Mitose ähnelt. Die Zellen wachsen in der G1-Phase, replizieren ihre DNA in der S-Phase und bereiten sich während der G2-Phase auf die Teilung vor. (Wenn Sie sich das noch mal genauer ansehen wollen, blättern Sie ein paar Seiten zurück zum Abschnitt »Schritt 1: Zeit zu wachsen«.) Wenn die Meiose startet, verdichten sich die Chromosomen. Sie liegen dann, genau wie bei der Mitose auch, in Form von Schwesterchromatiden als vierfacher Chromosomensatz vor. Danach folgt die Meiose I, die ich in den folgenden Absätzen vorstelle.

Partner finden sich

Während der Prophase I (I, weil es die erste Runde in der Meiose ist) finden die homologen Chromosomen zueinander. Eines dieser homologen Chromosomen kam ursprünglich von der Mutter, das andere vom Vater des Lebewesens, dessen Zellen gerade die Meiose durchlaufen. Die homologen maternalen und paternalen Chromosomen liegen nun nebeneinander. In Abbildung 2.2 sehen Sie das gesamte Set der 46 menschlichen Chromosomen. Die beiden Chromosomen, die zusammen ein Paar bilden, sehen zwar gleich aus, sind es aber nicht. Die homologen Chromosomen haben unterschiedliche Kombinationen von Allelen an den Tausenden von Loci. (Mehr zu Allelen lesen Sie im Abschnitt »Das Einmaleins der Chromosomen« weiter vorn in diesem Kapitel.)

Die Rekombination macht Sie einzigartig

Während sich die jeweiligen homologen Chromosomen in der Prophase I paarweise anordnen, verhaken sich die Chromatiden der zwei Homologen und tauschen Teile ihrer »Arme« aus. Enzyme schneiden die Chromosomen auseinander und versiegeln die so neu kombinierten Stränge wieder. Den ganzen Prozess nennt man *Crossing-over* oder auch *Crossover*. Sobald dieser Prozess abgeschlossen ist, enthalten die Chromatiden teils ihre Original-DNA, teils die DNA des Homologen. Dabei werden die Loci nicht vertauscht oder in eine andere Reihenfolge gebracht. Die Gene liegen nach wie vor an derselben Stelle des Chromosoms. Nur hat sich der Inhalt geändert, sodass das Erbgut von Vater und Mutter auf den homologen Chromosomen durchmischt ist.

Abbildung 2.8 zeigt das Crossing-over in Aktion. In der Abbildung erkennen Sie ein Paar homologer Chromosomen mit zwei Loci. An beiden Loci haben die Chromosomen jeweils unterschiedliche Versionen der Gene – oder anders gesagt: Die Allele sind verschieden. Das eine Chromosom besitzt die Allele A und b, das zweite besitzt a und B. Nach der Replikation der DNA sind die Schwesterchromatiden exakt gleich (weil es ja Kopien sind). Nach dem Crossing-over haben die Chromosomen ihre Arme ausgetauscht. Deshalb hat jetzt jedes Homolog eine Schwesterchromatide, die sich von der anderen unterscheidet.

Partner trennen sich

Die rekombinierten Chromosomen finden sich in der Metaphase I in der Äquatorialebene ein (siehe Abbildung 2.7). Die Kernmembran zerfällt und die homologen Chromosomen werden (ähnlich wie in der Anaphase bei der Mitose) von Spindelfasern am Zentromer gepackt und in Richtung des jeweiligen Pols gezogen und so getrennt.

Am Ende der ersten Phase der Meiose teilt sich die Zelle zum ersten Mal (Telophase I, gefolgt von der Zytokinese I). Die beiden Tochterzellen enthalten nun einen kompletten Chromosomensatz. Die nun partnerlosen Chromosomen liegen aber immer noch in Form von Schwesterchromatiden vor.

Wenn sich die Homologen in der Äquatorialebene anordnen, finden sich die Chromosomen von Mutter und Vater zu Paaren zusammen. Allerdings bleibt es dem Zufall überlassen, auf welcher Seite des Äquators sie sich wiederfinden. So trennt sich jedes homologe Paar unabhängig von jedem anderen homologen Paar. Dies ist das Grundprinzip der Unabhängigkeitsregel, die ich in Kapitel 3 und 4 behandele.

Nach der Telophase I treten die Zellen in eine Art Zwischenrunde ein, die *Interkinese* genannt wird (was so viel heißt wie »zwischen Bewegungen«). Die Chromosomen schwellen etwas ab und verlieren ihr markantes Aussehen (die »Würstchenform«), das sie während der Metaphase besitzen. Die Interkinese ist nur eine Ruhephase zur Vorbereitung auf die nächste Meiose-Runde.

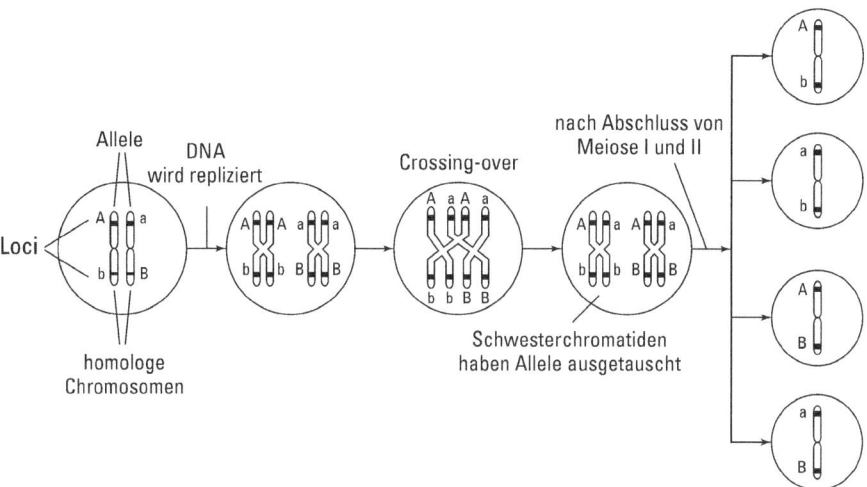

Abbildung 2.8: Das Crossing-over produziert während der Meiose neue einzigartige Allelkombinationen.

Meiose, Teil II: Fortsetzung folgt

Die Meiose II ist die zweite Runde der Zellteilung, an deren Ende das Produkt der Meiose steht: Zellen mit nur einer Kopie jedes Chromosoms. Die Chromosomen komprimieren sich noch einmal zur gewohnten Würstchenform. Vergessen Sie nicht: Die Ausgangszellen haben einen einfachen Chromosomensatz, aber in der Form von Schwesterchromatiden.

Während der Metaphase II sammeln sich die Chromosomen wiederum in der Äquatorialebene der Zelle und die Spindelfasern verbinden sich wieder mit den Zentromeren. In der darauffolgenden Anaphase II werden die Schwesterchromatiden (in diesem Fall nicht mehr Chromosomenpaare, sondern die eigentlichen kopierten Chromosomen) voneinander getrennt und zu den entgegengesetzten Polen der Zelle gezogen. Die Kernmembran formiert sich neu um die nun einzelnen Chromosomen (Telophase II). Schließlich teilen sich die Zellen. Am Ende des Vorgangs sind vier Zellen mit jeweils einem haploiden Chromosomensatz entstanden.

Mami, wo komme ich eigentlich her?

Aus der Gametogenese, mein Schatz! Beim Menschen (und allen anderen Lebewesen, die sich sexuell fortpflanzen) entstehen durch Meiose die *Gameten*, besser bekannt als Spermien (bei Männern) und Eizellen (bei Frauen). Ist die Gelegenheit günstig, kommen Spermium und Eizelle zusammen, die Eizelle wird befruchtet und ein neues Lebewesen entsteht. Die befruchtete, noch nicht geteilte Eizelle nennt man *Zygote*. Abbildung 2.9 zeigt den Prozess der *Gametogenese* (die Produktion von Gameten) beim Menschen.

Bei Männern produzieren bestimmte Zellen in den Sexualorganen (Hoden) sogenannte *Spermatogonien*. Die Spermatogonien enthalten noch den kompletten diploiden Chromosomensatz mit 46 Chromosomen ($2n$, wie im Abschnitt »Chromosomen zählen« weiter vorn in diesem Kapitel erklärt ist). Nach der Meiose I hat sich ein Spermatogonium in zwei *sekundäre Spermatozyten* geteilt. Die Spermatozyten enthalten nur noch einen Satz homologer Chromosomen (aber in Form von Schwesterchromatiden). Nach einer weiteren Teilung (Meiose II) entstehen vier *Spermatiden*, die später zu den Spermien werden und nur einen einfachen Chromosomensatz enthalten. Spermatiden sind haploid, sie tragen also nur 23 Chromosomen. Weil Männer ein X- und ein Y-Geschlechtschromosom besitzen, enthält die eine Hälfte der Spermien (Männer produzieren wortwörtlich Millionen Spermien) ein X-Chromosom und die andere Hälfte ein Y-Chromosom.

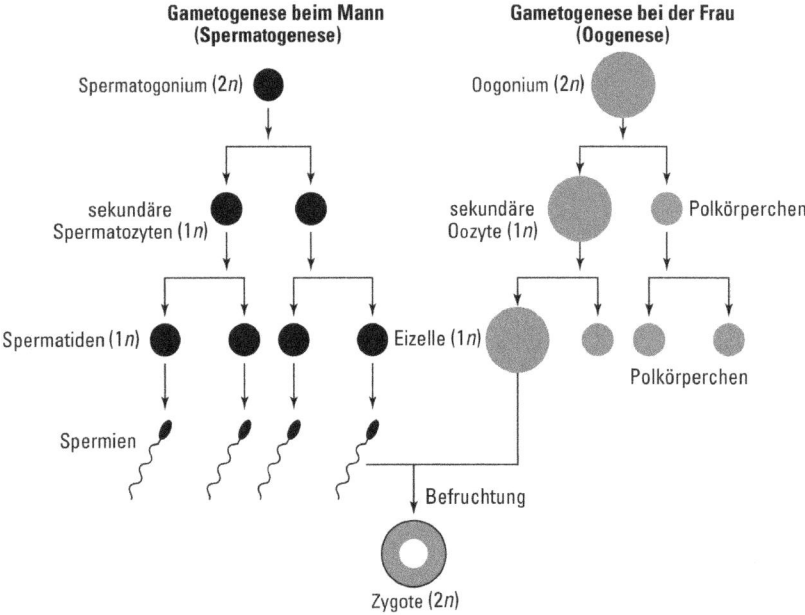

Abbildung 2.9: Die Gametogenese beim Menschen

Die Eizellenproduktion bei der Frau verläuft ähnlich wie die Spermienproduktion beim Mann. Die Ovarien (Eierstöcke) produzieren zunächst die *Oogonien*, die einen diploiden Chromosomensatz ($2n = 46$) haben. Der größte Unterschied zwischen der Spermien- und Eizellenproduktion ist, dass bei der Meiose der Eizellen nur eine einzige befruchtungsfähige, haploide Eizelle entsteht anstatt der vier Spermatiden. Die anderen Zellen werden zu *Polkörperchen*, die an der Eizelle haften, aber nicht befruchtet werden können und absterben. Da Frauen zwei X-Chromosomen besitzen, haben alle Eizellen ein X-Chromosom.

 Warum werden bei Frauen nur eine befruchtungsfähige Eizelle und drei Polkörperchen produziert anstelle von vier voll funktionsfähigen Eizellen? Eizellen benötigen viel Zytoplasma, das die Zygote zwischen Befruchtung und Einnisten in der Gebärmutter ernährt, bis dann der Embryo über die Plazenta der Mutter versorgt wird. Die einfachste Methode, möglichst viel Zytoplasma in die Eizelle zu bekommen, damit sie genug hat, wenn sie es am nötigsten braucht, ist, den anderen drei Zellen dieses vorzuenthalten.

> **IN DIESEM KAPITEL**
>
> Wertschätzung: die Arbeit Gregor Mendels
>
> Verstehen: Vererbung, Dominanz und Trennung der Allele
>
> Wahrscheinlichkeitsrechnung: Lösung einfacher genetischer Probleme

Kapitel 3
Erbsenzählen: Wir entdecken die Vererbungsregeln

Sämtliche physischen Merkmale eines Lebewesens lassen sich zu seinen Genen zurückverfolgen. Schauen Sie sich die Blätter an einem Baum an oder Ihre eigene Augenfarbe. Wie groß sind Sie? Können Sie Ihre Zunge rollen oder falten? Haben Sie Haare auf dem Fingerrücken? All das und noch viel mehr wird durch Gene bestimmt, die von den Eltern an ihre Nachkommen weitergereicht werden. Selbst wenn Sie nichts über Gene und ihre Funktion wissen, haben Sie sich bestimmt schon mal gefragt, wovon die Vererbung von physischen Eigenschaften abhängt. Denken Sie nur an die erste Frage, die fast jeder stellt, wenn er ein Neugeborenes sieht: »Kommt es mehr nach Mama oder Papa?«

Die *Regeln der Vererbung*, also wie Merkmale von Generation zu Generation weitergegeben werden (einschließlich dominant-rezessiver Vererbung, Segregation von Allelen in die Gameten und die unabhängige Zuordnung der Merkmale), wurden vor weniger als 200 Jahren entdeckt. Um 1850 beobachtete Johann Gregor Mendel, ein österreichischer Mönch, während der Gartenarbeit das Wachstum seiner Erbsen und leitete daraus Stück für Stück die grundlegenden Regeln der Vererbung ab, die heute noch ihre Gültigkeit besitzen. In diesem Kapitel werden Sie erfahren, wie Mendels Erbsenzählerei das Weltbild der Wissenschaft für immer veränderte. Falls Sie Kapitel 2 übersprungen haben, ist das kein Grund zur Sorge – Mendel selbst wusste gar nichts über Mitose oder Meiose, als er die Vererbungsregeln formulierte.

Mendels Entdeckungen haben auf das heutige Leben einen enormen Einfluss genommen. Wenn Sie verstehen möchten, wie die Genetik Ihre Gesundheit beeinflusst (siehe Teil III in diesem Buch), hilft Ihnen dieses Kapitel dabei, denn Sie werden diese Vererbungsregeln dafür gut gebrauchen können.

Im Garten mit Gregor Mendel

Schon Jahrhunderte bevor Mendel seine erste Erbse pflanzte, hatten die Gelehrten und Wissenschaftler diskutiert, wie Vererbung funktionieren könnte. Es war offensichtlich, dass *irgendetwas* von den Eltern an die Nachkommen weitergegeben werden musste, denn einige Krankheiten oder Persönlichkeitsstrukturen tauchten immer wieder innerhalb einer Familie auf. Und jeder Bauer wusste, wenn er Pflanzen oder Tiere mit besonders geschätzten Eigenschaften kreuzte, konnte er Sorten und Rassen züchten, die begehrenswerte Eigenschaften haben, wie zum Beispiel Mais mit höheren Erträgen, stärkere Pferde oder ausdauerndere Hunde. Aber was genau von den Eltern an die Nachkommen weitergegeben wird, blieb lange ein Geheimnis.

Doch dann betrat der Star unserer Gartenshow die Bühne: Gregor Mendel. Mendel war von Natur aus neugierig. Als er durch den Garten seines Klosters Altbrünn (im heutigen Brno, Tschechien) wanderte, sah er, dass seine Erbsenpflanzen alle unterschiedlich aussahen. Einige waren groß, andere klein. Einige hatten grüne Samen, die anderen gelbe. Mendel fragte sich, was wohl die Unterschiede hervorrufen könnte, und entschloss sich, eine Reihe kleiner Experimente durchzuführen. Er wählte sieben Merkmale der Erbsenpflanzen für seine Experimente aus, wie in Tabelle 3.1 dargestellt ist.

Merkmal	Gewöhnliche Form	Ungewöhnliche Form
Samenfarbe	gelb	grün
Samenform	rund	runzelig
Farbe der Samenschale	grau	weiß
Farbe der Erbsenhülse	grün	gelb
Form der Erbsenhülse	gewölbt	eingeschnürt
Pflanzenhöhe	groß	klein
Blütenstellung	am Stängel verteilt	an der Stängelspitze

Tabelle 3.1: Die von Mendel untersuchten sieben Merkmale bei Erbsenpflanzen

Zehn Jahre lang baute Mendel geduldig viele verschiedene Formen von Erbsen an – Erbsen mit verschiedenen Blütenfarben, Samenformen, Samenzahlen und so weiter. Er *kreuzte* verschiedene Elternpflanzen und beobachtete, wie deren Nachkommen aussahen. Als Mendel 1884 starb, war er sich der Tragweite seiner Entdeckung und ihrer Bedeutung für die Wissenschaft überhaupt nicht bewusst. Erst 34 Jahre nach der Publikation seiner Arbeit »Versuche über Pflanzen-Hybriden« aus dem Jahr 1866 wurde die Arbeit wieder aufgenommen und die Entdeckung des einfachen Gärtners gewürdigt. (Die ganze Geschichte über Mendels Forschung, wie sie verloren ging und wiedergefunden wurde, lesen Sie in Kapitel 22.)

Um Mendels Arbeit richtig einschätzen zu können, sollten Sie verstehen, wie sich Pflanzen vermehren. Zur Vermehrung von Pflanzen braucht man Blüten und den Blütenstaub, den *Pollen* (das pflanzliche Äquivalent zu den Spermien). In den Blüten gibt es *Ovarien*, bei Pflanzen auch *Fruchtknoten* genannt, die sicher im Stempel verborgen liegen und über die Narbe mit der Außenwelt verbunden sind (siehe Abbildung 3.1). Pollen wird in den *Staubblättern* produziert. Die Pflanze produziert im Ovarium eine Eizelle, die, wenn sie mit

Pollen in Berührung kommt (der Pollen muss dabei auf die Narbe gelangen; dieser Vorgang heißt bezeichnenderweise »Bestäubung«), befruchtet wird und Samen produziert. Unter günstigen Bedingungen keimt der Samen im Boden und wächst wieder zu neuen Pflanzen, eben den Nachkommen, heran. Die Befruchtung kann bei den Pflanzen auf zwei Arten geschehen:

- ✔ **Fremdbestäubung:** Zwei verschiedene Pflanzen werden gekreuzt, wobei der Pollen einer Pflanze zur Bestäubung einer anderen Pflanze dient, woraus die Fremdbefruchtung folgt.

- ✔ **Selbstbestäubung:** Einige Blüten produzieren sowohl Frucht- als auch Staubblätter. In solchen Fällen können die Pflanzen ihre eigenen Narben selbst bestäuben, was Selbstbestäubung genannt wird. Nicht bei allen Pflanzen folgt daraus eine Selbstbefruchtung, aber Erbsen können das.

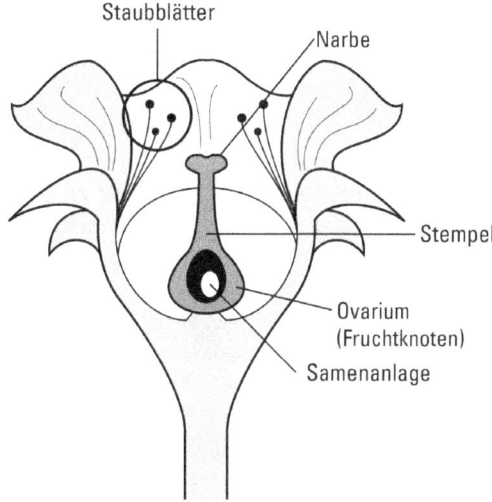

Abbildung 3.1: Die Reproduktionsorgane in einer Blüte

Die Sprache der Vererbung

Sie wissen wahrscheinlich schon, dass die Gene von den Eltern auf die Nachkommen übertragen werden und dass die Gene irgendwie für Ihr Erscheinungsbild (den *Phänotyp*, zum Beispiel die Haarfarbe) verantwortlich sind (mehr dazu in Kapitel 11). Die einfachste Definition für ein *Gen* ist: ein vererbter Faktor, der ein Merkmal bestimmt.

 Gene existieren in verschiedenen Versionen, den sogenannten *Allelen*. Die Allele eines Individuums bestimmen dessen Phänotyp. Die Kombination der Allele aller Ihrer Gene ist Ihr *Genotyp*. Die Gene sitzen auf bestimmten Stellen im Erbgut, den *Loci* (*Locus* im Singular). Verschiedene Gene (zum Beispiel für die Haarform, also ob glatt, gewellt oder gelockt, und die Haarfarbe) sitzen auf verschiedenen Loci, oft auch auf verschiedenen Chromosomen (in Kapitel 2 finden

Sie eine Beschreibung der Chromosomen). In Abbildung 3.2 sehen Sie drei Gene mit jeweils zwei verschiedenen Allelen auf verschiedenen Loci eines Chromosomenpaares.

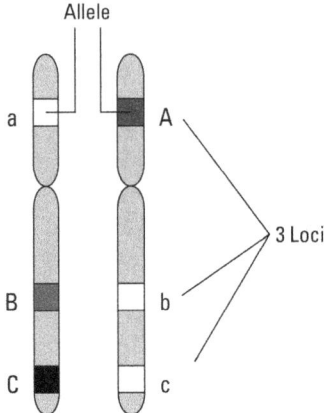

Abbildung 3.2: Je zwei verschiedene Allele an drei Loci homologer Chromosomen

Beim Menschen und anderen diploiden Lebewesen kommen die Allele fast aller Gene in Paaren vor (Ausnahmen sind beispielsweise Gene auf den Geschlechtschromosomen oder Gonosomen bei Männern). Sind die Allele identisch, wird der jeweilige Locus und der Organismus in Bezug auf diesen speziellen Locus als *homozygot* (reinerbig) bezeichnet. Sind die beiden Allele jedoch unterschiedlich (zum Beispiel ein Allel für blaue und das andere für braune Augen), ist das Lebewesen in Bezug auf diesen Locus *heterozygot* (mischerbig). Ein Lebewesen ist immer gleichzeitig homozygot und heterozygot, je nachdem, welches Gen (welcher Locus) gerade betrachtet wird. So kommt die ganze phänotypische Vielfalt der verschiedenen Individuen zustande. Zum Beispiel wird die Haarform von einem Locus bestimmt, die Haarfarbe wiederum von mehreren verschiedenen Loci, und wieder andere Loci sind für die Hautfarbe zuständig. Hieran können Sie sehen, wie schwierig es werden kann herauszufinden, wie komplexe Merkmale vererbt werden.

Vererbung leicht gemacht

Wenn man die Vererbungsmuster ergründen will, ist es am einfachsten, zunächst nur ein Merkmal zu untersuchen. Diese Art der einfachen Vererbung hatte auch Mendel beobachtet, als er begann, mit seinen Erbsen zu arbeiten.

Die glückliche (und zufällige) Auswahl der Erbsenpflanzen als Untersuchungsobjekt sowie die (ebenso zufällig glücklich) ausgesuchten Merkmale haben es Mendel erleichtert, die Vererbungsregeln abzuleiten:

✔ **Die Erbsenpflanzen, mit denen Mendel begonnen hat, waren reinerbig.** Wenn sich reinerbige Pflanzen selbst bestäuben (und befruchten), zeigen die Nachkommen auch nach Generationen exakt dieselben Eigenschaften (Phänotyp) wie die

Elternpflanzen. Reinerbige große Pflanzen erzeugen immer große Pflanzen, reinerbige kleine Pflanzen erzeugen immer kleine Pflanzen und so weiter.

✔ **Mendel wählte Merkmale, die jeweils nur zwei Ausprägungen oder Phänotypen hatten.** Mendel wählte ganz bewusst Merkmale aus, die in nur zwei Ausprägungen vorkamen, zum Beispiel groß oder klein, gelbe oder grüne Samen. Solche Merkmale machten das Entschlüsseln der Vererbungsmuster einfacher. (In Kapitel 4 behandeln wir dann Merkmale, die mehr als zwei Phänotypen haben.)

✔ **Mendel arbeitete nur mit Merkmalen, die eine *autosomal-dominante* Form der Vererbung zeigten – das heißt, die Gene lagen nur auf den autosomalen Chromosomen und nicht auf den Geschlechtschromosomen.** (Kompliziertere Vererbungsgänge erörtere ich in den Kapiteln 4 und 5.)

Bevor die Pflanzen mit der Produktion von Pollen begannen, öffnete Mendel die Knospen. Er entfernte entweder die pollenproduzierenden Teile (Staubblätter) oder den pollenempfangenden Teil (Narbe), um die Selbstbestäubung der Pflanze zu verhindern. Nachdem die Blüte ausgereift war, bestäubte er die Pflanze von Hand mit einem kleinen Pinsel als Hilfsmittel und übertrug so den Pollen von den Staubblättern einer Pflanze (in diesem Fall die Vaterpflanze) auf die Narbe einer anderen Pflanze (die Mutterpflanze). Die Samen, die aus dieser Anpaarung zustande kamen, pflanzte er wieder ein und beobachtete, welche physischen Merkmale sich bei jeder Kreuzung ausbildeten. Die folgenden Absätze erklären nun die drei Vererbungsregeln, die Mendel aus diesen Versuchen ableitete.

Vorherrschaft sichern

Für seine Experimente kreuzte Mendel reinerbige Pflanzen, also reinerbig große mit reinerbig kleinen Pflanzen oder reinerbige Pflanzen mit glatten Samen mit reinerbigen Pflanzen mit runzeligen Samen und so weiter. Kreuzungen von Eltern, die sich nur in einem Merkmal wie Größe oder Samenform unterscheiden, nennt man *monohybride Kreuzungen*. Mendel bestäubte geduldig Pflanze für Pflanze per Hand, erntete und pflanzte die Samen und betrachtete das Ergebnis, nachdem die Nachkommen ausgereift waren. Seine Pflanzen brachten Tausende von Samen hervor, sodass sein Garten ein schöner Anblick gewesen sein musste.

Für die Beschreibung von Mendels Experimenten und Ergebnissen wird generell der Buchstabe *P* für die Elterngeneration (*Parenteralgeneration*) verwendet, während Nachkommen der ersten Kreuzung die Bezeichnung F_1 (*F* für *Filialgeneration*) erhalten. Die Folgegeneration von F_1, also wenn F_1-Nachkommen untereinander gekreuzt werden oder sich selbst bestäuben, heißt F_2 (zur Generationenfolge siehe Abbildung 3.3).

Die Ergebnisse aus Mendels Versuchen waren erstaunlich konsistent. Jedes Mal, wenn er reinerbige Pflanzen mit verschiedenen Phänotypen miteinander kreuzte, hatten alle F_1-Nachkommen den gleichen Phänotyp wie eine der Elternpflanzen. Wenn Mendel zum Beispiel eine reinerbig große Pflanze mit einer reinerbig kleinen Pflanze kreuzte, waren *alle* F_1-Nachkommen aus dieser Kombination groß. Die Ergebnisse waren überraschend, weil man bisher immer vermutet hatte, dass die Eigenschaften der Eltern bei der Vererbung auf die Nachkommen gemittelt werden – Mendel hatte in der ersten Generation eigentlich mittelgroße Pflanzen erwartet.

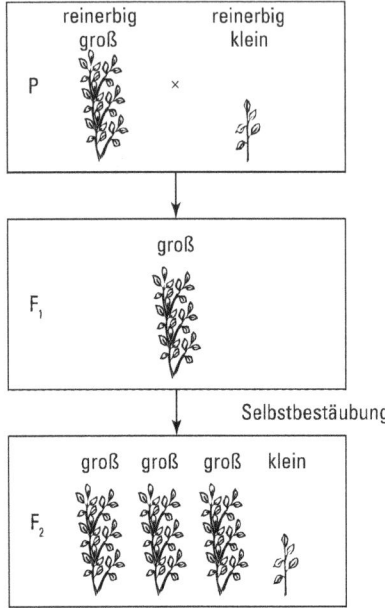

Abbildung 3.3: Monohybride Kreuzungen zeigen, wie die einfache Vererbung abläuft.

Hätte sich Mendel nun am Kopf gekratzt und da aufgehört, hätte er nicht sehr viel aus der Sache gelernt. Er ließ aber zu, dass sich die F_1-Generation selbst bestäubte, und machte eine interessante Beobachtung: Rund 25 Prozent der F_2-Nachkommen waren jetzt wieder klein, die restlichen etwa 75 Prozent der Pflanzen groß (siehe Abbildung 3.3).

Als sich die F_2-Generation selbst bestäubte, zeigte sich, dass die kleinen Pflanzen reinerbig waren – alle hatten kleine Nachkommen. Seine großen F_2-Pflanzen brachten jedoch große und kleine Nachkommen hervor. Etwa ein Drittel seiner großen F_2-Pflanzen war reinerbig und produzierte nur große Nachkommen. Der Rest produzierte wieder große und kleine Nachkommen im Verhältnis 3:1 (das heißt ¾ groß und ¼ klein).

Nach Tausenden von Kreuzungen kam Mendel zu der korrekten Schlussfolgerung, dass die Faktoren, die für Samenform und -farbe, Hülsenfarbe, Pflanzengröße und so weiter verantwortlich sind, immer pärchenweise arbeiten, weil in der F_1-Generation immer nur *ein* Phänotyp zur Ausprägung kam, während in der F_2-Generation hingegen *beide* Phänotypen sichtbar wurden. Aufgrund seiner Beobachtung in der F_2-Generation folgerte er, dass das, was auch immer ein bestimmtes Merkmal (also hier zum Beispiel die geringere Pflanzengröße) kontrollierte, in der F_1-Generation zwar vorhanden, aber irgendwie versteckt war.

Mendel hatte schnell herausgefunden, dass einige Merkmale andere beherrschen, sich also *dominant* verhalten, sodass ein Faktor die Präsenz des anderen verbirgt. Runde Samen dominieren über runzelige Samen, große Pflanzen über kleine und gelbe Samen über grüne. Mendel hat das genetische Prinzip der *Dominanz* durch exakte Beobachtungen der Phänotypen von Generation zu

Generation und Kreuzung für Kreuzung richtig abgeleitet. Als er reinerbig große mit reinerbig kleinen Pflanzen kreuzte, bekam jeder F_1-Nachkomme je einen die Größe bestimmenden Faktor von jedem Elternteil. Da »groß« *dominant* über »klein« war, waren alle F_1-Pflanzen groß gewachsen. Mendel fand auch heraus, dass *rezessive* Faktoren (die von den dominanten verborgen werden) nur dann ausgeprägt werden, wenn beide Faktoren gleich sind, sich also reinerbig kleine Pflanzen selbst befruchten.

Segregation der Allele

Segregation bedeutet im Prinzip eine »Entmischung« oder Trennung. Im genetischen Sinne werden hier die zwei Faktoren – die Allele – getrennt, die den Phänotyp festlegen. Abbildung 3.4 zeigt die Trennung der Allele über drei Generationen hinweg. Das Kürzel für ein dominantes Allel ist üblicherweise ein Großbuchstabe, derselbe Buchstabe kleingeschrieben bezeichnet das rezessive Allel. In diesem Beispiel benutze ich *G* für das dominante Allel, das gelbe Samen hervorruft, und *g* für das rezessive Allel, das grüne Samen hervorbringt.

Beliebige Buchstaben oder Symbole können für die verschiedenen Allele und Merkmale benutzt werden. Man muss nur sicherstellen, dass die Verwendung der Buchstaben oder Symbole konsistent ist und diese nicht verwechselt werden.

Im Segregationsbeispiel in Abbildung 3.4 sind die Eltern (die Pflanzen in der Generation P) homozygot. Jede Pflanze hat einen bestimmten Genotyp, also eine Kombination von Allelen, der den Phänotyp bestimmt. Weil Erbsenpflanzen *diploid* sind (das heißt, sie haben zwei Kopien eines Gens, siehe Kapitel 2), wird der Genotyp einer Pflanze mit zwei Buchstaben beschrieben. Zum Beispiel hat eine reinerbige Pflanze mit gelben Samen den Genotyp GG, reinerbige Pflanzen mit grünen Samen haben den Genotyp gg. Die *Gameten* (Geschlechtszellen wie Pollen oder Eizellen), die in jeder Pflanze produziert werden, besitzen aber nur ein Allel (Geschlechtszellen sind *haploid* – wie durch Meiose haploide Gameten produziert werden, siehe Kapitel 2). Deswegen können reinerbige Pflanzen nur Gameten eines Typs erzeugen: GG-Pflanzen werden nur G-Gameten produzieren, gg-Pflanzen nur g-Gameten. Wenn nun ein G-Pollen auf eine g-Eizelle (oder umgekehrt ein g-Pollen auf eine G-Eizelle) trifft, wird der Nachkomme den Genotyp Gg beziehungsweise gG erhalten – und das ist die heterozygote F_1-Generation.

Der Kernpunkt der Segregation ist die erneute Trennung der beiden Allele in der nächsten Generation, die wieder einzeln auf die Gameten verteilt werden. Jeder Gamet bekommt ein, und nur ein (!) Allel eines bestimmten Locus. Dies ist das Ergebnis der Trennung der homologen Chromosomen in der ersten Runde der Meiose (wie das exakt funktioniert, lesen Sie in Kapitel 2). Wenn sich die F_1-Generation mit dem Genotyp Gg selbst befruchtet, um die F_2-Generation zu produzieren, entstehen zur Hälfte Gameten mit G und zur Hälfte Gameten mit g. Durch die Segregation (die erneute Trennung der Allele) sind nun vier Kombinationen möglich: GG, Gg, gG und gg. (Die Unterscheidung der Kombinationen Gg und gG erscheint überflüssig, ist genetisch gesehen aber bedeutsam aufgrund der Herkunft der Allele – G oder g – von Mutter oder Vater.) Phänotypisch sehen

GG, Gg und gG gleich aus: gelbe Samen. Nur die Kombination gg bringt grüne Samen hervor. Das Verhältnis der Genotypen ist 1:2:1 (¼ homozygot dominant, ½ heterozygot und ¼ homozygot rezessiv) und das Verhältnis der Phänotypen ist 3:1 (dominanter Phänotyp zu rezessivem Phänotyp).

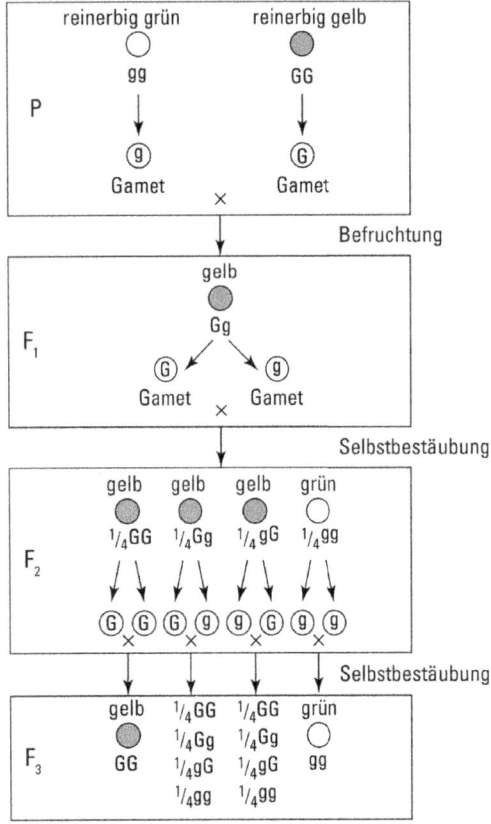

Abbildung 3.4: Das Prinzip der Segregation und Dominanz, dargestellt am Beispiel von drei Generationen von Erbsenpflanzen mit gelben oder grünen Samen

Wenn sich die F_3-Generation wieder selbst bestäubt, entstehen aus den gg-Eltern wieder gg-Nachkommen und GG-Eltern produzieren nur GG-Nachkommen. Die Gg(gG)-Pflanzen wiederum erzeugen genotypisch GG-, Gg- und gg-Nachkommen im selben Verhältnis wie in der F_2-Generation: ¼ GG, ½ Gg und ¼ gg.

Heute wissen die Forscher, dass das, was Mendel als pärchenweise arbeitende Faktoren bezeichnet hat, Gene sind. Einzelne Genpaare (die auf einem Locus sitzen) kontrollieren ein Merkmal. Das heißt, das Gen für die Größe der Pflanzen sitzt auf einem Locus, das Gen für die Samenfarbe auf einem anderen Locus, das für die Samenform auf einem dritten und so weiter.

Unabhängigkeitserklärung

Als Mendel mehr über die Weitergabe von Merkmalen von einer Generation zur nächsten erfuhr, beobachtete er die Vererbung bei Pflanzen, die sich in zwei oder mehr Merkmalen unterschieden. Dabei entdeckte er, dass Merkmale unabhängig voneinander vererbt werden. Die Vererbung der Pflanzengröße hat zum Beispiel keinen Einfluss auf die der Samenfarbe.

Er hatte auch da ein wenig Glück mit seiner Auswahl – wären die Gene für Pflanzengröße und Samenfarbe auf einem Chromosom eng nebeneinander lokalisiert, hätte die Geschichte hier einen ganz anderen Verlauf genommen.

Die voneinander unabhängige Vererbung der Merkmale wird auch *Unabhängigkeitsregel* oder *Neukombinationsregel* genannt und ergibt sich aus der Meiose. Die Trennung der homologen Chromosomen während der Meiose erfolgt zufällig und voneinander unabhängig. Es ist wie Münzenwerfen: Solange die Münze nicht gezinkt ist, hat ein Münzwurf keinen Einfluss auf den nächsten, jeder Wurf ist also ein unabhängiges Ereignis. Genetisch gesehen bedeutet die zufällige Trennung, dass Allele auf verschiedenen Chromosomen unabhängig voneinander vererbt werden.

Die Segregation und die Unabhängigkeit sind zwei eng verwandte Prinzipien. *Segregation* bedeutet nichts weiter, als dass Allele desselben Locus eines Chromosomenpaares getrennt werden und die Wahrscheinlichkeit, ein bestimmtes Allel zu erben, bei allen Nachkommen gleich ist. *Unabhängigkeit* bedeutet, dass jeder einzelne Nachkomme dieselbe Chance hat, jedes Allel eines jeden anderen Locus zu erben (allerdings gibt es hier Ausnahmen von der Regel – siehe Kapitel 4).

Unbekannte Allele ermitteln

Mendel kreuzte seine Elternpflanzen in vielen verschiedenen Kombinationen, um das Zusammenspiel der versteckten Faktoren (was wir heute als Gene kennen), die den Phänotyp bestimmen, zu entschlüsseln. Eine dieser Kreuzungen war besonders informativ: eine *Testkreuzung* zwischen irgendeiner Pflanze mit unbekanntem Genotyp und einer reinerbigen (also *homozygoten*) Pflanze mit dem rezessiven Phänotyp. Damit war es Mendel möglich, mehr über die Allele der Pflanze mit dem unbekannten Genotyp in Erfahrung zu bringen.

Im Folgenden sehen Sie, wie so eine Testkreuzung funktioniert. Eine Pflanze mit dem dominanten Phänotyp »violette Blüten« wird mit einer reinerbig rezessiven Pflanze mit weißen Blüten (ww) gepaart. Hätten alle Nachkommen violette Blüten, wüsste Mendel, dass die fragliche Pflanze mit den violetten Blüten reinerbig gewesen sein muss (WW). In Abbildung 3.5 sehen Sie das andere mögliche Ergebnis: Eine heterozygote Pflanze produziert in der Anpaarung zur einen Hälfte Nachkommen mit violetten Blüten (Ww) und zur anderen Hälfte Pflanzen mit weißen Blüten (ww).

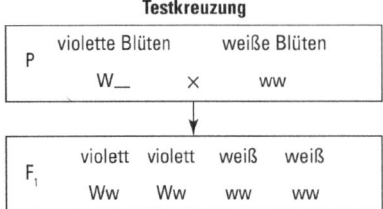

Abbildung 3.5: Die Ergebnisse der Testkreuzung enthüllen den unbekannten Genotyp.

Einfache Wahrscheinlichkeitsrechnung zur Ermittlung der vielfältigen Möglichkeiten der Vererbung

Es ist relativ einfach, die Ergebnisse einer Kreuzung vorherzusagen, weil die Vererbung nach den Gesetzen der einfachen Wahrscheinlichkeitsrechnung verläuft. Hier folgen zwei wichtige Regeln der Wahrscheinlichkeitsrechnung, die Sie kennen sollten:

- ✔ **Multiplikationsregel:** Diese Regel wird dann benutzt, wenn die Wahrscheinlichkeiten unabhängig voneinander sind – wenn also das Ergebnis eines Ereignisses nicht die Ergebnisse anderer Ereignisse beeinflusst. Die kombinierte Wahrscheinlichkeit beider Ereignisse ist das Produkt der einzelnen Wahrscheinlichkeiten, daher multiplizieren Sie die beiden Wahrscheinlichkeiten.

- ✔ **Additionsregel:** Diese Regel wird dann verwendet, wenn man wissen will, wie wahrscheinlich es ist, dass ein bestimmtes Ereignis anstatt eines anderen, unabhängigen Ereignisses eintritt. Anders ausgedrückt: Sie wenden diese Regel an, wenn Sie wissen wollen, ob es wahrscheinlicher ist, dass das eine *oder* das andere Ereignis eintritt, aber nicht notwendigerweise beide.

Mehr Details finden Sie im Kasten »Mit der Genetik entgegen aller Wahrscheinlichkeit«.

Hier ist nun ein Beispiel, wie die Multiplikationsregel und die Additionsregel bei einfachen monohybriden Kreuzungen (die Eltern unterscheiden sich nur in einem Merkmal) anzuwenden sind. Angenommen, Sie haben zwei Erbsenpflanzen. Beide haben violette Blüten und sind heterozygot (Ww). Jede Pflanze wird zwei Arten von Gameten hervorbringen, nämlich W und w, wobei das Auftreten von W oder w gleich wahrscheinlich ist – soll heißen, die Hälfte der Gameten wird W sein, die andere Hälfte w. Um die Wahrscheinlichkeit zu ermitteln, dass ein bestimmter Genotyp bei den Nachkommen auftritt, benutzen Sie einfach die Multiplikationsregel und multiplizieren die Wahrscheinlichkeiten. Wie hoch ist zum Beispiel die Wahrscheinlichkeit, bei dieser Kreuzung einen heterozygoten Nachkommen (Ww) zu erhalten?

Da beide Eltern heterozygot (Ww) sind, ist die Wahrscheinlichkeit, von der ersten Pflanze ein W zu erhalten, ½. Die Wahrscheinlichkeit, w von der zweiten Pflanze zu erhalten, ist ebenfalls ½. Das Wort *und* sagt uns, dass wir die Multiplikationsregel anwenden müssen, um die Wahrscheinlichkeit dieser gleichzeitig ablaufenden Ereignisse zu errechnen. So ist ½ × ½ = ¼. Es gibt aber noch eine zweite Möglichkeit, einen heterozygoten Nachkommen aus dieser Kreuzung zu erhalten: Es könnte nämlich umgekehrt Pflanze 1 ein w und Pflanze 2 ein W beisteuern. Die Wahrscheinlichkeit bei dieser Ausgangslage unterscheidet sich nicht von der Wahrscheinlichkeit beim ersten Szenario: ½ × ½ = ¼. Demzufolge ist es gleichermaßen wahrscheinlich, heterozygote Ww oder wW zu erhalten. Das Wort *oder* sagt uns wiederum, dass wir beide Wahrscheinlichkeiten addieren müssen, um die Gesamtwahrscheinlichkeit für einen heterozygoten Nachkommen zu erhalten: ¼ + ¼ = ½. Anders gesagt: Die Wahrscheinlichkeit, einen heterozygoten Nachkommen von zwei heterozygoten Eltern zu erhalten, liegt bei 50 Prozent.

Mit der Genetik entgegen aller Wahrscheinlichkeit

Wenn man das Ergebnis eines bestimmten Ereignisses voraussagen will, sei es bei einem Münzwurf oder das Geschlecht eines Babys, benutzt man dafür die Wahrscheinlichkeitsrechnung. Für viele Ereignisse ist der Ausgang »entweder/oder«. Ein Baby kann nur männlich oder weiblich sein, eine Münze zeigt entweder Kopf oder Zahl. Beide Ergebnisse sind gleich wahrscheinlich. Die Wahrscheinlichkeit ist jedoch für viele Ereignisse wesentlich komplizierter zu berechnen. Wie man eine Wahrscheinlichkeit ausrechnet, hängt davon ab, was man wissen will.

Nehmen wir zum Beispiel das Geschlecht mehrerer Kinder eines Elternpaares. Die Wahrscheinlichkeit, dass es ein Junge wird, ist bei jedem neuen Kind ½ oder 50 Prozent. Ist das erste Kind ein Junge, so ist die Wahrscheinlichkeit, dass das zweite Kind ein Junge wird, immer noch 50 Prozent, weil die Vorgänge, die das Geschlecht bestimmen, unabhängig voneinander stattfinden (diese Vorgänge sind genauer gesagt die Meiose, mehr dazu in Kapitel 2).

Das heißt, das Geschlecht des ersten Kindes hat keinen Einfluss auf das Geschlecht des oder der folgenden Kinder. Will man nun wissen, wie hoch die Wahrscheinlichkeit ist, zwei Jungen hintereinander zu bekommen, so multipliziert man die Wahrscheinlichkeiten miteinander: ½ × ½ = ¼ oder 25 Prozent. Will man wissen, wie hoch die Wahrscheinlichkeit ist, zwei Jungen oder zwei Mädchen zu bekommen, so muss man die Wahrscheinlichkeiten addieren: ¼ (die Wahrscheinlichkeit für zwei Jungen) + ¼ (die Wahrscheinlichkeit für zwei Mädchen) = ½ oder 50 Prozent.

Genetische Berater bedienen sich sehr oft der Wahrscheinlichkeitsrechnung, um zu ermitteln, wie wahrscheinlich es ist, dass ein Patient ein bestimmtes Merkmal geerbt hat oder vererbt. Tragen beispielsweise ein Mann und eine Frau beide ein rezessives Gen für zystische Fibrose (auch Mukoviszidose genannt, eine Stoffwechselerkrankung), kann der Berater nun die Wahrscheinlichkeit ausrechnen, dass ein Kind des Paares an dieser Krankheit leiden wird. Ähnlich zu Mendels Kreuzungen kann jeder Elternteil zwei verschiedene Gameten erzeugen: »betroffen« oder »nicht betroffen«. Der Mann produziert genau wie die Frau zur Hälfte Gameten mit dem Gen »betroffen« beziehungsweise »nicht betroffen«. Die Wahrscheinlichkeit, dass ein Kind ein »betroffen«-Allel von seinem Vater und seiner Mutter bekommt, liegt bei ¼ (das ist ½ × ½). Die Wahrscheinlichkeit, dass das Kind von der Krankheit betroffen und ein Mädchen ist, liegt bei ⅛ (das ist ¼ × ½). Die Wahrscheinlichkeit, dass das Kind erkrankt oder ein Junge wird, liegt bei ¾ (¼ + ½).

Lösung einfacher genetischer Probleme

Jede genetische Fragestellung, angefangen bei der Examensaufgabe bis hin zur Fellfarbe der Welpen, die Ihr Hund vielleicht bekommen wird, kann immer nach demselben Prinzip gelöst werden. Hier ist eine einfache Anleitung zur Lösung aller genetischen Fragestellungen:

1. **Stellen Sie fest, mit wie vielen Merkmalen Sie es zu tun haben.**

2. **Zählen Sie die verschiedenen Phänotypen.**

3. **Lesen Sie die Fragestellung sorgfältig durch.** Müssen Sie die genetischen oder die phänotypischen Verhältnisse ausrechnen? Müssen Sie eine Aussage bezüglich der Eltern oder der Nachkommen treffen?

4. **Schauen Sie nach Worten wie »*und*« und »*oder*«. Diese helfen Ihnen festzustellen, ob Sie die Wahrscheinlichkeiten addieren oder multiplizieren sollen.**

Eine monohybride Kreuzung entschlüsseln

Stellen Sie sich vor, Sie haben in Ihrem eigenen Garten die gleichen Erbsensorten, die auch Mendel untersuchte. Nach der Lektüre dieses Buches sind Sie so von der Genetik begeistert, dass Sie raus in Ihren Garten eilen, um sich Ihre Erbsen genauer anzusehen. Und so stellen Sie fest, dass einige Pflanzen groß, andere wiederum klein sind. Sie wissen, dass Sie letztes Jahr nur eine große Pflanze hatten (die sich selbst bestäubt hat) und dass die Ernte dieses Jahr aus den Nachkommen der letztjährigen, großen Pflanze besteht. Nachdem Sie alle Pflanzen gezählt haben, stellen Sie fest, dass 77 Pflanzen groß und 26 klein sind. Wie sah der Genotyp Ihrer ursprünglichen Pflanze aus? Welches ist das dominante Allel?

Sie haben zwei verschiedene Phänotypen des Merkmals Wuchshöhe (groß und klein). Sie können jetzt jeden beliebigen Buchstaben wählen, jedoch nehmen Genetiker häufig den Anfangsbuchstaben zum Beispiel *k* für klein und den jeweiligen Großbuchstaben, in diesem Fall *K*, für das andere, dominante Allel (groß).

Ein Weg, das Problem »klein gegen groß« zu lösen, ist, das Verhältnis der verschiedenen Phänotypen zueinander zu ermitteln. Um den jeweiligen Anteil herauszubekommen, addieren Sie die Anzahl der Nachkommen (77 + 26 = 103) und teilen die Anzahl der jeweiligen Phänotypen durch die Summe: 77 ÷ 103 = 0,75. Das heißt, 75 Prozent der Nachkommen sind groß. Um Ihr Ergebnis zu verifizieren, teilen Sie: 26 ÷ 103 = 0,25, was bedeutet, dass 25

Prozent der Nachkommen klein sind. Zur Kontrolle: 75 Prozent + 25 Prozent = 100 Prozent, also haben wir bisher nichts falsch gemacht.

Nur aufgrund dieser Information allein haben Sie bestimmt schon gemerkt (dank der einfachen Wahrscheinlichkeitsrechnung), dass Ihre ursprüngliche Pflanze heterozygot sein musste und »groß« dominant über »klein« ist. Wie ich schon im Abschnitt »Segregation der Allele« weiter vorn in diesem Kapitel erklärt habe, produziert eine heterozygote Pflanze (Kk) mit gleicher Wahrscheinlichkeit zwei Arten von Gameten (zur Hälfte K und zur Hälfte k). Die Wahrscheinlichkeit, einen homozygot-dominanten Genotyp (KK) zu bekommen, ist ½ × ½ = ¼ (dies ist die Wahrscheinlichkeit, zweimal K zu bekommen – Multiplikationsregel: K einmal *und* K noch einmal, wie bei einem Münzwurf, der zweimal hintereinander Kopf zeigt). Die Wahrscheinlichkeit, eine heterozygot-dominante Kombination (K und k *oder* k und K) zu bekommen, liegt bei ½ × ½ (für Kk) + ½ × ½ (für kK) = ½ (Additionsregel). Zu guter Letzt ist die Wahrscheinlichkeit insgesamt, einen dominanten Genotyp zu bekommen (KK oder Kk oder kK) ¼ + ½ = ¾ oder 75 Prozent. Bei 103 Pflanzen würde man erwarten, dass im Schnitt 77,25 Pflanzen den dominanten Phänotyp zeigen – was ziemlich genau der beobachteten Anzahl Erbsenpflanzen entspricht.

Eine dihybride Kreuzung bewältigen

Um noch ein wenig sicherer bei der Lösung genetischer Fragestellungen zu werden, bewältigen wir jetzt ein Problem mit mehr als einem Merkmal: eine *dihybride Kreuzung*.

Nun zum Problemszenario: Bei Kaninchen ist kurzes Fell dominant (Kaninchenzüchter mögen mir diese grobe Vereinfachung verzeihen). Ihr Mitbewohner zieht aus und hinterlässt Ihnen zwei Kaninchen ... Sie haben die Tiere eh versorgt und niedlich sind sie allemal, also macht es Ihnen nichts aus. Eines Tages wachen Sie auf und stellen fest, dass Ihre Kaninchen nun Eltern geworden sind und einen Wurf Nachkommen produziert haben:

- ✔ Eins ist grau und hat langes Fell.
- ✔ Zwei sind schwarz und haben langes Fell.
- ✔ Zwei sind grau und haben kurzes Fell.
- ✔ Sieben sehen aus wie die Eltern: schwarz mit kurzem Fell.

Was können Sie (neben der offensichtlichen Lektion über die Sterilisation oder Kastration von Haustieren und die Unzuverlässigkeit Ihres früheren Mitbewohners) über die Genetik von Fellfarbe und -länge bei Kaninchen lernen?

Erst einmal: Wie viele Merkmale betrachten wir? Ich habe nichts über das Geschlecht der Baby-Kaninchen erzählt, so können wir annehmen, dass das Geschlecht mit der Sache nichts zu tun hat (falls Sie aber mehr über Vererbung und das Geschlecht wissen wollen, lesen Sie Kapitel 5). Wir haben es mit zwei Merkmalen zu tun: Fellfarbe und Felllänge. Jedes Merkmal gibt es in zwei Phänotypen: Das Fell kann die Farbe Schwarz oder Grau haben und es kann kurz oder lang sein. Bei der Bearbeitung des Problems wird Ihnen im Vorfeld gesagt, dass kurzes Fell dominant ist, weitere Informationen über die Farbe erhalten Sie jedoch nicht.

Die einfachste Methode, an ein solches Problem heranzugehen, ist, erst einmal nur ein Merkmal oder, in anderen Worten, die monohybride Kreuzung zu betrachten (blättern Sie zurück zum Abschnitt »Entschlüsseln einer monohybriden Kreuzung«, falls Sie eine Auffrischung brauchen). Beide Eltern haben kurzes Fell. Wie viele Nachkommen haben kurzes Fell? Neun von zwölf, also 9 ÷ 12 = ¾ oder 75 Prozent. Das heißt, auf drei Kaninchen mit kurzem Fell kommt eins mit langem Fell. Da phänotypisch identisch, haben die Eltern auch beide schwarzes Fell. Wie sieht's bei den Kleinen aus? Wiederum neun (schwarz) zu drei (grau). Kennen wir doch schon irgendwoher! Das Verhältnis von schwarz zu grau ist 3:1.

Von dem, was Sie über monohybride Kreuzungen wissen, haben Sie sich sicherlich schon gedacht, dass die Eltern-Kaninchen heterozygot sind, sowohl in Bezug auf die Fellfarbe als auch in Bezug auf die Felllänge. Um das zu bestätigen, können Sie die Wahrscheinlichkeiten der verschiedenen Genotypen und der entsprechenden Phänotypen der Nachkommen von zwei Kaninchen ausrechnen, die für zwei Loci heterozygot sind (siehe Abbildung 3.6).

Das phänotypische Verhältnis der Kaninchennachkommen (9:3:3:1, siehe Abbildung 3.6) ist typisch für die F_2-Generation bei einer dihybriden Kreuzung. Der seltenste Phänotyp ist der, der für beide Merkmale rezessiv ist, in diesem Fall die graue Fellfarbe und langes Fell. Der am häufigsten anzutreffende Phänotyp ist derjenige, der für beide Merkmale dominant ist. Die Tatsache, dass sieben der zwölf Kaninchen schwarzes, kurzes Fell besitzen, zeigt Ihnen bereits, dass die Wahrscheinlichkeit, ein bestimmtes Allel für Fellfarbe und ein bestimmtes Allel für Felllänge zu erhalten, das Produkt zweier unabhängiger Ereignisse ist. Fellfarbe und Felllänge werden also durch Gene bestimmt, die unabhängig voneinander vererbt werden, wie man es nach der Unabhängigkeitsregel erwarten würde.

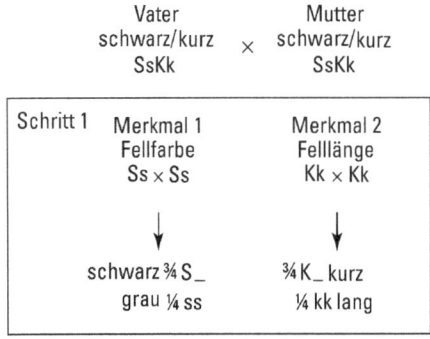

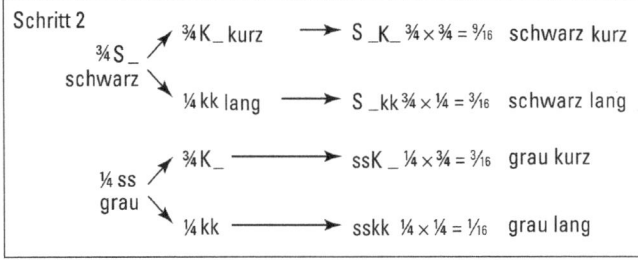

Abbildung 3.6: Verteilung von Genotypen und Phänotypen bei einer dihybriden Kreuzung

> **IN DIESEM KAPITEL**
>
> Die Variationen dominanter Allele
>
> Wie die einfache Vererbung komplizierter wird
>
> Einige Ausnahmen von Mendels Regeln

Kapitel 4
Gesetzesvollzug: Mendels Regeln angewandt bei komplexen Merkmalen

Obwohl mittlerweile mehr als 150 Jahre vergangen sind, seitdem Mendel seine Erbsenpflanzen gezüchtet hat, beschreiben seine Beobachtungen und Rückschlüsse immer noch exakt die Vererbung von Genen der Eltern an die Nachkommen. Die grundlegenden Gesetze der Vererbung – Dominanz, Segregation und Unabhängigkeit – haben die Zeit überdauert.

Aber so einfach, wie Mendel sie beschrieben hat, ist die Vererbung nun auch wieder nicht. Dominante Allele haben nicht unbedingt immer das Sagen und Gene werden nicht immer unabhängig voneinander vererbt. Einige Gene können sich hinter anderen verstecken, manche Allele haben sogar eine tödliche Wirkung. In diesem Kapitel erfahren Sie, wo genau Mendel recht oder unrecht hatte, und Sie lernen etwas über kompliziertere Vererbungsregeln und deren Umsetzung.

Doch nicht so dominant

Hätte Mendel irgendeine andere Pflanze anstelle der Erbse gewählt, wäre er wahrscheinlich zu vollkommen anderen Rückschlüssen gekommen. Die Merkmale, die Mendel bearbeitete, zeigen alle eine *vollständige Dominanz* – der Phänotyp des dominanten Allels (zum Beispiel das für gelbe Erbsensamen) überdeckt den rezessiven Phänotyp vollständig. Der rezessive Phänotyp (grüne Erbsensamen) tritt nur dann in Erscheinung, wenn beide Allele rezessiv sind (siehe Kapitel 3). Aber nicht alle Allele verhalten sich so brav dominant oder rezessiv. Manche Allele zeigen eine *unvollständige Dominanz* und scheinen eine Mixtur der Phänotypen der Eltern zu erzeugen.

Kneifen durch unvollständige Dominanz

Ein Besuch im Lebensmittelladen kann eine gute Lehrstunde in Sachen Genetik werden! Nehmen wir zum Beispiel Auberginen. Die Haut der Auberginen gibt es (meistens) in verschiedenen Lilatönen. Die Färbung ist das Werk zweier Allele, die unterschiedlich zur Ausprägung des Phänotyps »Fruchtfarbe« zusammenwirken. Dunkellila und Weiß sind das Ergebnis der jeweils homozygoten Allele. Dunkellila ist der Phänotyp des homozygotdominanten Allels (PP), Weiß das Ergebnis des homozygot-rezessiven Allels (pp). Kreuzt man dunkellila gefärbte mit weißen Auberginen, erhält man Früchte mit einem hellvioletten Farbton – das ist der *intermediäre* (»dazwischenliegende«) Phänotyp. Diese intermediäre, zwischen Dunkellila und Weiß angesiedelte Farbe ist das Ergebnis einer unvollständigen Dominanz des Allels für Dunkellila über das Allel für Weiß (das eigentlich das Allel für »farblos« ist).

Bei der *unvollständigen Dominanz* werden Allele exakt so vererbt, wie es Mendel beschrieben hat: Von jedem Elternteil stammt je ein Allel. Die Allele unterliegen auch den Gesetzen der Segregation und Unabhängigkeit, aber das dominante Allel setzt sich gegenüber dem rezessiven Allel nicht vollständig durch.

Und so funktioniert die Kreuzung bei den Auberginen: Die Elternpflanzen sind jeweils homozygot für Dunkellila (PP) und Weiß (pp). Die F_1-Generation ist einheitlich heterozygot (Pp), wie man es auch nach Mendel erwarten würde (siehe Kapitel 3). Wäre die Vererbung für dieses Merkmal vollständig dominant, hätten alle Auberginen der F_1-Generation die Farbe Dunkellila. Aufgrund der unvollständigen Dominanz des Merkmals »Dunkellila« sind die Früchte der F_1-Generation jedoch hellviolett gefärbt. Die heterozygoten Pflanzen produzieren weniger lila Farbstoff als die homozygoten Pflanzen, was diese Nachkommen etwas heller erscheinen lässt.

In der F_2-Generation (bei der Kreuzung von Pp mit Pp) hat die Hälfte der Nachkommen hellviolette Früchte (und damit den Pp-Genotyp). Ein Viertel der Nachkommen ist dunkellila (PP) und ein Viertel weiß (pp) gefärbt – diese beiden sind die homozygoten Nachkommen. Anstelle des bei der vollständigen Dominanz erwarteten Phänotypverhältnisses von 3:1 (also drei Pflanzen mit dunkellila gefärbten Früchten auf eine Pflanze mit weißen) erhält man hier vielmehr ein Verhältnis von 1:2:1 (eine Pflanze mit dunkellila, eine mit weißen und zwei Pflanzen mit hellviolett gefärbten Früchten) – das exakte Verhältnis des zugrunde liegenden Genotyps (PP, Pp, Pp, pp). Dieses Vererbungsmuster wird auch als *intermediärer Erbgang* bezeichnet.

Fairplay mit Kodominanz

Wenn sich die Allele gleichermaßen an der Ausprägung des Phänotyps beteiligen, wird das Vererbungsmuster als *kodominant* bezeichnet. Beide Allele werden vollständig als Phänotyp umgesetzt und nicht nur teilweise, wie es bei der intermediären Vererbung (oder unvollständigen Dominanz) der Fall ist.

Ein gutes Beispiel für Kodominanz ist die menschliche *Blutgruppe*. Falls Sie jemals Blut gespendet oder eine Transfusion erhalten haben, kennen Sie die Bedeutung des *ABO-Systems* der Blutgruppen. Erhält man bei einer Transfusion falsches Blut, kann dies fatale Folgen haben. Die Blutgruppe wird durch Proteine auf der Oberfläche der roten Blutkörperchen, den sogenannten *Antigenen*, bestimmt. Diese Antigene kennzeichnen Ihre Blutkörperchen als körpereigene Zellen und schützen sie so vor der Attacke der Antikörper. Antikörper erkennen eindringende Zellen wie zum Beispiel Bakterien als Fremdkörper, heften sich an diese fremden Zellen an und leiten deren Zerstörung ein. Ähnlich ergeht es Blutkörperchen mit fremden Antigenen auf der Oberfläche – daher ist die Blutgruppe bei Bluttransfusionen auch so wichtig.

Ihre Blutgruppe wird durch Antigene festgelegt, die von zwei Allelen codiert sind. Vergessen Sie nicht: Es gibt verschiedene Allele, aber ein diploider Organismus kann immer nur zwei dieser Allele tragen. Dominante Allele codieren die beiden geläufigsten Blutgruppen A und B. Besitzt ein Mensch Allel A und Allel B, produzieren seine roten Blutzellen (auch rote Blutkörperchen oder *Erythrozyten* genannt) beide Antigene gleichzeitig und in gleicher Menge. Deshalb hat eine Person mit dem AB-Genotyp auch den AB-Phänotyp (die Blutgruppe AB).

Das Ganze wird bei den Blutgruppen A oder B etwas komplizierter, da hier ein drittes Allel für Typ 0 hinzukommen kann, bei dem sich keine Antigene auf den roten Blutkörperchen befinden. Das Allel für 0 ist rezessiv, deshalb gibt es zwei Vererbungsmuster für Blutgruppen:

✔ kodominant (für A und B) und

✔ dominant-rezessiv (A oder B gepaart mit dem 0-Allel).

Blutgruppe 0 kommt also nur bei homozygoten Allelen (Genotyp 00) phänotypisch zur Ausprägung. Mehr Informationen zu Erbgängen mit vielen Allelen können Sie im Abschnitt »Mehr als zwei Allele« weiter hinten in diesem Kapitel lesen.

Inkonsequent – die unvollständige Penetranz

Einige dominante Allele üben ihren Einfluss bei der Ausprägung des Phänotyps nicht konsequent aus. Wenn dominante Allele zwar vorhanden sind, sich aber nicht im Phänotyp zeigen, so wird das als *unvollständige Penetranz* bezeichnet. Die *Penetranz* ist die Wahrscheinlichkeit, dass ein dominantes Allel auch im Phänotyp in Erscheinung tritt. Bei einer *vollständigen Penetranz* zeigt sich bei jedem Individuum, das dieses Allel besitzt, auch der entsprechende Phänotyp. Die meisten dominanten Allele besitzen eine 100-prozentige Penetranz. Jedoch können andere Allele eine reduzierte oder unvollständige Penetranz aufweisen, was nichts anderes heißt, als dass es weniger wahrscheinlich ist, dass der Träger des Allels auch das bestimmte Merkmal zeigt. Gründe für die unvollständige Penetranz eines Allels können Umweltfaktoren sein oder andere Gene, die sich auf dieses Merkmal phänotypisch auswirken.

Die Penetranz von Allelen, die Krankheiten wie bestimmte Krebsarten oder Erbkrankheiten verursachen, verkompliziert oft Gentests (mehr über Gentests bei Erbkrankheiten in Kapitel 12). So ist zum Beispiel das Gen, das ursächlich mit Brustkrebs in Verbindung gebracht wird (das *BRCA1*-Gen), unvollständig penetrant. Studien gehen davon aus, dass bei ungefähr 70 Prozent der Frauen, die ein bestimmtes Allel des *BRCA1*-Gens tragen, Brustkrebs vor dem 70. Lebensjahr ausbrechen wird. Genetiker drücken die Penetranz in Prozentwerten aus; in diesem Beispiel hat das Brustkrebs-Allel also eine Penetranz von 70 Prozent. Wenn nach einem Gentest feststeht, dass die Frau ein bestimmtes *BRCA1*-Allel trägt, wird hiermit zwar angezeigt, dass sie ein erhöhtes Risiko für den Ausbruch der Krankheit trägt, aber nicht, dass sie tatsächlich an Brustkrebs erkranken wird. Betroffenen Frauen kann so geraten werden, sich regelmäßig auf erste Anzeichen der Krankheit hin untersuchen zu lassen. In diesem Stadium ist die Behandlung am erfolgreichsten.

Unterschiedliche Allele eines Gens beruhen auf Mutationen, die sich in diesem Gen im Laufe der Evolution angesammelt haben. Im Fall des *BRCA1*-Gens ist nicht das Gen an sich problematisch (denn das trägt jede Frau). Hier geht es darum, welche beiden der zahlreichen, in der gesamten Bevölkerung vorhandenen Allele (die mutiert sein können oder auch nicht) eine Frau geerbt hat. Hinter der kryptischen Abkürzung des Gens verbirgt sich der Name »Breast Cancer 1, early-onset«, also »frühes Auftreten von Brustkrebs«. Das von diesem Gen codierte Protein ist ein sogenannter *Tumorsuppressor*, der Fehler in der DNA repariert. Wenn dieses Reparaturprotein durch eine Mutation ausfällt, ist die Wahrscheinlichkeit für eine Krebserkrankung höher als normal.

Unabhängig von der Penetranz kann ein Merkmal bei verschiedenen Individuen unterschiedlich stark ausgeprägt sein. Diese individuell unterschiedlich starke Ausprägung eines Merkmals wird auch als *Expressivität* (Ausprägungsgrad) bezeichnet. Ein Merkmal mit unterschiedlicher Expressivität beim Menschen ist die *Polydaktylie*, wenn eine Person mehr als zehn Finger oder Zehen hat. Bei Menschen mit Polydaktylie wird die Expressivität des Merkmals an der Vollständigkeit der zusätzlichen Finger oder Zehen gemessen – von einem kleinen Hautlappen bis hin zu einem voll funktionsfähigen zusätzlichen Finger oder Zeh.

Allele, die Schwierigkeiten machen

Die Vielfalt der Gene und ihrer Allele ist die Ursache für die enorme Anzahl an physischen Merkmalen, die Sie in Ihrer Umwelt sehen. Zum Beispiel gibt es viele Allele für die Augen- oder Haarfarbe. Zusätzlich werden die meisten Phänotypen von mehreren Loci bestimmt. Wenn viele verschiedene Allele an vielen verschiedenen Loci ein Merkmal steuern, wird das Vererbungsmuster sehr komplex und die Entschlüsselung desselben sehr schwierig. Wissenschaftler haben daher die Vererbungsmuster vieler genetischer Störungen noch nicht durchschaut, weil verschiedene Expressivitäten und unvollständige Penetranz das Muster verbergen. Darüber hinaus können multiple Allele unvollständig dominant, kodominant oder auch dominant-rezessiv sein (siehe den Abschnitt »Doch nicht so dominant« weiter vorn in diesem Kapitel). Dieser Abschnitt zeigt, wie verschiedene Allele eines einzigen Gens ein Vererbungsmuster verkomplizieren können.

Mehr als zwei Allele

Als Mendel seine Erbsen untersuchte, wählte er Merkmale, die in nur zwei verschiedenen Formen auftraten. Zum Beispiel hatten die Blüten nur zwei mögliche Farben: Weiß und

Lila. Das Allel für lilafarbene Blüten ist vollständig dominant, also zeigt es denselben Farbton sowohl bei homozygoten Pflanzen als auch bei heterozygoten Pflanzen. Zusätzlich ist dieses Allel auch vollständig penetrant, sodass jede Pflanze, die dieses Allel trägt, lilafarbene Blüten hat.

Wäre Mendel Kaninchenzüchter statt Gärtner gewesen, hätte die Geschichte ziemlich sicher einen anderen Verlauf genommen. Er wäre wohl kaum der »Vater der Genetik« geworden, weil das breite Farbspektrum bei Kaninchen jeden Forschergeist schier zur Verzweiflung bringen kann.

Um die Sache zu vereinfachen, betrachten wir nur ein Gen für die Fellfarbe bei Kaninchen. Das *F*-Gen hat vier Allele, die die Pigmentmenge im Haarschaft und damit die Fellfarbe regulieren. Diese vier Allele ergeben vier Farbmuster, wie Sie gleich sehen werden. Die verschiedenen Farballele werden mit dem Buchstaben »f« plus einem Index angegeben:

- **Braun (f^+):** Braune Kaninchen werden als *Wildtyp*, also der »normale« Phänotyp, angesehen. Braune Kaninchen sind am ganzen Körper braun.

- **Albino (f):** Homozygote Kaninchen mit diesem Allel produzieren überhaupt kein Pigment; sie sind *Albinos*. Diese Tiere ohne Pigmente haben entsprechend weißes Fell, rote Augen und eine rosafarbene Haut.

- **Chinchilla (f^{ch}):** Chinchillafarbene Kaninchen sind grau (um genau zu sein: sie haben weiße Haare mit schwarzen Spitzen).

- **Himalaja (f^h):** Himalajakaninchen sind weiß, besitzen aber an Ohren, Füßen und Nase dunkles Fell.

Der *Wildtyp* ist mitunter ein problematischer Begriff in der Genetik. Generell wird er für den »normalen« Phänotyp verwendet, alles andere sind »Mutanten«. Eine *Mutante* unterscheidet sich einfach vom Wildtyp – sie ist eine Variante, die aber nicht notwendigerweise nachteilig sein muss. Der Wildtyp ist der am weitesten verbreitete Phänotyp und im Allgemeinen über alle anderen Allele dominant. Sie werden in anderen Genetikbüchern bestimmt häufiger »Wildtyp« als Bezeichnung für einen bestimmten, häufig vorkommenden Genotyp, wie etwa die Augenfarbe von Fruchtfliegen (*Drosophila*), lesen. Mutierte Farben kommen jedoch, wenn auch sehr selten, in natürlichen Tierpopulationen ebenfalls vor. Bei domestizierten Tieren wie den Kaninchen sind andere Fellfarben als Braun meist das Ergebnis der speziellen Zucht auf bestimmte Farben.

Obwohl ein Merkmal durch eine große Anzahl von Allelen bestimmt werden kann (wie die vier Fellfarben-Allele in unserem Kaninchenbeispiel), trägt ein diploides Tier nur zwei Allele am jeweiligen Locus.

Das *F*-Gen der Kaninchen besitzt eine *Dominanzhierarchie*, wie es bei Genen mit vielen Allelen allgemein üblich ist. Der Wildtyp ist über die drei anderen Allele dominant, sodass alle Kaninchen mit dem f^+-Allel braun sind. Chinchilla ist unvollständig dominant über Himalaja und Albino. Das bedeutet, dass heterozygote Chinchilla-/Himalajakaninchen ($f^{ch}f^h$) grau mit dunklen Ohren, Nasen und Blumen sind. Heterozygote Chinchilla/Albinos sind heller als homozygote Chinchillas. Albinos zeigen sich im Phänotyp nur bei homozygot-rezessiven Tieren (ff).

Die Allele für die Fellfarbe verhalten sich bei monohybriden Kreuzungen genauso wie die Allele der Erbsen von Gregor Mendel. Sie folgen den Regeln der Segregation und der Unabhängigkeit (siehe Kapitel 3), nur sind die Phänotypen etwas komplexer. Kreuzt man zum Beispiel ein Albinokaninchen (ff) mit einem homozygoten Chinchillakaninchen ($f^{ch}f^{ch}$), erhält man in der F_2-Generation (ff^{ch} mit ff^{ch} gepaart) das zu erwartende 1:2:1-Genotypverhältnis (ein ff, zwei ff^{ch}, ein $f^{ch}f^{ch}$). Auch die Phänotypen verhalten sich 1:2:1 (ein Albino, zwei Hellchinchilla, ein Chinchilla).

Die Fellfarbe wird bei den Kaninchen sogar von insgesamt fünf Genen kontrolliert. Der Abschnitt »Versteckte Gene« weiter hinten in diesem Kapitel zeigt, wie noch verschiedene andere Gene die Fellfärbung beeinflussen können.

Letale Allele

Viele Allele stehen für ungewollte Eigenschaften (Phänotypen), die indirekt zu Leiden und sogar zum Tod führen können, wie zum Beispiel die gestörte Sekretproduktion bei der zystischen Fibrose. Selten kommt es dazu, dass diese Allele den *letalen* – das heißt den tödlichen – *Phänotyp* wirklich ausbilden, denn meist sterben die Tiere oder Pflanzen mit einer letalen Allelkombination schon im frühen Embryonalstadium. Solche Allele erzeugen nur ein 1:2-Verhältnis an Phänotypen, da nur die heterozygoten Individuen und die Träger der homozygoten nichtletalen Allele überleben, um gezählt werden zu können.

Das erste letale Allel wurde von den Forschern bei gelben Mäusen entdeckt. Mäuse mit gelber Fellfarbe sind *immer* heterozygot. Wenn gelbe Mäuse miteinander gepaart werden, produzieren sie immer gelbe und nicht gelbe Nachkommen im Verhältnis 2:1, da alle homozygoten gelben Mäuse bereits als Embryo sterben. Es gibt keinen Phänotyp für homozygot gelb, da kein Tier mit diesem Genotyp überlebt.

Lange Zeit war in der Rinderzucht der Rasse Holstein (das sind die Milchkühe mit den schwarzen Flecken) das *CVM*-Gen (CVM = complex vertebral malformation, also die »komplexe Missbildung der Wirbelsäule«) in der Diskussion. Kälber, die für das rezessive letale Allel homozygot sind, sind stark missgebildet oder sterben schon in der Embryonalphase. Dänische Forscher konnten dieses Gen 2001 identifizieren und in der Holstein-Rasse zurückverfolgen. Dabei zeigte sich, dass das Gen ausgehend von dem Bullen »Carlin-M Ivanhoe Bell« in den frühen 1980er-Jahren weltweit verbreitet wurde. Bell und seine Söhne wurden in der künstlichen Besamung, die in der Rinderzucht üblich ist, häufig eingesetzt und verbreiteten dieses Gen immer weiter. Da Bell und seine Söhne leistungsstarke Kühe zeugten, wurde ihr Sperma weltweit gut verkauft. Ab 2001 wurden Tiere mit diesem letalen *CVM*-Allel sukzessive von der Züchtung ausgeschlossen.

Letale Allele sind fast immer rezessiv und werden somit nur bei Homozygoten aktiv. Eine unrühmliche Ausnahme ist das Gen, das die Huntington-Krankheit hervorruft. Die *Huntington-Krankheit* (auch *Chorea Huntington* genannt) wird als Gendefekt autosomal-dominant vererbt. Die Krankheit verursacht fortschreitende Nervenstörungen, die zu unfreiwilligen Bewegungen (motorische Unruhe) und zum Verlust der kognitiven Fähigkeiten führen. Huntington zeigt sich im Erwachsenenalter und ist immer tödlich. Es gibt keine Heilung, man kann nur die Symptome der Krankheit mildern.

Allele, die einem das Leben schwer machen

Viele Phänotypen werden durch die Wirkung von mehr als einem Gen bedingt. Dabei können einige Gene die Wirkung von anderen aufheben und manchmal hat ein Gen Auswirkungen auf mehrere Phänotypen. Dieser Abschnitt beschäftigt sich damit, wie Gene interagieren und damit das Leben komplizierter, aber auch interessanter machen.

Wenn Gene zusammenarbeiten

Wenn Sie nichts dagegen haben, mit mir noch einmal in den Lebensmittelladen zu gehen (diesmal gibt es keine Auberginen mehr, versprochen!), können Sie etwas über das Zusammenwirken verschiedener Gene bei der Farbe von Paprikaschoten lernen. Zwei Gene (R und C) wirken zusammen, um rote, gelbe, braune und grüne Schoten entstehen zu lassen. Die vier verschiedenen Phänotypen werden also von je zwei Allelen pro Locus bestimmt.

In Abbildung 4.1 sehen Sie den Vererbungsgang der Farbe bei den Paprikaschoten. In der Elterngeneration (P) kreuzen wir rote, homozygot-dominante Paprika (RRCC) mit grüner, homozygot-rezessiver Paprika (rrcc). (Dies ist eine dihybride Kreuzung – zwei Gene sind beteiligt –, wie ich sie am Ende von Kapitel 3 beschrieben habe.) Sie können die erwarteten Genotypverhältnisse an jedem Locus unabhängig voneinander betrachten. Bei der F_1-Generation ist es noch recht einfach, weil beide Loci heterozygot sind (RrCc). Wie die homozygot-dominante Paprika ist auch die heterozygote Paprika rot. Erst wenn sich die Paprika aus der F_1-Generation selbst bestäuben, tauchen die Phänotypen Gelb und Braun in der F_2-Generation auf.

Die braune Farbe der Paprikaschoten wird von der Kombination R_cc hervorgerufen. Der Strich (»_«) bedeutet, dass das zweite Allel am jeweiligen Locus sowohl dominant als auch rezessiv sein kann (R oder r). Gelb wird von der Kombination rrC_ hervorgerufen (also rrCC oder rrCc, das heißt, das C-Allel muss entweder heterozygot-dominant oder homozygot-dominant mit dem homozygot-rezessiven R-Allel vorliegen). Die F_2-Generation zeigt die typische 9:3:3:1-Verteilung im Phänotyp, die man üblicherweise beim dihybriden Erbgang vorfindet (wie auch bei den Kaninchen in Kapitel 3). Die Loci gruppieren sich erwartungsgemäß unabhängig voneinander.

Die Tatsache, dass ein Merkmal (Phänotyp) von mehreren Genen gesteuert wird, nennt man *Polygenie*. Aber auch der umgekehrte Fall ist möglich: Ein Gen hat Auswirkungen auf mehrere Merkmale. Dies wird als *Polyphänie* oder *Pleiotropie* bezeichnet (siehe den Abschnitt »Ein Gen – viele Phänotypen« weiter hinten in diesem Kapitel).

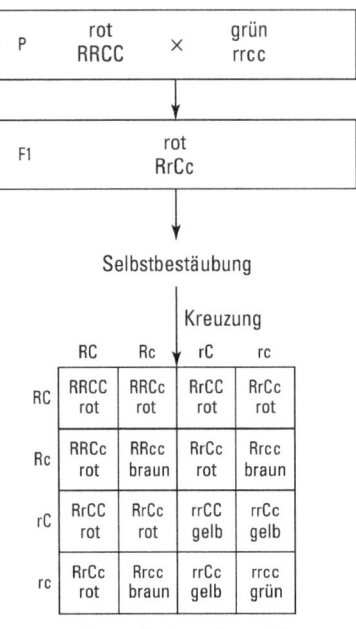

Abbildung 4.1: Die Gene wirken bei dieser dihybriden Kreuzung bei der Farbgebung von Paprikaschoten zusammen.

Versteckte Gene

Die Allele zweier Gene wirken bei der Ausbildung der Paprikafarbe zusammen, wie im vorherigen Abschnitt erklärt. Manchmal aber verstecken oder überlagern Gene die Wirkung anderer Gene, sodass das andere Gen im Phänotyp nicht mehr sichtbar wird. Diese Form der Wechselwirkung nennt man *Epistase* oder *Epistasie*.

Ein gutes Beispiel für Epistasie ist die Vererbung der Fellfarbe bei Pferden. Wie bei Hunden, Katzen, Kaninchen und Menschen wird auch bei Pferden die Haarfarbe von zahlreichen Genen gesteuert. Mindestens sieben Loci regeln die Fellfarbe beim Pferd. Um die Epistasie besser zu verstehen, werden wir hier nur drei Gene berücksichtigen: W, E und A (siehe Tabelle 4.1 mit einer Auflistung der Gene und ihrer Wirkungen). Ein Locus (W) bestimmt über das Fehlen oder Vorkommen von Farbe. Zwei Loci (E und A) wirken bei der Verteilung von roten oder schwarzen Haaren zusammen – den häufigsten Fellfarben bei Pferden.

Trägt ein Pferd ein dominantes Allel des W-Gens, ist es ein Albino – es werden keine Farbpigmente produziert, das Haar und die Haut sind weiß, die Augen pink. Die homozygot-dominante Version des Allels (WW) ist letal, deshalb werden wir sie bei keinem lebenden Pferd vorfinden. Übrigens sind Albinos nicht mit den anderen weißen Pferden, den Schimmeln, zu verwechseln! Schimmel besitzen bei der Geburt noch eine andere Farbe und werden erst im Laufe ihres Lebens weiß, was dann von einem weiteren Gen gesteuert wird. Alle Pferde, die keine Albinos sind, tragen die homozygot-rezessive Version des Gens (ww, Pferdezüchter mögen mir die starke Vereinfachung verzeihen). Auf jeden Fall zeigt hier das dominante Allel W *dominante Epistasie*, weil es alle anderen Farballele verbirgt.

Ist ein Pferd kein Albino, wird die Färbung hauptsächlich von den zwei Genen A und E reguliert. Ist ein dominantes Allel E vorhanden, hat das Pferd schwarzes Fell (vielleicht nicht überall, aber es hat zumindest irgendwo schwarze Flecken). Das E-Gen regelt die Produktion von zwei Pigmenten, rot und schwarz. Pferde mit EE und Ee produzieren schwarze und rote Pigmente. Homozygot-rezessive Pferde (ee) sind immer rot, egal welche Allele am Locus des A-Gens vorhanden sind. Dies ist eine *rezessive Epistasie*, das heißt, dass dieser Locus beim homozygot-rezessiven Tier die Aktionen der anderen Gene überdeckt. In diesem Fall wird die Produktion von schwarzem Pigment komplett blockiert.

Hat aber ein Pferd ein dominantes Allel am E-Locus, kontrolliert der A-Locus die Menge des produzierten schwarzen Pigments. Der A-Locus (auch *Agouti*, eine schwarz-braune Farbe) kontrolliert die Produktion des schwarzen Pigments. Ein Pferd mit einem dominanten Allel am A-Locus produziert schwarzes Pigment nur an bestimmten Körperstellen (oft nur an Schweif, Mähne und Beinen – diese Pferde werden oft als *Braune* bezeichnet). Pferde mit aa sind durchweg schwarz. Allerdings verbirgt der homozygot-rezessive E-Locus (ee) den A-Locus komplett (unabhängig vom Genotyp), was dazu führt, dass Schwarz vollständig blockiert wird.

Genotyp	Phänotyp	Art der Epistasie	Auswirkung
WW _	letal	keine	Tod
Ww _	Albino	dominant	blockiert alle Pigmente
ww E_ aa	schwarz	rezessiv	blockiert Rot
ww E_ A_	braun	keine	Rot und Schwarz werden ausgeprägt
ww ee _	rot	rezessiv	blockiert Schwarz

Tabelle 4.1: Die Genetik der Fellfarbe beim Pferd

Das Beispiel der Fellfarbe beim Pferd zeigt, wie komplex das Zusammenspiel der Gene sein kann. In diesem Beispiel haben wir ein letales Allel (W) und zwei andere Loci, die sich bei bestimmten Allelkombinationen gegenseitig verdecken. Dies zeigt, warum das Aufdecken von Vererbungsmustern einiger Merkmale so schwierig sein kann. Epistasie kann zusammen mit unvollständiger Penetranz sehr schwer erfassbare Vererbungsmuster verursachen – oft sind sie so schwer zu fassen, dass man die Muster nur noch in der DNA selbst finden kann (Gentests behandele ich in Kapitel 12).

Gekoppelte Gene

Nachdem Mendels Arbeit ungefähr 34 Jahre nach ihrer Veröffentlichung um 1900 wiederentdeckt und von der wissenschaftlichen Gemeinschaft verifiziert wurde, fand der britische Genetiker Ronald A. Fisher heraus, dass Mendel extremes Glück hatte – oder er hatte seine veröffentlichten Daten klug ausgewählt. Aus den vielen, vielen möglichen Merkmalen, die er hätte beobachten können, publizierte er nur die Ergebnisse von sieben

Merkmalen, die sich konform zu den Regeln von Segregation und Unabhängigkeit verhielten, also nur zwei Allele besaßen und ein dominant-rezessives Erbmuster zeigten. Fisher behauptete, dass Mendel nur den Teil seiner Daten publizierte, den er auch wirklich verstand, und den Rest einfach weggelassen hatte. (Nachdem Mendel starb, wurden alle seine Unterlagen verbrannt – wir werden also nie die Wahrheit erfahren –, aber vielleicht war das ja auch klug!) Dieser »Rest« beinhaltete wohl all die Umstände, die die Vererbung so chaotisch machen, wie die Epistasie und die *Kopplung*, die Generationen von Genetikern nach Mendel noch lange beschäftigen sollten.

Aufgrund der Anordnung der Gene auf den Chromosomen werden Gene, die sehr dicht zusammen auf einem Chromosom liegen (das heißt, sie liegen weniger als 50 Millionen Basenpaare auseinander; in Kapitel 6 mehr darüber, wie DNA in Basenpaaren gemessen wird), gemeinsam vererbt. Wenn Gene so dicht zusammenliegen, dass sie gemeinsam vererbt werden (entweder immer oder nur manchmal), spricht man von *Kopplung* (siehe Abbildung 4.2). Kopplung bedeutet, dass die Unabhängigkeitsregel nicht mehr gilt. Um herauszufinden, ob Gene gekoppelt sind, führen Wissenschaftler die *Kopplungsanalyse* durch.

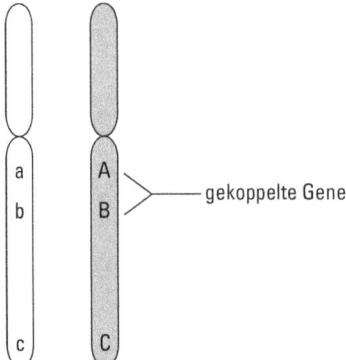

Abbildung 4.2: Gekoppelte Gene liegen auf demselben Chromosom und werden gemeinsam vererbt.

Bei der Kopplungsanalyse wird in Wirklichkeit festgestellt, wie oft eine *Rekombination* (ein Durchmischen der Information, auch *Crossing-over* genannt, das bei homologen Chromosomen während der Meiose stattfindet, siehe Kapitel 2) von zwei oder mehr Genen stattfindet. Wenn Gene nah genug beieinander auf dem Chromosom liegen, sind sie in mehr als 50 Prozent der Fälle gekoppelt. Jedoch können Gene auf demselben Chromosom sich so verhalten, als lägen sie auf verschiedenen Chromosomen, da in der ersten Phase der Meiose (siehe Kapitel 2) das Crossing-over an vielen Stellen der zwei homologen Chromosomen erfolgen kann. Wenn durch Crossing-over zwei Loci in mehr als 50 Prozent der Fälle getrennt werden, werden die Gene auf demselben Chromosom unabhängig voneinander vererbt, wie wenn sie auf komplett verschiedenen Chromosomen lägen.

Genetiker führen Kopplungsanalysen generell anhand dihybrider Kreuzungen zwischen heterozygoten und homozygoten Individuen durch (dihybrid heißt, dass zwei Loci betrachtet werden, siehe Kapitel 3). Will man die Kopplung zwischen zwei Merkmalen zum Beispiel bei Fruchtfliegen ermitteln, sucht man sich ein Individuum mit dem Genotyp AaBb und kreuzt es mit einem Genotyp aabb. Lassen sich die Loci A und B frei mischen, können Nachkommen wie in Abbildung 4.3 dargestellt erwartet werden. Der heterozygote Elternteil kann vier verschiedene Arten von Gameten erzeugen – AB, Ab, aB und ab – alle zu gleichen Anteilen. Der homozygote Elternteil kann nur eine Art von Gameten erzeugen – ab. Deshalb treten die Nachkommen auch im Verhältnis 1:1:1:1 auf.

Aber was ist passiert, wenn das Verhältnis vollkommen unerwartet ausfällt, wie zum Beispiel in Tabelle 4.2? Was hat das zu bedeuten? Diese Ergebnisse weisen darauf hin, dass die Merkmale miteinander gekoppelt sind.

Wie man in Abbildung 4.4 erkennt, erzeugt der heterozygote Elternteil vier verschiedene Arten von Gameten. Obwohl die Loci auf demselben Chromosom sind, kommen die vier verschiedenen Arten von Gameten nicht in gleicher Häufigkeit vor. Die meisten Gameten haben die gleichen Chromosomen. Da in 20 Prozent der Fälle aber Crossing-over zwischen den beiden Loci stattfindet, werden auch die selteneren Gameten produziert (jedes ungefähr in 10 Prozent der Fälle). Crossing-over passiert ungefähr gleich häufig bei homozygoten Eltern. Da aber die Allele die gleichen sind, ist das Resultat nicht zu sehen und Sie dürfen diesen Teil des Problems geflissentlich ignorieren.

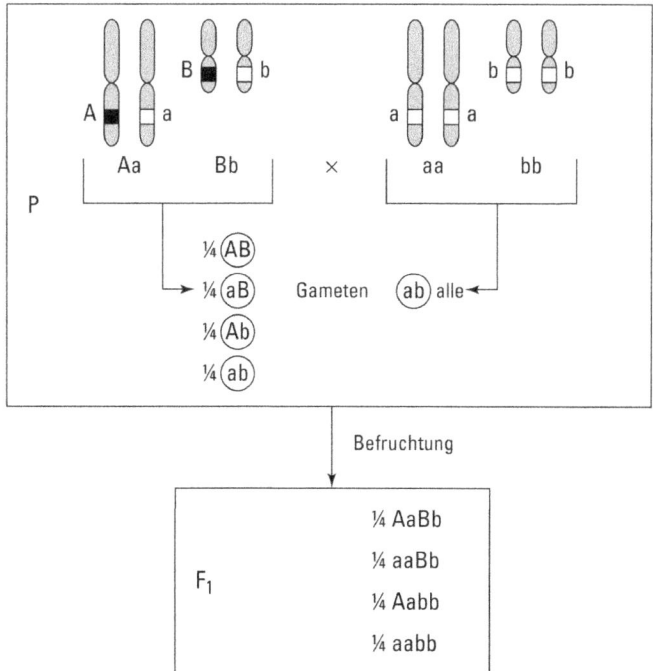

Abbildung 4.3: Ein typisches Ergebnis einer dihybriden Testkreuzung, wenn die Merkmale frei und unabhängig voneinander vererbt werden

Genotyp	Anzahl der Nachkommen	Anteil
Aabb	320	40%
aaBb	318	40%
AaBb	80	10%
aabb	76	10%

Tabelle 4.2: Gekoppelte Merkmale in einer dihybriden Testkreuzung

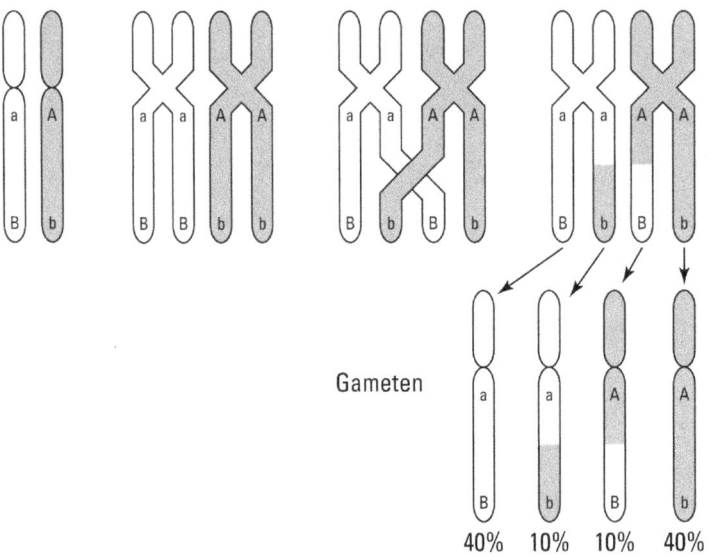

Abbildung 4.4: Eine dihybride Kreuzung mit gekoppelten Genen

Die *Crossing-over-Rate* ist das Maß für die Berechnung des Abstands zwischen zwei Loci (diese Berechnungen dienen zur Erstellung von *Genkarten*). Hierfür wird die gesamte Anzahl rekombinanter Nachkommen durch die Gesamtzahl der Nachkommen geteilt. Die *rekombinanten Nachkommen* sind dabei diejenigen, die einen anderen Genotyp als die Eltern haben. Als Ergebnis erhält man eine Rekombinationshäufigkeit, die in Prozent oder centiMorgan (cM; 1 cM = 1% Rekombinationshäufigkeit) angegeben ist. Im Allgemeinen entspricht eine Längeneinheit auf einer Genkarte einer Million Basenpaaren.

Wie sich herausstellte, lagen vier der Gene, die Mendel näher betrachtet hat, paarweise auf zwei Chromosomen: Zwei Gene befanden sich auf Chromosom 1 und zwei auf Chromosom 4. Allerdings lagen die Gene auf den Chromosomen so weit auseinander, dass die Rekombination mit einer Häufigkeit von mehr als 50 Prozent auftrat. Folglich sah es so aus, als ob diese vier Merkmale der Unabhängigkeitsregel folgten, geradeso als ob sie auf vier verschiedenen Chromosomen lägen.

Ein Gen – viele Phänotypen

Bestimmte Gene kontrollieren mehr als nur einen Phänotyp. Solche Gene nennt man *pleiotrop* oder *polyphän*. Die Pleiotropie ist weit verbreitet; fast jeder bedeutenden Erbkrankheit, die in der Datenbank »Online Mendelian Inheritance in Man« (Mendelsche Vererbung beim Menschen online, in Englisch im Internet unter www.ncbi.nlm.nih.gov/omim) gelistet ist, liegt eine Störung eines einzelnen Gens mit pleiotropen Eigenschaften zugrunde.

Nehmen wir zum Beispiel die *Phenylketonurie* (PKU). Diese Krankheit wird als einzelner Gendefekt vererbt, der Erbgang ist autosomal-rezessiv und betrifft etwa eine von 7.000 Lebendgeburten. Menschen mit dem homozygot-rezessiven Allel können das Phenylalanin (eine essenzielle Aminosäure, die in vielen Lebensmitteln vorkommt) aus der Nahrung nicht zu Tyrosin abbauen. Phenylalanin sammelt sich im Körper an und hemmt die normale Hirnentwicklung. Phänotypisch ist bei Menschen mit PKU vor allem eine Entwicklungsverzögerung zu beobachten, aber die Blockade der biochemischen Leitung wirkt sich auch auf andere Merkmale aus. So haben Menschen mit PKU helles Haar, zeigen ein ungewöhnliches Geh- und Sitzverhalten, haben Hautprobleme und leiden unter Krämpfen. All diese phänotypischen Eigenschaften der PKU lassen sich auf den Defekt eines einzelnen Gens zurückführen und sind nicht das Ergebnis mehrerer Gene. Der Test auf PKU (*Guthrie-Test*) wird routinemäßig bei allen Neugeborenen am vierten oder fünften Lebenstag durchgeführt (mehr zur PKU beim Neugeborenenscreening in Kapitel 12).

Noch mehr Ausnahmen von der (Mendel-)Regel

Bei der Erforschung der Vererbung von genetischen Störungen stößt man auf weitere Ausnahmen von den mendelschen Regeln. Dieser Abschnitt befasst sich mit den vier wichtigsten Faktoren.

Epigenetik

Eine der größten Herausforderungen für die Anwendung der mendelschen Regeln stellt das Phänomen der *Epigenetik* dar. Die Vorsilbe »epi« aus dem Griechischen bedeutet »über«. Die Epigenetik dominiert über die mendelsche Genetik und führt selbst bei Lebewesen mit identischen Allelen (beispielsweise eineiigen Zwillingen) zu unterschiedlichen Phänotypen.

Der Unterschied im Phänotyp lässt sich nicht auf die DNA-Sequenz der Gene selbst zurückführen – denn die ist ja identisch! –, sondern beruht auf chemischen Modifikationen (Veränderungen) der DNA-Moleküle. An bestimmten Stellen der DNA werden winzige chemische Anhängsel in Form von *Methylgruppen* an bestimmte Cytosin-Reste angefügt. Im Grunde genommen machen diese Anhängsel nichts anderes als das Betriebssystem Ihres Computers, das den Programmen mitteilt, wie oft, wo und wann sie zu arbeiten haben.

Auch im Fall der Epigenetik können diese Methylgruppen dafür sorgen, dass Gene an- oder abgeschaltet werden. Aber nicht nur das, denn das Muster der Methylgruppen wird teilweise auch an die nächste Generation weitervererbt.

Einige epigenetische Effekte sind normal und sogar nützlich. Sie kontrollieren das Aussehen und Verhalten verschiedener Zellen, beispielsweise Herzmuskelzellen oder Hautzellen. Allerdings können sich andere Arten der DNA-Methylierung wie Mutationen verhalten und Krankheiten wie Krebs verursachen (lesen Sie in Kapitel 14 mehr darüber, welche Rolle DNA bei Krebs spielt). Die Epigenetik ist ein spannendes Teilgebiet der Genforschung und untersucht, wie der genetische Code durch das Alter, die Umwelt und viele andere äußere Faktoren beeinflusst wird. Vermutlich nehmen werdende Mütter bereits während der Schwangerschaft durch ihre eigene Ernährung Einfluss auf die späteren Eigenschaften ihres Kindes. Diskutiert wird zum Beispiel, ob eine Vorliebe für Fettes und Süßes, Depressionen, Allergien, Übergewicht, Diabetes und Herz-Kreislauf-Erkrankungen auf epigenetischen Faktoren beruhen könnten.

Genomische Prägung

Die genomische Prägung ist ein Spezialfall der Epigenetik. Wenn Merkmale auf autosomalen Chromosomen vererbt werden, ist ihre Expression vom Geschlecht unabhängig. In einigen Fällen beeinflusst aber das Geschlecht des Elternteils, der das spezifische Allel beigesteuert hat, die Ausprägung des entsprechenden Allels. Dies nennt man *genomische Prägung* oder auch *Imprinting*.

In Oklahoma entdeckten Schafzüchter ein interessantes Beispiel für genomische Prägung. Ein Schafbock namens Solid Gold hatte ein für seine Rasse ungewöhnlich großes Hinterteil. Irgendwann einmal zeugte Solid Gold Nachkommen, die ebenfalls ein großes Hinterteil hatten. Die Rasse wurde *Callipyge* genannt, was griechisch ist und passenderweise so viel wie »schöner Hintern« heißt. Es stellte sich heraus, dass sechs Gene die Größe des Hinterteils bei Schafen beeinflussen. Als die Züchter die Callipyge-Schafe weiterzüchten wollten, stellten sie schnell fest, dass das Merkmal offensichtlich nicht Mendels Regeln unterlag. Forscher fanden schließlich heraus, dass der Phänotyp »großes Hinterteil« nur dann ausgeprägt wird, wenn es vom Vater vererbt wird. Die Mutterschafe konnten ihren dicken Hintern nicht vererben.

Die Ursachen der genomischen Prägung sind immer noch unklar. Im Fall der Callipyge-Schafe vermuten Wissenschaftler eine Mutation, die andere Gene reguliert. Aber warum hier die Expression nur auf Chromosomen der paternalen (väterlichen) Seite stattfindet, bleibt ein Geheimnis. (Die genomische Prägung ist auch beim Klonen ein Thema, siehe Kapitel 20.)

Es ist jedoch bekannt, dass Veränderungen in der DNA, die die genomische Prägung beeinflussen, zu schwerwiegenden Entwicklungsstörungen führen können. Zum Beispiel entwickeln Kinder mit einer Deletion eines bestimmten Abschnitts von Chromosom 15 (ein Abschnitt, der inzwischen dafür bekannt ist, dass dort Imprinting stattfindet, sodass Gene unterschiedlich exprimiert werden, je nachdem, von welchem Elternteil sie stammen) entweder ein Prader-Willi-Syndrom oder das Angelman-Syndrom, abhängig davon, ob die Deletion in dem vom Vater geerbten Chromosom (Prader-Willi) oder in dem von der Mutter (Angelman) auftrat. Das Prader-Willi-Syndrom zeigt sich typischerweise durch geistige Behinderungen, zwanghaftes Essen, das zu Fettleibigkeit führt, eine unterdurchschnittliche Körpergröße und Probleme in der Pubertät und Unfruchtbarkeit. Dagegen ist das Angelman-Syndrom typischerweise durch erhebliche geistige Behinderungen, Krampfanfälle, schwerwiegende Sprachfehler und Schwierigkeiten beim Bewegen und Balancehalten gekennzeichnet.

Antizipation

Manchmal werden gewisse Eigenschaften von Generation zu Generation stärker ausgeprägt. Diese Steigerung ihrer Expressivität nennt man *Antizipation*. *Schizophrenie* ist eine hoch erbliche Störung, die oft auch Antizipationsmuster zeigt. Die Krankheit verursacht Stimmungsschwankungen, stört die Wahrnehmung der eigenen Person und der Umwelt. Manche Patienten haben lebhafte Halluzinationen und Wahnvorstellungen, die bis hin zu Paranoia oder Größenwahn führen. Die ersten schizophrenen Symptome tauchen dabei von Generation zu Generation früher auf und die Stärke der Symptome nimmt zu.

Die Ursache für die Antizipation bei Schizophrenie oder anderen Störungen wie zum Beispiel der Huntington-Krankheit könnte sein, dass während der Replikation bestimmte, sich regulär wiederholende DNA-Sequenzen aus drei Nukleotiden (»Trinukleotid-Repeats«) innerhalb des Gens versehentlich immer öfter dupliziert werden. So wird im Laufe von Generationen das Gen immer länger und die Auswirkung der Vervielfältigung entsprechend stärker. Bei Funktionsstörungen des Gehirns entstehen durch diese Mutation missgebildete Proteine, die sich in den Gehirnzellen anreichern und zum Zelltod führen. Durch die Verlängerung der Gensequenz wird auch das Protein von Generation zu Generation größer, sodass die Symptome bei den betroffenen Personen entweder früher auftreten (*Vorverlagerung* der Ersterkrankung) oder stärker werden (*Progression* der Erkrankung).

Umwelteffekte

Die meisten Merkmale zeigen sich von der Umwelt völlig unbeeindruckt. Die Umwelt, in der einige Lebewesen leben, bestimmt jedoch den Phänotyp, den einige ihrer Gene ausprägen. Betrachten wir noch einmal die Himalajafärbung bei den Kaninchen. Die charakteristische dunkle Färbung von Füßen, Ohren, Nase und Schwanz ist ein gutes Beispiel für den Einfluss der Umwelt auf den Phänotyp. Das Pigment, das die dunkle Fellfärbung bei allen Tieren hervorruft, wird mithilfe eines Enzyms hergestellt. In diesem Fall jedoch wird das Enzym bei normaler Körpertemperatur deaktiviert, und so wird das Allel zur Pigmentierung des Kaninchenfells nur an den Extremitäten ausgeprägt, deren Temperatur niedriger ist als die des Körpers. So sind die Himalajakaninchen weiß, wenn sie geboren werden (durch die Wärme im Mutterleib kann sich kein Pigment bilden), bekommen aber später dunkle Füße, Ohren, Nasen und Schwänze. Himalajakaninchen ändern deshalb auch saisonal ihre Farbe und sind in den wärmeren Monaten heller.

Ein weiterer Einfluss der Umwelt auf den Phänotyp ist die Ernährung. Die Phenylketonurie (siehe den Abschnitt »Ein Gen – viele Phänotypen« weiter vorn in diesem Kapitel) und andere Stoffwechselstörungen können mit der richtigen Diät abgemildert werden. Auch Wachstums- und Leistungsmerkmale hängen stark von der Umwelt ab. In den Genen mag zwar das Potenzial für eine große und starke Person liegen, wenn diese aber nichts zu essen bekommt, bleibt sie klein und schmächtig.

Auch bei der Züchtung von Nutztieren spielen Umwelteinflüsse eine wichtige Rolle. Bei der sogenannten *Zuchtwertschätzung* soll durch ausgefeilte statistische Methoden der Genotyp eines Tieres anhand seines Phänotyps und der Phänotypen seiner Familie möglichst genau geschätzt werden. Ziel ist es, Züchtern möglichst unabhängig von möglichen Umwelteinflüssen wie Haltungsbedingungen oder Fütterung die für ihre Zwecke bestmöglichen Vererber nennen zu können.

> **IN DIESEM KAPITEL**
>
> Wie das Geschlecht bei Mensch und Tier festgelegt wird
>
> Welche Arten von Störungen mit Geschlechtschromosomen assoziiert sind
>
> Wie das Geschlecht andere Merkmale beeinflusst

Kapitel 5
Der kleine Unterschied: Genetik der Geschlechter

Das Geschlecht ist in vielerlei Hinsicht von Bedeutung. Genforscher interessieren zunächst einmal zwei Dinge: erstens der Phänotyp des Geschlechts (männlich oder weiblich) und zweitens die Art der Reproduktion. Die Bedeutung des Geschlechts für die Genetik sollten Sie nicht unterschätzen, denn das Geschlecht beeinflusst die Vererbung von Eigenschaften von einer Generation zur nächsten und bestimmt, wie diese Eigenschaften ausgebildet werden. Die sexuelle Vermehrung ermöglicht es den Lebewesen, mit ihren Nachkommen eine enorme genetische Vielfalt ins Leben zu rufen. Das ist sehr praktisch, denn genetisch vielfältige Populationen erweisen sich im Angesicht von Seuchen und Katastrophen als beständiger. Wenn viele verschiedene Individuen viele verschiedene Allele derselben Gene in sich tragen, gibt es immer einige, die gegen die Seuche oder die Auswirkungen einer Katastrophe resistent sind und ihre Resistenz an ihre Nachkommen weitergeben. (Mehr Informationen über die genetische Vielfalt finden Sie in Kapitel 17.)

In diesem Kapitel entdecken Sie, wie die Chromosomen das Geschlecht festlegen, wie das Geschlecht die Ausprägung bestimmter nichtgeschlechtlicher Gene (also autosomaler Gene) beeinflusst und was passiert, wenn zu viele oder zu wenige Geschlechtschromosomen vorhanden sind.

Wann ist ein Mann ein Mann?

Vermutlich seit Anbeginn der Zeit sind dem Menschen die Unterschiede zwischen Mann und Frau aufgefallen. Aber erst 1905 starrte Nettie Stevens lange genug durchs Mikroskop, um die Rolle des Y-Chromosoms im großen Ganzen zu erkennen. Vor Stevens hatte man alle Unterschiede zwischen Mann und Frau dem viel größeren X-Chromosom zugeschrieben.

Vom genetischen Standpunkt aus betrachtet ist der Phänotyp des Geschlechts – ob ein Lebewesen also männlich oder weiblich ist – auf die Produktion seiner Gameten zurückzuführen. Produziert ein Lebewesen Spermien (oder könnte es dies, wenn es vollständig entwickelt ist), wird es als männlich betrachtet, produziert es Eizellen, als weiblich. Einige Lebewesen sind sowohl männlich als auch weiblich (sie können lebensfähige Eizellen und Spermien produzieren), was man *Monözie* (»Einhäusigkeit«) nennt. Viele Pflanzen, Fische und Invertebraten (Wirbellose) sind *monözisch*.

Menschen sind *diözisch* (zweihäusig, also getrenntgeschlechtlich), was bedeutet, dass ein Individuum entweder nur männliche oder nur weibliche Geschlechtsorgane besitzen kann, aber nicht beide. Die meisten der Ihnen bekannten Arten sind zweihäusig: Säugetiere, Insekten, Vögel, Reptilien und viele Pflanzen haben verschiedene Geschlechter.

Das Geschlecht von getrenntgeschlechtlichen Lebewesen wird phänotypisch auf verschiedene Weise ausgeprägt:

✔ Bei der *chromosomalen Geschlechtsdetermination* wird das Geschlecht aufgrund der An- oder Abwesenheit eines bestimmten Chromosoms festgelegt, das den Phänotyp des Geschlechts bestimmt.

✔ Im Falle einer *genetischen Geschlechtsdetermination* bestimmen einzelne Gene das Geschlecht (aber es gibt keine extra Chromosomen dafür).

✔ Bei manchen Tieren kann auch die Umwelt, in der sich das Tier aufhält, das Geschlecht bestimmen.

Dieser Abschnitt befasst sich nun damit, wie das Geschlecht durch Chromosomen, bestimmte Gene oder die Umwelt festgelegt wird.

Geschlechtsdetermination beim Menschen

Beim Menschen und den meisten anderen Säugetieren haben Männlein und Weiblein die gleiche Anzahl an Chromosomen (beim Menschen 46), die in Paaren vorliegen (was die Menschen *diploid* macht). Der Phänotyp des Geschlechts wird von zwei Chromosomen festgelegt: dem X- und dem Y-Chromosom (Abbildung 5.1 zeigt die relative Größe und Form dieser beiden Chromosomen). Frauen besitzen zwei X-Chromosomen, Männer ein X- und ein Y-Chromosom. Im Kasten »Aktenzeichen XY« erfahren Sie, wie die Chromosomen zu ihrer Bezeichnung gekommen sind.

Nicht ohne mein X-Chromosom

Während der Metaphase ist das X-Chromosom mit seinem fast mittigen Zentromer tatsächlich zu einem X geformt. (Die Chromosomen besitzen ihre markante Würstchenform nur während der Metaphase der Mitose und Meiose. Schauen Sie sich Kapitel 2 an, wenn Sie mehr über Mitose und Meiose wissen möchten.) Vom Standpunkt der Genetik aus betrachtet ist das X-Chromosom gegenüber dem vergleichsweise mickrigen Y-Chromosom ziemlich groß. Von den 23 Chromosomenpaaren belegt das X-Chromosom der Größe nach immerhin den achten Platz und ist ungefähr 150 Millionen Basenpaare lang (siehe Kapitel 6 für mehr Informationen über die DNA und ihre Messung in Basenpaaren).

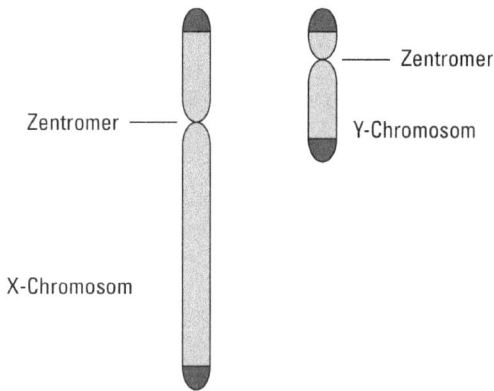

Abbildung 5.1: Die menschlichen X- und Y-Chromosomen

Das X-Chromosom umfasst zwischen 900 und 1.200 Gene und ist für die menschliche Entwicklung ungeheuer wichtig. Wenn kein X-Chromosom vorhanden ist, kann sich die Zygote nicht weiterentwickeln. In Tabelle 5.1 sind einige überlebenswichtige Gene des X-Chromosoms aufgelistet. Überraschenderweise spielt nur ein Gen auf dem X-Chromosom eine Rolle für die Ausbildung des weiblichen Phänotyps, alle anderen dafür notwendigen Gene liegen auf autosomalen (nicht geschlechtsbestimmenden) Chromosomen.

Gen	Funktion
ALAS2	reguliert die Produktion der roten Blutkörperchen
ATP7A	reguliert die Kupfermengen im Körper
COL4A5	wird für die normale Nierenfunktion benötigt
DMD	kontrolliert die Muskelfunktion und die Signalübertragung zwischen Nervenzellen
F8	ist verantwortlich für die Blutgerinnung

Tabelle 5.1: Wichtige Gene auf dem X-Chromosom

Bei allen Säugetieren (auch beim Menschen) befindet sich der Embryo zuerst in einem, wie Entwicklungsbiologen sagen, *undifferenzierten Stadium*, das heißt, der Embryo kann potenziell männlich oder weiblich werden. Und so läuft die Geschlechtsentwicklung beim Säugetier ab: Ungefähr vier Wochen nach der Befruchtung entwickelt der Embryo die sogenannte *Genitalspalte* (ungefähr auf der Höhe der späteren Nieren). Drei Gene (alle auf autosomalen Chromosomen) steuern dabei die Umwandlung der Genitalspalte zu Gewebe, das sich später zu den Sexualorganen formen kann. Das Gewebe, das schließlich in der siebten Woche des Embryos vorhanden ist, wird *bipotenziale Gonade* genannt, weil daraus entweder Hoden oder Ovarien werden können, je nachdem, welche Gene als Nächstes aktiv werden.

Aktenzeichen XY

Hermann Henking entdeckte das X-Chromosom um 1890, als er Insekten erforschte. Er war sich nicht sicher, welche Aufgabe diese einsame, ungepaarte Struktur hatte, aber sie sah anders aus als die restlichen Chromosomen. So markierte er dieses Chromosom statt mit einer Zahl (Chromosomen werden im Allgemeinen anhand der Größe nummeriert, vom größten zum kleinsten) mit einem X. Um 1900 stellte dann Clarence McClung zu Recht fest, dass Henkings »X« ein Chromosom ist, und bezeichnete es als *zusätzliches Chromosom*. Zur gleichen Zeit lief das, was wir heute als Y-Chromosom kennen, unter dem etwas sperrigen Namen »kleines Ideochromosom«. Die Vorsilbe »ideo« bedeutet »unbekannt« – mit anderen Worten: McClung und die anderen Genetiker ihrer Zeit hatten keinen blassen Schimmer, was das kleine Y-Chromosom bedeutete.

1905 entdeckte dann Edmund B. Wilson die XX-XY-Geschlechtsdetermination bei Insekten (unabhängig von Nettie Stevens, die diesen Zusammenhang ebenfalls 1905 aufdeckte). Es scheint, dass Wilson außerdem die Ehre zufiel, den Namen Y-Chromosom festzulegen. Ich habe drei Genetik-Historiker befragt und alle behaupteten, dass Wilson den Begriff »Y-Chromosom« 1909 zum ersten Mal verwendete. An der Namensgebung war überhaupt nichts Romantisches, Y war einfach das naheliegende Kürzel. Der neue Name sprach sich schnell herum. Ab 1914 nannten alle Genetiker die Geschlechtschromosomen X und Y. Das XX/XY-System kommt unter anderem bei Säugetieren, einigen Fischen, einigen Eidechsen und einigen Amphibien vor. Bei Vögeln, einigen Reptilien, einigen Fischen und manchen Insekten bestimmt der Genotyp ZZ den männlichen Phänotyp, während weibliche Tiere die Kombination WZ haben.

Hat der Embryo mindestens ein X- und kein Y-Chromosom, treten zwei Gene in Aktion, um den weiblichen Phänotyp zu erzeugen. Das erste Gen, DAX_1, liegt auf dem X-Chromosom, das zweite Gen, WNT_4, liegt auf Chromosom 1. Zusammen stimulieren die beiden Gene die Ausbildung von Ovarialgewebe. Das Ovarialgewebe seinerseits produziert das Hormon *Östrogen*, das andere Gene aktiviert, die die Entwicklung der übrigen weiblichen Geschlechtsanlagen steuern.

Nicht ganz so bedeutend: Das Y-Chromosom

Im Vergleich zum X-Chromosom ist das Y-Chromosom kümmerlich, ungesellig und erstaunlich entbehrlich. Das Y-Chromosom mit 58 Millionen Basenpaaren codiert für nur etwa 20 Proteine und ist damit das kleinste und genärmste Chromosom des Menschen. Der größte Teil des Y-Chromosoms scheint überhaupt keine Gene zu codieren; mehr als die Hälfte des Y-Chromosoms ist »DNA-Ausschussware«. Menschen mit nur einem X und keinem Y-Chromosom können gut damit leben (dies ist als Turner-Syndrom bekannt, dazu mehr weiter hinten in diesem Kapitel im Abschnitt »Drei sind einer zu viel: Falsche Anzahl an Geschlechtschromosomen beim Menschen«). Auf dem Y-Chromosom liegen keine zum Überleben wichtigen Gene. Fast alle Gene des Y-Chromosoms dienen der Geschlechtsdetermination und den männlichen Geschlechtsfunktionen.

Im Gegensatz zu den anderen Chromosomen findet beim Y-Chromosom während der Meiose (siehe Kapitel 2) kaum Rekombination statt, weil X- und Y-Chromosom so unterschiedlich sind. Es gibt nur zwei winzige Regionen, die *pseudoautosomalen Regionen* (PAR) nahe den Telomeren (den äußeren Enden der Chromosomen), die eine Überlappung des X- und Y-Chromosoms während der Meiose zulassen. Die Chromosomenpaare des Menschen sind im Allgemeinen *homolog*, was bedeutet, dass sich die Chromosomen in Größe und Struktur gleichen und ähnliche (nicht unbedingt identische) genetische Informationen enthalten. X- und Y-Chromosom hingegen sind nicht homolog. Sie unterscheiden sich in Größe und Struktur und enthalten komplett verschiedene Gene. Homologe Chromosomen können während der Meiose beliebig Informationen tauschen (*Crossing-over*), aber X und Y teilen zu wenig gemeinsame Informationen für eine ähnliche Crossing-over-Rate. Nichtsdestotrotz tun sich X- und Y-Chromosom während der Meiose zusammen, damit die richtige Anzahl an Chromosomen verteilt wird.

Da beim Y-Chromosom keine Rekombination stattfindet, ist es sehr gut geeignet, Wanderungen und Siedlungsströmungen in der Menschheitsgeschichte nachzuvollziehen. Das Y-Chromosom hat sogar dabei geholfen, Licht in die britische Geschichte zu bringen. Jahrhundertelang glaubte man, dass die Angelsachsen Britannien erobert und mehr oder weniger jeden anderen Siedler aus dem Land vertrieben hätten. Im Jahr 2003 brachte jedoch eine Untersuchung bei 1.700 britischen Männern den Beweis, dass die verschiedenen Teile der britischen Inseln eine unterschiedliche Geschichte väterlicherseits haben, die von Invasionen, Immigration und zahlreichen Mischehen zeugt.

Das wichtigste Gen auf dem Y-Chromosom ist das sogenannte *SRY*-Gen (SRY steht für »sex-determining region of Y« – die geschlechtsbestimmende Region auf dem Y-Chromosom), das 1990 entdeckt wurde. *SRY* ist der »Männerproduzent« unter den Genen. Das *SRY*-Gen codiert für nur 204 Aminosäuren und enthält im Gegensatz zu den meisten anderen Genen und dem größten Teil des restlichen Y-Chromosoms keine *Introns* (DNA-Abschnitte, die die codierende Sequenz unterbrechen, siehe Kapitel 9).

Die wichtigste Funktion des *SRY*-Gens: Es gibt den Startschuss für die Hodenentwicklung. Embryonen mit mindestens einem Y-Chromosom werden männlich, sobald das *SRY*-Gen in der siebten Entwicklungswoche aktiviert wird. Bei der Ausbildung des Hodens arbeitet es mit mindestens einem weiteren Gen auf Chromosom 17 zusammen. Die Hoden selbst produzieren dann das Hormon Testosteron, das für alle weiteren männlichen Geschlechtsmerkmale zuständig ist.

Die Festlegung des Geschlechts hat sehr viel mit der hormonellen Steuerung während des embryonalen Wachstums zu tun. Die Geschlechtsentwicklung kann durch äußere Umstände (Medikamente und andere Faktoren) stark gestört werden. Beim Rind beispielsweise sind bei Zwillingen die Blutkreisläufe der Föten und der Plazenten nicht voneinander getrennt. So ist es möglich, dass die Kälber über die Blutbahn Hormone austauschen. Sind die Kälber nicht gleichgeschlechtlich, sondern männlich und weiblich (und das kann statistisch gesehen ja bei der Hälfte der Zwillingsträchtigkeiten der Fall sein), stört die Hormonsekretion des männlichen Kalbs die Entwicklung des weiblichen Kalbs so sehr, dass dessen Geschlechtsorgane nicht richtig ausgebildet werden und das weibliche Kalb unfruchtbar wird. Solche Kälber werden *Zwicken* oder *Freemartins* genannt.

Geschlechtsdetermination bei anderen Lebewesen

Bei Säugetieren wird das Geschlecht durch die Geschlechtschromosomen, die bestimmte Gene für den männlichen oder weiblichen Phänotyp ein- und ausschalten, festgelegt. Bei den meisten anderen Lebewesen ist die Geschlechtsdetermination sehr unterschiedlich. Dieser Abschnitt zeigt, wie das Geschlecht durch die Chromosomen, bestimmte Gene oder einfach nur die Umgebungstemperatur festgelegt werden kann.

Insekten

Als die Genetiker Anfang des letzten Jahrhunderts mit dem Studium der Chromosomen begannen, waren die Insekten die Lebewesen ihrer Wahl. Die Chromosomen von Grashüpfern, Käfern und – besonders häufig – Fruchtfliegen wurden vorsichtig gefärbt und unter dem Mikroskop betrachtet. Vieles von dem, was wir heute über Chromosomen allgemein und die Geschlechtsdetermination im Besonderen wissen, stammt aus den ersten Forschungsarbeiten jener Zeit.

1901 stellte Clarence McClung fest, dass weibliche Grashüpfer zwei X-Chromosomen besitzen, während männliche nur ein X-Chromosom aufweisen (im Kasten »Aktenzeichen XY« finden Sie mehr Informationen über McClungs Rolle bei der Entdeckung der Geschlechtschromosomen). Die Gruppierung, heute als XX-X0-System beschrieben, mit »0« für das fehlende Chromosom, kommt bei vielen Insektenarten vor. Bei diesen Lebewesen bestimmt die Anzahl der X-Chromosomen im Verhältnis zu den autosomalen Chromosomen das Geschlecht. Zwei X ergeben ein Weibchen, ein X ein Männchen.

Beim XX-X0-System sind die Weibchen (XX) *homogametisch*, was bedeutet, dass jeder Gamet (in diesem Fall die Eizelle), den das Weibchen produziert, den gleichen Satz an Chromosomen mit je einem der Autosomen plus einem X enthält. Die Männchen (X0) sind dagegen *heterogametisch*, ihre Spermien können in zwei verschiedenen Ausführungen daherkommen. Die Hälfte der männlichen Gameten hat einen kompletten Satz autosomaler Chromosomen plus ein X; die andere Hälfte hat einen Satz autosomaler Chromosomen und kein Geschlechtschromosom. Dieses Ungleichgewicht bei der Chromosomenzahl legt das Geschlecht bei den XX-X0-Organismen fest.

Ähnlich verhält es sich bei den Fruchtfliegen. Die Männchen besitzen zwar ein Y-Chromosom, jedoch enthält dieses keine geschlechtsbestimmenden Gene. Das Geschlecht wird hier durch das Verhältnis der Anzahl der Geschlechtschromosomen zu den autosomalen Chromosomensätzen festgelegt. Die Anzahl der X-Chromosomen wird durch die Anzahl der autosomalen Chromosomensätze geteilt. Diese Formel ist als sogenanntes »X-zu-Autosom-Verhältnis« oder *X:A-Verhältnis* bekannt. Ist das X:A-Verhältnis kleiner oder gleich ½, ist das Individuum männlich. Eine XX-Fliege mit einem zweifachen autosomalen Chromosomensatz hätte ein X:A-Verhältnis von 1 (denn 2 geteilt durch 2 ist 1), was ja größer als ½ ist, und wäre somit weiblich. Eine XY-Fliege mit zweifachem autosomalen Chromosomensatz hat ein X:A-Verhältnis von ½ (1 durch 2) und ist daher männlich.

Bienen und Wespen besitzen überhaupt keine Geschlechtschromosomen. Anstelle von Geschlechtschromosomen legt hier die Anzahl der Chromosomensätze das Geschlecht fest. Weibliche Bienen sind *diploid* (haben also einen zweifachen Chromosomensatz, 2*n*), da sie aus einem befruchteten Ei stammen. Männliche Bienen (Drohnen) schlüpfen hingegen aus unbefruchteten Eiern. Sie haben nur einen *haploiden* (einfachen) Chromosomensatz.

Vögel

Vögel besitzen, wie die Menschen auch, zwei Geschlechtschromosomen. Weibliche Vögel besitzen die Kombination ZW, männliche ZZ. Die Geschlechtsdetermination bei Vögeln ist bisher noch nicht komplett verstanden. Zwei Gene, eines auf dem Z-Chromosom und eines auf dem W-Chromosom, scheinen beide bei der Geschlechtsdetermination eine Rolle zu spielen. Das Gen auf dem Z-Chromosom deutet darauf hin, dass, ähnlich dem XX-X0-System bei den Insekten (siehe vorherigen Abschnitt) die Anzahl der Z-Chromosomen vermutlich einen Einfluss auf das Geschlecht hat (allerdings mit umgekehrtem Ergebnis zum XX-X0-System). Auf der anderen Seite weist das Gen auf dem W-Chromosom auf die Existenz eines Gens zur Bestimmung des weiblichen Geschlechts hin. Das Hühnergenom (siehe Kapitel 8 mit einem Überblick) wird den Wissenschaftlern weitere wichtige Informationen über die Geschlechtsdetermination bei Vögeln liefern. (Die Geschlechtsfestlegung bei einigen vogelartigen Tieren kann noch komplizierter werden! Lesen Sie dazu die unglaubliche Geschichte des Schnabeltiers in Kapitel 24.)

Die Geschlechtsverdreher von Mutter Natur

Einige Lebewesen legen ihr Geschlecht nach ihrem jeweiligen Aufenthaltsort fest, was bedeutet, dass sie wohnortabhängig männlich oder weiblich werden. Nehmen wir die Pantoffelschnecke als Beispiel: Die Pantoffelschnecke (auch unter ihrem unglaublich vielsagenden wissenschaftlichen Namen *Crepidula fornicata* bekannt) besitzt ein konkaves, einkämmeriges Gehäuse und klebt an Felsen im flachen Meerwasser. Eigentlich sehen diese Tiere nicht viel anders als eine halbe Muschel aus. Alle jungen Pantoffelschnecken sind männlich, können aber aufgrund ihrer Lebensbedingungen zu Weibchen werden. Siedelt sich eine junge Schnecke auf nacktem Fels an, wird sie weiblich. Setzt sich ein Männchen auf ein anderes Männchen, so wird das untere weiblich, um der neuen Situation besser gerecht zu werden. Nimmt man ein Männchen von der Spitze eines solchen Stapels herunter und setzt es auf einen nackten Fels, wird es zum Weibchen und wartet auf ein Männchen. Einmal zum Weibchen geworden, gibt es allerdings keinen Weg zurück – die Schnecke bleibt für ihr restliches Leben weiblich.

Auch Fische können ihr Geschlecht je nach Örtlichkeit und sozialer Situation ausrichten. Der Blaukopf-Junker (*Thalassoma bifasciatum*), ein großer Rifffisch, der vielen

> Tauchern bekannt sein dürfte, wird weiblich, sobald ein Männchen anwesend ist. Ist kein Männchen anwesend oder verschwindet das ortsansässige Männchen, können die größeren Weibchen ihr Geschlecht ändern und männlich werden. Dabei kontrollieren Gehirn und Nervensystem den Geschlechtswechsel. Der *Hypothalamus*, ein Abschnitt im Gehirn (den Sie übrigens auch haben), reguliert dabei die Geschlechtshormone und kontrolliert das Wachstum der benötigten Geschlechtsorgane.
>
> Einen der vorderen Plätze auf der Skurrilitätenliste sichert sich jedoch ein Parasit, der in bestimmten taiwanesischen Süßwasserfischen haust und sein Geschlecht auf eine sehr eigentümliche Weise festlegt: durch Kannibalismus. Wenn ein männlicher *Ichthyoxenus fushanensis*, eine Art parasitäre Kugelassel (vielleicht ist Ihnen so ein Stehaufmännchen schon einmal untergekommen), ein Weibchen verspeist (oder auch umgekehrt), ändert das Leckermäulchen sein Geschlecht – was bedeutet, er wird sie. Im Falle der Assel ist die Geschlechtsumwandlung eine Form des Hermaphroditismus (ein anderes Wort für Zwittrigkeit), bei dem das Geschlecht in Abhängigkeit von der Veränderung der Umwelt oder der Ernährung fortlaufend neu festgelegt wird.

Reptilien

Geschlechtschromosomen legen auch bei den meisten Reptilien wie zum Beispiel Schlangen und Eidechsen das Geschlecht fest. Jedoch wird das Geschlecht der meisten Schildkröten und aller Krokodile und Alligatoren durch die Umgebungstemperatur während der Bebrütung der Eier bestimmt. Weibliche Schildkröten und Krokodile graben Nester und verbuddeln die Eier im Boden. Dabei wählen sie meistens einen freien Platz aus, der möglichst viel Sonne erhält. Während Schildkröten sich nicht weiter um ihre Eier kümmern – aus den Augen aus dem Sinn –, bewachen Alligatoren und Krokodile ihr Gelege mitunter sehr aggressiv (wie ich persönlich belegen kann), überlassen das Brüten selbst aber ebenfalls der Sonne.

Bei Schildkröten entstehen durch niedrigere Temperaturen zwischen 25 und 28 Grad Celsius nur Männchen, während Temperaturen über 30 Grad Celsius nur weibliche Nachkommen in den Eiern entstehen lassen. Zwischen 28 und 30 Grad Celsius schlüpfen beide Geschlechter aus den Eiern. Bei den Alligatoren ist es hingegen anders: Männliche Alligatoren entstehen ausschließlich bei mittleren Bruttemperaturen um die 32 bis 33 Grad Celsius. Sowohl bei kälteren (29 bis 31 Grad Celsius) als auch bei wärmeren (um die 35 Grad Celsius) Temperaturen schlüpfen weibliche Tiere.

Bei Tieren mit temperaturabhängiger Geschlechtsdetermination scheint das Enzym *Aromatase* eine Schlüsselrolle zu spielen. Die Aromatase wandelt Testosteron in Östrogen um. Ist der Östrogenspiegel hoch, wird der Embryo weiblich, bei niedrigem Spiegel männlich. Die Aktivität der Aromatase ändert sich mit der Temperatur. Bei manchen Schildkröten ist die Aromatase beispielsweise bei 25 Grad Celsius quasi inaktiv, es schlüpfen nur Männchen. Beträgt die Temperatur im Gelege aber um die 30 Grad Celsius, steigt die Aromatase-Aktivität drastisch an und aus allen Eiern schlüpfen Weibchen.

Drei sind einer zu viel: Falsche Anzahl an Geschlechtschromosomen beim Menschen

Während der Meiose stellen sich die homologen Chromosomen zu Paaren zusammen und trennen sich wieder, was ich in Kapitel 2 genau beschreibe. Bei der Teilung der Chromosomen wird sichergestellt, dass jeder Gamet nur je eine Kopie jedes Chromosoms bekommt und die Zygote (die Zelle, die aus der Verbindung zweier Gameten entsteht, siehe Kapitel 2) von jedem Chromosom ein Paar und keine überzähligen Kopien besitzt. Aber manchmal passieren auch Fehler. Ein X- oder Y-Chromosom kann übersehen werden oder zusätzliche Kopien können in den Zellen verbleiben. Solche chromosomalen Fehler entstehen durch die sogenannte *Nondisjunktion* (»Nichttrennung«) oder *Fehlsegregation*, wenn sich die Chromosomen während der Meiose nicht voneinander trennen (in Kapitel 15 erfahren Sie mehr über Fehlsegregationen und weitere chromosomale Störungen).

Zusätzliche Chromosomen können alle möglichen Entwicklungsstörungen verursachen. Bei Lebewesen, bei denen wie zum Beispiel beim Menschen das Geschlecht durch Chromosomen festgelegt wird, haben die Männchen nur ein X-Chromosom. Daher werden bei Männchen alle Gene auf dem einzelnen X-Chromosom automatisch zu dominanten Allelen, selbst wenn diese im Weibchen mit zwei X-Chromosomen eigentlich rezessiv wären (blättern Sie zum Abschnitt »X-gekoppelte Merkmale« weiter hinten in diesem Kapitel für mehr Informationen). Weibliche Lebewesen müssen zwei Kopien des X-Chromosoms und damit die doppelte Dosis der X-Chromosom-gekoppelten Gene handhaben. Wenn beide X-Chromosomen aktiv wären, müssten Weibchen folglich auch doppelt so viele der darauf codierten Genprodukte bekommen wie die Männchen. Die zusätzliche Menge an Protein, das von zwei Kopien desselben Gens gleichzeitig produziert würde, würde die normale Entwicklung stark beeinträchtigen. Die Lösung für dieses Problem heißt *Dosiskompensation*, bei der die Menge der Genprodukte zwischen den Geschlechtern einander angeglichen wird.

Dafür gibt es zwei Möglichkeiten:

- ✔ Bei männlichen Lebewesen wird die Genexpression auf dem X-Chromosom erhöht, um eine doppelte Dosis der Genprodukte zu erhalten. Dies geschieht beispielsweise bei den Fruchtfliegen.

- ✔ Bei weiblichen Organismen wird ein X-Chromosom mit allen seinen Genen deaktiviert, um nur die »halbe« Dosis der Genexpression zu erzielen.

Durch beide Methoden wird die Menge der Genprodukte des X-Chromosoms bei beiden Geschlechtern angeglichen. Beim Menschen geschieht dies durch die *X-Inaktivierung*. Dabei wird in jeder Körperzelle ein X-Chromosom permanent und irreversibel ausgeschaltet.

Die X-Inaktivierung wird beim Menschen durch ein einzelnes Gen gesteuert, das *XIST*-Gen (XIST steht dabei für »X-inaktivierendes spezifisches Transkript«). Das *XIST*-Gen liegt auf dem X-Chromosom. Wenn eine weibliche Zygote sich entwickelt, durchläuft sie mehrere Zellteilungen. Ist der Embryo etwas mehr als

16 Zellen groß, findet die X-Inaktivierung statt. Das *XIST*-Gen wird dann aktiviert und es findet eine normale Transkription statt (siehe Kapitel 9). Die mRNA (ein enger Verwandter der DNA, lesen Sie Kapitel 9, um mehr darüber zu erfahren) wird zwar produziert, wenn das *XIST*-Gen abgelesen wird, aber nicht weiter für die Synthese eines Proteins verwendet. Stattdessen bindet sich dieses XIS-Transkript direkt an ein X-Chromosom und inaktiviert dessen Gene (sehr ähnlich zur RNA-Interferenz, siehe Kapitel 11 mit mehr Details).

Durch die X-Inaktivierung wird das komplette Chromosom verformt. Es wird sehr stark kondensiert und genetisch inaktiv. Solche hochkondensierten Chromosomen sind für Genetiker unter dem Mikroskop leicht zu entdecken, weil sie sehr viel Farbstoff aufnehmen können (siehe Kapitel 15). Murray Barr hat als Erster diese hochkondensierten, inaktiven X-Chromosomen bei Säugetieren beobachtet. Deshalb werden diese Chromosomen auch *Barr-Körperchen* genannt.

Zur X-Inaktivierung sollten Sie sich zwei wichtige Dinge merken:

✔ Beim Menschen und vielen anderen Säugetieren ist die X-Inaktivierung zufällig. Nur ein X-Chromosom bleibt aktiv, aber welches von beiden dies ist, bleibt dem Zufall überlassen.

✔ Sind mehr als zwei X-Chromosomen vorhanden, bleibt ebenfalls nur eines aktiv.

Die X-Inaktivierung bewirkt, dass die aus den verschiedenen embryonalen Zellen stammenden Gewebe »unterschiedliche« aktive X-Chromosomen haben können. Weil weibliche Säugetiere ein X-Chromosom vom Vater und eines von der Mutter bekommen, tragen die X-Chromosomen höchstwahrscheinlich verschiedene Allele der gleichen Gene. Daher können die einzelnen Gewebe verschiedene Phänotypen aufweisen, je nachdem, ob hier das X-Chromosom von Mutter oder Vater aktiv ist. Diese zufällige Aktivierung wird am ehesten bei Katzen sichtbar.

Das Fell von Tricolor- oder Schildpattkatzen ist gemustert (oft orange und schwarz, aber andere Kombinationen sind auch möglich). Die Gene, die die Fellfarbe bestimmen, liegen bei Katzen auf dem X-Chromosom. Kater sind üblicherweise einfarbig, da sie nur ein X-Chromosom besitzen (XY eben, Weiß ist in diesem Sinne keine Farbe). Katzen (XX) haben zwar auch nur ein aktives X-Chromosom, aber welches von beiden (das mütterliche oder väterliche) aktiviert ist, variiert von Zelle zu Zelle. Deswegen entsteht bei Tricolor-Katzen ein ungleichmäßiges Fellfarbenmuster in Abhängigkeit vom jeweils aktiven X-Chromosom, sofern die Eltern unterschiedliche Fellfarben auf den Allelen ihrer X-Chromosomen besaßen. Falls Sie einen mehrfarbigen Kater besitzen, hat er ein zusätzliches X-Chromosom und damit den Genotyp XXY. Solche Kater haben einen normalen Körperbau, sind gesund und munter, aber meistens unfruchtbar.

Anders als Katzen haben Menschen mit einem zusätzlichen Geschlechtschromosom mit einer ganzen Reihe gesundheitlicher Probleme zu kämpfen, auf die ich im Folgenden zu sprechen komme.

Zusätzliche X-Chromosomen

Männer und Frauen können zusätzliche X-Chromosomen haben, was bei beiden unterschiedliche Auswirkungen auf den Phänotyp hat. Bei Frauen mit zusätzlichen X-Chromosomen wird der Zustand auch *Poly-X* genannt (»poly« ist griechisch und heißt »viele«). Frauen mit Poly-X-Syndrom sind meist größer als der Durchschnitt und schmal. Die meisten Poly-X-Frauen entwickeln sich normal, werden ganz normal geschlechtsreif, haben eine normale Menstruation und sind fruchtbar. Selten beobachtet man bei XXX(oder *Triplo-X*)-Frauen eine Verzögerung in der geistigen Entwicklung. Diese oder andere gesundheitliche Beschwerden der Poly-X-Frauen nehmen zu, je mehr X-Chromosomen vorhanden sind. Ungefähr jede tausendste Frau hat den Genotyp Triplo-X (XXX).

Bei Männern wird das Vorhandensein von zusätzlichen X-Chromosomen auch als *Klinefelter-Syndrom* bezeichnet. Ungefähr einer von 500 Jungen ist davon betroffen. Meistens haben Männer mit Klinefelter-Syndrom zwei X-Chromosomen (XXY), es wurden aber auch schon bis zu vier X-Chromosomen beobachtet. Wie bei jeder Frau findet auch bei Männern mit Klinefelter-Syndrom eine X-Inaktivierung statt. Damit bleibt nur ein X-Chromosom aktiv und es können Barr-Körperchen gefunden werden. Jedoch war das zusätzliche X-Chromosom schon vor der Inaktivierung im frühen Embryonalstadium aktiv. Die Überdosierung durch das zusätzliche X-Chromosom ist verantwortlich für die Ausbildung des Klinefelter-Syndroms. Üblicherweise sind Männer mit Klinefelter-Syndrom groß gewachsen und eingeschränkt fruchtbar (meistens sind sie steril). Sie haben weniger stark ausgeprägte sekundäre Geschlechtsmerkmale (zum Beispiel weniger Barthaare) und, wenn auch selten, eine vergrößerte Brust aufgrund einer verminderten Testosteronproduktion.

Mehr Informationen und Kontakte finden Sie in Deutschland bei der deutschen Klinefelter-Syndrom-Vereinigung unter www.klinefelter.de/cms/, in Österreich bei der Österreichischen Klinefelter- und Trisomie-X-Syndrom-Gruppe unter www.klinefelter.at/ und in der Schweiz beim Verein Klinefelter-Syndrom Schweiz unter www.klinefelter.ch/. Mehr Informationen zu Triplo-X-Frauen finden Sie unter www.triplo-x.de/.

Zusätzliche Y-Chromosomen

Manchmal besitzen Männer ein X-Chromosom und zwei oder mehr Y-Chromosomen. Die meisten Männer mit XYY haben einen normalen männlichen Phänotyp, sind aber oft größer und wachsen während ihrer Kindheit schneller als ihre XY-Kameraden. In Studien wurden auch Lernschwierigkeiten festgestellt (XYY-Jungen fangen später an zu sprechen als XY-Jungen). Die Behauptung, dass XYY-Männer eher zu kriminellen Handlungen neigen, ist allerdings nicht korrekt und beruht wohl eher auf der geringen Stichprobengröße der Untersuchungen, die in den 1960er- und 1970er-Jahren in Gefängnissen durchgeführt wurden und schon vom Ansatz her keine korrekt durchgeführte Studie darstellten.

Ein X und kein Y

In einigen Fällen geschieht es, dass sich jemand mit nur einem X-Chromosom wiederfindet. Diese Menschen leiden unter dem *Turner-Syndrom* und sind weiblich. Die betroffenen

Mädchen werden häufig nicht geschlechtsreif, das heißt, sie zeigen keine der sekundären Geschlechtsmerkmale ausgewachsener Frauen (nämlich Brüste und Menstruation) und sind kleiner. In anderer Hinsicht sind Mädchen und Frauen mit Turner-Syndrom meist völlig normal, obwohl gelegentlich Nieren- oder Herzdefekte vorkommen. Das Turner-Syndrom (oder *Monosomie X*, soll heißen, es kommt nur ein X vor) betrifft rund eines von 2.500 Mädchen.

Weitere Information und regionale Kontakte in Deutschland finden Sie bei der Turner-Syndrom-Vereinigung Deutschland e. V. unter www.turner-syndrom.de, in Österreich bei der Österreichischen Turner-Syndrom-Initiative unter www.oetsi.at und in der Schweiz unter www.turner-syndrom.ch.

Was man auf den Geschlechtschromosomen findet: Geschlechtsgekoppelte Vererbung

Das Geschlecht kontrolliert nicht nur die Reproduktion, sondern hat auch einen großen Einfluss darauf, welche Gene wie exprimiert werden. *Geschlechtsgekoppelte Gene* liegen auf den Geschlechtschromosomen selbst, einige Merkmale nur auf dem X-Chromosom (wie die Bluterkrankheit), andere nur auf dem Y-Chromosom (wie Haare in den Ohren). Einige Merkmale werden bei Männern und Frauen unterschiedlich ausgeprägt, obwohl die Gene dafür nicht auf den Geschlechtschromosomen liegen. Dieser Abschnitt zeigt, wie das Geschlecht den Phänotyp unter verschiedenen genetischen Bedingungen beeinflusst.

X-gekoppelte Merkmale

X-gekoppelte Merkmale werden von Genen gesteuert, die auf dem X-Chromosom liegen. Thomas Morgan entdeckte 1910 die X-gekoppelte Vererbung bei der Untersuchung von Fruchtfliegen (*Drosophila*). Sein Kreuzungsversuch mit rot- und weißäugigen Fliegen ließ ihn an Mendels Regeln (siehe Kapitel 3) zweifeln, da unerwartete phänotypische Verhältnisse auftauchten. Er vermutete, dass »weiße Augen« bei den Fruchtfliegen rezessiv seien. Als er rotäugige weibliche Fliegen mit weißäugigen männlichen Fliegen kreuzte, erhielt er in der F_1-Generation nur rotäugige Fliegen, also exakt das, was man bei einer monohybriden Kreuzung erwartet. In der F_2-Generation stellte sich ebenfalls das erwartete 3:1-Verhältnis ein.

Als er jedoch weißäugige weibliche Fliegen mit rotäugigen männlichen Fliegen (also genau umgekehrt) anpaarte, zeigten sich die erwarteten Verhältnisse eben nicht. In der F_1-Generation war das Verhältnis von rotäugigen zu weißäugigen Fliegen 1:1 (eigentlich sollten doch alle rotäugig sein) und auch in der F_2-Generation war das Verhältnis 1:1 – das entsprach so gar nicht Mendels Regeln. Morgan war deshalb ziemlich nervös, bis er das Geschlecht der einzelnen Nachkommen in seine Betrachtungen mit aufnahm.

Bei Morgans F$_1$-Nachkommen von weißäugigen Müttern und rotäugigen Vätern hatten alle Söhne weiße Augen und alle Töchter rote Augen (siehe Abbildung 5.2). In der F$_2$-Generation hatte Morgan dann die gleiche Anzahl rotäugiger und weißäugiger Fliegen beiderlei Geschlechts.

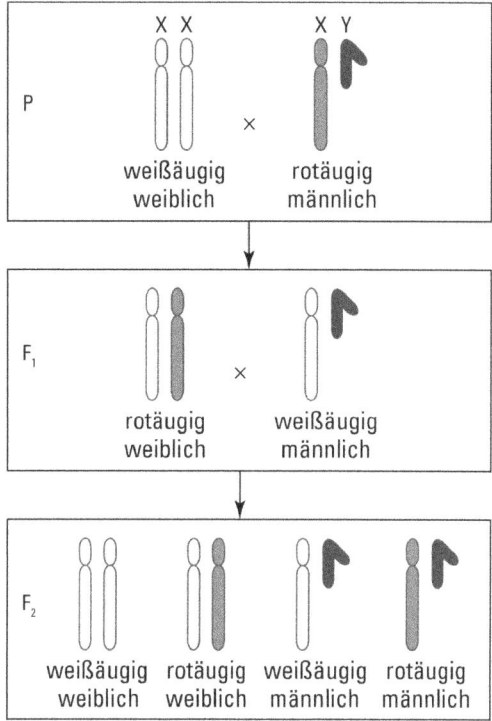

Abbildung 5.2: Die Ergebnisse von Morgans Kreuzungsversuchen mit Fliegen

Morgan war mit den Arbeiten von Nettie Stevens und Edmund Wilson über die Geschlechtschromosomen aus dem Jahr 1905 gut vertraut und er wusste auch, dass Fruchtfliegen XX-XY-Geschlechtschromosomen besitzen. So untersuchte Morgan mit seinen Studenten über 13 Millionen Fruchtfliegen, um zu bestätigen, dass das Gen für die Augenfarbe auf dem X-Chromosom liegt. (Wenn Sie das nächste Mal in Ihrer Küche eine Fruchtfliege sehen, stellen Sie sich mal vor, wie lange es wohl dauert, 13 Millionen Fliegen einzeln unter dem Mikroskop in die Augen zu schauen!)

Wie sich herausstellte, ist die weiße Augenfarbe der Fruchtfliegen rezessiv. Weiße Augen treten folglich nur bei homozygoten weiblichen Fruchtfliegen auf (das heißt, wenn beide X-Chromosomen das Allel für »weiße Augen« tragen). Bei männlichen Fliegen hingegen taucht die weiße Augenfarbe nur dann auf, wenn ihr X-Chromosom (sie haben ja nur eins) die Kopie des X-gekoppelten Gens trägt. Rezessive X-gekoppelte Gene verhalten sich wie dominante Gene, wenn sie *hemizygot* sind (wenn also nur eine Kopie des Gens vorhanden ist). So zeigt jedes männliche Individuum ein rezessives Merkmal auf dem X-Chromosom, genauso als ob es zwei rezessive Allele davon hätte. (Es gibt auch dominante Genstörungen auf dem X-Chromosom, mehr dazu in Kapitel 12.)

Bei Frauen zeigen sich X-gekoppelte rezessive Genstörungen nur sehr selten; betroffen sind meist die Söhne der Genträgerinnen. Wie das Vererbungsmuster einer solchen X-gekoppelten Genstörung aussieht, sehen Sie am Beispiel des Familienstammbaums der europäischen Königsfamilien in Kapitel 12. Königin Victoria war Trägerin des rezessiven Gens für die Bluterkrankheit (Hämophilie). Von ihren Vorfahren scheint niemand diese Krankheit gehabt zu haben, was die Genetiker vermuten lässt, dass bei Königin Victoria selbst diese Mutation das erste Mal auftrat (in Kapitel 13 lesen Sie mehr über spontane Mutationen wie diese). Königin Victoria hatte einen Sohn mit Hämophilie und zwei Töchter, die Trägerinnen waren.

Geschlechtslimitierte Merkmale

Geschlechtslimitierte Merkmale werden wie normale autosomale Merkmale vererbt, sind aber bei einem der beiden Geschlechter nie ausgeprägt, unabhängig davon, ob sie homozygot oder heterozygot vorliegen. Bei solchen Merkmalen sagt man auch, sie haben 100 Prozent Penetranz bei dem einen Geschlecht und null Prozent Penetranz beim anderen. (Die *Penetranz* ist die Wahrscheinlichkeit, dass sich ein dominantes Merkmal im Phänotyp ausdrückt, siehe auch Kapitel 4.) Zu solchen geschlechtslimitierten Merkmalen gehört beispielsweise die Farbe des Gefieders bei Vögeln. Beide Geschlechter erben dieselben Allele für die Farben, sie kommen allerdings meist nur bei den männlichen Nachkommen zum Ausdruck, während das Weibchen eher unscheinbare Farben ausbildet – ein sehr prägnantes Beispiel ist der Pfau. Säugetiere beiderlei Geschlechts besitzen die notwendigen Gene für die Milchbildung. Da aber die Expression der Gene vom Spiegel weiblicher Hormone abhängt, produzieren auch nur die Weibchen Milch (siehe Kapitel 11, wie einzelne Gene aktiviert werden und die Genexpression gesteuert wird).

Eine Besonderheit, die beim Menschen nur bei Männern auftritt, ist die verfrühte Pubertät. Das entsprechende Gen liegt auf Chromosom 2 und verursacht, dass Jungen schon sehr früh die typischen pubertären Entwicklungen wie Stimmbruch, Wachstum von Bart- oder Körperhaaren durchmachen – manchmal schon mit drei Jahren! Das Allel für die frühzeitige Pubertät ist autosomal dominant, wird allerdings nur bei Jungen zum Ausdruck gebracht. Bei Frauen, egal welchen Genotyps, kommt dieses Gen nie zum Tragen.

Geschlechtsbeeinflusste Merkmale

Geschlechtsbeeinflusste Merkmale werden von Genen auf Autosomen codiert, aber der Phänotyp hängt außerdem vom Geschlecht des Genträgers ab. Bei solchen Merkmalen spielt auch die Penetranz eine Rolle. Die Penetranz ist bei Männchen größer als bei Weibchen. Dies betrifft vor allem Merkmale, die Männchen anders aussehen lassen als Weibchen, wie zum Beispiel Hörner, Behaarung und andere Merkmale.

Die Kahlköpfigkeit des Mannes ist bei Menschen zum Beispiel so ein geschlechtsbeeinflusstes Merkmal. Das Gen, das mit dem frühzeitigen Haarausfall in Verbindung gebracht wird, liegt auf Chromosom 15. Die Kahlheit ist bei Männern autosomal dominant. Frauen sind vom Haarausfall nur betroffen, wenn das entsprechende Allel homozygot vorkommt. Aber auch bei Frauen hat dieses Gen Auswirkungen: Sie leiden dabei häufig am *polyzystischen Ovarsyndrom*. Diese Krankheit führt zu reduzierter Fruchtbarkeit und anderen Störungen des Reproduktionssystems. Das Gen wirkt also bei Frauen autosomal dominant für das polyzystische Ovarsyndrom, so wie es bei Männern für die Kahlköpfigkeit verantwortlich ist. Viele Frauen mit polyzystischem Ovarsyndrom sind für dieses Gen heterozygot (und deshalb nicht kahlköpfig).

Y-gekoppelte Merkmale

Das Y-Chromosom trägt nur wenige Gene, und diese hängen fast ausschließlich mit der Ausbildung der männlichen Geschlechtsmerkmale zusammen. Demzufolge haben die meisten bisher entdeckten Y-gekoppelten Merkmale mit den männlichen Sexualfunktionen und der Fruchtbarkeit zu tun. Wie Sie sich vielleicht schon denken können, werden solche Merkmale nur vom Vater auf den Sohn übertragen. Alle Gene auf dem Y-Chromosom werden ausgeprägt, da das Y-Chromosom hemizygot (nur in einer Kopie vorhanden) ist und kein anderes Chromosom die Expression beeinflussen kann. Die Höhe der Penetranz und die Expressivität der Y-gekoppelten Merkmale variieren stark (mehr Details über Penetranz und Expressivität in Kapitel 4).

Ein Merkmal, das von einem Gen auf dem Y-Chromosom kontrolliert wird und nichts mit den Sexualfunktionen des Mannes zu tun hat, ist das Wachstum von Haaren in den Ohren. Es scheint, dass das Merkmal unvollständig penetrant ist, was bedeutet, dass nicht alle Söhne die Haare in den Ohren vom Vater erben. Es gibt auch eine unterschiedliche Expressivität von nur wenigen Härchen bis hin zu regelrechten Haarbüscheln. Ist es nicht schön zu wissen, dass Genetiker mit den vereinten Kräften der Wissenschaft solch bahnbrechende Erkenntnisse für Sie gewinnen? Wenn Sie mehr über Y-gekoppelte Merkmale lesen möchten, blättern Sie zurück zum Abschnitt »Nicht ganz so bedeutend: Das Y-Chromosom« in diesem Kapitel

Teil II
DNA: Das genetische Material

IN DIESEM TEIL …

Die DNA-Doppelhelix ist die Ikone der modernen Wissenschaft. Das ganze Leben auf unserer Erde basiert auf dieser eleganten molekularen Spirale, die alle genetischen Informationen über jedes einzelne Individuum enthält. Der Aufbau der DNA ist die Grundlage für ihre riesige Speicherkapazität. Das physikalische und chemische Design kontrolliert, wie die DNA kopiert wird und wie Informationen weitergegeben werden.

In diesem Teil erkläre ich, wie die DNA aufgebaut ist und kopiert wird, wie ihre Botschaften gelesen und in die Merkmale und das Aussehen der Lebewesen übersetzt werden, die Sie täglich überall sehen. Der genetische Code ist auf die Mitarbeit der nahen Verwandten der DNA, der RNA, angewiesen. Die RNA trägt die Information der Gene in die Welt mit dem Zweck, Proteine – die Bausteine des Lebens – zu erzeugen. Die folgenden Kapitel zeigen Ihnen, woraus die DNA besteht, wie Kopien und Blaupausen gemacht werden und wie die Information vom Anfang bis zum Ende verarbeitet wird.

> **IN DIESEM KAPITEL**
>
> Die Bausteine der DNA
>
> Die Struktur der Doppelhelix
>
> Verschiedene Formen der DNA
>
> Mehr über die wissenschaftliche Geschichte der DNA

Kapitel 6
Die DNA: Grundlage des Lebens

Nun ist es an der Zeit, den Star der Genetik-Show kennenzulernen: *Desoxyribonukleinsäure*, auch als DNA bekannt! Und falls Sie die Überschrift dieses Kapitels nicht von der Wichtigkeit dieser drei Buchstaben überzeugt hat, bedenken Sie, dass DNA auch als »das genetische Material« oder »das Molekül der Vererbung« bezeichnet wird. Und Sie dachten schon, Ihr Titel sei beeindruckend!

Im Deutschen wird die Desoxyribonukleinsäure eigentlich mit DNS und die Ribonukleinsäure mit RNS abgekürzt. Es werden heute jedoch wie in so vielen Bereichen unseres täglichen Lebens (sehen Sie sich nur die Werbung für Telekommunikationsgeräte an!) vorwiegend die englischen Abkürzungen DNA (*deoxyribonucleic acid*) und RNA (*ribonucleic acid*) verwendet.

Jedes Lebewesen auf dieser Erde, vom kleinsten Bakterium bis hin zum größten Wal, benutzt die DNA, um genetische Informationen zu speichern und diese Informationen an die nächste Generation weiterzugeben. Eine Kopie des größten Teils (oder der gesamten) DNA wird an die Nachkommen vererbt. Der sich entwickelnde Nachkomme benutzt dann die DNA als Bauplan für seine eigenen Körperteile. (Auch leblose Objekte benutzen die DNA als Bauplan, siehe den Kasten »DNA und die Untoten: Die Welt der Viren«.)

Um sich vorstellen zu können, wie viel Information die DNA speichern muss, überlegen Sie sich, wie komplex Ihr Körper ist: Sie besitzen Hunderte verschiedene Gewebe, die alle unterschiedliche Aufgaben erfüllen. Es braucht schon eine Menge DNA, um all diese Informationen zu speichern. (Im Abschnitt »Die Entdeckung der DNA« weiter hinten in diesem Kapitel erfahren Sie, wie Wissenschaftler erforschten, dass die DNA die genetische Grundlage aller uns bekannten Lebensformen ist.)

Die Struktur der DNA macht es dem Molekül leicht, ihre Informationen zu kopieren (siehe Kapitel 7), und schützt die genetische Information vor Schaden (siehe Kapitel 13). Anhand seiner DNA lässt sich jedes Individuum eindeutig identifizieren – das ist das Kernstück der Rechtsmedizin, mit dessen Hilfe Verbrechen aufgeklärt werden können (siehe Kapitel 18). Aber bevor wir all die genetischen Informationen und ihre Verwendung betrachten, müssen wir zunächst einen Blick auf den grundlegenden chemischen Aufbau und die physikalische Struktur der DNA werfen.

> ### DNA und die Untoten: Die Welt der Viren
>
> Viren enthalten zwar DNA oder RNA (die jeweils einzel- oder doppelsträngig sein können), werden aber nicht als Lebewesen betrachtet. Zur Vermehrung muss sich das Virus an eine lebende Zelle heften und sein Erbgut in die Zelle einschleusen. Die virale DNA oder RNA zwingt die Zelle schließlich dazu, neue Viren herzustellen. Das Virus kann sich also nicht selbstständig, ohne die Energie einer Wirtszelle vermehren und es kann sich auch nicht selbstständig von einem Lebewesen zum anderen bewegen. Obwohl es Viren in allen nur denkbaren Formen gibt, besitzen sie nicht alle Bestandteile einer Zelle. Im Grunde genommen handelt es sich bei Viren nur um eine Nukleinsäure mit einer umgebenden Proteinhülle. So gehören die Viren zwar nicht zu den Lebenden, wirklich tot sind sie aber auch nicht. Gruselig, oder?

Demontage der Doppelhelix

Die meisten Leute denken bei dem Begriff DNA an die Doppelhelix. Aber die DNA ist nicht nur eine einfache Doppelhelix, sie ist ein riesiges Molekül – so riesig, dass man sie auch als *Makromolekül* bezeichnet. Man kann sie sogar mit bloßem Auge sehen. (Wie Sie sich selbst einmal DNA ansehen können, lesen Sie im Kasten »Wahnsinnsmoleküle: DNA-Extraktion mit Hausmitteln«.) Wenn Sie die DNA einer Ihrer Zellen auslegen würden, wäre der Strang etwa zwei Meter lang. Und wenn Sie die DNA aller Ihrer Körperzellen, das sind etwa 100.000.000.000.000 (also etwa einhundert Billionen, falls Sie keine Nullen zählen wollen), hintereinanderlegen, so reicht der Strang zur Sonne und wieder zurück, und das etwa einhundertmal!

Sie fragen sich jetzt bestimmt, wie man ein so riesiges Molekül in eine so winzig kleine Zelle bekommt, die man noch nicht einmal mit bloßem Auge erkennen kann. Und so geht's: Die DNA wird dicht gepackt in einem Prozess, der *Supercoiling* heißt (aus dem Englischen »to coil« = aufspulen, aufwickeln). Wie bei einem spiraligen Kabel, das sich immer wieder um sich selbst wickelt, wird beim Supercoiling die DNA um Proteine, zunächst um einen oktameren Komplex aus vier verschiedenen *Histonen* (H2A, H2B, H3, H4), gewunden und so zu *Nukleosomen* geformt. Die Nukleosomen reihen sich aneinander wie Perlen auf einer Schnur. Diese »Halskette« wird jedoch weiter verdichtet, indem ein weiteres Histon (H1) seinerseits die Nukleosomen zusammenhält. DNA und Histone werden schließlich so dicht spiralförmig aufgewickelt, dass der nahezu zwei Meter lange DNA-Strang auf wenige hundertstel Millimeter dicht gepackt werden kann.

Obwohl die Vorstellung eines DNA-Strangs, der bis zur Sonne und zurück reicht, einem die Größe der DNA gut begreiflich macht, existiert die DNA eines Organismus nicht als einzelner langer Strang. Vielmehr ist der Strang in einzelne Abschnitte, die *Chromosomen*, unterteilt, die an sich relativ kurz sind. Beim Menschen befinden sich ungefähr vier bis fünf Zentimeter DNA-Strang auf einem Chromosom (was ein Chromosom genau ist, lesen Sie in Kapitel 2). Menschliche und alle anderen eukaryotischen Zellen besitzen Zellkerne (Näheres dazu auch in Kapitel 2), in denen mindestens ein kompletter Satz Chromosomen aufbewahrt wird. Das heißt, jede Zelle enthält den Bauplan für den ganzen Organismus! Die einzelnen Bauanweisungen finden sich in *Genen*. Ein Gen bestimmt, wie ein Merkmal ausgeprägt wird. Gene und ihre Funktionen stelle ich Ihnen in Kapitel 11 näher vor.

Zellen mit Zellkern findet man nur bei Eukaryoten, jedoch hat nicht jede eukaryotische Zelle einen Zellkern. Menschen sind Eukaryoten, aber die roten Blutzellen besitzen keinen Zellkern mehr. Mehr über Zellen erfahren Sie in Kapitel 2.

Schulen ans Netz e.V. bietet über seine Seiten www.lehrer-online.de/3d-dna.php viele Informationen rund um die DNA, weitere Links zu interessanten Seiten sowie die Möglichkeit, sich dreidimensionale Modelle anzuschauen.

Wahnsinnsmoleküle: DNA-Extraktion mit Hausmitteln

Mit diesem einfachen Rezept können Sie die DNA ganz bequem zu Hause anschauen! Sie brauchen eine Erdbeere (oder eine Zwiebel, Banane, Kiwi oder Tomate, falls Sie keine Erdbeere zur Hand haben), Kochsalz, Wasser, zwei durchsichtige Gläser, einen Gefrierbeutel, einen Messbecher, einen weißen Kaffeefilter, klare Flüssigseife und etwas Reinigungsalkohol. Wenn Sie die Sachen zusammengesucht haben, führen Sie die folgenden Schritte durch:

1. **Gießen Sie 60 Milliliter Reinigungsalkohol in ein sauberes Glas und stellen Sie es in den Kühl- oder besser Gefrierschrank. Je kälter der Alkohol ist, desto besser erkennen Sie nachher die DNA.**

2. **Füllen Sie etwa 90 Milliliter Wasser in den Messbecher und fügen Sie ¼ Teelöffel Salz hinzu. Füllen Sie die Mischung mit Flüssigseife auf genau 100 Milliliter auf. Rühren Sie vorsichtig um, bis sich das Salz gelöst hat.**

   Das Kochsalz enthält die Natriumionen, die Sie für das Sichtbarmachen der DNA benötigen. Mithilfe der Seife werden Zell- und Kernmembranen aufgelöst und die DNA der Zellen freigesetzt.

3. **Entfernen Sie den Stängel und legen Sie die Erdbeere in den Gefrierbeutel. Gut verschließen, dann zermatschen Sie die Erdbeere im Beutel, bis sie breiförmig ist (ich habe dazu ein Saftglas über die Erdbeere gerollt, bis die Erdbeere quasi pulverisiert war). Passen Sie auf, dass Sie dabei den Beutel nicht beschädigen.**

4. Fügen Sie 10 Milliliter der Seife-Salz-Lösung zum Erdbeerbrei im Gefrierbeutel hinzu und verschließen Sie den Beutel wieder. Dann mischen Sie den Inhalt des Beutels durch Drücken oder Schütteln oder Durchkneten für mindestens eine Minute.

5. Stellen Sie den Kaffeefilter auf ein sauberes Glas und geben Sie den Beutelinhalt hinein. Lassen Sie die Mixtur mindestens 10 Minuten durchtropfen.

   Durch das Filtern werden die restlichen Zellbestandteile abgetrennt und nur die löslichen Bestandteile wie die DNA verbleiben in der klaren Lösung. Nachdem die Mixtur durchgelaufen ist, können Sie den Filter samt Inhalt wegwerfen. Sie brauchen nur noch das Filtrat im Glas.

6. Holen Sie jetzt das Glas mit dem Alkohol aus dem Kühl- oder Gefrierschrank und stellen Sie es auf eine ebene Fläche, wo es ungestört stehen kann. Gießen Sie die gefilterte Erdbeermixtur vorsichtig zum Alkohol hinzu.

7. Lassen Sie die Mischung für mindestens 5 Minuten stehen und prüfen Sie dann das Ergebnis. Die weiße, wolkige Substanz ist die DNA der Erdbeere. Der kalte Alkohol trennt die Wassermoleküle von der DNA, sodass die DNA in sich zusammenfällt und aus der Lösung »ausfällt«.

Die chemischen Bestandteile der DNA

Die DNA ist ein bemerkenswert widerstandsfähiges Molekül. Sie kann lange Zeit in Eis eingefroren oder in Fossilien überdauern. Unter den richtigen Bedingungen übersteht die DNA unbeschadet an die 100.000 Jahre. Aufgrund dieser Haltbarkeit konnten Forscher die DNA eines 14.000 Jahre alten Mammuts isolieren und herausfinden, dass die Mammuts am nächsten mit den noch heute lebenden asiatischen Elefanten verwandt sind. (Wissenschaftler konnten die DNA von mehreren ausgestorbenen Arten gewinnen und analysieren, siehe dazu den Kasten »Nach all den Jahren taufrisch: Beständige DNA«.) Die Ursache für die enorme Haltbarkeit der DNA liegt in ihrer chemischen Struktur.

Nach all den Jahren taufrisch: Beständige DNA

Wenn ein Lebewesen stirbt, beginnt sofort ein Zersetzungsprozess, bei dem auch die DNA in immer kleinere Stücke zerfällt. Wenn aber ein Lebewesen kurz nach seinem Tod austrocknet oder einfriert, wird der Zerfall verlangsamt oder sogar gestoppt. Aufgrund dessen konnten Wissenschaftler schon DNA von Menschen oder Tieren gewinnen, die vor mehreren 100.000 Jahren lebten. Diese wiederentdeckte DNA erzählt den Wissenschaftlern viel über die Verwandtschaftsbeziehungen unserer Vorfahren und die Bedingungen zu dieser Zeit. Die älteste menschliche DNA, die noch analysiert werden konnte, hatte das unglaubliche Alter von 400.000 Jahren. Aber die Haltbarkeit hat auch bei der DNA ihre Grenzen – sie liegt bei circa einer Million Jahre.

1991 entdeckten Wanderer in den Ötztaler Alpen (Südtirol) einen im Gletscher eingefrorenen menschlichen Körper. Mit der Gletscherschmelze hat das zurückweichende Eis ein seit 5.000 Jahren gut gehütetes Geheimnis freigegeben: eine uralte Leiche. Der Eismann – Sie wissen schon, wen ich meine, Ötzi natürlich – hat uns viel über das Leben vor 5.000 Jahren in der Kupfersteinzeit erzählt. Na, wirklich viel erzählt hat er nicht mehr, aber die Wissenschaftler haben aus der DNA dieses einsamen Schäfers, seiner Kleidung und sogar seinem Mageninhalt Rückschlüsse gezogen. Anscheinend bestand sein letztes Mahl aus Rotwild und Steinbock. Seine Nahrung war mit reichlich Pollen der nahe gelegenen Bäume durchsetzt, sodass man sogar den Wald identifizieren konnte, durch den er zuletzt gegangen war!

Durch die Analyse von Ötzis mitochondrialer DNA (mtDNA), die er von seiner Mutter geerbt hat (siehe hierzu den Abschnitt »Mitochondriale DNA« weiter hinten in diesem Kapitel), haben Wissenschaftler herausgefunden, dass er mit keinem bisher untersuchten modernen europäischen Volk verwandt ist. Ein Forscherteam aus Australien unter der Leitung von Thomas Loy untersuchte das Blut, das man an Ötzis Kleidung und Besitztümern gefunden hatte. Ähnlich wie moderne Rechtsmediziner stellte Loys Team fest, dass neben Ötzis eigenem DNA-Fingerabdruck der von vier verschiedenen Personen vorzufinden war (wenn Sie wissen wollen, wie DNA-Fingerabdrücke benutzt werden, um Verbrechen aufzuklären, lesen Sie Kapitel 18). Das Team fand das Blut von zwei verschiedenen Personen auf Ötzis Pfeil, das einer dritten Person auf seinem Messer und das einer vierten Person auf seiner Kleidung. Diese Erkenntnisse legten die Vermutung nahe, dass er in einen Kampf verwickelt war, bevor er starb.

Ötzi ist nicht der einzige Mensch aus grauer Vorzeit, dessen DNA von Wissenschaftlern analysiert wurde. Neandertaler streiften etwa 250.000 Jahre auf der Erde umher, bevor sie vor 30.000 Jahren ausstarben. Mithilfe von 38.000 Jahre alter mitochondrialer DNA (mtDNA) konnten Forscher zeigen, dass sich die mtDNA der Neandertaler grundlegend von der des modernen Menschen unterscheidet. (Der moderne Mensch ist nicht etwa schick gekleidet. Gemeint ist vielmehr *Homo sapiens*, die einzige bis heute überlebende Art der Gattung *Homo*. Neandertaler heißen in dieser Systematik mit wissenschaftlichem Namen *Homo neanderthalensis*.) Analysen von Svante Pääbo aus dem Jahr 2010 belegen, dass Neandertaler und der moderne Mensch zumindest hin und wieder in einem kleinen Techtelmechtel gemeinsame Nachkommen gezeugt haben. Etwa 1 bis 4 Prozent unseres Erbguts stammen vom Neandertaler. Außerdem hatten Neandertaler eine Laktoseintoleranz (Milchzuckerunverträglichkeit): Ihnen fehlte das Enzym, das Laktose (Milchzucker) spalten kann. Neandertaler konnten wahrscheinlich schon sprechen wie wir auch – sie besaßen ein Gen, das gemeinhin mit der menschlichen Sprache in Verbindung gebracht wird.

Chemisch gesehen ist der Aufbau der DNA recht einfach. Sie besteht aus drei Komponenten: stickstoffreichen Basen, Desoxyribose-Zuckern und Phosphaten. Diese drei Komponenten, auf die ich in den folgenden Abschnitten eingehe, bilden zusammen ein *Nukleotid* (siehe den Abschnitt »Die Herstellung der Doppelhelix: DNA-Struktur« weiter hinten in diesem Kapitel). Tausende dieser Nukleotide fügen sich zu Paaren zusammen, um einen DNA-Doppelstrang zu bilden.

Die einzelnen Basen

Jedes DNA-Molekül enthält Tausende Kopien dieser vier stickstoffreichen Basen:

✔ Adenin (A)

✔ Guanin (G)

✔ Cytosin (C)

✔ Thymin (T)

Wie Sie in Abbildung 6.1 sehen, bestehen die Basen aus Kohlenstoff- (C), Wasserstoff- (H), Stickstoff- (N) und Sauerstoffatomen (O).

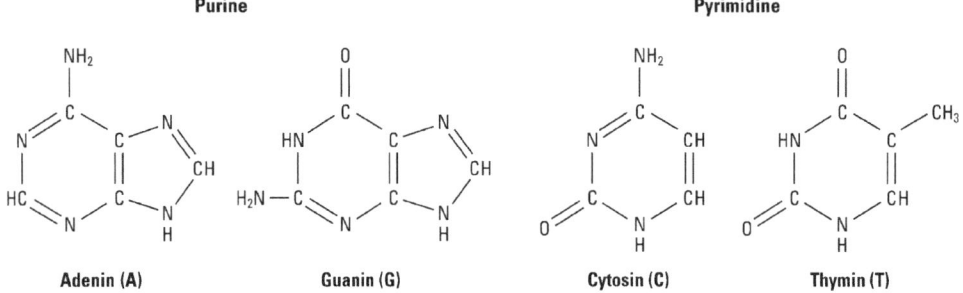

Abbildung 6.1: Die vier Basen in der DNA

Die vier Basen sind entweder Purin- oder Pyrimidin-Abkömmlinge:

✔ **Purine:** Die beiden Purinbasen der DNA sind Adenin und Guanin. Falls Sie Chemiker sind, wissen Sie, dass das Wort *Purin* für eine Verbindung aus zwei Ringen steht (siehe Adenin und Guanin in Abbildung 6.1). Sind Sie wie ich kein Chemiker, kennen Sie dennoch bestimmt ein sehr verbreitetes Purin: Koffein.

✔ **Pyrimidine:** Die beiden Pyrimidine in der DNA sind Cytosin und Thymin. Der Begriff *Pyrimidin* steht für eine Struktur mit einem einzelnen sechsseitigen Ring (siehe Cytosin und Thymin in Abbildung 6.1).

Da die vier Basen ungesättigte Ringe (mit Doppelbindungen) sind, sind die Moleküle sehr flach. Und als flache Moleküle lassen sie sich in der DNA stapeln, ähnlich wie Münzen in einer Geldrolle. Dieses Stapelgefüge bietet zwei Vorteile: Es macht das Molekül sehr kompakt und sehr stabil.

Ich habe die Erfahrung gemacht, dass Studierende und andere Probleme haben, sich die DNA räumlich vorzustellen. In Abbildungen wird die DNA sehr oft als flache Leiter dargestellt, um die chemische Struktur besser zeigen zu können. Aber in Wirklichkeit ist die DNA nicht flach, sondern hat eine dreidimensionale Struktur. Da die DNA aus Strängen aufgebaut ist, ist sie außerdem seilförmig linear. Sie sieht ein bisschen so aus wie eine verdrehte Strickleiter.

Die vier verschiedenen Basen tragen die eigentliche Information in der DNA, gehen aber miteinander keine stabile (kovalente) Verbindung ein. Damit sich ein DNA-Strang bilden kann, braucht die DNA noch zwei weitere Komponenten: einen speziellen Zucker und Phosphate.

Ein Löffel Zucker und eine Prise Phosphat

Um ein komplettes Nukleotid (Tausende Nukleotide bilden ein DNA-Molekül) herzustellen, müssen sich die Basen an den Zucker Desoxyribose und ein Phosphatmolekül binden. Die *Desoxyribose* ist ein Ribose-Zucker, der eines seiner Sauerstoffatome verloren hat. Wenn Ihr Körper *Adenosintriphosphat (ATP)* – den Treibstoff für die Zellen – abbaut, bleibt ein Ribose-Zucker mit einem anhängigen Phosphatmolekül über. Der Ribose-Zucker verliert ein Sauerstoffatom, um zu Desoxyribose (siehe hierzu Abbildung 6.2) zu werden. Desoxyribose mit Phosphatmolekül plus eine Base macht ein Nukleotid.

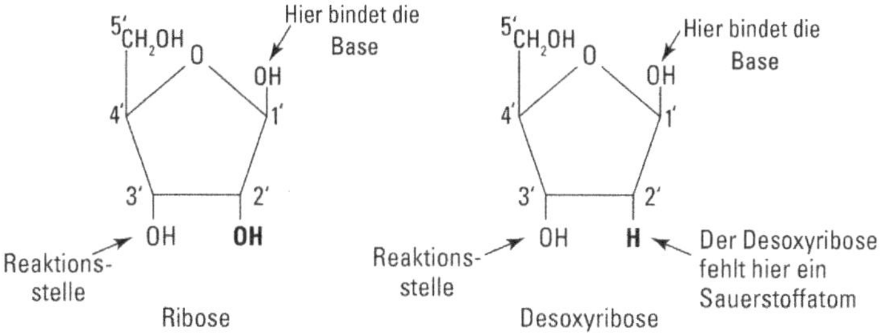

Abbildung 6.2: Die chemische Struktur von Ribose und Desoxyribose

Die *Ribose* ist der Vorläufer der Desoxyribose und die chemische Basis der RNA (siehe Kapitel 9). Der einzige Unterschied zwischen Ribose und Desoxyribose ist das fehlende Sauerstoffatom an der 2'-Stelle.

Chemische Strukturen sind durchnummeriert, sodass man nachvollziehen kann, wo die einzelnen Atome, Verzweigungen, Ketten oder Ringe sitzen. Bei den Ribose-Zuckern sind die Kohlenstoffatome (C) im Uhrzeigersinn durchnummeriert und oft mit einem Strich (') versehen. Dieser Strich soll dann Verwechslungen mit der Nummerierung in anderen Molekülen ausschließen, die sich mit der Ribose verbunden haben.

Das »D« in der DNA steht für *Desoxy-* und bedeutet, dass am Ribose-Zucker ein Sauerstoffatom fehlt. Manche Autoren schreiben auch »2-Desoxy-«, um zu zeigen, an welcher Stelle genau das Sauerstoffatom fehlt. Die OH-Gruppe an der 3'-Stelle der Ribose und Desoxyribose ist eine *Reaktionsgruppe*: Das dort vorhandene Sauerstoffatom (O) kann chemische Bindungen mit anderen Molekülen eingehen.

Die Herstellung der Doppelhelix: DNA-Struktur

Die Nukleotide sind die eigentlichen Bausteine der DNA. In Abbildung 6.3 sehen Sie die drei Komponenten der DNA-Nukleotide: ein Desoxyribose-Zucker, ein Phosphat und eine der vier Basen (blättern Sie zurück zum Abschnitt »Die chemischen Bestandteile der DNA«

für detailliertere Informationen). Einzelne Nukleotide verbinden sich zu langen Ketten, die, gepaart zu Doppelsträngen, ein DNA-Molekül ausmachen. In diesem Abschnitt führe ich Sie durch den Herstellungsprozess. Ich fange erst einmal mit dem Aufbau eines Strangs an, weil so die Struktur der DNA leichter zu verstehen ist.

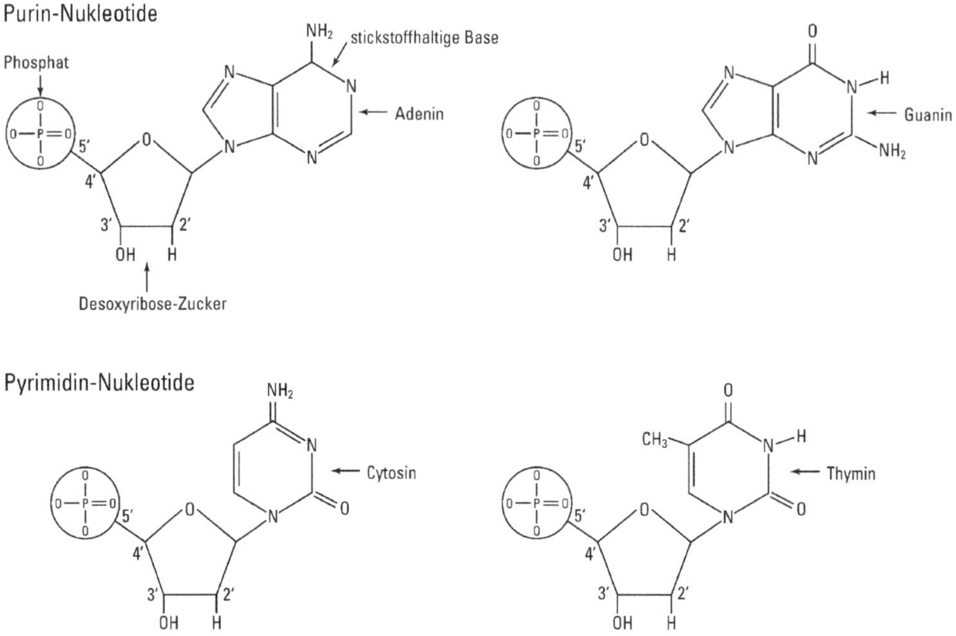

Abbildung 6.3: Die chemische Struktur der vier verschiedenen Nukleotide, aus denen die DNA besteht

Die DNA liegt normalerweise in Form eines Doppelstrangs vor. Bei allen Lebewesen wird die DNA während der Synthese immer unter Verwendung eines bereits bestehenden Einzelstrangs zum Doppelstrang neu ergänzt (siehe hierzu Kapitel 7).

Bei eins anfangen: Bau eines Einzelstrangs

Hunderttausende Nukleotide verbinden sich zu einem DNA-Doppelstrang, aber nicht irgendwie. Die Nukleotide haben zwei Seiten – im Fall der DNA ist das eine Phosphat- und eine Zucker-Seite – und lassen sich, ähnlich wie Legosteine mit »Noppen« und »Vertiefungen«, nur in einer Richtung übereinandersetzen. Eine Verbindung zwischen zwei Nukleotiden kann nur über das Phosphat an den Zucker erfolgen. Die Basen am Zucker liegen dann wie ein Stapel Münzen in der Mitte übereinander, während das Zucker-Phosphat-Rückgrat seitlich des Münzstapels verläuft. Ein langer Strang von Nukleotiden wird auch *Polynukleotidstrang* genannt (*poly* für »viele«). In Abbildung 6.4 sehen Sie, wie sich die Nukleotide in einem Doppelstrang aneinanderfügen. Ein einzelner Strang besteht aus einer Kette von Zuckern, Phosphaten und jeweils einer Base des Basenpaares an jedem Zucker. Die gestrichelten Linien zwischen den komplementären Basen in Abbildung 6.4 zeigen die Wasserstoffbrückenbindungen an.

Aufgrund der Nummerierung der chemischen Strukturen hat die DNA nummerierte »Enden«. Das Ende, an dem das Phosphatmolekül liegt, wird immer mit 5' (5-Strich) angegeben, das Ende mit dem Zuckermolekül immer als 3' (3-Strich). (Falls Sie jetzt durch die Nummern irritiert werden, lesen Sie noch mal im vorherigen Abschnitt »Ein Löffel Zucker und eine Prise Phosphat« nach.) Bei der Kettenverlängerung wird zwischen dem Phosphat und dem Zuckermolekül eines Nukleotidstrangs eine 3'-5'-*Phosphodiesterbindung* geknüpft. Dies ist der Ausdruck dafür, dass zwei Zuckermoleküle über je eine Esterbindung an ein Phosphatmolekül geknüpft und so miteinander verbunden sind.

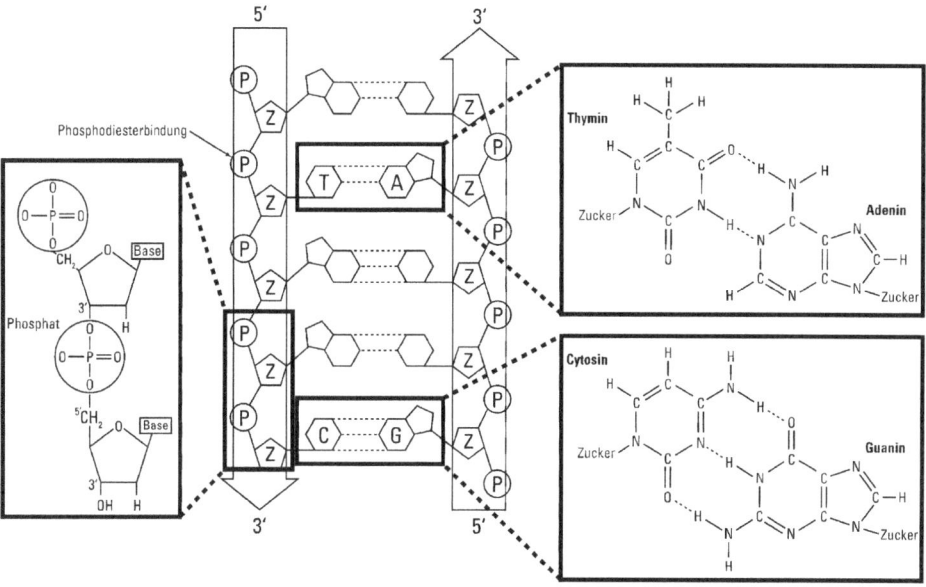

Abbildung 6.4: Die chemische Struktur der DNA (P = Phosphat, Z = Zucker)

Einzelsträngige DNA ist nicht gern allein, sie sucht immer nach einem passenden Partner. Die Gruppierung der DNA-Stränge zueinander ist sehr, sehr wichtig. Es gibt einige feste Regeln, welchen Partner sich die DNA-Stränge nehmen dürfen, um daraus den Star der DNA-Show zu bilden – das Molekül, auf das Sie schon die ganze Zeit warten: die Doppelhelix.

Pärchenbildung: Hinzufügen des zweiten Strangs

Ein komplettes DNA-Molekül besitzt:

✔ zwei nebeneinanderliegende und umeinander verdrehte Polynukleotidstränge

✔ Basen, die im Zentrum des Moleküls paarweise miteinander verbunden sind

✔ Zucker und Phosphate, die das »Rückgrat« zu beiden Seiten bilden

Wenn man die DNA-Doppelhelix aufdrehen und flach hinlegen würde, würde sie wie eine Leiter aussehen (siehe Abbildung 6.4). Dabei bilden die Basen in der Mitte die Sprossen und die Zucker, die über die Phosphate miteinander verbunden sind, die Holme der Leiter. Das klingt an sich ziemlich einfach, aber diese Leiterstruktur weist ein paar spezielle Eigenschaften auf.

Wenn Sie die Leiter in der Mitte wieder in zwei einzelne Polynukleotidstränge auftrennen, erkennen Sie, dass die Stränge in entgegengesetzte Richtungen laufen (in Abbildung 6.4 als Pfeile dargestellt). Die Anordnung von Phosphaten und Zuckern gibt dem Strang einen Kopf und einen Schwanz, also zwei verschiedene Enden (siehe auch den Abschnitt »Bei eins anfangen: Bau eines Einzelstrangs« weiter vorn in diesem Kapitel). Dabei geht die Richtung immer vom Phosphat (Kopf) zum Zucker (Schwanz) oder auch von 5' nach 3'. Die Einzelstränge verlaufen *antiparallel*, was der kurze Ausdruck für »parallel zueinander, aber in entgegengesetzter Richtung« ist. Dadurch, dass die DNA-Stränge auf diese Weise angeordnet sind, ist die Ausdehnung des DNA-Moleküls auf der gesamten Länge identisch. Verliefen die Stränge parallel, würden sie durch die verschiedenen Abstände und Winkel zwischen den Atomen nicht perfekt zusammenpassen.

Das Molekül ist außerdem überall gleich breit, da die Basenpaare zueinander *komplementär* sind und so gleich breite Einheiten entstehen. Adenin bindet immer nur an Thymin und Guanin immer nur an Cytosin. Die Basen verbinden sich *immer* nur mit ihren Komplementärbasen. Deswegen entspricht im gesamten DNA-Molekül die Anzahl einer Base immer der Anzahl ihrer Komplementärbase. Diesen Umstand nennt man auch *Chargaff-Regel*. (Mehr zu dieser Regel finden Sie im Abschnitt »Chargaffs Regel unterworfen« weiter hinten in diesem Kapitel.)

Warum können sich die Basen nicht in anderen Kombinationen verbinden? Die Purinbasen sind viel größer als die Pyrimidinbasen (siehe den Abschnitt »Die einzelnen Basen« weiter vorn in diesem Kapitel). Würde also bei einer zufälligen Bindung der Basen Gleich mit Gleich gepaart, wiese die Form des Moleküls Unregelmäßigkeiten auf. Unregelmäßigkeiten sind schlecht, da dadurch Fehler beim Ablesen und Kopieren (siehe Kapitel 13) der DNA entstehen könnten.

Ein wichtiges Resultat der komplementären Paarung ist auch, wie sich die Stränge miteinander verbinden. Zwischen den Basenpaaren bilden sich Wasserstoffbrückenbindungen aus (in Abbildung 6.4 sind diese durch gestrichelte Linien gekennzeichnet). Die Anzahl der Wasserstoffbrückenbindungen zwischen den Basenpaaren ist allerdings unterschiedlich: Zwischen einem A-T-Paar (Adenin und Thymin) gibt es nur zwei, zwischen einem G-C-Paar (Guanin und Cytosin) drei Wasserstoffbrücken. Abbildung 6.4 zeigt eine planar gezeichnete Doppelhelix und die Bindungen zwischen den Basenpaaren. Obwohl die einzelnen Wasserstoffbrückenbindungen an sich relativ schwach sind (die Basen haften eher wie schwache Magnete aneinander, während die Nukleotide miteinander »verschraubt« sind), sind die Einzelstränge aufgrund ihrer vielen Hunderttausende Basenpaare mit je zwei oder drei Bindungen je Paar insgesamt dann doch sehr fest miteinander verbunden.

In der Zelle ist das DNA-Molekül wie eine Wendeltreppe verdreht (oder wie Lakritze oder die Streifen einer Zuckerstange). Diese Drehung wird durch die antiparallelen Stränge verursacht. Da diese in unterschiedliche Richtungen laufen, ziehen sie das Molekül der Länge nach zusammen und verursachen so die Drehung.

Meistens verläuft die Spirale im Uhrzeigersinn, wie Sie in Abbildung 6.5 erkennen können. Eine volle Wendel (oder komplette Drehung) entspricht etwa zehn Basenpaaren, wobei die Basenpaare, die auf der »Wendeltreppe« die Stufen (oder um bei dem Bild weiter vorn in diesem Kapitel zu bleiben: die Sprossen der Leiter) bilden, aufgrund der Helixstruktur geschützt im Inneren des DNA-Moleküls angeordnet sind. Eben diese Spiralform ist eine Form des Schutzes der genetischen Information der DNA vor Schädigungen, die letztendlich zu Mutationen führen können.

Durch die Helixform entstehen am DNA-Strang außen zwei verschieden große Furchen (siehe Abbildung 6.5). Bei der großen Furche schauen die Basen aus dem Inneren der DNA etwas heraus. Dies wird dann wichtig, wenn Informationen von der DNA abgelesen werden sollen (siehe Kapitel 10), da an dieser Stelle Proteine wie *Transkriptionsfaktoren* (siehe Kapitel 11) besonders gut binden können.

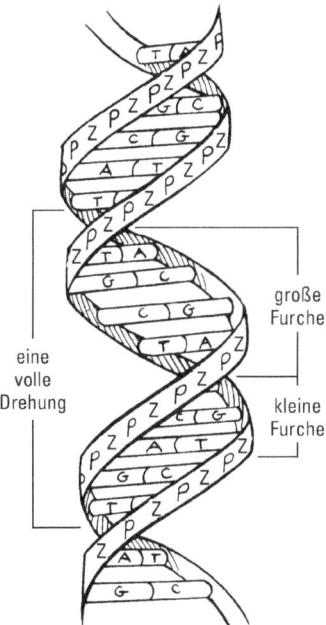

Abbildung 6.5: Die Doppelhelix der DNA

Durch das Übereinanderstapeln der Basenpaare ergeben sich chemische Wechselwirkungen, die das Moleküllinnere wasserabstoßend machen. Moleküle, die Wasser abstoßen, nennt man auch *hydrophob* (griechisch für »wassermeidend«). Die Außenhülle der DNA hingegen (also die Zucker und Phosphate) ist das genaue Gegenteil, sie zieht Wasser an (*hydrophil*). So bleibt das Innere der DNA sicher und trocken, während das Äußere von einer Wasserhülle umgeben ist.

Hier sind noch ein paar Einzelheiten über die DNA, die Sie wissen sollten:

✔ **Die Länge eines DNA-Strangs wird anhand der Anzahl seiner Basenpaare gemessen.**

✔ **Die Reihenfolge der Basen in der DNA ist nicht zufällig.** Die genetische Information der DNA ist in der Abfolge der Basen gespeichert. Tatsächlich ist jedes Gen durch die Sequenz der Basen codiert. In Kapitel 10 sehen Sie, wie die Sequenzen gelesen und entschlüsselt werden.

✔ **Die DNA nutzt bei ihrer Herstellung einen bereits existierenden DNA-Strang als Muster oder Vorlage.** Die DNA bildet sich nicht einfach selbst. Die Herstellung eines neuen Strangs aus einem bereits existierenden (also die Herstellung einer Kopie) nennt man *Replikation*. Mehr über die Replikation erzähle ich Ihnen in Kapitel 7.

Untersuchung verschiedener DNA-Varianten

Jede auf der Erde existierende DNA besteht aus denselben Basen, gehorcht denselben Paarungsregeln und hat dieselbe Doppelhelixstruktur. Egal wo sie vorkommt und welche Funktion sie innehat, DNA ist DNA. Nichtsdestoweniger besitzt aber jedes Lebewesen verschiedene DNA-Sätze, die unterschiedliche genetische Funktionen oder Aufgaben übernehmen. Und genau darum geht es im Folgenden!

Kern-DNA

Die *Kern-DNA* befindet sich, wie der Name schon sagt, im Zellkern. Sie ist für die meisten Zellfunktionen verantwortlich und trägt die Informationen für den Phänotyp (die äußere Erscheinung, siehe Kapitel 3) des Lebewesens. Die Kern-DNA ist in Chromosomen verpackt und wird von den Eltern an die Nachkommen weitergegeben (siehe Kapitel 2). Wenn Wissenschaftler beispielsweise von der Sequenzierung des Humangenoms sprechen, meinen sie genau genommen die Kern-DNA des Menschen. (Das *Genom* ist die Gesamtheit der genetischen Informationen; mehr zum menschlichen Genom in Kapitel 11.) Die Kern-DNA des Menschen liegt auf 23 verschiedenen (22 Autosomen plus ein Gonosom), jeweils doppelt vorhandenen Chromosomen – siehe Kapitel 2 zu den Begriffsdefinitionen rund um die Chromosomen).

Mitochondriale DNA

Alle Tier-, Pflanzen- und Pilzzellen besitzen *Mitochondrien* (den Überblick über die Zellbestandteile können Sie in Kapitel 2 nachlesen). Diese »Kraftwerke« der Zelle besitzen eigene kleine doppelsträngige DNAs, die sich in Form und Vererbung stark von der Kern-DNA (siehe vorigen Absatz) unterscheidet. Jedes Mitochondrium besitzt etwa zehn bis fünfzehn Kopien der *mitochondrialen DNA* – kurz auch *mtDNA* genannt.

Im Gegensatz zur linearen Kern-DNA ist die mtDNA ringförmig und liegt in bis zu 10.000 Kopien pro Zelle vor. Beim Menschen ist die mtDNA relativ kurz (etwas weniger als 17.000 Basenpaare) und umfasst etwa 37 Gene, die den meisten Platz auf der mtDNA einnehmen. Diese Gene kontrollieren den Zellstoffwechsel, also den Energiehaushalt der Zelle.

Ihre Kern-DNA haben Sie zur Hälfte von Ihrer Mutter und zur anderen Hälfte von Ihrem Vater erhalten (siehe Kapitel 2 über die Details der Meiose und die Aufteilung der Chromosomen). Die mtDNA hingegen haben Sie *komplett* von Ihrer Mutter geerbt, Ihre Mutter erbte einst die mtDNA wiederum von ihrer Mutter und so weiter. Die mtDNA wird von der Mutter mit dem Zytoplasma der Eizelle an ihr Kind weitergegeben.

Spermien besitzen fast kein Zytoplasma und haben praktisch keine Mitochondrien, außer im Schwanzbereich, wo Energie für den Antrieb benötigt wird. Der Schwanz wird bei der Befruchtung jedoch abgetrennt und nur der Spermienkopf dringt in die Eizelle ein. Gelangen mit dem Spermium doch ein paar Mitochondrien in die Eizelle, werden sie vom Recyclingsystem der Eizelle sofort vernichtet.

Mächtige Mitochondrien

Die mitochondriale DNA (mtDNA) ist in vielerlei Hinsicht der DNA von Bakterien sehr ähnlich. Die frappierende Ähnlichkeit zwischen Mitochondrien und der Bakteriengattung *Rickettsia* hat Forscher zu der Vermutung geführt, dass die Mitochondrien von Rickettsien abstammen oder zumindest einen gleichen Vorfahren haben. Rickettsien verursachen Typhus, eine grippeähnliche Krankheit, die durch Flohbisse übertragen wird (der Floh beißt zuerst eine infizierte Maus oder Ratte und danach einen Menschen). Was die Ähnlichkeiten betrifft, können weder Rickettsien noch Mitochondrien außerhalb einer Zelle existieren, beide haben eine ringförmige DNA und ähnliche DNA-Sequenzen (in Kapitel 8 erfahren Sie, wie DNA sequenziert und die DNA verschiedener Lebewesen verglichen wird). Im Gegensatz zu Rickettsien, die als Parasiten angesehen werden, sind die Mitochondrien jedoch *endosymbiotisch*. Das bedeutet, dass sie innerhalb der Zelle (*endo-*) leben und der Zelle Gutes tun (*-symbiotisch*). In diesem Fall ist das Gute die Energie, die die Mitochondrien liefern.

Die *Endosymbiontenhypothese* besagt, dass Mitochondrien und Chloroplasten einmal eigenständige prokaryotische Lebewesen waren, die sich dann mit einem anderen Prokaryoten vereinigten und so eine Symbiose entstand, die bis heute anhält – die eukaryotische Zelle. Hinweise auf diesen Ursprung in grauer Vorzeit sind unter anderem die kleinen ringförmigen DNAs, die Tatsache, dass Mitochondrien und Chloroplasten von einer Doppelmembran umgeben sind, ihre eigenen (eher prokaryotischen) Ribosomen haben und die DNA wie prokaryotische DNAs nicht an Histone gebunden ist.

Da mtDNA nur von der Mutter an die Nachkommen weitergegeben wird (siehe den Abschnitt »Mitochondriale DNA« weiter vorn in diesem Kapitel), haben Forscher die mtDNA von Menschen überall auf der Erde miteinander verglichen, um mehr über die Herkunft des modernen Menschen zu erfahren. Diese Vergleiche brachten die Forscher zu dem Schluss, dass alle Menschen eine einzige gemeinsame Urahnin haben, die vor etwa 99.000 bis 148.000 Jahren irgendwo in Afrika lebte. Diese gemeinsame Urahnin

> wird »mitochondriale Eva« genannt. Sie war aber nicht wirklich die einzige Frau zu der Zeit. Es gab viele Frauen, aber scheinbar haben deren Nachkommen nicht überlebt, was mtEva zu unserer, wie Wissenschaftler es formulieren, »jüngsten gemeinsamen Vorfahrin« macht. Vieles deutet darauf hin, dass alle Menschen von einer kleinen Gruppe von circa 100.000 Individuen abstammen. Das würde bedeuten, dass alle Menschen auf diesem Planeten gemeinsame Vorfahren haben. Der sogenannte »Adam des Y-Chromosoms« – ein bisschen Gleichberechtigung muss schon sein! – lebte übrigens vor 120.000 bis 156.000 Jahren.

Chloroplasten-DNA

Pflanzen besitzen drei verschiedene DNA-Sätze: die Kern-DNA in Form von Chromosomen, die mitochondriale DNA (mtDNA) und die DNA der *Chloroplasten (cpDNA)*. Chloroplasten sind Zellorganellen, die nur in Pflanzen vorkommen und in denen die *Fotosynthese* (die Herstellung von energiereichen Biomolekülen mithilfe von Lichtenergie) stattfindet. Ähnlich wie die Mitochondrien stammen Chloroplasten vermutlich von Bakterien ab (siehe den Kasten »Mächtige Mitochondrien«).

Die Chloroplasten-DNA ist ebenfalls ringförmig und relativ groß (120.000 bis 160.000 Basenpaare), aber sie enthält nur etwa 120 Gene. Die meisten dieser Gene tragen Informationen zur Durchführung der Fotosynthese. Die Vererbung der Chloroplasten kann sowohl väterlicherseits als auch mütterlicherseits erfolgen. Die cpDNA wird mit der mtDNA über das Zytoplasma des Samens an die Nachkommen weitergegeben.

Hervorgekramt: Die Geschichte der DNA

Als Mendel in den frühen 1860er-Jahren seine Erbsen zog, wusste weder er noch sonst irgendjemand etwas von DNA. Erst 1868 wurde die DNA entdeckt, aber es dauerte noch knapp ein Jahrhundert, bis ihre Bedeutung als *das* genetische Material anerkannt wurde. Dieser Abschnitt erzählt die Geschichte, wie die DNA gefunden und ihre wirkliche Bedeutung aufgedeckt wurde.

Die Entdeckung der DNA

1869 isolierte der Schweizer Medizinstudent Johann Friedrich Miescher zum ersten Mal DNA. Miescher arbeitete mit weißen Blutkörperchen, die er aus dem Eiter von Operationswunden gewann (ja, ein echter Wissenschaftler schreckt vor nichts zurück!). Miescher fand heraus, dass die Substanz, die er *Nuklein* genannt hatte, reich an Phosphor war und die Eigenschaften einer Säure aufwies. Deshalb nannte später einer seiner Studenten die Substanz *Nukleinsäure*, der Name, den die DNA noch heute trägt. (Miescher wurde übrigens 1872 Professor, im zarten Alter von 28 Jahren.) Wie Mendels Arbeit über die Vererbung von Pflanzenmerkmalen war auch die Bedeutung von Mieschers Entdeckung bis lange nach seinem Tod nicht richtig erkannt worden. Es dauerte noch 84 Jahre, bis die DNA als *das* genetische Material anerkannt wurde. Bis zu den frühen 1950er-Jahren glaubte jeder, dass Proteine das genetische Material seien, denn DNA mit nur vier verschiedenen Basen schien viel zu simpel gestrickt.

1928 entdeckte Frederick Griffith, dass sich Bakterien durch den Austausch irgendeiner unbekannten Substanz von harmlosen zu tödlichen Bakterien entwickeln konnten (lesen Sie Kapitel 22 für die ganze Geschichte). Eine Forschungsgruppe um Oswald Avery wiederholte Griffiths Experimente und konnte nachweisen, dass das »transformierende Prinzip« die DNA war. Obwohl Averys Ergebnisse solide und gesichert waren, blieben die Wissenschaftler seinerzeit skeptisch, was die Rolle der DNA in der Vererbung betraf. Es bedurfte einer weiteren Runde Experimente mit Viren, die Bakterien infizierten, um die wissenschaftliche Gesellschaft davon zu überzeugen, dass die DNA »diejenige welche« war.

Alfred Hershey und Martha Chase arbeiteten mit *Bakteriophagen* (Viren, die wörtlich übersetzt »Bakterien fressen«, obwohl das Virus das Bakterium eher zerreißt als frisst). Bakteriophagen setzen sich an der Hülle eines Bakteriums fest und injizieren etwas in sein Inneres. Als Hershey und Chase ihre Experimente durchführten, war dieses »Etwas« noch nicht identifiziert. Der Bakteriophage reproduziert sich in dem Bakterium und sprengt dann dessen Zellhülle, um Tausende viraler Nachkommen freizusetzen. Diese Nachkommen hatten dieselben Eigenschaften wie das ursprüngliche Virus. Also musste die injizierte Substanz das genetische Material sein, weil der größte Teil des Bakteriophagen außen am Bakterium haften blieb. Viren bestehen nur aus Protein und DNA, also benutzten Hershey und Chase radioaktiv markierten Schwefel (Proteine enthalten Schwefel, aber keinen Phosphor) und radioaktiv markierten Phosphor (DNA enthält Phosphor, aber keinen Schwefel), um die verschiedenen Teile der Bakteriophagen verfolgen zu können. Hershey und Chase argumentierten, dass die Nachkommen der Bakteriophagen entweder radioaktiven Schwefel oder radioaktiven Phosphor enthalten würden, je nachdem, was sich als das genetische Material herausstellte – das Protein oder die DNA. Es zeigte sich, dass nur die DNA (markierter Phosphor) in das Zellinnere gebracht wurde, um die Zelle zu infizieren, und alle Proteine (markierter Schwefel) außen an der Bakterienhülle haften blieben. Die Ergebnisse wurden 1952 publiziert. Martha Chase war damals gerade 25 Jahre alt!

Chargaffs Regel unterworfen

Lange bevor Hershey und Chase ihre entscheidenden Ergebnisse veröffentlichten, las Erwin Chargaff Oswald Averys Publikation über die DNA und das transformierende Prinzip (siehe auch Kapitel 22) und änderte sofort den Schwerpunkt seiner bisherigen Forschung. Im Gegensatz zu vielen anderen Wissenschaftlern dieser Zeit war Chargaff davon überzeugt, dass die DNA *das* genetische Material sei.

Chargaff konzentrierte seine Forschung darauf, die chemischen Bestandteile der DNA zu entschlüsseln und so viel wie möglich über das Molekül zu erfahren. Er benutzte die DNA sehr vieler verschiedener Lebewesen und fand heraus, dass deren DNA einige Dinge gemeinsam hatte: Wenn er die DNA auflöste und die Konzentration der einzelnen Basen bestimmte, variierte der Gehalt an Guanin insgesamt zwar zwischen den Lebewesen stark, aber er entsprach immer dem Gehalt an Cytosin desselben Lebewesens. Genauso entsprach bei jedem Lebewesen der Gehalt von Adenin dem von Thymin. Die Ergebnisse waren so folgerichtig und widerspruchsfrei, dass sie nach der Veröffentlichung 1949 als *Chargaff-Regel* in die Geschichte eingingen. Leider konnte Chargaff die Bedeutung seiner Ergebnisse nicht einschätzen. Er wusste zwar, dass das Verhältnis der Basen etwas Wichtiges über die Struktur der DNA aussagen musste, konnte aber nicht genau sagen, was. Erst mussten die jungen Wissenschaftler Watson und Crick – Chargaff nannte sie »Marktschreier auf Helixsuche« – daherkommen, die den Durchbruch brachten.

Intrigen um die Helix: Franklin, Wilkins, Watson und Crick

Kennen Sie Rosalind Franklin? Nein? Sollten Sie aber! Ihre Daten über die Form des DNA-Moleküls zeigten, dass die DNA die Struktur einer Doppelhelix besitzt. Watson und Crick (und Maurice Wilkins, siehe unten) ernteten den ganzen Ruhm für die Entdeckung der Doppelhelix, aber Franklin hatte die meiste Arbeit damit. Während ihrer Forschungsarbeiten in den frühen 1950ern am King's College in London bestrahlte sie DNA mit Röntgenstrahlen und erhielt unglaublich scharfe und detaillierte Fotos (genauer gesagt Röntgenbeugungsdiagramme) des DNA-Moleküls. Man sah ein »X« mit mehreren Lücken, das dadurch entstand, dass die Helix die Röntgenstrahlen unterschiedlich beugte. Franklins Fotos zeigten das DNA-Molekül vom Ende aus gesehen und nicht von der Seite; daher kann man sich schwer die Doppelhelix vorstellen, die allseits bekannt ist. Aber Franklin wusste sofort, dass es sich um eine Helix handeln musste.

Gleichzeitig bastelten James Watson, ein 23-jähriger Postdoktorand und Wunderknabe, und Francis Crick, ein 38-jähriger Doktorand in Cambridge, an einem großen Modell aus Metallstäben und Holzbällen, um die Struktur des Moleküls herauszufinden, das Franklin fotografiert hatte.

Franklin sollte mit Maurice Wilkins, einem weiteren Wissenschaftler in ihrer Forschungsgruppe, zusammenarbeiten. Die beiden konnten sich jedoch nicht ausstehen. Franklins Vorgesetzter hatte sie beauftragt, Wilkins Arbeiten fortzusetzen, aber Wilkins wohl nicht darüber informiert. Wilkins hingegen betrachtete Franklin als seine Assistentin. Franklin fühlte sich in London nicht gerade wohl, zumal Frauen als Wissenschaftler zu der Zeit nicht beachtet wurden. (Selbst der Zutritt zur Mensa war Frauen verboten!) In dem Maß wie die Abneigung zwischen Franklin und Wilkins wuchs, gedieh Wilkins Freundschaft zu Watson. Was nun folgte, ist ein schändliches Kapitel der Wissenschaft. Nur wenige Wochen bevor Franklin ihre Ergebnisse veröffentlichen konnte, zeigte Wilkins Watson die entscheidenden Aufnahmen des DNA-Moleküls von Rosalind Franklin, und zwar ohne Franklins Wissen, geschweige denn ihre Erlaubnis. Der Zugang zu Franklins Daten gab Wilkins, Watson und Crick den entscheidenden Vorsprung.

Schließlich knackten Watson und Crick die DNA-Struktur, indem sie die Chargaff-Regel (siehe den vorigen Abschnitt »Chargaffs Regel unterworfen«) mit Franklins Messungen kombinierten. Sie leiteten die Struktur von Franklins Aufnahme, die Watson hastig aus dem Gedächtnis aufgezeichnet hatte, ab und kamen zu dem Schluss, dass es sich um eine Doppelhelix handeln müsse. Aus der Chargaff-Regel schlossen sie, dass es sich bei den Basen um Paare handeln müsse. Der Rest ließ sich wie ein großes Puzzle zusammensetzen. Schließlich konnten sie 1953 ihre Entdeckung publizieren – in derselben Ausgabe von »Nature«, in der auch Franklins Aufnahmen veröffentlicht wurden. Die parallele Veröffentlichung der beiden Artikel war dem Eingreifen von Rosalind Franklins Vorgesetzten zu verdanken. So erhielt Franklin zumindest die Anerkennung für die experimentelle Arbeit.

1962 erhielten Wilkins, Watson und Crick den Nobelpreis. Franklins Arbeit und ihr Anteil an der Entdeckung wurden nie richtig gewürdigt. Großartig dagegen protestieren konnte sie nicht mehr, sie starb 1958 an Eierstockkrebs. Es ist gut möglich, dass der Krebs eine Folge der langjährigen Arbeit mit Röntgenstrahlen war. In diesem Sinne hat Rosalind Franklin ihr Leben der Wissenschaft geopfert.

IN DIESEM KAPITEL

Aufgedeckt: die Kopiervorlage für DNA

Zusammengesetzt: ein neues DNA-Molekül wird aufgebaut

Enthüllung: ringförmige DNA wird repliziert

Kapitel 7
Replikation: DNA auf dem Kopierer

Alles in der Genetik basiert auf der *Replikation* – dem Prozess, bei dem die DNA akkurat, schnell und effizient kopiert wird. Die Replikation gehört zur Reproduktion (Produktion von Eizellen und Spermien), zur Entwicklung (Wachstum und Teilung aller Zellen während des Heranwachsens) und zum täglichen Leben (Ersatz von Körperzellen).

Bevor die Meiose (siehe Kapitel 2) stattfinden kann, muss das komplette Genom kopiert werden, sodass potenzielle Eltern Spermien oder Eizellen produzieren und Nachkommen in die Welt setzen können. Nach der Befruchtung müssen in jeder Zelle des heranwachsenden Embryos die gleichen genetischen Informationen zur Verfügung stehen, die für die Entwicklung der verschiedensten Gewebearten notwendig sind. Während des ganzen Lebens braucht jede Zelle des Körpers eine komplette Kopie des Genoms, damit sie ihre Aufgaben erfüllen kann und der Organismus lebens- und handlungsfähig bleibt. Jetzt, in diesem Moment, werden bei Ihnen jede Menge neue Hautzellen und weiße Blutzellen gebildet und Ihre DNA wird repliziert, damit die neuen Zellen richtig arbeiten können.

Dieses Kapitel erklärt alle Details des fantastischen Kopierers, ohne den die DNA wertlos wäre. Zuerst werde ich zeigen, wie die Struktur der DNA den Kopiervorgang vorgibt. Dann lernen wir Enzyme kennen, hilfsbereite, aus Protein bestehende Arbeiter, die den Doppelstrang öffnen und die Bausteine für die neue DNA zusammensetzen. Schließlich sehen wir uns an, wie der Kopierprozess vom Anfang (den Replikationsursprüngen) bis zum Ende (den Telomeren) abläuft.

Immer offen für Neues: Das DNA-Muster

Die DNA ist als Träger der genetischen Information ideal geeignet, weil sie

✔ riesige Mengen komplexer Informationen (*Genotyp*) speichern kann, die in physische Eigenschaften (*Phänotyp*) »übersetzt« werden können,

✔ schnell und akkurat kopiert werden kann,

✔ von einer Generation zur nächsten weitergegeben werden kann (anders ausgedrückt: sie ist *erblich*).

Als James Watson und Francis Crick 1953 die Struktur der Doppelhelix veröffentlichten (siehe Kapitel 6), schlossen sie ihren Aufsatz mit einem markanten Satz über die Replikation. Dieser kleine Satz ebnete den Weg für ihre nächste große Publikation, eine Hypothese, wie die Replikation funktionieren könnte. Es ist kein Zufall, dass Watson und Crick den Nobelpreis gewonnen haben, ihr Geniestreich war frappierend und erstaunlich präzise. Ohne ihre Entdeckung der Doppelhelix freilich hätten sie nie den Mechanismus der Replikation herausfinden können, denn dieser wiederum hängt ganz und gar von der Struktur der Doppelhelix ab.

Falls Sie Kapitel 6, das sich mit dem Aufbau der DNA befasst, übersprungen haben, sollten Sie sich jetzt mit dem Stoff befassen. Die wichtigsten Punkte, die Sie über die DNA wissen müssen, um die Replikation zu verstehen, sind:

✔ Die DNA ist doppelsträngig.

✔ Die Bausteine der DNA, die Nukleotide, verbinden sich immer zu komplementären Paaren: A (Adenin) verbindet sich immer mit T (Thymin) und C (Cytosin) verbindet sich immer mit G (Guanin).

✔ Die beiden DNA-Einzelstränge liegen antiparallel (das heißt gegenläufig, in gegensätzlicher Richtung) zueinander.

Wenn man die DNA aufschließt und die Wasserstoffbrücken zwischen den Basen aufbricht, bekommt man zwei Stränge, die ein Muster für den jeweils anderen Strang darstellen. Während der Replikation schaffen spezielle Proteine, die *Enzyme*, passende (also komplementäre) Nukleotide herbei, die sich mit den Basen jedes Strangs paaren, und verbinden diese zu einem neuen Strang. Schließlich sind dann zwei neue, identische Doppelstränge vorhanden, die beide anhand der Vorlage der beiden originalen Einzelstränge synthetisiert wurden.

Abbildung 7.1 zeigt noch einmal, wie die einzelnen Stränge der doppelsträngigen DNA als Vorlage für die Kopien dienen. Diese Art der Replikation wird als *semikonservativ* bezeichnet. Semikonservativ bedeutet, dass nur eine Hälfte (*semi*) des Moleküls »konserviert« oder, anders ausgedrückt, wie ursprünglich belassen wird. (*Konservativ* heißt im genetischen Sinne, dass etwas in seinem Originalzustand belassen wird.)

KAPITEL 7 Replikation: DNA auf dem Kopierer 129

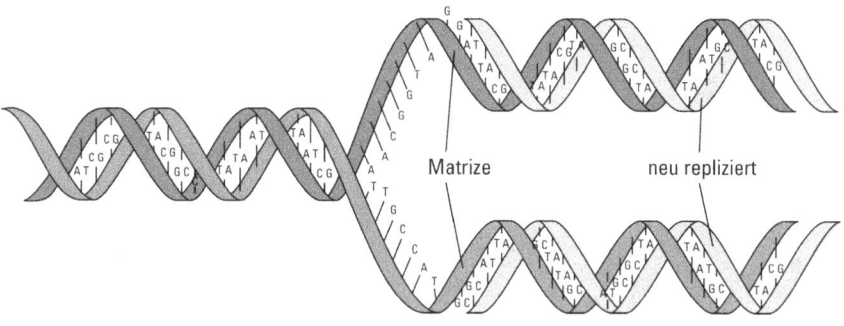

Abbildung 7.1: Die DNA ist ihre eigene Kopiervorlage bei der semikonservativen Replikation.

1957 benutzten J. Herbert Taylor, Philip Woods und Walter Hughes an der Columbia University den Zellzyklus, um herauszufinden, wie die DNA kopiert wird (siehe Kapitel 2 mit mehr Informationen über den Zellzyklus und die Mitose). Sie warteten mit zwei Möglichkeiten auf: der konservativen oder der semikonservativen Replikation.

Abbildung 7.2 zeigt, wie die konservative Replikation ablaufen könnte. Bei beiden Versionen, also konservativ und semikonservativ, wird das ursprüngliche, doppelsträngige DNA-Molekül aufgebrochen und dient als Vorlage für jeweils zwei neue Stränge. Bei der *semikonservativen Replikation* bestehen die beiden neu gebildeten Stränge halb aus »neuer« und halb aus »alter« DNA (was Sie auch in Abbildung 7.1 erkennen können). Bei der *konservativen Replikation* besteht ein kompletter Strang nur aus »neuer« DNA und die Vorlagen des alten Strangs verbinden sich wieder zu einem Molekül aus »alter« DNA (wie man in Abbildung 7.2 erkennen kann).

Um die Replikation zu entschlüsseln, tauchten Taylor und seine Kollegen die Spitzen von Pflanzenwurzeln in Wasser, das radioaktiv markiertes *Thymin* enthielt. Thymin ist ein Nukleotid-Baustein und als solcher Bestandteil der DNA. Bevor sich die Zellen in der Pflanze teilten, bauten sie nun das radioaktiv markierte Thymin in die neuen Chromosomen ein. Im ersten Teil ihrer Experimente ließen Taylor und sein Team die Wurzeln nur acht Stunden im Wasser. Das war ausreichend lange, damit sich die DNA in den Zellen replizieren konnte. Dann entnahmen die Forscher einige Zellen, um nachzusehen, ob nur eine oder beide Schwesterchromatiden radioaktiv markiert waren. Im zweiten Schritt tauchten sie die Wurzeln der Pflanze in normales Wasser ohne radioaktiven Zusatz. Nachdem sich die Zellen zu teilen begannen, nahmen Taylor und sein Team erneut Proben, um sich die Chromosomen in der Metaphase anzuschauen (wenn sich die replizierten Chromosomen, die in dieser Phase als *Schwesterchromatiden* vorliegen, in der Mitte der Zellen aufreihen, um in die entgegengesetzten Ecken auseinandergezogen und so später auf die neuen Zellen aufgeteilt zu werden, siehe Kapitel 2).

Durch das radioaktiv markierte Thymin war das Team um Taylor in der Lage, den neu replizierten Strang ausfindig zu machen und nachzuvollziehen, ob die Stränge mit ihren Kopien zusammenblieben (semikonservativ) oder nicht (konservativ). Sie haben die Ergebnisse aus ihren beiden Experimenten verglichen, um sicherzugehen, dass ihre Schlussfolgerungen korrekt waren.

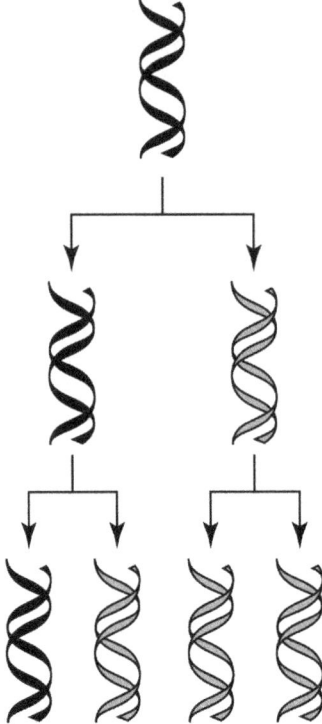

Abbildung 7.2: Die konservative Replikation

Für den Fall der semikonservativen Replikation hatten Taylor, Woods und Hughes erwartet, dass eine Schwesterchromatide des replizierten Chromosoms radioaktiv ist und die andere frei von Strahlung sein müsste – so auch ihr Ergebnis. Abbildung 7.3 zeigt ihren Versuchsaufbau und das Versuchsergebnis. Die schattierten Chromosomen zeigen die Chromatiden mit dem radioaktiv markierten Thymin. Nach einer Replikationsrunde mit radioaktivem Thymin (Schritt 1 in Abbildung 7.3) scheint das gesamte Chromosom radioaktiv.

Taylor und seine Leute konnten bei ihren Versuchen die Chromosomen und die einzelnen Stränge nicht sehen (so wie sie symbolisch in Abbildung 7.3 dargestellt sind), sonst hätten sie ja auch gleich erkannt, dass ein Strang das radioaktiv markierte Thymin enthält und der andere nicht (der radioaktiv markierte Strang wird in der Abbildung durch die dickere Linie dargestellt). Nach der Replikation ohne radioaktiv markierte Substanzen (siehe Schritt 2 in Abbildung 7.3) war eine Schwesterchromatide radioaktiv markiert, die andere nicht. Das kann nur geschehen, wenn bei einer semikonservativen Replikation immer ein Einzelstrang als Vorlage dient. So diente der radioaktive Strang ebenso als Vorlage wie der nicht radioaktiv markierte Strang. Nach der Replikation bildeten die Vorlagen mit den neu gebildeten Strängen den neuen Doppelstrang: Der Strang, der die radioaktive Vorlage enthielt, war immer noch radioaktiv, aber der Strang, der die nicht radioaktive Vorlage bekommen hatte, war nicht mehr radioaktiv. Dieses Experiment zeigte schlüssig, dass die Replikation wirklich semikonservativ ist – jedes neue Molekül ist zur Hälfte »alt« und zur Hälfte »neu«.

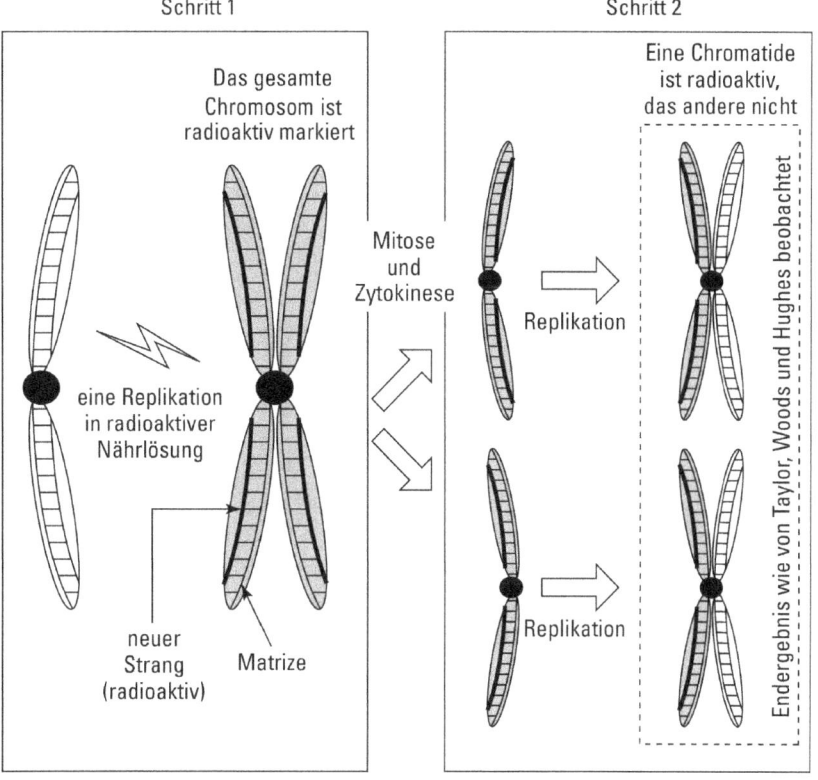

Abbildung 7.3: Die Ergebnisse aus den Versuchen von Taylor, Woods und Hughes zeigen, dass die DNA semikonservativ repliziert wird.

Wie die DNA sich selbst kopiert

Die Replikation findet in jedem Zellzyklus während der Interphase, kurz vor der Prophase der Mitose oder der Meiose, statt. Falls Sie Kapitel 2 übersprungen haben, können Sie dort noch einmal nachlesen, wann genau im Zellleben die Replikation stattfindet.

Bei der Replikation muss diese Reihenfolge strikt eingehalten werden:

1. Die Doppelhelix wird geöffnet und die einzelnen Stränge werden freigelegt.

2. Nukleotide werden jeweils an den Einzelsträngen angefügt, um zwei neue Partner für die beiden Originale zu erstellen.

 Die Replikation der DNA wurde zuerst bei Bakterien beobachtet, also bei *prokaryotischen* Einzellern, die keinen Zellkern besitzen. Alle nicht prokaryotischen Lebensformen (also auch Menschen) sind *eukaryotisch*, was bedeutet, dass ihre Zellen fast immer einen Kern besitzen. Es gibt einige kleine Unterschiede zwischen der DNA-Replikation bei Eukaryoten und Prokaryoten. Bei Prokaryoten wie den Bakterien oder den Blaualgen sind etwas andere Enzyme als bei den

Eukaryoten aktiv, die aber meist sehr ähnliche Namen haben. Wenn Sie die prokaryotische Replikation, die ich gleich erkläre, verstehen, haben Sie auch kein Problem mit den Details der eukaryotischen Replikation.

Meistens ist die prokaryotische (wie ja auch die mitochondriale) DNA ringförmig, während die eukaryotische DNA linear ist. Die Form des Chromosoms, ob Endlosschleife oder ein langer Faden, spielt bei der Replikation an sich keine Rolle. Jedoch gibt es bei der Replikation der ringförmigen DNA einige Probleme zu lösen, die ich weiter hinten in diesem Kapitel im Abschnitt »Herr der Ringe: Replikation ringförmiger DNA« erkläre.

Darf ich vorstellen: Das Replikationsteam!

Für die erfolgreiche Replikation stehen folgende Teammitglieder bereit:

- ✔ **die DNA-Vorlage**, ein doppelsträngiges Molekül, das als Kopiervorlage dient

- ✔ **spezielle Nukleotide (dNTPs)**, die für den Neubau der DNA notwendigen Bausteine

- ✔ **Enzyme und verschiedene Proteine**, die die Doppelhelix aufschließen und neue DNA zusammensetzen, sprich die *DNA-Synthese* vollziehen

DNA-Vorlage

Neben der semikonservativen Replikation (siehe den Abschnitt »Immer offen für Neues: Das DNA-Muster« weiter vorn in diesem Kapitel) ist es wichtig, dass Sie zusätzlich noch mehr über die »DNA-Matrize«, auch »DNA-Template« genannt, erfahren:

- ✔ Die DNA eines jeden Lebewesens liegt in Form von Chromosomen vor. DNA- und Chromosomenreplikation sind also das Gleiche.

- ✔ Bei der Replikation werden beide Stränge kopiert. Jeder einzelne Strang dient also als Vorlage (oder Matrize) für die Replikation (der Einzelstrang wird in diesem Zusammenhang auch Matrizenstrang oder parentaler Strang genannt).

Die Basen der DNA sind die eigentlichen Informationsträger für die Replikation. Jede Base, die dem neuen Strang hinzugefügt wird, muss *komplementär* zu der auf dem Vorlagenstrang sein (also passgenau, siehe auch Kapitel 6 zu den einzelnen Basenpaarungen). Zusammen ergeben die beiden Vorlagenstränge und die neu replizierten DNA-Stränge zwei identische Kopien des doppelsträngigen Originalmoleküls.

Nukleotide

Die DNA besteht aus Tausenden Nukleotiden, die miteinander zu Doppelsträngen verbunden werden (wenn Sie mehr über die Details des DNA-Aufbaus wissen möchten, blättern Sie zu Kapitel 6). Die Nukleotid-Bausteine der DNA liegen, bevor sie in der Replikation zusammengefügt werden, als *Desoxyribonukleosid-Triphosphate* oder *dNTPs* vor und bestehen aus:

KAPITEL 7 Replikation: DNA auf dem Kopierer   133

✔ einem Zucker (Desoxyribose)

✔ einer der vier Basen (Adenin, Thymin, Cytosin, Guanin)

✔ drei Phosphatresten

Abbildung 7.4 zeigt, wie ein dNTP in eine doppelsträngige DNA eingebaut wird. Die dNT-Ps, die bei der Replikation verwendet werden, sind den Nukleotiden in der doppelsträngigen DNA sehr ähnlich (vergleichen Sie das Nukleotid aus Abbildung 6.3 in Kapitel 6 mit dem dNTP in Abbildung 7.4). Der entscheidende Unterschied ist die Anzahl der Phosphatgruppen. Jedes eingebaute Nukleotid besitzt eine Phosphatgruppe, ein freies dNTP besitzt drei davon.

Schauen Sie sich die Vergrößerung des dNTP in Abbildung 7.4 genauer an. Die drei Phosphatgruppen (daher das »Tri-« im Namen) befinden sich am oberen Ende; üblicherweise wird dieses Ende des Moleküls mit 5-Strich (5') bezeichnet, weil die Phosphate am 5'-C-Atom der Desoxyribose-Zuckers hängen. Unten links, am sogenannten 3-Strich-Ende (3'-Ende), hängt (am 3'-C-Atom des Desoxyribose-Zuckers) ein kleiner Schwanz, der aus einem Sauerstoffatom besteht, das an ein Wasserstoffatom gebunden ist (zusammen als *OH-Gruppe* oder *Reaktionsgruppe* bezeichnet). Das Sauerstoffatom der OH-Gruppe im letzten Nukleotid des bestehenden DNA-Strangs sorgt dafür, dass das nächste dNTP andocken kann. Mehrfache Verbindungen dieser Art lassen so nach und nach den neuen DNA-Strang entstehen (mehr Informationen über die nummerierten Stellen im Molekül wie 5' oder 3' finden Sie in Kapitel 6).

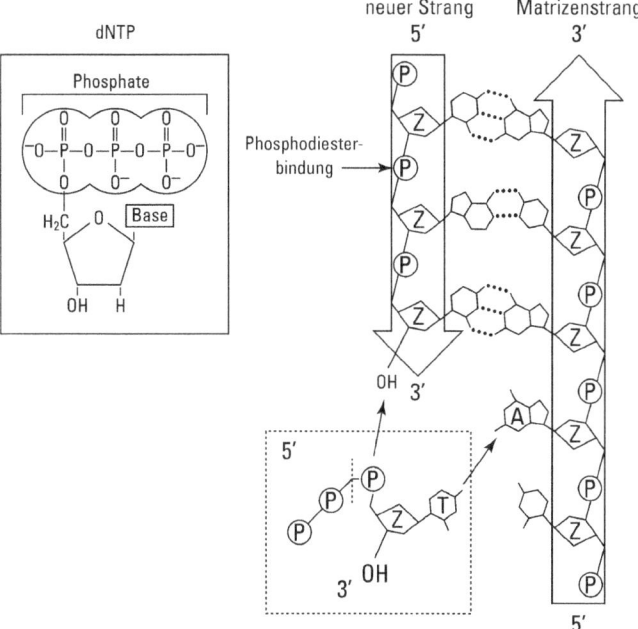

Abbildung 7.4: Zusammenfügen der chemischen Bausteine (dNTPs) während der DNA-Synthese (P = Phosphat, Z = Zucker)

Wenn DNA repliziert wird, reagiert die OH-Gruppe am 3'-Ende des letzten Nukleotids im Strang mit der α-Phosphatgruppe des neu ankommenden dNTP (zu sehen rechts in Abbildung 7.4). Dabei werden zwei der drei Phosphatreste des dNTP (β und γ) abgespalten. Das verbleibende Phosphat geht eine Esterbindung mit dem davor eingebauten Nukleotid ein, sodass insgesamt eine Phosphodiesterbindung zwischen zwei aufeinanderfolgenden Nukleotiden gebildet wird. Zwischen den beiden komplementären Basen entstehen die Wasserstoffbrückenbindungen (mehr Informationen über Phosphodiester- und Wasserstoffbrückenbindungen in Kapitel 6). Durch diese Reaktionen – also durch das Abspalten der beiden Phosphatreste und die zweite Esterbindung – wird das dNTP zum Nukleotid umgewandelt. Der einzige wirkliche Unterschied zwischen dNTP und dem Nukleotid, zu dem es dann wird, ist die Anzahl an Phosphatgruppen. Vergessen Sie dabei nicht, dass die DNA-Vorlage für diese Reaktion immer einzelsträngig sein muss (siehe den Abschnitt »Spalten der Helix« weiter hinten in diesem Kapitel).

Ein Nukleotid besteht aus einem Phosphat, einem Desoxyribose-Zucker und einer Base. Ein Nukleotid ist immer ein Nukleotid, ob es nun in einen DNA-Strang eingebaut ist oder nicht. Ein dNTP ist auch ein Nukleotid, nur eben ein spezielles mit drei Phosphatgruppen.

Enzyme

Die Replikation kann nicht ohne die Hilfe einer Vielzahl von Enzymen stattfinden. *Enzyme* sind (mit wenigen Ausnahmen, nämlich den katalytisch aktiven RNA-Molekülen) Proteine, die biochemische Reaktionen beschleunigen (katalysieren). Generell gibt es zwei Sorten von Enzymen: solche, die Substanzen zusammensetzen, und solche, die Substanzen auseinandernehmen oder abbauen. Beide Arten von Enzymen werden bei der Replikation gebraucht.

Obwohl man am Namen des Enzyms nicht immer auf Anhieb erkennen kann, was es macht (auf- oder abbauen), können Sie Enzyme fast immer an ihrer Endung *-ase* erkennen. Das Suffix *-ase* folgt immer dem Namen der Substanz, die das Enzym bearbeitet, oder der Reaktion, die das Enzym katalysiert. Zum Beispiel öffnet das Enzym *Helikase* die Doppelhelix und macht sie einzelsträngig (Helix + ase = Helikase), während die DNA-Polymerase DNA polymerisiert. Bei einigen wenigen Enzymen wurden allerdings die historisch bedingten Namen beibehalten, so zum Beispiel bei dem Verdauungsenzym *Pepsin* (eine Endopeptidase, die Proteine im Magen abbaut). Und nun raten Sie mal, woher die Pepsi Cola ihren Namen hat – aus den beiden wichtigen Zutaten Pepsin und Kolanussextrakt!

Es sind so viele Enzyme an der Replikation beteiligt, dass man sie sich nur schwer alle merken kann. Hier sind die wichtigsten Mitspieler und ihre Aufgaben:

- **Helikase:** öffnet die Doppelhelix
- **Gyrase:** entwindet die DNA
- **Primase:** legt ein kurzes RNA-Stück (Primer) an, um die Replikation zu starten (mehr über RNA erfahren Sie in Kapitel 8)

✔ **DNA-Polymerase:** fügt dNTPs zum neuen DNA-Strang hinzu

✔ **Ligase:** schließt die Lücken zwischen neu replizierten DNA-Stücken

✔ **Telomerase:** repliziert die äußersten Enden der Chromosomen (Telomere) – eine sehr spezielle Aufgabe

Bei Prokaryoten gibt es fünf verschiedene DNA-Polymerasen, bei Eukaryoten mindestens dreizehn. Bei den Prokaryoten übernimmt die DNA-Polymerase III die eigentliche DNA-Synthese. Die Polymerase I entfernt die RNA-Primer und ersetzt sie durch DNA. Die DNA-Polymerasen II, IV und V reparieren die DNA und führen das Korrekturlesen durch. Eukaryoten besitzen einen komplett anderen Satz an DNA-Polymerasen. (Doch darüber lesen Sie weiter hinten in diesem Kapitel im Abschnitt »Replikation bei Eukaryoten« mehr.)

Spalten der Helix

Die DNA-Replikation startet an bestimmten Stellen des Moleküls, die *Replikationsursprünge* genannt werden. Die Chromosomen von Bakterien sind mit ihren etwa vier Millionen Basenpaaren so kurz, dass nur ein Replikationsursprung gebraucht wird. Das Kopieren größerer Genome würde mit nur einem Replikationsursprung je Chromosom viel zu lange dauern. Deshalb haben menschliche Chromosomen mehrere Tausend Replikationsursprünge, was den Vorgang erheblich beschleunigt. (Lesen Sie im Abschnitt »Replikation bei Eukaryoten« weiter hinten in diesem Kapitel, wie zum Beispiel menschliche DNA kopiert wird.)

Spezielle Proteine, die *Initiatoren*, bewegen sich am DNA-Strang entlang, bis sie auf eine Gruppe von Basen in bestimmter Reihenfolge treffen. Diese Basen verkörpern den Replikationsursprung. Man kann sie sich wie ein Schild vorstellen mit dem Hinweis »Hier mit der Replikation beginnen«. Die Initiatorproteine klinken sich am Strang an der Startstelle ein und wickeln die Helix um sich selbst wie einen Faden um einen Finger. Dann machen die Initiatoren eine kleine Öffnung in die Helix.

Die *Helikase* (das Enzym, das die Helix weiter öffnet) findet diese kleine Öffnung und beginnt damit, die Wasserstoffbrücken zwischen den komplementären Strängen zu lösen. Sie legt einige Hundert Basen frei und öffnet so nach und nach die Helix. Die DNA hat aufgrund ihrer Spannung eine so starke Tendenz, wieder einen Doppelstrang zu bilden, dass sie sich sofort wieder schließen würde, wenn nicht weitere Proteine das Zuschnappen der Stränge verhindern würden. Diese *Einzelstrang stabilisierenden Proteine (ESPs)* halten die Stränge auseinander, sodass die Replikation stattfinden kann. In Abbildung 7.5 wird der ganze Replikationsprozess dargestellt. Nun aber wollen wir uns darauf konzentrieren, was passiert, wenn die Helikase den Strang öffnet und sich weiter an der Doppelhelix entlangbewegt, und wie die Stränge einzeln und entwirrt gehalten werden können.

Wenn Sie es schon einmal mit Nähgarn oder Angelschnur zu tun hatten, wissen Sie, dass sich Knoten bilden, wenn sich die Schnur einmal verheddert hat und man versucht, diese wieder zu lösen. Dasselbe kann beim Öffnen der DNA-Doppelhelix geschehen. Sobald die Helikase die Doppelhelix öffnet und die Stränge auseinanderzieht, verdrillt sich der intakte DNA-Doppelstrang umso stärker. Um ein verknotetes Durcheinander der DNA zu verhindern, löst das Enzym *Gyrase* die Spannung. Die Gyrase durchtrennt den DNA-Strang vorübergehend und wartet ab, bis sich die verdrehten Stränge gelockert haben, um sie dann wieder zusammenzufügen.

Gyrasen kommen nur bei Bakterien vor, denn bei Eukaryoten übernehmen andere Enzyme, die *Topoisomerasen*, diese Aufgabe. Das ausschließliche Vorkommen der Gyrase bei den Bakterien wird für die Antibiotikatherapie genutzt, bei der Gyrasehemmer zum Einsatz kommen, die die Aktivität dieses Enzyms unterbinden. Dadurch kann die Replikation nicht mehr stattfinden, die DNA endet als chaotisches Knäuel und die Bakterienzelle stirbt ab.

Die Dinge ins Rollen bringen

Wenn die Helikase die DNA öffnet, entsteht an der Öffnung eine Art Y-Struktur. Dieses Y wird *Replikationsgabel* genannt. In Abbildung 7.5 können Sie eine solche Replikationsgabel sehen, wo die Helikase den Strang auseinanderzieht. Bei jeder Öffnung der Doppelhelix entstehen zwei Gabeln an den gegenüberliegenden Enden. Die DNA-Replikation ist sehr spezifisch und funktioniert nur in eine Richtung: von 5-Strich nach 3-Strich (5'→3'). In Abbildung 7.5 läuft der obere Strang im geöffneten Abschnitt der Helix von links (5') nach rechts (3'), der untere läuft von rechts (5') nach links (3'). Die Ursache dafür ist der antiparallele Verlauf der beiden DNA-Einzelstränge. (Siehe Kapitel 6 für mehr Informationen über die Bedeutung des antiparallelen Verlaufs und den Aufbau der DNA.)

Die Replikation muss also antiparallel zum Matrizenstrang erfolgen, von 5' nach 3'. Deswegen läuft die Replikation auf dem oberen Strang von rechts nach links und auf dem unteren Strang von links nach rechts.

Nachdem die Helikase das Molekül geöffnet hat (siehe vorigen Abschnitt), sind die beiden Stränge etwas nackt. Die Replikation kann jetzt aber nicht einfach so beginnen, da sie noch nicht begonnen hat (klingt ein bisschen wie Lenny Kravitz »It ain't over 'til it's over«, oder?). Spaß beiseite: Nukleotide können sich nur zu Ketten formen, wenn bereits ein Nukleotid mit einer freien Reaktionsgruppe vorhanden ist, an die sich das ankommende dNTP binden kann. Nur sitzt da jetzt (noch) keines, da die Helikase das Molekül gerade erst geöffnet hat. Also, was tun? Die DNA löst das Problem, indem sie sogenannte *Primer* einsetzt. Primer sind kurze komplementäre Stücke aus RNA, die als Startpunkt für die Replikation dienen (siehe Abbildung 7.5).

Das Enzym *Primase*, das die RNA-Primer für die Replikation baut, legt die Primer an beiden Seiten der Replikationsgabel an, sodass die DNA-Synthese von 5' nach 3' auf beiden Strängen erfolgen kann. Die RNA-Primer sind jeweils nur etwa zehn bis zwölf Nukleotide lang. Sie sind komplementär zu den Einzelsträngen der DNA und besitzen die gleiche OH-Gruppe an ihrem 3'-Ende wie die Nukleotide der DNA (siehe den Abschnitt »Nukleotide« weiter vorn in diesem Kapitel). Daran können dann die dNTPs binden und wieder einen Doppelstrang bilden. Die Primer werden später wieder herausgenommen und durch DNA ersetzt (siehe den Abschnitt »Das Puzzle setzt sich zusammen« weiter hinten in diesem Kapitel).

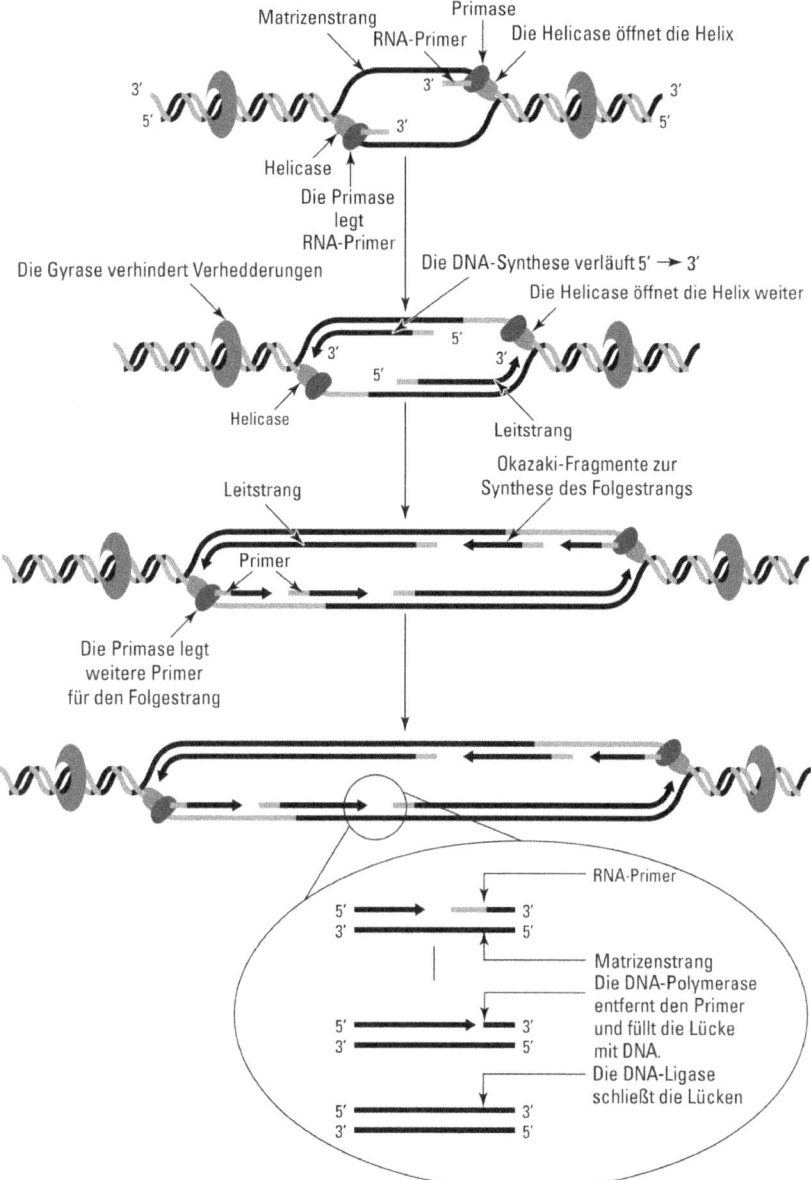

Abbildung 7.5: Der Replikationsvorgang

Voreilen und Nachhinken

Sobald die Primer an Ort und Stelle sind, kann die eigentliche Replikation beginnen. Die *DNA-Polymerase* ist das Enzym, das die Replikation durchführt. An die OH-Gruppe am 3'-Ende des Primers heftet die DNA-Polymerase ein neues dNTP an, indem sie zwei seiner Phosphatgruppen abschneidet und eine Phosphodiesterbindung herstellt, und an dessen

3'-OH-Gruppe fügt sie dann das nächste dNTP an und so weiter (siehe hierzu Kapitel 6). Währenddessen öffnet die Helikase den DNA-Strang immer weiter und legt dabei immer mehr Matrizenstrang frei. In Abbildung 7.5 ist zu erkennen, dass die Replikation einfach so an der Matrize entlangrauschen kann – jedoch nur zur einen Seite auf jedem Strang, in Richtung zur Replikationsgabel (nach links am oberen Strang in Abbildung 7.5 und nach rechts am unteren Strang). Der neu gebildete Strang wächst weiter in Richtung 5' nach 3', während die Helikase nach und nach die Matrize freilegt.

Gleichzeitig müssen am gegenüberliegenden Strang ständig neue Primer hinzugefügt werden, um sich der frisch zur Verfügung stehenden Matrize bedienen zu können. Die neuen Primer sind erforderlich, da ein einzelner nackter Strang ohne freie Nukleotide zur Kettenbildung durch die anhaltende Aufsplittung der Helix an der Replikationsgabel entsteht.

Damit entstehen durch die gleichzeitige Öffnung der Helix und Synthese von DNA in Richtung 5' nach 3' auf der einen und der fortlaufenden Anlage von Primern auf der anderen Seite des Matrizenstranges ein *Leit-* und ein *Folgestrang*.

✔ **Leitstrang:** Dieser Strang entsteht durch kontinuierliche DNA-Synthese (Sie können einen Leitstrang in Abbildung 7.6 sehen).

✔ **Folgestrang:** Bei diesem Strang wird die Synthese immer wieder von vorn begonnen, sobald neue Primer angesetzt werden. Die kurzen Fragmente der DNA, die durch die diskontinuierliche Replikation entstehen, nennt man auch Okazaki-Fragmente, benannt nach ihrem Entdecker Reiji Okazaki (einem Japaner). Die Synthese der Okazaki-Fragmente hört jeweils auf, sobald das 5'-Ende eines anderen Primers auf dem Strang erreicht wird. Die Synthese des Folgestrangs wird so immer wieder unterbrochen, ist also diskontinuierlich. Der Folgestrang hinkt der Synthese des Leitstrangs insofern hinterher, als dass im Stopp-and-go-Verfahren synthetisiert wird, während der Leitstrang »Grüne Welle« hat. Die Replikation läuft aber so schnell ab, dass de facto keine Zeitdifferenz zwischen der Replikation des Leit- und Folgestrangs zu messen ist.

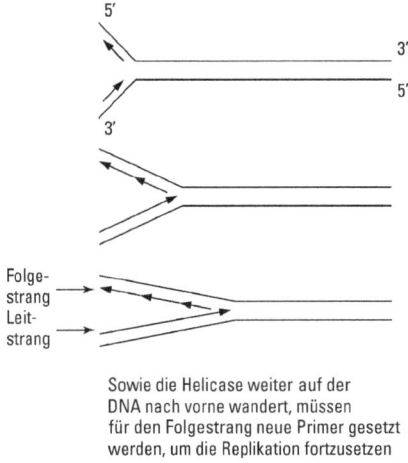

Sowie die Helicase weiter auf der DNA nach vorne wandert, müssen für den Folgestrang neue Primer gesetzt werden, um die Replikation fortzusetzen

Abbildung 7.6: Leit- und Folgestrang

Das Puzzle setzt sich zusammen

Nachdem die Matrizenstränge repliziert wurden, müssen die neu synthetisierten DNA-Stränge noch nachbearbeitet werden, bis sie vollständig fertig sind:

✔ Die RNA-Primer müssen entfernt und durch DNA ersetzt werden.

✔ Die Okazaki-Fragmente, die für den Folgestrang synthetisiert wurden, müssen noch miteinander verbunden werden.

Dazu wandert eine spezielle Sorte der DNA-Polymerase an den neu gebildeten DNA-Strängen entlang und sucht alle RNA-Primer. Sobald die Polymerase ein kurzes RNA-Stück findet, schneidet sie es heraus und ersetzt es durch entsprechende DNA-Nukleotide (der Vorgang ist in Abbildung 7.5 unten dargestellt). Das Herausschneiden und Ersetzen der RNA-Primer geschieht in der üblichen 5'→3'-Richtung und funktioniert genauso wie die normale DNA-Synthese (durch Hinzufügen von dNTPs über Phosphodiesterbindungen).

Nachdem die Primer entfernt wurden, fehlt noch die letzte Phosphodiesterbindung (genauer gesagt, die letzte Esterbindung) zwischen den einzelnen Okazaki-Fragmenten. Das Enzym *Ligase* fügt diese kleinen Lücken zusammen (*ligieren* heißt zusammenfügen). Die Ligase hat die spezielle Eigenschaft, eine Phosphodiesterbindung ohne Hinzufügen eines Nukleotids herstellen zu können.

Vertrauen ist gut, Kontrolle ist besser

Obwohl die DNA-Replikation sehr komplex ist, ist sie ungeheuer schnell. Beim Menschen erreicht die Replikation Geschwindigkeiten von etwa 2.000 Basen pro Minute. Die Replikation ist bei Bakterien noch schneller: bis zu 1.000 Basen pro *Sekunde!* Bei diesen Geschwindigkeiten kann die DNA-Polymerase schon mal Fehler machen – eine von ungefähr 100.000 Basen wird dabei falsch gesetzt. Zum Glück kann die DNA-Polymerase die Rücktaste drücken.

Die DNA-Polymerase überprüft ihre Arbeit kontinuierlich durch *Korrekturlesen* – in etwa so, wie ich dieses Buch hier Korrektur gelesen habe. Die DNA-Polymerase schaut sozusagen über ihre eigene Schulter und kontrolliert, wie gut die angefügten Nukleotide zum Matrizenstrang passen. Wenn eine falsche Base angefügt wurde, stoppt die Polymerase die Synthese, geht etwas zurück und schneidet die falsche Base heraus. Das Herausschneiden wird auch als *Exonuklease-Aktivität* bezeichnet und erfordert, dass die Polymerase entgegen ihrer gewöhnlichen Richtung laufen muss (also 3'→5' anstelle ihrer gewohnten 5'→3'-Richtung). Dies gilt jedoch nur für die Exonuklease-Aktivität. Der Einbau des korrigierten Nukleotids erfolgt wieder von 5' nach 3'. Das Korrekturlesen eliminiert die meisten Fehler der DNA-Polymerase, sodass das Ergebnis der Replikation eine fast fehlerfreie DNA-Synthese ist. In der Regel beträgt die Fehlerrate nach der Kontrolle nur etwa 1:10 Millionen.

Falls die DNA-Polymerase eine falsche Base übersehen hat, übernehmen andere Enzyme eine *Fehlpaarungsreparatur* (so wie mein Lektor im Verlag das Ergebnis meiner Korrektur noch mal überprüft). Die Fehlpaarungsreparaturenzyme bemerken Beulen im DNA-Strang, die durch falsch gepaarte Basen zustande kommen. Wenn sie eine nicht komplementäre

Base finden, schneiden sie diese falsche Base aus dem neu synthetisierten Strang heraus, ersetzen sie durch die richtige Base und verschließen die Lücke wieder, ähnlich wie die Ligasen.

Die Replikation ist ein komplizierter Prozess, für den schwindelerregend viele verschiedene Enzyme benötigt werden. Die Schlüsselpunkte, die man sich merken sollte, sind:

✔ Die Replikation beginnt an den Replikationsursprüngen.

✔ Die Replikation kann nur stattfinden, wenn die DNA einzelsträngig vorliegt.

✔ Bevor die Replikation starten kann, müssen RNA-Primer an den Matrizenstrang binden.

✔ Die Replikation läuft immer von 5' nach 3'.

✔ Die neu synthetisierten Stränge sind komplementär zur Matrize und passen exakt zum »alten« Vorlagenstrang.

Replikation bei Eukaryoten

Obwohl die Replikation bei Prokaryoten und Eukaryoten sehr ähnlich verläuft, sollten Sie die vier Unterschiede kennen:

✔ Bei den Eukaryoten besitzt jedes Chromosom sehr, sehr viele Replikationsursprünge. Bei Prokaryoten findet man nur einen Replikationsursprung pro ringförmigem Chromosom.

✔ Die Enzyme, die bei der Replikation zum Einsatz kommen, sind bei Prokaryoten und Eukaryoten ähnlich, aber nicht identisch. Eukaryoten besitzen viel mehr DNA-Polymerasen, die auch andere Funktionen als die DNA-Replikation übernehmen.

✔ Bei linearen Chromosomen, wie sie in eukaryotischen Zellen vorkommen, werden spezielle Enzyme benötigt, die die Enden eines Chromosoms (die *Telomere*) replizieren.

✔ Eukaryotische Chromosomen sind stark kondensiert. Der DNA-Strang windet sich um spezielle Proteine (*Histonkomplexe*), um große Mengen an DNA im sehr kleinen Zellkern unterzubringen. Für die Replikation muss der DNA-Strang kurzzeitig aus diesen *Nukleosomen* »entpackt« werden.

Kurz angebunden: Telomere

Bei der Replikation linearer Chromosomen stellen ihre Enden, die *Telomere*, eine besondere Herausforderung dar. Diese Herausforderung wird auf unterschiedliche Weise angenommen, je nachdem, um welche Art Zellteilung es sich handelt (also Mitose oder Meiose).

Nach Beendigung der Replikation für die Mitose wird ein kurzes Stück DNA am Telomer einzelsträngig und unrepliziert belassen. Ein spezielles Enzym schneidet dann diesen nicht replizierten Teil des Telomers ab. Der Verlust dieses kleinen Stückchens DNA ist für das Chromosom nicht so schlimm, da sich im Bereich des Telomers, also am Ende des Chromosoms, nichtcodierende DNA befindet. Dieser »DNA-Schrott«, wenn man so will, codiert keine Gene, übernimmt aber oft andere wichtige Aufgaben im Genom (siehe Kapitel 11).

Vom Standpunkt der Telomere aus gesehen ist es gut, nichtcodierende DNA zu sein, denn wenn die Telomere abgeschnitten werden, werden die Chromosomen nicht allzu sehr in Mitleidenschaft gezogen und es fallen keine wichtigen Gene weg, jedenfalls bis zu einem gewissen Punkt. Nach vielen Replikationsrunden ist die gesamte nichtcodierende DNA an den Telomeren weggeschnitten (den Telomeren geht sozusagen der »DNA-Schrott« aus), sodass dann die Gene selbst beschnitten werden. Werden die Chromosomen einer sich mitotisch teilenden Zelle (zum Beispiel einer Hautzelle) zu kurz, stirbt die Zelle den programmierten Zelltod, die *Apoptose* (auf die Apoptose gehe ich in Kapitel 14 im Detail ein). Paradoxerweise ist dieser Zelltod etwas Gutes, weil er vor den verheerenden Auswirkungen von Mutationen schützt, die Krebs verursachen können.

Teilt sich die Zelle allerdings für die Meiose, ist ein Abschneiden der Telomere nicht gut. Die Telomere müssen komplett repliziert werden, um dem Nachkommen möglichst perfekte und vollständige Chromosomen mit auf den Weg geben zu können. Das Enzym *Telomerase* kümmert sich um diese besondere Replikation der Chromosomenenden. Abbildung 7.7 zeigt, wie die Telomerase die Chromosomenenden repliziert.

Die Telomerase findet diese Stellen schnell, weil die Telomere aus langen Guanin-reichen Sequenzen (G) bestehen. Das Enzym enthält einen Abschnitt aus Cytosin-reicher RNA, die es ihm ermöglicht, sich an die freien Guanin-reichen Stellen zu binden. Die Telomerase benutzt ihre RNA als Vorlage, um den überhängenden Einzelstrang um ungefähr 15 Nukleotide zu verlängern. Dafür muss die Telomerase mehrmals neu ansetzen. Die DNA-Synthese durch die Telomerase läuft dabei wie gewöhnlich von 5'→3'.

Danach erzeugt eine DNA-Polymerase mit DNA-Primase als Untereinheit zunächst einen RNA-Primer komplementär zum verlängerten Einzelstrang (jetzt der Matrizenstrang) und synthetisiert dann den komplementären Strang in 5'→3'-Richtung, wobei nach Entfernung des Primers noch ein einzelsträngiger Rest am Ende des Matrizenstrangs übrig bleibt. Wissenschaftler vermuten, dass sich der einzelsträngige Rest des Matrizenstrangs zurückfaltet, sodass sich eine Haarnadelschleife mit einer OH-Gruppe am Ende des DNA-Strangs bildet und so der Rest vom Telomer in Abwesenheit eines Primers gebildet werden kann (siehe hierzu auch den Abschnitt »Die Dinge ins Rollen bringen« weiter vorn in diesem Kapitel).

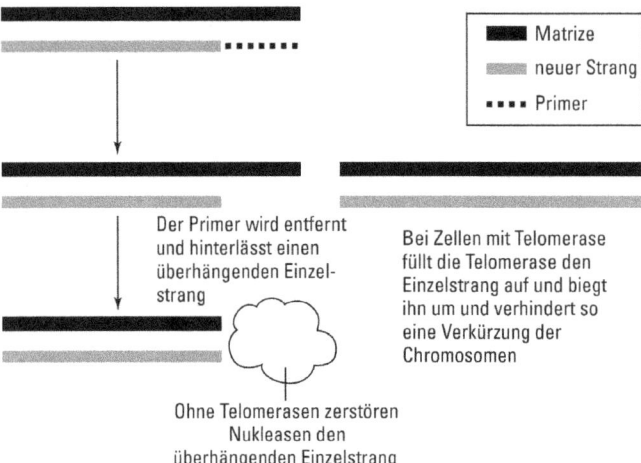

Abbildung 7.7: Telomere benötigen besondere Hilfe bei der Replikation während der Meiose.

Endabfertigung

Ihre DNA (und die aller Eukaryoten) ist fest um bestimmte Proteine im Zellkern gewickelt, die *Histone*. Der Komplex aus Histonen und DNA ist ein *Nukleosom* (nicht mit Nukleotid zu verwechseln) und sorgt dafür, dass das ganze Erbgut schön ordentlich im Zellkern untergebracht werden kann (in Kapitel 6 steht, wie groß das DNA-Molekül wirklich ist). So wie die Replikation geschieht auch das Verpacken der DNA in Windeseile. Es passiert so schnell, dass sich die Wissenschaftler nicht wirklich im Klaren darüber sind, wie die DNA von den Nukleosomen abgewickelt, repliziert und dann wieder aufgewickelt wird. Abbildung 7.8 zeigt eine schematische Darstellung der Nukleosomen und der überdrehten »Perlenkette«.

Im verpackten Zustand ist die DNA um Hunderttausende Nukleosomen wie ein Faden um viele Kugeln gewickelt. Diese »Perlenkette« wird wiederum um sich selbst gewickelt (*Supercoiling*). Diese Überdrehung ermöglicht es, dass Ihre 46 Chromosomen mit insgesamt 3,3 Milliarden Basenpaaren in einen mikroskopisch kleinen Zellkern passen. Ein Nukleosom ist ein Komplex aus vier jeweils doppelt vorhandenen Histonproteinen (H2a, H2b, H3 und H4), um den sich ungefähr 150 Basenpaare der DNA winden. Die Nukleosomen werden durch ein weiteres Histon (H1 genannt) noch enger gepackt.

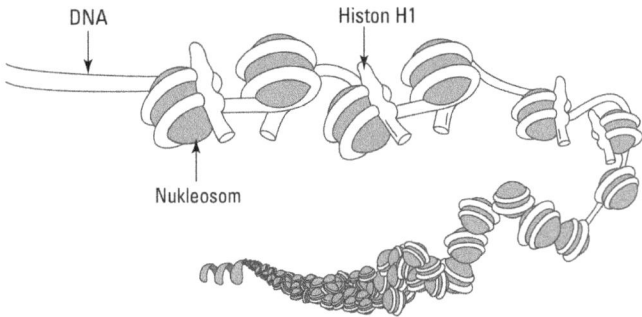

Abbildung 7.8: Die DNA ist um Histon-Oktamere zu Nukleosomen aufgewickelt und eng in sich verdreht, um in den Zellkern zu passen.

In diesem gepackten Zustand liegt die DNA vor und nach der Replikation vor. Da nur 30 bis 40 Basenpaare zwischen den Nukleosomen freiliegen, muss die DNA von den Histonen gelöst werden, um repliziert werden zu können. Bleibt sie auf dem Histonkomplex aufgewickelt, können die Enzyme, die an der Replikation beteiligt sind, nicht an alle Stellen des Moleküls gelangen und ihre Arbeit erledigen.

Das DNA-Molekül wird bei der Öffnung durch die Helikase zeitgleich durch ein bisher unbekanntes Enzym aus dem Nukleosom gelöst. Direkt nachdem sie repliziert wurde, wird die DNA (beide Doppelstränge, getrennt voneinander) wieder um bereitstehende Histonkomplexe gewickelt. Untersuchungen zeigten, dass sowohl »alte« Nukleosomen recycelt werden als auch frisch produzierte Histone zum Einsatz kommen.

Herr der Ringe: Replikation ringförmiger DNA

Ringförmige DNA kann auf drei verschiedene Arten repliziert werden, die in Abbildung 7.9 skizziert sind. Verschiedene Organismen wenden dabei verschiedene Strategien an, um ihre ringförmige DNA zu kopieren. Die Theta-Replikation wird bei den meisten Bakterien inklusive *Escherichia coli (E. coli)* angewandt. Viren wenden meistens den »rollenden Kreis« an, um schnell eine hohe Anzahl an Kopien herzustellen. Mitochondriale und Chloroplasten-DNA wird mittels D-Schleife kopiert.

Theta

Die *Theta-Replikation* hat ihren Namen von der Form, die die DNA während des Vorgangs annimmt. Wenn die Helix aufgetrennt ist, entsteht eine Art Blase (das Replikationsauge, *replication eye*), was das Chromosom wie den griechischen Buchstaben Theta aussehen lässt (θ, siehe Abbildung 7.9). Bakterielle Chromosomen besitzen nur einen Replikationsursprung (siehe hierzu den Abschnitt »Spalten der Helix« weiter vorn in diesem Kapitel). Sobald die Helikase das Molekül geöffnet hat, wird mit der Replikation in beide Richtungen begonnen, sodass das Molekül recht schnell kopiert werden kann. Wie ich im Abschnitt »Voreilen und Nachhinken« weiter vorn in diesem Kapitel beschreibe, entstehen auch hier ein Leit- und ein Folgestrang und die Ligase verbindet die einzelnen DNA-Stückchen. Am Ende der Theta-Replikation stehen zwei komplette, doppelsträngige Moleküle.

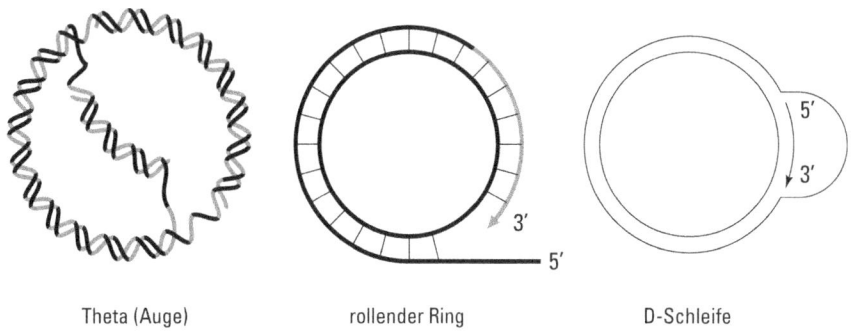

Abbildung 7.9: Ringförmige DNA kann auf drei verschiedene Arten repliziert werden.

Der »rollende Kreis«: Das Rolling-Circle-Prinzip

Hierbei ergibt sich eine merkwürdige Situation, denn bei dieser Methode werden keine Primer gebraucht – die ganze Replikation läuft einfach ununterbrochen im Kreis herum. Der Matrizenstrang wird einfach am Replikationsursprung aufgebrochen, um eine OH-Gruppe für den Start der Replikation zu haben. Mit Fortschreiten der Replikation wird der innere Strang kontinuierlich als Leitstrang kopiert (siehe Abbildung 7.9). Währenddessen wird der aufgebrochene Strang abgestreift und, sobald genügend Strang freiliegt, mit einem Primer versehen, sodass auch hier Replikation stattfinden kann. Somit gibt es beim *Rolling-Circle-Prinzip* auch einen Leit- und einen Folgestrang. Sobald zwei Kopien des Rings vorhanden sind, werden diese wieder und wieder kopiert. Diese Art des Kopierens wird meistens von Viren benutzt, die nur sehr kleine Genome aus ein paar Tausend Basenpaaren haben. Sie können dadurch in nur wenigen Minuten Hunderttausende Kopien ihres Genoms herstellen.

D-Schleife

Wie beim Rolling-Circle-Prinzip entsteht auch bei der *D-Schleife* ein separater Einzelstrang (siehe Abbildung 7.9). Die Helikase öffnet das doppelsträngige Molekül und es wird ein RNA-Primer angelegt, der den anderen Strang verdrängt. Sobald die Replikation einmal um den Ring herumgekommen ist, wird der Einzelstrang komplett abgestoßen und dient als Vorlage für den komplementären Strang.

> **IN DIESEM KAPITEL**
>
> Entdeckung: Genome anderer Arten
>
> Würdigung: die Beiträge des Humangenomprojekts
>
> DNA-Sequenzierung: Ermittlung der Basenabfolge

Kapitel 8
DNA-Sequenzierung

Stellen Sie sich vor, Sie besäßen eine Bibliothek mit 21.000 Büchern. Dabei spreche ich nicht von irgendwelchen Büchern oder gar Groschenromanen. Ihre Sammlung enthält ein unvorstellbares Wissen über die Heilung von Krankheiten, die die Menschen schon seit Jahrhunderten plagen, die Bauanleitung für jedes Lebewesen auf diesem Planeten und vielleicht sogar die Erklärung dafür, wie sich Gedanken in Ihrem Gehirn formen. Diese fabelhafte Bibliothek hat allerdings einen Haken – die Bücher sind in einer geheimnisvollen Sprache geschrieben, einem Code, der nur aus vier Buchstaben besteht, die in obskuren Mustern wiederholt werden. Die größten Geheimnisse des Lebens sind in dieser Bibliothek seit Anbeginn des Lebens enthalten, aber niemand konnte die Bücher lesen – jedenfalls bis vor wenigen Jahren noch nicht.

Diese 21.000 Bücher entsprechen den *Genen*, die alle Informationen über Ihre Person enthalten. Die Bibliothek, in der diese Bücher gelagert sind, ist das menschliche *Genom*. Bei der Sequenzierung des menschlichen Genoms oder des Genoms anderer Arten (ein Genom ist die Gesamtheit der DNA eines Chromosomensatzes eines Lebewesens) wird die Reihenfolge der vier Basen (Adenin, Cytosin, Guanin und Thymin) in der DNA ermittelt. Diese Abfolge ist sehr wichtig, denn das ist die Sprache der DNA. Das Erlernen der Sprache war der erste Schritt, um die Bücher in dieser Bibliothek lesen zu können. Die meisten unserer Gene sind identisch mit denen anderer Arten, sodass wir aus der Sequenzierung anderer Genome wie dem der Fruchtfliege, des Fadenwurms oder auch der Hefe viele Informationen über das menschliche Genom und über die Funktionen unserer menschlichen Gene gewinnen können.

Ein Blick auf ein paar Genome

Menschen sind unglaublich kompliziert! Aber aus Sicht der Genetik betrachtet sind wir längst nicht die Spitzenreiter, denn etliche Lebewesen haben ein viel größeres Genom als wir. Genome werden üblicherweise an der Anzahl ihrer Basenpaare gemessen (siehe Kapitel 6). Tabelle 8.1 zeigt die Größe verschiedener Genome und die geschätzte Anzahl der darin enthaltenen Gene (bei einigen Genomen ist die genaue Zahl der Gene immer noch unbekannt). Das menschliche Genom liegt weit abgeschlagen hinter dem Genom des Grashüpfers (*Podisma pedestris*) mit üppigen 16,6 Milliarden, dem des Marmorierten Lungenfischs (*Protopterus aethiopicus*) mit 130 Milliarden Basenpaaren oder dem der Japanischen Einbeere (*Paris japonica*) mit sage und schreibe 150 Milliarden Basenpaaren (siehe Tabelle 8.1)! Sollten Grashüpfer wirklich so viel komplexer sein als der Mensch? Kaum zu glauben! Also, wenn nicht die Komplexität eines Organismus die Größe des Genoms bestimmt, was dann?

Die Kehrseite der Medaille: Leider braucht es auch nicht viel Genom, um ordentlich Eindruck zu schinden und die Welt in Atem zu halten. Das RNA-Genom des humanen Immundefizienz(HI)-Virus (HIV, der Verursacher von Aids (*acquired immune deficiency syndrome*)) zum Beispiel umfasst nur 9.700 Basen, aber dennoch war dieses kleine Virus bis 2016 für 35 Millionen Todesfälle weltweit verantwortlich. Mit gerade einmal neun Genen ist das Virus sehr einfach gestrickt, wodurch es leider nicht leichter kontrollierbar wird.

Art	Anzahl der Basenpaare	Anzahl der Gene
HI-Virus (Einzelstrang-RNA)	9.700	9
Grippebakterium	1,8 Mio.	1.700
Darmbakterium *E. coli*	4,6 Mio.	4.400
Hefe	13 Mio.	6.280
Fadenwurm	103 Mio.	20.000
Ackerschmalwand	157 Mio.	25.000
Fruchtfliege	180 Mio.	14.500
Amöbe (*Physarum polycephalum*)	188–250 Mio.	31.000
Huhn	1 Mrd.	20.000–23.000
Mais	2,3 Mrd.	32.000
Mensch	3,27 Mrd.	21.000
Grashüpfer	16,6 Mrd.	unbekannt
Salamander	bis zu 120 Mrd.	unbekannt
Marmorierter Lungenfisch	130 Mrd.	unbekannt
Japanische Einbeere	150 Mrd.	unbekannt

Tabelle 8.1: Genomgrößen verschiedener Lebewesen

Amöben – die Genom-Spitzenreiter unter den Eukaryoten?

Amöben (auch Wechseltierchen genannt) sind kleine, durchsichtige Einzeller, die sich kriechend über immer neue Ausläufer der Zelle (»Scheinfüßchen«) bewegen und keine feste Zellform besitzen. Eigentlich bezeichnet der Begriff eher die Fortbewegungsart dieser Zellen (»amöboid«), denn die Verwandtschaftsverhältnisse unter den Amöben sind extrem weitläufig. Für bestimmte Amöben wurde in der Vergangenheit die gigantische Zahl von bis zu 700 Milliarden Basenpaaren angenommen, aber diese Daten beruhen auf sehr ungenauen Schätzungen aufgrund der damals noch sehr unsicheren Methodik. Wissenschaftlich belegt sind Genome von 188–250 Millionen Basenpaaren für die Amöbe *Physarum polycephalum* und viel bescheidenere Werte von um die 33 Millionen Basenpaaren für die Schleimpilze (*Dictyostelium*-Arten). Und damit – tut uns leid! – landen Amöben leider doch nur im Mittelfeld des Genomgrößen-Rankings.

Die unterschiedliche Größe des Genoms lässt sich zum Teil auf die Anzahl der Chromosomen zurückführen. Besonders bei Pflanzen kann das Genom durch die Anzahl der Chromosomensätze (*Ploidie* genannt, siehe Kapitel 15) sehr groß werden. Weizen zum Beispiel ist *hexaploid* (verfügt also über sechs Kopien jedes Chromosoms) und hat ein gigantisches Genom mit 17 Milliarden Basenpaaren. Reis ist im Gegensatz dazu *diploid* (besitzt also zwei Kopien jedes Chromosoms) und hat ein nur etwa 460 Millionen Basenpaare großes Genom.

Aber die Chromosomenzahl ist nur ein Teil der ganzen Wahrheit. Die Anzahl der Gene sagt nicht viel über die Größe des Genoms und die Komplexität des Organismus aus. Es ist wohl unstrittig, dass Mäuse etwas komplexere Lebewesen sind als der Mais. Ihr Genom ist 1,2 Milliarden Basenpaare größer als das der Maispflanzen, aber Mäuse haben etwa ein Drittel weniger Gene! Die Größe des Genoms sagt also nicht unbedingt etwas über die Komplexität des Organismus aus, und das beruht zum Teil auf dem Anteil der sich wiederholenden Sequenzen im Genom (den *repetitiven Sequenzen* oder *Repeats*). Das menschliche Genom hat, was der Ackerschmalwand (*Arabidopsis thaliana*, eine typische Modellpflanze in der Wissenschaft) weitgehend fehlt: viele sich wiederholende Sequenzen.

DNA-Sequenzen fallen in zwei verschiedene Kategorien:

✔ einzigartige Sequenzen, die man in Genen findet (Gene behandele ich in Kapitel 11)

✔ sich wiederholende (repetitive) Sequenzen, also nicht für Gene codierende DNA

Das Vorkommen repetitiver Sequenzen in der DNA eines Lebewesens scheint die beste Erklärung für dessen Genomgröße zu sein – große Genome haben viele sich wiederholende Sequenzen, die kleineren Genomen fehlen. Repetitive Sequenzen variieren zwischen 150 und 300 Basenpaaren Länge und werden Tausende Male wiederholt. Diese großen DNA-Abschnitte codieren allerdings nicht für Proteine. Da diese nichtcodierende, repetitive DNA zunächst für nichts gut zu sein schien, nannte man sie anfänglich auch »Junk-DNA«, was so viel bedeutet wie »DNA-Schrott«. Allerdings nimmt der »Schrott« erstaunlich viel Raum ein, denn über 98 Prozent des menschlichen Genoms werden nicht in Proteine übersetzt!

Der nichtcodierenden DNA wurde lange Zeit eine Art Schnorrer-Image angehängt. Sie war als genetischer Verlierer verschrien, ein Trittbrettfahrer, der ohne erkennbaren Nutzen von Generation zu Generation weitergereicht wird oder einfach ein Relikt aus alter Zeit ist. Aber mit dieser Meinung ist jetzt Schluss, denn der »Junk-DNA-Schrott« wurde mittlerweile rehabilitiert. Wissenschaftler haben bereits vor einiger Zeit herausgefunden, dass ein Großteil dieser nichtcodierenden DNA durchaus in RNA transkribiert wird (siehe Kapitel 9 mit mehr Details über die Transkription), aber nach der Transkription nicht in Proteine übersetzt wird (mehr zur Translation finden Sie in Kapitel 10). Viele dieser sich wiederholenden Sequenzen sind für die Regulation der Genexpression und weiterer Vorgänge in der Zelle unentbehrlich. Andere Bereiche der nichtcodierenden DNA sind die sogenannten *Pseudogene* – Kopien von funktionellen Genen, die im Laufe der Evolution durch eine Genduplikation (die Verdopplung des Gens) entstanden und durch fehlende oder veränderte Elemente meist nicht mehr funktional sind. Diese Pseudogene scheinen in vielen Fällen so etwas wie eine Spielwiese der Evolution zu sein – hier entstehen durch Mutationen mitunter neue Funktionen. Für andere Pseudogene wird vermutet, dass sie regulatorisch auf das »richtige« Gen wirken könnten.

Der Weg zur humanen Gensequenz

Ein Weg, mit dem Wissenschaftler die Funktionen von bestimmten Sequenzen herausfinden, ist der Vergleich von Genomen verschiedener Lebewesen. Um diese Vergleiche anstellen zu können, werden in den Projekten, die ich im weiteren Verlauf beschreibe, die Methoden angewandt, die ich im Abschnitt »Sequenzierung: Die Sprache der DNA lesen« weiter hinten in diesem Kapitel erläutere. Die Ergebnisse dieser Vergleiche erzählen uns eine ganze Menge über uns selbst und die Welt um uns herum.

Die DNA aller Lebewesen enthält eine riesengroße Menge an Information. Faszinierenderweise laufen die meisten Zellfunktionen bei unterschiedlichen Arten gleich ab, egal von welcher Art die Zelle stammt. Hefe, Fadenwurm und Mensch – alle replizieren die DNA auf dieselbe Weise und unter Verwendung der nahezu gleichen Gene. Da die Natur die gleichen Mechanismen immer wieder und überall benutzt, können wir aus den DNA-Sequenzen anderer Lebewesen viel über uns selbst lernen (nebenbei bemerkt ist es auch einfacher, mit Hefe oder Fadenwürmern zu experimentieren als mit Menschen). Tabelle 8.2 enthält die Zeitachse mit den wichtigsten Meilensteinen der bisherigen Sequenzierungsprojekte. In den folgenden Abschnitten erfahren Sie mehr über diese Projekte, besonders über den Urahn aller, das Humangenomprojekt.

Das Hefegenom

Das Genom der Bierhefe (ihr wissenschaftlicher Name lautet *Saccharomyces cerevisiae*) war das erste komplett sequenzierte eukaryotische Genom (*Eukaryoten* sind die Lebewesen, deren Zellen einen Zellkern besitzen – siehe Kapitel 2). Die Hefe ist wohl einer der nützlichsten Organismen für den Menschen überhaupt. Sie lässt den Brotteig aufgehen und ist für die Gärung von Bier und Wein verantwortlich. Sie ist auch einer der beliebtesten Organismen in der Genforschung. Das meiste, was wir heute über den eukaryotischen Zellzyklus (siehe Kapitel 2) wissen, kommt aus der Hefeforschung. Die Hefe hat uns gezeigt, wie Gene zusammen vererbt werden (auch *Kopplung* genannt, siehe Kapitel 4) und wie Gene an- oder

Jahr	Ereignis
1985	Das Humangenomprojekt wird beantragt.
1990	Das Humangenomprojekt wird offiziell gestartet.
1992	Die erste Genkarte des gesamten menschlichen Genoms wird veröffentlicht.
1995	Die erste Sequenz eines lebenden Organismus – *Hämophilus influenzae*, das Pfeiffer-Influenzabakterium – wird fertiggestellt.
1997	Die Genomsequenz von *Escherichia coli*, dem am häufigsten vorkommenden Darmbakterium, wird fertiggestellt.
1999	Das erste menschliche Chromosom, Chromosom 22, wird komplett sequenziert.
	Das Humangenomprojekt passiert die 1-Milliarde-Basenpaare-Marke.
2000	Das Fruchtfliegengenom (*Drosophila melanogaster*) ist vollständig sequenziert.
	Das erste komplette Pflanzengenom – *Arabidopsis thaliana*, Ackerschmalwand – wird sequenziert.
2001	Der erste »Entwurf« des kompletten menschlichen Genoms wird veröffentlicht.
2002	Das Mausgenom wird fertiggestellt.
2004	Das Genom des Huhns wird fertiggestellt, ebenso die *Euchromatin*-Sequenz des Humangenoms (das ist der Anteil an DNA, der die meisten Gene enthält).
2003	Das menschliche Genom gilt offiziell als entschlüsselt.
2006	Das Projekt »Krebsgenom-Atlas« (The Cancer Genome Atlas, TCGA) wird gestartet.
2008	Die erste hochauflösende Genkarte genetischer Variationen beim Menschen wird veröffentlicht.
2012	Das Erbgut von mehr als 1.000 Menschen weltweit ist entschlüsselt (1000-Genome-Projekt).
2016	Das erste Sequenziergerät ermöglicht individuelle Genomanalysen für weniger als 1.000 US-Dollar (730 Euro).

Tabelle 8.2: Die großen Meilensteine der DNA-Sequenzierung

ausgeschaltet werden (siehe Kapitel 10). Da viele menschliche Gene denen der Hefe entsprechen, ist die Hefe ein sehr wertvoller Organismus für die Erforschung unserer eigenen Genfunktionen.

Die Hefe besitzt circa 6.280 Gene auf 16 Chromosomen. Zusammengenommen bestehen rund 70 Prozent des Hefegenoms aus den Genen selbst. Die Gene der Hefe arbeiten in Nachbarschaftshilfe: Gene, die auf den Chromosomen dicht zusammen liegen, arbeiten mit einer höheren Wahrscheinlichkeit zusammen als solche, die weit auseinander liegen. Die Entdeckung dieses »Gennetzwerks« der Hefe kann Wissenschaftlern bei der Erforschung von komplexen Krankheiten des Menschen wie Morbus Alzheimer, Diabetes oder Lupus erythematodes (eine Autoimmunkrankheit) helfen. Solche Krankheiten werden nicht einfach nach den mendelschen Regeln vererbt (siehe Kapitel 3). Es ist viel wahrscheinlicher, dass sie von vielen Genen gemeinsam kontrolliert werden.

Die Sequenzierung des Hefegenoms war eine ziemliche Leistung. Über 600 Forscher aus mehr als 100 Laboratorien weltweit nahmen an dem Projekt teil. Die Technologie, die damals verwendet wurde, war um einiges langsamer als das, was den Forschern heutzutage zur Verfügung steht (mehr dazu im Kasten »Die Sequenzierung im Wandel der letzten Jahre«). Trotz des technischen Nachteils war die Sequenz, die dieses fabelhafte Forscherteam erarbeitete, sehr genau – besonders im Vergleich zum Humangenom (siehe den Abschnitt »Das Humangenomprojekt (HGP)« weiter hinten in diesem Kapitel).

Der elegante Fadenwurm und sein Genom

Das Genom des Fadenwurms, richtiger zitiert mit seinem vollen Namen *Caenorhabditis elegans*, war das erste Genom eines Vielzellers, das vollständig sequenziert wurde. Auf nur sechs Chromosomen mit rund 103 Millionen Basenpaaren Länge umfasst das Fadenwurmgenom beinahe 20.000 Gene – also nur etwa Tausend Gene weniger als das menschliche Genom. Wie das des Menschen enthält auch das Fadenwurmgenom viel »Junk-DNA«. Nur 25 Prozent des Fadenwurmgenoms bestehen aus Genen.

Fadenwürmer eignen sich hervorragend für Untersuchungen. Sie pflanzen sich sexuell fort und besitzen Organsysteme ähnlich denen höher entwickelter Lebewesen wie ein Verdauungs- oder Nervensystem. Zusätzlich besitzen Fadenwürmer einen Geschmackssinn, sie können Gerüche wahrnehmen und reagieren auf Licht und Wärme, was sie für alle Arten von Untersuchungen, auch Verhaltensstudien, geeignet macht. Voll ausgewachsene Fadenwürmer besitzen exakt 959 Zellen und sind durchsichtig. So konnten die Forscher leicht erkennen, wie ihre Zellen funktionieren, und die Funktion jeder einzelnen der 959 Zellen ermitteln! Obwohl diese mikroskopisch kleinen Organismen unter der Erde leben, haben sie zum Verständnis vieler menschlicher Krankheiten beigetragen.

Eine Möglichkeit herauszufinden, was ein Gen macht, ist, es auszuschalten und dann zu beobachten, was passiert. Im Jahr 2003 hatte eine Forschergruppe Fadenwürmer mit einer speziellen Form von RNA gefüttert, die Gene zeitweise ausschalten kann (mehr zum Ein- und Ausschalten von Genen finden Sie in Kapitel 10). Durch das kurze Ausschalten von Genen konnten die Forscher die Funktion von circa 16.000 Fadenwurmgenen identifizieren. Eine andere Untersuchung nach derselben Methode zeigte, wie beim Fadenwurm die Fettspeicherung und die Fettleibigkeit kontrolliert werden. Angesichts dessen, dass unglaubliche 70 Prozent der vom Menschen erzeugten Proteine Gegenstücke beim Fadenwurm besitzen, sind diese Untersuchungen der Genfunktionen von gewaltigem Nutzen für die Humanmedizin.

Das Hühnergenom

Hühner werden einfach zu wenig respektiert. Dabei hat die Untersuchung der Biologie bei den Haushühnern viele neue Informationen über die Entwicklung von Lebewesen vom Embryo zum Erwachsenen ergeben. Zum Beispiel hat die Erforschung der Entwicklung der Hühnerextremitäten (Flügel und Beine) im Ei viel zur Erforschung der Entwicklung der

Extremitäten des Menschen beigetragen. Durch Hühner konnten wir unsere Erkenntnisse über Krankheiten wie myotone Dystrophie (eine Muskelerkrankung mit einer krankhaft verlängerten Muskelanspannung) oder Epilepsie (Krampfleiden) stark erweitern. Hühnereier sind ein wichtiger Bestandteil bei der Herstellung von Impfstoffen. Als das Hühnergenom schließlich im Jahr 2004 sequenziert wurde, hätte es eigentlich viel mehr Gegacker um die unterschätzten Hühner geben sollen.

Das Genom des Huhns unterscheidet sich sehr von dem des Menschen oder der Maus. Es ist viel kleiner (nur etwa ein Drittel des Humangenoms), besitzt weniger Chromosomen (39 statt 46), aber etwa gleich viele Gene (geschätzte 20.000 bis 23.000 Gene). Ungefähr 60 Prozent der Hühnergene haben entsprechende Gegenstücke beim Menschen. Im Gegensatz zu den Chromosomen der Säugetiere sind die der Hühner wirklich winzig (nur circa fünf Millionen Basenpaare). Diese Minichromosomen sind wirklich einzigartig, weil sie einen sehr hohen Gehalt an Guanin und Cytosin haben (mehr über die Basen, aus denen die DNA besteht, siehe Kapitel 6) und nur sehr wenige repetitive Sequenzen besitzen.

Nicht besonders überraschend ist, dass Hühner sehr viele Gene für *Keratin* haben – das Zeug, aus dem die Federn und übrigens auch Ihre Haare bestehen. Was bei der Sequenzierung des Hühnergenoms allerdings überraschte, war, dass Hühner viele Gene für die Geruchswahrnehmung besitzen. Bis dahin dachte man, dass Vögel einen schlechten Geruchssinn haben, aber es scheint wohl eher der Geschmackssinn zu sein, der Hühnern fehlt. Auf dem Hühnergenom konnte auch ein Gen für ein Protein gefunden werden, von dem man glaubte, dass es nur beim Menschen zu finden ist: *Interleukin 26* spielt bei der Immunabwehr eine entscheidende Rolle und könnte den Forschern helfen, mehr über die Bekämpfung von Krankheiten zu erfahren. Eine Krankheit, die dabei von besonderem Interesse ist, ist die sogenannte *Vogelgrippe*. Der Erreger ist ein Virus, das vor ein paar Jahren als Auslöser der *aviären Influenza* zu zweifelhaftem Ruhm gekommen ist. Dabei erkrankt das befallene Geflügel wie Enten oder Gänse in der Regel nicht, kann die Krankheit aber übertragen. Hühner sind sehr empfänglich für eine Ansteckung. Wenn Menschen tagtäglich sehr intensiv mit dem Geflügel arbeiten und nahe bei dem Federvieh leben, kann die Krankheit auch auf den Menschen überspringen. Wenn dies geschieht, kann eine Epidemie ausgelöst werden und die Krankheit endet meistens tödlich. Durch den Vergleich der Genome von Mensch und Huhn können die Forscher vielleicht herausfinden, warum ein Erreger wie das aviäre Influenza-Virus so leicht die Artgrenze überwinden kann.

Das Humangenomprojekt (HGP)

Im Jahr 2001 wurde die triumphale Veröffentlichung der humanen Gensequenz als *die* große Leistung der modernen Wissenschaft verkündet. Dabei war diese Sequenz aus dem Jahr 2001 nur ein grober Entwurf – und wie grob! Sie repräsentierte lediglich etwa 60 Prozent des menschlichen Genoms, steckte noch voller Fehler und war daher nur eingeschränkt brauchbar. Bereits 2004 hatte die *euchromatische* (die Gene enthaltende) Sequenz nur noch wenige Lücken und die meisten Fehler waren korrigiert. 2008 ermöglichten neue Technologien den Vergleich zwischen Individuen. Damit wurde der Grundstein gelegt für ein besseres Verständnis dafür, wie Gene variieren und so die schier unzähligen Phänotypen codieren, die Sie um sich herum sehen können.

Das Humangenomprojekt (HGP) gehört zu den größten wissenschaftlichen Abenteuern aller Zeiten – ähnlich der Mondlandung. Doch im Gegensatz zu den großartigen technologischen Entwicklungen der Weltraumforschung, die eine zweistellige Milliardensumme verschlang und deren Technik mittlerweile überholt und veraltet ist, war das HGP mit Kosten von drei Milliarden US-Dollar ein wahres Schnäppchen und sein Nutzen zudem unbegrenzt. Als das Projekt erstmals 1985 beantragt wurde, war seine Durchführung technisch noch undenkbar. Zu dieser Zeit war die Sequenzierungstechnologie noch sehr langsam – es brauchte mehrere Tage, um wenige Hundert Basenpaare zu sequenzieren (lesen Sie im Kasten »Die Sequenzierung im Wandel der letzten Jahre«, wie der Prozess beschleunigt wurde). James Watson, der zu den Mitentdeckern der DNA-Struktur in den lange zurückliegenden 1950er-Jahren zählte (siehe Kapitel 6), schob als Direktor des amerikanischen Nationalen Gesundheitsinstituts 1988 das Projekt an und machte aus einer ehrgeizigen Idee Realität. Als das Projekt 1990 schließlich anlief, waren Wissenschaftler aus 20 Institutionen weltweit daran beteiligt. Die Publikation der Humangenomsequenz von 2001 hatte übrigens sage und schreibe 273 Autoren!

Der Nutzen des HGP wird auch heute noch weit unterschätzt. Viele der heutigen gentechnischen Anwendungen wären ohne das HGP undenkbar. Im Folgenden will ich nur einige davon nennen:

✔ Entwicklung der Bioinformatik, ein komplett neues Feld, das schwerpunktmäßig auf die Entwicklung technologischer Leistungen abzielt, um genetische Daten zu generieren, Ergebnisse zu katalogisieren und Genome zu vergleichen (mehr dazu weiter hinten in diesem Kapitel und in Kapitel 23)

✔ Entwicklung von Medikamenten und der Gentherapie (siehe Kapitel 16)

✔ Diagnose und Behandlung genetischer Störungen (siehe Kapitel 12)

✔ rechtsmedizinische Anwendungen wie die Identifizierung von Verbrechern oder von Personen nach Katastrophen (siehe Kapitel 18)

✔ Schaffung Tausender Jobs und eines neuen Wirtschaftszweiges mit einem Umsatz von über 25 Milliarden US-Dollar allein im Jahr 2001

✔ Identifizierung von Bakterien und Viren, um Krankheiten gezielt behandeln zu können (Einige Antibiotika wirken zum Beispiel gegen bestimmte Bakterienstämme besser als andere. Die genetische Identifizierung der Bakterien geht schnell und ist preiswert. Sie erlaubt es den Ärzten, die richtigen Antibiotika zu verschreiben.)

✔ Erkenntnisse darüber, welche Gene welche Funktionen steuern und wie diese Gene ein- und ausgeschaltet werden können (siehe Kapitel 11)

✔ Erkenntnisse über die Ursachen von Krebs (siehe Kapitel 14)

Eine Auflistung und Erklärung aller Entdeckungen des HGP würde dieses Buch und noch viele weitere füllen. Wie Sie in Tabelle 8.2 sehen können, sind viele weitere Genomprojekte – also Maus, Fruchtfliege, Hefe, Fadenwurm, Ackerschmalwand und so weiter – infolge des Humangenomprojekts gestartet worden.

Im Verlauf des HGP ist die vermutete Anzahl der Gene des Menschen immer weiter gesunken. Anfangs gingen die Forscher davon aus, dass der Mensch circa 100.000 Gene besitzt. Aber je mehr neue und genauere Daten dazukamen, desto kleiner wurde die geschätzte Anzahl der Gene. Heute wissen wir, dass wir Menschen etwa 21.000 Gene (die genaue Zahl steht immer noch nicht fest) besitzen. Vom Standpunkt der Basenpaare aus gesehen ist ein durchschnittliches Gen an sich recht klein (ungefähr 3.000 Basenpaare), das heißt, dass weniger als 2 Prozent des menschlichen Genoms wirklich aus Genen bestehen, die für ein Protein codieren. Die Anzahl der Gene pro Chromosom variiert ebenfalls gewaltig. Auf dem größten Chromosom (Chromosom 1) liegen etwa 3.140 Gene, auf dem kleinsten (Y-Chromosom) lediglich 231 codierende Gene (dafür aber etwa 400 sogenannte *Pseudogene*, die im Laufe der Evolution ihre eigentliche Funktion verloren haben).

Das Humangenomprojekt hat die erstaunlich dynamische, sich immer noch ändernde Beschaffenheit des menschlichen Genoms zutage gefördert. Eine der überraschendsten Entdeckungen des HGP ist, dass das menschliche Genom immer noch »wächst«. Gene werden im Laufe der Jahrtausende dupliziert und bekommen neue Funktionen. So sind schätzungsweise 1.100 Gene neu entstanden. Genauso verlieren Gene auch ihre Funktion und »sterben«. Deswegen gibt es sehr viele Gene im menschlichen Genom, die ihre Funktion verloren haben und nun als *Pseudogene* ihr Dasein fristen, was heißt, dass sie kein Protein mehr codieren – die Schätzungen liegen bei über 19.000 (mehr zum Thema Gene finden Sie in Kapitel 11). Trotzdem werden auch etliche Pseudogene noch in eine mRNA übersetzt und übernehmen möglicherweise wichtige regulatorische Funktionen in der Zelle.

Von nur etwa der Hälfte der bisher von den Wissenschaftlern identifizierten menschlichen Gene weiß man, was sie eigentlich tun. Der Vergleich mit Genomen anderer Organismen kann hier weiterhelfen, da viele menschliche Proteine entsprechende Gegenstücke bei anderen Organismen besitzen. Die Menschen haben viele Gene auch mit den niedrigsten Lebewesen wie Bakterien und Würmern gemein. 99 Prozent Ihrer DNA sind mit der jedes anderen Menschen auf dieser Erde identisch und 98 Prozent Ihrer DNA-Sequenzen können Sie auch bei der Maus wiederfinden. Vielleicht ist die wichtigste Botschaft, die Sie aus dem HGP mit nach Hause nehmen können, dass sich alles Leben auf der Erde gleicht.

Sequenzierung: Die Sprache der DNA lesen

Um die Sequenzierung zu verstehen, müssen Sie den Aufbau der DNA (siehe Kapitel 6) und den Vorgang der Replikation (siehe Kapitel 7) kennen. Die DNA-Sequenzierung basiert auf einer anderen, oft von Genetikern angewendeten Reaktion: der *Polymerase-Kettenreaktion* (abgekürzt *PCR*, aus dem Englischen »polymerase chain reaction«), über die Sie in Kapitel 18 mehr erfahren können.

Die Mitspieler bei der DNA-Sequenzierung

Aufgrund neuer Technologien verändert sich die Methode der DNA-Sequenzierung sehr schnell (siehe den Kasten »Die Sequenzierung im Wandel der letzten Jahre«). Die althergebrachte »Versuch macht klug«-Methode, die ich im Folgenden beschreibe, ist die sogenannte *Sanger-Methode* (nach ihrem Erfinder Frederick Sanger) oder auch *Kettenabbruchmethode*. Sie ist nach wie vor die Grundlage für viele der neuen Sequenzierungsmethoden.

Für eine DNA-Sequenzierung brauchen Sie vor allem folgende Zutaten:

✔ **DNA:** die DNA eines Individuums der Art, die sie untersuchen wollen

✔ **Primer:** einige Tausend Kopien kleiner DNA-Sequenzen, die komplementär zu dem Teil der DNA sind, den Sie sequenzieren wollen

✔ **dNTPs:** jede Menge A-, G-, C- und T-Basen, die mit Desoxyribose-Zuckern und Phosphaten zu *Desoxynukleosid-Triphospaten* verbunden sind, den Bausteinen für die DNA

✔ **ddNTPs:** wie dNTPs (siehe oben), nur dass ihnen auch am 3'-C-Atom ein Sauerstoffatom fehlt (wird nachher ganz wichtig!)

✔ **Taq-Polymerase:** ein temperaturunempfindliches Enzym, das das DNA-Molekül zusammensetzt (mehr zur Taq-Polymerase erfahren Sie in Kapitel 18)

Die Verwendung von ddNTPs ist der Schlüssel zur ganzen Sequenzierung. Schauen Sie sich Abbildung 8.1 genau an. Auf der linken Seite sehen Sie ein gewöhnliches dNTP, den Grundbaustein der DNA in der Replikation (falls Sie sich nicht mehr an alle Details erinnern, können Sie alles noch mal in Kapitel 6 nachlesen). Das Molekül auf der rechten Seite ist ein *ddNTP (Didesoxyribonukleosid-Triphosphat)*. Das ddNTP ist mit dem dNTP fast identisch, nur fehlt ihm am 3'-C-Atom ein Sauerstoffatom (deswegen »Didesoxy-...«, was so viel heißt wie »zweimal kein Sauerstoff«). Kein Sauerstoff, keine Reaktion – wenn am 3'-Ende kein Sauerstoffatom ist, kann dieses Nukleotid keine Phosphodiesterbindung zum nächsten Nukleotid herstellen, da ja genau dazu das Sauerstoffatom gebraucht wird (siehe Kapitel 6). An dieser Stelle kann kein weiteres Nukleotid mehr binden und die Reaktion stoppt, sobald ein ddNTP in den Strang eingebaut wird. Aber wie soll gerade ein *Stopp* bei der Sequenzierung helfen? Die Idee dabei ist, viele unterschiedlich lange DNA-Stückchen zu erzeugen, die immer mit einem der vier ddNTPs enden, und so jede einzelne Base entlang der DNA-Sequenz zu identifizieren. Für die Sequenzierung werden vier parallele Ansätze gemacht, die neben den normalen dNTPs, die für die Kettenverlängerung erforderlich sind, auch geringe Mengen an ddATP, ddCTP, ddGTP oder ddTTP enthalten.

Das Ergebnis einer typischen Sequenzierung sind tausend Fragmente, die den tausend Basen der DNA-Vorlage entsprechen. Das kürzeste Fragment besteht aus dem Primer und dem ersten ddNTP, das komplementär zur ersten Base der Vorlage ist. Das zweitkürzeste Fragment besteht aus dem Primer, dem ersten komplementären dNTP und einem ddNTP – und so weiter, bis zum längsten Fragment, das die vollen tausend Basenpaare lang ist.

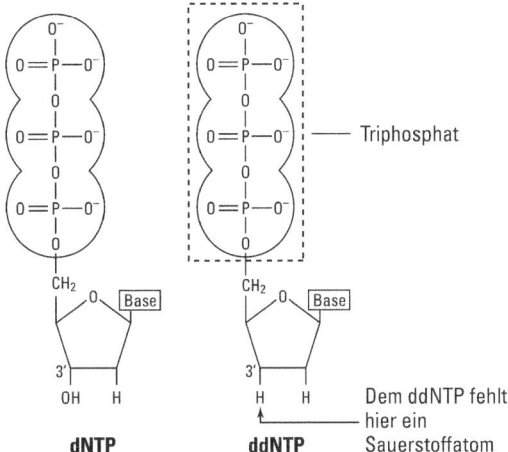

Abbildung 8.1: Vergleich des chemischen Aufbaus eines gewöhnlichen dNTP (links) und eines ddNTP (rechts)

Die Sanger-Sequenzierungsmethode ist ein komplizierter Prozess. Wenn Sie beim Lernen eher der visuelle Typ sind, können Sie sich unter https://www.biointeractive.org/classroom-resources/sanger-sequencing einen kurzen Animationsfilm des Prozesses anschauen. Dieser kann Ihnen helfen, sich den Ablauf bildlich vorzustellen und den Prozess von Anfang bis Ende besser zu verstehen.

Aufspüren der Botschaft in den Sequenzierungsergebnissen

Um die Ergebnisse aus der Sequenzierungsreaktion auswerten zu können, wird die DNA einer *Elektrophorese* unterzogen. Bei der Elektrophorese werden elektrisch geladene Partikel (in diesem Fall die DNA) durch ein elektrisches Feld geschickt. Dadurch werden die DNA-Fragmente der Größe nach sortiert, vom größten bis zum kleinsten Fragment. Das kleinste Fragment ergibt die erste Base in unserer Sequenz, das zweitkleinste die zweite Base und so weiter, bis das größte Fragment die letzte Base in der Sequenz ergibt. Die Sortierung der Fragmente erlaubt es den Forschern, die Sequenz in der richtigen Reihenfolge abzulesen. Heute wird allerdings nicht mehr wie früher mit radioaktiv markierten Nukleotiden und vier Parallelansätzen für jedes ddNTP gearbeitet, sondern mit fluoreszenzmarkierten ddNTPs, die in einer Laufspur gleichzeitig analysiert werden können.

Ein *DNA-Sequenzer* ist ein vollautomatischer Sequenzierapparat, der DNA-Fragmente im Elektrophorese-Gel auftrennt und gleichzeitig analysiert. Das Gerät erkennt die verschiedenen Fluoreszenzfarbstoffe der ddNTPs am Ende jedes Fragments mithilfe eines Lasers. Der Laser durchleuchtet das Gel und »liest« dabei die Farbe der vorbeikommenden Fragmente, wobei die Fragmente den Laser der Größe nach sortiert passieren, zuerst das kleinste, dann der Reihe nach bis hin zum größten Fragment. Jede Farbe kennzeichnet einen anderen Buchstaben: Adenin-Nukleotide sind grün, T ist rot, C blau und G ist gelb. Der Computer übersetzt die Farben automatisch in Buchstaben und speichert die Sequenz für die spätere Analyse.

Das Ergebnis ist ein Bild mit einer Reihe von Peaks, wie Sie es in Abbildung 8.2 sehen. Jeder Peak repräsentiert eine andere Base. Die Sequenz, die durch die Abfolge der Spitzen dargestellt wird, ist *komplementär* zur untersuchten Gensequenz (mehr über die komplementären Eigenschaften der DNA erfahren Sie in Kapitel 6). Kennt man das Komplement einer Sequenz, kennt man auch die Sequenz selbst. Die gewonnene Information kann nun dafür verwendet werden, Gene aufzuspüren (siehe Kapitel 10) oder ihre Sequenzen mit denen anderer Organismen, zum Beispiel denen aus Tabelle 8.1, zu vergleichen.

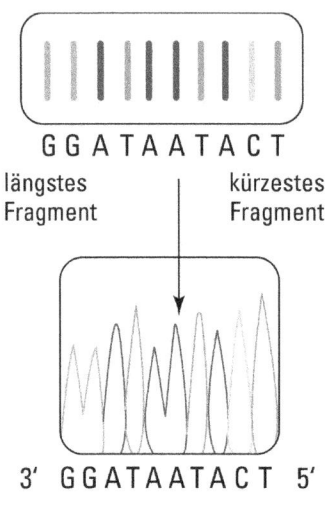

Abbildung 8.2: Das Ergebnis einer typischen Sequenzierungsreaktion

Die Sequenzierung im Wandel der letzten Jahre

Vor dem Humangenomprojekt (HGP) war das Sequenzieren ein überaus schwieriges und zeitaufwendiges Unterfangen. Es dauerte etwa drei Tage, um 1.000 Basenpaare zu sequenzieren, und anstelle von Fluoreszenzfarbstoffen mussten radioaktiv markierte Nukleotide verwendet werden. Damals wurden lange Polyacrylamid-Gele hauchdünn zwischen zwei speziell behandelte Glaspatten gegossen und oft genug zerriss das Elektrophorese-Gel nach der Sequenzierung bei dem Versuch, die eine Glasplatte abzulösen, um das Gel trocknen und auswerten zu können. Die Sequenzen (die damals noch viel kürzer waren und deren Lesbarkeit stark von der Qualität des Gels abhing) wurden von Hand (und per Auge) abgelesen. Immer wieder mussten Experimente wiederholt werden, um Lücken zu füllen und Fehler zu korrigieren. Jede einzelne Base musste manuell in den Computer eingegeben werden – stellen Sie sich vor, Tausende A, T, C und G einzutippen! Mit diesen Methoden hätte die Sequenzierung des humanen Genoms Jahrhunderte gedauert. Die schiere Größe des menschlichen Genoms verlangte nach einer schnelleren und einfacheren Technologie.

Viele Unternehmen, staatliche Labore und Universitäten forschten nach Lösungen, das Sequenzieren schneller, besser und billiger zu machen. Zu Beginn des HGP konnte ein

Sequenzer 1.500 Sequenzen (mit je circa 1.000 Basenpaaren) in 24 Stunden produzieren. Viele Labore arbeiteten bei der Sequenzierung des humanen Genoms zusammen und ließen ihre automatischen Sequenzer mit Kapillar-Elektrophorese (anstelle der unhandlichen langen Polyacrylamid-Gele) rund um die Uhr laufen, um das menschliche Genom durchzuackern. Trotzdem hat es noch 15 Jahre gedauert, bis das Humangenomprojekt abgeschlossen wurde!

Neue Technologien verweisen das einst großartige HGP auf die hinteren Ränge, da die Sequenzierung ganzer Genome schneller und billiger ist als jemals zuvor. So konnte beispielsweise ein Mikrobengenom 2006 in nur vier Stunden sequenziert werden – 1995 hatte man dafür noch ganze drei Monate gebraucht! Dank *Hochdurchsatz-Sequenzierung* (High-Throughput Sequencing) benötigen vier Leute ungefähr einen Monat, um zum Preis von 50.000 US-Dollar ein komplettes menschliches Genom zu sequenzieren. (Zum Vergleich: Im HGP kostete es noch ungefähr 500 Millionen US-Dollar.) Mit den Techniken des »Next Generation Sequencing (NGS)« eröffnen sich neue, immer schnellere Methoden der Genomanalyse. Dazu hier noch zwei Beispiele für hochmoderne Sequenzierungstechnologien:

✔ Die sehr schnelle *Pyrosequenzierung* basiert zwar noch immer auf der Sanger-Methode, wird aber nicht mehr mit Fluoreszenzfarbstoffen durchgeführt. Der Einbau eines Nukleotids bei der Polymerisierungsreaktion setzt Pyrophosphat (also einen Rest aus zwei Phosphaten) frei, das enzymatisch zu ATP umgesetzt wird und dann das Enzym Luciferase dazu bringt, einen Lichtblitz auszusenden, wenn das passende Nukleotid von der Polymerase eingebaut wurde. Dieses Lichtsignal wird dann detektiert.

✔ Bei der *Nanoporen-Sequenzierung* werden Potenzialänderungen an einer Membran gemessen. Der DNA-Doppelstrang wird von der Helikase in einen Einzelstrang überführt und in eine extrem kleine Pore (die Nanopore) transportiert, die sich in einer künstlichen Membran befindet. Je nachdem, welches Nukleotid nun durch die Pore tritt (und eingebaut wird), lässt sich eine Potenzialänderung messen und dem jeweiligen Nukleotid zuordnen.

Diese neuen Technologien ebnen den Weg für die personalisierte Medizin, die schnelle Erkennung von Krankheiten, eine individuell abgestimmte Gentherapie und vieles mehr.

Bioinformatik: Data-Mining

Mit der Einführung neuer, schnellerer und preisgünstigerer Sequenzierungsmethoden sind inzwischen riesige Datenmengen generiert worden. Damit einhergehend gab es bedeutende Weiterentwicklungen auf dem Fachgebiet der Bioinformatik, die die computergestützte Analyse von biologischen Daten mit der Entwicklung von Programmen kombiniert, mit denen diese Informationen gespeichert, abgefragt und weitergegeben werden können. Die Bioinformatik vereint die Biowissenschaften, die Mathematik, die Statistik und die Computerwissenschaften.

Bioinformatiker nutzen Computer, um Algorithmen zu entwickeln, die es ihnen erlauben, große Mengen an Sequenzierungsdaten zu analysieren und Ähnlichkeiten zwischen den Sequenzen verschiedener Individuen oder verschiedener Organismen zu ermitteln. Computerprogramme können auch dazu genutzt werden, um die Struktur eines Proteins auf der Basis seiner Aminosäuresequenz vorherzusagen oder um Hinweise zu erhalten, welche Proteine miteinander oder mit bestimmten DNA-Sequenzen wechselwirken könnten. Außerdem wird die Bioinformatik bei der Entwicklung neuer Medikamente eingesetzt, indem sie dabei hilft, potenzielle Ansatzpunkte (Targets) für Arzneimittel zu identifizieren und mögliche Interaktionen zwischen Medikamenten oder Arzneimittelresistenzen vorherzusagen.

Viele Computerprogramme sind für die Analyse der Daten aus dem Humangenomprojekt entwickelt worden wie auch von Daten anderer großer Projekte, die sich daran angeschlossen haben. Riesige Datenbanken sind entstanden, um die erhobenen Daten zu speichern. Viele von ihnen sind das Ergebnis intensiver internationaler Kooperationen und die Folge einer weitreichenden Bewegung hin zu Open Access (das heißt, dass die Daten für alle, die sie nutzen wollen, frei verfügbar sind). Deshalb gibt es nun öffentliche Datenbanken, die es jedem erlauben, Referenzsequenzen für eine ganze Reihe von Genomen (Mensch, Maus, Hund und viele andere Tiere und auch Pflanzen) einzusehen. Es gibt außerdem öffentlich zugängliche Datenbanken, die die in menschlichen DNA-Sequenzen gefundenen Variationen auflisten und diese in die Kategorien »harmlos« (benigne), »potenziell krankheitsverursachend« (pathogen) oder »von unklarer Signifikanz« einordnen. In vielen Projekten sind außerdem die Genome Tausender Einzelpersonen unterschiedlicher ethnischer Herkunft sequenziert worden; die Ergebnisse zur Frequenz von DNA-Sequenzvariationen liegen in öffentlich zugänglichen Datenbanken vor. Dazu gehören das 1000-Genome-Projekt (jetzt unterstützt durch die International Genome Sample Resource (IGSR; www.internationalgenome.org)), das Exome Aggregation Consortium (ExAC; http://exac.broadinstitute.org/) und die Genome Aggregation Database (gnomAD; https://gnomad.broadinstitute.org/).

> **IN DIESEM KAPITEL**
>
> Zerlegt: die chemischen Bestandteile der RNA
>
> Einblick: die verschiedenen RNA-Moleküle
>
> Übersetzung: die DNA-Information in RNA

Kapitel 9
Die RNA: Die enge Verwandte der DNA

Die DNA ist das Molekül des Lebens. Alle lebenden Organismen der Erde benutzen DNA, um die genetischen Informationen zu speichern und diese von Generation zu Generation weiterzugeben. Der Weg vom *Genotyp* (von den Bauplänen) zum *Phänotyp* (zum fertigen Haus, wenn man so will) beginnt mit der *Transkription* – der Herstellung einer Kopie eines bestimmten DNA-Abschnitts. Die DNA ist für die Eukaryoten so wertvoll und lebenswichtig, dass sie ihre DNA im Zellkern sicher aufbewahren – so etwa wie wertvolle Bücher in einer Präsenzbibliothek, die man sich angucken, kopieren oder abschreiben, aber nie ausleihen kann. Da die DNA den sicheren Zellkern nicht verlassen kann, muss sie die Kontrolle der Zellaktivitäten an ein anderes Molekül delegieren, die *RNA*. Die RNA trägt die Informationen aus dem Zellkern in das Zytoplasma (in Kapitel 2 erfahren Sie etwas über den Aufbau von Zellen), um die Produktion der Proteine während der *Translation* zu regeln. Mehr zur Translation finden Sie in Kapitel 10.

Sie wissen schon einiges über die RNA

Wenn Sie Kapitel 6 gelesen haben, in dem ich die DNA ausführlich beschreibe, wissen Sie schon eine ganze Menge über *Ribonukleinsäure* oder kurz *RNA*. Chemisch gesehen ist die RNA sehr einfach aufgebaut:

- ✔ Ribose-Zucker (unmodifiziert, anstelle von Desoxyribose, die in der DNA zu finden ist)
- ✔ vier verschiedene Nukleotid-Basen (drei kennen Sie schon – Adenin, Guanin und Cytosin – und eine Ihnen bisher unbekannte Base namens *Uracil*)
- ✔ Phosphat (wie in der DNA)

Die RNA hat drei besondere Eigenschaften, durch die sie sich von der DNA unterscheidet:

✔ RNA ist sehr instabil und zerfällt schnell.

✔ RNA enthält Uracil anstelle von Thymin.

✔ RNA besteht eigentlich fast immer nur aus einem Strang (DNA ist fast immer doppelsträngig).

Der etwas andere Zucker

Der Hauptbestandteil der chemischen Struktur von DNA und RNA ist der *Ribose*-Zucker. Der Ribose-Zucker in der DNA ist die Desoxyribose (mehr dazu in Kapitel 6). Die RNA enthält stattdessen die unmodifizierte Ribose. Schauen Sie sich Abbildung 9.1 genau an. Sie sehen, dass zwei Stellen der Ribose mit den Zahlen 2' und 3' markiert sind. (Bei den Ribose-Molekülen sind die Zahlen mit einem Apostroph versehen, damit die Ringe nicht so leicht mit denen in den Basen verwechselt werden können; siehe Kapitel 6). Ribose und Desoxyribose binden beide am 3'-C-Atom ein Sauerstoffatom (O) und ein Wasserstoffatom (H), also eine OH-Gruppe.

Die OH-Gruppen werden oft als *Reaktionsgruppen* bezeichnet, da Sauerstoffatome chemisch gesehen sehr aggressiv sind (so aggressiv, dass einige Chemiker sagen, dass sie andere Atome regelrecht »angreifen«). Die 3'-OH-Gruppe wird für die Phosphodiesterbindung zwischen den einzelnen Nukleotiden bei Ribose- und Desoxyribose-Molekülen benötigt, was dank der aggressiven Sauerstoffatome gut funktioniert.

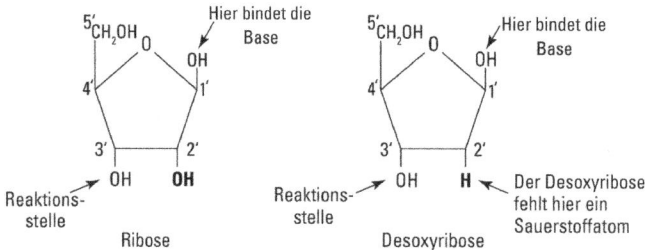

Abbildung 9.1: Der Ribose-Zucker ist Teil der RNA.

Der Unterschied zwischen Ribose und Desoxyribose ist das Sauerstoffatom an der 2'-Stelle, das entweder fehlt (Desoxyribose) oder vorhanden ist (Ribose). Dieses eine Sauerstoffatom macht den kleinen, aber feinen Unterschied in der Funktion und Rolle der DNA beziehungsweise RNA aus:

✔ **DNA:** DNA muss vor dem Verfall geschützt werden. Das Fehlen des einen Sauerstoffatoms ist ein Teil der Strategie, die Lebensdauer des DNA-Moleküls zu verlängern. Mit dem Fehlen des 2'-Sauerstoffatoms wie bei der Desoxyribose ist eine chemische Reaktion des Zuckermoleküls weniger wahrscheinlich (weil Sauerstoff ja so reaktionsfreudig ist). So hält sich die DNA chemisch gesehen bedeckt und zerfällt nicht so leicht.

✔ **RNA:** RNA wird leicht abgebaut, weil sie mit ihrer reaktiven OH-Gruppe an der 2'-Stelle leicht chemische Reaktionen eingeht, die das Molekül auseinanderbrechen lassen. Im Gegensatz zur DNA ist die RNA nur ein kurzzeitig benutztes Werkzeug, das es der Zelle erlaubt, Nachrichten zu senden und Proteine zur Genexpression zu bauen (die ich in Kapitel 10 behandele). *Boten-RNA* (im Englischen *messenger RNA* oder kurz *mRNA*) führt die Aktionen der Gene aus. Sehr vereinfacht ausgedrückt müssen beim »Anschalten« eines Gens mRNAs produziert werden. Zum »Ausschalten« müssen die Moleküle, die das »angeschaltete« Gen erzeugt hat, wieder entfernt, sprich abgebaut werden. Also ist die OH-Gruppe an der 2'-Stelle nichts anderes als ein eingebauter Selbstzerstörungsmechanismus, mit dessen Hilfe die RNA schnell und einfach abzubauen oder zu »entsorgen« ist, wenn die Nachricht nicht mehr benötigt wird und das Gen »ausgeschaltet« werden muss. (Um mehr über das An- und Abschalten von Genen zu erfahren, lesen Sie Kapitel 11.)

Begrüßen Sie eine neue Base: Uracil

In der RNA befinden sich vier verschiedene Nukleotid-Basen. Drei der vier werden Ihnen bereits von der DNA her bekannt sein: Adenin (A), Guanin (G) und Cytosin (C). Die vierte Base, Uracil, gibt es nur in der RNA (die vierte Base in der DNA ist übrigens Thymin, siehe auch Kapitel 6). Die Basen der RNA zeigt Abbildung 9.2.

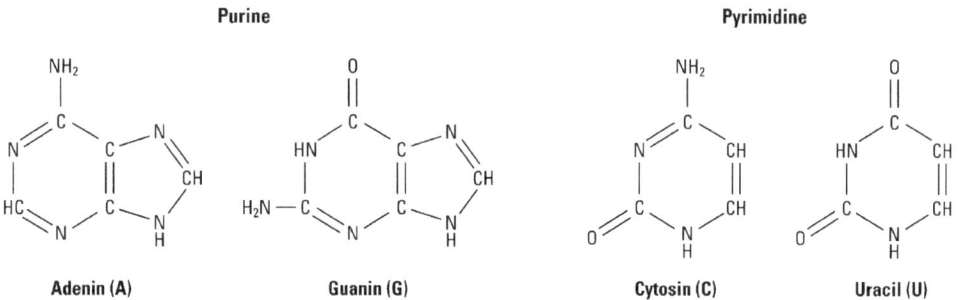

Abbildung 9.2: Die vier Basen der RNA

Uracil ist zwar neu für Sie, aber tatsächlich ist diese Base der Vorläufer des Thymins in der DNA. Wenn Ihr Körper Nukleotide produziert, wird Uracil mit einer Ribose und drei Phosphaten verbunden, um ein *Ribonukleosid-Triphosphat (rNTP)* zu bilden (in Abbildung 9.5 weiter hinten in diesem Kapitel zeige ich Ihnen ein rNTP). Wenn DNA repliziert oder kopiert wird (siehe Kapitel 7 für eine genaue Beschreibung des Kopiervorgangs), werden Desoxyribonukleosid-Triphosphate (dNTPs) von Thymin – nicht Uracil – benötigt. Das bedeutet, dass zwei Dinge noch geschehen müssen:

✔ An der 2'-Stelle muss ein Sauerstoffatom entfernt werden, um aus der Ribose eine Desoxyribose zu machen.

✔ Zum Uracil-Ring (alle Basen sind Ringstrukturen – in Kapitel 6 sehen Sie, wie die einzelnen Ringe aufeinandergestapelt werden) muss eine chemische Gruppe hinzugefügt werden. *Folsäure*, auch als Vitamin B9 bekannt, hilft dabei, ein Kohlenstoff- und drei Wasserstoffatome (CH_3, auch als *Methylgruppe* bezeichnet) an das Uracil anzuhängen und es damit zu Thymin umzubauen.

Uracil trägt die genetische Information genauso wie Thymin, als Teil einer Basensequenz. Tatsächlich wird der genetische Code, der in Proteine übersetzt wird, unter Verwendung von Uracil geschrieben. Mehr zum genetischen Code finden Sie in Kapitel 10.

Die Paarungsregel von komplementären Basen gilt für die RNA genauso wie für die DNA: Purine verbinden sich mit Pyrimidinen, also G mit C und A mit U. Aber warum gibt es zwei Varianten von im Grunde genommen einer Base, Uracil und Thymin?

✔ Thymin schützt das DNA-Molekül besser, als Uracil es kann, weil es durch seine Methylgruppe (CH_3) weniger anfällig für *Nukleasen* ist. Nukleasen sind *Enzyme* (Proteine, die bestimmte Reaktionen beschleunigen), die DNA und RNA abbauen. Der Körper benutzt Nukleasen, um unerwünschte DNA- und RNA-Moleküle zum Beispiel von Bakterien und Viren zu zerstören. Sind jedoch Methylgruppen vorhanden, können sich die Nukleasen nicht so leicht mit der Nukleinsäure verbinden und diese spalten. (Die Methylgruppe macht die DNA zudem hydrophob – lesen Sie in Kapitel 6 nach, warum die DNA wasserscheu ist.)

✔ Uracil ist eine sehr reaktionsfreudige Base; sie verbindet sich sehr leicht mit allen anderen drei Basen zu Paaren. Diese Kontaktfreudigkeit des Uracils ist sehr wichtig für die RNA, denn sie muss verschiedenste Formen wie Bogen oder Knoten annehmen, damit sie ihre Aufgaben erfüllen kann (mehr dazu im nächsten Abschnitt »Knoten und Schleifen«). Die Information der DNA kann man freilich einer solch kontaktfreudigen Base wie Uracil nicht anvertrauen. Hier ist die Pärchenbildung streng vorgegeben, damit Mutationen vermieden werden. (Schauen Sie sich Kapitel 13 an, dort erfahren Sie, wie die strengen Paarungsregeln der Basen die in der DNA gespeicherten Informationen vor Verstümmelung schützen.) Thymin, die weniger kontaktfreudige Beinahe-Zwillingsschwester des Uracils, verbindet sich nur mit Adenin und eignet sich deswegen sehr gut, um die DNA-Information zu schützen.

Knoten und Schleifen

RNA liegt meistens einzelsträngig, DNA fast immer doppelsträngig vor. Die doppelsträngige Struktur der DNA hilft, die in ihr enthaltene Information zu schützen und Fehler schneller zu erkennen. Außerdem kann das Molekül dadurch auf einfache Art und Weise während der Replikation kopiert werden. Wie bei der DNA verbinden sich auch bei der RNA gerne komplementäre Basen. Dabei ist die RNA etwas narzisstisch: Sie verbindet sich am liebsten mit sich selbst (siehe auch Abbildung 9.3) und baut dabei eine sogenannte *Sekundärstruktur* auf.

Die Primärstruktur ist das lineare einzelsträngige Molekül. Eine Sekundärstruktur entsteht, wenn sich die RNA durch Basenpaarungen in manchen Bereichen zu einer in sich verdrehten Struktur faltet.

Es gibt drei verschiedene Arten von RNAs, die die Nachrichten der DNA übermitteln (Kapitel 23 befasst sich mit anderen RNAs). Obwohl alle drei während der Translation von DNA-Informationen (die ich in Kapitel 10 behandele) als Team fungieren, nehmen sie dabei sehr unterschiedliche Aufgaben wahr:

✔ Die **Boten-** oder **Messenger-RNA (mRNA)** trägt die Information aus dem Zellkern ins Zytoplasma und führt die Anweisungen der Gene aus.

✔ Die **Transfer-RNA (tRNA)** trägt einzelne Aminosäuren während der Translation herbei (siehe auch Kapitel 10 – dort finden Sie alle Informationen über die Translation).

✔ Die **ribosomale RNA (rRNA)** fügt die Aminosäuren zu einer Kette zusammen (ebenfalls in Kapitel 10 beschrieben).

Primärstruktur
5' AUGCGGCUACGUAACGAGCUUAGCGCGUAUACCGAAAGGGUAGAAC 3'

Komplementäre Regionen verbinden sich und formen so die Sekundärstruktur

Abbildung 9.3: Einzelsträngige RNAs formen Schleifen, um verschiedene Aufgaben übernehmen zu können.

Transkription: Übersetzung der Botschaft der DNA in die Sprache der RNA

Bei der *Transkription* werden Inhalte von einem System in ein anderes übertragen, aber nicht notwendigerweise kopiert (wenn zum Beispiel ein Text in kyrillischer Schrift in die lateinische Schrift umgeschrieben wird, wohlgemerkt, nicht übersetzt). In der Genetik versteht man unter *Transkription* die Übertragung der DNA-Information in eine verwandte, aber nicht identische Sprache, nämlich in die Sprache der RNA. Die Transkription ist notwendig, weil die DNA viel zu wertvoll ist, um sie kreuz und quer durch die Zelle zu bewegen oder sonst wie mit ihr herumzuhantieren. Die DNA ist *der* Bauplan, und jeder Fehler im Bauplan (wie Mutationen, auf die ich in Kapitel 13 zu sprechen komme) verursacht große Probleme. Geht die DNA teilweise oder sogar ganz verloren, stirbt die Zelle. Bei der Transkription bleibt die DNA sicher im Zellkern zurück und nur ihre RNA-Kopie unternimmt die gefährliche Reise ins Zytoplasma.

Die *Boten-RNA (mRNA)* ist eine spezielle Form der RNA. Sie ist dafür verantwortlich, die DNA-Information aus dem Zellkern in das Zytoplasma zu tragen (siehe Kapitel 2 mit mehr Informationen über die Zelle).

Gene werden unterschiedlich häufig abgelesen – so hat die Zelle die Möglichkeit, je nach den Bedingungen entsprechend zu reagieren und unterschiedliche Mengen an mRNA zu produzieren. Ausgehend von einem Gen können nur wenige Proteine (quasi nur eine »Für-alle-Fälle-Ausrüstung«) synthetisiert werden oder aber sehr viele Proteine in kürzester Zeit (die »Feuerwehr-Variante«). So kann die Menge an Proteinen immer über die Transkription und die dabei erzeugte Menge an mRNA den Zellbedürfnissen entsprechend angepasst werden.

Während der *Transkription* durchläuft die DNA im Zellkern einen ähnlichen Prozess wie bei der Replikation (siehe Kapitel 7), um die DNA-Information in eine RNA zu übertragen. Wenn DNA repliziert wird, entsteht ein weiteres DNA-Molekül, das eine exakte Kopie des ersten ist. Bei der Transkription werden dagegen viele mRNA-Moleküle erzeugt, wobei die Information nur von einem Strang abgelesen und in mRNA umgesetzt wird, und das kann mehrmals hintereinander geschehen. Die Transkription besteht aus vier Schritten:

1. Enzyme identifizieren den richtigen Abschnitt auf dem riesigen DNA-Molekül für die Transkription (siehe den nächsten Abschnitt »Fertig machen zur Transkription«).

2. Das DNA-Molekül wird geöffnet und die darin enthaltenen Informationen werden zugänglich gemacht (siehe den Abschnitt »Initiation« weiter hinten in diesem Kapitel).

3. Enzyme synthetisieren den mRNA-Strang (siehe den Abschnitt »Elongation« weiter hinten in diesem Kapitel), und das kann mehrmals hintereinander geschehen, bis die Transkription an bestimmten Stellen auf der DNA beendet wird (siehe den Abschnitt »Termination« weiter hinten in diesem Kapitel).

4. Das DNA-Molekül schließt sich wieder. Die neuen mRNAs werden noch ein wenig bearbeitet und dann aus dem Zellkern in das Zytoplasma entlassen.

Fertig machen zur Transkription

Zur Vorbereitung der Transkription von der DNA zur mRNA müssen zunächst drei Dinge erledigt werden:

✔ Die richtige Gensequenz muss inmitten der vielen Milliarden Basenpaare gefunden werden.

✔ Der richtige der beiden DNA-Stränge muss abgelesen werden.

✔ RNA-Nukleotide und Enzyme müssen zusammengesucht werden, damit die Transkription vollzogen werden kann.

Genortung

In Ihren Chromosomen befinden sich ungefähr drei Milliarden Basenpaare, die die Information für ungefähr 21.000 Gene in sich tragen (siehe auch Kapitel 8), aber nur 1 bis 2 Prozent der DNA werden tatsächlich in mRNA übertragen. Dabei sind die Gene, die transkribiert werden, unterschiedlich groß. Das Durchschnittsgen ist etwa 3.000 Basenpaare lang. Das menschliche Genom verfügt allerdings auch über einige Riesengene wie zum Beispiel das Gen, das für die Duchenne-Muskeldystrophie (DMD) verantwortlich gemacht wird und ansehnliche 2,5 Millionen Basenpaare lang ist.

Bevor ein Gen transkribiert werden kann, muss es im Erbgut gefunden werden. Der Hinweis »Hier bitte mit der Transkription anfangen« steht in der DNA und nennt sich *Promotor*. Der Promotor gibt außerdem vor, wie oft das Gen transkribiert wird (mehr dazu im Abschnitt »Initiation« weiter hinten in diesem Kapitel). Die Sequenz, die das Ende des zu transkribierenden Abschnitts markiert, nennt sich *Terminator*. Transkribierte Sequenz, Promotor und Terminator zusammen bilden eine *Transkriptionseinheit* (siehe Abbildung 9.4), die bei Eukaryoten dem Gen entspricht.

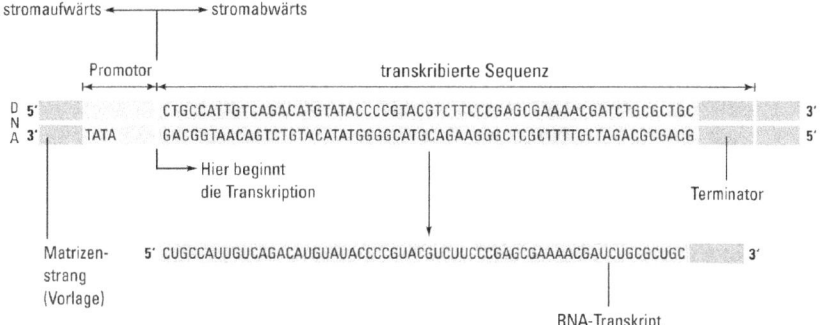

Abbildung 9.4: Die Transkriptionseinheit besteht aus der transkribierten Sequenz, dem Promotor und dem Terminator.

Die Promotorsequenzen zeigen den Transkriptionsenzymen, wo sie mit der Arbeit beginnen sollen. Promotoren liegen ungefähr 30 Basenpaare vor der eigentlichen zu transkribierenden Sequenz, die sie kontrollieren. Jedes Gen hat seinen eigenen Promotor. Bei Eukaryoten ist die Bindungsstelle für die Transkriptionsfaktoren immer sehr ähnlich gestaltet und wird *TATA-Box* genannt – aufgrund ihrer Basensequenz TATAAA. Die TATA-Sequenz verrät den Transkriptionsenzymen, dass das Gen nur noch um die 30 Basenpaare entfernt ist. Sequenzen wie die TATA-Box, die in fast allen Lebewesen vorkommen und sich kaum voneinander unterscheiden, bezeichnet man auch als *Konsensus-Sequenzen*. Diese Sequenzen haben, egal wo sie erscheinen, immer dieselbe Bedeutung und dieselbe Funktion. Das Äquivalent zur eukaryotischen TATA-Box ist die *Pribnow-Box* in Prokaryoten, die ebenfalls den Transkriptionsenzymen den Weg weist.

Welcher Strang?

Wie Sie bereits wissen, liegt die DNA doppelsträngig vor. Diese doppelten Stränge sind jedoch nicht identisch, sondern komplementär, und das bedeutet, dass es einen großen Unterschied macht, welcher Strang der DNA in eine RNA übersetzt wird. Die Sequenzen der einzelnen Stränge passen zwar zueinander, mit ihnen verhält es sich jedoch so ähnlich wie mit vorwärts und rückwärts in Spiegelschrift geschriebenen Wörtern (in Kapitel 10 lesen Sie mehr über den genetischen Code). Bei der Translation am Ribosom werden Basen in Dreierpacks gelesen und in eine Aminosäure übersetzt, und da macht es einen riesigen Unterschied, welcher Strang übersetzt wird!

So werden beispielsweise drei Adenin-Reste (AAA) auf der DNA in drei Uracil-Reste (UUU) auf der mRNA transkribiert. Bei der späteren Translation bedeutet UUU für das Ribosom, dass es die Aminosäure Phenylalanin an der entsprechenden Stelle in das neu entstehende Protein einbauen muss. Wäre hier aus Versehen der falsche DNA-Strang transkribiert, also die zu AAA komplementäre Sequenz TTT auf der DNA abgelesen worden, würde die mRNA am Ribosom ein anderes Wort buchstabieren und die Aminosäure Lysin einbauen, die von AAA codiert ist. Wenn der falsche Strang transkribiert wird, wird also auch ein ganz anderes – und ganz sicher nicht funktionsfähiges! – Protein erzeugt.

Weil die komplementären Stränge nicht dieselben Wörter buchstabieren, erhält man theoretisch zwei verschiedene Botschaften, je nachdem, welcher Strang der DNA in mRNA transkribiert wird. Daher können Gene nur von *einem* der beiden Stränge abgelesen werden – nur welcher Strang ist der richtige? Die TATA-Box (der Promotor, siehe vorherigen Abschnitt »Genortung«) gibt nicht nur die Position des Gens an, sondern auch, auf welchem Strang die Informationen liegen. Die TATA-Box zeigt, dass das Gen etwa 30 Basenpaare in 5'-Richtung liegt (häufig auch als *stromabwärts* bezeichnet). Gene können im DNA-Molekül auf beiden Strängen liegen, aber jedes Gen wird nur in 3'-nach-5'-Richtung gelesen und die mRNA von 5' nach 3' synthetisiert.

Der abgelesene Strang wird Matrizenstrang, Vorlagenstrang oder codogener Strang genannt. An der Konsensus-Sequenz der TATA-Box versammeln sich eine ganze Reihe von allgemeinen Transkriptionsfaktoren um das TATA-Box bindende Protein. Diese Ansammlung von Transkriptionsfaktoren rekrutiert die RNA-Polymerase an die DNA, die sich schließlich nach einigen weiteren Vorbereitungen vom Komplex lösen und mit der Transkription des Matrizenstrangs beginnen kann.

Bausteine und Enzyme zusammensuchen

Zusätzlich zum Matrizenstrang (siehe vorherigen Abschnitt) werden für die erfolgreiche RNA-Synthese noch die folgenden Zutaten benötigt:

- ✔ **Ribonukleosid-Triphosphate (rNTPs)**, die Bausteine der RNA

- ✔ **Enzyme und andere Proteine** für die Montage des größer werdenden RNA-Strangs während der RNA-Synthese

Die Bausteine der RNA sind mit den Bausteinen der DNA, die ich in Kapitel 7 vorstelle, nahezu identisch. Die einzigen Unterschiede bestehen darin, dass für die RNA Ribose statt Desoxyribose genommen wird und Uracil die Base Thymin ersetzt. Sonst sind die rNTPs (Ribonukleosid-Triphosphate) den dNTPs, die Sie ja bereits kennen, sehr ähnlich.

Ähnlich wie bei der Replikation sind bei der Transkription einige Enzyme erforderlich, um

✔ den Promotor zu finden (siehe den Abschnitt »Genortung« weiter vorn in diesem Kapitel),

✔ das DNA-Molekül zu öffnen (siehe den Abschnitt »Initiation« weiter hinten in diesem Kapitel),

✔ den RNA-Strang Stück für Stück zusammenzusetzen (siehe den Abschnitt »Elongation« weiter hinten in diesem Kapitel).

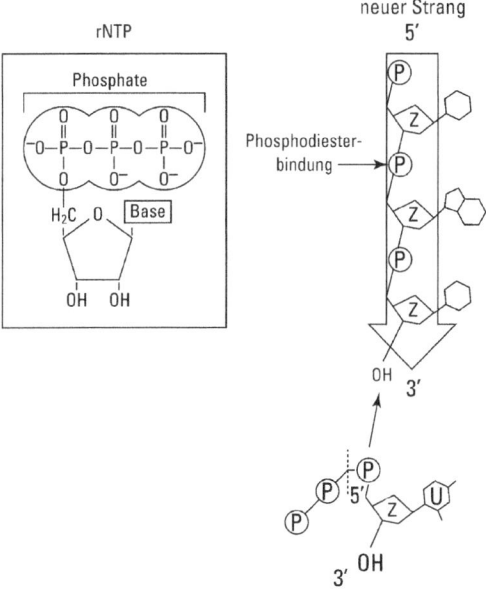

Abbildung 9.5: Die Grundbausteine der RNA und die chemische Struktur eines RNA-Strangs (Z = Zucker, P = Phosphat)

Im Gegensatz zur Replikation sind an der Transkription deutlich weniger Enzyme beteiligt. Der Hauptakteur ist hier die *RNA-Polymerase*. Wie die DNA-Polymerase (die Sie in Kapitel 7 näher kennenlernen) erkennt die RNA-Polymerase jede Base auf der Matrize und fügt das jeweilige komplementäre Nukleotid dem wachsenden RNA-Strang hinzu, nur nimmt sie Uracil anstelle von Thymin als Komplementärbase für Adenin. Die RNA-Polymerase verbindet sich dabei mit einer Gruppe von Enzymen, die man in ihrer Gesamtheit als *Holoenzym* bezeichnet. Die einzelnen Enzyme dieses Holoenzyms unterscheiden sich bei Prokaryoten und Eukaryoten, aber ihre Grundfunktion ist immer dieselbe: den

Promotor finden, sich dort einklinken und dann die RNA-Polymerase an die Arbeit schicken. Das Auffinden des passenden Promotors erledigt bei den *Prokaryoten* übrigens die Sigma-Untereinheit des Polymerase-Holoenzyms. Es gibt zahlreiche *Sigma-Faktoren*, die jeweils unterschiedliche Sequenzen auf der DNA erkennen und die Polymerase an die jeweilige Stelle dirigieren.

Eukaryoten besitzen drei Arten von RNA-Polymerasen, die sich nur darin unterscheiden, welche Gene sie transkribieren:

✔ RNA-Polymerase I erstellt die langen rRNA-Transkripte, die dann in die einzelnen rRNAs für das Ribosom geschnitten werden.

✔ RNA-Polymerase II ist an der Erstellung der meisten mRNA-Moleküle beteiligt und synthetisiert darüber hinaus noch spezielle kleine RNA-Moleküle, die zur Nachbearbeitung der RNA nach der Transkription gebraucht werden (mehr dazu im Abschnitt »Weiterverarbeitung nach der Transkription« weiter hinten in diesem Kapitel).

✔ RNA-Polymerase III transkribiert tRNA-Gene und andere kleine RNA-Moleküle, die zur RNA-Nachbearbeitung benötigt werden.

Initiation

Zur *Initiation* gehören das Auffinden des Gens und das Öffnen des DNA-Moleküls, sodass die Enzyme ihre Arbeit aufnehmen können. Die Initiation ist eigentlich ziemlich einfach:

1. **Das Holoenzym (die Gruppe der Enzyme, die sich mit der RNA-Polymerase verbinden) findet den Promotor.**

   Der Promotor eines jeden Gens entscheidet, wann und wie oft das Gen transkribiert und somit aktiviert wird. Die RNA-Polymerase kann kein Gen transkribieren, das nicht zur Transkription auf dem Plan steht. Bei Eukaryoten kontrollieren Enhancer, meist etwas weiter von der Transkriptionseinheit entfernte Sequenzen, wie oft ein Gen transkribiert wird. Um mehr über die Aktivierung von Genen zu erfahren, lesen Sie Kapitel 11.

2. **Die RNA-Polymerase öffnet die doppelsträngige DNA und verschafft sich so Zugang zu einem sehr kurzen Abschnitt der Matrize.**

   Wenn der Promotor zur Initiation der Transkription »hochfährt«, bindet sich der Holoenzym-Komplex an den Promotor und meldet das der RNA-Polymerase. Die RNA-Polymerase bindet dann an die Startsequenz des Matrizenstrangs. Die Polymerase kann nicht am Zucker-Phosphat-Rückgrat vorbei in das DNA-Molekül »hineinsehen«. Die Transkription kann also nur dann stattfinden, wenn die DNA geöffnet ist und in Einzelsträngen vorliegt. Unterstützt durch den allgemeinen Transkriptionsfaktor TFIIH, der eine DNA-Helikase enthält, löst die RNA-Polymerase die Wasserstoffbrücken zwischen den Strängen auf und öffnet damit ein kurzes Stück der Helix, um den Matrizenstrang freizulegen. Die Öffnung, die die RNA-Polymerase so zwischen den beiden Strängen hergestellt hat, wird auch Transkriptionsblase genannt (siehe Abbildung 9.6).

3. **Die RNA-Polymerase verbindet rNTPs zur mRNA (oder zu einer der anderen RNA-Formen wie tRNA oder rRNA).**

Die RNA-Polymerase benötigt keinen Primer zur Synthese eines neuen mRNA-Moleküls (im Gegensatz zur DNA-Replikation, siehe Kapitel 7). Die Polymerase liest einfach die erste Base der zu transkribierenden Sequenz und legt das jeweilige komplementäre rNTP an. Dieses erste rNTP verliert seine zwei endständigen Phosphatgruppen nicht, weil keine Phosphodiesterbindung zu einem Nukleotid an der 5'-Seite gebildet wird. Die zwei überzähligen Phosphatgruppen bleiben am mRNA-Molekül, bis die RNA später nachbearbeitet wird (siehe den Abschnitt »Weiterverarbeitung nach der Transkription« weiter hinten in diesem Kapitel).

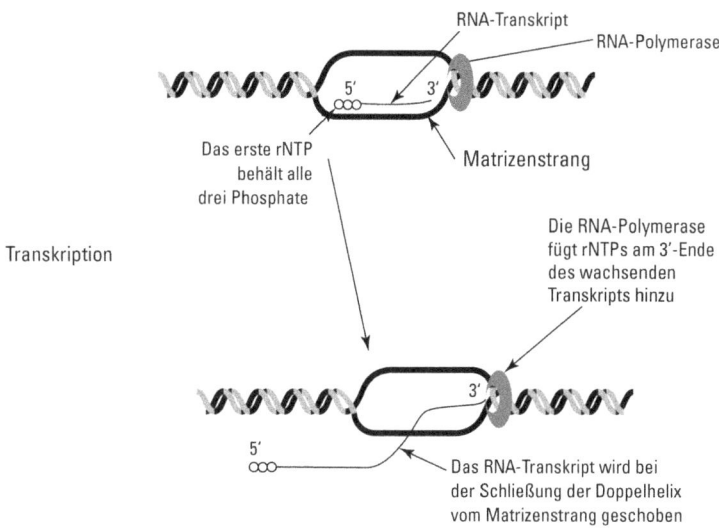

Abbildung 9.6: Transkription der DNA-Botschaft in RNA

Elongation

Nachdem die RNA-Polymerase das erste rNTP angebracht hat, fährt sie mit dem Öffnen der DNA-Helix und der RNA-Synthese durch Zufügen von rNTPs so lange fort, bis sie das Ende der Transkriptionseinheit erreicht hat. Die Transkriptionsblase (die Öffnung des Doppelstrangs) bleibt dabei sehr klein, denn nur etwa 20 Basenpaare der DNA liegen zeitgleich frei. Während also die RNA-Polymerase an der Transkriptionseinheit entlangfährt, ist nur der Teil der DNA ungeschützt, der gerade transkribiert wird. Die Helix schnappt wieder zusammen, sobald sich die Polymerase auf dem Strang weiter vorschiebt, und verdrängt die frisch synthetisierte mRNA vom Matrizenstrang (siehe Abbildung 9.6). *Topoisomerasen* entwinden die DNA lokal, sodass die Enzyme des Transkriptionskomplexes überhaupt an die DNA gelangen können. Auch die bakterielle Gyrase (siehe Kapitel 7) zählt zu den Topoisomerasen.

Die transkribierten Sequenzen eukaryotischer Gene enthalten oft Abschnitte, die nicht in Proteine übersetzt werden. Trotzdem sind diese Abschnitte oft für die korrekte Genexpression extrem wichtig (siehe Kapitel 11 mit mehr Einzelheiten). Wie Sie es sich vielleicht schon gedacht haben, haben sich die Genetiker für die Abschnitte, die in ein Protein übersetzt werden, und die, die nicht übersetzt werden, Namen einfallen lassen:

- **Introns:** Sie sind die nichtcodierenden Sequenzen. Ihren Namen haben sie dank ihrer *in*tervenierenden Eigenschaften. Gene verfügen oft über mehrere Introns, die die codierenden Regionen unterbrechen.

- **Exons:** Die codierenden Abschnitte des Gens werden so bezeichnet, weil diese Abschnitte *ex*primiert werden.

Bei der Transkription wird zunächst die gesamte Sequenz – Introns und Exons – in eine mRNA übersetzt, also transkribiert (siehe Abbildung 9.6). Nachdem die Transkription beendet ist, werden die Introns im Nachbearbeitungsprozess aus der mRNA entfernt. Das Herausschneiden der Introns und das sogenannte *Spleißen* der Exons wird im Abschnitt »... und Schnitt!« weiter hinten in diesem Kapitel genau beschrieben.

Prokaryoten haben in ihren Genen keine Introns, während bei den Eukaryoten fast jedes Gen durch Introns unterbrochen wird. Die größte Anzahl von Introns, die man je in einem Gen gefunden hat, liegt bei 200. Einige Introns sind für die Nachbearbeitung von mRNAs wichtig und ermöglichen zum Beispiel die Erzeugung alternativer Transkripte.

Termination

Sobald die RNA-Polymerase den Terminator findet (die DNA-Sequenz, nicht den furchterregenden bewaffneten Cyborg aus dem gleichnamigen Film), transkribiert sie noch die Terminatorsequenz und stoppt dann die Transkription. Was danach passiert, hängt vom Zelltyp ab.

- Bei den Prokaryoten besitzen einige Terminatorsequenzen am Ende des Gens mehrere komplementäre Basen hintereinander. Diese bewirken, dass sich die neue mRNA zusammenfaltet. Diese Faltung stoppt die Vorwärtsbewegung der RNA-Polymerase und zieht die mRNA von der Matrize ab.

- Bei eukaryotischen Zellen hilft ein spezielles Protein mit dem Namen *Terminationsfaktor*, den Transkriptionsprozess richtig zu beenden.

Auf jeden Fall wird die mRNA von der Matrize entfernt, sobald die RNA-Polymerase dem RNA-Strang keine neuen rNTPs mehr hinzufügt. Die RNA-Polymerase verlässt den DNA-Strang und die Doppelhelix wird wieder geschlossen.

Weiterverarbeitung nach der Transkription

Nach der Transkription einer eukaryotischen DNA gibt es noch einiges zu tun. Genauso wie besorgte Mütter immer sagen: »Sooo kannst du aber nicht rausgehen!«, muss die mRNA noch einige Veränderungen über sich ergehen lassen, bevor sie den Zellkern verlassen kann.

Kappe und Schwanz dazu

Die durch die Transkription entstandene »native« mRNA muss vor der Translation noch weiter »eingekleidet« (im Fachjargon: »prozessiert«) werden:

- ✔ Dem 5'-Ende wird eine Art »Kappe« aufgesetzt.

- ✔ Am 3'-Ende wird ein langer Schwanz aus Adenin-Basen angehängt.

Die RNA-Polymerase beginnt die Transkription mit einem unmodifizierten rNTP (siehe dazu auch den Abschnitt »Initiation« weiter vorn in diesem Kapitel). Damit das Ribosom den mRNA-Anfang später während der Translation auch erkennt, muss der mRNA von Eukaryoten noch eine »Kappe«, eine *Cap-Struktur*, vorn am 5'-Ende aufgesetzt werden (mehr zur Translation in Kapitel 10). Um ihr diese »Kappe« aufsetzen zu können, wird zuerst eine der drei Phosphatgruppen vom vorderen Ende des mRNA-Strangs entfernt. Dann wird Guanin in Form eines Ribonukleotids an die erste Base des mRNA-Moleküls angefügt (siehe Abbildung 9.7). Danach werden mehrere Methylgruppen (CH_3) an verschiedene Stellen angebracht – an der Guanin-Base und an den zwei folgenden Nukleotiden der mRNA. So wie die Methylgruppe bei Thymin die DNA schützt, wirken diese Methylgruppen vorn an der mRNA wie ein Schutzschild vor dem Zerfall und dienen dem Ribosom als Erkennungsmerkmal für eine zur Translation bereite mRNA.

Bei Eukaryoten wird zudem ein langer Faden von Adenin-Nukleotiden an das hintere 3'-Ende der mRNA gehängt, um die RNA vor der natürlichen Endonuklease-Aktivität so lange zu schützen, bis sie in ein Protein übersetzt worden ist (siehe Abbildung 9.7). Dieser Faden wird *Poly-A-Schwanz* genannt. Die RNA ist aufgrund ihrer Struktur ein kurzlebiges Molekül und kann schnell angegriffen und zerstört werden. So, wie wir kurze Notizen auf einem Merkzettel festhalten, trägt die RNA eine kurze Notiz zur Erledigung einer bestimmten Aufgabe. Sobald die Aufgabe erledigt ist, wird der »Notizzettel« RNA weggeworfen. Aber die Notiz muss immerhin so lange erhalten bleiben, bis sie gelesen werden kann, manchmal sogar mehr als einmal, bevor sie in den Reißwolf geworfen wird (das übernehmen im Fall der RNA die Nukleasen, nicht die armen Praktikanten wie im wirklichen Leben). Die Länge des Poly-A-Schwanzes bestimmt, wie lange die Nachricht Bestand hat und wie oft sie von den Ribosomen in Protein übersetzt werden kann, bevor die Nukleasen den Schwanz abknabbern und die Nachricht vernichten.

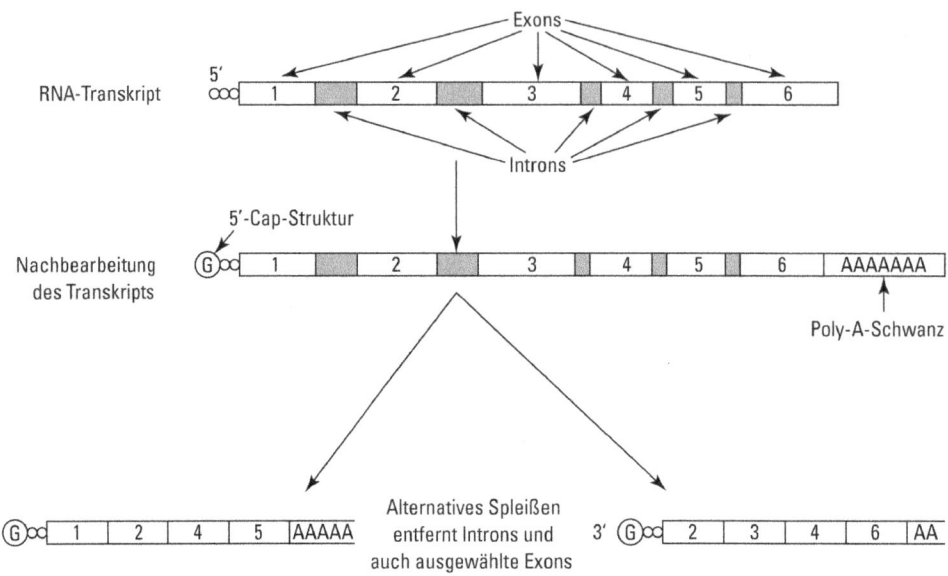

Abbildung 9.7: Das i-Tüpfelchen: mRNA-Spleißen!

... und Schnitt!

Beim letzten Schritt zur Vorbereitung der mRNA für die Translation passieren noch zwei Dinge: Die nichtcodierenden Introns werden entfernt und die Exons werden lückenlos aneinandergefügt. Mehrere spezialisierte RNA-Moleküle finden Start- und Endpunkt des Introns, ziehen die Exons zusammen und schneiden die überzählige RNA (sprich das Intron) heraus. Dieser Vorgang wird als *Spleißen* bezeichnet.

Noch im Zellkern wird die neu erzeugte mRNA von einem Komplex aus Proteinen und RNA-Molekülen, der *Spleißosom* genannt wird, inspiziert. Das Spleißosom ist wie eine mobile Werkstatt, die Introns erkennt und diese zwischen den Exons entfernt. Es erkennt dabei Konsensus-Sequenzen am Anfang und am Ende des Introns (siehe den Abschnitt »Genortung« weiter vorn in diesem Kapitel). Das Spleißosom greift sich die Enden des Introns und zieht sie zusammen, sodass sich ein Ring formt. Dadurch liegen die Enden der angrenzenden Exons nun direkt aneinander. Dann schneidet das Spleißosom den Ring ab und verbindet die beiden Exons durch *Spleißen* direkt miteinander. Beim Spleißen entsteht eine Phosphodiesterbindung zwischen den beiden Exon-Sequenzen, die sie zu einem durchgehenden RNA-Strang miteinander verbindet.

Beim Spleißen werden die Introns herausgenommen und alle Exons verbleiben in ihrer ursprünglichen Reihenfolge in der mRNA. Es können aber auch Introns *und* Exons herausgenommen werden, sodass eine neue Reihenfolge der Exons entsteht (siehe Beispiele in Abbildung 9.7). Das Spleißen von Introns und Exons, auch *alternatives Spleißen* genannt, erlaubt es, ein Gen auf verschiedene Art und Weise zu exprimieren. Dank des alternativen Spleißens können die ungefähr 21.000 Gene des Menschen um die 90.000 Proteine erzeugen. Es gibt neue Beweise dafür, dass praktisch alle Multi-Exon-Gene (die ungefähr 86 Prozent des menschlichen Genoms ausmachen) in zig Varianten gespleißt und verschweißt werden können. Dem alternativen Spleißen sei Dank!

Das Geheimnis hinter der genetischen Flexibilität durch das alternative Spleißen sind die sogenannten *Alu-Elemente*. Alu-Elemente sind relativ kurze Sequenzen (ungefähr 300 Basenpaare), die überall im menschlichen Genom anzutreffen sind. Es gibt schätzungsweise eine Million Kopien der »Alus« im menschlichen Genom. Alus können aus Genen heraus- oder in Gene hineingespleißt werden und so alternative mRNA-Stränge von derselben DNA-Ausgangssequenz erzeugen. So wird ein Abschnitt von nichtcodierender DNA auf einmal zum Exon, und das dürfte Grund genug sein, den Begriff »Junk-DNA« oder »DNA-Schrott« ein für alle Mal der Schrottpresse zu übergeben. Die enorme Vielfalt, die durch das alternative Spleißen entsteht, lässt einige Wissenschaftler vermuten, dass die RNA *das* eigentliche genetische Material ist, und nicht die DNA (siehe Kapitel 23).

Nachdem alle Introns herausgeschnitten und die Exons miteinander verbunden sind, ist die mRNA fertig und einsatzbereit. Sie verlässt den Zellkern, begegnet einer Armee von Ribosomen und durchläuft den Prozess der Translation – den letzten Schritt der Umsetzung von genetischen Informationen in Proteine.

> **IN DIESEM KAPITEL**
>
> Erforschung der Merkmale des genetischen Codes
>
> Übersetzung der genetischen Information in den Phänotyp
>
> Ausformung von Polypeptiden zu funktionierenden Proteinen

Kapitel 10
Den genetischen Code knacken

Vom Bauplan bis zum Bau selbst geht die Botschaft der DNA einen vorhersagbaren Weg. Zuerst stellt die DNA eine Vorlage für die Transkription in RNA zur Verfügung. Dann verlässt die RNA (in Form der Boten-RNA oder mRNA) den Zellkern, um die Baupläne für die *Proteine* ins Zytoplasma zu bringen. Alle Lebewesen sind aus Proteinen gebaut, langen Aminosäureketten, auch *Polypeptide* genannt, die nach der Synthese noch aufwendig gefaltet und aneinandergeheftet werden.

Alle physischen Eigenschaften Ihres Körpers (also Ihr *Phänotyp*) werden von Tausenden verschiedener Proteine bestimmt. Natürlich besteht Ihr Körper auch noch aus anderen Stoffen, zum Beispiel Wasser, Mineralien, Kohlenhydraten oder Fetten. Aber die Proteine geben den Rahmen vor, in den sich die anderen Bausteine einfügen müssen, und sie führen auch alle lebensnotwendigen Prozesse im Körper aus, wie die Verdauung, Atmung und Ausscheidung.

In diesem Kapitel erkläre ich, wie die RNA einen Bauplan für die Herstellung von Proteinen zur Verfügung stellt. Dies ist der letzte Schritt auf dem Weg vom *Genotyp* (genetische Information) zum Phänotyp. Bevor Sie sich jedoch näher mit dem Translationsprozess befassen, müssen Sie noch einige Dinge über den genetischen Code lernen – woraus er besteht und wie man ihn liest. Dazu brauchen Sie das Grundwissen über die RNA – nachzulesen in Kapitel 9.

Das Gute am Verfall

Als Watson und Crick (und auch Rosalind Franklin, siehe Kapitel 6) entdeckten, dass die DNA aus zwei Strängen mit vier verschiedenen Basen besteht, war die große Frage: Wie kann man mit nur vier Basen die vielen komplexen Phänotypen codieren?

Komplexe Phänotypen (wie zum Beispiel die Knochenstruktur, Ihre Augenfarbe oder die Fähigkeit, sehr scharfe Nahrung zu verdauen) sind das Ergebnis einer Kombination verschiedenster Proteine. Der genetische Code (also die zu RNA transkribierte DNA, siehe Kapitel 9) stellt bei der Translation die Information für den Bau dieser Proteine zur Verfügung (mehr dazu weiter hinten in diesem Kapitel im Abschnitt »Das Translationsteam stellt sich vor«). Proteine bestehen aus Aminosäuren, die in verschiedener Reihenfolge aneinandergehängt werden und so Polypeptide (ein anderes Wort für Proteine) bilden. Polypeptidketten können zwischen 50 und 1.000 Aminosäuren lang sein. Da es 20 verschiedene Aminosäuren gibt und die Ketten oft aus mehr als 100 Aminosäuren bestehen, gibt es eine enorme Anzahl an Kombinationsmöglichkeiten. Schon bei einem Polypeptid mit nur fünf Aminosäuren gibt es 3.200.000 Möglichkeiten, es zusammenzusetzen!

Nachdem klar war, dass die DNA in der Tat *das* genetische Material ist (siehe dazu Kapitel 6), hielten Skeptiker weiter daran fest, man könne mit nur vier verschiedenen Basen wohl kaum die vielen verschiedenen Proteine codieren. Liest man den genetischen Code Base für Base – U, C, A, G –, gibt es einfach nicht genug Möglichkeiten, um 20 verschiedene Aminosäuren zu codieren. Somit war es für die Forscher offensichtlich, dass der Code aus mehreren hintereinanderhängenden Basen abgelesen wird. Ein Code basierend auf zwei Basen hätte auch nicht funktioniert, da hier nur 16 Möglichkeiten abgedeckt wären – immer noch weniger als die existierenden 20 Aminosäuren. Ein Code bestehend aus drei Basen (auch *Triplett* genannt) war nach Meinung der Skeptiker dann doch zu viel des Guten für ein *Codon* (ein Codon ist eine Kombination von drei Nukleotiden in Folge und eine Einheit im genetischen Code, ähnlich einem Byte im Computer), denn bei der Möglichkeit, aus vier Basen pro Position zu wählen, sind 64 Kombinationen möglich. Sie hielten dieser Theorie entgegen, dass mit der Codierung durch ein Triplett viel zu viel redundante Information entstünde, da es ja nur 20 Aminosäuren gibt.

Wie sich herausstellte, ist der genetische Code *degeneriert*, was in diesem Fall so viel heißt wie »zu viel Information«. Degeneriert heißt normalerweise so etwas wie »schlecht und es wird noch schlimmer«. Im genetischen Sinne bedeutet degeneriert aber etwas Gutes, denn durch die Degeneration des Tripletts ist der genetische Code hoch flexibel und fehlertolerant (für bestimmte Fehler jedenfalls) – und das ist gut. Oft wird auch der Begriff *redundant* (überflüssig oder überreichlich) angewendet, der den Sachverhalt weitaus besser beschreibt.

Folgende Eigenschaften des genetischen Codes sind sehr wichtig und sollten Sie im Kopf behalten:

- ✔ **Triplett** bedeutet, dass immer drei Basen als ein Codon gelesen werden.

- ✔ **Degeneriert** oder **redundant** bedeutet, dass 18 von 20 Aminosäuren von zwei oder mehr verschiedenen Codonen codiert werden (siehe den nächsten Abschnitt »Wer die Wahl hat, hat die Qual«).

- ✔ **In Reihenfolge** bedeutet, dass jedes Codon nur auf eine Weise und in eine Richtung gelesen wird, so wie Sie Deutsch von links nach rechts lesen (siehe hierzu den Abschnitt »Im Rahmen bleiben – oder wie man den Code liest« weiter hinten in diesem Kapitel).

✔ **Beinahe universell** bedeutet, dass fast jeder Organismus auf diesem Planeten den Code in gleicher Weise anwendet (siehe weiter hinten in diesem Kapitel den Abschnitt »Doch nicht ganz so universell« mit den Ausnahmen).

Wer die Wahl hat, hat die Qual

Nur 61 der 64 möglichen Codons sind den 20 verschiedenen Aminosäuren zugeordnet. Die drei übrigen Codons codieren keine Aminosäuren, sondern signalisieren einfach »Stopp, hier mit der Translation aufhören«. So weiß das Ribosom, dass hier die Translation zu Ende ist (mehr dazu im Abschnitt »Termination« weiter hinten in diesem Kapitel). Im Gegensatz dazu codiert das eine Codon, das dem Ribosom sagt, dass eine mRNA reif für die Translation ist, gleichzeitig auch eine Aminosäure, das *Methionin*. (Das Start-Methionin kommt aber in einer besonderen Form daher – mehr dazu weiter hinten in diesem Kapitel im Abschnitt »Initiation«.) In Abbildung 10.1 sehen Sie den ganzen genetischen Code mit allen alternativen Schreibweisen für die 20 Aminosäuren. (Schauen Sie sich weiter hinten in diesem Kapitel den Abschnitt »Das Translationsteam stellt sich vor« an mit mehr Informationen über die Aminosäuren.)

Erste Base ↓	Zweite Base				Dritte Base ↓
	U	C	A	G	
U	Phenylalanin	Serin	Tyrosin	Cystein	U
	Phenylalanin	Serin	Tyrosin	Cystein	C
	Leucin	Serin	STOP	STOP	A
	Leucin	Serin	STOP	Tryptophan	G
C	Leucin	Prolin	Histidin	Arginin	U
	Leucin	Prolin	Histidin	Arginin	C
	Leucin	Prolin	Glutamin	Arginin	A
	Leucin	Prolin	Glutamin	Arginin	G
A	Isoleucin	Threonin	Asparagin	Serin	U
	Isoleucin	Threonin	Asparagin	Serin	C
	Isoleucin	Threonin	Lysin	Arginin	A
	Methionin & START	Threonin	Lysin	Arginin	G
G	Valin	Alanin	Asparaginsäure	Glycin	U
	Valin	Alanin	Asparaginsäure	Glycin	C
	Valin	Alanin	Glutaminsäure	Glycin	A
	Valin	Alanin	Glutaminsäure	Glycin	G

Abbildung 10.1: Die 64 Codons des genetischen Codes, Quelle: mRNA

Für viele Aminosäuren unterscheiden sich die alternativen Codierungen meist nur in einer Base, und zwar der dritten Base im Codon. Zum Beispiel beginnen vier der sechs möglichen Codierungen für Leucin mit den Basen CU. Diese Flexibilität in der dritten Base wird auch *Wobble* genannt. Die dritte Base eines Codons kann also wackeln oder flattern (im Englischen »to wobble«), ohne dass sich dessen Bedeutung ändert (und somit die Aminosäure, die es codiert). Die Wobble-Basenpaarung wird durch die Art der Interaktion der mRNA mit der *Transfer-RNA (tRNA)* bei der Translation möglich. So müssen nur die ersten beiden Basen des mRNA-Codons und des Anticodons der tRNA, die die entsprechende Aminosäure transportiert, exakt übereinstimmen. Die dritte Base muss nicht unbedingt den Paarungsregeln folgen, sodass andere Bindungen als mit den üblichen Komplementären möglich sind. Diese Regelverletzung bei der Wobble-Basenpaarung erlaubt oft verschiedene Schreibweisen für eine Aminosäure. Einige Codons, wie zum Beispiel das Stoppcodon UGA, haben nur eine Bedeutung. Wobbles in diesem Stoppcodon würden seine Bedeutung ändern: Aus dem Stoppcodon UGA würde entweder ein Codon für die Aminosäure Cystein (UGU oder UGC) oder für Tryptophan (UGG).

Im Rahmen bleiben – oder wie man den Code liest

Neben den Kombinationsmöglichkeiten gibt es ein weiteres wichtiges Merkmal des genetischen Codes, und zwar, wie er gelesen wird. Jedes Codon wird separat betrachtet, und die Codons überlappen sich nicht. Es gibt auch keine Interpunktion oder Ähnliches – der Code wird ohne Punkt und Komma einfach durchgelesen.

Die Codons des genetischen Codes werden sequenziell gelesen, das heißt immer einzeln hintereinander (siehe Abbildung 10.2). Jedes Codon – die Abfolge zusammenhängender, nicht überlappender Basentripletts – wird genau einmal anhand eines *Leserasters* abgelesen. Das Startcodon legt die Position des Leserasters fest. In der mRNA in Abbildung 10.2 ist das Startcodon die Sequenz AUG und codiert gleichzeitig die Aminosäure Methionin. Nach dem Startcodon werden immer drei Basen gleichzeitig und ohne Unterbrechung gelesen, bis ein Stoppcodon (UAA, UAG oder UGA) erreicht wird. Wenn durch eine Mutation zum Beispiel eine Base hinzugefügt oder weggenommen wird, kann das Leseraster verschoben werden (mehr dazu in Kapitel 13), und damit entsteht dann eine ganze andere Abfolge von Aminosäuren am Ribosom.

```
Nukleotid-        A U G C G A G U C U U G C A G . . .
sequenz

nicht überlappender  A U G  C G A  G U C  U U G  C A G . . .
Code                  1      2      3      4      5
```

Abbildung 10.2: Der genetische Code ist nicht überlappend und benutzt ein Leseraster.

Keine Regel ohne Ausnahme!

Gene sind nicht überlappend – meistens jedenfalls. Startsignal und Stoppsignal legen genau fest, wo diese eine codierende Sequenz beginnt und endet. Bei der üppigen DNA-Menge, die in eine eukaryotische Zelle passt, kommt es auf ein paar Tausend Basen mehr nicht an.

> Viren haben da allerdings deutlich mehr Probleme, denn der kleine Viruskopf birgt wenig Raum für verschwenderische Gene. Daher sind bei bestimmten Viren durchaus einige Gene überlappend angeordnet. Bei dem nicht einmal 1.000 Nukleotide umfassenden RNA-Genom des HI-Virus (HIV) sind die neun Gene tatsächlich teilweise überlappend angeordnet.

Doch nicht ganz so universell

Der genetische Code ist quasi allgemeingültig. Das bedeutet, dass fast jedes Lebewesen dieselben Schreibweisen für die Tripletts benutzt. Bei der Mitochondrien-DNA werden allerdings ein paar Worte anders buchstabiert als bei der Zellkern-DNA. Dies hat wohl seinen Ursprung in der ungewöhnlichen Entwicklung der Mitochondrien (mehr zur Endosymbiontenhypothese in Kapitel 6). Auch Pflanzen, Bakterien und ein paar andere Mikroorganismen benutzen ungewöhnliche Schreibweisen für die eine oder andere Aminosäure. Sonst aber ist die Art, wie der Code gelesen wird – also die Redundanzen, die Wobble-Basenpaarungen, die Kontinuität und das Leseraster –, wirklich überall gleich. Während Wissenschaftler immer mehr Genome verschiedenster Lebewesen entschlüsseln und sequenzieren (siehe dazu Kapitel 8), werden sie aber wahrscheinlich noch weitere ungewöhnliche Schreibweisen finden.

Das Translationsteam stellt sich vor

Unter *Translation* wird gemeinhin die Übersetzung von einer Sprache in eine andere verstanden. In diesem Fall wird die genotypische Sprache der Nukleinsäuren in die phänotypische Sprache der Aminosäuren, also in Proteine übertragen. Die Translation findet im Zytoplasma der Zelle statt. Nachdem die Boten-RNA (mRNA) durch Transkription hergestellt wurde und im Zytoplasma angekommen ist, beginnt die Proteinproduktion (mehr über Transkription und Boten-RNA lesen Sie in Kapitel 9). Folgende Spieler sind im Translationsteam:

- ✓ **Ribosomen** sind die Proteinproduktionsstätten der Zellen. Sie lesen die Informationen der mRNA und führen deren Instruktionen aus. Die Ribosomen sind aus ribosomaler RNA (rRNA) und Proteinen zusammengesetzt und können jedes erdenkliche Protein konstruieren.

- ✓ Der **genetische Code** ist die Botschaft, die von der mRNA transportiert wird (siehe auch den Abschnitt »Das Gute am Verfall« weiter vorn in diesem Kapitel).

- ✓ **Aminosäuren** sind komplexe chemische Verbindungen, die Kohlenstoff und Stickstoff enthalten. Die 20 verschiedenen Aminosäuren können in millionenfacher Weise miteinander kombiniert werden, um so funktionelle Proteine herzustellen.

- ✓ **Transfer-RNAs (tRNAs)** sind die Laufburschen, die die benötigten Aminosäuren zum Ribosom bringen. Jedes tRNA-Molekül trägt eine durch ihr Anticodon bestimmte Aminosäure.

Auf zur Translation!

Die Translation läuft auf eine fest definierte Weise ab:

1. Ein Ribosom erkennt eine mRNA und greift sich dessen 5'-Cap-Struktur (siehe Kapitel 8, wie und warum die mRNA eine Cap-Struktur bekommt). Das Ribosom bindet den mRNA-Faden und untersucht ihn eingehend, um aus den Codons die richtigen Wörter des genetischen Codes zu bilden, angefangen mit dem Startcodon.

2. Die tRNAs tragen die von den Codons vorgegebenen Aminosäuren herbei, sobald das Ribosom das Startcodon gefunden und die Anweisungen gelesen hat. Das Ribosom setzt die Polypeptidkette dann mithilfe verschiedener Enzyme und anderer Proteine zusammen.

3. Das Ribosom baut so lange an dem Protein weiter, bis es ein Stoppcodon erkennt. Daraufhin löst sich die fertiggestellte Polypeptidkette vom Ribosom.

Nach Fertigstellung der Polypeptidkette wird diese noch modifiziert und anschließend zu einem voll funktionsfähigen Protein gefaltet.

Initiation

Die Vorbereitung der Translation besteht hauptsächlich aus zwei Schritten:

✔ Die tRNAs müssen mit den richtigen Aminosäuren *beladen* werden.

✔ Das Ribosom, das aus zwei Teilen besteht, muss sich am Startcodon der mRNA zusammensetzen.

Ladestation: Die tRNA-Moleküle verbinden sich mit ihren Aminosäuren

Die Transfer-RNA (tRNA) ist eine kleine, hoch spezialisierte RNA, die durch Transkription hergestellt wird. Jedoch wird sie im Gegensatz zur mRNA niemals in Proteine übersetzt. Die einzige Funktion der tRNA-Moleküle ist der Transport der Aminosäuren zu den Ribosomen, damit sie dort zu Polypeptiden zusammengesetzt werden können. Die tRNA ist speziell für ihre Aufgabe geformt. In Abbildung 10.3 sehen Sie zwei mögliche Darstellungsformen der tRNA. Die Zeichnung auf der linken Seite zeigt die wahre räumliche Struktur der tRNA. Auf der rechten Seite sehen Sie eine vereinfachte Zeichnung, in der man die verschiedenen Teile der tRNA leichter erkennt. Die Kleeblattform ist der Schlüssel zur Funktion der tRNA. Diese ungewöhnliche Form kommt durch die vielen komplementären Basen auf der tRNA zustande. Wenn die Basen aneinander binden, faltet sich der Strang und ergibt die typischen Schleifen und Arme der tRNA.

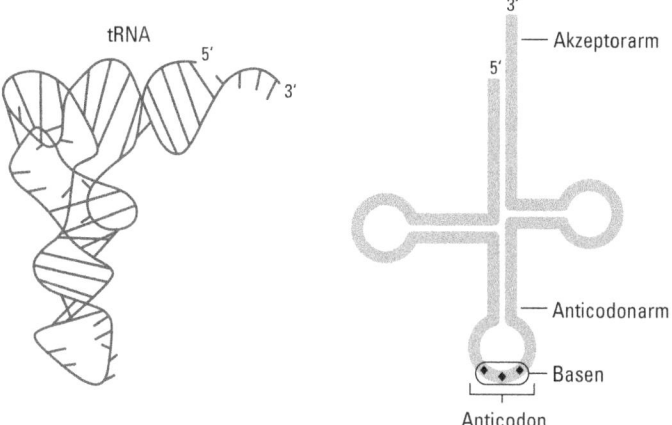

Abbildung 10.3: Die tRNA hat eine einzigartige Form, die ihr hilft, die Aminosäuren zu den Ribosomen zu transportieren.

Die zwei wichtigsten Elemente der tRNA sind:

✔ **Anticodon:** Das Anticodon ist eine Sequenz mit drei Basen an einer Schleife jeder tRNA. Das Anticodon ist komplementär zu einem der Codons auf der mRNA.

✔ **Akzeptorarm:** Dies ist das einzelsträngige Ende der tRNA. Hier bindet die dem Codon entsprechende Aminosäure. Diese Stelle wird auch als Aminosäure-Erkennungsstelle bezeichnet.

 Das Codon auf der mRNA gibt die Aminosäure vor, die bei der Translation eingebaut werden soll. Das Anticodon auf der tRNA ist dazu komplementär und bezeichnet die gleiche Aminosäure, die dann von der tRNA zur Translation transportiert wird.

Wie eine Batterie muss die tRNA zuerst geladen werden, in diesem Fall mit einer Aminosäure. Dies geschieht mithilfe einer speziellen Gruppe von Enzymen, den *Aminoacyl-tRNA-Synthetasen*. Für jede in der mRNA codierte Aminosäure existiert eine Synthetase, also gibt es insgesamt 20 verschiedene Synthetasen. Schauen Sie sich noch einmal die schematische Darstellung rechts in Abbildung 10.3 an. Die Aminoacyl-tRNA-Synthetase erkennt die Basensequenz des Anticodons der jeweiligen tRNA, die anzeigt, welche Aminosäure sie transportieren kann. Wenn nun die Aminoacyl-tRNA-Synthetase eine tRNA findet, deren Sequenz zu ihrer Aminosäure passt, bindet sie die Aminosäure an den Akzeptorarm der tRNA, womit der Ladevorgang abgeschlossen ist. Abbildung 10.4 zeigt die Verbindung zwischen Aminosäure und tRNA. Die Synthetasen kontrollieren die tRNA nach dem Beladen noch einmal, um sicherzustellen, dass die Aminosäure auch an die richtige tRNA gebunden wurde. Diese Kontrolle hilft, Fehler zu vermeiden, und ermöglicht eine sehr niedrige Fehlerrate während der späteren Translation. Mit der Aminosäure bestückt kann die tRNA sich nun auf den Weg zum Ribosom machen.

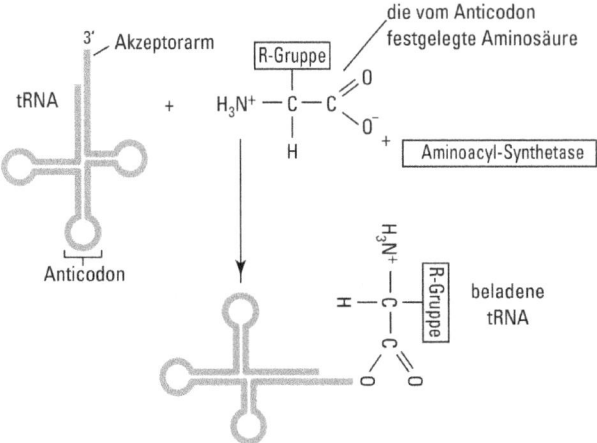

Abbildung 10.4: Das Beladen der tRNA

Zusammensetzen des Ribosoms (Assembly)

Das Ribosom besteht aus zwei *Untereinheiten* (siehe Abbildung 10.5), einer großen und einer kleinen, die sich aus verschiedenen rRNAs und ribosomalen Proteinen zusammensetzen. Die zwei Untereinheiten schwimmen (mal zusammen, mal getrennt) im Zytoplasma der Zelle, bis die Translation beginnt. Im Gegensatz zu den tRNAs, die zu bestimmten Codons passen, sind Ribosomen vollkommen flexibel und können mit jeder mRNA, die ihnen über den Weg läuft, arbeiten. Wegen ihrer Vielseitigkeit nennt man die Ribosomen auch oft die »Werkbänke der Zelle«.

Wenn die Ribosomen komplett zusammengesetzt sind, besitzen sie zwei Bindungsstellen und einen »Ausgang«, die Exit-Stelle:

- ✔ **A-Bindungsstelle (Aminoacyl- oder Eintrittsstelle):** An dieser Stelle tritt die tRNA mit ihrem Anticodonarm ein, um sich an das passende Codon der mRNA zu binden.

- ✔ **P-Bindungsstelle (Peptidyl- oder Donorstelle):** Hier werden die Aminosäuren durch Peptidbindungen miteinander verbunden.

- ✔ **Exit-Stelle:** An dieser Stelle verlässt die tRNA das Ribosom wieder, nachdem ihre Aminosäure in das wachsende Polypeptid eingebaut wurde.

Bevor die Translation beginnen kann, bindet sich die kleine Untereinheit des Ribosoms an die 5'-Cap-Struktur der mRNA. Dies geschieht mithilfe von Proteinen, die *Initiationsfaktoren* genannt werden. Die kleine Untereinheit bewegt sich nun an der mRNA entlang, bis sie das Startcodon (AUG) findet, und reiht sich mit ihrer P-Bindungsstelle dort an. Dazu gesellt sich eine mit Methionin beladene tRNA – die Aminosäure, die dem Startcodon entspricht. Diese »Start«-tRNA transportiert eine besondere Version des Methionins, das sogenannte *fMet* (kurz für *N-Formylmethionin*). Nur eine tRNA mit fMet kann sich direkt an die P-Bindungsstelle eines Ribosoms heften, ohne vorher an der A-Stelle gewesen zu sein (siehe

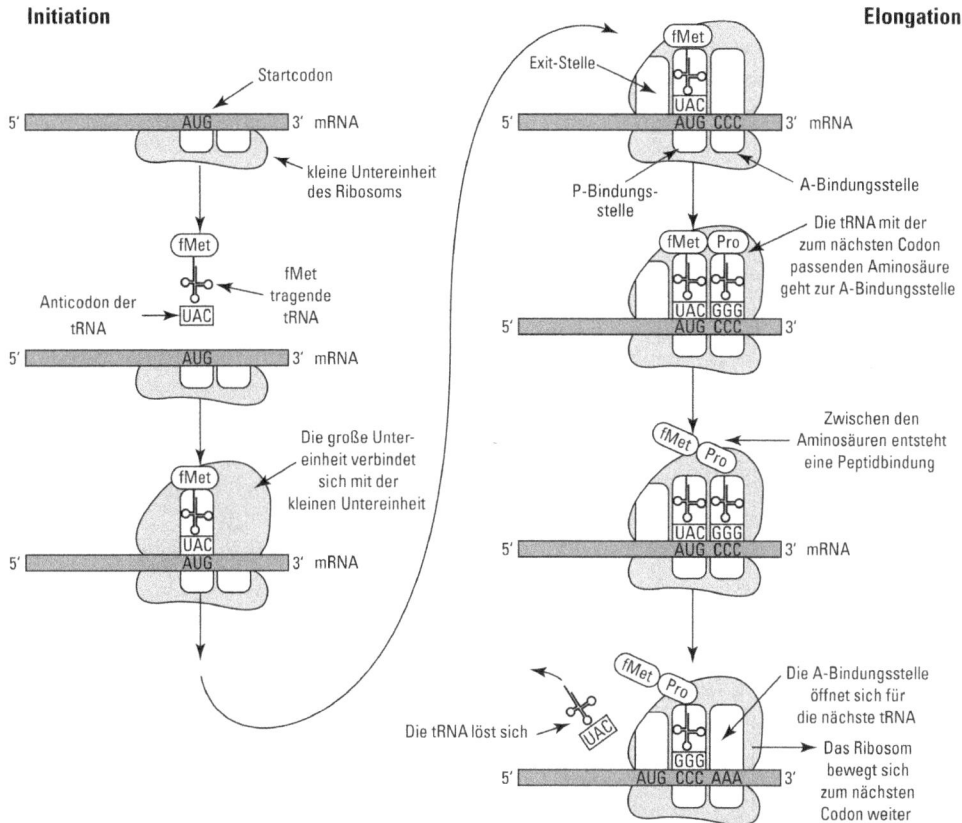

Abbildung 10.5: Initiation und Elongation

den nächsten Abschnitt »Elongation«). Dabei bindet sich das Anticodon der tRNA an das entsprechende komplementäre Codon der mRNA. Schließlich verbindet sich die große Untereinheit des Ribosoms mit der kleinen, um mit der Aneinanderreihung der verschiedenen, auf der mRNA codierten Aminosäuren zu beginnen (siehe Abbildung 10.5).

Elongation

Nachdem der Initiationsvorgang abgeschlossen ist, geht die Translation mit der *Elongation* weiter, die Sie auch in Abbildung 10.5 verfolgen können:

1. Das Ribosom zieht tRNAs mit Aminosäuren heran, die vom Codon an der A-Bindungsstelle spezifiziert werden. Die entsprechend »geladene« tRNA führt ihren Anticodonarm in die A-Bindungsstelle ein.

2. Enzyme verbinden die zwei Aminosäuren an den Akzeptorarmen der tRNAs in den P- und A-Bindungsstellen.

3. Sobald die zwei Aminosäuren miteinander verbunden sind, schiebt sich das Ribosom am mRNA-Strang um ein Codon weiter. Die tRNA, die vorher an der P-Bindungsstelle saß, bewegt sich zur Exit-Stelle und wird, da sie keine Aminosäure mehr besitzt, aus dem Ribosom entlassen. Die A-Bindungsstelle ist nun leer und die P-Bindungsstelle wird von einer tRNA mit ihrer eigenen Aminosäure und der Aminosäure der tRNA, die soeben das Ribosom verlassen hat, belegt. Nun kann die nächste passende tRNA an die A-Bindungsstelle binden und der Prozess läuft so immer weiter. Die Vorwärtsbewegung der Ribosomen an den Codons entlang wird auch *Translokation* genannt. (Bitte nicht mit der in Kapitel 15 beschriebenen chromosomalen Translokation verwechseln, bei der Teile von ganzen Chromosomen nicht richtig getauscht werden.)

Das Ribosom bewegt sich weiter in Richtung von 5' nach 3' an der mRNA entlang. Die wachsende Polypeptidkette ist dabei immer mit der tRNA verbunden, die sich an der P-Bindungsstelle befindet, während die A-Bindungsstelle für das nächste beladene tRNA-Molekül freigehalten wird. Dieser Prozess kommt erst zum Stehen, wenn das Ribosom auf eines der drei Stoppcodons trifft. (Mehr über die Stoppcodons lesen Sie im Abschnitt »Wer die Wahl hat, hat die Qual« weiter vorn in diesem Kapitel.)

Termination

Für das Stoppcodon gibt es keine passende tRNA und so bleibt die A-Bindungsstelle des Ribosoms einfach leer, sobald das Stoppcodon erreicht wird (siehe auch Abbildung 10.6). Zu diesem Zeitpunkt sitzt an der P-Bindungsstelle eine tRNA mit der kompletten, neu synthetisierten Polypeptidkette, die an ihre eigene Aminosäure gebunden ist. Nun binden sich spezielle Proteine, sogenannte *Terminationsfaktoren*, an das Ribosom. Einer der Terminationsfaktoren erkennt das Stoppcodon und startet eine Reaktion, die das Polypeptid von der tRNA in der P-Bindungsstelle trennt. Nachdem das Polypeptid abgetrennt wurde, trennen sich auch die Untereinheiten des Ribosoms wieder und die letzte tRNA kommt frei. Die beiden Untereinheiten können nun wieder an eine andere mRNA binden und einen neuen Translationsprozess starten. Die Transfer-RNAs können erneut mit Aminosäuren beladen und immer wieder verwendet werden. Das neue Polypeptid nimmt nun seine endgültige Form an und verbindet sich in einigen Fällen mit anderen Polypeptiden zu einem voll funktionsfähigen Protein (siehe den Abschnitt »Proteine sind wertvolle Polypeptide« weiter hinten in diesem Kapitel).

Die mRNA kann mehr als einmal translatiert werden, und tatsächlich ist es ist auch möglich, dass an einem mRNA-Strang mehrere Ribosomen gleichzeitig aktiv sind. Sobald ein Ribosom nach der Initiation das Startcodon verlässt, kann direkt das nächste Ribosom die 5'-Cap-Struktur erkennen, sich ankoppeln und mit der Translation beginnen. So können viele Polypeptidketten in sehr kurzer Zeit hergestellt werden.

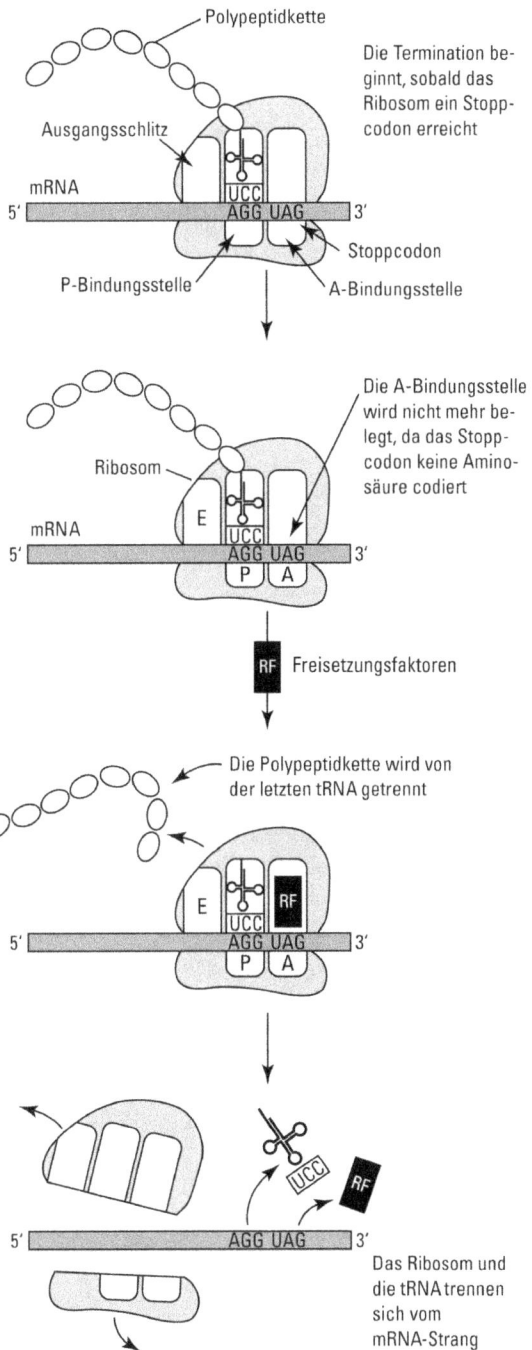

Abbildung 10.6: Die Termination (RF = Releasing- oder Freisetzungsfaktor)

Vom Glauben abgefallen

In anderen wissenschaftlichen Disziplinen (zum Beispiel in der Physik) wimmelt es nur so von Naturgesetzen. Das Gravitationsgesetz beispielsweise lässt keine Ausnahmen zu (schade eigentlich). Aber in der recht jungen Wissenschaft der Genetik gibt es keine Gesetze, da die Wissenschaftler ständig neue Informationen erhalten. Und das trifft auch auf das *zentrale Dogma der Genetik* zu. Ein Dogma ist zwar kein Gesetz, aber eine von allen anerkannte Meinung, wie etwas funktioniert. Das zentrale Dogma der Genetik wurde von unserem alten Freund Francis Crick, berühmt durch seine Mitwirkung bei der Entdeckung der DNA-Struktur, formuliert. Es besagt, dass der Weg vom Genotyp zum Phänotyp eine Einbahn-Datenautobahn ist – es geht immer von der DNA über die RNA zum Protein.

Die Genetik ist scheinbar ein Themengebiet mit lauter Ausnahmen, und auch das zentrale Dogma machte in dieser Hinsicht keine Ausnahme. Es geht auch andersrum! Reverse Transkription (also RNA-Genome, die zurück in DNA übertragen werden) kommt zum Beispiel bei sogenannten Retroviren wie dem Aids verursachenden HI-Virus (HIV) vor. Hier wird die RNA durch das Enzym Reverse Transkriptase in eine DNA überführt, die dann als Vorlage für neue virale DNA-Moleküle dient. Zudem wurde entdeckt, wie groß die Rolle der RNA außerhalb der Translation ist. Es hat sich herausgestellt, dass es viele nichtcodierende RNAs gibt – das sind RNAs, die keine Proteine codieren, aber eine wichtige Rolle für die Regulation der Genexpression spielen (Genexpression ist das Thema in Kapitel 11).

Eine weitere Idee, die beinahe den Status eines Gesetzes erhalten hat, ist die *Ein-Gen-ein-Polypeptid-Hypothese*. In den frühen 1940ern, lange bevor die DNA als *das* genetische Material bekannt war, postulierten George Beadle und Edward Tatum, dass Gene für Proteine codieren. Durch mehrere komplizierte Experimente am Schimmelpilz *Neurospora crassa* entdeckten die beiden Wissenschaftler, dass jedes während der Translation hergestellte Enzym auf der Information eines Gens beruht, und postulierten ihre *Ein-Gen-ein-Enzym-Hypothese*. Nun ist aber längst nicht jedes Protein (oder Polypeptid) ein Enzym – denken Sie nur an das Strukturprotein Kollagen in Ihrem Bindegewebe oder an Enzyme, die aus mehreren Proteinen (Polypeptiden) zusammengesetzt sind. Die Theorie wurde also zur *Ein-Gen-ein-Polypeptid-Hypothese* modifiziert, aber auch die ist noch bei Weitem zu eng gefasst. Viele Gene codieren für die ribosomalen RNAs, aus denen das Ribosom aufgebaut ist, oder für die Transfer-RNAs (tRNAs), die die Aminosäuren zum Ribosom transportieren. Keine dieser rRNAs oder tRNAs wird in ein Polypeptid übersetzt. Heute wissen wir auch, dass durch das *alternative Spleißen* aus der mRNA eines Gens mitunter sehr viele verschiedene Proteine hergestellt werden können (mehr zum alternativen Spleißen können Sie in Kapitel 9 nachlesen).

Proteine sind wertvolle Polypeptide

Neben Wasser sind Proteine die am häufigsten vorkommenden Substanzen in unseren Zellen. Proteine wickeln die Geschäfte des täglichen Lebens ab. Der Schlüssel zur Funktion eines Proteins ist dessen Form. Fertige Proteine können aus einer oder mehreren Polypeptidketten bestehen, die gefaltet und miteinander verbunden werden. Wie die Proteine gefaltet und verbunden werden, hängt von ihrer Aminosäuresequenz ab.

Identifikation radikaler Gruppen

Die Aminosäuren einer Polypeptidkette haben einige Eigenschaften gemein, wie Sie auch in Abbildung 10.7 erkennen können:

✔ eine positiv geladene Aminogruppe (NH_3^+) am zentralen C-Atom

✔ eine der Aminogruppe gegenüberliegende, negativ geladene Carboxylgruppe (COO^-) am zentralen C-Atom

✔ eine lineare oder ringförmige Seitenkette, die den sogenannten Aminosäurerest bildet; durch genau diese Seitenkette unterscheiden sich die 20 Aminosäuren und erhalten so ihre ganz spezifischen Eigenschaften

Die Aminosäurereste gibt es in fünf verschiedenen Varianten: wasserliebend (hydrophil), wasserabstoßend (hydrophob), negativ geladen (basisch), positiv geladen (sauer) oder neutral. Aufgrund ihrer unterschiedlichen Eigenschaften (also der fünf Varianten) können diese Gruppen Bindungen miteinander eingehen oder sich gegenseitig abstoßen. So entsteht die Faltung, die dem Protein seine Form gibt. Es gibt noch viele andere Aminosäuren, aber nur diese 20 werden für die Synthese von Proteinen genutzt – diese heißen entsprechend *proteinogene* Aminosäuren (siehe Abbildung 10.7).

Proteine, in Form gepresst

Proteine sind in mitunter komplizierte Formen gefaltet, wie Sie in Abbildung 10.8 sehen können. Diese Formen entstehen durch natürliche Spiralenbildung bestimmter Abschnitte der Polypeptidketten. Die Spiralen entstehen durch regelmäßig angeordnete Wasserstoffbrückenbindungen zwischen den Aminosäuren der Polypeptidkette. Andere Polypeptidketten können sich vor- und zurückschlängeln und dabei eine Art Polypeptid-»Laken« weben, das ebenfalls durch Wasserstoffbrückenbindungen stabilisiert ist. Spiralen (*Alpha-Helices*, bitte nicht mit der DNA-Doppelhelix aus Kapitel 6 verwechseln) und Laken (*Beta-Faltblatt*) sind die *Sekundärstrukturen* einer Polypeptidkette, während die einfache, ungefaltete Sequenz der Aminosäuren die *Primärstruktur* ist.

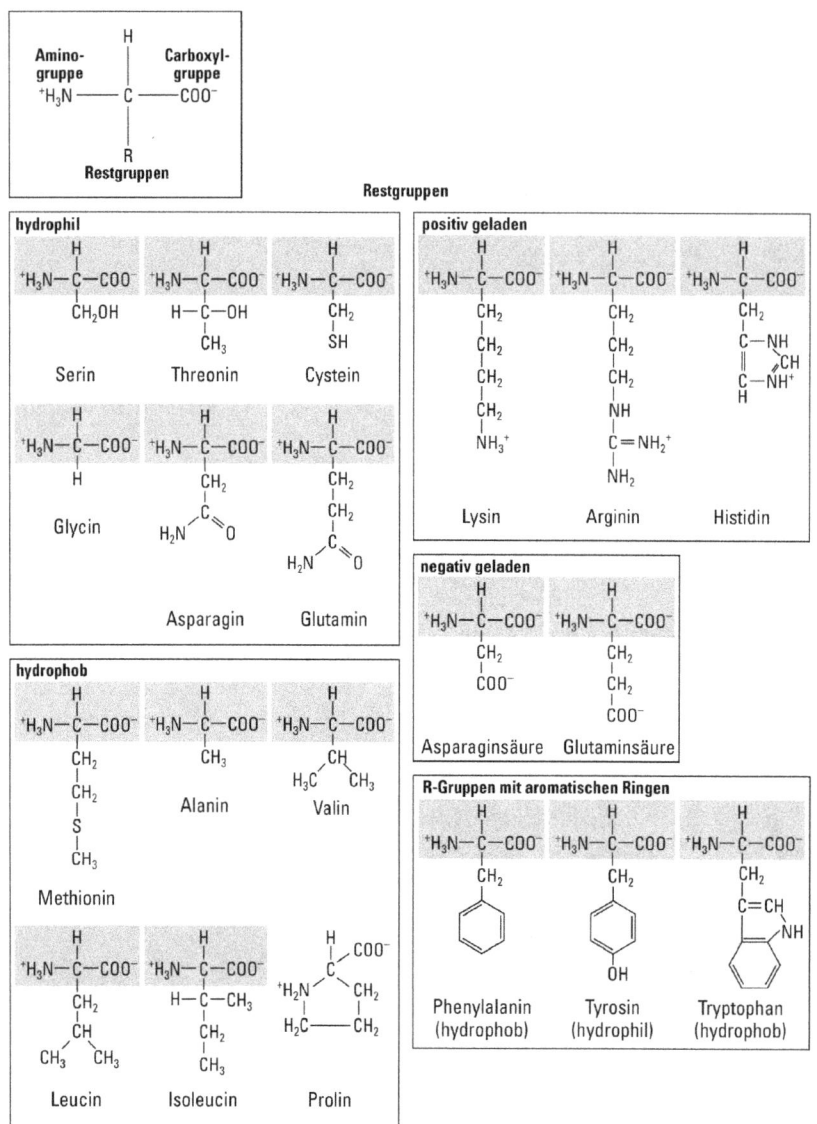

Abbildung 10.7: Die 20 zur Herstellung von Proteinen verwendeten Aminosäuren

Nach der Translation werden die Proteine oft noch modifiziert und mit verschiedenen anderen chemischen Gruppen oder Metallen (zum Beispiel Eisen) verbunden. Ähnlich wie die Bearbeitung der mRNA nach der Transkription (Spleißen) können Proteine nach der Translation auseinandergeschnitten und wieder zusammengefügt werden. Einige dieser Änderungen ergeben natürliche Faltungen, Drehungen und Windungen. Manchmal jedoch sind Proteine auf Hilfe angewiesen, um ihre korrekte Form zu erhalten. Dann kommen Chaperone ins Spiel.

Chaperone sind Moleküle, die das Protein in Form bringen. Sie drücken und ziehen die Ketten so lange, bis die zueinander passenden Aminosäurereste nahe genug aneinanderliegen, um chemische Bindungen einzugehen. Diese Faltung in bestimmte Domänen ergibt die *Tertiärstruktur*. Gleichzeitig schützen die Chaperone das neue Protein vor negativen Einflüssen, die das Protein unbrauchbar machen könnten. Der Name »Chaperon« kommt aus dem Französischen und bedeutet »Anstandsdame«. Das ist ein recht passender Name, da die Chaperone noch unreife Proteine vor schädlichen Kontakten bewahren.

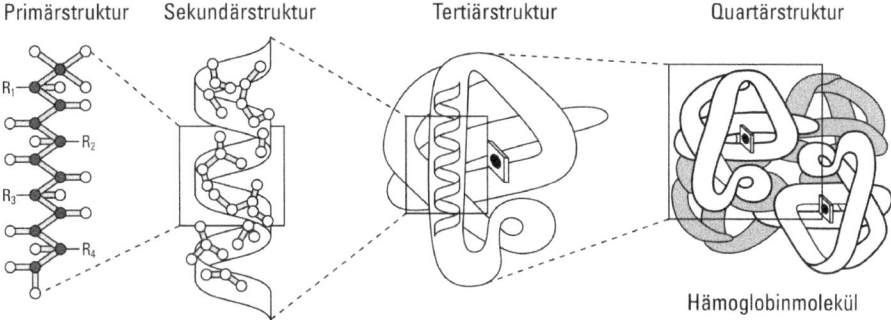

Abbildung 10.8: Proteine werden in komplexe dreidimensionale Strukturen gefaltet.

Werden mehrere Polypeptidketten miteinander zu einem Gesamtprotein verbunden, entsteht eine vierte Ebene der Proteinfaltung, die *Quartärstruktur*. Das Hämoglobin, das den Sauerstoff im Blut transportiert, ist zum Beispiel ein Protein mit einer Quartärstruktur. Vier Polypeptidketten formen ein Hämoglobinmolekül, das aus zwei *Alpha-Globin-Ketten* und zwei *Beta-Globin-Ketten* besteht. In die Tertiärstruktur jeder der vier Globin-Ketten ist eine eisenhaltige *Häm-Gruppe* eingebaut, die reversibel Sauerstoff binden kann und so den Sauerstoff aus der Lunge in die Gewebe transportiert.

IN DIESEM KAPITEL

Stellenbeschreibung: Genen ihren Arbeitsplatz zuweisen

Workflow: Gene in bestimmter Reihenfolge bestimmte Aufgaben erledigen lassen

Controlling: Gene vor und nach der Transkription

Kapitel 11
Genexpression: Was für ein Pärchen

Bis auf wenige Ausnahmen trägt jede Zelle in Ihrem Körper den kompletten Satz der genetischen Information, die Ihr komplettes Sein bestimmt. Die Zellen in Ihrem Auge besitzen auch Gene für Haarwachstum, Ihre Nervenzellen tragen auch Informationen über die Zellteilung, obwohl Nervenzellen sich nicht teilen, zumindest nicht unter normalen Bedingungen. Zudem sind auch die Gene, die in den jeweiligen Zellen gebraucht werden, nicht immer aktiv, sondern sie können nach Bedarf an- und ausgeschaltet werden, so wie man das Licht ausmacht, sobald man den Raum verlässt.

Warum also wachsen keine Haare auf Ihren Augäpfeln? Das Ganze läuft letztendlich auf das Thema Genexpression hinaus. Die *kontrollierte Genexpression* stellt sicher, dass die Gene ihr Produkt zur richtigen Zeit am richtigen Ort herstellen. In allen Zellen sind nie alle vorhandenen Gene gleichzeitig aktiv. In diesem Kapitel untersuchen wir, wie die Genmaschinerie arbeitet und durch welche Faktoren sie kontrolliert wird.

Ihre Gene in den Griff kriegen

Kontrollierte Genexpression findet während des ganzen Lebens statt. Sie beginnt ganz am Anfang, direkt nach der Befruchtung der Eizelle. Für die Entwicklung eines Lebewesens – zuerst der *Zygote* (der befruchteten Eizelle) und später des Embryos und des Fötus – werden Gene ein- und ausgeschaltet. Zunächst sind alle Zellen gleich und zu allem fähig, also *totipotent*, aber das ändert sich schnell. (Mehr zu totipotenten Zellen lesen Sie in Kapitel 20.) Die Zellen erhalten zunehmend Instruktionen von der DNA und entwickeln sich zu Geweben wie Herz, Haut oder Knochen. Nachdem die Gewebeart festgelegt ist, sind nur noch bestimmte Gene in den Zellen aktiv, während andere Gene permanent ausgeschaltet werden. Das liegt daran, dass die Genexpression *gewebespezifisch* ist: Bestimmte Gene sind nur in bestimmten Geweben aktiv, mitunter auch nur in einzelnen Entwicklungsstadien.

Teilweise ist diese gewebespezifische Art der Genexpression auf die Lage der Zelle zurückzuführen, denn die Gene einer Zelle reagieren auf Reize der umliegenden Zellen. Andere Gene wiederum reagieren auf Reize aus der Umwelt und wieder andere sind nur während eines bestimmten Entwicklungsstadiums aktiv, wie zum Beispiel die Gene, die für das Hämoglobin im Embryo oder im Fötus verantwortlich sind.

Ihr *Genom* (das heißt, Ihre komplette Erbinformation) enthält eine große Gruppe von Genen, die für die verschiedenen Komponenten des Proteins *Hämoglobin*, das den Sauerstoff im Blut transportiert, zuständig sind. Hämoglobin besteht aus zwei verschiedenen Proteinuntereinheiten, die gefaltet und jeweils paarweise zusammengebaut werden. Während Ihrer Entwicklung haben zu verschiedenen Zeitpunkten neun verschiedene Gene zusammengearbeitet, um drei verschiedene Arten von Hämoglobin herzustellen. Die verschiedenen Arten von Hämoglobin brauchten Sie, um sich den unterschiedlichen Umweltbedingungen während Ihrer Entwicklung anzupassen.

Als Sie noch ein Embryo waren, bestand Ihr Hämoglobin vorwiegend aus Epsilon-Hämoglobin (die verschiedenen Typen von Hämoglobin werden mit griechischen Buchstaben bezeichnet). Ungefähr drei Monate weiter in Ihrer Entwicklung wurde das Gen für Epsilon-Hämoglobin abgeschaltet, und zwar zugunsten zweier fötaler Hämoglobin-Gene (Alpha- und Gamma-Hämoglobin, die jeweils doppelt im fötalen Hämoglobin vertreten sind). Als Sie geboren wurden, wurde das Gen zur Produktion des Gamma-Hämoglobins abgeschaltet und das Beta-Hämoglobin-Gen, das Ihr restliches Leben lang für Sie arbeitet, nahm seine Arbeit auf.

Die Gene, die die Produktion all dieser verschiedenen Hämoglobine regeln, liegen auf den Chromosomen 11 und 16 (siehe Abbildung 11.1). Diese Gene werden nacheinander von einem Ende der Gruppe aus aktiviert, das heißt zuerst das Gen für das embryonale Hämoglobin. Die Hämoglobine eines Erwachsenen werden von den letzten Genen weiter zum Ende der Chromosomen produziert.

Hitze und Licht

Um zu überleben, müssen Organismen oft sehr schnell auf veränderte Bedingungen reagieren. Wenn Gene durch äußere Einwirkungen eingeschaltet werden, nennt man das *Induktion*. Die Reaktion auf Hitze und Licht sind zwei Arten der Induktion, mit denen sich die Wissenschaftler besonders gut auskennen.

Wird ein Organismus extremer Hitze ausgesetzt, setzt sich eine ganze Reihe von Genen in Gang, um *Hitzeschock-Proteine* (*HSPs*) zu produzieren. Hitze hat einen üblen Effekt auf die Proteine und verstümmelt sie derartig, dass sie nicht mehr funktionieren können (denken Sie nur daran, was passiert, wenn Sie ein Ei in die Pfanne geben ...). In diesem Zusammenhang spricht man von der *Denaturierung* eines Proteins. Die Hitzeschock-Proteine werden von rund 20 verschiedenen Genen codiert und helfen dabei, andere Proteine vor der Denaturierung zu schützen. Sie können zum Teil auch geschädigte Proteine reparieren und wieder in ihre funktionsfähige Form bringen. Am besten sind die Hitzeschock-Reaktionen bei Fruchtfliegen erforscht, aber auch Menschen besitzen viele verschiedene Hitzeschock-Gene. Diese Gene schützen Sie gegen Stress und Schadstoffe.

Ihr täglicher Schlaf- und Wachrhythmus wird teilweise vom Licht beeinflusst. Aber auch Krebs scheint über eine Art »Lichtsensor« zu verfügen. Wenn Sie nachts einer Lichtquelle ausgesetzt werden, wird Ihre normale Melatonin-Produktion (ein Hormon, das unter anderem den Schlaf reguliert) unterbrochen. In der Folge wird ein Gen mit dem Namen *Period* (*Per*) inaktiviert (es wird wegen der Periodenlänge des zirkadianen Rhythmus so genannt; »zirkadian« ist aus dem Lateinischen abgeleitet und bedeutet »ungefähr ein Tag«). Eine veränderte Aktivität des *Per*-Gens wird mit Brustkrebs und Immunsuppression in Verbindung gebracht. Die Häufigkeit von Brustkrebs nahm bei Frauen, die in Nachtschicht arbeiten, so drastisch zu, dass Forscher Nachtschichten als »vermutlich karzinogen« eingestuft haben.

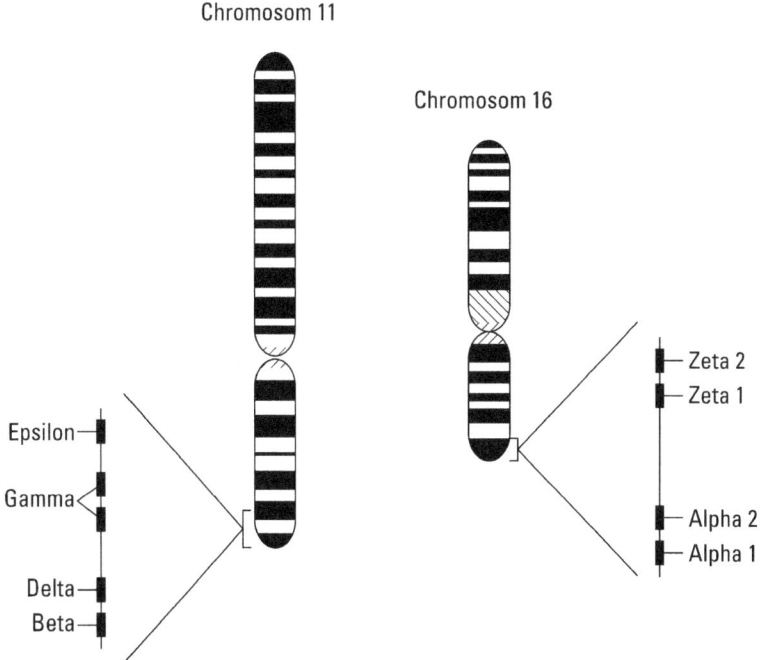

Abbildung 11.1: Die Gene für die verschiedenen Hämoglobinproteine werden in derselben Reihenfolge aktiviert, wie sie auf den Chromosomen liegen.

Transkriptionskontrolle

Bei Eukaryoten wie uns werden die meisten Gene während der Transkription kontrolliert. Der grundlegende Transkriptionsprozess wird in Kapitel 9 dargestellt. Dieser Abschnitt erklärt Ihnen, wie und wann die Genaktivität über die Transkription kontrolliert wird.

Die zeitliche Planung der Transkription kann durch mehrere Faktoren beeinflusst werden. Dazu zählen:

✔ die Zugänglichkeit der DNA

✔ eine Regulierung durch andere Elemente

✔ Signale anderer Zellen durch Hormone

Die Regulation der Genexpression, das heißt die Entscheidung, welche Gene an- und welche abgeschaltet werden, erfolgt während des gesamten Prozesses des »Ablesens« der DNA und der Umsetzung dieser Information in das fertige Protein als Produkt. Diese Regulation kann *vor* der Transkription stattfinden, indem der Transkriptionsmaschinerie der Zugang zur DNA entweder erlaubt oder verweigert wird (Nummer 1 in Abbildung 11.2). Sie kann aber auch auf der Ebene der Transkription stattfinden (Produktion, Modifikation und Stabilität der mRNA), die im Zellkern abläuft (Nummer 2 bis 4 in Abbildung 11.2). Die Regulation der Genexpression, die erst dann stattfindet, wenn die mRNA den Zellkern bereits verlassen hat und im Zytoplasma angekommen ist, umfasst die Kontrolle der Translation (die Proteinproduktion) und posttranslationale Modifikationen (Nummer 5 und 6 in Abbildung 11.2). Im Falle der posttranslationalen Modifikationen können Veränderungen am Protein nach seiner Entstehung es entweder aktivieren oder inaktivieren (abhängig davon, was für das Funktionieren des Proteins nötig ist).

Bevor es überhaupt losgeht

Ob ein Gen angeschaltet und transkribiert werden kann, hängt davon ab, ob der DNA-Abschnitt, der das Gen enthält, zugänglich ist. Ein Weg, um den Zugang zur DNA zu kontrollieren, geschieht durch die Epigenetik. Mit Epigenetik sind Änderungen an der chemischen Struktur des DNA-Moleküls gemeint, im Gegensatz zu Änderungen an der DNA-Sequenz. Kleine chemische Marker, die *Methylgruppen* (CH_3), werden an der DNA befestigt. Diese chemischen Modifizierungen können in der Nähe oder innerhalb der Promotoren von Genen erfolgen und so die Transkriptionsmaschinerie davon abhalten, an das Gen zu binden, wodurch es wirksam abgeschaltet wird.

Die DNA muss aus den dicht verpackten Nukleosomen stellenweise gelöst und »entwunden« werden, damit eine Transkription stattfinden kann.

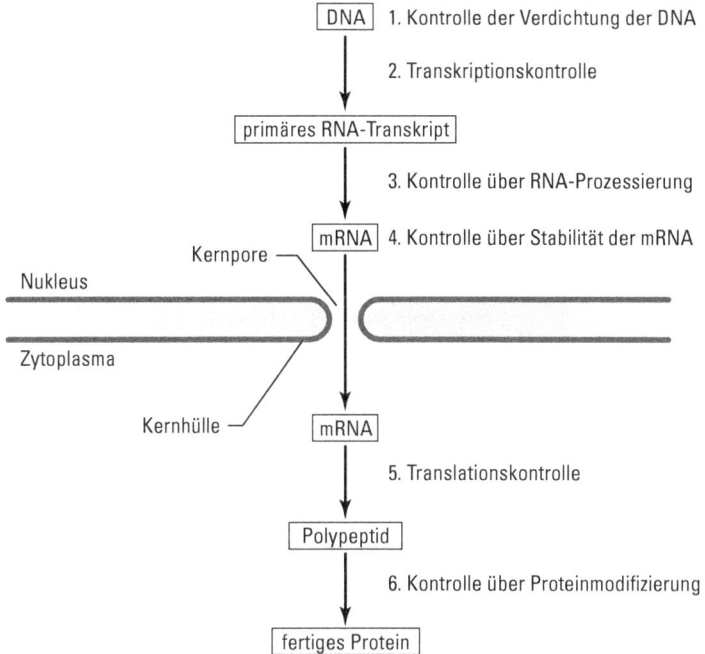

Abbildung 11.2: Regulation der Genexpression bei Eukaryoten

Stark eingebunden: Die Auswirkungen der DNA-Verpackung

Die Standardeinstellung Ihrer Gene ist »Aus«, nicht »An«, und das ist gut so, wenn Sie bedenken, dass fast jede Ihrer Zellen die komplette Erbinformation von 21.000 Genen in sich trägt. Nicht jedes Gen kann in jeder Zelle immer machen, was es will. Sie wollen, dass bestimmte Gene nur in den Geweben aktiv sind, wo sie gebraucht werden – wer möchte schon Haare oder Fingernägel auf dem Augapfel? Gene einzuschalten ist wichtig, aber Gene auszuschalten ist noch wichtiger für die kontrollierten Abläufe in einem Organismus.

Gene werden auf zwei Arten in die »Aus«-Stellung gebracht:

✔ **Dichtes Verpacken:** Die Verpackung der DNA funktioniert sehr gut, um ein Gen die meiste Zeit ausgeschaltet zu lassen, weil so Enzyme aufgrund der hohen Dichte keinen Zugang zur DNA haben und somit keine Transkription stattfinden kann. Die DNA ist ein riesiges Molekül, das nur im kleinen Zellkern Platz findet, wenn es so dicht wie möglich aufgewickelt wird (»Supercoiling«, siehe hierzu Kapitel 6). Zuerst wird die DNA um spezielle Proteine, die Histone, gewickelt – das sind dann die Nukleosomen. Dann wird dieser Strang mit den Proteinen, der aussieht wie eine Perlenkette, noch mal um sich selbst gewickelt. So entsteht sehr dicht gepackte DNA, die auch *Chromatin* genannt wird. So dicht gepackte DNA kann nicht transkribiert werden, da die Transkriptionsfaktoren nicht an die DNA binden können, um den Matrizenstrang zu finden und ihn abzulesen.

✔ **Repressoren:** *Repressoren* sind Proteine, die eine Transkription verhindern können, indem sie an dieselben Stellen der DNA binden, an die auch die Transkriptionsfaktoren binden würden, oder sie blockieren die Gruppe der Enzyme, die die Transkription anstoßen (das Polymerase-Holoenzym, siehe Kapitel 9). In beiden Fällen wird verhindert, dass sich die DNA öffnet; die Gene bleiben ausgeschaltet.

Doch Gene können nicht für immer ausgeschaltet bleiben. Deswegen sind bestimmte Bereiche der DNA nicht so dicht gepackt und somit gut erreichbar. Diese Gene können leichter aktiviert werden, wann immer sie gebraucht werden.

Um herauszufinden, welche Gene weniger dicht gepackt sind, haben Forscher die DNA einem Enzym namens *DNase I* ausgesetzt, das DNA verdaut. Diese Desoxyribonuklease (DNase) kommt in vielen Zellen vor und katalysiert den Abbau von DNA, die nicht mehr gebraucht wird. So kamen die Genetiker auf die Idee, dass weniger dicht gepackte DNA-Abschnitte gegenüber der DNase I empfindlich sein und durch die Enzymaktivität entsprechend abgebaut werden müssten. Die Abschnitte, die übrig blieben, müssten dann diejenigen Gene sein, die in den Zellen eines bestimmten Gewebes permanent abgeschaltet sind. Die Teile des Genoms, die von dem Enzym zerstört werden, sind folglich die Gene, die nicht so dicht gepackt sind, um bei Gebrauch schnell angeschaltet werden zu können.

Um ein Gen anzuschalten, muss es entpackt werden. Spezielle Proteine binden dabei an die DNA und wickeln sie von den Histonkomplexen ab. Es gibt viele solcher Proteine, einschließlich der Transkriptionsfaktoren, die als *Chromatin remodulierende Komplexe* bekannt sind. Die meisten dieser Proteine binden an die DNA in der Nähe des Gens und schieben die Histonkomplexe beiseite, um die DNA für die Transkription durch die RNA-Polymerase zugänglich zu machen. Sobald die DNA frei ist, können die Transkriptionsfaktoren andocken, die in manchen Zellen nur darauf lauern, und sofort mit ihrer Arbeit beginnen. Wie ich in Kapitel 9 erkläre, startet die Transkription, sobald eine Gruppe von Enzymen, *Holoenzym-Komplex* genannt, an die Promotorsequenz der DNA bindet. Die Promotorsequenzen liegen meistens nur ein paar Basenpaare von der zu transkribierenden Sequenz entfernt, die sie kontrollieren. Auch *transkriptionsaktivierende Faktoren (TAFs)* zählen zu den Transkriptionsfaktoren. Sie helfen, dass alle zur Transkription benötigten Komponenten zur rechten Zeit am rechten Ort sind. Transkriptionsaktivierende Faktoren können ebenfalls Histone aus dem Weg schieben und so die DNA-Matrize für die Transkription freilegen.

Ferne Elemente kontrollieren Gene

Insgesamt vier Typen von DNA-Sequenzen managen die Aktivität von Genen im Kleinen. In diesem Abschnitt habe ich diese Gene anhand ihrer Beziehung zueinander in zwei Gruppen eingeteilt.

Transkriptionsmanager

Drei Typen von DNA-Sequenzen arbeiten als Regulierungsstellen, um die Transkription zu verstärken (*Enhancer*), sie herunterzufahren (*Silencer*) oder die Auswirkungen von Enhancern beziehungsweise Silencern auszuhebeln (*Isolatoren*).

✔ **Enhancer:** Diese Art von DNA-Sequenz schaltet die Transkription ein und beschleunigt sie, sodass die Transkription schneller und öfter stattfindet. Enhancer können stromaufwärts, stromabwärts oder mitten in der Transkriptionseinheit liegen. (Falls Sie mit diesen Begriffen nicht vertraut sind, lesen Sie in Kapitel 9 nach.) Sie können aber auch Gene beeinflussen, die mehrere Tausend Basenpaare weit von der Enhancerposition entfernt liegen. Nichtsdestoweniger sind Enhancer in ihrer Aktivität sehr gewebespezifisch. Sie beeinflussen nur Gene, die in dem bestimmten Zelltyp auch normalerweise aktiviert werden. Die Wissenschaftler erforschen immer noch, wie diese Enhancersequenzen tatsächlich arbeiten. Es scheint, dass sie genau wie die transkriptionsaktivierenden Faktoren (TAFs) die Möglichkeit haben, die Histonkomplexe beiseitezuschieben und den Weg für die Transkription freizumachen. Dabei arbeiten die Enhancer mit den Transkriptionsfaktoren zusammen und bilden mit ihnen einen Komplex, der *Enhanceosom* genannt wird. Das Enhanceosom zieht Chromatin remodulierende Proteine zusammen mit RNA-Polymerase an. So kann der Enhancer die Transkription direkt kontrollieren.

✔ **Silencer:** Diese regulatorischen Sequenzen verbinden sich mit Repressoren, die die Transkription hemmen oder ganz zum Stillstand bringen. Wie die Enhancer können auch Silencer Tausende Basenpaare vom eigentlichen Gen, das sie kontrollieren, entfernt sein. Silencer halten zudem die DNA dicht gepackt und für die Transkription nicht verfügbar.

✔ **Isolatoren:** Die Isolatoren werden manchmal auch *Randelemente* genannt und haben eine ganz andere Aufgabe als Enhancer und Silencer. Isolatoren schützen einige Gene vor den Auswirkungen von Enhancern und Silencern, indem sie die Aktivität dieser Sequenzen auf die richtigen Gene lenken. Für gewöhnlich sitzen die Isolatoren deshalb zwischen dem Enhancer beziehungsweise Silencer und den Genen, die dem Zugriff des Enhancers beziehungsweise Silencers entzogen werden sollen.

Sie wundern sich vielleicht, wie denn Enhancer und Silencer Einfluss auf Gene nehmen können, die Tausende Basenpaare von ihnen entfernt liegen. Die meisten Genetiker gehen davon aus, dass die DNA im wahrsten Sinne des Wortes einen Bogen machen muss, um Enhancer oder Silencer in die Nähe des betreffenden Gens zu bringen. In Abbildung 11.3 können Sie so einen Bogen sehen. Die Promotorregion beginnt mit der TATA-Box und geht weiter bis zur zu transkribierenden Sequenz. Der Enhancer arbeitet mit der Promotorregion zusammen, um die Transkription zu regulieren.

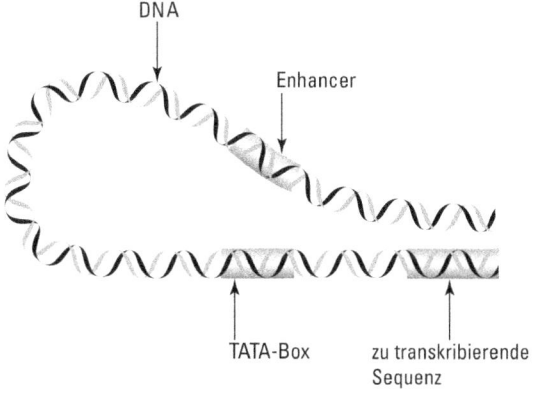

Abbildung 11.3: Enhancer machen einen Bogen, damit sie Einfluss auf ein Gen nehmen können.

Springende Gene: Transposons

Einige »Gene« reisen gerne; sie können von Ort zu Ort springen und sich an verschiedenen Orten einfügen. Dabei können sie Mutationen verursachen und die Expression anderer Gene verändern. Diese »Wanderer« nennt man *Transposons* und sie sind nicht selten – etwa 45 Prozent Ihrer DNA bestehen ursprünglich aus solchen Transposons, auch bekannt als *springende Gene*. Die meisten Transposons bewegen sich jedoch relativ selten.

Die Transposons wurden 1948 von Barbara McClintock entdeckt. Sie nannte sie *kontrollierende Elemente*, weil sie die Expression anderer Gene kontrollieren. McClintock fiel bei Untersuchungen an Maispflanzen auf, dass bestimmte Gene, die ihren Platz im Erbgut ändern können, die Kornfarbe kontrollieren. Dabei zeigte sich das Gen zuerst auf dem einen Chromosom, bei einer anderen Pflanze auf einem völlig anderen. (Mehr über Barbara McClintock finden Sie in Kapitel 22.)

Transposons reisen scheinbar frei umher und tauchen dort auf, wo es ihnen gefällt. Das heißt, zwischen der Insertionsstelle und den Enden des Transposons muss es keine Übereinstimmungen geben. Sie nutzen zum Beispiel Brüche in der DNA, wobei allerdings nicht jeder Bruch infrage kommt – er muss kurze überhängende Stücke einzelsträngiger DNA aufweisen (siehe Abbildung 11.4). Manche Transposons replizieren sich selbst und springen dann in diese Brüche, andere, die *Retrotransposons*, nehmen den Weg über die RNA.

Retrotransposons werden wie jede andere DNA transkribiert. Zunächst wird ein RNA-Transkript hergestellt, aber danach wandert die RNA nicht ins Zytoplasma zur Translation, sondern wird von einem speziellen Enzym, der Reversen Transkriptase, wieder in doppelsträngige DNA umgewandelt. Da das Endergebnis eine DNA-Kopie von einem RNA-Transkript ist, wird dieser Prozess *reverse Transkription* genannt. Die DNA-Kopie wird nun in einen Bruch eingefügt und das neu kopierte Retrotransposon macht es sich dort gemütlich.

Proteine kontrollieren die Transkription

Die Transkription wird auch durch Proteine reguliert, die in den Kern hineintransportiert werden. Diese Proteine werden als *Transkriptionsfaktoren* bezeichnet und sie können die Transkription entweder fördern oder blockieren. Transkriptionsfaktoren funktionieren, indem sie an die Promotoren und andere regulatorische Sequenzen von Genen, wie die Enhancer oder Silencer, binden. Transkriptionsfaktoren enthalten eine spezifische DNA-bindende Domäne, die eine bestimmte, sechs bis zehn Basenpaare lange Sequenz in der DNA erkennt.

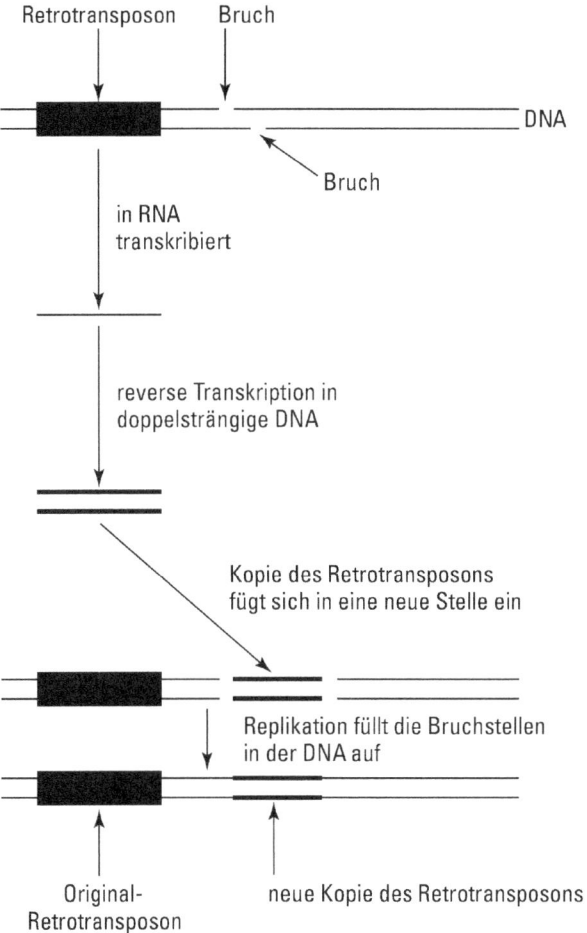

Abbildung 11.4: Transposons verteilen sich über das ganze Genom, indem sie sich selbst kopieren.

✔ **Allgemeine Transkriptionsfaktoren:** Diese Art Transkriptionsfaktor wird für die Transkription aller Gene gebraucht und ist in allen Zelltypen vorhanden. Diese Proteine sind Teil des *Transkriptionsinitiationskomplexes*. In diesem Komplex helfen die Transkriptionfaktoren und *Coaktivatorproteine* der RNA-Polymerase, das Enzym, das für die Transkription verantwortlich ist, den Genpromotor zu finden und daran zu binden (siehe Abbildung 11.5).

✔ **Regulatorische Transkriptionsfaktoren:** Diese Art Transkriptionsfaktor bindet an spezifische regulatorische Sequenzen (wie zum Beispiel Enhancer), um sicherzustellen, dass die richtigen Gene zur richtigen Zeit und am richtigen Ort angeschaltet werden (siehe Abbildung 11.5). Ihre Funktion ist eher zelltyp- und genspezifisch. Welche regulatorischen Transkriptionsfaktoren in einer bestimmten Zelle vorhanden und aktiv sind, hängt vom jeweiligen Zelltyp ab.

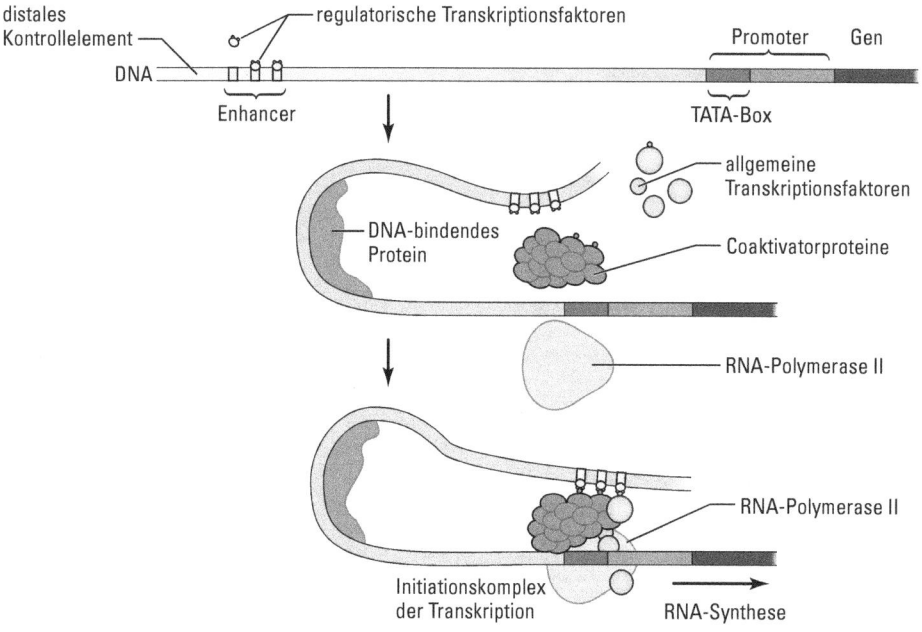

Abbildung 11.5: Transkriptionsfaktoren in eukaryotischen Zellen

Hormone machen Gene an

Hormone sind komplexe Moleküle, die die Genexpression beeinflussen. Sie werden von vielen Gewebearten gebildet, im Gehirn, in den Keimdrüsen (Ovarien und Hoden, wo die Keimzellen produziert werden) und in anderen Drüsen überall im Körper. Hormone zirkulieren im Blut und können auf Gewebe einwirken, die weit von den Hormonproduktionsstätten entfernt sind. So können sie auch mehrere Gewebe gleichzeitig beeinflussen. Im Grunde genommen sind Hormone so etwas wie ein Hauptschalter für die Genregulation im Körper. Lesen Sie mehr über den Einfluss der Hormone auf Ihren Körper im Kasten »Hormone machen Ihre Gene wild«.

Einige Hormone sind hydrophil (wasserliebend) und können die lipidhaltige Zellmembran der Zelle nicht passieren. Wasser und Fette vertragen sich nun einmal nicht gut! Bei diesen Hormonen sind Rezeptorproteine auf der Zelloberfläche notwendig, die das Signal des Hormons über die Membran mithilfe eines *Second Messengers* wie dem *zyklischen Adenosinmonophosphat* (abgekürzt *cAMP*) in den Zellkern übermitteln. Dies wird auch *Signaltransduktion* genannt. Andere Hormone wie die Steroide sind klein und fettlöslich. Sie können eigenständig in die Zellen eindringen und dort an Rezeptorproteine binden. In diesem Fall bilden Rezeptorprotein und Hormon einen Komplex, der zum Zellkern wandert, dort als Transkriptionsfaktor fungiert und bestimmte Gene ein- oder abschaltet.

Hormone machen Ihre Gene wild

Dioxine sind langlebige und hochgiftige organische Chemikalien, die zum Beispiel durch Müllverbrennung, Kohlekraftwerke oder durch die Papier und Metall verarbeitende Industrie in die Umwelt gelangt sind, um nur einige wenige Möglichkeiten zu nennen. Untersuchungen haben ergeben, dass Dioxine die Wirkung des Hormons Östrogen imitieren und im Zellkern Gene anschalten können. Dies ist überaus besorgniserregend, weil Dioxine Krebs oder Geburtsfehler verursachen können.

Dioxine gelangen auf vielfältige Weise in unsere Nahrungskette und haben aufgrund ihrer chemischen Eigenschaften leider eine sehr hohe Affinität zu Fetten. So können sie über Jahre im Fettgewebe von Tieren gespeichert und angereichert werden. Fleisch und Milchprodukte sind aufgrund ihres hohen Fettgehalts am ehesten von Dioxinbelastungen betroffen, aber auch Fettfische können höhere Dioxingehalte aufweisen. Es ist schon lange bekannt, dass Dioxin die *Östrogene* beeinflusst. Östrogene regeln die Geschlechtsentwicklung und den Geschlechtszyklus bei der Frau und in gewissem Maße auch beim Mann. Seit einigen Jahren zeichnet sich aber erfreulicherweise ab, dass die Dioxinwerte in der Umwelt sinken: Die Dioxinemissionen sind inzwischen um mehr als 90 Prozent zurückgegangen. Unglücklicherweise baut sich aber das in der Umwelt schon vorhandene Dioxin so langsam ab, dass es uns dort noch längere Zeit erhalten bleiben wird.

Treffer – versenkt: Die Genwirkung von Anabolika

Den Begriff *anabole androgene Steroide* (oder umgangssprachlich Anabolika) hört man heutzutage oft in den Sportnachrichten. Diese Steroide sind synthetisch modifizierte Versionen des männlichen Geschlechtshormons *Testosteron* (siehe Kapitel 5) oder haben eine ähnliche Wirkung. Chemikalien mit anabolen Effekten bauen Muskelmasse auf; androgene Effekte führen zu einer Steigerung des Geschlechtstriebs und der Spermienproduktion. Einige Hochleistungssportler, unter anderem Bodybuilder, missbrauchen diese Steroide zu Dopingzwecken, um noch bessere Leistungen zu erzielen. Seit einiger Zeit scheint das Dopingproblem wegen des immer höher werdenden Leistungsdrucks auch an Schulen und Hochschulen zuzunehmen.

Hormone wie Testosteron regulieren die Genexpression. Es scheint, dass Testosteron seinen anabolen Effekt durch die Unterdrückung eines Tumorsuppressorgens (*CDKN1B*) erzielt, das das Protein *p27* codiert. Wenn p27 im Muskelgewebe unterdrückt wird, können sich die Muskelzellen schneller teilen, was zu höherem Muskelwachstum und zu einer von vielen Athleten gern gesehenen kräftigen Statur führt. Anabole Steroide fördern offensichtlich auch die Auswirkungen des Gens, das bei Männern die Kahlköpfigkeit bewirkt (siehe Kapitel 5), sodass bei diesen Männern bei gleichzeitiger Einnahme anaboler Steroide der Haarausfall beschleunigt wird und sie früher eine Glatze bekommen.

Defekte im Tumorsuppressorgen *CDKN1B* (Protein p27) werden landläufig mit Krebs in Zusammenhang gebracht. Nicht nur das – einige Krebsarten sind sogar von Hormonen als Signalgeber für die Tumorzellen abhängig (als Signal zur Zellteilung und damit für das Wachstum des Tumors). Mindestens eine Untersuchung zeigte, dass Steroide karzinogen sind und ein Missbrauch zu Mutationen und somit Krebs führen kann. Da insbesondere illegal bezogene Steroide weitere unerwünschte und potenziell karzinogene Substanzen enthalten, werden mit der Einnahme der Anabolika gleichzeitig mutagene Chemikalien in den Körper eingeführt und das Tumorsuppressorgen heruntergeregelt. Man muss kein Genie sein, um zu erkennen, wie gefährlich das ist. Die Einnahme von anabolen Steroiden wird mit dem Auftreten von Leberkrebs, Hodenkrebs, Leukämie oder Prostatakrebs in Zusammenhang gebracht.

Die Gene, die auf Hormonsignale reagieren, werden von DNA-Sequenzen kontrolliert, die *Hormon-Antwort-Elemente* (oder *HREs*, vom englischen Begriff »hormone-responsive elements«) heißen. HREs sitzen in der Nähe der Gene, die sie regulieren, und binden den Hormonrezeptorkomplex. Dabei kann ein Gen von mehreren HREs kontrolliert werden. Tatsächlich wird ein Gen umso häufiger abgelesen, je mehr HREs vorhanden sind.

Nachbesserung: Was nach der Transkription geschehen kann

Die Kontrolle der Genexpression kann auch durch Ereignisse nach der Transkription in mRNA erfolgen.

Schnippschnapp: Spleißen der RNA

Eukaryotische Gene enthalten *Exons*, die für die eigentliche Codierung des gewünschten Proteins zuständig sind (siehe Kapitel 9), und zwischen den Exons liegen die *Introns*, Unterbrechungen mit nichtcodierender DNA, die bestimmte Funktionen haben oder auch nicht (jedenfalls nach heutigem Wissensstand). Bei der Transkription eines Gens wird zunächst der gesamte Bereich vom Transkriptionsstart bis zum Terminator in eine mRNA kopiert. Das mRNA-Transkript muss vor der Translation noch nachbearbeitet werden, das heißt, alle Introns müssen entfernt werden. Sind in einem Gen mehrere Introns vorhanden, kann auch die Abfolge der Exons beim Spleißen geändert werden oder Exons werden unterschiedlich herausgeschnitten, sodass ein und dasselbe Gen verschiedene Proteine codieren kann. Durch diese kreative Nachbearbeitung entstehen neue Möglichkeiten der Genexpression. Diese genetische Flexibilität ist der Grund dafür, dass Sie, gemessen an der begrenzten Anzahl Ihrer Gene, eine schier unermessliche Vielzahl möglicher Proteine in Ihrem Körper produzieren können (mehr zum Potenzial der Gennachbearbeitung am Ende von Kapitel 9).

Ein Gen mit einer offensichtlich hohen Flexibilität ist das *DSCAM-Gen*. *DSCAM* wurde nach der Chromosomenstörung benannt, die mit dem Protein (DSCAM) verbunden ist, und heißt mit vollem Namen Down-Syndrom-Zelladhäsionsmolekül (englisch: »Down syndrome cell adhesion molecule«). DSCAM ist an der Entwicklung des fötalen Nervensystems beteiligt und spielt vermutlich eine Rolle bei den geistigen Fehlentwicklungen, die bei Menschen mit Trisomie 21 (»Down-Syndrom«) auftreten. Bei Fruchtfliegen ist das Gen für DSCAM, *CG42330*, ein großes Gen mit 115 Exons und mindestens 100 Spleißstellen. Insgesamt könnte es sage und schreibe für 30.016 verschiedene Proteine codieren. Jedoch ist die Proteinproduktion bei *CG42330* strikt reguliert; einige Produkte werden nur für kurze Zeit während der frühen Entwicklungsphase der Fruchtfliegen hergestellt. Das menschliche *DSCAM* macht nicht so viel her, jedenfalls bezogen auf die Anzahl der möglichen Proteine. Aber es gibt viele andere Gene im menschlichen Genom, die ähnlich produktiv wie *CG42330* bei Fruchtfliegen sein könnten und somit ein »fruchtbares« Forschungsgebiet darstellen. Verglichen mit der Anzahl der Proteine hat der Mensch nur sehr wenige Gene. Gene wie *DSCAM* können Wissenschaftlern helfen zu verstehen, wie wenige Gene eine Vielzahl von Proteinen codieren können.

Jetzt, da die Forscher diesem Schnippschnapp-Spiel der mRNA auf die Schliche gekommen sind, gilt es herauszufinden, wie diese Art der Genexpressionsregulation gemacht und kontrolliert wird. Die Forscher wissen, dass ein Komplex von Proteinen – das *Spleißosom* – die meiste Arbeit beim Herausschneiden und Zusammensetzen der codierenden Sequenzen übernimmt. Wie jedoch die Aktivitäten des Spleißosoms kontrolliert werden, ist eine andere Sache. Dies in Erfahrung zu bringen, wäre jedoch mehr als hilfreich, denn viele Formen von Krebs, allen voran der Bauchspeicheldrüsenkrebs, können das Produkt eines gestörten Spleißvorgangs sein.

Ruhe bitte! mRNA-Stilllegung

Nach der Transkription kann die Genexpression durch die *mRNA-Stilllegung (Silencing)* kontrolliert werden. Bei der Stilllegung wird die mRNA irgendwie verändert, sodass keine Translation stattfinden kann. Forscher haben allerdings noch nicht vollständig herausgefunden, wie Lebewesen wie Sie und ich die mRNA durch *RNAi (RNA-Interferenz)* stilllegen können. Die Genetiker wissen heute, dass die meisten Lebewesen RNAi verwenden, um die Translation ungewollter mRNA zu verhindern. Sie wissen auch, dass doppelsträngige RNA das Signal für die Initiation der RNAi gibt, aber wie genau das alles funktioniert, ist immer noch ein Rätsel. Die Entdeckung der RNAi revolutionierte die Genforschung (lesen Sie auch den Kasten »Knockout für Gen durch RNA-Interferenz«).

Die RNA-Stilllegung wird nicht nur zur Regulation der Genexpression gebraucht, sondern kann auch manchmal zum Schutz vor viralen Genen dienen. Wenn das Immunsystem die doppelsträngige RNA eines Virus findet, wird ein Enzym namens *Dicer* produziert. Das Dicer-Enzym zerhackt die doppelsträngige Viren-RNA in kleine Stücke (ungefähr 20 bis 25 Basenpaare lang). Diese kleinen Stücke, nun *kleine interferierende RNA* genannt (*siRNA*, aus dem Englischen »small interfering RNA«), werden als Waffen gegen die restliche Viren-RNA genutzt. Diese kleinen RNA-Stückchen verhalten sich wie Verräter: Zuerst tun sie sich mit RNA-Protein-Komplexen zusammen und führen diese dann zu intakter Viren-RNA. Die virale RNA wird nun zerstört und unschädlich gemacht.

Knock-out für ein Gen durch RNA-Interferenz

Der Einblick in die Welt der RNAi (interferierende RNA, RNA-Interferenz, siehe den Abschnitt »Ruhe bitte! mRNA-Stilllegung« in diesem Kapitel) hat für ziemlich viel Furore um das Verständnis der Genexpression gesorgt. Der Durchbruch kam mit der Entdeckung der Genetiker Andrew Fire und Craig Mello, die mit der Einführung bestimmter doppelsträngiger RNA-Moleküle bei Rundwürmern nach Belieben Gene ausschalten konnten. Wie sich herausstellte, können die Forscher die RNAi in das Futter der Rundwürmer mischen und so nicht nur die entsprechenden Gene des Rundwurms abschalten, der diesen Cocktail geschluckt hat, sondern auch die seiner Nachkommen!

Seit dieser Entdeckung im Jahr 2003 haben Genetiker natürlich vorkommende RNAi in allen möglichen Lebewesen nachgewiesen. Die bekannteste RNAi ist eher kurz (nur rund 20 Basenpaare lang) und verbindet sich mit speziellen Proteinen, den sogenannten *Argonautenproteinen*, um Gene zu regulieren (in den meisten Fällen, um sie stillzulegen). Agronautenproteine kommen in fast allen Organismen vor und scheinen evolutionsbiologisch schon sehr alt zu sein. Sie sind an vielen Prozessen beteiligt, die RNA-Moleküle schneiden und damit inaktivieren können. Dazu zählt bei Pflanzen, Pilzen oder Insekten auch die Abwehr gegen Viren, die ihr RNA-Erbgut in die Zellen injizieren.

Bei Säugetieren sind Agronautenproteine vor allem an der Genregulation beteiligt. Eigentlich machen die Argonauten die ganze Arbeit, sie werden von der RNAi nur an die richtige Stelle geleitet. Die RNAi findet ihre komplementäre mRNA (das Produkt des Gens, das reguliert werden soll), die Argonauten zerstückeln die mRNA und machen sie so unbrauchbar. Neue RNAi wird ständig gefunden und ihre eigentliche Bedeutung für die Genregulation erschließt sich nach und nach. Die verheißungsvollste Verwendung von RNAi findet sich in der Gentherapie (lesen Sie hierzu Kapitel 16). Diese kleinen RNA-Moleküle können beispielsweise für die Therapie von Krebserkrankungen oder zur Verhinderung der Virusreplikation (HIV) eingesetzt werden. Trotzdem gab es zunächst viele Probleme bei der Anwendung beim Menschen, denn Säugerzellen reagieren gerade auf längere RNAi-Moleküle ganz anders als der Fadenwurm. Erste erfolgreich abgeschlossene Studien zeigen, dass sich mit Medikamenten auf RNAi-Basis der Cholesterinspiegel senken lässt.

mRNA mit Verfallsdatum

Nachdem die mRNA gespleißt und wieder zusammengesetzt wurde sowie eine Kappe und einen Schwanz bekommen hat (siehe Kapitel 9, wie mRNA eingekleidet wird), wird sie ins Zytoplasma der Zelle gebracht. Von diesem Zeitpunkt an ist die mRNA dem Untergang geweiht, da dort massenhaft Enzyme lauern, die nichts anderes zu tun haben, als RNA anzuknabbern. Deswegen besitzen mRNA-Moleküle nur eine sehr kurze Lebensdauer, deren genaue Länge (und damit auch, wie oft die mRNA in Proteine translatiert werden kann) durch verschiedene Faktoren bestimmt wird. Der wichtigste Faktor bei der Kontrolle der Lebensdauer der mRNA scheint der Poly-A-Schwanz (der lange Faden aus Adenin-Molekülen am 3'-Ende der mRNA) zu sein. Die wichtigsten Eigenschaften des Poly-A-Schwanzes sind:

- ✔ **Schwanzlänge:** Je länger der Schwanz ist, desto öfter kann die mRNA translatiert werden. Wenn ein Gen schnell wieder ausgeschaltet werden muss, ist der Schwanz normalerweise relativ kurz. Bei einem kurzen Schwanz wird die mRNA nach der Transkription schnell abgebaut und nicht ersetzt. Damit kommt auch die Proteinproduktion schnell zum Erliegen.

- ✔ **Nicht translatierte Sequenzen vor dem Schwanz:** Viele mRNA-Moleküle mit kurzer Lebensdauer besitzen vor dem Poly-A-Schwanz Sequenzen, die, obwohl sie nicht in Protein übersetzt werden, die Lebensdauer weiter verkürzen, da hier eine Endonuklease direkt angreifen kann.

In der Zelle vorhandene Hormone können ebenfalls mitbestimmen, wie schnell die mRNA verschwindet. Auf jeden Fall ist die Variation des Zerfallszeitpunkts der mRNA enorm. Einige Moleküle werden schon nach wenigen Minuten komplett abgebaut, was bedeutet, dass diese Gene streng reguliert werden. Andere mRNA-Moleküle lungern monatelang im Zytoplasma herum.

Genkontrolle »Lost in Translation«

Die Translation von mRNA in Aminosäuren ist der entscheidende Schritt in der Genexpression. (Blättern Sie zurück zu Kapitel 10, wenn Sie die Mitspieler und Prozesse der Translation noch einmal wiederholen möchten.) Aber manchmal wird die Genexpression auch während oder sogar nach der Translation kontrolliert.

Ortswechsel

Eine Strategie der Genregulation besteht darin, die mRNAs auf bestimmte Orte im Zytoplasma einzugrenzen. So können einige Proteine nur an bestimmten Stellen in der Zelle gefunden werden, was deren Brauchbarkeit einschränkt. Diese Strategie wird schon von Embryonen im Zygotenstadium zur Steuerung ihrer eigenen Entwicklung angewendet (eine Zygote ist eine befruchtete Eizelle). Schon in diesem frühen Stadium werden Proteine an verschiedenen Seiten der Zygote gebildet, sodass quasi ein »Vorderende« und ein »Hinterende« entstehen, wenn man so will.

Terminverschiebung

Nur weil die mRNA im Zytoplasma angekommen ist, heißt das noch lange nicht, dass sie automatisch in ein Protein übersetzt wird. Bei einigen Genen ist die Translation unter bestimmten Bedingungen blockiert. Zum Beispiel enthalten unbefruchtete Eizellen jede Menge mütterlicher mRNA. Translation findet in der Eizelle zwar statt, diese ist aber sehr langsam und selektiv. Mit der Ankunft eines Spermiums und der Befruchtung der Eizelle ändert sich das: Die vorhandenen mRNA-Moleküle werden nun von den Ribosomen, die das Signal durch die Befruchtung bekommen haben, geradezu aufgesaugt. Von der maternalen mRNA werden nun jede Menge Proteine erzeugt.

Die Translationskontrolle kann auf zwei Arten erfolgen:

✔ Die Maschinerie, die die Translation startet, also hauptsächlich die Initiatorproteine, die mit den Ribosomen zusammenarbeiten, kann modifiziert werden, um die Effizienz der Translation zu steigern oder zu senken.

✔ Die mRNA selbst trägt die Information mit sich, wie und wann sie zu übersetzen ist.

Jedes mRNA-Molekül besitzt an seinem 5'-Ende Informationen, die zwar nicht in ein Protein übersetzt werden, aber Hinweise zum Timing der Translation enthalten können (bekannt als 5'-untranslatierte Region oder 5'-UTR). Diese Sequenzen werden von den Initiatorproteinen erkannt, die helfen, die Ribosomen am Startcodon zusammenzufügen. Einige Zellen produzieren zwar mRNA, warten aber mit der Translation, bis bestimmte Bedingungen erfüllt sind. So reagieren einige Zellen auf die Konzentration bestimmter Substanzen. Zum Beispiel wird das Protein, das sich im Blut mit Eisen verbindet, nur dann in der Translation erzeugt, wenn tatsächlich Eisen verfügbar ist, obwohl die ganze Zeit über die entsprechende mRNA produziert wird. In anderen Fällen bestimmt der aktuelle Zustand des Organismus den Zeitpunkt der Translation. Zum Beispiel kontrolliert das Vorhandensein von Glukose im Blut die Translation des den Blutzuckerhaushalt regulierenden Hormons Insulin in den Zellen der Bauchspeicheldrüse (dem Bildungsort). Mindestens zwei Faktoren zur Regulation der 5'-UTR der Insulin-mRNA werden dabei modifiziert. Insulin wiederum reguliert die Translation von weiteren beteiligten Proteinen, indem es Translationsfaktoren für deren mRNAs aktiviert.

Formsache

Die Proteine, die bei der Translation entstehen, sind das Endergebnis der Genexpression. Die Funktion der Proteine und damit der Genexpression kann auf zwei Arten modifiziert werden: entweder durch eine Formänderung des Proteins oder durch das Hinzufügen von Komponenten zum Protein. Die Translationsprodukte, nämlich die Aminosäureketten oder Proteine, können auf verschiedenste Art und Weise gefaltet werden, was ebenfalls einen Einfluss auf ihre Funktion hat (siehe auch Kapitel 9, wie Aminosäureketten gefaltet werden). Zudem können dem Protein noch verschiedene Komponenten wie Kohlenwasserstoffketten, Phosphate oder Metalle hinzugefügt werden, die ebenfalls die Funktion des Proteins ändern. Manchmal kann die Faltung des Proteins auch furchtbar falsch laufen. Näheres zu einem fatalen Faltungsfehler, der den »Rinderwahn« auslöst, können Sie im Kasten »Schief gewickelt: Proteine auf Abwegen« nachlesen.

Schief gewickelt: Proteine auf Abwegen

Die *Creutzfeldt-Jakob-Krankheit (CJK)* ist eine beängstigende Hirnerkrankung (*Enzephalopathie*). Erkrankte Personen leiden zuerst an Gedächtnisverlust und Angstgefühlen, entwickeln dann ein unkontrollierbares Zittern und verlieren schließlich ihre geistigen Fähigkeiten. CJK ist die menschliche Variante der Krankheit, die umgangssprachlich als *Rinderwahn* oder *BSE (bovine spongiforme Enzephalopathie)* bei Kühen bekannt wurde. Der Erreger dieser bovinen spongiformen Enzephalopathie (was auf gut Deutsch so viel heißt wie »schwammartige Gehirnkrankheit der Rinder«) ist weder ein Bakterium noch ein Virus oder Parasit – es ist ein infektiöses Protein, ein sogenanntes *Prion*. Was diese Prionen so furchterregend macht, ist ihre Fähigkeit, sich scheinbar selbst replizieren zu können, indem sie über normale Proteine herfallen und sie »umfalten«. Und: Prionen aus der Nahrung sind offenbar in der Lage, aus dem Verdauungstrakt über Nervenbahnen in das Gehirn zu wandern, wo sie dann ihre unheilvolle Aktivität entfalten.

Das Gen, das das Prion-Protein codiert (PrP^C), findet man in vielen verschiedenen Lebewesen, so auch beim Menschen. Wozu genau das Protein nützlich ist, ist nicht ganz klar. Nach der Mutation (PrP^{Sc}; »Sc« steht für »Scrapie«, benannt nach der Prionenerkrankung Scrapie in Schafen) faltet sich das Protein in eine unübliche Form wie ein Blatt. Nachdem ein Prion-Protein entstanden ist, kann dieses Prion die normalen Proteinprodukte nicht mutierter Prion-Gene überfallen und sie zu ebensolchen Monstern falten. Prion-Proteine »verkleben« das Gehirn des betroffenen Lebewesens und haben dadurch eine fatale Wirkung. Als wenn das noch nicht erschreckend genug wäre: Prionen können die Artschranke überspringen.

Die genauen Übertragungswege sind noch nicht abschließend wissenschaftlich geklärt. Ursache des Rinderwahns ist die Verfütterung von Scrapie-infiziertem Schaffleisch an Rinder. Ursache der neuen Variante der CJK (*nvCJK*) beim Menschen, die erstmals 1996 beschrieben wurde, ist der Verzehr von BSE-infiziertem Rindfleisch.

Fleisch im Futter von Pflanzenfressern? Bis zur sogenannten BSE-Krise war es durchaus üblich, Tiermehle als Eiweißfuttermittel in der Tierernährung einzusetzen. Tiermehl ist ein Produkt aus der – wie es so schön heißt – Tierkörperverwertung und wird von verendeten, (not-)geschlachteten Tieren oder nicht für den menschlichen Verzehr bestimmten Erzeugnissen tierischer Herkunft in Tierkörperbeseitigungsanlagen hergestellt. Protein ist halt Protein, so war damals das Geschäftsmodell. Leider nicht ganz richtig, wie sich herausstellen sollte …

Es wurde lange vermutet, dass aufgrund einer unzureichenden Erhitzung und zu geringem Überdruck bei der Herstellung von Tiermehl aus infizierten Schafen in England der Scrapie-Erreger nicht zerstört wurde. Scrapie gehört wie BSE und CJK zur Gruppe der sogenannten *transmissiblen spongiformen Enzephalopathien* (transmissible = übertragbar) und zerstört bei den befallenen Tieren das Gehirn.

In der EU sind kurz nach dem Auftauchen von BSE-Fällen außerhalb Großbritanniens drastische Maßnahmen ergriffen worden. Demnach darf kein Risikomaterial (vor allem nervenreiche Gewebe wie Hirn, Rückenmark oder Gedärme) in die menschliche Nahrung gelangen. Bei der Schlachtung wird EU-weit jedes Rind, das älter als 30 Monate ist (in Deutschland sogar 24 Monate), auf BSE überprüft. Wird bei einem Tier nach der Schlachtung der Erreger festgestellt, wird das Fleisch vernichtet, und mehr noch: Auf dem landwirtschaftlichen Betrieb, von dem das Tier gekommen ist, werden alle gleichaltrigen Tiere, die auch ähnlich gefüttert wurden, getötet. Heute dürfen aus Tieren erzeugte Futtermittel (unter anderem Tiermehl, Knochenmehl, tierische Fette) nicht mehr an Wiederkäuer verfüttert werden. In Deutschland ist die Tiermehlverfütterung (noch) ganz verboten, das Material muss sehr kostenintensiv verbrannt und entsorgt werden.

Diese drastischen Maßnahmen zeigten Erfolg. Im Jahr der Aufnahme der Seuchenbekämpfung 2001 wurden in Deutschland noch 125 Fälle von BSE bestätigt. 2010 brachten die Untersuchungen bei keinem einzigen der 20 Millionen untersuchten Rinder einen Fall zutage. Die Anzahl der nvCJK-Erkrankungen (die neue Variante der CJK, die ursächlich mit dem Verzehr von verseuchtem Rindfleisch in Verbindung gebracht wird) beim Menschen ist auch in Großbritannien sehr stark zurückgegangen. Außerhalb des Vereinigten Königreichs sind keine nvCJK-Erkrankungen mehr aufgetreten. 2016 starb in London ein 36 Jahre alter Mann, der ebenfalls an einer Variante der nvCJK erkrankt war und eine bestimmte, sehr häufig vorkommende Genkombination trug. Dieser Todesfall warf Diskussionen auf, ob (aufgrund einer vermuteten Inkubationszeit von 20 bis 30 Jahren für Träger dieser Genkombination) eine neue Erkrankungswelle folgen könnte. Obwohl in Zukunft die Schutzmaßnahmen vor allem aus Kostengründen zurückgefahren werden sollen, bleibt der Schutz vor der Krankheit auf einem sehr hohen Level. Das deutsche Bundesinstitut für Risikobewertung bietet weitere Informationen zu BSE unter www.bfr.bund.de/cd/675.

Prokaryotische Genexpression

Die Regulation der Genexpression bei Prokaryoten unterscheidet sich von der in Eukaryoten hauptsächlich hinsichtlich der Art und Weise, wie bakterielle Gene angeordnet sind und wie sie transkribiert werden.

Die Anordnung bakterieller Gene

Bei Eukaryoten wird jedes Gen durch seinen eigenen Promotor kontrolliert. Dahingegen können bei Bakterien mehrere nebeneinander angeordnete Gene von einer einzigen regulatorischen Sequenz kontrolliert werden (siehe Abbildung 11.6). Dieses Arrangement von vielen Genen plus einem einzelnen Promotor, der sie alle kontrolliert, wird als *Operon* bezeichnet. Der Promotor befindet sich am Anfang des Operons. Daneben befindet sich eine regulatorische Sequenz, die *Operator* genannt wird, an die bestimmte DNA-bindende Proteine binden und bei der Regulation der Gentranskription helfen. Die Gene eines Operons codieren typischerweise für Proteine, die alle in einem einzigen Prozess zusammenarbeiten.

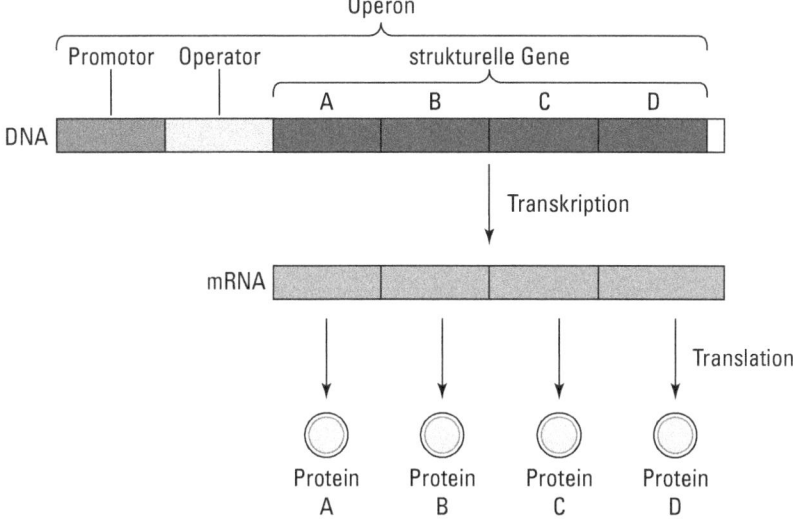

Abbildung 11.6: Anordnung bakterieller Gene in einem Operon

Bakterielle Genexpression

Auch bei Bakterien wird die Genexpression durch DNA-bindende Proteine reguliert, die dabei mithelfen, die Gene entweder ein- oder auszuschalten. Diese DNA-bindenden Proteine werden wiederum oft durch die Bindung von kleinen Molekülen, wie Zuckern oder Aminosäuren, reguliert. Wenn ein entsprechendes kleines Molekül an ein regulatorisches Protein bindet, verändert das Protein seine Form und ist damit entweder aktiviert oder inaktiv. In ihrem aktiven Zustand funktionieren einige regulatorische Proteine, indem sie die Gentranskription veranlassen, andere wirken, indem sie die Transkription unterdrücken.

Die bakterielle Genexpression wird gewöhnlich beeinflusst, wenn die Zelle irgendeine Art von Signal aus der Umgebung empfängt. Dieses Signal nimmt dann die Form dieses kleinen Moleküls an, das an das regulatorische Protein bindet. Nachdem ein regulatorisches Protein das entsprechende kleine Molekül gebunden hat, kann es entweder an regulatorische Sequenzen in der DNA binden oder es wird von der DNA freigesetzt, je nach der Rolle des Proteins bei der Genexpression. Dadurch wird dann entweder die Transkription aktiviert oder es kommt dazu, dass die Transkription der Gene im Operon verhindert wird.

Teil III
Genetik und Ihre Gesundheit

IN DIESEM TEIL ...

Die Genetik berührt jeden Aspekt Ihres täglichen Lebens. Viren, Bakterien, Parasiten und Erbkrankheiten haben alle ihren Ursprung in der DNA. Deswegen wurde, unmittelbar nachdem Wissenschaftler die Struktur der DNA aufgedeckt haben, auf Hochtouren daran gearbeitet, den Code direkt lesen zu können.

Genetische Informationen werden verwendet, um Erbkrankheiten aufzuspüren, zu diagnostizieren und zu behandeln. Die Kapitel in diesem Teil helfen Ihnen, die geheimnisvollen Verbindungen zwischen der Genetik und Ihrer Gesundheit zu verstehen. Ich erkläre Ihnen, wie genetische Berater Ihren Familienstammbaum lesen, damit Sie die medizinische Geschichte Ihrer Familie besser verstehen können. Ich zeige Ihnen, wie Mutationen Gene verändern und welche Konsequenzen daraus entstehen können. Und da bei einer falschen Verteilung von Chromosomen – egal ob zu wenig oder zu viel – ernsthafte Probleme entstehen können, zeige ich Ihnen, was die Zahlen dabei bedeuten. Zum Schluss gebe ich Ihnen noch ein paar spannende Informationen mit auf den Weg, wie Genetiker eines Tages medizinische Behandlungen durch Gentherapien revolutionieren könnten.

> **IN DIESEM KAPITEL**
>
> Einblick in die Arbeit genetischer Berater
>
> Untersuchung von Stammbäumen auf verschiedene Vererbungsmuster
>
> Möglichkeiten für Gentests

Kapitel 12
Genetische Beratung

Wenn Sie eine Familie gründen wollen oder noch ein paar Kinder mehr bekommen möchten, denken Sie sicher daran, wie die Kleinen wohl aussehen werden. Bekommen sie Ihre Augenfarbe oder den Haaransatz Ihres Vaters? Vielleicht kennen Sie die medizinische Geschichte Ihrer Familie und sorgen sich über Krankheiten wie zystische Fibrose, Tay-Sachs-Syndrom oder Sichelzellenanämie? Vielleicht sorgen Sie sich auch um Ihre eigene Gesundheit, wenn Sie in der Zeitung zum Beispiel Berichte über Krebs, Herzinfarkt oder Diabetes lesen. All diese Überlegungen haben mit der Vererbung von Krankheiten oder zumindest der Vererbung von Veranlagungen für bestimmte Krankheiten zu tun.

Genetische Berater sind speziell ausgebildete Ärzte, die Menschen zu den genetischen Aspekten ihrer medizinischen Familiengeschichte beraten. Dieses Kapitel zeigt die Vorgehensweise bei der genetischen Beratung, von der Aufstellung von Familienstammbäumen bis hin zu Wahrscheinlichkeitsrechnungen für die Vererbung. Sie werden auch sehen, wie Gentests durchgeführt werden, wenn ein genetischer Defekt vermutet wird.

Die Arbeit genetischer Berater

Sie haben eine Familie, ob Sie sie nun wollen oder nicht – Mutter und Vater, Großeltern und vielleicht auch eigene Kinder. Sie haben Hunderte von Vorfahren, die Sie nie getroffen haben, deren Gene Sie aber tragen. Und diese Gene können Sie auch an Ihre Nachkommen in den nächsten Generationen weitergeben.

Genetische Berater helfen Menschen wie Ihnen und mir, die genetische Geschichte unserer Familien zu untersuchen und vererbte Merkmale aufzudecken. Sie arbeiten mit medizinischem Personal wie Ärzten und Krankenschwestern/-pflegern zusammen, um die medizinische Vorgeschichte des Patienten und seiner Familie zu interpretieren. Obwohl sie keine Genetiker sind, haben sie in der Regel einen Abschluss in genetischer Beratung und können auf umfassendes Fachwissen in Genetik zurückgreifen (und lösen genetische Probleme, wie sie in Kapitel 3 bis 5 vorkamen, im Schlaf), sodass sie die Anzeichen einer Erbkrankheit schnell aufspüren können.

Genetische Berater haben viele Aufgaben – dazu zählen:

✔ Erhebung und Analyse medizinischer Daten über den Patienten und seine oder ihre Familie

✔ Aufstellung und Interpretation von Familienstammbäumen, manchmal auch Ahnentafeln genannt, um die Wahrscheinlichkeit abzuschätzen, dass bestimmte Krankheiten vererbt werden oder bereits vererbt wurden

✔ Beratung von Familien über die Möglichkeiten der Diagnose und Behandlung von Erbkrankheiten

✔ Aufklärung der Patienten und ihrer Familien über die genetische Ausstattung innerhalb der Familie, Erläuterung der Rezidivrisiken (die Wahrscheinlichkeit, dass eine bestimmte Person die ursächliche(n) Genveränderung(en) erben wird) und Gespräche über die möglichen Folgen für den Patienten und seine Familie

✔ Unterstützung der jeweiligen Person bei der Entscheidungsfindung in Bezug auf mögliche Gentests

Ärzte überweisen üblicherweise Patienten an genetische Berater, wenn folgende Bedingungen vorliegen:

✔ Paare, die mit Substanzen in Berührung gekommen sind, die bekanntermaßen Geburtsfehler verursachen können (radioaktive Substanzen, Drogen, Viren oder Chemikalien)

✔ Paare, die mehr als eine Fehl- oder Totgeburt hatten oder bei denen Fruchtbarkeitsstörungen vorliegen

✔ Eltern eines Kindes, das Symptome einer Erbkrankheit zeigt

✔ Menschen, die eine Familie gründen möchten, bei denen aber bereits Erbkrankheiten in der Familie vorgekommen sind, wie zum Beispiel die zystische Fibrose

✔ Patienten, in deren Familien Krankheiten wie Parkinson oder bestimmte Krebsarten wie Brust-, Eierstock- oder Darmkrebs bereits vorgekommen sind und die sich über die Risiken informieren möchten, ebenfalls diese Krankheiten zu bekommen

✔ Frauen, die mit über 35 Jahren Kinder bekommen oder bekommen wollen

✔ Frauen, bei denen die Vorsorgeuntersuchung während der Schwangerschaft Abweichungen zeigt

Ich behandle viele Ursachen für Erbkrankheiten an anderen Stellen in diesem Buch. Oft sind Mutationen die Ursache von genetischen Störungen (wie zystische Fibrose, Tay-Sachs-Syndrom und Sichelzellenanämie). Diese werden in Kapitel 13 genauer behandelt. Krebs und seine genetisch bedingten Ursachen erörtere ich in Kapitel 14. Mehr Informationen über chromosomale Störungen wie das Down-Syndrom, Trisomie 13 oder das Fragile-X-Syndrom finden Sie in Kapitel 15. Die Behandlung von genetischen Störungen durch Gentherapie bespreche ich schließlich in Kapitel 16.

Aufstellung und Analyse eines Familienstammbaums

Oft ist der erste Schritt bei einer genetischen Beratung die Zeichnung des Familienstammbaums. Dabei beginnt man meistens mit der Person, für die der Stammbaum erstellt wird; diese Person wird auch der *Proband* genannt. Der Proband kann ein Kind mit einer Erbkrankheit sein, eine Frau, die eine Schwangerschaft plant, oder jede andere gesunde Person, die mehr über ihr eigenes Risiko für eine Erbkrankheit wissen will. Oft ist der Proband einfach die Person, die sich mit dem Berater trifft und ihm Informationen über die Familie zur Aufstellung des Familienstammbaums gibt. Die Position des Probanden im Stammbaum wird immer mit einem Pfeil gekennzeichnet. Der Proband muss dabei nicht von einer Erbstörung betroffen sein.

Die genetischen Berater verwenden in den Stammbäumen viele verschiedene Symbole, um die persönlichen Merkmale und Eigenschaften zu kennzeichnen. Zum Beispiel gibt es verschiedene Symbole für das Geschlecht, ob jemand Genträger, verstorben oder ob die Familiengeschichte der Person möglicherweise nicht bekannt ist. Die Art und Weise, wie die Symbole miteinander verbunden werden, lassen Rückschlüsse auf die Beziehungen der einzelnen Personen untereinander zu, zum Bespiel welche Nachkommen zu welchen Eltern gehören, ob sie adoptiert wurden oder ob jemand ein Zwilling ist. Eine genaue Aufstellung der Symbole, Linien und deren Bedeutung in Familienstammbäumen finden Sie in Abbildung 12.1.

In einem typischen Stammbaum wird das Alter oder das Geburtsdatum jeder Person vermerkt. Ist die Person bereits verstorben, wird ihr Alter oder ihr Todestag und die Todesursache im Stammbaum festgehalten. Da einige genetische Merkmale regional gehäuft vorkommen, ist es nützlich, alle möglichen Daten über die Familiengeschichte im Stammbaum einzutragen, also auch zu vermerken, aus welchem Land die Menschen eingewandert sind oder mit wem sie verwandt sind. Es sollten alle Personen inklusive ihrer kompletten medizinischen Vorgeschichte eingetragen werden und auch der Zeitpunkt, wann die Krankheiten das erste Mal aufgetreten sind (sofern bekannt). In dem Beispiel in Abbildung 12.1 starb der Großvater des Probanden an einem Herzinfarkt im Alter von 51 Jahren. Durch das Einfügen solcher Informationen erhält der Berater ein deutlicheres Bild von der Familie und kann so besser die Erbkrankheiten einer Familie aufspüren. (In Abbildung 12.1 sind nicht alle medizinischen Informationen angegeben. Normalerweise sind diese aber Bestandteil solcher Stammbäume.)

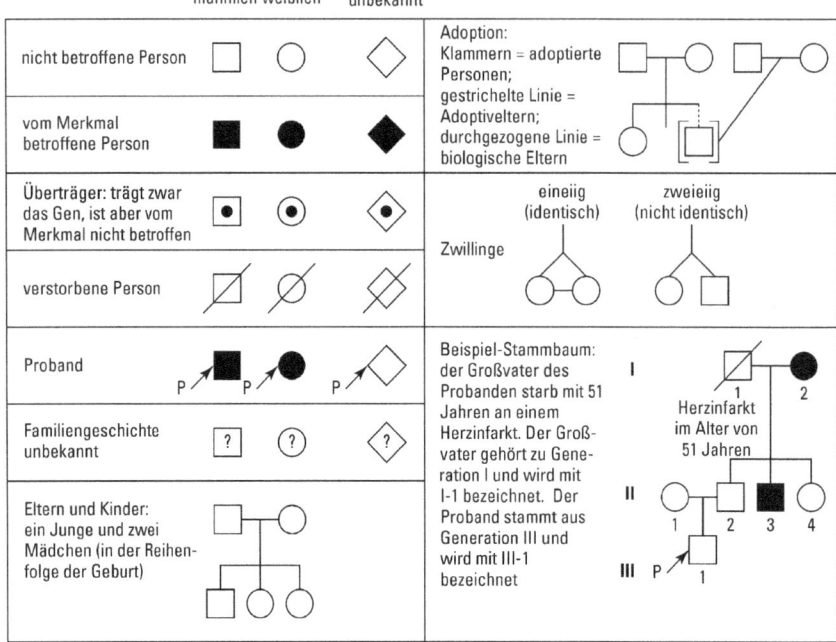

Abbildung 12.1: Häufig verwendete Symbole in Stammbäumen

Folgende medizinische Probleme werden oft in Familienstammbäumen aufgeführt:

✔ Alkoholismus oder Drogenabhängigkeit

✔ Asthma

✔ Missbildungen, Fehl- oder Totgeburten

✔ Krebs

✔ Herzkrankheiten, Bluthochdruck oder Schlaganfälle

✔ Nierenkrankheiten

✔ Geisteskrankheit oder geistige Zurückgebliebenheit

Menschen haben im Gegensatz zu anderen Lebewesen nur wenige Nachkommen und bekommen diese erst relativ spät. Genetiker können daher selten auf vernünftige Verhältniszahlen bei menschlichen Nachkommen zurückgreifen, wie dies bei vielen Tierarten, die deutlich mehr Nachkommen produzieren, der Fall ist (schauen Sie sich mal die Zahlen in Kapitel 3 und 4 an, um ein Gefühl für »vernünftige« Zahlen zu bekommen). Daher müssen genetische Berater jedes auch noch so unscheinbare Detail bei der Ermittlung von Vererbungsmustern in Familien berücksichtigen.

Wenn ein genetischer Berater die Erbkrankheit oder das Merkmal kennt, kann er die Wahrscheinlichkeit berechnen, dass eine bestimmte Person das Merkmal besitzt oder es an ihre Kinder vererbt. Manchmal ist die Erbkrankheit allerdings auch nicht genau identifiziert, wenn zum Beispiel in der Familie verstärkt »Herzleiden« aufgetreten sind, aber keine exakte Diagnose vorliegt. Genetische Berater beschreiben die Personen im Stammbaum mit folgenden Begriffen:

- **betroffen:** jede Person, die die Erbkrankheit hat

- **heterozygot:** jede Person, die eine Kopie des mutierten Gens für die Erbkrankheit besitzt (also ein betroffenes Allel, siehe auch Kapitel 2). Eine heterozygote Person, die die Erbkrankheit oder das Merkmal nicht hat, ist ein *Überträger*.

- **homozygot:** jede Person, die zwei Kopien des Allels für die Erbkrankheit besitzt

Das *Vererbungsmuster* – also die Art der Vererbung – ist bei den meisten Erbkrankheiten des Menschen gut bekannt. Nachdem der Berater ermittelt hat, welche Familienmitglieder betroffen oder wahrscheinlich Überträger sind, ist es für ihn relativ einfach, für jede andere Person im Stammbaum die Wahrscheinlichkeit, von der Erbkrankheit betroffen oder selbst Überträger zu sein, zu errechnen.

In den folgenden Abschnitten will ich die verschiedenen Vererbungsmuster für Erbstörungen beim Menschen erklären und zeigen, wie genetische Berater diese Abläufe abbilden. Damit können Sie und Ihr Berater die Wahrscheinlichkeit ausrechnen, mit der die betreffende Krankheit an Ihre Nachkommen übertragen wird. Zusätzliche Informationen über die folgenden Vererbungsmuster und die Vererbung an sich finden Sie in den Kapiteln 3 bis 5.

Autosomal-dominant vererbte Merkmale

Ein *dominantes* Merkmal oder eine dominante Störung wird bei jeder Person ausgeprägt (oder manifestiert sich), die die Mutation des betroffenen Merkmals trägt. *Autosomal-dominant* bedeutet, dass das dominante Gen nicht auf einem Geschlechtschromosom liegt (also nicht auf dem X- oder Y-Chromosom; mehr dazu in Kapitel 3). In Familienstammbäumen zeigen autosomal-dominant vererbte Merkmale folgende typische Eigenschaften:

- Betroffene Kinder haben auf jeden Fall einen betroffenen Elternteil.

- Männer und Frauen sind gleich oft betroffen.

- Ist kein Elternteil betroffen, sind die Kinder normalerweise auch nicht betroffen.

- Das Merkmal überspringt keine Generationen.

In Abbildung 12.2 sehen Sie einen Familienstammbaum mit einem autosomal-dominant vererbten Merkmal. Die Symbole der betroffenen Personen sind schattiert dargestellt. Hier sieht man ganz deutlich, dass nur betroffene Elternteile auch betroffene Kinder haben. Das Merkmal kann von der Mutter oder dem Vater an die Kinder vererbt werden. Üblicherweise liegt die Wahrscheinlichkeit bei 50 Prozent, dass betroffene Eltern dieses Merkmal an jedes ihrer Kinder weitergeben.

Einige oft vorkommende autosomal-dominant vererbte Störungen sind:

✔ *Achondroplasie*, eine Form des Zwergenwuchses

✔ *Huntington-Krankheit* (auch *Chorea-Huntington* genannt), eine fortschreitende und schließlich tödliche Krankheit, die das Gehirn und Nervensystem betrifft

✔ *Marfan-Syndrom*, eine Störung, die vor allem Knochen, Bänder und Knorpel schädigt

✔ *Polydaktylie*, also zusätzliche Finger oder Zehen

Bei autosomal-dominanten Erbgängen gibt es drei Ausnahmen von den normalen Vererbungsmustern:

✔ **Reduzierte Penetranz:** Die *Penetranz* ist der Prozentsatz der Personen, die das Gen tragen (im Genotyp) und auch das entsprechende Merkmal zeigen (oder wissenschaftlich ausgedrückt: das Gen im Phänotyp exprimieren, siehe auch Kapitel 3, in dem die genetische Terminologie behandelt wird). Viele autosomal-dominant vererbte Störungen haben eine vollständige Penetranz, das heißt, dass jede Person, die das Gen trägt, auch die entsprechende Krankheit hat. Einige Merkmale besitzen aber eine *reduzierte* oder *unvollständige Penetranz*. Das bedeutet, dass nur ein bestimmter Anteil der Personen, die das Gen geerbt haben, auch von der Störung betroffen ist. Besitzt das Merkmal eine unvollständige Penetranz, überspringt die Störung Generationen. Mehr Informationen zur unvollständigen Penetranz finden Sie in Kapitel 4.

✔ **Neue Mutationen:** Tritt eine neue Mutation auf, die sich autosomal-dominant vererbt, erscheint das Merkmal zum ersten Mal in einer bestimmten Generation und kann dann in jeder darauffolgenden Generation wieder auftauchen. Wenn Sie zu Kapitel 13 vorblättern, erfahren Sie mehr über Mutationen – wie sie entstehen und wie sie vererbt werden.

✔ **Variable Expressivität:** Die *Expressivität* beschreibt den Grad, mit dem ein Merkmal ausgeprägt wird. Manchmal wird die Störung in früheren Generationen nicht diagnostiziert, weil ihre Auswirkungen so minimal sind, dass sie unerkannt bleibt. Blättern Sie zu Kapitel 4, um mehr über Expressivität zu lesen.

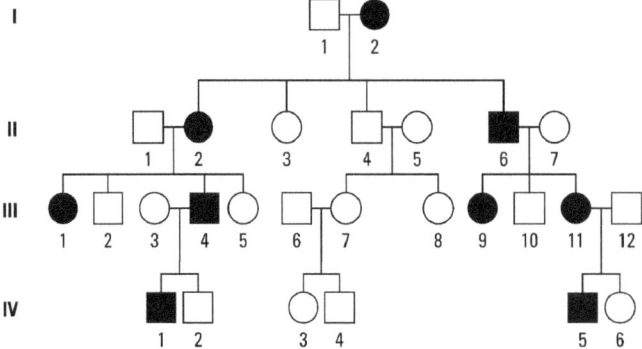

Abbildung 12.2: Ein typischer Familienstammbaum mit einem autosomal-dominanten Vererbungsmuster

Autosomal-rezessiv vererbte Merkmale

Rezessive Störungen werden nur dann ausgeprägt, wenn die betroffene Person zwei gleichermaßen veränderte (oder mutierte) Kopien des Gens, das die Störung verursacht, besitzt. Die betroffene Person ist dann für die jeweilige Störung *homozygot* (siehe Kapitel 3 mit mehr Einzelheiten über die Begriffe der Vererbung). Wie bei den autosomal-dominant vererbten Merkmalen auch, werden die autosomal-rezessiv vererbten Merkmale nicht über die Geschlechtschromosomen vererbt. In Stammbäumen wie dem in Abbildung 12.3 zeigen die autosomal-rezessiv vererbten Störungen typischerweise folgende Eigenschaften:

✔ Nicht betroffene Eltern können betroffene Kinder haben.

✔ Männliche und weibliche Personen sind gleichermaßen betroffen.

✔ Kinder von Eltern mit gemeinsamen Vorfahren (also aus bestimmten ethnischen oder religiösen Gruppen) sind eher betroffen als Kinder von Eltern mit unterschiedlicher Herkunft.

✔ Die Störung oder das Merkmal scheint Generationen zu überspringen oder ist nur in einer Generation vorhanden (Geschwister).

Die Wahrscheinlichkeit, eine autosomal-rezessive Störung zu erben, hängt davon ab, welche Allele die Eltern tragen (siehe Kapitel 3, wie die Wahrscheinlichkeiten bei der Vererbung berechnet werden):

✔ Sind beide Eltern Überträger, besteht bei jedem Kind eine Wahrscheinlichkeit von 25 Prozent, dass es betroffen ist.

✔ Ist ein Elternteil Überträger und der andere nicht, ist jedes Kind mit einer Wahrscheinlichkeit von 50 Prozent auch Überträger, aber kein Kind wird von der Störung betroffen sein.

✔ Ist ein Elternteil ein Überträger und der andere betroffen, besteht bei jedem Kind eine Wahrscheinlichkeit von 50 Prozent, dass es selbst betroffen ist. Jedes nicht betroffene Kind ist auf jeden Fall Überträger.

✔ Ist ein Elternteil betroffen und der andere nicht (und auch kein Überträger), werden alle Kinder dieses Paares Überträger des Gens, aber kein Kind wird betroffen sein.

Die *zystische Fibrose* (CF, vom englischen Begriff »cystic fibrosis«) ist eine autosomal-rezessiv vererbte Störung, die bei den betroffenen Personen schwere Lungen- und Verdauungsprobleme hervorruft. Wie bei allen autosomal-rezessiv vererbten Störungen liegt bei jeder Schwangerschaft die Wahrscheinlichkeit, ein erkranktes Kind zu bekommen, bei 25 Prozent, wenn beide Eltern Überträger sind. Das liegt daran, dass beide Elternteile an diesem Locus für zystische Fibrose heterozygot sind und mit einer Wahrscheinlichkeit von jeweils 50 Prozent das CF-Allel an ihr Kind weitergeben. Die Wahrscheinlichkeit, dass beide Elternteile ihr CF-Allel im Falle einer Befruchtung beisteuern, wird durch Multiplikation der beiden Wahrscheinlichkeiten für die unabhängigen Ereignisse berechnet. Der Vater steuert mit einer Wahrscheinlichkeit von 50 Prozent oder 0,5, die

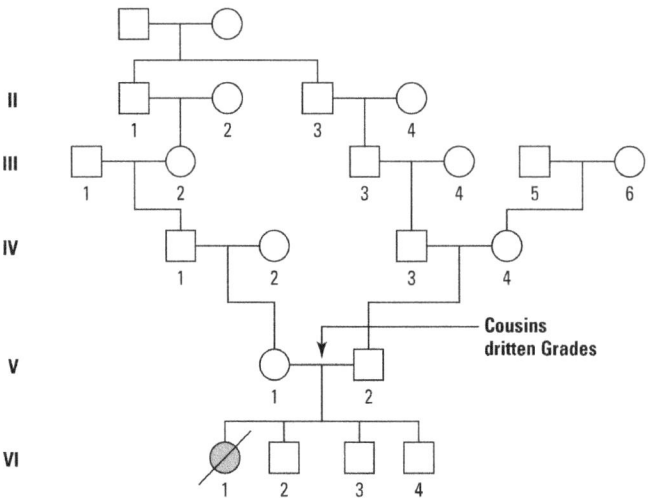

Abbildung 12.3: Ein typisches autosomal-rezessives Vererbungsmuster in einem Familienstammbaum

Mutter mit ebenfalls 50 Prozent oder 0,5 das CF-Allel bei. Die Wahrscheinlichkeit, dass beide ihr CF-Allel an ihr Kind weitergeben, liegt bei 0,5 × 0,5 = 0,25 oder 25 Prozent. Mehr Informationen darüber, wie die Wahrscheinlichkeiten in Erbgängen berechnet werden, finden Sie in Kapitel 3 und 4.

Erbstörungen in kleinen Populationen

Die Amish-Sekte im US-Bundesstaat Pennsylvania ist eine täuferisch-protestantische Glaubensgemeinschaft, deren Wurzeln aus dem 17. Jahrhundert in Mitteleuropa stammen. Sie nutzen keine Elektrizität in ihren Häusern, fahren keine Autos und haben weder Internet noch Mobiltelefone. Es entspricht ihrer Religion, sehr einfach in dieser modernen Welt zu leben. Da die Amischen nur innerhalb ihrer Glaubensgemeinschaft heiraten, treten bestimmte Erbstörungen dort relativ häufig auf. Amische Familien fahren in diesem Fall mit Pferd und Kutsche zum Gentest in die Kinderklinik in Strasburg, Pennsylvania. Durch eine Partnerschaft mit einem Ultra-Hightech-Unternehmen kann die Klinik schnelle und günstige Gentests durchführen. Unter anderem wurde bei den Untersuchungen der Klinik festgestellt, dass bei den Amischen aus dem Südosten Pennsylvanias der plötzliche Kindstod sehr verbreitet ist. Die Belleville Amish Community hatte in neun Familien den Tod von insgesamt 21 Kindern zu beklagen, davon verstarben sechs Kinder in nur einer Familie. Forscher vom Translational Genomics Research Institute in Phoenix, Arizona, konnten das für den plötzlichen Kindstod verantwortliche Gen mittels Microarray-Technologie identifizieren (siehe Kapitel 23). Vermutlich sind in dieser Population Mutationen im *TSPYL1*-Gen (»testis-specific Y-encoded-like protein«) für den plötzlichen Kindstod

> verantwortlich. Die etwa 700 jährlichen Todesfälle an plötzlichem Kindstod in Deutschland könnten allerdings auf anderen Mutationen beruhen, unter anderem auf Defekten in Orexin, einem Neuropeptid, das den Schlafrhythmus reguliert. Leider existiert bis heute keine Behandlungsmöglichkeit für diese Form des plötzlichen Kindstods.

Einige autosomal-rezessiv vererbte Störungen kommen häufiger bei Angehörigen bestimmter ethnischer oder religiöser Gruppen vor, da bekanntermaßen die Gruppen eher unter sich bleiben, sprich Angehörige einer bestimmten Gruppe tendenziell eher Angehörige derselben Gruppe heiraten. So besitzen alle Gruppenmitglieder nach vielen Generationen die gleichen Vorfahren. Wenn nah verwandte Individuen (gemeint ist hier »blutsverwandt«) Nachkommen zeugen, wird dies als *Inzucht* bezeichnet. Im Allgemeinen werden Personen, die nicht näher verwandt sind als Cousins vierten Grades, als nicht miteinander verwandt bezeichnet, obwohl sie tatsächlich Allele von den gleichen Vorfahren besitzen. Geht eine Gruppe auf nur sehr wenige Gründungsmitglieder zurück, ist hier häufig ein höherer Anteil von Personen mit Erbkrankheiten zu finden als in der Restpopulation. Näheres dazu finden Sie im Kasten »Erbstörungen in kleinen Populationen«. In solchen Fällen kann es vorkommen, dass rezessive Störungen keine Generation mehr überspringen, da sehr viele Menschen heterozygot für diese Allele und somit Überträger sind.

X-gekoppelte rezessive Merkmale

Männer haben die Geschlechtschromosomen-Kombination XY und besitzen nur eine Kopie des X-Chromosoms. Mit nur einem X können sie die Expression eines beschädigten Allels auf dem X-Chromosom nicht durch ein funktionierendes Allel auf dem anderen X-Chromosom unterdrücken. Daher werden rezessive Gendefekte auf dem X-Chromosom bei männlichen Wesen genau wie autosomal-dominante Defekte exprimiert, obwohl sie nicht homozygot für dieses Merkmal sind. Bei Frauen zeigen sich die X-gekoppelten rezessiven Störungen seltener, da die Kombination zweier rezessiver Allele auf beiden X-Chromosomen sehr selten vorkommt. In Stammbäumen zeigen X-gekoppelte Merkmale folgende Eigenschaften:

✔ Nicht betroffene Mütter haben betroffene Söhne.

✔ Es sind viel mehr Männer betroffen als Frauen.

✔ Das Merkmal wird *nie* vom Vater an den Sohn weitergegeben.

✔ Die Störung überspringt eine oder mehrere Generationen.

Nicht betroffene Eltern können nicht betroffene Töchter und einen oder mehrere betroffene Söhne haben. Frauen, die ihrerseits Überträger sind, haben meist betroffene Brüder, aber bei kleinen Familien kann es auch sein, dass kein naher Verwandter betroffen ist. Söhne von betroffenen Vätern sind nie selbst betroffen, aber die Töchter sind immer Überträgerinnen, da sie ja auf jeden Fall ein X-Chromosom vom Vater bekommen haben. Da der Vater nur ein X-Chromosom besitzt und dieses betroffen ist, kann er auch nur das mutierte Chromosom weitergeben. Ein klassisches Beispiel für eine gut erforschte Familie, deren Stammbaum viele Überträger der über das X-Chromosom vererbten *Bluterkrankheit* (gestörte Blutgerinnung) enthält, ist in Abbildung 12.4 dargestellt. Mehr über die Geschichte der königlichen Familien in Abbildung 12.4 finden Sie im Kasten »Königliche Scherereien mit den Genen«.

Die Wahrscheinlichkeit, eine X-gekoppelte Störung zu erben, hängt vom Geschlecht ab. Eine Überträgerin gibt mit 50-prozentiger Wahrscheinlichkeit das X-Chromosom mit dem gestörten Allel an ihr Kind weiter. Das Geschlecht des Kindes wird vom Mann festgelegt (da das entscheidende Y-Chromosom nur von ihm kommen kann) und die Wahrscheinlichkeit, einen Jungen zu bekommen, liegt ebenfalls bei 50 Prozent. Deswegen liegt die Wahrscheinlichkeit, dass eine Überträgerin einen betroffenen Jungen zur Welt bringt, insgesamt bei 25 Prozent (Wahrscheinlichkeit für einen Sohn = 0,5; die Wahrscheinlichkeit, dass der Sohn betroffen ist = 0,5; folglich 0,5 × 0,5 = 0,25 oder 25 Prozent).

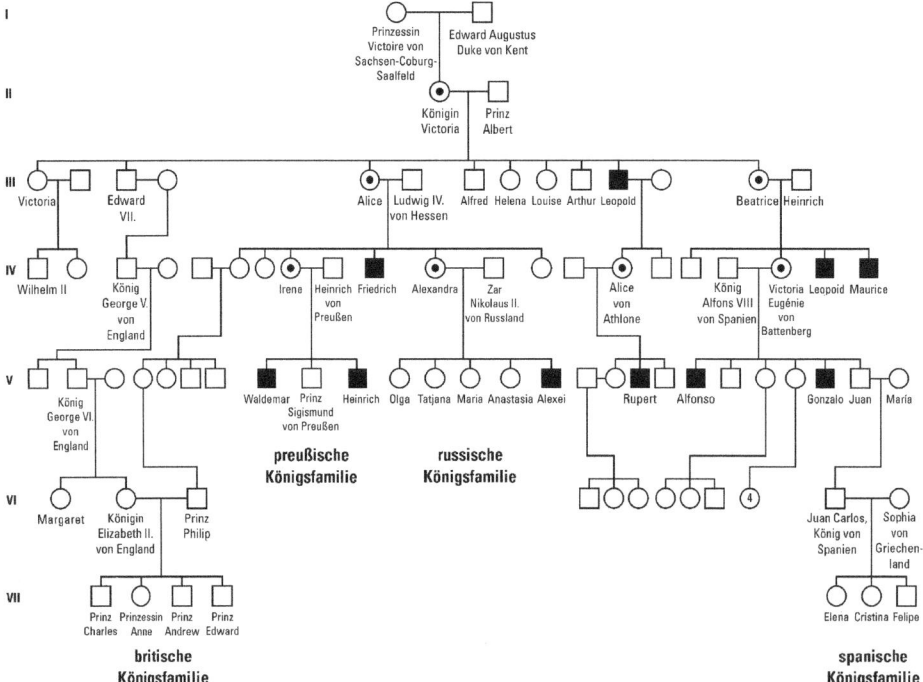

Abbildung 12.4: Der Weg der X-gekoppelten Bluterkrankheit in den europäischen und russischen Königsfamilien

Königliche Scherereien mit den Genen

Sie können eines der berühmtesten Beispiele für die Vererbung von X-gekoppelten Erbkrankheiten im Stammbaum der königlichen Familien in Europa und Russland in Abbildung 12.4 sehen. Königin Victoria von England hatte einen Sohn, der *Bluter* war. Es ist nicht bekannt, von wem Königin

Victoria dieses Allel geerbt hat, sie könnte auch das Opfer einer spontanen Mutation gewesen sein. Wie dem auch sei, zwei ihrer Töchter waren Überträgerinnen und sie hatte einen Sohn, Leopold, der an der Bluterkrankheit litt. Königin Victorias Enkelin Alexandra war ebenso Überträgerin. Alexandra heiratete Nikolaus Romanow, der Zar von Russland wurde. Die beiden hatten fünf Kinder, vier Töchter und einen Sohn Alexei, der ebenfalls Bluter war.

Man könnte darüber diskutieren, welche Rolle die Bluterkrankheit von Alexei für das Schicksal der Familie spielte. Auf jeden Fall hatte einer der Männer, die am Niedergang der königlichen Familie Russlands beteiligt waren, eine besondere Beziehung zu den Romanows: Er war Alexeis »Doktor«. Grigori Rasputin bezeichnete sich selbst als Heiler. Auf Fotografien sieht man ihn als wild und sehr ernsthaft dreinblickenden Mann. Er wird zwar im Allgemeinen als Betrüger bezeichnet, hatte aber zu seiner Zeit einen guten Ruf als Wunderheiler, einschließlich der Rettung Alexeis vor einer möglichen Verblutung. Trotz Rasputins heilenden Händen erlebte Alexei das Erwachsenenalter nicht. Kurz nach Ausbruch der Februar-Revolution wurde die gesamte Zarenfamilie Russlands 1918 ermordet (Rasputin selbst wurde im Dezember 1916 ermordet).

Die Geschichte der Romanows fand 1979 ein bizarres Ende, als Straßenarbeiter die Leichen der Familie entdeckten. Kurioserweise fehlten zwei Leichen. Elf Personen hätten durch ein Erschießungskommando in der Nacht des 17. Juli 1918 hingerichtet werden sollen: die russische Zarenfamilie (Nikolaus, Alexandra und ihre fünf Kinder) zusammen mit drei Dienern und dem Leibarzt. Jedoch wurden die Leichen von Alexei und einer seiner kleinen Schwestern, entweder Anastasia oder Maria, zunächst nicht gefunden. Durch einen DNA-Fingerabdruck konnten die Forscher Alexandra und ihre Kinder durch den Vergleich der Mitochondrien-DNA mit dem heute noch lebenden Nachkommen Königin Victorias, Prinz Philip von England, identifizieren. Die fehlenden Leichen von Maria und Alexei wurden im Juli 2007 entdeckt. Auch die Identität dieser beiden Kinder konnte durch DNA-Analysen belegt werden. (Mehr zur Verwendung der DNA in der Rechtsmedizin und weitere Fälle finden Sie in Kapitel 18.)

X-gekoppelte dominante Merkmale

Wie autosomal-dominant vererbte Störungen überspringen dominante X-gekoppelte Störungen keine Generation. Jede Person, die das betroffene Allel erbt, leidet auch an der entsprechenden Störung. Der Stammbaum in Abbildung 12.5 zeigt viele Eigenschaften der X-gekoppelten dominanten Störungen:

✔ Betroffene Mütter haben sowohl betroffene Söhne als auch betroffene Töchter.

✔ Beide Geschlechter, männlich und weiblich, sind betroffen.

✔ Alle Töchter von betroffenen Vätern sind ebenfalls betroffen.

✔ Das Merkmal überspringt keine Generation.

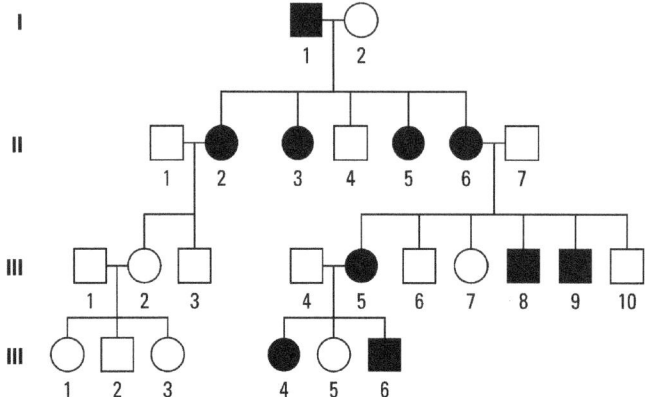

Abbildung 12.5: Dieser Stammbaum zeigt das Vererbungsmuster einer X-gekoppelten dominant vererbten Störung.

X-gekoppelte dominante Störungen kommen bei Frauen häufiger vor als bei Männern, da sie ein betroffenes X-Chromosom von beiden Elternteilen erben können. Davon abgesehen sind auch einige Störungen letal bei Männern, die *hemizygot* sind (die nur eine Kopie eines Chromosoms haben, siehe Kapitel 5). Betroffene Frauen haben ein mindestens 50-prozentiges Risiko, betroffene Kinder zu bekommen, unabhängig von deren Geschlecht. Da Männer nur das Y-Chromosom an ihre Söhne weitergeben (hätten sie das X-Chromosom weitergegeben, wäre es ja eine Tochter geworden), besteht für die Söhne eines betroffenen Vaters und einer nicht betroffenen Mutter *kein* Risiko, diese Störung zu erben, während die Töchter allesamt betroffen sind. Folglich haben Männer ein 50-prozentiges Risiko, ein betroffenes Kind zu bekommen (eben die Wahrscheinlichkeit, dass es eine Tochter wird).

Y-gekoppelte Merkmale

Das Y-Chromosom wird nur vom Vater an den Sohn weitervererbt. Per Definition sind Gene auf dem Y-Chromosom hemizygot. So verhalten sich Gene auf dem Y-Chromosom dominant, weil es kein Allel auf dem anderen Geschlechtschromosom als Gegenspieler gibt. Y-gekoppelte Merkmale sind in Stammbäumen leicht zu erkennen (siehe auch Abbildung 12.6), da sie folgende Eigenschaften besitzen:

✔ Betroffene Männer vererben das Merkmal an alle ihre Söhne.

✔ Es sind niemals Frauen betroffen.

✔ Das Merkmal überspringt keine Generation.

Da das Y-Chromosom sehr klein ist und auch nicht sehr viele Gene besitzt, sind Y-gekoppelte Störungen sehr selten. Die meisten Gene kontrollieren männliche Merkmale wie die Spermienproduktion oder die Ausbildung der Hoden. Wenn Sie eine Frau sind und Ihr Vater Haare in den Ohren hat – machen Sie sich keine Sorgen! Das Gen für »Haare in den Ohren« findet sich auf dem Y-Chromosom.

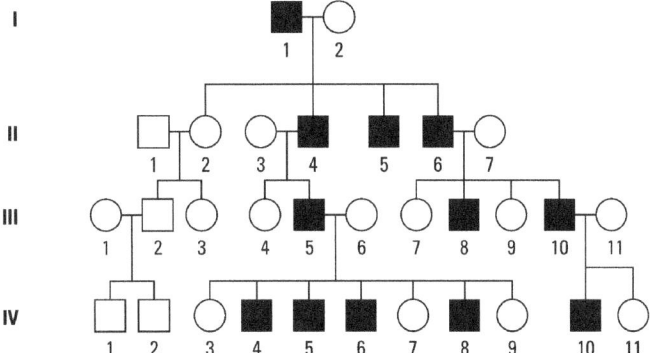

Abbildung 12.6: Stammbaum mit einem Y-gekoppelten Merkmal

Gentests als Vorwarnung

Durch das Aufkommen neuer Technologien (viele entstanden aus dem Humangenomprojekt, siehe auch Kapitel 8) sind Gentests preisgünstiger und einfacher als jemals zuvor. Gentests und genetische Beratung gehen oft Hand in Hand. Der genetische Berater ermittelt die in der Familie aufgetretenen Erbkrankheiten und durch den Gentest wird die DNA dann direkt auf das die Störung verursachende Gen hin untersucht. Ihr Hausarzt wird Ihnen oder einem Ihrer Familienmitglieder einen Gentest empfehlen, wenn einer der folgenden Umstände zutrifft:

✔ Sie sind gesund, machen sich aber Sorgen über Erbkrankheiten, die in Ihrer ethnischen Gruppe oder Familie verstärkt auftreten, wie Brustkrebs oder Huntington.

✔ Sie sind gesund, aber in Ihrer Familie sind in der Vergangenheit rezessive Erbkrankheiten aufgetreten und Sie planen, ein Kind zu bekommen.

✔ Sie sind eine schwangere Frau über 35 Jahre.

✔ Sie sind eine betroffene Person und wollen die Diagnose bestätigen.

✔ Sie haben ein gefährdetes Kind (weil Sie oder Ihr Partner bekanntlich oder vermutlich Überträger sind).

Gentests – wie und warum?

Jeder Mensch auf dieser Welt trägt ein oder mehrere Allele, die Erbkrankheiten verursachen können. Die meisten von uns werden niemals erfahren, welche oder wie viele solche Allele sie tragen. Wenn Sie jedoch ein Familienmitglied haben, das an einer seltenen Erbkrankheit erkrankt ist, vielleicht sogar einer autosomal-dominant vererbten Krankheit mit einer unvollständigen Penetranz oder einem verzögerten Beginn, sind Sie vielleicht doch sehr daran interessiert zu erfahren, welche Allele Sie tragen. Personen, die bis dato von keiner Erbkrankheit betroffen sind, können mithilfe von Gentests feststellen, ob sie Überträger sind. Für die meisten Tests muss eine Blutprobe genommen werden, bei anderen reicht der Mundschleimhaut-Abstrich, besser bekannt als Speichelprobe. Mehr über Erbkrankheiten finden Sie in Kapitel 13, weitere Informationen zur Vererbung von Krebs erhalten Sie in Kapitel 14. Bei Gentests werden einige ethische Fragen aufgeworfen, die ich in Kapitel 21 behandele.

Invasive Pränataldiagnostik

Die Pränataldiagnostik wird für gewöhnlich bei ungeborenen Kindern schwangerer Frauen über 35 angewendet, da bei diesen Frauen viel häufiger Chromosomenanomalien wie die Trisomie 21 auftreten als bei jüngeren Frauen (siehe Kapitel 15). Die Pränataldiagnostik gibt Paaren genügend Zeit, Entscheidungen und Vorbereitungen für Behandlungen entweder während der Schwangerschaft oder nach der Geburt eines betroffenen Kindes zu treffen.

Chorionzottenbiopsie und Fruchtwasseruntersuchung

Zur sicheren Diagnose einer Erbkrankheit muss Gewebe von der betroffenen Person genommen werden. In der Pränataldiagnostik gibt es zwei verbreitete Verfahren für die Gewebeprobenahme bei Föten: die *Chorionzottenbiopsie* und die *Fruchtwasseruntersuchung*. Bei beiden Verfahren wird mit Ultraschallgeräten die korrekte Führung der Instrumente für die Probenahme überprüft (siehe auch den Abschnitt über Ultraschall weiter hinten in diesem Kapitel).

✔ Die **Chorionzottenbiopsie** wird üblicherweise im ersten Drittel der Schwangerschaft (zwischen der zehnten und zwölften Woche) durchgeführt. Bei der Biopsie wird ein dünner Kunststoffschlauch vaginal eingeführt, mit dem vorsichtig etwas Choriongewebe abgesaugt wird. Das *Chorion* ist die äußere Fruchthülle des Embryos und bildet den fötalen Teil der Plazenta (des Mutterkuchens). Das heißt, es wird aus den Zellen des Fötus, nicht der Mutter, gebildet und enthält damit das Erbgut des Fötus. Mithilfe dieser Zellen kann nun eine genaue Aussage über die Chromosomenzahl des Fötus und über sein genetisches Profil getroffen werden. Der Vorteil der Chorionzottenbiopsie ist, dass sie früher im Verlauf der Schwangerschaft als andere Pränataldiagnostiken durchgeführt werden kann und das Ergebnis sehr genau ist. Zudem wird eine relativ große Menge an Gewebe gewonnen, sodass schon wenige Tage nach der Probenahme ein Ergebnis vorliegt. Die Chorionzottenbiopsie erhöht das Risiko für eine Fehlgeburt etwas.

✔ Die **Fruchtwasseruntersuchung** wird im frühen zweiten Drittel der Schwangerschaft durchgeführt (ab der fünfzehnten Woche). Dabei wird eine Probe des Fruchtwassers genommen, in dem der Fötus schwimmt. Das Wasser enthält Zellen des Fötus (etwa abgelöste Hautzellen), die für die pränatale Diagnose benutzt werden können. Das Fruchtwasser wird mit einer langen Nadel, die durch die Bauchdecke geführt wird, direkt aus der Gebärmutter entnommen. Da die Flüssigkeit nur wenige Fötuszellen enthält, müssen diese erst in einer Zellkultur vermehrt werden, bis genügend Gewebe für die Diagnose vorhanden ist. Deswegen dauert es ziemlich lange, bis Ergebnisse vorliegen (bis zu zwei Wochen). Liegen diese dann aber vor, sind sie sehr genau und Komplikationen (wie Fehlgeburten) treten kaum auf.

Nichtinvasive pränatale Testverfahren (NIPT)

Mit neueren Verfahren der nichtinvasiven Pränataldiagnostik, die vor allem durch das PCR-Verfahren und das Next Generation Sequencing (NGS) ermöglicht wurden, kann heute auf die invasiven Testverfahren der Diagnostik weitgehend verzichtet werden. Aus dem Blut der Mutter können bereits ab der zehnten Schwangerschaftswoche Zellen des Fötus auf eine mögliche Trisomie hin analysiert werden. Zeichnet sich ab, dass möglicherweise eine Trisomie vorhanden sein könnte, wird in der Regel eine Fruchtwasseruntersuchung zur Absicherung des Ergebnisses empfohlen.

Ultraschall

Durch Ultraschall können die Ärzte den wachsenden Fötus und seine Wirbelsäule, sein Gehirn und weitere Organe visuell untersuchen. Ultraschall kann noch früher in der Schwangerschaft eingesetzt werden als eine Chorionzottenbiopsie oder Fruchtwasseruntersuchung. Die Ultraschallsonde wird auf die Bauchdecke der Mutter gedrückt und sendet hochfrequente Schallwellen durch das Gewebe. Während die Schallwellen von Flüssigkeiten verschluckt werden, reflektiert Gewebe den Schall unterschiedlich stark. Die Wellen kehren zu einem Empfänger zurück und der Ultraschall wird in ein »richtiges« Bild umgewandelt. Bei neueren Ultraschallgeräten kann durch die Kombination zweier Sender und Empfänger und einem leistungsstarken Computer ein dreidimensionales Bild des Fötus erzeugt werden. Hier sind die Gesichtszüge und die Körperteile erstaunlich gut zu erkennen. Der Ultraschall wird normalerweise zur Entdeckung von Erbdefekten genutzt, die physisch erkennbar sind. Dazu zählt beispielsweise die *Nackentransparenzmessung (NT-Screening)*: Bestimmte Fehlbildungen lassen sich zwischen der elften und vierzehnten Schwangerschaftswoche im Ultraschall durch einen vergrößerten schwarzen Nackenbereich erkennen, der durch eine Ansammlung von Lymphflüssigkeit im Fötus verursacht wird. Ultraschall kann während der ganzen Schwangerschaft eingesetzt werden, da er nicht invasiv ist und so gut wie kein Risiko für Mutter und Kind darstellt.

Ersttrimesterscreening (EST)

Im ersten Trimester (den ersten drei Monaten der Schwangerschaft) lässt sich ein mögliches Down-Syndrom beim Fötus mit hoher Wahrscheinlichkeit feststellen, wenn die Nackentransparenzmessung mit zwei weiteren Laborwerten aus dem Serum der Mutter kombiniert wird: PAPP-A und freies Beta-hCG. *PAPP-A* steht für »pregnancy-associated plasma protein A« (schwangerschaftsassoziiertes Plasmaprotein A). Ein niedriger PAPP-A-Wert in der achten bis vierzehnten Schwangerschaftswoche deutet auf ein höheres Risiko für eine Wachstumsverzögerung beim Fötus hin. Wohlgemerkt – nur ein höheres Risiko! In diesem Fall sollte eine werdende Mutter weitere Tests zur frühgeburtlichen Diagnose in Betracht ziehen, denn mit den Tests werden nur Wahrscheinlichkeiten berechnet.

Das *humane Choriongonadotropin (hCG)* ist ein Hormon, das für den Erhalt der Schwangerschaft in den ersten Monaten notwendig ist. Steigt der hCG-Wert zu langsam an oder fällt er zu früh wieder ab, kann dies auf mögliche Fehlbildungen beim Fötus hinweisen.

Nach der Geburt: Das Neugeborenenscreening

Einige genetische Defekte können durch eine entsprechende Ernährung sehr gut ausgeglichen werden. Deswegen sollen alle Neugeborenen in Deutschland auf mindestens drei Erbkrankheiten getestet werden: *Phenylketonurie (PKU)*, *Galaktosämie* und *Hypothyreose*. Diese Erbkrankheiten werden autosomal-rezessiv vererbt.

✔ Die **Phenylketonurie** verursacht durch die Ansammlung von Phenylalanin (einer Aminosäure, die in der normalen Ernährung oft vorkommt) im Gehirn langfristig eine geistige Entwicklungsverzögerung. Eine Phenylalanin-arme Ernährung ermöglicht es den Betroffenen, ohne die Ausbildung der Symptome zu leben. (Aufgrund dieser Erbkrankheit und der Möglichkeit, sie zu kontrollieren, finden Sie oft den Zusatz »enthält Phenylalanin« auf Lebensmittelverpackungen.) Die Phenylketonurie kommt ungefähr bei einer von 10.000 Geburten vor.

✔ Bei der **Galaktosämie** handelt es sich um eine Erbkrankheit, die der Phenylketonurie ähnelt. Betroffene Personen können keine Laktoseprodukte (Milchzucker) verstoffwechseln. Eine laktosefreie Ernährung ermöglicht den betroffenen Personen ein symptomfreies Leben. Wird die Krankheit nicht behandelt, kann die Galaktosämie zu Hirnschäden, Nieren- und Leberversagen und nicht selten zum Tod führen. Die Häufigkeit von Galaktosämie liegt in etwa bei einer von 40.000 Geburten.

✔ Die **Hypothyreose** ist eine Unterfunktion der Schilddrüse und führt zu einer Unterversorgung mit dem Schilddrüsenhormon. Die Beschwerden sind vielgestaltig, meist besteht eine Leistungsminderung, Schwäche, Antriebsmangel, Müdigkeit und ein leichtes Frieren. Eine Schilddrüsenunterfunktion kann zudem eine Depression hervorrufen. Die Auswirkungen können mit lebenslanger Gabe von Schilddrüsenhormon gedämpft werden, wobei die Dosis individuell festgelegt werden muss. Gerade in den ersten zehn bis vierzehn Tagen ist die Gabe des Schilddrüsenhormons unerlässlich, da sonst bleibende Schäden beim Kind vorkommen können. Hypothyreose wird bei ungefähr einer von 4.000 Geburten festgestellt.

Bei diesen Tests handelt es sich streng genommen nicht um Gentests, obwohl damit Erbdefekte entdeckt werden können. Es werden vielmehr die Gehalte von Phenylalanin, Galaktose und des Schilddrüsenhormons überprüft, also der Phänotyp der Erbkrankheiten. Mit dem technischen Fortschritt werden diese Tests womöglich durch direkte DNA-Analysen mittels DNA-Chip-Technologien durchzuführen sein (was es damit im Einzelnen auf sich hat, lesen Sie in Kapitel 23).

Prädiktive Tests und Prädispositionstests

Gentests werden auch genutzt, um Vorhersagen über die Entstehung bestimmter Krankheiten in späteren Lebensphasen zu treffen. Diese Tests werden meist bei Personen durchgeführt, in deren Familiengeschichte eine genetisch bedingte Krankheit vorkommt, die sich *nach* der Geburt ausprägt, oft erst im Erwachsenenalter. Wenn die krankheitsverursachende Mutation erst einmal bei dem Familienmitglied identifiziert wurde, das diese Krankheit hat, dann können eventuell gefährdete Familienmitglieder noch vor dem Auftreten von Symptomen dieser Krankheit getestet werden.

Prädiktives Testen bedeutet das Testen auf Krankheiten, die sich auf jeden Fall bei jeder Person, die die krankheitsverursachende Mutation trägt, entwickeln werden. Zum Beispiel werden oft präsymptomatische Tests auf Chorea Huntington durchgeführt, eine progressiv fortschreitende neurologische Erkrankung, die autosomal-dominant vererbt wird (mehr dazu in Kapitel 4).

Prädispositionstests sind Tests, die im Zusammenhang mit genetischen Verhältnissen durchgeführt werden, die zu einem erhöhten Risiko für eine Krankheit wie zum Beispiel Krebs führen. Prädispositionstests werden bei erblichen Krebssyndromen durchgeführt, wie hereditärem Brust- oder Eierstockkrebs, die durch die »Brustkrebsgene« *BRCA1* oder *BRCA2* ausgelöst werden. Wie in Kapitel 14 erklärt haben Personen, die eine krankheitsverursachende Mutation in einem dieser Gene tragen, ein signifikant erhöhtes Risiko, Brust- oder Eierstockkrebs (und andere bösartige Tumoren) zu entwickeln. Sie haben eine erhöhte Anfälligkeit (Prädisposition) für den Krebs, was aber nicht bedeutet, dass bei ihnen dieser Krebs mit Sicherheit ausbrechen wird. Prädiktive Tests und Prädispositionstests verschaffen betroffenen Menschen Informationen, die sie nutzen können, um ihr weiteres Leben zu planen. Sei es, um zu entscheiden, ob sie Kinder haben wollen oder nicht oder ob sie sich frühzeitigen Vorsorgeuntersuchungen oder prophylaktischen Behandlungen (noch bevor Symptome auftreten, zum Beispiel prophylaktische Operationen bei Krebsrisiko) unterziehen wollen.

Präimplantationsdiagnostik

Bei der *Präimplantationsdiagnostik (PID)* wird der Embryo schon sehr früh in seiner Entwicklung auf bestimmte genetische Eigenschaften getestet. PID wird im Zusammenhang mit der *In-vitro-Fertilisation* angewendet, um Embryos mit bestimmten krankheitsverursachenden Genen, für die bei den Kindern des Paares ein gewisses Risiko besteht, zu identifizieren. Die Idee hinter der PID ist, das nur solche Embryonen, die diese spezielle genetische Veränderung nicht tragen, in die Gebärmutter der Mutter eingepflanzt werden sollen, wodurch sich das Risiko, ein betroffenes Kind zu bekommen, vermindert, während die Chance auf eine erfolgreich verlaufende Schwangerschaft steigt.

Es gibt verschiedene Arten von Tests, die bei der PID Verwendung finden. Bei Paaren, die sich einem Gentest unterzogen haben und von denen man weiß, dass bei ihnen ein erhöhtes Risiko für eine bestimmte Erbkrankheit besteht (wie zystische Fibrose oder das Tay-Sachs-Syndrom), kann der Embryo auf die spezifische(n) Mutation(en) getestet werden, deren

Träger die Eltern (einer oder beide Elternteile) sind. Bei Paaren, bei denen einer oder eine als Träger einer Chromosomenanomalie bekannt ist (wie eine reziproke (ausbalancierte) Translokation, siehe Kapitel 15), kann der Embryo auf eine strukturelle Änderung der Chromosomen getestet werden. Und schließlich bei Paaren, bei denen ein erhöhtes Risiko für ein Kind mit einer Aneuploidie besteht (zu viele oder zu wenige Chromosomen, siehe Kapitel 15), kann der Embryo auf Veränderungen seiner Chromosomenzahl getestet werden.

Um überhaupt eine PID durchführen zu können, werden zunächst Embryonen durch die In-vitro-Fertilisation (IVF) erzeugt. Bei der IVF wird der Samen vom Vater genutzt, um Eizellen, die der Mutter entnommen wurden, zu befruchten. Diese Embryos werden im Labor erzeugt und dort fünf bis sechs Tage kultiviert. Bis dahin liegen genug Zellen vor, sodass eine Biopsie gemacht werden kann. Dann wird der Embryo eingefroren, während die Gentests an den durch die Biopsie entnommenen Zellen durchgeführt werden. Wenn die Testergebnisse vorliegen, schauen sich das Paar und das medizinische Team die Resultate an und entscheiden darüber, ob Embryonen mit dabei sind, die für eine Implantation infrage kommen. Solche Embryonen mit normalen genetischen Testergebnissen und einer äußerlich typischen Erscheinung werden die beste Chance haben, eingesetzt zu werden und sich zu einem gesunden Baby zu entwickeln.

Pharmakogenetische Tests

Über *pharmakogenetische Tests* werden Gene untersucht, von denen bekannt ist, dass sie in der Verstoffwechselung von Medikamenten eine Rolle spielen. Aufgrund von Unterschieden in den Sequenzen solcher Gene, reagieren verschiedene Menschen anders auf bestimmte Medikamente. Dabei können diese Gene dafür verantwortlich sein, warum unterschiedlich hohe Dosen bei verschiedenen Menschen nötig sind oder warum manche unter Nebenwirkungen leiden und andere nicht. Deshalb könnte es hilfreich sein, einen pharmakogenetischen Test durchzuführen, bevor ein Arzneimittel verschrieben wird, um herauszufinden, ob es wirklich das am besten geeignete Medikament ist und welche Dosis die beste wäre. Pharmakogenetische Tests sind für viele verschiedene Medikamente erhältlich, einschließlich Schmerzmitteln, Psychopharmaka und chemotherapeutisch wirksamen Mitteln (zur Behandlung von Krebs). In Kapitel 16 erfahren Sie mehr über die Pharmakogenetik.

> **IN DIESEM KAPITEL**
>
> Verschiedene Formen und Ursachen von Mutationen
>
> Die Konsequenzen und Reparaturmöglichkeiten von Mutationen
>
> Einige verbreitete Erbkrankheiten

Kapitel 13
Mutationen und Erbkrankheiten: Dinge, die man nicht ändern kann

Egal was Sie über Mutationen denken mögen – im Grunde genommen sind sie eine gute Sache. Eine *Mutation* ist nichts weiter als eine genetische Änderung, die für die Variationen der Phänotypen verantwortlich ist. Die Vielfalt der Blütenfarben, die Wuchshöhen der Pflanzen, die Geschmacksrichtungen der verschiedenen Apfelsorten, die Unterschiede zwischen den Hunderassen oder Getreidesorten wie Hafer, Weizen und Gerste – all diese phänotypischen Variationen sind auf natürliche Weise durch Mutation entstanden. Mutationen entstehen jederzeit, spontan und sehr oft vollkommen zufällig.

Wie die meisten guten Dinge haben Mutationen aber auch eine Kehrseite: Sie können die Funktion eines Gens ausschalten und Krankheiten wie Krebs (siehe Kapitel 14) oder Geburtsfehler (siehe Kapitel 15) hervorrufen. In diesem Kapitel erfahren Sie, wie Mutationen verursacht werden, wie sich die DNA bei einer Mutation selbst reparieren kann und was passiert, wenn dieser Reparaturmechanismus versagt.

Die Arten der Mutation

 Es gibt grundsätzlich zwei Arten von Mutationen. Die Unterschiede zwischen den beiden Arten sind sehr wichtig:

✔ **Somatische Mutation:** Eine Mutation in den Körperzellen, die nicht zu Eizellen oder Spermien werden. Mutationen in den Körperzellen sind nicht vererbbar, denn die Änderungen in den Genen können nicht an die Nachkommen weitergegeben werden. Sie betreffen aber sehr wohl die Person, bei der die Mutation auftritt.

✔ **Keimbahnmutationen:** Eine Mutation in den Keimzellen (also Eizellen oder Spermien, siehe Kapitel 2) wird direkt an die Nachkommen weitergegeben. Im Gegensatz zu den somatischen Mutationen trifft diese Art der Mutation (meist) nicht die Eltern. Stattdessen sind die Nachkommen der Person, bei der die Mutation auftritt, betroffen und die Mutation wird auch an zukünftige Generationen weitervererbt.

Einige Störungen fallen in beide Kategorien. Viele Krebsarten, die in der Familie liegen, sind das Ergebnis von somatischen Mutationen bei Personen, die eine erhöhte Anfälligkeit für diese Krankheit bereits als Mutation von ihren Eltern geerbt haben. (Mehr über vererbte Krebsarten erfahren Sie in Kapitel 14.)

Somatische und Keimbahnmutationen kommen üblicherweise auf gleichem Wege zustande:

✔ **Austausch einer Base gegen eine andere:** Eine solche Basenaustauschmutation wird auch *Punktmutation* genannt. Üblicherweise ist zunächst nur eine Base betroffen, aber ohne Reparatur ist durch die weitere DNA-Replikation schließlich auch ihre Komplementärbase ausgetauscht (mehr zum Aufbau der DNA erfahren Sie in Kapitel 6). Diese Art der Mutation lässt sich in zwei weitere Unterkategorien einteilen:

- *Transitionsmutation:* Eine Purinbase wird mit der anderen Purinbase oder eine Pyrimidinbase wird mit der anderen Pyrimidinbase vertauscht. Die Transitionsmutation ist die häufigste Art der Punktmutation.

- *Transversionsmutation:* Hier ersetzt eine Purinbase eine Pyrimidinbase (oder umgekehrt).

✔ **Insertion und Deletion einer oder mehrerer Basen:** Werden in dem Strang eine oder mehrere zusätzliche Basen eingefügt, spricht man von einer *Insertion*, das Herausnehmen von Basen wird als *Deletion* bezeichnet. Insertionen und Deletionen sind die am häufigsten vorkommenden Mutationen.

Findet die Insertion oder Deletion innerhalb eines Gens statt, kann dies dazu führen, dass der genetische Code während der Translation (siehe hierzu auch Kapitel 10) anders gelesen wird. Bei der Translation wird der genetische Code in Schritten von je drei Basen gelesen. Wenn also eine oder zwei Basen hinzugefügt oder entfernt werden, verschiebt sich das Leseraster. Solche *Leserasterverschiebungen* führen zu einer völlig anderen Interpretation des genetischen Codes und eine völlig andere Abfolge von Aminosäuren wird produziert. Sie können sich leicht vorstellen, dass solche Mutationen schlimme Folgen haben, da nicht das erwartete Genprodukt hergestellt wird. Werden aber drei Basen hinzugefügt oder weggenommen, kommt es zu keiner Leserasterverschiebung. Das Ergebnis einer solchen Mutation ist eine *In-frame-Mutation* (»Mutation im Leseraster«). Sie führt dazu, dass im Protein entweder eine Aminosäure hinzugefügt (Insertion) oder weggenommen (Deletion) wird. Oft ist das

Protein noch funktionsfähig, aber auch solche Mutationen können fatale Folgen haben. Mehr über die Folgen lesen Sie im Abschnitt »Die Folgen von Mutationen« weiter hinten in diesem Kapitel.

✔ **Spleißstellenvarianten:** Wenn die Änderung einer Sequenz einen Einfluss darauf hat, wie das Spleißen eines Genes oder genauer gesagt des Transkriptes erfolgt, wird diese als Spleißstellenvariante bezeichnet (oder als Spleißvariante). Änderungen in einer DNA-Sequenz an oder nahe den Verbindungsstellen zwischen den Exons (die codierenden Sequenzen des Gens) und den Introns (die nichtcodierenden Sequenzen zwischen den Exons) können dazu führen, dass Exons ausgelassen oder Intronsequenzen in die fertige mRNA eingebaut werden. In beiden Fällen wird die Struktur des Proteins wegen der Abänderungen in der translatierten mRNA verändert.

Was verursacht Mutationen?

Mutationen haben viele Ursachen. Ganz allgemein gesagt können sie entweder rein zufällig entstehen oder durch äußere Faktoren, wie durch den Kontakt mit bestimmten Chemikalien oder durch radioaktive Bestrahlung. In den folgenden Abschnitten will ich auf die einzelnen Ursachen eingehen.

Spontane Mutationen

Die *spontanen Mutationen* geschehen zufällig und ohne irgendeine äußerliche Einwirkung – es sind mehr oder weniger natürliche Kopierfehler der DNA-Polymerase, die vom Reparatursystem nicht erkannt wurden. Da der Großteil Ihrer DNA gar keine Gene codiert, werden die meisten spontanen Mutationen überhaupt nicht wahrgenommen (in Kapitel 8 erfahren Sie mehr über nichtcodierende DNA, die »Junk-DNA«). Geschehen solche Mutationen aber innerhalb eines Gens, kann seine Funktion gestört, wenn nicht gar zerstört werden. Solche Änderungen können ungewollte Nebeneffekte hervorrufen, wie zum Beispiel Krebs (siehe Kapitel 14).

Da die Wissenschaftler gerne alles zählen, sortieren und quantifizieren, haben sie das auch bei Mutationen getan. Also werden spontane Mutationen folgendermaßen gemessen:

✔ **Mutationsfrequenz:** Mutationen werden manchmal mit der Frequenz angegeben, mit der sie auftreten. Die *Frequenz* ist die Anzahl, wie oft ein Ereignis innerhalb einer bestimmten Gruppe von Individuen auftaucht. Hören Sie Angaben wie »Einer von soundso viel Menschen leidet an einer bestimmten Krankheit«, so stellt diese Zahl eine Frequenz dar. So tritt einer Untersuchung zufolge zum Beispiel die X-gekoppelte Bluterkrankheit mit einer Frequenz von 13 von 100.000 Männern auf.

✔ **Mutationsrate:** Eine andere Art, die Häufigkeit von Mutationen anzugeben, ist in Form einer Rate – wie zum Beispiel die Anzahl von Mutationen mit jeder Zellteilung bei der Produktion einer Keimzelle oder pro Generation. Dabei variieren die

Mutationsraten zwischen den Lebewesen sehr stark. Sogar innerhalb einer Spezies können die Mutationsraten an verschiedenen Stellen des Genoms sehr unterschiedlich sein, je nachdem, welche Stellen betrachtet werden. Einige überzeugende Studien zeigen, dass die Mutationsrate sogar vom Geschlecht abhängig und bei männlichen Individuen höher ist als bei weiblichen (siehe auch den Kasten »Das Alter des Vaters hat auch was zu sagen«). Egal wie man es betrachtet, spontane Mutationen treten regelmäßig, aber nur in sehr geringen Raten auf (etwa bei einem von einer Million Gameten).

Die meisten spontanen Mutationen geschehen aufgrund von Fehlern während der Replikation (alle Details darüber finden Sie in Kapitel 7). Hier sind die drei häufigsten Fehlerquellen während der Replikation:

✔ Falsch zugeordnete Basen wurden beim Korrekturlesen übersehen.

✔ Schlaufenbildung des Strangs führt zu Insertionen und Deletionen.

✔ Spontane, aber natürliche chemische Änderungen führen dazu, dass Basen während der Replikation falsch gelesen werden, was Insertionen oder Deletionen zur Folge hat.

Falsch platzierte Basen

Normalerweise werden Fehler während der Replikation von der *DNA-Polymerase* erkannt und sofort korrigiert. Die Aufgabe der DNA-Polymerase ist, den einzelnen Strang abzulesen, die passende komplementäre Base hinzuzufügen und die neu hinzugefügte Base zu kontrollieren, bevor sie zur nächsten Base auf dem Matrizenstrang weiterzieht. Die DNA-Polymerase kann fehlerhafte Basen herausschneiden und sie ersetzen, aber manchmal wird eine falsche Base übersehen. Dieser Fehler kann passieren, weil auch nichtkomplementäre Basen Wasserstoffbrückenbindungen eingehen können, was auch als *Wobble-Paarung* bezeichnet wird (»wobble« ist englisch und bedeutet »wackeln«). Wie Sie in Abbildung 13.1 sehen können, kann eine Wobble-Paarung eintreten

✔ **zwischen Thymin und Guanin**, ohne dass eine Base modifiziert werden muss (da diese nichtkomplementären Basen Bindungen in sehr merkwürdigen Stellungen eingehen können).

✔ **zwischen Cytosin und Adenin**, aber nur dann, wenn Adenin ein zusätzliches Wasserstoffatom (als H$^+$) bekommt (was *Protonierung* genannt wird).

Falls die DNA-Reparaturteams den Fehler nicht bemerken und beheben (siehe den Abschnitt »Die Möglichkeiten der DNA-Reparatur« weiter hinten in diesem Kapitel), bleibt die falsche Base an Ort und Stelle und der Fehler wird bei der nächsten Replikation verewigt, wie man in Abbildung 13.2 erkennen kann. Die falsch zugeordnete Base wird als Teil des Matrizenstrangs gelesen und ihre komplementäre Base wird am neu replizierten Strang gegenüber eingesetzt. So wird die Mutation fest in die betroffene DNA geschrieben.

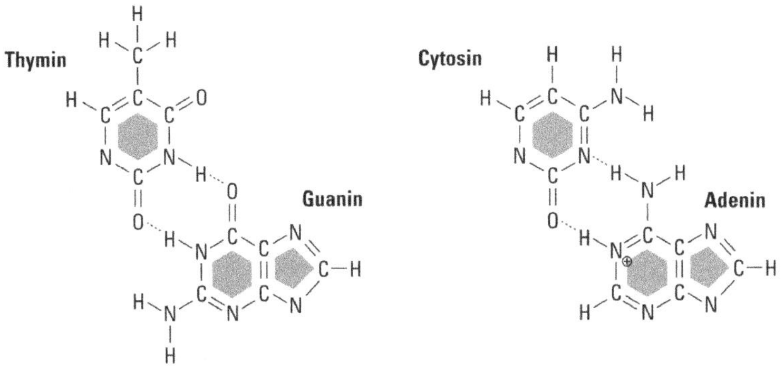

Abbildung 13.1: Die Wobble-Paarung erlaubt es nichtkomplementären Basen, sich miteinander zu verbinden.

Das Alter des Vaters hat auch was zu sagen

Der Zusammenhang zwischen dem Alter der Mutter und einem erhöhten Auftreten von Chromosomenstörungen wie dem Down-Syndrom ist wohlbekannt. Die Fehlsegregation der Chromosomen – die ausbleibende normale Trennung der Chromosomen während der Meiose – in heranreifenden Eizellen älterer Frauen ist wohl die Ursache. Einige genetische Probleme scheinen auch beim Mann aufzutreten, der im Gegensatz zur Frau zeit seines Lebens immer weiter Gameten (Geschlechtszellen) in Form von Spermien produziert. Ältere Männer sind ebenfalls anfällig gegenüber Keimbahnmutationen, die dann Erbfehler bei ihren Kindern verursachen können.

Der Grund, warum ältere Männer eher anfällig für spontane Keimbahnmutationen sind, ist der gleiche wie der, warum sie weniger anfällig für eine Fehlsegregation sind: Männer produzieren ein Leben lang Spermien. Diese kontinuierliche Spermienproduktion hat zur Folge, dass sich die Keimzellen eines 50-jährigen Mannes über 800-mal geteilt haben und die DNA genauso oft repliziert wurde. Je älter die DNA wird, desto ungenauer ist die Replikation und desto »schlampiger« das Reparaturteam. Deshalb haben ältere Väter ein erhöhtes Risiko (wenn auch relativ gering), Kinder mit Gendefekten zu zeugen. Achondroplasie (eine autosomal-dominante Form von Zwergenwuchs, bei der typischerweise die Extremitäten verkürzt und der Kopf übergroß ist), das Marfan-Syndrom (eine Störung des Bindegewebes, die zu gravierenden Fehlfunktionen im Skelettsystem, an den Augen und am Herzen führen kann) und Progerie (eine Krankheit, die die Betroffenen fünf- bis zehnmal schneller altern lässt) werden beispielsweise mit älteren Vätern in Zusammenhang gebracht.

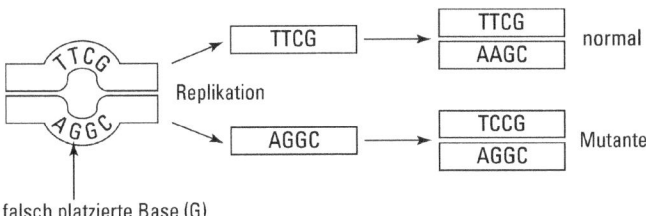

Abbildung 13.2: Eine falsch platzierte Base kann nach der nächsten Replikation nicht mehr als solche erkannt werden.

Schlaufenbildung

Während der Replikation werden beide DNA-Stränge mehr oder weniger gleichzeitig bearbeitet. Gelegentlich kann ein Stück an einem Einzelstrang (entweder am Matrizenstrang oder am neu synthetisierten Strang) eine Schlaufe bilden (im Englischen auch *strand slippage* genannt). In Abbildung 13.3 sehen Sie eine solche Schlaufe, die bei Auftreten im neu synthetisierten Strang zu einer Insertion, im Matrizenstrang hingegen zu einer Deletion führt.

Die Schlaufenbildung tritt vor allem dort auf, wo sich Basen wiederholen. Wird eine Base mehr als fünfmal hintereinander (AAAAAA zum Beispiel) oder eine kurze Sequenz immer wieder wiederholt (zum Beispiel AGTAGTAGT), ist die Wahrscheinlichkeit sehr groß, dass bei der Replikation Schlaufen entstehen. In einigen Fällen produzieren solche Fehler eine große Variation in der nichtcodierenden DNA. Diese Variation ist dann bei der Identifizierung von Individuen nützlich (dem genetischen Fingerabdruck etwa, siehe Kapitel 18). Befinden sich solche wiederholten Abschnitte innerhalb von Genen, verstärkt das Hinzufügen von neuen Wiederholungen die Wirkung des veränderten Gens. Diese Verstärkung, *Antizipation* genannt, kommt oft bei Erbkrankheiten wie zum Beispiel der Huntington-Krankheit vor (mehr dazu in Kapitel 4).

Ein anderes Problem, das durch wiederholte Basen entsteht, ist das ungleiche Crossing-over (der Austausch von DNA-Informationen zwischen den homologen Chromosomen). Während der Meiose müssen sich die homologen Chromosomen exakt nebeneinander ausrichten, damit beim Crossing-over ein gleichwertiger Austausch stattfindet, sodass keine Gene auseinandergerissen werden (siehe Kapitel 2 mit einem Rückblick auf die Meiose). Ein ungleiches Crossing-over entsteht dann, wenn die Chromosomen ungleich große Stücke austauschen und daher nach dem Crossing-over unterschiedlich groß sind. Bei vielen wiederholten (repetitiven) Sequenzen im Chromosom passen jedoch sehr viele Stellen zueinander und das ungleiche Crossing-over wird immer wahrscheinlicher. Die identischen Basen können sich in verschiedenen Kombinationen passend anordnen. Das Problem ist nur, dass so Diskrepanzen an anderer Stelle des Chromosoms hervorgerufen werden. Ungleiches Crossing-over führt zu sehr großen Änderungen der Chromosomen (die ich in Kapitel 15 beschreibe). Auch Chromosomen in Krebszellen sind anfällig für Fehler durch ungleiches Crossing-over (siehe Kapitel 14).

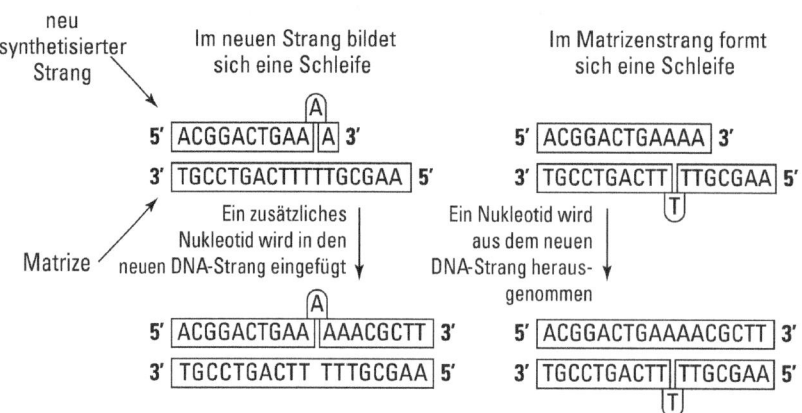

Abbildung 13.3: Die Schlaufenbildung während der Replikation kann zu Insertionen oder Deletionen führen.

Spontane chemische Änderungen

Spontane chemische Änderungen in der DNA können sowohl Deletionen als auch einen Austausch von Basen hervorrufen. In einem natürlichen Vorgang, der *Depurinierung* genannt wird, verliert die DNA manchmal Purinbasen. Dies geschieht meistens durch das Aufbrechen (die Hydrolyse) der Verbindung zwischen Adenin und dem Zucker (in Kapitel 6 finden Sie Informationen über den Aufbau eines Nukleotids). Geht eine Purinbase verloren, wird der verwaiste Zucker bei der Replikation einfach so behandelt, als hätte an dieser Stelle nie eine Base gesessen.

Ein anderer Vorgang, der die DNA auf natürliche Weise chemisch verändert, ist die *Desaminierung*. Dabei geht einer Base durch Hydrolyse eine Aminogruppe verloren (ein Stickstoff und zwei Wasserstoffatome, NH_2). Abbildung 13.4 zeigt die Base Cytosin vor und nach der Desaminierung. Durch den Verlust der Aminogruppe wird Cytosin zu Uracil. Da Uracil in der DNA normalerweise nicht vorkommt (es ist ein Baustein der RNA), wird es bei der nächsten Replikation durch Thymin ersetzt – man spricht von einem Substitutionsfehler oder einer *Austauschmutation*. Wird Uracil nicht herausgeschnitten und ersetzt (siehe auch den Abschnitt »Die Möglichkeiten der DNA-Reparatur« weiter hinten in diesem Kapitel), dient es als Matrize bei der Replikation und paart sich mit seiner Komplementärbase Adenin. So wird aus einem ursprünglichen CG-Paar ein TA-Paar.

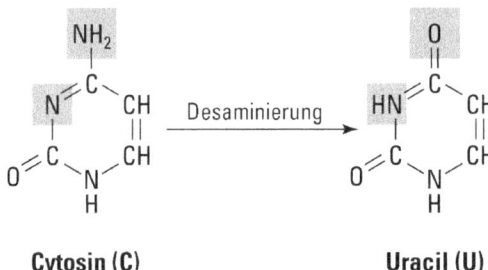

Abbildung 13.4: Bei der Desaminierung wird Cytosin in Uracil umgewandelt.

Induzierte Mutationen

Induzierte Mutationen entstehen durch äußere Einwirkungen wie Chemikalien oder Strahlung. Es ist für Sie vermutlich keine Überraschung, dass bestimmte chemische Stoffe Mutationen in der DNA hervorrufen können. *Karzinogene* (Substanzen, die Krebs verursachen) sind nicht selten; die karzinogenen Substanzen im Zigarettenqualm beispielsweise gehören zu den wohl aggressivsten überhaupt. Aber nicht nur chemische Verbindungen, sondern auch verschiedenste Arten von Strahlung wie Sonnenlicht (UV-Strahlung) oder Röntgenstrahlung sind mutagen. Als *Mutagene* werden alle Faktoren bezeichnet, die die Mutationsrate erhöhen. Ob ein Mutagen den Phänotyp verändert, hängt davon ab, welcher Teil der DNA betroffen ist. Die beiden folgenden Abschnitte befassen sich mit den zwei Hauptarten von Mutagenen: chemische Mutagene und Strahlung. Beide schädigen die DNA, aber auf unterschiedliche Weise.

Chemische Mutagene

Die Fähigkeit chemischer Verbindungen, die DNA permanent zu verändern, wurde in den 1940er-Jahren von Charlotte Auerbach entdeckt (die ganze Geschichte lesen Sie im Kasten »Die Chemie der Mutation«). Es gibt sehr viele mutagene Chemikalien. In den nächsten Abschnitten werden die vier häufigsten beschrieben.

Basenanaloga

Basenanaloga sind Substanzen, die den Basen in der DNA chemisch sehr ähnlich sind. Sie können aufgrund der Ähnlichkeit ihrer Struktur während der Replikation in die DNA eingebaut werden. Das Basenanalogon *5-Bromuracil (5-BU)* ist mit der Base Thymin fast identisch. Sehr oft wird 5-Bromuracil (siehe Abbildung 13.5) anstelle von Thymin in die DNA eingebaut und bindet an Adenin als Komplementärbase. Das wird dann zum Problem, wenn die DNA mit 5-BU als Bestandteil der Matrize repliziert wird. Dabei wird 5-Bromuracil in der Matrize mit Cytosin verwechselt und entsprechend falsch mit Guanin gepaart. Das Ganze läuft dann so ab: 5-Bromuracil wird anstelle von Thymin in die DNA eingebaut, aus einem TA-Paar wird also ein 5-BU-A-Paar. Nach einer Replikation heißt das Paar dann 5-BU-G, da 5-BU zu chemischen Änderungen neigt, die es wie Cytosin aussehen lassen, und die normale Komplementärbase zu Cytosin ja Guanin ist. Nach der zweiten Replikationsrunde wird das Paar dann zu CG, da 5-BU in normaler DNA nicht vorkommt. So wird aus dem ursprünglichen TA-Paar ein CG-Paar.

Eine andere Klasse von Basenanaloga, die die normale Basenpaarung beeinflussen, sind desaminierende Substanzen. Die *Desaminierung* ist ein natürlicher Prozess (siehe den Abschnitt »Spontane chemische Änderungen« weiter vorn in diesem Kapitel), der spontane Mutationen hervorruft. Problematisch wird das Ganze dann, wenn die Desaminierung durch chemische Substanzen beschleunigt wird, die selektiv Aminogruppen aus der DNA entfernen und Cytosin in Uracil umwandeln.

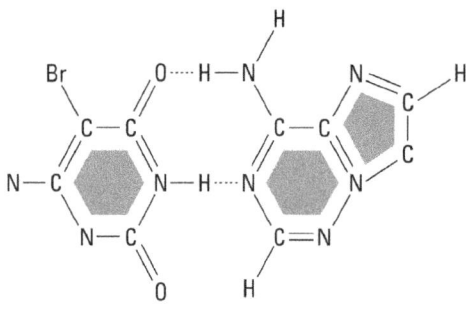

Abbildung 13.5: Basenanaloga wie 5-Bromuracil (5-BU) sind den normalen Basen sehr ähnlich.

Alkylierende Substanzen

Ähnlich wie Basenanaloga verursachen *alkylierende Substanzen* falsche Basenpaarungen. Verbindungen wie der chemische Kampfstoff *Senfgas* fügen den Basen in der DNA chemische Gruppen (Alkylgruppen) hinzu. Dies hat zur Folge, dass so geänderte Basen sich mit der falschen Komplementärbase verbinden und eine Mutation entsteht. Überraschenderweise werden alkylierende Substanzen häufig zur Krebsbekämpfung in der Chemotherapie eingesetzt. Diese therapeutischen Versionen sollen das Krebswachstum hemmen, indem sie die Replikation der sich schnell teilenden Krebszellen stören.

Freie Radikale

Einige Formen von Sauerstoff, die sogenannten *freien Radikale*, sind sehr reaktionsfreudig. Dieser reaktionsfreudige Sauerstoff kann die DNA direkt schädigen, indem er Bruchstellen in den Strängen verursacht oder Basen so umwandelt, dass bei der nächsten Replikation falsche Basenpaarungen auftreten. Freie Radikale sind normale Stoffwechselprodukte des Körpers und verursachen die meiste Zeit keine Probleme, da es entsprechende Entgiftungssysteme in den Zellen gibt. Rauchen, hohe Strahlenbelastung, Umweltverschmutzungen oder der Umgang mit giftigen Chemikalien wie Pflanzenschutzmitteln können jedoch den Gehalt an freien Radikalen im Körper gefährlich erhöhen.

Interkalanzien

Es gibt viele Arten von chemischen Verbindungen, die sich zwischen die Basen zwängen, aus denen die Doppelhelix aufgebaut ist, und so deren Form stark verzerren. Moleküle mit einer flachen Ringstruktur wie bestimmte Farbstoffe (zum Beispiel Ethidiumbromid) sind bestens dafür geeignet, sich zwischen die einzelnen Basen zu schieben. Dieser Prozess wird auch *Interkalation* genannt. In Abbildung 13.6 sehen Sie Interkalanzien bei der Arbeit. Durch ihre Interkalation verursachen sie Beulen im DNA-Strang, die dann bei der Replikation zu Insertionen oder Deletionen und zu Leserasterverschiebungen führen können.

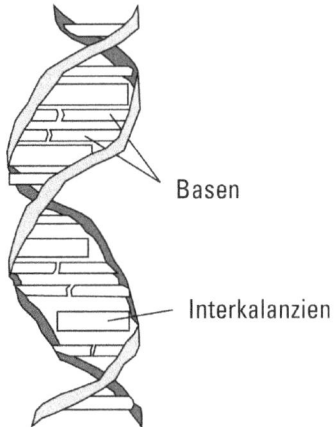

Abbildung 13.6: Interkalierende Stoffe zwängen sich zwischen die Basen der Doppelhelix und verändern so ihre Form.

UV- und andere Strahlung

Strahlung schädigt die DNA auf verschiedene Weise. Erstens kann die Strahlung die Stränge durch das Auflösen der Bindungen zwischen den Zuckern und den Phosphaten aufbrechen (in Kapitel 6 lesen Sie mehr über den Aufbau eines DNA-Strangs). Ist nur ein Strang durchbrochen, kann der Schaden leicht repariert werden. Sind aber beide Stränge durchbrochen, können schnell größere Teile des Chromosoms verloren gehen. Diese Verluste können Krebszellen entstehen lassen (siehe Kapitel 14) oder Geburtsfehler verursachen (siehe Kapitel 15).

Zweitens verursacht die Strahlung Mutationen durch die Bildung von *Dimeren*. Dimere (»di-« heißt zwei und »mer« heißt Ding) entstehen hier durch kovalente Bindungen zwischen zwei benachbarten Basen (also auf derselben Seite der Doppelhelix, nicht auf der gegenüberliegenden). Oft bilden sich Dimere aus zwei Thyminbasen, wie Sie in Abbildung 13.7 sehen können. *Hautkrebs* wird übrigens vor allem durch *Thymin-Dimere* verursacht, die auf eine übermäßige Sonnenexposition zurückzuführen sind.

Thymin-Dimere können repariert werden, aber wenn der Schaden zu groß ist, stirbt die Zelle (in Kapitel 14 lesen Sie mehr über den programmierten Zelltod). Werden die Dimere nicht sofort repariert, können Mutationen entstehen. Die DNA-Polymerase stoppt kurzzeitig bei der Replikation des mutierten Strangs, der an dieser Stelle deformiert ist. Sie kann davon ausgehen, dass sich an der Stelle zwei Thyminbasen befinden und dementsprechend richtigerweise zwei Adeninbasen einsetzen. Sie kann aber auch das Dimer für ein einzelnes Thymin halten und nur ein Adenin als Komplementärnukleotid einsetzen, sodass sich möglicherweise das Leseraster im neu synthetisierten Strang verschiebt. Oder die Replikation kann ganz unterbrochen werden. Auch Cytosin und Thymin können miteinander Dimere bilden, die bei der Replikation zu CT-Austauschmutationen führen können.

Die Chemie der Mutation

Wenn jemand mal wirklich einen Grund zum Aufgeben seiner Träume hatte, dann Charlotte Auerbach. Sie wurde 1899 in Deutschland als Teil einer lebhaften und hochgebildeten jüdischen Familie geboren. Trotz ihres starken Interesses an der Biologie wurde sie Lehrerin statt Forscherin, weil sie davon überzeugt war, dass eine akademische Ausbildung ihr aufgrund ihrer Religionszugehörigkeit verwehrt bleiben würde. Mit wachsendem Antisemitismus in Deutschland verlor sie im Jahr der Machtergreifung der Nationalsozialisten, 1933, ihre Lehrerstelle, als auch alle anderen Lehrer jüdischer Abstammung an weiterführenden Schulen entlassen wurden. Schließlich verließ sie Deutschland und wanderte nach Großbritannien aus, wo sie 1935 in Genetik promovierte.

Charlotte Auerbach genoss aber nicht den Respekt, den ihr akademischer Grad und ihre Fähigkeiten verdienten. Sie wurde wie eine Labortechnikerin behandelt und zur Reinigung der Käfige der Versuchstiere angehalten. Alles änderte sich jedoch, als sie 1938 Hermann Muller traf. Wie Charlotte Auerbach interessierte er sich dafür, wie die Gene funktionieren. Seine Herangehensweise dabei war, Mutationen durch Strahlung zu erzeugen und danach die Auswirkungen der defekten Gene zu beobachten. Durch Muller inspiriert begann Charlotte Auerbach mit chemischen Mutagenen zu arbeiten. Sie konzentrierte ihre Versuche dabei auf *Senfgas* (auch *Lost* genannt), eine furchtbar effiziente chemische Waffe, die oft auf den Schlachtfeldern des Ersten Weltkriegs eingesetzt worden war. Ihre Forschungen bestanden darin, flüssiges Senfgas zu erwärmen und Fruchtfliegen dem Dampf auszusetzen. Es ist ein Wunder, dass sie bei diesen Experimenten nicht selbst ums Leben kam.

Ihre Experimente zeigten, dass Senfgas eine alkylierende Substanz ist und Basenaustauschmutationen verursacht. Nach dem Zweiten Weltkrieg und dem Abheilen einiger schwerer Verbrennungen durch das Senfgas veröffentlichte Charlotte Auerbach ihre Ergebnisse. Schließlich bekam sie doch die Anerkennung und den Respekt, der ihr und ihrer Arbeit gebührte. Sie hatte noch eine lange und erfolgreiche Karriere in der Genetik und hörte erst mit der Arbeit auf, als sie im Alter erblindete. Sie starb 1994 in Edinburgh, Schottland, im Alter von 94 Jahren.

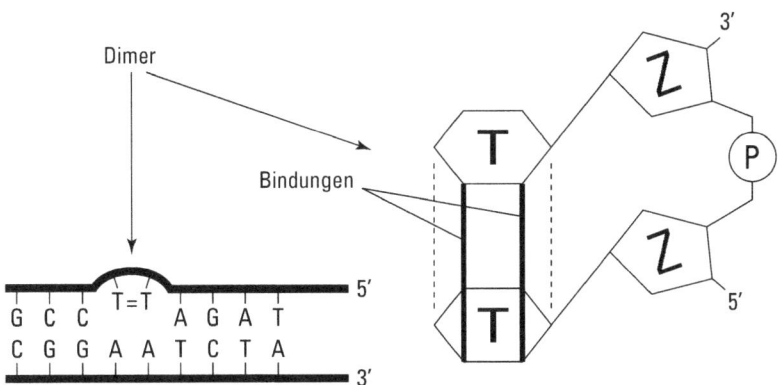

Abbildung 13.7: Benachbarte Thyminbasen können Dimere bilden, die die Doppelhelix lokal verformen.

Die Folgen von Mutationen

Wenn ein Gen mutiert und diese Mutation an die nächste Generation weitergegeben wird, wird die neue mutierte Version des Gens zu einem neuen Allel. *Allele* sind nichts anderes als alternative Versionen eines Gens. Die meisten Gene haben viele verschiedene Allele. Die Auswirkung einer Mutation, die neue Allele hervorbringt, wird anhand ihrer physischen (*phänotypischen*) Ausprägung bewertet. Hat die Mutation keine Auswirkung auf den Phänotyp, wird sie als *still* bezeichnet. Die meisten stillen Mutationen beruhen auf der Redundanz des genetischen Codes. Durch die Redundanz haben verschiedene Kombinationen von Basen die gleiche Bedeutung (mehr zur Redundanz des genetischen Codes in Kapitel 9).

Manchmal haben Mutationen zur Folge, dass während der Translation eine ganz andere Aminosäure eingefügt wird. Diese Mutationen werden als *Missense-* oder *Fehlsinn-Mutationen* bezeichnet. Als *Nonsense-*, also *Unsinn-Mutationen* werden die Mutationen bezeichnet, bei denen mitten in der codierenden Sequenz ein Stoppcodon entsteht und die Translation an dieser Stelle abgebrochen wird. Das Einfügen eines Stoppcodons bedeutet normalerweise, dass ein verkürztes Protein entsteht, das funktionslos ist (es sei denn, die Mutation ereignete sich ganz am Ende der codierenden Sequenz).

Mutationen werden häufig in zwei Typen eingeteilt:

- ✔ **Neutral:** Eine Mutation ist *neutral*, wenn die Aminosäuresequenz, die vom mutierten Gen produziert wird, immer noch ein voll funktionales, normales Protein ergibt (durch Translation, siehe Kapitel 9).

- ✔ **Funktionale Änderung:** Von *funktionaler Änderung* spricht man, wenn durch die Mutation im Gen ein Protein mit einer anderen Funktion erzeugt wird. Bei der *Gain-of-function-Mutation* (»Funktionsgewinn«) entsteht ein völlig neues Merkmal oder ein neuer Phänotyp. Manchmal ist dieses neue Merkmal harmlos wie zum Beispiel eine neue Augenfarbe. In anderen Fällen ist der Funktionsgewinn alles andere als ein Gewinn, nämlich wenn das veränderte Protein den Organismus schädigt. Häufig wird es dann auch noch autosomal-dominant vererbt (mehr zur autosomal-dominanten Vererbung in Kapitel 12), sodass, auch wenn nur eine Kopie des Allels vorliegt, sich das mutierte Allel gegenüber dem ursprünglichen, nicht mutierten Allel durchsetzt.

Fällt ein Gen durch eine Mutation aus oder wird seine Funktion stark beeinträchtigt, spricht man von einer *Loss-of-function-Mutation* (»Funktionsverlust«). Alle Nonsense-Mutationen sind Loss-of-function-Mutationen, aber nicht alle Loss-of-function-Mutationen sind das Ergebnis einer Nonsense-Mutation. Der Nutzen eines

Proteins, das von einem bestimmten Gen codiert wird, muss ja nicht unbedingt durch ein verfrüht eingefügtes Stoppcodon verloren gehen. Auch Insertionen und Deletionen haben häufig Loss-of-function-Mutationen zur Folge, da sie das Leseraster verschieben (mehr zum Leseraster in Kapitel 9). Durch *Rasterverschiebungen* entsteht eine komplett neue Abfolge von Aminosäuren auf Grundlage der neuen Anweisungen. Meistens sind diese Proteine nutzlos und ohne Funktion. Loss-of-function-Mutationen sind oft rezessiv, da meistens noch ein nicht mutiertes Allel bereitsteht, das das gewünschte Produkt herstellt und den Ausfall in den meisten Fällen kompensieren kann. Diese Mutationen werden nur dann bemerkt, wenn ein Individuum homozygot für das mutierte Gen ist und gar kein funktionierendes Genprodukt erzeugt wird.

Die Möglichkeiten der DNA-Reparatur

Mutationen in Ihrer DNA können hauptsächlich auf vier Arten repariert werden:

- ✓ **Fehlpaarungsreparatur:** Nicht passende Basen werden aufgespürt, entfernt und durch die richtige, komplementäre Base ersetzt. Meistens findet die DNA-Polymerase, also das Enzym, das die DNA aufbaut, solche Fehler direkt bei der Replikation und kann sie umgehend korrigieren. Wird aber eine Base durch einen anderen Mechanismus (wie etwa Schlaufenbildung) falsch platziert, signalisiert ein anderes Team aus Enzymen, das den Strang auf Beulen oder Verwindungen hin untersucht, die falsche Basenpaarung. Diese Enzyme zur *Fehlpaarungsreparatur* können Unterschiede zwischen dem Matrizenstrang und dem neu synthetisierten Strang erkennen, die falsche Base herausschneiden und anhand der Matrize die richtige Base heraussuchen und einsetzen.

- ✓ **Direkte Reparatur:** Wenn Basen auf irgendeine Weise verändert werden (sie zum Beispiel durch Oxidation eine neue Struktur bekommen), können sie direkt in ihren Ursprungszustand zurückversetzt werden. Spezielle für die direkte Reparatur zuständige Enzyme suchen nach Basen, die in irgendeiner Form – üblicherweise durch angehängte weitere Atome oder Gruppen – chemisch verändert sind. Anstatt die Base herauszuschneiden und eine neue einzufügen, werden hier einfach die »überzähligen« Atome entfernt und die Base in ihren ursprünglichen Zustand zurückversetzt.

- ✓ **Basenaustausch-Reparatur:** Die Basenaustausch- und die Einzelstrangaustausch-Reparatur (siehe nächsten Absatz) funktionieren im Grunde genommen auf dieselbe Weise. Der *Basenaustausch* findet dann statt, wenn der DNA-Strang eine nicht erwünschte Base, zum Beispiel Uracil, enthält (siehe auch den Abschnitt »Spontane chemische Änderungen« weiter vorn in diesem Kapitel). Spezielle Enzyme erkennen den Schaden, schneiden die falsche Base heraus und ersetzen sie durch die richtige.

✓ **Einzelstrangaustausch-Reparatur:** Bei der *Einzelstrangaustausch-Reparatur* wird das gesamte Nukleotid und manchmal auch die benachbarten Nukleotide auf einmal entfernt. Dies findet vor allem dann statt, wenn Interkalanzien oder Dimere die Doppelhelix verformen. Die Einzelstrang-Reparaturmechanismen schneiden den entsprechenden Teil des Strangs heraus und entfernen ihn, synthetisieren neue DNA und ersetzen damit den geschädigten Abschnitt.

Wie bei der Basenaustausch-Reparatur erkennen spezielle Enzyme die geschädigten Stellen in der DNA. Diese Stellen werden entfernt und durch neu synthetisierte DNA ersetzt. Bei der Einzelstrangaustausch-Reparatur wird die Doppelhelix ähnlich wie bei der Replikation (siehe Kapitel 7) geöffnet. Das Rückgrat aus Zucker und Phosphaten des geschädigten Strangs wird an zwei Stellen gebrochen, damit das gesamte Stück dazwischen entfernt werden kann. Die DNA-Polymerase synthetisiert dann neue DNA und die DNA-Ligase schließt die Brüche im Strang, um den Reparaturprozess abzuschließen.

Einige häufige Erbkrankheiten

Obwohl Mutationen nichts Ungewöhnliches sind, sind die meisten Erbkrankheiten glücklicherweise recht selten. Sie sind zudem meistens rezessiv und zeigen sich nur, wenn die betroffene Person homozygot für das entsprechende Allel ist. Trotzdem kommen Erbkrankheiten vor. In den folgenden Abschnitten werden Details der drei häufigsten Erbkrankheiten bei Menschen behandelt. Mehr über die Vererbungsmuster dieser Krankheiten erfahren Sie in Kapitel 12.

Zystische Fibrose (Mukoviszidose)

Rund 8.000 Menschen leben in Deutschland mit dieser bisher unheilbaren Erbkrankheit. Zystische Fibrose (siehe hierzu auch Kapitel 12) ist damit eine der häufigsten angeborenen Stoffwechselerkrankungen. Sie betrifft hellhäutige Menschen häufiger, hierzulande liegt die Quote bei etwa 1:2.000 Neugeborenen, in Schottland sogar bei 1:500. (Zum Vergleich: Bei Menschen afrikanischer Abstammung beträgt das Risiko etwa 1:17.000; Menschen asiatischer Abstammung haben mit etwa 1:90.000 hingegen ein sehr geringes Risiko, mit der Erkrankung geboren zu werden.)

Der Gendefekt wird autosomal-rezessiv vererbt (das betreffende Gen liegt nicht auf einem Geschlechtschromosom und die betroffene Person muss homozygot für das Allel sein, siehe auch Kapitel 3). Die Mutationen (es gibt sehr viele verschiedene), die zystische Fibrose verursachen, betreffen ein Gen auf Chromosom 7 und haben zur Folge, dass die Körpersekrete in Lunge, Darm und Bauchspeicheldrüse erkrankter Personen zähflüssiger sind als normal, was zu massiven Funktionsstörungen in den betroffenen Organen führt.

 Das Gen, das die zystische Fibrose verursacht, codiert für den *Cystic Fibrosis Transmembrane Conductance Regulator* (Zystische-Fibrose-Transmembranleitfähigkeitsregulator, kurz *CFTR*). Der CFTR kontrolliert normalerweise den Transport von Salzen (genauer gesagt: Chloridionen) durch die Zellmembran.

Wasser bewegt sich immer dorthin, wo die Konzentration von Salzen höher ist. So hat der Transport von Salzen im Körper einen Einfluss darauf, wie viel Wasser in den einzelnen Körperteilen vorhanden ist. Bei Menschen mit zystischer Fibrose ist der Salzverlust des Körpers (hauptsächlich über den Schweiß) abnorm hoch. Als Folge können Lunge, Darm und Bauchspeicheldrüse nicht genügend Wasser halten, um die natürlichen Körpersekrete zu verdünnen. Die angedickten Sekrete behindern den Gasaustausch in der Lunge, stören die Verdauung und erschweren die Ausscheidung. Betroffene Personen haben also große Atem- und Verdauungsprobleme und sind sehr anfällig für Atemwegserkrankungen.

Die zystische Fibrose kann folgendermaßen diagnostiziert werden:

✔ Mögliche Träger des mutierten Allels können sich einem Gentest unterziehen.

✔ Möglicherweise betroffene Kinder können durch einen *Schweißtest* diagnostiziert werden. Der Schweiß wird auf seinen Gehalt an Natriumchlorid überprüft. Enthält er abnorm hohe Mengen an Salz, ist das Kind möglicherweise betroffen.

Zwar gibt es eine Gentherapie (mehr dazu in Kapitel 16), die auf die zystische Fibrose abzielt, die Krankheit ist aber bislang nicht heilbar. Die meisten unter zystischer Fibrose leidenden Menschen müssen sich lebenslang einer Behandlung unterziehen, die unter anderem darin besteht, dass ihnen jemand auf den Rücken klopft, um ihnen das Abhusten von Lungensekreten zu ermöglichen. Die heutige symptomatische Therapie besteht vorwiegend aus Krankengymnastik, Inhalation, hochkalorischer Ernährung und Kuraufenthalten. Die durchschnittliche Lebenserwartung für an Mukoviszidose erkrankten Menschen hat sich zwar dramatisch gebessert, aber die meisten Menschen werden nicht viel älter als 30 Jahre; durch neue Behandlungsformen kann sie bei heute Neugeborenen auf 40 bis 45 Jahre gesteigert werden.

Zusätzliche Informationen über zystische Fibrose erhalten Sie beim Mukoviszidose e.V. – Bundesverband Selbsthilfe bei Zystischer Fibrose (CF) online unter https://muko.info/, in Österreich bei der Cystischen-Fibrose-Hilfe Österreich unter www.cf-austria.at/ und in der Schweiz über die Schweizerische Gesellschaft für Cystische Fibrose unter www.cfch.ch/.

Sichelzellenanämie

Die Sichelzellenanämie ist die häufigste Erbkrankheit der afroamerikanischen Bevölkerung in den USA – dort tritt diese autosomal-rezessiv vererbte Störung bei etwa einer von 400 Geburten auf. In Deutschland werden jährlich rund 300 Fälle gemeldet.

Auffallend ist die Häufigkeit des Auftretens der Sichelzellenanämie in Afrika. Der Grund dafür hängt mit einer weiteren, dort weitverbreiteten Krankheit zusammen: Malaria. Heterozygote Träger des Gens haben eine gewisse Immunität gegen Malaria. Da diese Krankheit gerade in den tropischen Gebieten Afrikas grassiert, verfügen die Menschen über einen quasi natürlichen Schutz vor der Krankheit.

Die für die Sichelzellenanämie verantwortliche Mutation wurde in einem Gen auf Chromosom 11 gefunden. Dieses Gen ist für die Herstellung der beiden Beta-Hämoglobin-Untereinheiten zuständig, also einer Hälfte des tetrameren Proteins, das den Sauerstoff im

Blut transportiert (mehr über das Hämoglobin erfahren Sie in Kapitel 11). Im Fall der Sichelzellenanämie ist nur eine Base vertauscht: An der Stelle von Adenin befindet sich Thymin (eine *Transversion*). Aufgrund dessen ist zwar nur die sechste Aminosäure im Protein verändert – Valin wird anstelle von Glutaminsäure eingebaut –, aber das führt dazu, dass sich das Protein nicht richtig falten und den Sauerstoff nicht mehr richtig transportieren kann.

Die roten Blutzellen (Erythrozyten) erkrankter Personen nehmen die typische Sichelform an, sobald der Sauerstoffgehalt im Blut unter einen kritischen Wert sinkt, was oft nach sportlicher Belastung auftritt. Diese Sichelform hat den Nebeneffekt, dass die Blutkörperchen in den kleineren Gefäßen (den Kapillaren) aneinander haften bleiben und Blutgerinnsel bilden. Diese Gerinnsel sind extrem schmerzhaft und schädigen oft die Gewebe, die stark von der Sauerstoffversorgung abhängig sind. Oft erleiden Personen mit Sichelzellenanämie Nierenversagen. Mit guter medizinischer Versorgung beläuft sich die Lebenserwartung auf 40 bis 50 Jahre.

Mehr Informationen zur Sichelzellenanämie finden Sie in Deutschland bei der Interessengemeinschaft Sichelzellkrankheit und Thalassämie e.V. unter www.ist-ev.org/.

Tay-Sachs-Syndrom

Das Tay-Sachs-Syndrom ist eine fortschreitende, tödlich endende Erkrankung des Nervensystems, die vor allem bei Angehörigen des Volksstamms der *Aschkenasim* (Juden aus dem mittel- bis osteuropäischen Raum) ungewöhnlich oft vorkommt. Bei dieser Bevölkerungsgruppe ist ungefähr einer von 30 oder 40 Personen Träger der Tay-Sachs-Krankheit.

Neue wissenschaftliche Analysen anhand mitochondrialer DNA (siehe Kapitel 6) belegen, dass 40 Prozent der Aschkenasim – circa 3,5 Millionen Menschen – von nur vier Frauen abstammen, die vor etwa 1.000 Jahren lebten. Dies könnte auch das erhöhte Vorkommen des Tay-Sachs-Syndroms in dieser Volksgruppe erklären. Auch bei der französisch-kanadischen Bevölkerung und Personen mit Cajun-Vorfahren (aus Louisiana, USA) kommt dieses Allel häufiger vor.

Die Mutation, die das Tay-Sachs-Syndrom verursacht, wurde im Gen für das Enzym *Hexosaminidase A (HEXA)* gefunden. Der Körper kann normalerweise eine Klasse von Fetten, die *Ganglioside* genannt werden, abbauen. Ist das *HEXA*-Gen mutiert, kann der Abbau der Ganglioside nicht stattfinden. Das Fett reichert sich im Gehirn der betroffenen Personen an und richtet dort Schäden an. Kinder, die homozygot für das Allel sind, werden normal geboren, aber sobald sich das Fett mit der Zeit im Hirn anreichert, werden sie blind, taub, geistig behindert und schließlich gelähmt. Die meisten Kinder mit Tay-Sachs-Syndrom werden nicht älter als vier Jahre. Im Gegensatz zu anderen Stoffwechselstörungen wie der Phenylketonurie (siehe Kapitel 12) kann eine Ernährungsumstellung die Anreicherung der störenden Substanz im Körper nicht verhindern.

IN DIESEM KAPITEL

Definition: Was ist Krebs (und was nicht)?

Begreifen: die genetische Grundlage von Krebs

Beschreibung: verschiedene Krebsarten

Kapitel 14
Etwas genauer hingeschaut: Die Genetik von Krebs

Falls Sie schon mit Krebs in Berührung gekommen sind, sind Sie nicht allein. Auch ich habe schon Familienmitglieder, Mitarbeiter, Studenten und Freunde durch diese heimtückische Krankheit verloren – und Sie sehr wahrscheinlich auch. Nach den Herzkrankheiten ist Krebs in Deutschland mit circa 220.000 Toten pro Jahr (230.000, Statistisches Bundesamt für 2019) die zweithäufigste Todesursache, wobei jedes Jahr etwa 490.000 Menschen neu an Krebs erkranken. Bei Krebs handelt es sich um eine genetische Störung, die das Wachstum und die Teilung der Zellen beeinflusst. Die Wahrscheinlichkeit, dass Sie an Krebs erkranken, wird durch Ihre Gene (also die, die Sie von Ihren Eltern geerbt haben) und durch bestimmte chemische Verbindungen und Strahlung in Ihrer Umgebung beeinflusst. Manchmal entsteht Krebs auch durch zufällige, spontane Mutationen – also Ereignisse, die keine Erklärung und keinen einleuchtenden Grund haben. In diesem Kapitel lernen Sie, was Krebs ist, und erfahren etwas über seine genetischen Grundlagen sowie Näheres über die häufigsten Krebsarten.

Falls Sie Kapitel 2 über die Zellen übersprungen haben, sollten Sie es vor diesem Kapitel noch lesen. Die Informationen über den Zellaufbau helfen Ihnen, besser zu verstehen, was ich im Folgenden erkläre. Alle Krebskrankheiten entstehen durch Mutation. Wie und warum Mutationen entstehen, lesen Sie in Kapitel 13. Krebs kann auch durch eine Gentherapie behandelt werden – mehr dazu lesen Sie in Kapitel 16.

Was ist Krebs eigentlich?

Krebs ist im Grunde genommen eine außer Kontrolle geratene Zellteilung. Wie ich in Kapitel 2 beschreibe, ist der Zellzyklus ein normalerweise streng kontrollierter Prozess. Zellen wachsen und teilen sich nach einem Zeitplan, der durch den Zelltyp vorgegeben ist.

Hautzellen zum Beispiel wachsen und teilen sich kontinuierlich, da sie am laufenden Band absterben und immer wieder ersetzt werden müssen. Andere Zellen haben sich ganz von der Zellteilung verabschiedet: Die Zellen in Ihrem Gehirn und im Nervensystem durchlaufen keinen Zellzyklus mehr. Sobald Sie erwachsen sind, wachsen und teilen sich die allermeisten dieser Zellen nicht mehr. Krebszellen hingegen gehorchen diesen Regeln nicht und fahren ihr eigenes, oft erschreckendes Programm nach eigenen Zeitplänen. In Tabelle 14.1 sehen Sie die sechs häufigsten Krebsarten in Deutschland aufgelistet.

Krebsart	Anzahl Neuerkrankungen Frauen	Anzahl Neuerkrankungen Männer
Lungenkrebs	21.500	35.960
Darmkrebs (Dick-/Enddarm)	25.990	32.300
Brustdrüse	68.950	710
Bauchspeicheldrüsenkrebs	9.190	9.180
Prostata	–	58.780
Gebärmutter(körper)	11.090	–

Tabelle 14.1: Die sechs häufigsten Krebsarten in Deutschland (Quelle: »Krebs in Deutschland« für 2015/2016)

In den folgenden Abschnitten unterscheide ich die zwei Hauptformen von Tumoren – gutartige und bösartige. *Gutartige Tumoren* wachsen zwar unkontrolliert, dringen aber nicht in anderes Gewebe ein. *Bösartige Tumoren* sind hingegen invasiv und neigen unglückseligerweise auch noch dazu, an immer neuen Stellen im Körper wiederaufzutauchen.

Gutartige Tumoren: Fast harmloser Zuwachs

Die Zellen eines gutartigen Tumors teilen sich zwar unkontrolliert, bleiben aber an Ort und Stelle. Gutartige Tumoren wachsen langsam und sind eher durch ihre Auswüchse und ihre Form lästig. Ein *Tumor* ist allgemein irgendeine Masse von anormalen Zellen und verursacht Probleme dadurch, dass er Platz beansprucht und Druck auf benachbarte Organe ausüben kann. Zum Beispiel kann ein Tumor am Rande eines Blutgefäßes den Blutfluss allein durch seine Ausdehnung unterbrechen. Manchmal können gutartige Tumoren auch normale Körperfunktionen und sogar die Genexpression beeinträchtigen, indem sie die Hormonproduktion verändern (mehr über Hormone und ihre Auswirkung auf die Gene in Kapitel 10).

Generell werden gutartige Tumoren dadurch charakterisiert, dass sie die Organgrenzen respektieren und sich nicht im Körper ausbreiten. Sie lassen sich vom umgebenden Gewebe gut unterscheiden, schieben anderes Gewebe einfach beiseite und lassen sich so auch recht einfach entfernen. Die Zellen von gutartigen Tumoren sind oft dem Gewebe, in dem sie auftreten, sehr ähnlich. So sieht zum Beispiel eine Zelle eines gutartigen Hauttumors ähnlich wie eine normale Hautzelle aus.

Eine andere Form der gutartigen Zellwucherung ist die *Dysplasie*. Das sind Zellen mit einem anormalen Aussehen. Dysplasien sind nicht krebsartig (das heißt, sie teilen sich kontrolliert), aber trotzdem besorgniserregend, weil sie gegebenenfalls Änderungen durchlaufen können, die sie schließlich doch zu bösartigen Krebszellen machen. Unter dem Mikroskop zeigen Zellen einer Dysplasie einen vergrößerten Zellkern und ein »ungepflegtes« Erscheinungsbild. Mit anderen Worten: Sie haben eine andere Form und Größe als unveränderte Zellen desselben Gewebes. Tumorzellen sind anfangs oft gutartig, können sich aber, wenn sie nicht behandelt werden, mit der Zeit zu invasiven bösartigen Zellen entwickeln.

Die Behandlung von gutartigen Tumoren (einschließlich Dysplasien) hängt von ihrer Größe, ihrem Wachstumspotenzial, dem Ort ihres Auftretens und der Wahrscheinlichkeit ab, dass sich daraus bösartige Tumoren (siehe nächsten Abschnitt) bilden können. Einige gutartige Tumoren schrumpfen und verschwinden von selbst, andere müssen chirurgisch entfernt werden.

Die beste Art, sich vor gutartigen Tumoren (und dadurch auch jeder Form von Krebs) zu schützen, ist, die Erkrankung so früh wie möglich zu erkennen:

- Männer sollten ab einem Alter von 50 Jahren die Prostata jährlich untersuchen lassen.

- Alle Frauen über 20 Jahre sollten ihre Brust im monatlichen Rhythmus selbst abtasten.

- Alle Frauen über 40 Jahre sollten jährlich eine Mammografie durchführen lassen.

- Frauen sollten alle ein bis drei Jahre, abhängig von ihrem Alter und den vorangegangenen Ergebnissen, einen *Pap-Test*, einen Zervix-Abstrich auf Papillomaviren (mehr dazu im Kasten »Ermittlung: Die Verbindung zwischen Viren und Krebs«), machen lassen.

Bösartige Tumoren: Ernsthaft schlechte Nachrichten

Das wohl erschreckendste Wort, das ein Arzt sagen kann, ist »bösartig«. *Bösartige Tumoren* bestehen aus schnell wachsenden Krebszellen, die in benachbartes Gewebe eindringen und Metastasen bilden können. *Metastasen* sind Ableger des ursprünglichen Tumors in anderen Teilen des Körpers, die sich vorwiegend an Knochen, in der Leber, Lunge und im Gehirn bilden. Wie die gutartigen bilden auch die bösartigen Krebszellen Tumoren, die sich aber nur noch schlecht vom umliegenden, nicht betroffenen Gewebe unterscheiden lassen – es ist also schwer zu erkennen, wo der Tumor aufhört und das normale Gewebe beginnt. (Mehr dazu im Abschnitt »Metastasen: Der Krebs auf Achse« weiter hinten in diesem Kapitel.)

Bösartige Zellen unterscheiden sich sehr deutlich von ihren normalen Ursprungszellen (in Abbildung 14.1 sehen Sie die Unterschiede). Die Zellen von bösartigen Tumoren sehen oft mehr nach embryonalen oder Stammzellen aus als nach normalen »erwachsenen« Zellen. Bösartige Krebszellen haben oft große Zellkerne und auch die Zellen selbst sind oft größer als normal. Je mehr sich die Zelle vom Normalzustand unterscheidet, desto wahrscheinlicher ist es, dass der Tumor in andere Gewebe eindringt und Metastasen bilden kann.

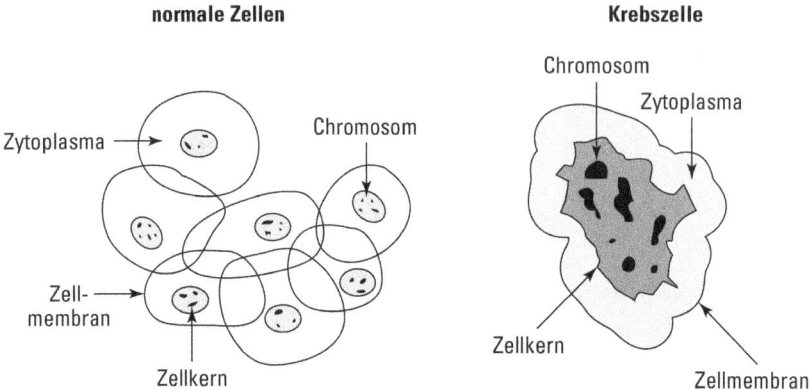

Abbildung 14.1: Normale und bösartige Zellen sehen sehr unterschiedlich aus.

Bösartige Tumoren lassen sich, je nachdem, welches Gewebe sie befallen, in fünf Kategorien einteilen:

- ✔ **Karzinome** findet man auf der Haut, im Nervensystem, im Darm und in den Atemwegen.

- ✔ **Sarkome** findet man im Bindegewebe (zum Beispiel den Muskeln) und in den Knochen.

- ✔ **Leukämiezellen** (eng mit den Sarkomen verwandt) sind Krebszellen im Blut.

- ✔ **Lymphome** entwickeln sich in den Drüsen, die normalerweise die Immunabwehr des Körpers bestreiten (Lymphknoten und andere im Körper befindliche lymphoide Drüsen).

- ✔ **Myelome** befallen das Knochenmark.

Krebs kann jede Zelle des Körpers befallen. Der Körper besitzt ungefähr 300 verschiedene Zelltypen und Ärzte haben bis dato 200 verschiedene Krebsarten identifiziert.

Die Behandlung bösartiger Tumoren hängt vom Ort des Tumors, vom Grad des Eindringens in umliegendes Gewebe, von seiner Möglichkeit zur Metastasenbildung und einer ganzen Reihe weiterer Faktoren ab. Die Behandlung könnte aus der chirurgischen Entfernung des Tumors, des umliegenden Gewebes und der *Lymphknoten* bestehen (Lymphknoten sind »Filterstationen« für Gewebeflüssigkeit und über den ganzen Körper verteilt). Andere Methoden wie die *Chemotherapie* (medikamentöse Behandlung der Krebserkrankung) oder Bestrahlung können ebenfalls gegen das Wachstum bösartiger Tumoren eingesetzt werden. In Zukunft könnten sich auch einige Ansätze der Gentherapie (die ich in Kapitel 16 behandele) als hilfreich erweisen.

Metastasen: Der Krebs auf Achse

Die Zellen in Ihrem Körper bleiben an ihrem Platz, weil physikalische Barrieren das Zellwachstum eingrenzen. Eine solche Barriere ist die sogenannte *Basallamina*. Die Basallamina (oder auch Basalmembran) ist eine dünne Schicht aus Proteinen, die wie eine Wurstscheibe in einem Brötchen zwischen den Zellen liegt. Metastatische Zellen produzieren Enzyme, die die Basallamina und andere Barrieren zwischen den Zelltypen auflösen. Anders formuliert beißen sich die metastatischen Zellen regelrecht durch und verspeisen die Membranen, die eigentlich die Zellen davon abhalten sollten, anderen Zellen ihren Platz streitig zu machen. Manchmal kommt es dazu, dass metastatische Zellen auf ihrem Invasionsvormarsch irgendwann den Blutstrom erreichen. Der transportiert die Zellen an neue Stellen, wo sie ihr Zelt aufschlagen und eine neue Runde des Wachstums und der Invasion einläuten können.

Infolge des Auflösens der Basallamina kann sich der Tumor im Weiteren mit einer eigenen Blutzufuhr versorgen. Dieser Prozess nennt sich *Angiogenese*. Die Angiogenese ist die Bildung neuer Blutgefäße, die den Tumor mit Sauerstoff und Nährstoffen versorgen. Tumoren können unter Umständen sogar eigene Wachstumsfaktoren ausschütten, um das Wachstum der Blutgefäße zu fördern. Merkwürdigerweise scheint es aber so, dass die Primärtumoren (also die Tumoren, die an der zuerst befallenen Stelle im Körper wachsen) die Angiogenese im Metastasengewebe unterdrücken. Wenn aber der Primärtumor entfernt wird, wird diese Kontrolle aufgehoben und die Angiogenese in den Metastasen beschleunigt sich. Die Zunahme der Angiogenese bedeutet, dass die Metastasen schneller wachsen können und wieder mit einer neuen Krebsbehandlung begonnen werden muss.

Eine Brustkrebsstudie aus dem Jahr 2003 zeigte, dass die Zellen, die den Grundstein für Metastasen legen, den Tumor ohne die Mutationen verlassen, die eigentlich als Voraussetzung für die Metastasenbildung angesehen werden. Die umherwandernden Zellen mutieren also später, nachdem sie sich an anderer Stelle niedergelassen haben. Diese Entdeckung bedeutet, dass die alte Lehrmeinung über die Metastasenbildung, die noch in vielen Büchern vertreten wird, möglicherweise falsch ist. Die geht nämlich noch davon aus, dass die Entwicklung schrittweise, mit einer Mutation nach der anderen, verläuft und im Primärtumor stattfindet.

Krebs als DNA-Krankheit

Der normale Zellzyklus wird von einer Gruppe von Genen kontrolliert. Deswegen sieht man Krebs als eine Krankheit der DNA an. Mutationen schädigen die DNA und können letztendlich phänotypisch als Krebs in Erscheinung treten (soll heißen, eine genetische Mutation kann physisch als Krebskrankheit zu erkennen sein). Die gute Nachricht dabei ist, dass es wohl mehr als eine Mutation benötigt, um eine Zelle krebsartig werden zu lassen. Man vermutet, dass die Umwandlung von normalen Zellen zu Krebszellen bestimmte genetische Änderungen benötigt. Diese Mutationen können in beliebiger Reihenfolge stattfinden – also nicht in Schritten wie eins, zwei, drei oder so.

✔ Eine Mutation bewirkt, dass die Zelle sich in unnormal kurzen Zeitabständen teilt.

✔ Eine Mutation einer (oder mehrerer) sich bereits schnell teilenden(r) Zelle(n) bewirkt, dass die Zelle(n) in angrenzendes Gewebe eindringen kann (können).

✔ Zusätzliche Mutationen verstärken die Fähigkeit der Invasion in andere Gewebe und zur Metastasenbildung.

Die meisten Krebsformen entstehen aus einer oder mehreren Mutationen, die in der DNA *einer* Zelle stattfinden. Tumoren entwickeln sich dann aus den nachfolgenden Zellteilungen. Die ursprünglich mutierte Zelle teilt sich und die »Nachkommen« der Zelle teilen sich wieder und wieder und bilden schließlich einen Tumor (siehe Abbildung 14.2).

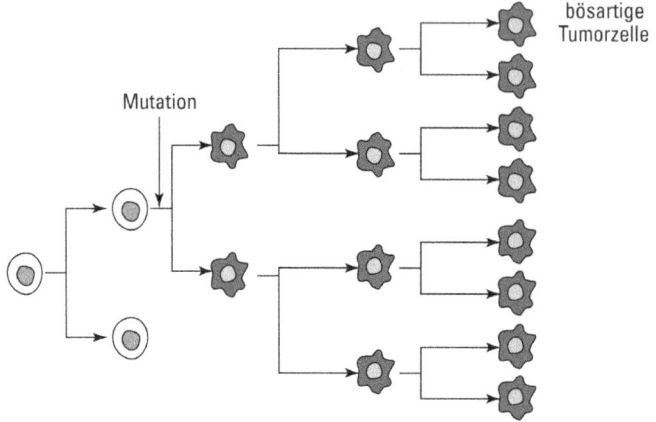

Abbildung 14.2: Tumoren beginnen als Mutation in der DNA einer Zelle.

Der Zellzyklus und Krebs

Der Zellzyklus und die Zellteilung (die *Mitose*, siehe Kapitel 2) sind in normalen Zellen streng reguliert. Die Zelle muss bestimmte Kontrollpunkte oder Stadien im Zellzyklus passieren, um in die nächste Phase einzutreten. Ist die DNA-Synthese noch nicht abgeschlossen oder die DNA-Reparatur noch nicht vollständig, hindern die Kontrollpunkte die Zelle daran, eine weitere Teilung vorzunehmen. Diese Kontrollpunkte schützen die Integrität der Zelle und deren DNA. Abbildung 14.3 zeigt den Zellzyklus und seine Kontrollpunkte so, wie er immer stattfindet.

 In Kapitel 2 werden die zwei Kontrollpunkte des Zellzyklus erklärt. Hauptsächlich müssen vier Bedingungen – im Grunde genommen Qualitätskriterien – eingehalten werden, damit die Zelle sich teilen kann:

- ✔ Die DNA muss unbeschadet sein (das heißt, sie darf keine der in Kapitel 13 beschriebenen Fehlpaarungen, Beulen und Dellen oder Strangbrüche haben), damit die Zelle aus der G1-Phase der Interphase in die S-Phase (DNA-Synthese) übergehen kann.

- ✔ Alle Chromosomen müssen vollständig repliziert sein, damit die Zelle die S-Phase verlassen kann.

- ✔ Die DNA muss unversehrt sein, damit die Prophase der Mitose beginnen kann.

- ✔ Die Spindeln, die die Chromosomen auseinanderziehen, müssen ordentlich ausgebildet sein, um die Mitose abzuschließen.

Ist irgendeine dieser Bedingungen nicht erfüllt, wird die Zelle »arretiert« und darf nicht in die nächste Phase der Zellteilung übergehen. Viele Gene und die von ihnen produzierten Proteine sind dafür verantwortlich, dass die Zelle alle notwendigen Bedingungen für die Zellteilung erfüllt.

Was den Krebs betrifft, spielen zwei Gentypen eine wichtige Rolle beim Versagen des Zellzyklus:

✔ **Proto-Onkogene:** Sie stimulieren die Zelle zum Wachsen und Teilen, im Grunde genommen schieben sie die Zelle durch die Kontrollpunkte.

✔ **Tumorsuppressorgene:** Sie wirken dem Zellwachstum entgegen und geben der Zelle ein Signal, wann ihr normaler Lebenszyklus beendet ist.

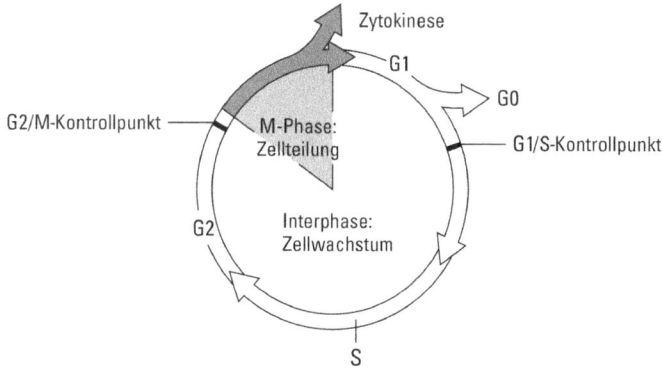

Abbildung 14.3: Die Punkte der Qualitätskontrolle im Zellzyklus schützen die Zelle vor Mutationen, die Krebs verursachen könnten.

Grundsätzlich laufen in der Zelle zwei Vorgänge ab: Die erste Gruppe von Genen (und ihre Produkte) arbeitet als Beschleuniger und sagt der Zelle, dass sie wachsen und sich teilen soll. Die zweite Gruppe von Genen tritt dagegen auf die Bremse. Diese Gene sagen der Zelle, wann sie nicht wachsen soll, wann sie sich nicht teilen soll und sogar wann sie sterben soll.

 Die Mutationen, die den Krebs verursachen, wandeln entweder die Proto-Onkogene in *Onkogene* um, das heißt, sie stellen den Beschleuniger permanent »an«, oder sie schädigen die Tumorsuppressorgene und entfernen damit die Bremse.

Gene auf Abwegen: Onkogene

Man kann sich die Onkogene als »Anschalter« vorstellen, weil es genau das ist, was sie tun: Sie halten die Zellteilung permanent am Laufen. Viele Gene können durch Mutation zu Onkogenen werden. Alle Onkogene haben folgende Dinge gemeinsam:

✔ Ihre Mutationen bringen üblicherweise einen Funktionsgewinn (Gain-of-function-Mutation, siehe Kapitel 13), wobei »Gewinn« hier natürlich nicht positiv zu verstehen ist.

✔ Sie verhalten sich dominant.

✔ Sie produzieren eine riesige Anzahl Zellen.

Die Onkogene sind die ersten Gene, die man mit der Entstehung von Krebs in Verbindung brachte. 1910 fand Peyton Rous ein Virus, das bei Hühnern Krebs verursachte (das Rous-Sarkom-Virus). Es dauerte aber noch 60 Jahre, bis Wissenschaftler das Gen des Virus identifizieren konnten – das erste bekannte Onkogen. Es stellte sich heraus, dass viele Viren bei Tieren und Menschen Krebs hervorrufen können. Mehr über diese Viren und ihre fiesen Machenschaften finden Sie im Kasten »Ermittlung: Die Verbindung zwischen Viren und Krebs«.

Ermittlung: Die Verbindung zwischen Viren und Krebs

Es zeigt sich immer deutlicher, dass Viren beim Auftreten von Krebs beim Menschen eine signifikante Rolle spielen. Nach dem Risikofaktor »Rauchen« liegen die Viren mit 15 Prozent auf Platz 2 der Ursachen für bösartige Tumoren. Es steht fest, dass Viren die Epigenetik verändern können, die das An- und Ausschalten von Genen kontrolliert (lesen Sie mehr über Epigenetik in Kapitel 4), wodurch der Startschuss gegeben wird, dass Zellen außer Kontrolle geraten.

Eine Klasse von Viren, die bei Krebs eine Rolle spielen, sind die *Retroviren*. Ein bekanntes Retrovirus, das die Gesundheit der Menschen ganz erheblich bedroht, ist das humane Immundefizienz-Virus (HIV), das Aids verursacht (»Acquired Immunodeficiency Syndrome«, also das erworbene Immundefizienzsyndrom). Wenn Sie eine Katze haben, kennen Sie vielleicht auch die Katzenleukämie, die ebenfalls von einem Retrovirus verursacht wird (Menschen sind immun gegen diese Krankheit). Die Retroviren benutzen RNA als genetisches Material. Da Viren nicht wirklich lebendig sind, müssen sie lebende Zellen kapern, um sich zu vermehren. Retroviren nutzen dabei die Einrichtungen der Wirtszelle, um DNA-Kopien ihrer RNA-Chromosomen herzustellen. Diese virale DNA wird in die Chromosomen der Wirtszelle eingefügt, wo die Virengene dann aktiviert werden und in der Zelle sowie im ganzen Organismus verheerenden Schaden anrichten können. Retroviren, die Krebs verursachen, kopieren ihre Onkogene in das Genom der Wirtszelle. Diese Onkogene verursachen zusammen mit weiteren Mutationen dann Krebs.

Wenn Sie schon mal eine Warze gehabt haben, kennen Sie bereits die harmlose Form eines Virus, dessen Verwandte Krebs verursachen können. Das humane Papillomavirus (HPV) verursacht Warzen im Genitalbereich und wird mit Gebärmutterhalskrebs bei Frauen in Verbindung gebracht. Die Infektion mit HPV beginnt mit Dysplasien, also mit der Bildung von anormalen Zellen, die aber noch keine Krebszellen sind. Normalerweise braucht es viele Jahre, bis sich daraus Krebs entwickeln kann, und das geschieht auch eher selten. Aber dennoch starben 2017 in Deutschland 1.587 Frauen an Gebärmutterhalskrebs bei rund 4.341 Neuerkrankungen im Jahr (Zentrum für Krebsregisterdaten). Ein Zervix-Abstrich (Pap-Test, nach dem griechischen Arzt George Papanicolaou, der diesen Test in den 1970er-Jahren entwickelte) ermöglicht die Früherkennung von Gebärmutterhalskrebs. Seit 2006 wurden verschiedene Impfstoffe gegen bestimmte Papillomaviren entwickelt, die für alle Mädchen im Alter von 9 bis 14 Jahren vor dem ersten Geschlechtsverkehr empfohlen werden.

Das Maus-Brustkrebsvirus oder Maus-Mammatumorvirus (MMTV, für »mouse mammary tumor virus«) war als Verursacher von Brustkrebs bei Mäusen lange bekannt. Nun stellt sich heraus, dass MMTV auch auf den Menschen übertragbar ist und Brustkrebs verursachen kann. Bestimmte Brustkrebsarten treten in den Regionen häufiger auf, wo auch eine bestimmte Mäuseart (die Hausmaus, *Mus domesticus*), die MMTV-Träger ist, häufig vorkommt, wie zum Beispiel im Mittleren Osten oder Nordafrika. Diese Krebsarten sind sehr invasiv und aggressiv und werden oft von Schwellungen oder infektionsartigen Symptomen begleitet. Forscher untersuchten das Brustgewebe erkrankter Frauen auf Gene, die denen des Virus ähneln. Tatsächlich fanden sie bei nordafrikanischen Frauen sehr oft ein MMTV-ähnliches Gen und viele Frauen aus der Region zeigten andere Infektionsmerkmale dieses Virus. Obwohl die Verbindung zwischen MMTV und dem Brustkrebs beim Menschen noch nicht restlos geklärt ist, zeigen diese und viele andere Untersuchungen, dass Viren bei vielen Krebskrankheiten eine signifikante Rolle spielen.

Der Mensch hat naturgemäß etwa 70 Proto-Onkogene in seiner DNA. Normalerweise üben diese Gene eine regulatorische Funktion auf normale Zellvorgänge aus. Nur wenn sie mutieren und zu Onkogenen werden, werden sie von »guten« Genen zu Krebsverursachern. Oft haben Krebszellen viele Kopien der Onkogene, weil sich diese Gene in einem als *Amplifikation* bezeichneten Prozess vervielfältigen, was den Genen eine viel größere Wirkung verleiht, als sie normalerweise hätten.

Eine Gruppe von Wissenschaftlern hat einen Weg postuliert, wie sich die Krebsgene selbst kopieren können. Der erste Schritt in diesem Prozess ist die Bildung eines *Palindroms* – einer DNA-Sequenz, die vorwärts und rückwärts gelesen denselben Sinn ergibt (etwa so wie das Wort »Elle« oder der Satz »Wo ruht Anna Thurow«). In diesem Fall entsteht das Palindrom, wenn eine Sequenz aus der DNA herausgeschnitten, umgedreht, dupliziert und wieder in die DNA eingefügt wird (das Ganze ist dann eine *invertierte Wiederholung*). Die DNA von Tumorzellen hat eine ungewöhnlich hohe Anzahl an Palindromen. Es scheint so, dass Palindrome die Duplikation mittels Herausschneiden und Einfügen benachbarter DNA fördern und so in der Nähe liegende Gene wie Onkogene amplifizieren.

Das erste Onkogen, das beim Menschen gefunden wurde, liegt auf Chromosom 11. Die Wissenschaftler, die dieses Gen fanden, suchten nach dem für Blasenkrebs verantwortlichen Gen. Sie nahmen Krebszellen und isolierten deren DNA. Dann fügten sie kleine Teile der DNA in Bakterien ein und ließen sie normale Zellen in Reagenzgläsern infizieren. Die Wissenschaftler suchten den Teil der DNA in den Krebszellen, der normale Zellen zu Krebszellen umwandelt. Das Gen, das sie dabei fanden, wird heute *HRAS1* genannt und hat eine große Ähnlichkeit mit einem Virus-Onkogen, das bereits bei Ratten gefunden wurde. Die Mutation, die *HRAS1* zu einem Onkogen macht, betrifft nur drei Basen im genetischen Code (siehe Kapitel 9). Diese kleine Änderung führt dazu, dass das veränderte HRAS1-Protein ein kontinuierliches Signal zur Zellteilung an betroffene Zellen sendet.

Seit der Entdeckung von *HRAS1* wurden viele weitere Onkogene gefunden, die allgemein als *ras-Gene* bezeichnet werden. Alle *ras*-Gene funktionieren gleich und schalten, sobald sie mutiert sind, den Zellzyklus dauerhaft »an«. Obwohl sie dominant sind, reicht ein einzelnes mutiertes Onkogen nicht aus, um für sich allein genommen Krebs zu verursachen. Das liegt an den Tumorsuppressorgenen (siehe folgenden Abschnitt), die immer noch den Zellzyklus bremsen und das Zellwachstum unter Kontrolle halten.

Onkogene sind normalerweise nicht an der Entstehung erblich bedingter Krebsarten beteiligt. Die meisten Onkogene entstehen bei somatischen Mutationen, die nicht von Eltern an ihre Kinder vererbt werden.

Die Guten: Tumorsuppressorgene

Die Tumorsuppressorgene sind die Bremsen des Zellzyklus. Normalerweise bewirken die Gene eine Verlangsamung oder ein Stoppen des Zellwachstums und bringen den Zellzyklus zum Stillstand. Wenn diese Gene versagen, können sich die Zellen unkontrolliert teilen, was bedeutet, dass Mutationen in den Tumorsuppressorgenen Loss-of-function-Mutationen sind (siehe Kapitel 13). Solche Mutationen zeigen sich generell nur dann im Phänotyp, wenn zwei mutierte Kopien des Gens anwesend sind. Damit ein Tumorsuppressorgen also seine Funktion als Zellzyklusbremse verlieren kann, müssen beide Genkopien (die von der Mutter und die vom Vater) mutiert sein. Typischerweise ist nur eine dieser Mutationen ererbt, während sich die andere im Laufe des Lebens dieser Person ereignet (eine somatische Mutation).

Das erste Gen, das als Tumorsuppressorgen identifiziert wurde, ist an der Entstehung des Augentumors, des *Retinoblastoms*, beteiligt. Die Anfälligkeit liegt oft in der Familie, wobei Retinoblastome bei sehr jungen Kindern auftreten. 1971 vermutete der Genetiker Alfred Knudson, dass ein mutiertes Allel des Gens von den Eltern an die Kinder vererbt wird und eine weitere Mutation beim Kind notwendig ist, damit der Krebs ausbricht. Das dafür verantwortliche Gen, *RB1*, wurde auf Chromosom 13 kartiert und ist auch an anderen Krebsformen wie Brust-, Prostata- und Knochenkrebs (Osteosarkom) beteiligt. Wie sich herausstellte, ist *RB1* ein sehr wichtiges Gen. Wenn beide Kopien des Gens beim Embryo mutiert sind, sind die Mutationen letal (der Embryo stirbt also), was wiederum die Vermutung nahelegt, dass ein normal funktionierendes *RB1*-Gen zum Überleben wichtig ist.

RB1 reguliert den Zellzyklus, indem sein Produkt mit Transkriptionsfaktoren zusammenarbeitet (Transkriptionsfaktoren stelle ich in den Kapiteln 9 und 11 näher vor). Diese bestimmten Transkriptionsfaktoren kontrollieren die Expression von Genen, die den Übergang der Zelle durch den ersten Kontrollpunkt am Ende der G1-Phase, kurz vor der DNA-Synthese, kontrollieren. Sobald sich das Protein, das durch *RB1* codiert wird (pRB), an einen solchen Transkriptionsfaktor bindet, können die Gene, die den Zellzyklus vorantreiben, nicht mehr arbeiten. Normalerweise gibt es Phasen, in denen pRB und die Transkriptionsfaktoren miteinander verbunden sind, und Phasen, in denen sie nicht verbunden sind. So wird der Zellzyklus an- und ausgeschaltet. Sind nun beide Kopien von *RB1* mutiert, fehlt diese wichtige Bremse. Dies hat zur Folge, dass die betroffenen Zellen nun schneller als üblich den Zellzyklus durchlaufen und sich unaufhörlich teilen. pRB arbeitet nicht nur mit den Transkriptionsfaktoren im Zellzyklus zusammen, man vermutet auch, dass es eine Rolle bei der Replikation, der DNA-Reparatur und der *Apoptose* (dem programmierten Zelltod) spielt.

Eines der wichtigsten heute bekannten Tumorsuppressorgene ist *TP53*. *TP53* liegt auf Chromosom 17 und codiert das Protein p53, das den Zellzyklus reguliert. Mutationen, die zum Funktionsverlust von p53 führen, sind an vielen Krebsarten beteiligt. Die vielleicht wichtigste Funktion von p53 ist es, den Zelltod zu regulieren:

✓ Wenn die DNA beschädigt wurde, wird der Zellzyklus angehalten, um die Reparaturarbeiten durchführen zu können.

✓ Ist eine Reparatur nicht mehr möglich, erhält die Zelle das Signal zu sterben (Apoptose).

Falls Sie schon mal einen schlimmen Sonnenbrand gehabt haben, besitzen Sie Erfahrungen aus erster Hand mit der Apoptose. Die Apoptose ist auch unter dem Begriff »programmierter Zelltod« bekannt und findet dann statt, wenn sich die DNA einer Zelle nicht mehr reparieren lässt. Statt zuzulassen, dass die beschädigte Stelle repliziert wird und sich so die Mutation manifestiert, begeht die Zelle quasi Selbstmord. Bei einem Sonnenbrand wurde die DNA in den Hautzellen durch die Sonnenstrahlung beschädigt. In vielen Fällen werden dabei die DNA-Stränge zerrissen, oft auch an mehreren Stellen. Diese Hautzellen sterben ab, was das unangenehme Pellen der Haut zur Folge hatte. Wird die DNA durch Sonnenstrahlung oder ein anderes Mutagen (siehe Kapitel 13) zu stark beschädigt, stoppt ein Protein namens p21 den Zellzyklus. Das Protein wird von einem Gen auf dem X-Chromosom codiert und erst dann produziert, wenn die Zelle unter großem Stress steht. In Gegenwart von p21 stoppt die Zellteilung und Reparaturmechanismen greifen, um die geschädigte DNA zu heilen. Ist die DNA nicht mehr zu reparieren, kann die Zelle die Produktion von p21 überspringen. Stattdessen gibt das Tumorsuppressorprotein p53 der Zelle das Signal zum »Selbstmord«.

Bekommt die Zelle das Signal »Stirb!«, betritt ein Gen namens *BAX* die Bühne. Sein Proteinprodukt BAX leitet die Selbstzerstörung ein, indem es den Mitochondrien – den Kraftwerken der Zelle – signalisiert, eine Abwrack-Crew aus Proteinen zusammenzustellen, die die Chromosomen zerstören und die Zelle von innen heraus töten. Werden die Zellen durch eine äußerliche Einwirkung (zum Beispiel durch Verbrennung oder eine Infektion) getötet, ist das eine hässliche Angelegenheit: Die Zellen platzen auf und verursachen bei den umliegenden Zellen eine Entzündungsreaktion. Nicht so bei der Apoptose: Durch Apoptose gestorbene Zellen werden fein säuberlich verpackt, sodass umliegendes Gewebe nicht reagiert. Auf Müllsammlung und -verwertung spezialisierte Zellen, *Phagozyten* (Fresszellen) genannt, erledigen dann den Rest.

Medikamente, die zur Krebsbekämpfung eingesetzt werden, versuchen oft, den Zelltod durch Apoptose herbeizuführen. Diese Medikamente schalten das Signal zur Apoptose an und wollen die Krebszellen dazu verleiten, sich selbst zu zerstören. Bei der Strahlentherapie, die zur Krebsbehandlung eingesetzt wird, werden die DNA-Doppelstränge aufgebrochen (siehe Kapitel 13 mit mehr Einzelheiten, was bei diesen Schäden passiert). Durch diese Behandlung sollen die Krebszellen von selbst absterben. Unglücklicherweise machen einige für Krebs verantwortliche Mutationen die Krebszellen resistent gegen Apoptose. Mit anderen Worten: Zusätzlich zum haltlosen Wachsen und Teilen wissen die Krebszellen auch nicht mehr, wann die Zeit zum Sterben gekommen ist.

Chromosomenanomalien – kein Geheimnis mehr

Chromosomenschäden im großen Maßstab – also solche, die man im Karyogramm sichtbar machen kann (siehe Kapitel 15) – tauchen auch bei einigen Krebsarten auf. Diese Schäden wie der Verlust eines Chromosoms geschehen oft, nachdem der Krebs ausgebrochen ist, da die DNA in den Krebszellen nicht stabil und sehr anfällig für Brüche ist. Normalerweise wird geschädigte DNA von Proteinen entdeckt, die den Zellzyklus sehr genau beobachten. Werden Brüche gefunden, wird entweder der Zyklus angehalten und die DNA repariert oder die Zelle stirbt. Da aber genau der Verlust dieser genetischen »Qualitätssicherung« durch die Proto-Onkogene und Tumorsuppressorgene die Ursache von Krebs ist, verwundert es auch nicht, dass DNA-Brüche bei Krebszellen zu Verlusten oder Umgestaltungen großer Chromosomenbrocken führen können, während der Zellzyklus ohne Unterbrechung weiterläuft. Eines der größten Probleme bei all dieser genetischen Instabilität der Krebszellen ist, dass die vielen Zellen im Tumor unterschiedliche Genotypen besitzen können, was die Behandlung sehr schwierig macht. Schlägt eine Chemotherapie bei Zellen mit einer bestimmten Mutation an, muss sie nicht zwingenderweise auch die nächste Mutation erfassen.

Drei Beschädigungsmöglichkeiten – Deletionen, Insertionen und Translokationen – können die Tumorsuppressorgene unterbrechen und ihre Funktion ausschalten. Translokationen und Inversionen können die Position gewisser Gene ändern, sodass das Gen auf eine neue Art reguliert wird (mehr zur Regulation der Genexpression in Kapitel 11). Die chronische myeloische Leukämie wird zum Beispiel durch eine Translokation zwischen Chromosom 9 und Chromosom 22 verursacht. Diese Variante der Leukämie betrifft das Knochenmark und die darin befindlichen Stammzellen.

Translokationen werden generell von Doppelstrangbrüchen verursacht (Strahlung und Rauchen sind Risikofaktoren dafür). Im Fall der chronischen myeloischen Leukämie wird das Chromosom 22 durch die Translokation ungewöhnlich kurz. (Dieses verkürzte Chromosom wird auch *Philadelphia-Chromosom* genannt, da die für dessen Entdeckung verantwortlichen Genetiker in dieser Stadt arbeiteten.) Durch die Translokation werden zwei Gene, je eins von jedem Chromosom, aneinandergeschweißt. Das neue Gen und dessen Produkt verhalten sich wie ein Onkogen, das zur unkontrollierten Zellteilung und letztendlich zu Leukämie führt.

Bei bestimmten Krebsarten kommt es zum Verlust von kompletten Chromosomen, was zu Monosomien führt (wie den in Kapitel 15 beschriebenen). Zum Beispiel geht in den Tumorzellen des Glioblastoms, einer tödlich verlaufenden Form des Hirnkrebses, häufig eine Kopie des Chromosoms 10 verloren. Krebszellen neigen auch dazu, Chromosomen bei der Zellteilung nicht korrekt zu trennen, sodass in einem Teil der Krebszellen Trisomien vorhanden sind. Es scheint, dass Mutationen des p53-Proteins (Gen *TP53*), das den Zellzyklus für die DNA-Reparatur anhalten und Apoptose signalisieren kann, mit solchen lokalen Änderungen der Chromosomenzahl gekoppelt sind.

Analyse der verschiedenen Krebsarten

Beim Menschen sind ungefähr 200 Krebsarten bekannt. Viele von ihnen sind gewebespezifisch, was bedeutet, dass sie nur an bestimmten Stellen im Körper vorkommen können. Andere Krebsarten können überall auftauchen, in jedem Organsystem. Krebs kann auch aufgrund seiner Ursache und seine Vererbbarkeit (mit welcher Wahrscheinlichkeit er auch bei anderen Mitgliedern derselben Familie auftreten wird) klassifiziert werden. Es gibt drei Hauptgruppen, zu denen eine Krebsart gehören könnte: sporadisch, familiär oder erblich. Tabelle 14.2 liefert noch weitere wichtige Informationen zu jedem Typ.

- ✔ **Sporadisch auftretender Krebs:** Die meisten Krebsarten treten sporadisch (zufällig und vereinzelt) auf und sind damit nicht das Ergebnis von geerbten Genmutationen. Ein *sporadischer Krebs* entwickelt sich typischerweise in späteren Lebensphasen und entsteht durch Einwirkungen der Umwelt und durch die Anhäufung von Mutationen, die sich im Laufe des Lebens einer Person jeweils zufällig ereignen.

- ✔ **Familiärer Krebs:** Andere Krebsarten sind von familiärer Natur. Personen mit einem *familiären Krebs* können sehr wahrscheinlich über Fälle derselben Art von Krebs in ihrer Familiengeschichte berichten. Es liegt jedoch kein eindeutiges Vererbungsmuster vor. Die Fälle von familiärem Krebs sind wahrscheinlich das Ergebnis einer Kombination von genetischen und Umweltfaktoren, die einigen Familienmitgliedern gemein ist.

- ✔ **Erblicher Krebs:** Der letzte Krebstyp ist der erbliche oder hereditäre Krebs. Ein *erblicher Krebs* entsteht aufgrund von Genmutationen, die von einem Elternteil an das Kind weitergegeben wurden. Diejenigen, die die krankheitsverursachende Mutation geerbt haben, haben ein signifikant höheres Risiko, Krebs zu entwickeln. Sie haben außerdem ein erhöhtes Risiko für multiple Tumoren, die oft in einem jüngeren Alter auftreten als die sporadischen Tumoren. Personen mit erblichem Krebs haben gewöhnlich eine Familienvorgeschichte, in der derselbe Krebstyp oder ähnliche bösartige Tumoren aufgetreten sind.

Dieser Abschnitt beansprucht keine Vollständigkeit im Hinblick auf die verschiedenen Krebserkrankungen, sondern behandelt die Genetik hinter den meistverbreiteten Krebsarten.

Weitere Infos zu Krebs, seinen Ursachen und Folgen finden Sie im Web bei der Deutschen Krebshilfe unter www.krebshilfe.de/, für Österreich unter www.krebshilfe.net/ und für die Schweiz unter www.krebsliga.ch/. Eine Übersicht zu den verschiedenen Krebsarten und weitere Informationen finden Sie auch bei der Deutschen Krebsgesellschaft unter www.krebsgesellschaft.de/.

Krebsart	Prozentsatz von Fällen	Besonderheiten der Familiengeschichte	Alter bei Krankheitsbeginn	Genetische Grundlage
Sporadisch	70–80%	Keine Fälle von ähnlichen Krebsarten in der Familiengeschichte; das Krebsrisiko innerhalb der Familie ist im Vergleich zum Risiko der Allgemeinbevölkerung für diese spezifische Krebsart nicht erhöht	Der Krebs tritt typischerweise in späteren Lebensphasen auf (über 50 Jahre)	Das Ergebnis von Genmutationen, die im Laufe des Lebens der Person eintraten (nicht ererbt)
Familiär	15–20%	Eine gewisse Familiengeschichte mit derselben Art von Krebs, aber ohne klares Vererbungsmuster; das Krebsrisiko innerhalb der Familie kann im Vergleich zum Risiko der Allgemeinbevölkerung für diese spezifische Krebsart leicht erhöht sein	Der Krebs tritt typischerweise in späteren Lebensphasen auf (über 50 Jahre)	Wahrscheinlich das Resultat eines gemeinsamen genetischen Hintergrunds und ähnlichen Umweltfaktoren; es liegt keine spezifische Genmutation vor, die sich durch die Familie durchzieht
Erblich	5–10%	Ausgeprägte Familiengeschichte mit derselben Krebsart (oder ähnlichen bösartigen Tumoren); mit autosomal-dominanter Vererbung (mit reduzierter Penetranz); das Krebsrisiko unter Familienmitgliedern mit derselben Mutation ist im Vergleich zum Risiko der Allgemeinbevölkerung für diese spezifische Krebsart stark erhöht	Der Krebs tritt typischerweise unterdurchschnittlich früh auf (unter 50 Jahre, oft auch unter 40 Jahre)	Beruht typischerweise auf einer autosomal-dominanten Mutation in einem erblichen Krebssyndromgen; Träger geben die Mutation mit einer 50%igen Wahrscheinlichkeit an jedes Kind weiter

Tabelle 14.2: Die verschiedenen Arten von Krebs

Erbliche Krebserkrankungen

 Erbliche Krebserkrankungen sind die, die innerhalb von Familien häufiger auftreten. Jedoch erbt niemand die Krebserkrankung an sich, sondern vielmehr eine Anfälligkeit für bestimmte Krebsarten. Das heißt, einige Krebserkrankungen bleiben in der Familie, weil eine oder mehrere Mutationen vererbt werden. Die meisten Genetiker sind sich jedoch einig, dass zusätzliche Mutationen notwendig sind, damit die Krankheit tatsächlich zum Ausbruch kommt. Nur weil in Ihrer Familie eine bestimmte Krebsart häufiger auftritt, heißt das noch lange nicht, dass auch Sie an diesem Krebs erkranken werden. Aber leider gilt auch die Kehrseite der Medaille: Nur weil bei Ihnen in der Familie bisher kein Krebs aufgetreten ist, heißt das nicht, dass auch Sie keinen Krebs bekommen werden.

Prostatakrebs

Im Schnitt erkranken pro Jahr circa 60.000 Männer in Deutschland an Prostatakrebs. Prostatakrebs ist bei Männern die häufigste Krebserkrankung und rangiert auf Platz 3 der tödlich endenden Krebsarten.

Bei den meisten Männern sind die ersten Anzeichen für Prostatakrebs Schwierigkeiten beim Urinieren und ein verringerter Urinfluss. Viele ältere Männer haben eine geschwollene Prostata. Diese Änderungen sind meistens gutartig. Die besten Tests auf Prostatakrebs sind Bluttests, sogenannte PSA-Tests (PSA = prostataspezifisches Antigen), und eine manuelle Untersuchung durch einen Arzt. Die Vorsorgeuntersuchung wird in Deutschland ab einem Alter von 45 Jahren angeboten und von den Krankenkassen bezahlt.

Die Prostata ist eine walnussgroße Drüse, die beim Mann an der Basis der Harnblase liegt. Die Harnröhre, die den Urin aus dem Körper transportiert, läuft mitten durch die Prostata. Die Prostata erzeugt die Samenflüssigkeit und damit einen wichtigen Bestandteil des Spermas.

Viele erbliche Mutationen sind mit dem Prostatakrebs gekoppelt, der größte Risikofaktor ist jedoch das Alter. Die Krankheit bricht mit einer höheren Wahrscheinlichkeit bei älteren Männern aus.

An Prostatakrebs sind viele Gene beteiligt. Ein Gen, *PRCA1* auf Chromosom 1, wird als »das« erbliche Prostatakrebsgen bezeichnet. Allerdings lassen sich nur weniger als 10 Prozent der Prostatakrebsfälle wirklich auf eine Mutation des *PRCA1*-Gens zurückführen. »Online Mendelian Inheritance in Man« listet mindestens 16 verschiedene Gene, die mit dem Auftreten von Prostatakrebs in Verbindung gebracht werden, darunter auch *TP53* und *RB1*. Wahrscheinlich wirken mehrere Gene zusammen, um den Zellzyklus in der Prostata außer Kontrolle geraten zu lassen. Es gibt ebenso Hinweise auf eine Verknüpfung zwischen Prostatakrebs und den beiden BRCA-Genen, die für Brustkrebs verantwortlich gemacht werden. Deswegen können Männer und Frauen, in deren Familien beide Krebsarten vorgekommen sind, empfänglich für Krebs sein. Es gibt neue Hinweise darauf, dass auch Viren als Ursache infrage kommen – lesen Sie Einzelheiten hierzu im Kasten »Ermittlung: Die Verbindung zwischen Viren und Krebs«.

Brustkrebs

Brustkrebs ist die dritthäufigste Krebserkrankung in Deutschland (siehe Tabelle 14.1) und die häufigste bei Frauen. Leider sterben jedes Jahr in Deutschland etwa 17.000 Frauen an Brustkrebs bei rund 70.000 Neuerkrankungen pro Jahr. Es gibt verschiedene Arten des Brustkrebses, je nachdem, in welchem Teil der Brust sich der Tumor entwickelt. Unabhängig von der Art des Brustkrebses scheint der größte Risikofaktor das Auftreten von Brustkrebs in der Familie zu sein. Brustkrebs in der Familie liegt vor, wenn eine der folgenden Aussagen zutrifft:

✔ Bei der Mutter oder bei einer Schwester wurde Brustkrebs oder Eierstockkrebs im Alter von unter 50 Jahren diagnostiziert.

✔ Zwei oder mehr Verwandte »ersten Grades« (Mutter, Schwester oder Tochter) haben Brustkrebs, unabhängig vom Alter.

✔ Bei einem männlichen Verwandten wurde Brustkrebs diagnostiziert.

Im Allgemeinen ist das erste Symptom von Brustkrebs eine Geschwulst im Brustgewebe. Die Geschwulst kann schmerzlos oder schmerzhaft sein, hart (wie ein Knoten) oder weich, die Ränder der Geschwulst können schwer abzugrenzen oder in anderen Fällen wieder sehr leicht zu ertasten sein. Andere Symptome sind Schwellungen, Hautveränderungen an der Brust, Schmerzen an den Brustwarzen, unerwarteter Milchfluss oder eine Schwellung in der Achselhöhle.

Bisher haben Wissenschaftler zwei Gene identifiziert, die mit Brustkrebs in enger Beziehung stehen: *BRCA1* und *BRCA2* (für BReast CAncer – also Brustkrebs – genes 1 and 2). Diese Gene sind jedoch nur für etwas weniger als 25 Prozent der vererbten Brustkrebsarten verantwortlich. Auch Mutationen im *TP53*-Gen und vielen weiteren Genen können mit der erblichen Form des Brustkrebses in Verbindung gebracht werden (mehr über *TP53*/p53 finden Sie im Abschnitt »Die Guten: Tumorsuppressorgene« weiter vorn in diesem Kapitel). Brustkrebs, der durch Mutationen in *BRCA1* oder *BRCA2* verursacht wird, scheint autosomal-dominant vererbt zu werden (die genetische Störung entfaltet sich schon bei einer Kopie des verantwortlichen Gens, mehr zu den Vererbungsmustern in Kapitel 12).

Kommt Brustkrebs in einer Familie vor, beträgt die Penetranz ungefähr 50 Prozent, was bedeutet, dass etwa 50 Prozent der Nachkommen, die diese Mutation erben, an Brustkrebs erkranken. (Dieser Wert bezieht sich im Übrigen auf ein Lebensalter von 85 Jahren, sodass man genauer eigentlich sagen müsste, dass Menschen, die 85 Jahre alt werden, mit einer Wahrscheinlichkeit von 50 Prozent Brustkrebs bekommen.)

Auch andere Krebsarten können durch Mutationen in den Genen *BRCA1* und *BRCA2* hervorgerufen werden, darunter auch Eierstockkrebs, Prostatakrebs und Brustkrebs bei Männern.

 Beide *BRCA*-Gene gehören zu den Tumorsuppressorgenen. Obwohl die beiden Proteine BRCA1 und BRCA2 nicht miteinander verwandt sind, erfüllen sie beide einige Aufgaben im Zellzyklus und bei der DNA-Reparatur, BRCA2 insbesondere bei Doppelstrangbrüchen. BRCA1 spielt wohl beim Passieren des G1/S-Kontrollpunkts von Zellen eine Rolle, indem es Teil verschiedener Proteinkomplexe ist.

Die beste Chance gegen Brustkrebs ist die Früherkennung. Frauen, in deren Familie Brustkrebs vorkommt, sollten jährlich einen Arzt zur Früherkennung aufsuchen (einige Ärzte empfehlen auch Untersuchungen im Abstand von nur sechs Monaten). Es sind auch Gentests für das Vorhandensein von Brustkrebs verursachenden Mutationen verfügbar, jedoch sind diese sehr kostspielig und liefern nicht alle Informationen über die tatsächliche Wahrscheinlichkeit, die Krankheit zu bekommen. Nach der Brustkrebsdiagnose hängt die Behandlungsmethode stark von der Art des Krebses ab. Brustkrebs wird als gut behandelbar betrachtet und die Prognose auf Heilung ist für die meisten Patienten sehr gut. Es gibt auch Hoffnung auf eine Impfung gegen einige Formen des Brustkrebses – lesen Sie nach im Kasten »Ermittlung: Die Verbindung zwischen Viren und Krebs«.

Darmkrebs

Der Darmkrebs oder auch kolorektales Karzinom rangiert in Deutschland auf Platz 2 der am häufigsten vorkommenden tödlichen Krebsarten. In Deutschland erkranken jährlich rund 70.000 Menschen an Darmkrebs und etwa 26.000 Menschen sterben daran. Diese erbliche Krebsart, die den Dickdarm (Kolon) und den Mastdarm (Rektum) befällt, kann gut behandelt werden (wenn sie früh genug entdeckt wird). Der Dickdarm ist der vorletzte Darmabschnitt, wo dem Kot das Wasser entzogen wird, bevor er über eine Zwischenlagerung im Mastdarm ausgeschieden wird. Für Darmkrebs sind zahlreiche Risikofaktoren bekannt, darunter:

✔ mit der Krankheit vorbelastete Familie (also Eltern, Kinder und Geschwister)

✔ das Alter – Personen über 50 haben ein höheres Risiko

✔ fettreiche Ernährung

✔ Fettleibigkeit

✔ Alkoholmissbrauch

✔ Rauchen

Die meisten Darmkrebsarten beginnen als gutartige Wucherungen, die *Polypen* genannt werden. Diese Polypen sind kleine warzenartige Ausstülpungen an der Dickdarmwand. Bleiben die Dickdarmpolypen unbehandelt, wird oft ein *ras*-Onkogen in einem oder mehreren Polypen aktiv und verursacht ein starkes Wachstum des Polypen (im Abschnitt »Gene auf Abwegen: Onkogene« weiter vorn in diesem Kapitel mehr darüber, wie Onkogene arbeiten). Wenn der Tumor eine gewisse Größe überschreitet, ändert sich sein Status und er wird fortan als *Adenom* bezeichnet. Adenome sind gutartige Tumoren, die aber sehr anfällig für Mutationen sind, besonders für Mutationen des Tumorsupressorgens *TP53*. Geht die Funktion von *TP53* (oder des Proteins p53) aufgrund einer Mutation verloren, wird aus dem Adenom ein *Karzinom* – ein bösartiger und invasiver Tumor.

Früherkennung und Behandlung sind sehr wichtig, um zu verhindern, dass aus den Darmpolypen bösartige Karzinome werden. Wenn sich viele Polypen entwickeln, ist die Wahrscheinlichkeit groß, dass mindestens einer bösartig wird. Die gute Nachricht dabei ist, dass sich Veränderungen im Dickdarm nur sehr langsam, im Laufe von mehreren Jahren ergeben. Bei der Diagnose werden zwei verschiedene Tests angewendet: zum einen ein Test auf Blut im Stuhl und zum anderen eine *Darmspiegelung*. Dabei wird das Innere des Darms mit einem flexiblen Endoskop betrachtet. Den Test auf Blut im Stuhl können Sie in einer Apotheke erwerben. Falls das Ergebnis positiv ist, keine Panik – gehen Sie zu Ihrem Arzt. Die Darmspiegelung wird unter leichter Narkose vorgenommen und ermöglicht es dem Arzt, eine exakte Diagnose zu stellen, Polypen zu finden und gegebenenfalls Proben für weitere Untersuchungen zu nehmen. In Deutschland werden seit 2002 die Kosten für eine Darmspiegelung als Vorsorgeuntersuchung für alle Personen ab dem 55. Lebensjahr, für Patienten aus Risikofamilien ab dem 35. Lebensjahr, von den Krankenkassen übernommen.

Vermeidbare Krebserkrankungen

Vermeidbare Krebserkrankungen sind vorwiegend mit bestimmten Risikofaktoren verbunden, die kontrolliert und vermieden werden können. Niemand entscheidet sich, Krebs zu bekommen, aber durch die Wahl seines Lebenswandels kann man die Wahrscheinlichkeit erhöhen, an Krebs zu erkranken. Die drei am ehesten vermeidbaren Krebsarten, die mit der Wahl eines bestimmten Lebenswandels verbunden sind, sind Lungen-, Mund- und Hautkrebs.

Lungenkrebs

An Lungenkrebs sterben pro Jahr mehr Menschen als an irgendeiner anderen Krebsart. Pro Jahr erkranken in Deutschland etwa 57.000 Menschen an Lungenkrebs und circa 45.000 Menschen sterben daran. 90 Prozent der Lungenkrebserkrankungen lassen sich auf das Rauchen zurückführen. Lassen Sie sich die Zahl noch mal auf der Zunge zergehen: *Neunzig (90!) Prozent aller* Lungenkrebserkrankungen entstehen durch das Rauchen! Statistisch gesehen ist Lungenkrebs damit von allen Krebsarten am leichtesten zu vermeiden.

Lungenkrebs tritt üblicherweise bei Menschen im Alter von ungefähr 60 Jahren auf. Leider ist die Prognose für den Patienten nach einer Diagnose schlecht. Die Überlebensrate mag zwar anhand der Art des Lungenkrebses variieren, doch im Schnitt überleben nur etwa 20 Prozent das erste Jahr nach der Diagnose. Das ist die schlechte Nachricht. Die gute ist, dass Sie jederzeit mit dem Rauchen aufhören können. Ihre Lunge heilt und das Risiko einer Lungenkrebserkrankung verringert sich dadurch erheblich.

Die zwei häufigsten Lungenkrebsarten sind beide mit Tabakkonsum verbunden:

✔ Kleinzellige Bronchialkarzinome machen etwa 25 Prozent aller Lungenkrebserkrankungen aus und sind die schlimmsten. Der Name kommt von den kleinen Zellen, aus denen der Tumor besteht. Sie sind sehr invasiv, neigen stark zur Metastasenbildung und sind nur sehr schwer zu behandeln.

✔ Nichtkleinzellige Bronchialkarzinome umfassen alle übrigen Lungenkrebsarten. Sie sprechen eher auf eine Behandlung an, besonders dann, wenn sie früh genug erkannt werden.

Beide Lungenkrebsarten haben ähnliche primäre Symptome: Gewichtsverlust, Heiserkeit, hartnäckiger Husten und Atemschwierigkeiten. Ein anderes Symptom, das häufig übersehen wird, sind Trommelschlägelfinger. Dabei treiben die Endglieder der Finger infolge von Sauerstoffmangel auf und werden breiter als normal. Das ist ein allgemeines Merkmal von Lungenkrankheiten und ein Anzeichen dafür, dass in den kleinen Blutgefäßen nicht mehr genug Sauerstoff ankommt.

Mit Lungenkrebs stehen viele Mutationen in Verbindung. Es sind sowohl (Proto-)Onkogene als auch Tumorsuppressorgene davon betroffen. Bei den meisten Lungenkrebsarten ist eine Mutation des *TP53*-Gens anzutreffen, des Tumorsuppressorgens, das neben anderen Dingen im Zellzyklus auch den programmierten Zelltod kontrolliert. Daneben wird bei einigen Lungenkrebsarten oft auch ein mutiertes *ras*-Gen, *KRAS*, gefunden. Schließlich findet man auch Deletionen großer Teile von Chromosomen. Meistens betrifft es Chromosom 3, und diese Deletion tritt bei fast allen kleinzelligen Bronchialkarzinomen auf (mehr Details dazu finden Sie im Abschnitt »Chromosomenanomalien – kein Geheimnis mehr« weiter vorn in diesem Kapitel).

Mundhöhlenkrebs

Der Konsum von Kau- oder Schnupftabak kann zur Krebserkrankung in der Mundhöhle führen. Pro Jahr sterben circa 4.500 Menschen an dieser vermeidbaren Krebserkrankung in Deutschland, wobei Männer mehr als doppelt so anfällig sind wie Frauen. Wie beim Lungenkrebs sind die Überlebensaussichten für Menschen mit der Diagnose Mundhöhlenkrebs schlecht. Es überleben nur etwas mehr als 50 Prozent die ersten fünf Jahre nach der Diagnose.

Die Ursache für die schlechten Überlebensaussichten ist, dass die frühen Stadien des Krebses nicht erkennbar sind. Deswegen sind sich die meisten Menschen ihrer Krankheit nicht bewusst, bis sie ein fortgeschrittenes Stadium erreicht hat. Die Symptome für Mundkrebs sind wunde Stellen am Gaumen, der Zunge und am Mundhöhlendach, die nicht abheilen, Geschwülste im Mund, eine Schwellung der Backen und andauernde Schmerzen im Mund. Regelmäßige Zahnarztbesuche können die Früherkennung erleichtern und die Überlebenschancen steigern.

Bei den Mutationen, die bei Mundhöhlenkrebs auftreten, handelt es sich meistens um Chromosomenanomalien im größeren Maßstab. Die Zellen im Mundraum scheinen besonders anfällig für teilweise Verluste der Chromosomen 3, 9 und 11 zu sein – genau die Chromosomen, die sehr anfällig für Verluste sind (mehr dazu in Kapitel 15). An Mundhöhlenkrebs sind ebenfalls Onkogene der *ras*-Familie und Mutationen des *TP53*-Gens beteiligt.

Hautkrebs

Jedes Jahr werden circa 22.000 Fälle von schwarzem Hautkrebs in Deutschland diagnostiziert, der auch *malignes Melanom* genannt wird. Etwa 3.000 Menschen sterben an dieser Erkrankung. Obwohl die Anfälligkeit für Hautkrebs wahrscheinlich vererbt wird, ist ultraviolette Strahlung der Risikofaktor Nummer eins. Ultraviolettes Licht wird von der Sonne, aber auch von Sonnenbänken ausgestrahlt. Menschen mit bleicher Haut, hellen Augen (grün und blau) und hellem Haar sind am empfindlichsten gegenüber ultraviolettem Licht und damit auch gegenüber Hautkrebs. Wenn Sie leicht einen Sonnenbrand bekommen und nicht gut braun werden, haben Sie ein erhöhtes Risiko. Die beste Art, den Hautkrebs zu vermeiden, ist es, nicht in die pralle Sonne zu gehen. Wenn Sie dennoch in die Sonne müssen, benutzen Sie *immer* Sonnenblocker mit einem Lichtschutzfaktor (LSF) von 30 oder sogar mehr.

Sonnenbrand steigert das Risiko für einen späteren Hautkrebs erheblich, da Strahlung Brüche in die DNA einfügt und benachbarte Basen in der DNA miteinander verklebt, die dann Dimere bilden (mehr zu den Schäden, die durch Strahlung in der DNA entstehen, lesen Sie in Kapitel 13). Der Schaden der DNA in den Hautzellen ist nach intensiver Sonneneinstrahlung meist so hoch, dass eine große Zahl Hautzellen abstirbt. Wie dieser programmierte Zelltod abläuft, lesen Sie weiter vorn in diesem Kapitel im Abschnitt »Die Guten: Tumorsuppressorgene«. Doch kann es vorkommen, dass beschädigte DNA beim Reparaturprozess übersehen wird oder nicht mit dem programmierten Zelltod verschwindet. So entstehen gefährliche Mutationen. Die regelmäßige Untersuchung der Haut – der Schlüssel zur Früherkennung von Hautkrebs – ist recht simpel: Schauen Sie einfach in den Spiegel. Achten Sie auf alle Leberflecke und Sommersprossen. Asymmetrische, fleckige und große (größer als fünf Millimeter) Wucherungen sollten Sie Ihrem Arzt zeigen.

IN DIESEM KAPITEL

Wie man Chromosomenzahlen und -sätze ermittelt

Was bei Chromosomen alles schiefgehen kann

Wie Chromosomen untersucht werden

Kapitel 15
Chromosomenanomalien: Alles ein Zahlenspiel

Die Untersuchung von Chromosomen ist meistens auch gleichzeitig die Untersuchung von Zellen. Genetiker, die sich auf den Bereich der *Zytogenetik*, der Genetik der Zellen, spezialisiert haben, beobachten die Chromosomen oft während der Zellteilung, weil sie dann am leichtesten zu erkennen sind. Die Zellteilung ist eine der wichtigsten Aktivitäten der Zelle überhaupt; sie wird für das normale Leben unbedingt benötigt. Eine spezielle Form der Zellteilung erzeugt Geschlechtszellen, die für die Reproduktion gebraucht werden. Bei jeder Teilung werden die Chromosomen kopiert und so aufgeteilt, dass jede neue Zelle nach der Teilung die gleiche Anzahl an Chromosomen hat. Das ist für das Fortbestehen der Zelle entscheidend. Die meisten Chromosomenanomalien wie zum Beispiel das Down-Syndrom sind auf Fehler während der Meiose zurückzuführen (über die Zellteilung zur Produktion von Geschlechtszellen lesen Sie in Kapitel 2).

In diesem Kapitel lernen Sie, wie und warum Chromosomenanomalien entstehen. Sie lernen außerdem ein paar Beispiele kennen, wie Genetiker die Chromosomen in der Zelle untersuchen. Das Wissen über die Chromosomenzahl erlaubt es den Wissenschaftlern, die Geheimnisse der Vererbung zu entschlüsseln, besonders dann, wenn die Anzahl der Chromosomen(sätze) (*Ploidie* genannt) kompliziert wird. Das Zählen der Chromosomen erlaubt es Ärzten, den Ursprung von Behinderungen zu ergründen, die auf ein fehlendes oder überzähliges Chromosom zurückzuführen sind.

Falls Sie Kapitel 2 übersprungen haben, lesen Sie es jetzt, denn Sie brauchen die Grundlagen über Chromosomen und die Zellteilung, um dieses Kapitel zu verstehen.

Chromosomenanomalien werden oft auch als *Chromosomenmutationen* oder *Chromosomenaberrationen* bezeichnet. Alle Begriffe umschreiben ein und dasselbe.

Was Chromosomen uns verraten

Eine Möglichkeit für einen Zytogenetiker, Chromosomen zu zählen, ist, die speziell eingefärbten Chromosomen während der Metaphase unter dem Mikroskop zu betrachten. Die Metaphase ist die einzige Phase im Zellzyklus, in der die Chromosomen ihre leicht erkennbare dicke Würstchenform haben (mehr zum Zellzyklus in Kapitel 2). Und so funktioniert die Chromosomenuntersuchung:

1. Zuerst wird eine Zellprobe genommen. Jede sich teilende Zellart eignet sich dazu als Probe, inklusive Wurzelzellen von Pflanzen, Haut- oder Blutzellen.

2. Die Zellen werden *kultiviert* – sie können optimal versorgt unter idealen Bedingungen wachsen –, um die Zellteilung anzuregen.

3. Einige Zellen werden aus der Kultur entnommen und so behandelt, dass die Mitose während der Metaphase stoppt.

4. Farbstoffe werden hinzugefügt, um die Chromosomen sichtbar zu machen.

5. Die Zellen werden unter einem Mikroskop untersucht. Die Chromosomen werden sortiert, auf erkennbare Anomalien untersucht und gezählt.

Der Vorgang dieser Chromosomenuntersuchung wird auch als *Karyotypisierung* bezeichnet. In einem *Karyogramm* erkennt man genau, wie viele Chromosomen in einer Zelle vorhanden sind und auch einige Details zur Struktur der Chromosomen. Diese Details können die Wissenschaftler aber nur erkennen, wenn sie bestimmte Farbstoffe einsetzen.

Bei der Auswertung eines Karyogramms betrachtet der Genetiker jedes einzelne Chromosom. Jedes Chromosom hat seine typische Größe und Form. Die Platzierung des Zentromers und die Länge der Chromosomenarme (die Teile an jeder Seite des Zentromers) bestimmen die physische Erscheinung eines Chromosoms (in Kapitel 2 sehen Sie genau, wie Chromosomen aussehen). Die beiden Chromosomenarme heißen:

- ✔ **p-Arm:** der kürzere der beiden Arme (p vom Wort »petite«, Französisch für »klein«)
- ✔ **q-Arm:** der längere Arm (da q im Alphabet hinter p steht)

Bei einigen Anomalien fehlt einer der Arme oder befindet sich an einer falschen Stelle. Deswegen geben Genetiker oft die Nummer des Chromosoms mit dem Buchstaben p oder q an, um den Teil des betroffenen Chromosoms näher zu bezeichnen.

Chromosomen zählen

Ploidie klingt zwar eher nach einer bizarren, extraterrestrischen Science-Fiction-Figur, bezeichnet aber nichts anderes als die Chromosomenzahl eines bestimmten irdischen Wesens. Im Genetikerlatein gibt es zwei Sorten von »Ploidien«:

✓ *Aneuploidie* bezeichnet eine Unregelmäßigkeit in der Chromosomenzahl. Eine Aneuploidie wird oft mit dem Zusatz *-somie* angegeben, je nachdem, ob es zu wenige Chromosomen (*Monosomie*) gibt oder zu viele (*Trisomie*).

✓ *Euploidie* bezeichnet die Anzahl der kompletten Chromosomensätze, die ein Organismus im Normalfall besitzt. So sagt der Begriff *diploid* aus, dass der Organismus zwei Chromosomensätze besitzt. Dieser Umstand wird auch häufig mit $2n$ angegeben, wobei n die Anzahl der Chromosomen in einem einfachen (*haploiden*) Satz darstellt. (Mehr dazu, wie Chromosomen gezählt werden, finden Sie in Kapitel 2.) Ist ein Lebewesen euploid, beträgt seine Chromosomenzahl ein exaktes Vielfaches seiner haploiden Chromosomenzahl (n).

Aneuploidie: Zusätzliche oder fehlende Chromosomen

Kurz nachdem Thomas Hunt Morgan entdeckte, dass bestimmte Merkmale an das X-Chromosom gekoppelt sind (lesen Sie die ganze Geschichte in Kapitel 5), entdeckte sein Student Calvin Bridges, dass Chromosomen nicht immer die Regeln befolgen. Eine der mendelschen Regeln der Vererbung ist die Segregation der Chromosomen, die sich in der ersten Phase der Meiose ereignet (die Details dazu stehen in Kapitel 2). Manchmal wird die Segregation aber nicht richtig vollzogen und in dem entstehenden Gameten (Spermium oder Eizelle) sind zwei oder mehr Kopien eines bestimmten Chromosoms vorhanden. Das wiederum bedeutet, dass in einem anderen Gameten keine Kopie dieses Chromosoms zu finden ist. Bridges entdeckte die *Fehlsegregation*, bei der die Chromosomen nicht richtig aufgeteilt werden, in Untersuchungen an Fruchtfliegen. Abbildung 15.1 zeigt die Fehlsegregation im Laufe der verschiedenen Stadien der Meiose. (Wie Morgan und Bridges ihre Entdeckung machten, lesen Sie im Kasten »Fliegen!«.)

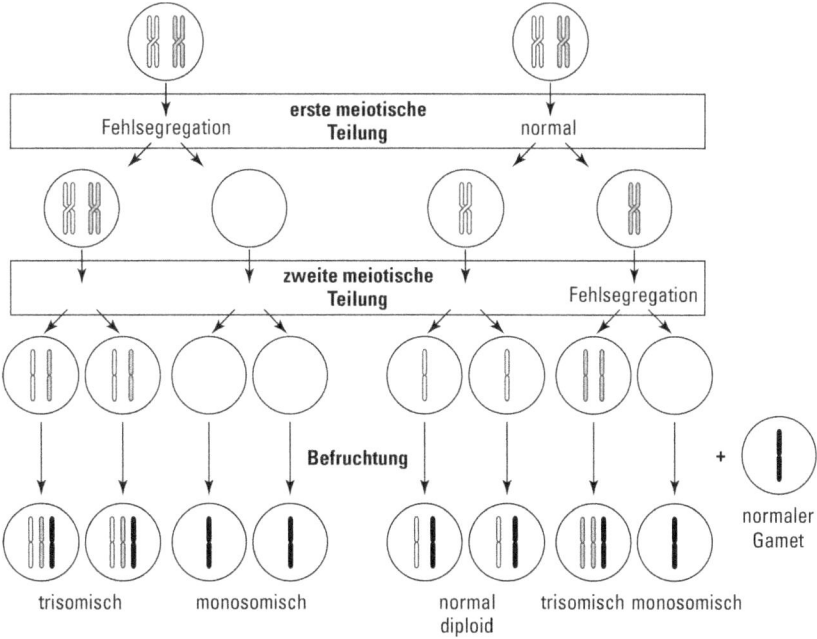

Abbildung 15.1: Die Ergebnisse einer Fehlsegregation während der Meiose

Bei der Untersuchung der Augenfarbe von Fruchtfliegen (mehr über dieses Merkmal lesen Sie in Kapitel 5) kreuzte Bridges weißäugige weibliche Fliegen mit rotäugigen männlichen Fliegen. Bei dieser monohybriden Kreuzung (mehr dazu in Kapitel 3) erwartete er, dass alle Söhne weißäugig und alle Töchter rotäugig sein müssten. Bei den Nachkommen war aber ein gewisser Anteil der Söhne rotäugig oder auch ein Teil der Töchter weißäugig. Bridges wusste schon, dass weibliche Fliegen zwei Kopien und männliche Fliegen nur eine Kopie des X-Chromosoms besitzen und die Augenfarbe mit dem X-Chromosom gekoppelt ist. Er wusste auch, dass die weiße Augenfarbe das rezessive Merkmal ist und damit weibliche Fliegen nur weiße Augen haben können, wenn beide X-Chromosomen das Allel für weiße Augenfarbe haben. Aber wie konnten dann diese merkwürdigen Kombinationen von Geschlecht und Augenfarbe auftreten?

Bridges erkannte, dass die X-Chromosomen einiger seiner weiblichen Elternfliegen nicht der Segregationsregel gehorchten. Während der ersten Zellteilung in der Meiose sollten sich die homologen Chromosomenpaare trennen. Passiert das nicht, hätten einige Eizellen beide X-Chromosomen der Mutter (siehe Abbildung 15.1). Bei Bridges Untersuchung trugen beide X-Chromosomen der Mütter das Allel für die weiße Augenfarbe. Wenn nun ein rotäugiges Männchen diese 2-X-Eier befruchtete, waren zwei Ergebnisse möglich, wie Sie in Abbildung 15.2 erkennen können. Entstand eine XXX-Zygote, kam eine rotäugige Tochter heraus (die aber normalerweise sofort starb). Eine XXY-Zygote entwickelte sich zu einer weißäugigen Tochter (wie das Geschlecht bei Fruchtfliegen festgelegt wird, lesen Sie in Kapitel 5). Die befruchteten Eizellen ohne X-Chromosom vom Weibchen, die aber eines vom Vater bekommen hatten, ergaben rotäugige Männchen und die, die statt des X- das Y-Chromosom vom Vater erhalten hatten, waren von vornherein nicht lebensfähig.

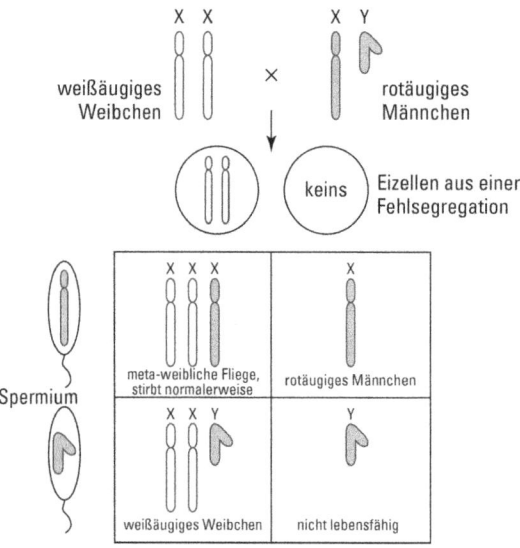

Abbildung 15.2: Auswirkungen der Fehlsegregation des X-Chromosoms bei Fruchtfliegen

Viele Chromosomenanomalien beim Menschen entstehen durch Fehlsegregationen, ähnlich wie bei denen der Fruchtfliege. Mehr Informationen darüber erhalten Sie im Abschnitt »Erforschung von Chromosomenvariationen« weiter hinten in diesem Kapitel.

Fliegen!

Einige der größten wissenschaftlichen Entdeckungen wurden mit den einfachsten Mitteln gemacht. Nehmen wir zum Beispiel Thomas Hunt Morgans Labor, bekannt unter dem liebevollen Namen »das Fliegenzimmer«. Die gerade mal 34 Quadratmeter waren eng gepackt mit acht Studenten, ihren Schreibtischen und Hunderten von Glasmilchflaschen voll mit Fruchtfliegen. Von der Decke hingen Bananenstauden als Futter für die Fliegen. Der Raum stank nach faulenden Bananen, war erfüllt vom Surren ausgebrochener Fliegen und beherbergte eine stattliche Armee von Kakerlaken. Trotzdem war dieses vollgepackte Zimmer von 1910 bis 1930 der Ort der wichtigsten Entdeckungen dieser Zeit – Entdeckungen, die bis heute grundlegend für das Verständnis der Genetik sind.

Calvin Bridges und Alfred Sturtevant waren 1909 Studenten an der Columbia University in New York. Nachdem sie eine Vorlesung von Morgan besucht hatten, ergatterten beide einen Platz im Fliegenzimmer. Zu dieser Zeit war die Arbeit Gregor Mendels gerade erst wiederentdeckt worden – es war eine sehr aufregende Zeit auf dem Gebiet der Genetik. Die Fruchtfliegen waren ideal dafür geeignet, um all die neuen Ideen zu testen. Die Leute im Fliegenzimmer (die Kollegin Nettie Stevens arbeitete im Carnegie Institute) verbrachten Stunden damit, über die neuesten Veröffentlichungen und ihre eigenen Forschungsergebnisse zu diskutieren. Nach einer solchen Diskussion stürmte Sturtevant nach Hause, um seine neueste Idee auszuarbeiten: eine Karte mit den Genen des X-Chromosoms. Sturtevant erstellte seine Chromosomenkarte – die auch heute noch Bestand hat – im Alter von gerade mal 20 Jahren, als er noch Student war. Bridges entdeckte im vergleichsweise reifen Alter von 24 Jahren die Fehlsegregation der Fliegenchromosomen – ein definitiver Beweis dafür, dass Morgans Chromosomentheorie richtig war.

Euploidie: Chromosomensätze

Jede Art zeigt in ihrem Karyogramm eine typische Chromosomenzahl. Der Mensch hat beispielsweise 46 Chromosomen (Menschen sind diploid, $2n$ mit $n = 23$). Ihr Hund, wenn Sie einen haben, ist ebenfalls diploid und hat insgesamt 78 Chromosomen, Hauskatzen besitzen $2n = 38$ Chromosomen. Die Chromosomenzahl ist nicht sehr einheitlich, auch nicht bei nahe miteinander verwandten Organismen. So sind zum Beispiel zwei verschiedene asiatische Hirscharten diploid, besitzen aber trotz ihres sehr ähnlichen Aussehens verschiedene Chromosomenzahlen: Die eine Art hat 23 Chromosomen, die andere hat sechs.

Viele Organismen besitzen mehr als zwei Chromosomensätze (ein einzelner Satz, mit *n* angegeben, ist der haploide Satz) und werden deshalb als *polyploid* bezeichnet. Bei Tieren findet man Polyploidie nur sehr selten, es kommt aber vor. Pflanzen hingegen sind sehr oft polyploid. Polyploidie ist bei sexueller Reproduktion sehr selten. Die meisten Tiere pflanzen sich sexuell fort, das heißt, sie produzieren Eizellen oder Spermien, die sich zu einer Zygote vereinigen, die dann zum neuen Individuum heranwächst. Dafür ist eine gerade Anzahl von Chromosomensätzen wichtig, damit sie gleichmäßig auf die Gameten verteilt werden und die normalen Abläufe des Lebens stattfinden können. Ist ein Individuum polyploid (besonders bei ungeraden Anzahlen wie $3n$), enden viele seiner Gameten mit einer ungeraden Anzahl an Chromosomen. Dieses Ungleichgewicht führt dazu, dass das betroffene Individuum unfruchtbar wird (mehr dazu im Kasten »Sture Chromosomen«).

Sture Chromosomen

Pferde sind diploid und besitzen 64 Chromosomen. Esel, die nahen Verwandten der Pferde, sind ebenfalls diploid, besitzen aber nur 62 Chromosomen. Wenn man eine Pferdestute mit einem Eselhengst kreuzt, entsteht ein Maultier (die umgekehrte Anpaarung, also Pferdehengst und Eselstute, ergibt einen Maulesel). Die Maultiere liegen in der Größe zwischen den Eltern, etwas größer als Papa Esel, etwas kleiner als Mama Pferd, haben große Ohren und sind berüchtigt für ihre Sturheit.

Maultiere sind üblicherweise steril (sie können sich nicht fortpflanzen), da die Ploidien von Pferden und Maultieren (oder Eseln und Maultieren) schlecht zueinanderpassen. Genetisch betrachtet haben Maultiere 32 Pferdechromosomen und 31 Eselchromosomen, macht also zusammen 63 Chromosomen. Daraus wird eine ungerade Anzahl von $2n = 63$ Chromosomen, diploid aber nicht euploid. In der Meiose sollen sich die homologen Chromosomen zu Paaren zusammenfinden und dann verteilt werden. Beim Maultier jedoch sammeln sich die Chromosomen in Dreier-, Fünfer- oder gar Sechsergruppen. So erhalten die Gameten beim Maultier keinen vollständigen Chromosomensatz und sind für eine Befruchtung nicht überlebensfähig. Aber wie können Maultiere doch noch Eltern werden?

Genau das fragten sich die Eigentümer des Maultiers namens Krause auch, als sie im Jahr 1984 im Stall ein Fohlen nebst glücklicher Mutter fanden. Krause wurde zusammen mit einem männlichen Esel gehalten, aber die genetische Untersuchung des Fohlens Blue Moon (ein »Blue Moon« ist im Englischen der zweite Vollmond innerhalb eines Monats, also ein seltenes Ereignis, daher auch »once in a blue moon«, was so viel heißt wie »alle Jubeljahre«) ergab, dass es den Genotyp eines Maultiers besaß: 63 Chromosomen, 32 vom Pferd und 31 vom Esel. Offensichtlich sind bei Krauses Meiose alle Pferdechromosomen in eine Eizelle gebracht worden. Dies ist ein extrem unwahrscheinliches Ereignis – die Chancen dafür stehen bei 1:4 Milliarden! Und das ist noch nicht alles. Krause bekam später noch ein zweites Fohlen mit dem gleichen Pferd-Esel-Genotyp, was bedeutet, dass sie eine zweite Eizelle mit allen Pferdechromosomen produzierte.

Die einzige weitere Möglichkeit für Maultiere, Eltern zu werden, ist durch Klonen, was ich in Kapitel 20 behandele. Idaho Gem, der erste Maultier-Klon, wurde 2003 geboren.

Pflanzen umgehen das Problem der Polyploidie (und der damit zusammenhängenden Unfruchtbarkeit) manchmal durch *Apomixis*. Als Teil der Meiose erzeugt die Apomixis eine Eizelle mit der vollen Anzahl von Chromosomensätzen (xn). So erzeugte Eizellen können ohne Befruchtung einen keimfähigen Samen bilden und zu neuen Pflanzen heranwachsen. Der Löwenzahn, diese zähe, unausrottbare und bei Gärtnern besonders »beliebte« Pflanze, vermehrt sich durch Apomixis. Löwenzahn hat n = acht Chromosomen, die in zwei ($2n$ = 16), drei ($3n$ = 24) oder vier ($4n$ = 32) Sätzen vorliegen können.

Viele kommerziell genutzte Pflanzen sind polyploid, weil Pflanzenzüchter entdeckt haben, dass polyploide Pflanzen oft viel größer als ihre wild wachsenden Verwandten sind. Wilde Erdbeeren zum Beispiel sind diploid, sehr klein und sehr sauer. Die großen, süßen Erdbeeren, die Sie in den Geschäften kaufen können, sind oktoploid, sie besitzen also acht Chromosomensätze (das heißt $8n$). Baumwolle ist tetraploid ($4n$), Kaffee oktoploid ($8n$), während Bananen oft triploid ($3n$) sind. Viele dieser Polyploidien kamen auf natürlichem Wege zustande und wurden nach ihrer Entdeckung von Pflanzenzüchtern mit nicht sexuellen Vermehrungsmethoden weitergezüchtet.

Nicht alle polyploiden Lebewesen sind steril. Kommen sie durch die Kreuzung zweier verschiedener Arten (*Hybridisierung*) zustande, sind sie meistens fruchtbar. Die Chromosomen von Hybriden haben weniger Probleme, sich während der Meiose zu sortieren und können somit normale Gameten bilden. Ein bekanntes Beispiel für einen selten fruchtbaren Hybriden ist die Kreuzung zwischen Esel und Pferd, das Maultier. Mehr Informationen darüber finden Sie im Kasten »Sture Chromosomen«.

Erforschung von Chromosomenvariationen

Chromosomenanomalien in Form von Aneuploidien (siehe den Abschnitt »Aneuploidie: Zusätzliche oder fehlende Chromosomen« weiter vorn in diesem Kapitel) kommen beim Menschen sehr häufig vor. Bei ungefähr 8 Prozent der Schwangerschaften liegen Aneuploidien vor und man geht davon aus, dass Chromosomenanomalien die Ursache für die Hälfte aller Fehlgeburten sind. Die meisten Aneuploidien, die beim Menschen beobachtet werden, sind Anomalien bei den Geschlechtschromosomen (mehr zu Geschlechtschromosomen in Kapitel 5). Da bei der X-Inaktivierung die Auswirkungen der überschüssigen X-Chromosomen kompensiert werden, überleben die betroffenen Personen eher und werden dementsprechend häufiger beobachtet.

Die vier folgenden Arten der Aneuploidie treten beim Menschen am häufigsten auf:

- ✔ **Nullisomie** liegt vor, wenn ein Chromosom (also beide Kopien) komplett fehlt. Embryonen, bei denen eine Nullisomie vorliegt, überleben nicht bis zur Geburt.

- ✔ **Monosomie** liegt vor, wenn bei einem Chromosom das Homolog fehlt.

- ✔ **Trisomie** liegt vor, wenn eine zusätzliche Kopie (also insgesamt drei Kopien) des Chromosoms vorhanden ist.

- ✔ **Tetrasomie** liegt vor, wenn vier Kopien eines Chromosoms vorhanden sind. Tetrasomien sind extrem selten.

Die meisten Chromosomenanomalien sind Aneuploidien und werden mit der Art und der Nummer des betroffenen Chromosoms bezeichnet. Zum Beispiel sind bei der Trisomie 13 drei Kopien des Chromosoms 13 vorhanden.

Wenn Chromosomen verschwinden

Die *Monosomie* – bei der das Homolog eines Chromosoms fehlt – kommt beim Menschen sehr selten vor. Die meisten Embryonen mit Monosomien überleben nicht bis zur Geburt. Bei lebend geborenen Babys ist nur eine autosomale Monosomie bekannt: Monosomie 21. Die Anzeichen und Symptome der Monosomie 21 sind denen des Down-Syndroms (wird weiter hinten in diesem Kapitel behandelt) sehr ähnlich. Kinder mit Monosomie 21 haben zahlreiche Geburtsdefekte und überleben selten länger als wenige Tage oder Wochen. Monosomie 21 ist das Ergebnis einer Fehlsegregation während der Meiose (siehe den Abschnitt »Aneuploidie: Zusätzliche oder fehlende Chromosomen« weiter vorn in diesem Kapitel).

Eine andere Monosomie, die bei Kindern häufiger zu beobachten ist, ist die Monosomie des X-Chromosoms. Kinder, die mit dieser Monosomie geboren werden, sind weiblich und führen in der Regel ein normales Leben. Mehr über die Monosomie X (oder auch Turner-Syndrom) lesen Sie in Kapitel 5.

Bei vielen Monosomien kommt es zu Teilverlusten von Chromosomen, wobei ein Teil des fehlenden Chromosoms (oder ein komplettes) an ein anderes Chromosom angefügt wird. Die Verlagerung von Chromosomenteilen auf andere, nicht homologe Chromosomen ist das Ergebnis einer *Translokation*. Das Thema behandele ich im Detail im Abschnitt »Translokationen« weiter hinten in diesem Kapitel.

Schließlich können Monosomien auch aufgrund von Fehlern während der normalen Zellteilung (Mitose) auftreten. Viele dieser Monosomien hängen mit der Einwirkung bestimmter chemischer Stoffe und allen möglichen Krebsarten zusammen. In Kapitel 14 lesen Sie mehr über Zellanomalien und Krebs.

Wenn zu viele Chromosomen vorhanden sind

Trisomien (also das Vorhandensein einer zusätzlichen Kopie eines Chromosoms) sind beim Menschen die am häufigsten zu beobachtenden Chromosomenanomalien. Die häufigste Trisomie ist das Down-Syndrom oder Trisomie 21. Weniger häufig sind Trisomie 18 (Edwards-Syndrom), Trisomie 13 (Pätau-Syndrom) und Trisomie 8 (Warkany-Syndrom 2). All diese Trisomien sind auf eine Fehlsegregation während der Meiose zurückzuführen.

Down-Syndrom

Die Trisomie des Chromosoms 21, üblicherweise *Down-Syndrom* genannt, betrifft etwa eines von 600 bis 800 Kindern. Menschen mit Down-Syndrom haben ein stereotypes Aussehen mit bestimmten Gesichtszügen, veränderter Körperform und geringerer Körpergröße. Sie sind meistens geistig zurückgeblieben und leiden oft an Herzdefekten. Nichtsdestotrotz führen sie oft ein erfülltes und aktives Leben bis weit ins Erwachsenenalter hinein.

Eine augenfällige Besonderheit des Down-Syndroms (und der Trisomien im Allgemeinen) ist das vermehrte Auftreten bei Babys von Müttern über 35 Jahren (siehe Abbildung 15.3). Frauen im Alter zwischen 18 und 25 Jahren haben nur ein geringes Risiko, ein Baby mit Trisomie 21 zu bekommen (ungefähr 1:2.000). Das Risiko steigt im Alter zwischen 25 und 35 langsam, aber stetig (bei 30-jährigen Frauen liegt es bei 1:900), danach aber sprunghaft an. Im Alter von 40 Jahren ist die Wahrscheinlichkeit, ein Kind mit Down-Syndrom zu bekommen, 1:100, im Alter von 50 Jahren liegt das Risiko schon bei 1:12. Aber warum steigt das Risiko für das Down-Syndrom bei Kindern älterer Frauen an?

Die Ursache der meisten Down-Syndrom-Fälle ist scheinbar eine Fehlsegregation während der Meiose. Der Grund für diese häufigeren Fehlsegregationen bei älteren Frauen ist derzeit unklar. Die Meiose der Gameten, sprich die Produktion späterer Eizellen, fängt bei Frauen an, wenn sie noch ein Fötus sind (in Kapitel 2 lesen Sie mehr über die Gametogenese). Alle sich entwickelnden Eizellen durchlaufen bereits dann schon die erste meiotische Zellteilung (Prophase) inklusive der Rekombination. Die Meiose der zukünftigen Eizellen stoppt dann im Stadium des *Diplotäns*, in dem Stadium, in dem das Crossing-over stattfindet und die homologen Chromosomen sich aneinander binden, um DNA auszutauschen. Die Meiose wird erst dann fortgesetzt, wenn eine bestimmte Eizelle zur Ovulation, dem Eisprung, heranreift. Dann erst vollendet die Eizelle die erste meiotische Teilung, stoppt aber gleich wieder. Erst wenn sich bei der Befruchtung Eizelle und Spermium vereinen, beendet der Kern der Eizelle die zweite meiotische Teilung, kurz bevor Spermium und Eizelle fusionieren. (Bei Männern beginnt die Meiose erst in der Pubertät und findet dann kontinuierlich statt, ohne die Pausen, die bei den Frauen zu beobachten sind.)

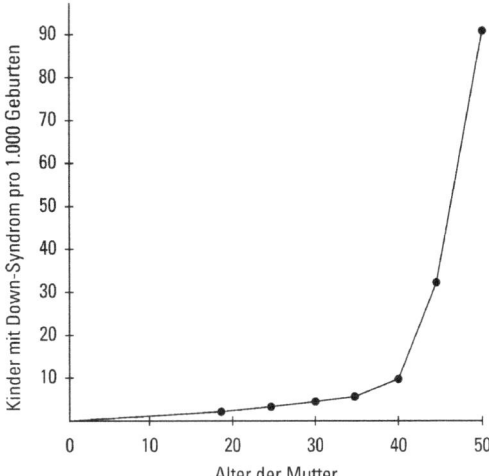

Abbildung 15.3: Das Risiko einer Schwangerschaft mit Down-Syndrom in Abhängigkeit vom Alter der Mutter

Ungefähr 75 Prozent der für das Down-Syndrom verantwortlichen Fehlsegregationen finden während der ersten Phase der Meiose statt. Merkwürdigerweise können die Chromosomen, die sich nicht trennen können, auch kein Crossing-over durchführen. Das legt die Vermutung nahe, dass die Gründe für die Fehlsegregation im frühen Lebensstadium zu suchen sind. Die Wissenschaftler haben eine ganze Reihe von Erklärungen für die Ursache der

Fehlsegregationen in Verbindung mit der Unfähigkeit zum Crossing-over gefunden, sind aber zu keiner Einigung gekommen, was denn nun genau in der Zelle passiert, um die Fehlsegregation auszulösen.

 Jede Schwangerschaft ist ein genetisch unabhängiges Ereignis. Obwohl das Alter der Mutter ein Risikofaktor für das Down-Syndrom ist, bedeutet ein Kind mit Trisomie 21 nicht notwendigerweise, dass für die folgenden Schwangerschaften ein höheres Risiko besteht (es sei denn, das Syndrom ist die Folge einer Translokation, worüber im folgenden Abschnitt gesprochen wird).

Einige Umweltfaktoren werden mit dem Down-Syndrom in Verbindung gebracht, die das Risiko bei Frauen unter 30 steigern können. Wissenschaftler vermuten, dass Frauen, die rauchen und gleichzeitig die Antibabypille nehmen, ein gesteigertes Risiko durch eine verringerte Durchblutung der Eierstöcke haben. Wenn Eizellen nicht mit ausreichend Sauerstoff versorgt werden, ist eine normale Entwicklung unwahrscheinlicher und eine Fehlsegregation wahrscheinlicher.

Translokations-Down-Syndrom

Eine zweite Form des Down-Syndroms, das *Translokations-Down-Syndrom*, ist unabhängig vom Alter der Mutter. Etwa 3 bis 4 Prozent der auftretenden Down-Syndrom-Fälle kommen so zustande und sind das Ergebnis einer Fusion des Chromosoms 21 mit einem anderen Autosom (meistens dem Chromosom 14). Diese Fusion ist üblicherweise das Ergebnis einer *Translokation*, wenn also nichthomologe Chromosomen Teile miteinander austauschen. In diesem Fall betrifft es den langen Arm des Chromosoms 21 und den kurzen Arm von Chromosom 14. Diese Art der Translokation nennt man auch *Robertson-Translokation*. Die restlichen Teile der beiden Chromosomen 14 und 21 verbinden sich ebenfalls, gehen aber gewöhnlich im Laufe der Zellteilung verloren und werden nicht weitervererbt. Findet eine Robertson-Translokation statt, können in den Gameten der betroffenen Personen die in Abbildung 15.4 gezeigten Chromosomenkombinationen auftreten.

Beim Translokations-Down-Syndrom besitzt der Träger der Translokation eine normale Kopie des Chromosoms 21, eine normale Kopie des Chromosoms 14 und ein Translokationschromosom. Die Träger sind selbst nicht vom Down-Syndrom betroffen, da die normalen Chromosomen als Gegenstücke zum fusionierten Chromosom fungieren. Bei der Meiose sind sechs verschiedene Kombinationen möglich (siehe Abbildung 15.4). Einige Gameten enthalten nur das fusionierte Chromosom, andere das fusionierte Chromosom und eines der beiden Chromosomen 14 oder 21. Dann gibt es noch die Möglichkeit, dass die Gameten nur eine Kopie des Chromosoms 14 oder 21 bekommen, und schließlich auch die Möglichkeit, dass sich beide normalen Chromosomen 14 und 21 im Gameten befinden. Enthält die Keimzelle das fusionierte Chromosom und Chromosom 21, leidet das Kind unter dem Down-Syndrom. Dies ist bei ungefähr 10 Prozent der überlebenden Kinder von Trägern der Fall. Träger haben ein größeres Risiko für Fehlgeburten aufgrund von Monosomien (21 oder 14) oder Trisomie 14.

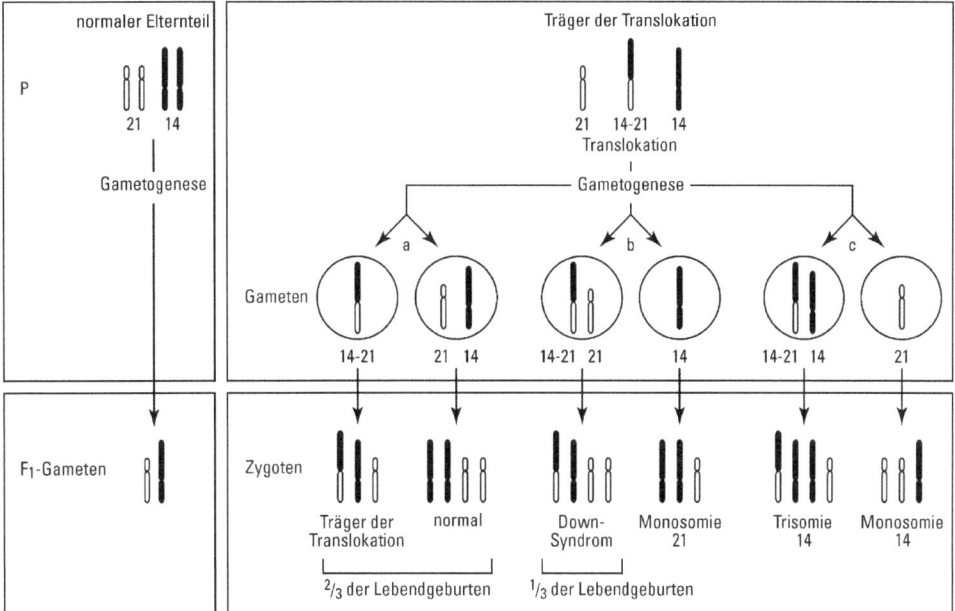

Abbildung 15.4: Eine Translokation kann ebenfalls Ursache für das Down-Syndrom sein.

Andere Trisomien

Die *Trisomie 18*, auch *Edwards-Syndrom* genannt, entsteht ebenfalls durch eine Fehlsegregation. Das Edwards-Syndrom tritt bei ungefähr einer von 6.000 Geburten auf und ist damit die zweithäufigste Trisomie beim Menschen. Die Krankheit ist durch viele Geburtsfehler wie Herzdefekte oder Hirnanomalien gekennzeichnet. Andere Symptome sind ein relativ kleiner Unterkiefer im Verhältnis zum Gesicht, verkrampfte Finger, steife Muskeln und missgebildete Füße. Die meisten Kinder erleben ihren ersten Geburtstag nicht. Wie bei Trisomie 21 steigt das Risiko für ein Kind mit Trisomie 18 bei Frauen, die mit über 35 Jahren schwanger werden, rapide an.

Die dritthäufigste Trisomie beim Menschen ist die *Trisomie 13*, auch *Pätau-Syndrom* genannt. Dies tritt bei einer von 12.000 Geburten auf. Bei vielen Embryonen mit Trisomie 13 kommt es zu einer Fehlgeburt. Mit dem Pätau-Syndrom geborene Kinder haben nur eine sehr kurze Lebenserwartung – die meisten sterben innerhalb der ersten sechs Lebensmonate. Einige wenige überleben jedoch bis zu einem Alter von zwei oder drei Jahren. Aufzeichnungen besagen, dass zwei Kinder mit Pätau-Syndrom die Kindheit erlebten (eines starb mit elf Jahren, das andere mit neunzehn). Kinder mit Trisomie 13 haben extrem schwere Hirnschäden verbunden mit missgebildeten Gesichtszügen. Die Augen fehlen, sind sehr klein oder haben andere Defekte, sehr oft werden auch Lippen- und Gaumenspalten, Herzdefekte und *Polydaktylie* (zusätzliche Finger und Zehen) beobachtet.

Eine weitere Trisomie, die *Trisomie 8* oder auch *Warkany-Syndrom 2*, tritt sehr selten auf (bei einer von 25.000 bis 50.000 Geburten). Kinder mit Trisomie 8 haben eine normale Lebenserwartung, leiden aber oft unter geistiger Zurückgebliebenheit und physischen Behinderungen wie zusammengewachsenen Fingern oder Zehen.

Weitere Dinge, die bei Chromosomen schieflaufen können

Zusätzlich zu Monosomien und Trisomien gibt es viele andere Chromosomenanomalien, die beim Menschen vorkommen können. Ganze Chromosomensätze können hinzugefügt, Chromosomen zerstört oder neu gruppiert werden. Dieser Abschnitt behandelt einige dieser Chromosomenanomalien.

Polyploidie

Die *Polyploidie*, also das Vorhandensein von mehr als zwei Chromosomensätzen, ist bei Menschen extrem selten. Bisher wurden Fälle von *Triploidie* (drei komplette Chromosomensätze) und *Tetraploidie* (vier komplette Chromosomensätze) berichtet. Die meisten polyploiden Schwangerschaften enden mit einer Fehl- oder Totgeburt. Alle lebend geborenen Kinder mit Triploidie haben schwere, nicht behandelbare Geburtsfehler und überleben meist nicht länger als wenige Tage.

Mosaikbildung

Die *Mosaikbildung* ist eine Form der Aneuploidie, bei der stellenweise Körperzellen mit unterschiedlichen Chromosomenzahlen vorkommen. Dies lässt sich auf Fehlsegregationen, ähnlich denen in Abbildung 15.1, bei einer oder mehreren Zellteilungen während der frühen Embryonalentwicklung zurückführen. Bei einer solchen Teilung entstehen zwei aneuploide Zellen (meistens tritt bei einer Zelle eine Trisomie auf, also eine zusätzliche Kopie eines Chromosoms, und bei der anderen eine Monosomie, also fehlt das homologe Chromosom). Eine Zelle kann auch ein Chromosom verlieren, was zu einer Monosomie führt, ohne dass daneben eine Trisomie existiert. Alle Zellen, die aus dieser Zellteilung stammen, sind ebenfalls aneuploid. Die Schwere der Auswirkungen der Mosaikbildung hängt vom Zeitpunkt der fehlerhaften Zellteilung ab: Je früher der Fehler passiert, desto mehr Zellen des Individuums sind betroffen.

Die meisten Mosaikbildungen haben tödliche Folgen, es sei denn, die Mosaikbildung betrifft Zellen der Plazenta (die Plazenta besteht zum Teil aus mütterlichen und zum Teil aus embryonalen Zellen). Viele Embryonen mit Mosaikbildung in der Plazenta entwickeln sich normal und leiden nicht unter nachteiligen Auswirkungen. Am häufigsten findet man beim Menschen eine Mosaikbildung der Geschlechtschromosomen. X0-XXX oder X0-XXY sind häufige Mosaik-Genotypen. Trisomie 21 kann ebenfalls als Mosaik zusammen mit normalen diploiden Zellen auftreten. Häufig leiden die Betroffenen bei Mosaikbildung unter denselben Auswirkungen wie komplett aneuploide Personen.

Fragiles-X-Syndrom

Viele Chromosomen haben *fragile Stellen*, also Stellen, die Brüche aufweisen, wenn die Zelle bestimmten Medikamenten oder chemischen Stoffen ausgesetzt wird. Beim Menschen sind 80 solcher fragilen Stellen bekannt und verbreitet, andere jedoch entstehen durch seltene Mutationen. Eine solche fragile Stelle, die die häufigste vererbte Form der geistigen Entwicklungsstörung verursacht, gibt es auf dem X-Chromosom.

Das *Fragile-X-Syndrom* ist das Ergebnis einer Mutation des *FMR1*-Gens (für »fragile X mental retardation 1«). Wie viele X-gekoppelte Mutationen ist das Fragile-X-Syndrom rezessiv. Frauen sind daher üblicherweise Trägerinnen der Krankheit und Männer von der Krankheit meistens betroffen. Männer mit Fragilem-X-Syndrom leiden unter geistigen Störungen, die von milden Formen wie Verhaltensauffälligkeiten oder Lernstörungen bis hin zu schweren geistigen Behinderungen und Autismus reichen können. Jungen und Männer mit Fragilem-X-Syndrom haben oft abstehende Ohren und lange Gesichter mit einer großen Kinnlade.

Beim Fragilen-X-Syndrom zeigt sich oft eine *genetische Antizipation* – das heißt, die Krankheit wird von Generation zu Generation schwerwiegender. Im *FMR1*-Gen befinden sich drei Basen, die immer wieder wiederholt werden (mehr zum Aufbau der DNA in Kapitel 6). Bei der DNA-Replikation (wenn sie also kopiert wird; mehr Details dazu in Kapitel 7) können sehr leicht irrtümlich zusätzliche Wiederholungen zu diesem Gen hinzugefügt werden, sodass die wiederholte Sequenz länger wird. Bei Personen mit Fragilem-X-Syndrom wird diese Sequenz mehrere Hundert Male wiederholt (im normalen Zustand sind es zwischen 5 und 40 Wiederholungen). Je länger das Gen wird, desto schwerwiegender sind die Auswirkungen der Mutation und desto mehr leidet die betroffene Person unter der Krankheit. Mehr zur Antizipation finden Sie in Kapitel 4.

Strukturelle Chromosomenaberration

Große Änderungen bei den Chromosomen werden als *strukturelle Chromosomenaberrationen* oder auch *Chromosomenmutationen* bezeichnet. Vier verschiedene Arten dieser Chromosomenmutationen sind möglich (siehe Abbildung 15.5):

- ✔ **Duplikation:** Größere Abschnitte des Chromosoms werden mehr als einmal kopiert, wodurch das Chromosom erheblich länger wird.

- ✔ **Inversion:** Ein Teil des Chromosoms wird herausgeschnitten und verkehrt herum wieder eingefügt. Dies führt zu einer umgekehrten Reihenfolge der Gene.

- ✔ **Deletion:** Große Abschnitte der Chromosomen gehen verloren.

- ✔ **Translokation:** Teile zwischen nichthomologen Chromosomen werden vertauscht.

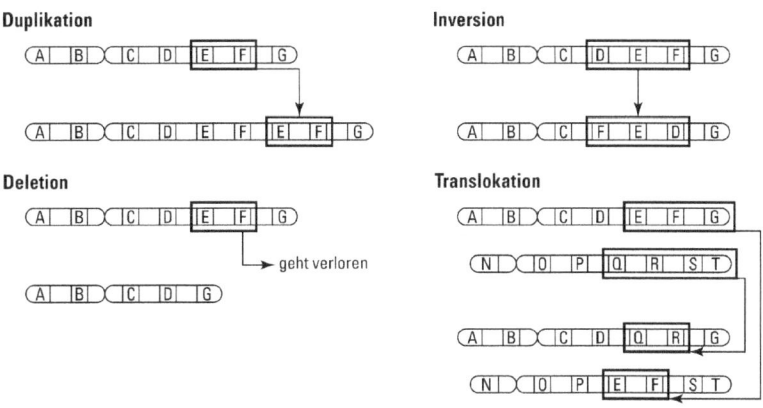

Abbildung 15.5: Die vier Arten der Chromosomenmutationen

Sämtliche strukturellen Chromosomenaberrationen sind Mutationen. Meistens sind Mutationen jedoch kleine Änderungen innerhalb der DNA (die oft große Auswirkungen haben können). So »kleine« Mutationen können nicht durch Färben der Chromosomen und Untersuchen des Karyogramms erkannt werden (lesen Sie hierzu den Abschnitt »Was Chromosomen uns verraten« weiter vorn in diesem Kapitel). Bei den Chromosomenmutationen ist das jedoch anders, da hier Änderungen in der DNA im großen Maßstab auftreten, die im Karyogramm sichtbar gemacht werden können (mehr zu Karyogrammen und Karyotypen ebenfalls im Abschnitt »Was Chromosomen uns verraten«). Beim Menschen wirken sich Deletionen und Duplikationen oft als geistige oder körperliche Behinderungen aus.

Duplikationen

Duplikationen (in diesem Fall sind es große, unerwünschte Kopien ganzer Chromosomenteile) entstehen oft beim ungleichen Crossing-over (siehe dazu auch den Abschnitt »Deletionen« weiter hinten in diesem Kapitel). Die meisten Störungen, die durch Duplikationen auftreten, sind partielle Trisomien, weil große Abschnitte von Chromosomen dreifach vorliegen.

Die Duplikation eines Teils des Chromosoms 15 führt zu einer Form des *Autismus*. Autistische Menschen haben typischerweise eine Sprachbehinderung. Sie zeigen meist Schwächen in der sozialen Interaktion mit anderen Menschen und legen oft ritualisierte, sich wiederholende Verhaltensabläufe an den Tag. Dabei kann auch eine geistige Behinderung auftreten, meist sind autistische Menschen jedoch normal bis hochintelligent. Autistische Personen sind oft schwer einzuschätzen, da ihre Fähigkeit zur Kommunikation stark beeinträchtigt ist. Mit Autismus werden aber auch andere Chromosomenmutationen inklusive großer Deletionen und Translokationen in Verbindung gebracht. Bestimmte Mutationen auf dem X-Chromosom könnten die Ursache dafür sein, dass viermal mehr Männer als Frauen vom Autismus betroffen sind.

Inversionen

Tritt ein Bruch in einem Chromosom auf, können die Stränge manchmal wieder durch DNA-Reparaturmechanismen (siehe Kapitel 13) repariert werden. Treten aber zwei Brüche auf, kann ein Teil des Chromosoms verkehrt herum wieder eingefügt werden, bevor die Stränge repariert werden. Ist ein großer Teil des Chromosoms umgedreht und damit die Reihenfolge der Gene geändert, spricht man von einer *Inversion*. Betrifft eine Inversion das Zentromer, bezeichnet man sie als *perizentrisch*, liegt sie außerhalb des Zentromers, ist sie *parazentrisch*.

Die *Bluterkrankheit Typ A* kann in einigen Fällen aufgrund einer Inversion im X-Chromosom auftreten. An der Bluterkrankheit erkrankte Patienten haben eine verminderte Blutgerinnung. Sie bekommen leicht Blutergüsse und bluten auch aus sehr kleinen Wunden sehr stark. Kleinste Verletzungen können so schon zu einem starken Blutverlust führen. Wie die meisten X-gekoppelten Störungen ist auch die Bluterkrankheit bei Männern häufiger als bei Frauen. Bei Letzteren müssten nämlich zwei X-Chromosomen von der Inversion betroffen sein, damit beide Gene funktionsuntüchtig werden.

Deletionen

Eine *Deletion*, also der Verlust eines großen Abschnitts eines Chromosoms, kann auf zwei Arten erfolgen:

✔ Das Chromosom zerbricht während der Interphase des Zellzyklus (der Zellzyklus wird in Kapitel 2 beschrieben) und das abgebrochene Stück geht bei der Zellteilung verloren.

✔ Teile von Chromosomen gehen aufgrund eines ungleichen Crossing-overs während der Meiose verloren.

Normalerweise richten sich die Chromosomen zu Beginn der Meiose exakt nebeneinander aus und die Enden stehen nicht über. Richten sich die Chromosomen nicht richtig aus, kann das Crossing-over eine Deletion in einem und eine Insertion im anderen Chromosom auslösen (siehe Abbildung 15.6). Ein ungleiches Crossing-over kann leichter dort stattfinden, wo sich viele repetitive Sequenzen in der DNA befinden (mehr zu DNA-Sequenzen finden Sie in Kapitel 8).

Das *Cri-du-chat-Syndrom* (das *Katzenschrei-Syndrom*) wird durch eine Deletion eines Abschnitts auf dem kurzen Arm von Chromosom 5 verursacht (die Verluste von Chromosom 5 variieren stark und können bis zu 60 Prozent des Arms betreffen). »Cri du chat« ist Französisch und bedeutet »Katzenschrei«, bezogen auf die typischen katzenähnlichen Schreie, die betroffene Kinder ausstoßen und die auf eine Kehlkopfdeformation zurückgeführt werden. Das Katzenschrei-Syndrom verhält sich autosomal-dominant, betroffene Personen sind fast immer heterozygot für diese Mutation. Kinder mit Katzenschrei-Syndrom haben ungewöhnlich kleine Köpfe, runde Gesichter, weit auseinanderliegende Augen und geistige Behinderungen. Das Katzenschrei-Syndrom ist die häufigste Chromosomenmutation in Form einer Deletion und tritt bei einer von 50.000 Geburten auf. Die Lebenserwartung ist beeinträchtigt, nur 12 Prozent der Kinder erreichen die Pubertät, ein Erreichen des Erwachsenenalters ist jedoch möglich. Da es sich bei der Mehrheit dieser Deletionen um neue Mutationen handelt, liegt das Katzenschrei-Syndrom nicht in der Familie der Betroffenen.

 Weitere Informationen zum Katzenschrei-Syndrom finden Sie im Web beim Förderverein für Kinder mit Cri-du-chat-Syndrom e.V. unter www.5p-syndrom.de/.

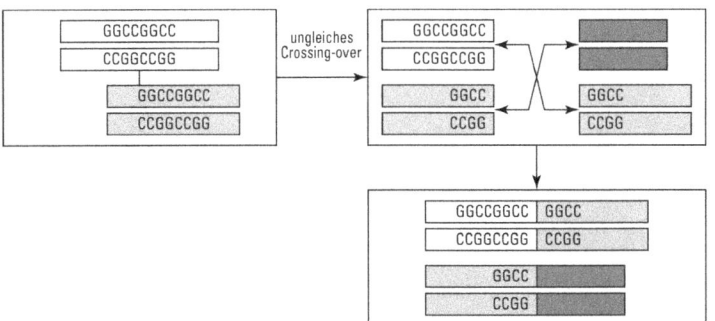

Abbildung 15.6: Ungleiches Crossing-over kann zur Deletion großer Chromosomenabschnitte führen.

Eine Deletion eines Teils des langen Arms von Chromosom 15 ist die Ursache des *Prader-Willi-Syndroms*. Die Deletion findet dabei meistens bei den Chromosomen des Vaters statt, und es gibt Anzeichen dafür, dass eine Neigung zur Weitergabe der Deletion erblich ist. Frauen, die eine Schwangerschaft mit einem vom Prader-Willi-Syndrom betroffenen Kind austragen, bemerken, dass die Babys erst spät mit Bewegungen in der Gebärmutter beginnen und sich auch seltener als normale Babys bewegen. Die betroffenen Kinder sind weniger aktiv und haben eine schwächere Muskelspannung, was oft Atemprobleme verursacht. Essen bereitet Probleme und sie wachsen häufig sehr langsam. In ihrer Entwicklung ergibt sich außerdem eine geistige Behinderung, wenn auch nicht sehr schwerwiegend. Die Ernährungsprobleme in der frühen Kindheit führen im späteren Alter oft zur Fettleibigkeit, wobei Menschen mit dem Prader-Willi-Syndrom fast immer eine ungewöhnlich kleine Körpergröße haben. Wie das Katzenschrei-Syndrom ist das Prader-Willi-Syndrom oft das Ergebnis einer spontanen Mutation (mehr über genetische Störungen lesen Sie in Kapitel 12).

Translokationen

Eine *Translokation* ist der Austausch großer Abschnitte zwischen zwei nicht homologen Chromosomen. Dabei gibt es drei Arten von Translokationen:

- ✔ **Reziproke Translokation:** Hier werden gleiche (ausbalancierte) Anteile ausgetauscht, wobei jedes Chromosom einen Teil des anderen erhält. Dies ist die häufigste Form der Translokation.

- ✔ **Nichtreziproke Translokation:** Hier werden ungleichmäßige Stücke ausgetauscht. Ein Chromosom gewinnt einen Abschnitt hinzu, das andere nicht, was zu einer Deletion führt.

- ✔ **Robertson-Translokation:** Bei Robertson-Translokationen kommt es zu einem Austausch zwischen zwei acrozentrischen Chromosomen (Chromosomen, bei denen das Zentromer in der Nähe des einen Chromosomenendes liegt), sodass die langen Arme der beiden Chromosomen miteinander verbunden werden. Zu den acrozentrischen Chromosomen zählen die Chromosomen 13, 14, 15, 21 und 22. Robertson-Translokationen kommen bei ungefähr einen von 1.000 Neugeborenen vor.

Wie bei Inversionen kann eine Translokation dadurch entstehen, dass aufgebrochene Stränge falsch zusammengesetzt werden, bevor die eigentliche DNA-Reparatur stattfindet. Sind zwei Chromosomen zerbrochen, können sie Stücke austauschen (reziproke oder balancierte Translokation), hinzugewinnen (nichtreziproke Translokation) oder verlieren (Deletion). Finden die Brüche innerhalb eines oder mehrerer Gene statt, verlieren diese ihre Funktion.

Bei den Chromosomen 11 und 22 entstehen oft balancierte Translokationen, die Geburtsfehler (zum Beispiel Gaumenspalten, Herzdefekte und geistige Behinderungen) und eine erbliche Form des Brustkrebses verursachen können. Chromosom 11 neigt zu Brüchen, vor allem in bestimmten Regionen mit vielen repetitiven Sequenzen (wo vor allem die Basen A und T viele Male wiederholt werden). Repetitive Sequenzen wie diese werden als »Junk-DNA« bezeichnet (siehe Kapitel 8). Da die Chromosomen 11 und 22 ähnliche solcher Sequenzen enthalten, verursachen diese Wiederholungen fälschlicherweise ein Crossing-over, was zu reziproken Translokationen führt.

In vielen Fällen finden die Translokationen spontan bei einem Elternteil statt, der dann die veränderten Chromosomen an seinen Nachkommen weitergibt, der aus dem mutierten Gameten hervorgeht, was zu partiellen Trisomien und Deletionen führt. In solchen Fällen ist der Träger von der Störung meist nicht betroffen (siehe auch den Abschnitt »Translokations-Down-Syndrom« weiter vorn in diesem Kapitel).

Wie Chromosomen untersucht werden

Es gibt eine ganze Reihe von Methoden, mit denen Wissenschaftler Chromosomen untersuchen können. Die jeweils angewandte Methode hängt davon ab, welche Frage sie beantworten wollen. Wollen sie sich die Gesamtzahl der Chromosomen anschauen? Suchen sie nach weitreichenden Umstrukturierungen der Chromosomen? Wollen sie wissen, ob eine Person eine sehr kleine Veränderung in ihrer Chromosomenstruktur hat? Wissen sie schon, wonach sie suchen, und schauen dabei auf ein bestimmtes Chromosom, oder wollen sie sich das gesamte Genom anschauen? Die Antworten auf diese Fragen können darüber bestimmen, welche Art von Test durchgeführt wird. Und es kann auch sein, dass eine Kombination verschiedener Methoden nötig ist, um alle vorhandenen Chromosomenveränderungen zu finden, die die Ursache für eine genetisch bedingte Störung sein könnten.

Groß genug für eine sofortige Entdeckung

Die Karyotypisierung ist die ideale Methode, um *zahlenmäßige* Chromosomenprobleme (Aneuploidie oder Polyploidie) zu entdecken – sie ermöglicht es den Wissenschaftlern zu ermitteln, ob zu viele oder zu wenige Chromosomen vorhanden sind. Da außerdem jedes Chromosom seine eigene charakteristische Größe und Form sowie nach der Färbung ein einzigartiges Bandenmuster hat, können sie genau bestimmen, welches Chromosom zu viel ist oder welches fehlt. Wegen dieser charakteristischen Eigenschaften können Wissenschaftler die Karyotypisierung auch nutzen, um solche Chromosomenveränderungen zu finden und genau zu bestimmen, die große DNA-Abschnitte umfassen, wie große Deletionen, Duplikationen, Inversionen und Translokationen. Leider ist die Karyotypisierung ungeeignet, um kleinere Änderungen in der Chromosomenstruktur zu entdecken, wie Deletionen von nur ein paar Tausend Basenpaaren. Mit einer so kleinen Deletion würde das betroffene Chromosom unter dem Mikroskop nicht anders aussehen als sein normales Homolog.

Zu klein für das bloße Auge

Um kleine Veränderungen in der Chromosomenstruktur zu identifizieren, müssen andere Techniken zur Anwendung kommen. Eine dieser Methoden ist die *Fluoreszenz-in-situ-Hybridisierung* (*FISH*). FISH ist eine ziemlich spezifische Testmethode. Dabei kommt eine DNA-Sonde zum Einsatz (ein kleines DNA-Fragment, dessen Sequenz bekannt ist), das mit einem Fluoreszenzfarbstoff markiert ist. Im einzelsträngigen Zustand (die Stränge können durch Temperaturerhöhung getrennt werden) kann die Sonde an ihre komplementäre Sequenz im entsprechenden Chromosom binden.

Um festzustellen, ob eine bestimmte Region oder ein bestimmtes Gen in den Chromosomen einer Person vorhanden ist, wird die Sonde so hergestellt, dass sie aus einer DNA-Sequenz passend zu dieser Region oder diesem Gen besteht. Nach Hinzufügen des Fluoreszenzmarkers kann die Sonde mit den Chromosomen der Person, die auf einem Objektträger vorliegen, hybridisiert (daran gebunden) und unter dem Mikroskop untersucht werden. Die Anzahl der Signale von den Fluoreszenzmarkern kann dann gezählt werden, um zu sehen, ob das Gen oder die Region in zu vielen oder zu wenigen Kopien vorhanden ist (also ob eine Duplikation oder eine Deletion vorliegt). Die Einschränkung dieser FISH-Analyse ist, dass man schon wissen muss, wonach man sucht, sodass man eine Sonde für die Erkennung der richtigen Sequenz herstellen kann.

Eine neuere Methode, die entwickelt wurde, um Missverhältnisse in der Chromosomenzahl zu ermitteln, ist die Microarray-Analyse, auch Array-basierte vergleichende Genomanalyse (englisch »array comparative genomic hybridization« (aCGH)) genannt. Der Vorteil der Microarray-Analyse ist, dass viele verschiedene Chromosomenregionen oder Gene gleichzeitig getestet werden können, sodass man nicht genau wissen muss, wonach man sucht. Der Test ist darauf ausgerichtet, Ungleichgewichte in der DNA einer Person zu ermitteln, also eine Sequenz, die in zu vielen oder zu wenigen Kopien vorhanden ist.

Wie in Abbildung 15.7 zu sehen ist, wird ein *DNA-Chip* für die Durchführung der Microarray-Analyse genutzt. Ein DNA-Chip ist im Grunde ein Objektträger, auf dem Tausende kurzer DNA-Sonden in einer definierten Anordnung befestigt wurden, sodass genau bekannt ist, wo sich jede bestimmte Sequenz auf dem Chip (oder in dem Array) befindet. Zwei verschiedene DNA-Proben werden dann mit den Sonden auf dem Chip hybridisiert: die Probe eines Patienten und eine Referenzprobe, von der bekannt ist, dass sie keine Chromosomenungleichgewichte (keine Deletionen oder Duplikationen) enthält. Eine dieser Proben ist mit einem roten und die andere mit einem grünen Fluoreszenzfarbstoff markiert.

Nach der Zugabe der DNA-Proben zum Array, wenn die DNA-Fragmente in den Proben an die DNA-Sonden auf dem Chip gebunden haben, wird der Array mithilfe eines Fluoreszenzdetektors ausgemessen und die Signale per Computer analysiert. Überall, wo kein Ungleichgewicht vorliegt, wo also die Patientenprobe und die Referenzprobe gleich viele Kopien ihrer DNA-Sequenzen aufweisen, ergibt sich ein gelbes Signal durch die gleichmäßige Überlagerung der roten und grünen Signale von den Fluoreszenzfarbstoffen. Diese Sequenzen liegen in der richtigen Anzahl vor.

Wenn ein Ungleichgewicht vorliegt (zum Beispiel eine Deletion oder eine Duplikation), wird das Signal entweder rot oder grün sein, je nachdem, welche Probe mehr Kopien dieser Sequenz aufweist. Die Sonden, die in der Microarray-Analyse eingesetzt werden, können aus allen Teilen des Genoms stammen. Deshalb kann diese Art von Analyse genutzt werden, um Deletionen oder Duplikationen überall im Genom nachzuweisen, und das gleichzeitig, in einem Test. Diese Testmethode ist außerdem ideal für den Nachweis von sehr kleinen Ungleichgewichten, die durch die Karyotypisierung nie entdeckt worden wären.

Nichtinvasives vorgeburtliches Testen auf Aneuploidie

Eine relativ neue Art der Chromosomenuntersuchung, die inzwischen zur Verfügung steht, wird als *nichtinvasives vorgeburtliches Testen* (*NIPT*, für englisch *non-invasive*

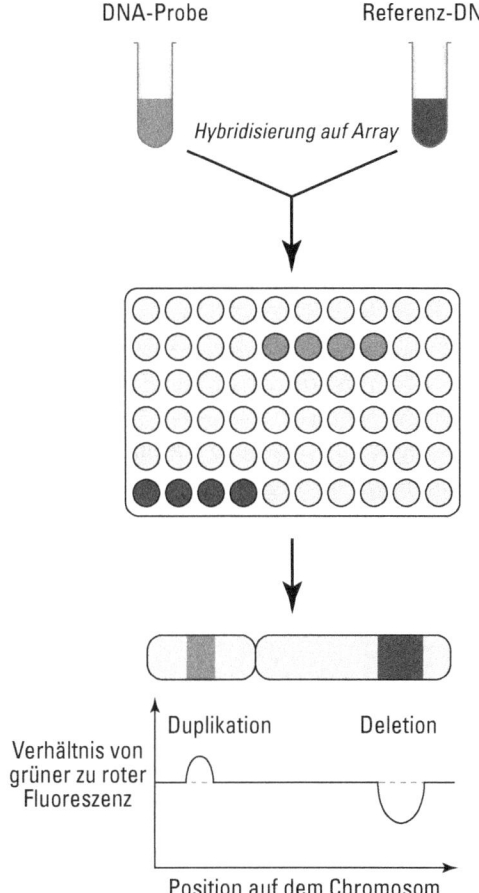

Abbildung 15.7: Microarray-Analyse zum Nachweis von Chromosomenungleichgewichten

prenatal testing) oder manchmal auch als nichtinvasive Pränataldiagnostik bezeichnet. Im Unterschied zu den oben genannten Tests wird NIPT nur während einer Schwangerschaft durchgeführt, um beim Baby etwaige Risiken für Probleme mit den Chromosomen zu ermitteln. Trotz des alternativen Namens wird dieser Screening-Test *nicht* als *diagnostisch* eingestuft. Das heißt, er liefert die Wahrscheinlichkeit, mit der ein Problem bei den Chromosomen vorliegen könnte, aber er kann nicht mit Sicherheit sagen, ob das Baby eine Chromosomenanomalie hat. Chromosomentests nach einer Amniozentese (Fruchtwasseruntersuchung) oder einer Chorionzottenbiopsie (in Kapitel 12 besprochen) oder nach der Geburt sind notwendig, um eine bestimmte Krankheit (oder eine Prädisposition dafür) diagnostisch festzustellen.

NIPT basiert auf der Tatsache, dass während der Schwangerschaft DNA-Fragmente aus der Plazenta (dem fötalen Anteil) im Blutstrom der Mutter gefunden werden können (zusammen mit Fragmenten ihrer eigenen DNA). Diese DNA befindet sich außerhalb von Zellen und wird deshalb *zellfreie DNA* (cfDNA) genannt. Die DNA aus der Plazenta sollte der des sich entwickelnden Babys entsprechen, da beide aus demselben befruchteten Ei stammen. NIPT ist ein Screening-Test, der die im Blutstrom der Mutter gefundene cfDNA analysiert.

Der Test kann während der Schwangerschaft durchgeführt werden, um die Wahrscheinlichkeit zu ermitteln, mit der beim Baby eine Veränderung in der Chromosomenzahl (eine Aneuploidie) vorliegt. Der Test wird als nichtinvasiv eingestuft, weil dafür nur eine Blutprobe von der Mutter nötig ist, sodass kein erhöhtes Risiko für eine Fehlgeburt entsteht (wie es bei den invasiven Methoden der Fruchtwasseruntersuchung und der Chorionzottenbiopsie vorkommen kann; siehe Kapitel 12).

Für die Durchführung des Tests wird von der Mutter nach der neunten oder zehnten Schwangerschaftswoche eine Blutprobe genommen. Anhand dieser Probe wird eine DNA-Sequenzierung mit Hochdurchsatz-NGS-Methoden durchgeführt (NGS: Next Generation Sequencing), mit denen Millionen von DNA-Fragmenten gleichzeitig sequenziert werden können. Die Kopienzahl von Sequenzen von jedem Chromosom wird dann ermittelt. Jedes Chromosom, das so zu oft oder zu selten repräsentiert wird, kann darauf hindeuten, dass bei dem Baby eine höhere Wahrscheinlichkeit vorliegt, dass es ein Chromosom zu viel hat oder ihm eines fehlt. In manchen Fällen kann dieser Test auch auf eine höhere Wahrscheinlichkeit für eine Duplikation oder Deletion in einem Chromosom hinweisen (ein kleiner Abschnitt, der entweder zu viel vorhanden ist oder fehlt).

IN DIESEM KAPITEL

Verabreichung gesunder Gene, um Krankheiten zu behandeln oder zu heilen

Auffinden geeigneter Gene für die Gentherapie

Fortschrittsprotokoll der Gentherapie

Einsatz der personalisierten Medizin

Kapitel 16
Behandlung von Gendefekten mit Gentherapie

Der Abschluss des Humangenomprojekts im Jahr 2004 (siehe Kapitel 8) und die Sequenzierung von zahlreichen Genomen haben die Auffassungen zum Thema Genetik revolutioniert. Gleichzeitig eröffneten die Genetiker ein Wettrennen um die Entwicklung von Medikamenten, die Erbkrankheiten behandeln oder heilen sollen. Die *Gentherapie*, mit der genetisch bedingte Erkrankungen direkt an der Wurzel bekämpft werden sollen, wird oft als die Wunderwaffe gegen Erbkrankheiten (siehe Kapitel 13) und Krebs (siehe Kapitel 14) angepriesen. Mithilfe der Gentherapie könnte sich ein Weg auftun, die Gene von Pathogenen wie Viren zu blockieren und so verlässliche Behandlungsmethoden für bislang nicht behandelbare Krankheiten zu entwickeln.

Leider steht der Erfüllung dieser großartigen Versprechungen eine Fülle von Hindernissen im Weg: Wie kann man beispielsweise eine derartige Therapie beim Patienten anwenden, ohne gravierendere Probleme zu verursachen als die, die man eigentlich beheben will? Zudem stellte sich heraus, dass die Genetik von Krankheiten viel komplizierter ist, als anfänglich vermutet. In diesem Kapitel gehe ich auf die Fortschritte und auf die Gefahren der Gentherapie ein. Außerdem erläutere ich die Präzisionsmedizin (oder personalisierte Medizin) und wie sie für das Management verschiedenster Krankheiten eingesetzt wird.

Linderung von Erbkrankheiten

Blättern Sie doch einmal den dritten Teil dieses Buches durch – Sie werden sehen, dass Ihre Gesundheit und die Genetik untrennbar miteinander verknüpft sind. Nicht nur erbliche Mutationen, die von Generation zu Generation weitergegeben werden, können Krankheiten verursachen. Auch Mutationen, die Sie im Laufe Ihres Lebens bekommen, können ungewollte Folgen wie Krebs haben. Und neben Ihren eigenen Genen, die Komplikationen verursachen können, tragen auch Gene von Bakterien, Parasiten und Viren ihren Teil dazu bei, Krankheiten und Leiden weltweit zu verbreiten.

Wäre es dann nicht toll, wenn man diese lästigen schlechten Gene einfach abschalten könnte? Denken Sie mal darüber nach: Durch eine Mutation verliert ein Tumorsuppressorgen seine Wirkung und Sie bekommen eine Spritze, die dieses Gen wieder einschaltet. Sie haben Ärger mit einem Virus? Nehmen Sie doch eine Pille, die die Funktion der Virusgene blockiert.

Für einige Genetiker ist die Verwirklichung dieser genetischen Lösungen von Gesundheitsproblemen nur noch eine Frage der Zeit. Deswegen konzentrieren sich die Arbeiten an der Gentherapie auf drei Felder:

- ✔ Verabreichung von Genen, um verlorene oder fehlende Funktionen wieder einzuschalten
- ✔ Blockierung der Produktion unerwünschter Genprodukte
- ✔ Einführung eines ganz neuen Gens, das ein nützliches Protein herstellt, um eine bestimmte Krankheit zu behandeln

Ein Gen zur richtigen Zeit am richtigen Ort

Der erste Schritt zu einer erfolgreichen Gentherapie ist, das Gen an Ort und Stelle zu bringen, wo es die neue Funktion ausführen oder ein schädliches Gen ausschalten kann. Solche Lieferanten werden in der Gentherapie *Vektoren* genannt. Aber was macht einen perfekten Vektor aus?

- ✔ Er muss so unauffällig sein, dass das Immunsystem des Empfängers den Vektor nicht abstößt oder bekämpft.
- ✔ Er muss leicht in großen Mengen herzustellen sein. Eine Behandlung könnte über zehn Milliarden Kopien des Vektors erfordern, da mindestens eine Kopie in jeder Zelle des betroffenen Organs benötigt wird.
- ✔ Er muss auf ein bestimmtes Gewebe abzielen. Die Genexpression ist gewebespezifisch (siehe Kapitel 11), also muss auch der Vektor gewebespezifisch sein.
- ✔ Er muss in der Lage sein, seine genetische Ladung in jeder Zelle des Zielorgans so abzuliefern, dass später durch Mitose neu entstandene Zellen auch das Produkt der Gentherapie erhalten.

 Zurzeit werden Viren als Vektor bevorzugt. Die meisten Gentherapien zielen darauf ab, ein Gen in das Genom des Patienten einzufügen – und diese Einschleusung von Genen in ein Wirtsgenom ist genau das, was Viren normalerweise tun.

Wenn sich ein Virus an eine ungeschützte Zelle heftet, »kapert« es quasi alle Zellaktivitäten mit dem alleinigen Ziel, neue Viren herzustellen. Viren müssen sich auf diese Art reproduzieren, da sie sich nicht selbstständig bewegen und reproduzieren können. Die Strategie, die ein Virus dabei verfolgt, ist, seine DNA in das Wirtsgenom einzufügen und so zur Expression zu bringen. Das Problem dabei ist: Wenn ein natürliches Virus seine Aufgabe gut erledigt, kommt es in der Regel zu einer Infektion, die vom Immunsystem des Patienten bekämpft wird. Der Trick ist also, das Virus für seine Verwendung als Vektor zu zähmen.

Um ein Virus zu einem Vektor umzuwandeln, müssen die meisten seiner Gene zerstört werden. Dazu wird die meiste DNA (oder RNA) des Virus entfernt und es bleiben nur noch wenige Stücke übrig, nämlich diejenigen, die das Virus für die Übertragung seiner DNA in neue Zellen benötigt. Mittels DNA-Manipulationstechniken, wie sie im Abschnitt »Gesunde Gene werden ins Spiel gebracht« weiter hinten in diesem Kapitel beschrieben werden, können Wissenschaftler eine gesunde Gensequenz in ein Virus einfügen, die die beseitigten Teile des Virengenoms ersetzt. Aber man braucht einen Helfer, der die genetische Ladung vom Virus zur Wirtszelle bringt. Das macht dann ein anderes Viruspartikel, das einige der beim Vektor beseitigten Gene enthält. Das zweite Virus, *Helfer* genannt, stellt sicher, dass die DNA des Vektors richtig repliziert wird.

Genetiker, die sich mit der Gentherapie befassen, können bei der Wahl eines Vektors auf verschiedene Viren zurückgreifen. Diese Viren werden in zwei Klassen eingeteilt:

✔ Viren, die ihre DNA direkt in das Wirtsgenom einfügen

✔ Viren, die bis in den Zellkern vorstoßen und sich dort permanent, aber separat vom Wirtsgenom, einnisten (als sogenannte *Episomen*)

In diesen beiden Kategorien gibt es drei Arten von Viren – Onkoretroviren, Lentiviren und Adenoviren – die sich als Kandidaten für die Gentherapie eignen (siehe Tabelle 16.1).

Herkunft des Vektors	Einfügung ins Genom oder Episom	Vorteil(e)	Nachteil(e)
Onkoretroviren	Fügen sich ins Wirtsgenom ein	Geringes Potenzial zur Auslösung einer Immunantwort	Können nur zur Behandlung von Zellen genutzt werden, die sich aktiv teilen; können in manchen Fällen Krebs auslösen
Lentiviren	Fügen sich ins Wirtsgenom ein	Geringes Potenzial zur Auslösung einer Immunantwort; können zur Behandlung von Zellen genutzt werden, die sich nicht teilen	Können sich in ein Gen integrieren und dadurch eine Funktionsverlustmutation auslösen
Adenoviren	Episom	Können zur Behandlung von Zellen genutzt werden, die sich nicht teilen; infizieren nahezu alle behandelten Zellen	Höheres Potenzial zur Auslösung einer Immunantwort; das Episom wird eventuell nicht repliziert und deshalb nicht an alle Tochterzellen weitergegeben

Tabelle 16.1: Häufig benutzte virale Vektoren in der Gentherapie

Viren, die ihre DNA direkt einfügen

Zwei Virusarten, die gerne für die Gentherapie genommen werden, integrieren ihre DNA direkt in das Genom des Wirts. *Onkoretroviren* und *Lentiviren* sind Retroviren, die ihre DNA in das Genom des Wirts integrieren. Die DNA wird dann, sobald sie an Ort und Stelle ist, mit der anderen DNA der Zelle repliziert. Retroviren benutzen anstelle von DNA RNA als Erbinformation und nutzen die *reverse Transkription* (beschrieben in Kapitel 1111), um ihre RNA in DNA umzuwandeln, die danach in das Wirtsgenom eingefügt wird.

Die Onkoretroviren waren die ersten Vektoren, die für die Gentherapie entwickelt wurden. Sie haben ihren Namen von den Onkogenen, die den Zellzyklus permanent auf »ein« schalten – ein erster Schritt in der Entstehung von Krebs. Die meisten auf Onkoretroviren basierenden Vektoren, die in der Gentherapie zum Einsatz kommen, stammen von einem Virus, das Leukämie bei Affen verursacht (*Moloney murine leukemia virus* oder kurz *MLV*). MLV hat sich als effizienter Vektor herausgestellt, ist aber nicht unproblematisch: Seine krebserzeugenden Eigenschaften sind nur sehr schwer unter Kontrolle zu bringen. Onkoretroviren eignen sich als Vektoren nur bei Zellen, die sich rege teilen.

Lentiviren können im Gegensatz dazu bei Zellen eingesetzt werden, die sich nicht teilen. Das bekannteste Lentivirus kennen Sie wahrscheinlich schon: HIV. Vektoren für die Gentherapie wurden direkt aus dem HIV entwickelt. Zwar sind die als Vektor verwendeten Viren so weit ausgeweidet, dass sie nur noch 5 Prozent ihrer ursprünglichen DNA enthalten und harmlos sind, aber Lentiviren haben die Eigenschaft, sich die zerstörten Gene erneut zu beschaffen, wenn sie mit »ungezähmten« HI-Viren zusammentreffen (also mit denen, die Aids verursachen). Lentiviren sind auch deswegen ein wenig unzuverlässig, weil sie ihre Gene mitten in die Gene der Wirtszelle einfügen, was zu Loss-of-function-Mutationen führen kann (diese und andere Mutationen beschreibe ich im Detail in Kapitel 13).

Nichtsdestotrotz werden auf HI-Lentiviren basierende Vektoren auch zur Bekämpfung von Aids eingesetzt. Der Vektor trägt eine genetische Information, die in den Immunzellen des Patienten gespeichert wird. Sobald ein HI-Virus diese Immunzellen attackiert, blockiert die DNA-Sequenz des Vektors die Replikation der angreifenden Viren und schützt den Patienten somit vor einer weiteren Infektion. Bislang scheint diese Methode zu funktionieren und senkt die Anzahl der Viren bei betroffenen Patienten drastisch.

Unentschieden für Adenoviren

Adenoviren sind ideale Vektoren, da sie ihre Gene in Zellen unabhängig vom Status der Zellteilung in die Zelle einbringen können. In der Gentherapie waren Adenoviren sowohl vielversprechend als auch problematisch: Auf der einen Seite können diese Viren sehr gut in die Wirtszellen eindringen, auf der anderen Seite rufen sie eine starke Immunreaktion hervor – das Immunsystem des Patienten erkennt das Virus als Fremdkörper und bekämpft es.

Adenoviren fügen ihre DNA nicht direkt in das Wirtsgenom ein. Stattdessen existieren sie separat in Form von Episomen, also extrachromosomalen DNA-Molekülen, und verursachen daher nicht so leicht Mutationen wie die Lentiviren. Der Nachteil für eine Verwendung der Adenoviren als Vektoren ist, dass Episomen bei der Zellteilung nicht immer repliziert und an die Tochterzellen weitergegeben werden. Nichtsdestotrotz haben Wissenschaftler auf Adenoviren basierende Vektoren mit beachtlichem Erfolg (leider aber auch Misserfolg) eingesetzt (siehe dazu auch den Abschnitt »Fortschritt an der Gentherapie-Front« weiter hinten in diesem Kapitel).

Gesunde Gene werden ins Spiel gebracht

Das richtige Transportsystem zu finden, ist für den Erfolg der Gentherapie unerlässlich. Will man aber Gene in die Zellen bringen, damit sie dort als »Therapeuten« arbeiten, muss man zuerst einmal die richtigen Gene finden. Vor der Sequenzierung des Humangenoms war die Identifizierung des korrekten krankheitsverursachenden Gens eines der größten Hindernisse auf dem Weg zur erfolgreichen Anwendung der Gentherapie. Stellen Sie sich vor, Sie bekommen das Foto eines Mannes in die Hand gedrückt und sollen ihn nun in Berlin finden – kein Name, keine Adresse, keine Telefonnummer. Um diesen Mann ausfindig zu machen, müssten Sie Hinweisen über seine Identität nachgehen – wer seine Freunde sind, wie er seinen Lebensunterhalt verdient und wo er demnach wohnen könnte. Diese Schnitzeljagd entspricht in etwa der gigantischen Aufgabe, ein bestimmtes Gen zu finden.

Ihre DNA besitzt ungefähr 21.000 Gene, die sich hinter ungefähr drei Milliarden Basenpaaren verbergen. Da die meisten Gene, relativ gesehen, ziemlich klein sind (meistens kleiner als 5.000 Basenpaare), scheint es beinahe unmöglich, ein Gen inmitten all des genetischen Materials zu finden. Bis vor Kurzem war die einzige Möglichkeit, nach einem Gen zu suchen, die Beobachtung der Vererbungsmuster (wie in Kapitel 12 dargestellt) und der anschließende Vergleich der Vererbungsmuster für verschiedene Gruppen von Merkmalen. Genetiker nutzten diese Methode, die *Kopplungsanalyse*, in der Vergangenheit zur Erstellung von Genkarten (siehe Kapitel 4). Mit dem Aufkommen der Gensequenzierung (siehe Kapitel 8) hat jedoch die Suche nach Namen und Adressen von Genen eine neue Stufe erreicht.

- ✔ **Ärzte** finden einen Gendefekt durch die Beobachtung des Phänotyps der Mutation. Dies ist quasi das »Foto« des Gens.

- ✔ **Genetische Berater** stellen in Zusammenarbeit mit betroffenen Personen und deren Familien die medizinische Geschichte der Familie zusammen (siehe Kapitel 12). Die Analyse der Stammbäume kann vielleicht noch zusätzliche Merkmale aufdecken, die mit dem Defekt gekoppelt sind.

- ✔ **Zellbiologen** vergleichen die Karyogramme vieler betroffener Menschen und verbinden die Merkmale mit offensichtlichen Chromosomenanomalien. Diese großflächigen Änderungen der Chromosomen bergen oft Hinweise über den Ort des Gens (mehr über die Erstellung von Karyogrammen finden Sie in Kapitel 15).

- ✔ **Populationsgenetiker** analysieren die DNA großer Gruppen erkrankter und gesunder Menschen und engen die Suche auf bestimmte Chromosomen und bestimmte Gene, die die Krankheit verursachen könnten, ein.

- ✔ **Biochemiker** untersuchen die chemischen Prozesse in den betroffenen Organen erkrankter Menschen, um die physiologischen Prozesse der Störung aufzuzeigen. Oft können sie dabei auch genau das fehlerhafte Protein identifizieren.

✓ **Genetiker** können nun, mit dem Protein als Hinweis, den genetischen Code (dargestellt in Kapitel 10) verwenden und aus den Bausteinen des Proteins – den spezifischen Aminosäuren – Rückschlüsse auf die ursprüngliche mRNA-Information ziehen.

Die Identifikation eines Proteins und der Rückschluss auf dessen vermutliche mRNA sind zwar extrem hilfreich, enthüllen aber noch lange nicht die Identität des gesuchten Gens. Das Problem besteht zum Teil darin, dass eine mRNA noch stark bearbeitet wird, bevor sie in Protein übersetzt wird (siehe Kapitel 10). Dazu kommt, dass der genetische Code *redundant* ist, was bedeutet, dass eine bestimmte Aminosäure von mehr als einem Codon codiert werden kann. Das Protein gibt zwar mit der Abfolge der Aminosäuren einen generellen Hinweis darauf, wo sich das Gen befindet, aber dieser ist nicht sehr präzise. Um die richtige »Adresse« im Genom herauszufinden, reicht das oft nicht.

Humangenomprojekt und neue Aufgaben

Können Genetiker die Gene nicht einfach aus den Sequenzen, die durch das Humangenomprojekt (HGP) generiert wurden, herauslesen? Jaja, schon. Teilweise jedenfalls, aber die reine Sequenz der Daten sagt leider gar nichts aus über die Funktion eines Proteins, die Frequenz, mit der eine Sequenz abgelesen wird, oder die Langlebigkeit eines mRNA-Transkripts. Die neuen Aufgaben für die Genetiker heißen: Analysen des *Transkriptoms* – wie viele mRNAs gibt es eigentlich von einem Gen und wie schnell werden sie wieder abgebaut? –, des *Proteoms* – wie viele Proteine werden überhaupt aus den mRNAs in einer Zelle produziert? –, denn mRNAs können ja mehrfach abgelesen werden, und des *Metaboloms* (der Gesamtheit aller Proteine, die zum Stoffwechsel beitragen).

Vor allem der nichtcodierende Teil des Genoms (das *Heterochromatin*) ist sehr schwer zu bearbeiten, da es zum größten Teil aus wiederholten Sequenzen besteht. Es ist extrem schwierig, die ganzen sich wiederholenden Sequenzen in die richtige Reihenfolge zu bringen. Beispielsweise diskutieren Wissenschaftler heute noch die genaue Anzahl der menschlichen Gene (vermutlich sind es um die 21.000, aber die Zahlen ändern sich ständig). Und viele Gene warten noch darauf, entdeckt zu werden. (Mehr über das Humangenomprojekt lesen Sie in Kapitel 8.)

Die weltweite Jagd nach Genen erfordert gigantische Computerdatenbanken, die allen Wissenschaftlern zugänglich sind. So kann jeder Forscher in wissenschaftlichen Journalen nach den neuesten Ergebnissen anderer Wissenschaftler suchen. Ständig vervollständigen Wissenschaftler das Puzzle, indem sie zum Beispiel neu identifizierte Proteine oder auch nur Schnipsel davon den Datenbanken hinzufügen.

Werfen Sie doch mal einen Blick ins genetische Datenlager und besuchen Sie die spezifische Website Online Mendelian Inheritance in Man (https://ncbi.nlm.nih.gov/omim) oder die übergeordnete Website www.ncbi.nlm.nih.gov/, die vom US-amerikanischen Zentrum für Biotechnologieinformation betrieben werden. Von hier aus können Sie nach allen

Informationen über Gene, von der DNA bis zum Protein, suchen, die von den Wissenschaftlern weltweit zusammengetragen wurden.

Rekombinante DNA-Technologie ist die allumfassende Bezeichnung für die Techniken, die Genetiker zur Untersuchung von DNA in ihren Laboren anwenden. *Rekombinant* steht dafür, dass die DNA der untersuchten Organismen früher oft in Bakterien oder Viren gesteckt wurde (das bedeutet, zur reinen Vermehrung mit DNA aus einer anderen Quelle verbunden wurde), um sie weiter untersuchen zu können. Wissenschaftler nutzen rekombinante DNA für eine Vielzahl anderer Anwendungen, zum Beispiel auch beim Gentransfer (siehe Kapitel 19) und beim Klonen (siehe Kapitel 20). Bei der Gentherapie wird rekombinante DNA bei folgenden Vorgängen benutzt:

- ✔ um das Gen oder die Gene, die eine bestimmte Störung verursachen, zu lokalisieren

- ✔ um das Gen aus der umgebenden DNA herauszuschneiden

- ✔ um das Gen in einen Vektor (Transportvehikel) zu stecken, der es dann in die Zellen bringt, wo die Behandlung nötig ist

Unter die Lupe genommen: Die DNA-Bibliothek

Einer der besten Wege, ein bestimmtes Gen zu finden, ist, eine *DNA-Bibliothek* zu erstellen. Das ist genau das, wonach es klingt: eine Bibliothek, die anstelle von Büchern mit jeder Menge DNA-Stücken gefüllt ist. Genetiker können die Bibliothek auf der Suche nach dem Stück DNA durchforsten, das das Gen von Interesse enthält. Eine oft benutzte Version einer DNA-Bibliothek ist die *cDNA-Bibliothek* – eine Sammlung der Gene, die tatsächlich in einem bestimmten Zelltyp aktiv sind (das c steht für »complementary« oder zu Deutsch für »komplementär«, da der Prozess damit beginnt, alle in den Zellen vorhandenen mRNA-Moleküle in komplementäre DNA umzuwandeln).

Die Idee hinter einer cDNA-Bibliothek ist, alle mRNAs in einer Zelle zu sammeln und diese mithilfe des Enzyms *Reverse Transkriptase* in eine DNA umzusetzen (mehr über mRNA erfahren Sie in Kapitel 8). Da die Genexpression gewebespezifisch ist (siehe Kapitel 10), repräsentiert die mRNA einer bestimmten Zelle genau diejenigen Gene, die in dieser Zelle auch tatsächlich aktiv sind. So müssen die Genetiker nicht mehr alle 21.000 Gene durchpflügen, um ein bestimmtes Gen zu finden, sondern können ihre Suche auf die paar Hundert Gene aus dieser Zelle eingrenzen. Und – auch das ist ein eleganter Vorteil – cDNA enthält keine Introns, sondern nur noch die codierenden Sequenzen.

Die mRNA gewinnen und umwandeln

Der erste Schritt bei der Erstellung einer cDNA-Bibliothek ist das Sammeln der mRNA, und am schnellsten kriegt man die mRNA zu fassen, indem man sie am Schwanz packt. Bevor die mRNA den Zellkern zur Translation durch die Ribosomen im Zytoplasma verlässt, wird sie mit einem langen Faden aus Adeninribonukleotiden versehen. Dieser Faden, der

Poly-A-Schwanz, schützt die mRNA vor dem Abbau, bevor sie ihre Aufgabe erfüllt hat. Um an die mRNA einer Zelle heranzukommen, müssen die Genetiker zuerst die Zellen mit bestimmten Chemikalien aufbrechen und dann die herumschwimmenden mRNA-Moleküle mit langen Poly-A-Schwänzen mithilfe von *Poly-T-Nukleotiden* einfangen. Die A (Adenine) der mRNA verbinden sich natürlicherweise mit den T (Thyminen), weil diese beiden Basen komplementär sind.

Durchführung der reversen Transkription

Nachdem die Wissenschaftler die mRNA einer Zelle aufgesammelt haben, wandeln sie die mRNA-Botschaften in DNA zurück, indem sie den Transkriptionsprozess umkehren. Die *reverse Transkription* funktioniert ähnlich wie die DNA-Replikation (siehe Kapitel 7). Der Primer, der zur reversen Transkription benutzt wird, besteht aus circa zehn bis zwanzig Thyminbasen, die komplementär zum Poly-A-Schwanz der mRNA sind. Ein spezielles Enzym, die *Reverse Transkriptase*, die aus einem Virus stammt, verbindet dNTPs mit dem Primer und baut so Stück für Stück eine DNA-Kopie der mRNA auf.

Nachdem eine DNA-Kopie der mRNA-Moleküle gemacht wurde, wird die Reihenfolge der Basen – also der A, C, G und T – am 5'-Ende der DNA-Sequenz (schauen Sie noch mal in Kapitel 6, um zu sehen, wie die Enden der DNA nummeriert werden) durch DNA-Sequenzierung (siehe Kapitel 11) festgestellt. Diese Teilsequenz (ungefähr 500 Basenpaare) wird als *Expressed Sequence Tag (EST)* bezeichnet. Sie wird komplett *exprimiert* (»expressed«), da in der cDNA nur die Exons vorhanden sind. Und *Tags* (englisch für »Anhänger, Markierungen«) sind sie deshalb, weil sie immer nur einen Teil der gesamten Gensequenz enthalten.

Durchsuchung der Bibliothek

Sind die ESTs fertiggestellt (siehe vorherigen Abschnitt), untersuchen die Genjäger jedes einzelne »Buch« in der cDNA-Bibliothek, um das eine bestimmte Gen zu finden, das die Krankheit verursacht. Dieser Vorgang wird *Screening* der Bibliothek genannt. Die Idee dahinter ist, alle ESTs auszubreiten und durchzusortieren, um damit das EST zu finden, das von dem von den Wissenschaftlern gesuchten Gen stammt. Wie schwierig das Durchforsten der Bibliothek ist, ist abhängig davon, wie viel den Wissenschaftlern über das gesuchte Gen bereits bekannt ist. Wenn man zum Beispiel weiß, bei welchem Protein etwas falsch läuft, gibt diese genetische Information den Wissenschaftlern einen entscheidenden Vorsprung bei ihrer Suche. Manchmal betrachten die Wissenschaftler auch die Funktionen ähnlicher Gene bei anderen Organismen und starten dort.

Vor der Erfindung der PCR (Polymerase-Kettenreaktion, siehe Kapitel 18) war die Analyse einer cDNA-Bibliothek ein mühsames Unterfangen. Das Screening der Bibliothek erfordert die Herstellung von Tausenden Kopien oder *Klonen* von jedem EST, die damals zur Vermehrung in Viren oder Bakterien hineingesteckt wurden. Der Klonierungsprozess liefert ordentliche, kleine, identische Haufen, die jeweils aus vielen Tausend Kopien jedes einzelnen EST bestehen. Heute werden die cDNAs in der Regel über eine PCR vermehrt.

Eine Methode, um ESTs zu klonen, ist die *Bakteriophagen-Klonierung*. Bakteriophagen (oder kurz: Phagen) sind kleine, leicht handhabbare Viren, die sich dadurch vermehren, dass sie ihre DNA direkt in Bakterien injizieren.

Um Bakterien zu infizieren, hängen sich die Phagen an die Außenwand des Bakteriums und injizieren ihre DNA in das Zellinnere, wo sich die Phagen-DNA direkt in die DNA des Bakteriums einfügt. Die Virusgene werden von der Bakterienmaschinerie repliziert, transkribiert und sofort translatiert. Schließlich starten die Gene der Phagen eine neue Phase, in der die DNA des Bakteriums zerstört und das Phagengenom freigesetzt wird. Die Phagen-DNA wird in der Bakterienzelle viele Male repliziert. Gleichzeitig werden außerdem neue Phagenhüllen produziert. Danach bricht die Zellwand der Bakterien auf und entlässt viele neue Phagen in die Freiheit, die dann andere Bakterien befallen können.

Und so werden die unkonventionell aussehenden Viren für die Kopierarbeit der ESTs nutzbar gemacht:

1. **Die Genetiker nehmen die ESTs und spleißen sie in die DNA Tausender Bakteriophagen.** Um die ESTs in die (ringförmige) Phagen-DNA zu spleißen, wird diese mit einem *Restriktionsenzym* aufgeschnitten. Die Restriktionsenzyme spalten DNA an bestimmten Stellen auf, die *Palindrome* genannt werden. Palindrome sind solche Stellen in der DNA, die, an den beiden Strängen jeweils von 5' nach 3' gelesen, dieselbe Sequenz besitzen (wie zum Beispiel 5'-GATC-3', dessen Komplement 3'-CTAG-5' ist). Das Restriktionsenzym schneidet immer zwischen denselben Basen, in diesem Beispiel zwischen G und A an beiden Strängen. Zieht man die zerschnittene DNA auseinander, hat man ein langes Stück Phagen-DNA, an dessen Enden jeweils ein Einzelstrang etwas überhängt. Die ESTs werden nun mit Enzymen behandelt, die sogenannte »Sticky Ends« (klebrige Enden) erzeugen – überhängende Enden, die komplementär zu den Enden an der Phagen-DNA sind. Mischt man also die Phagen-DNA und die ESTs, verbinden sich deren Sticky Ends und es entsteht wieder ringförmige DNA, nur dass so ein Ring aus Phagen-DNA jetzt auch das EST enthält.

2. **Die EST-tragenden Phagen werden nun auf ihre bevorzugten Opfer – Bakterien – losgelassen und in eine Petrischale gegossen.**

3. **Nachdem sich die Viren verbreitet und ihre Aufgabe erledigt haben (etwa 24 Stunden nachdem sie mit den Bakterien zusammengebracht wurden), findet man als Ergebnis kleine Löcher in einer sonst gleichmäßig mit Bakterien überwachsenen Petrischale.** Jedes kleine Loch, eine *Plaque*, entspricht einer Infektion der Bakterien durch einen Phagen, der reproduziert wurde und dann in einer Kettenreaktion wiederum weitere Bakterien infizierte, die aufbrachen und starben. Jede Stelle, an der eine Infektion stattfand, enthält nun Tausende Kopien eines EST.

Hat man die Kopien erstellt, besteht die Aufgabe nun darin, aus den Tausenden ESTs dasjenige herauszufinden, das dem gesuchten Gen entspricht. Mit dem fehlgebildeten Protein als Muster können sich die Wissenschaftler vorab ein Bild vom gesuchten EST machen. Nachdem sie anhand des Proteins entschieden haben, welche Sequenz im EST vorkommen könnte, bestellen sie eine spezielle komplementäre DNA-Sequenz, eine sogenannte *Sonde*, die speziell für die gesuchte Sequenz hergestellt wird. (DNA-Sonden werden tatsächlich kommerziell hergestellt. Es handelt sich dabei um synthetisierte DNA-Stücke in spezifischer Abfolge und komplementär zur gesuchten Sequenz.) Die Sonde passt also nur an das infrage kommende EST und ist mit einem Farbstoff markiert, sodass die Wissenschaftler sie leicht finden können, nachdem sie sich mit dem EST verbunden hat. Die ESTs werden so behandelt, dass sie sich in Einzelstränge aufspalten, damit die Sonde daran binden kann. Mit dem Andocken der Sonde entsteht wieder ein Doppelstrang, allerdings nur sofern die Sonde ein passendes EST findet. Mit einer speziellen Apparatur können die Wissenschaftler dann das EST anhand des hell leuchtenden Farbstoffs der Sonde aufspüren.

Die Forscher können ESTs aber auch dazu verwenden, die ungefähre Position eines bestimmten Gens auf einem Chromosom zu suchen. Der Genetiker erstellt ein *Karyogramm* – eine Sammlung aller Chromosomen, die unter dem Mikroskop betrachtet werden können (siehe Kapitel 15). Die intakten Chromosomen werden dann so behandelt, dass sich das fluoreszierende EST an seine komplementäre Sequenz binden kann. Das gefärbte EST bindet sich dann an den DNA-Strang, von dem die mRNA abgelesen wurde. Das Ergebnis können die Forscher nun mit speziellen Fluoreszenzmikroskopen beobachten: Die Stelle, an der das EST an seine komplementäre Sequenz bindet (der Verbindungsvorgang wird auch *Hybridisierung* genannt), strahlt nun unter ultraviolettem Licht hell. Der gesamte Vorgang wird *Fluoreszenz-in-situ-Hybridisierung* (oder kurz *FISH*) genannt und erlaubt es Forschern, sich bei ihrer Gensuche auf einen bestimmten Teil eines Chromosoms zu konzentrieren. Diese Methode ist jedoch durch die hohe Packdichte der DNA in den Chromosomen (siehe Kapitel 6) nicht sehr spezifisch. Im Grunde genommen grenzt die FISH-Methode die Suche nur auf einige Millionen Basenpaare ein. Damit ist aber das letzte Puzzleteil noch nicht gefunden, sondern erst nur ein Teil der Adresse (durch das richtige EST) und der Straßenname (durch das Chromosom). Jetzt müssen die Genjäger noch eine hochauflösende Karte erstellen, um ihre Nachforschungen abzuschließen zu können.

Die Kartierung des Gens

Dank des Humangenomprojekts besitzen die Wissenschaftler von jedem Chromosom eine Karte mit vielen Orientierungspunkten, sogenannten *sequence-tagged sites* (kurz *STS* und zu Deutsch »sequenzmarkierte Stellen«). STS sind kurze Abschnitte einzigartiger Basenkombinationen, die überall auf dem Chromosom verteilt auftauchen. Keine STS gleicht der anderen, sodass sie, wo auch immer sie auftauchen, der eindeutigen Orientierung dienen. Eine komplette STS-Karte zeigt die gesamte Distanz von einem Ende eines Chromosoms zum anderen (in Basenpaaren) und die Orientierungspunkte dazwischen. Eine STS-Karte zu haben ist ungefähr so, als wenn man weiß, wo in Hamburg sich ungefähr der Hafen, die Reeperbahn und die Alster befinden. Die Straße, die man sucht, liegt irgendwo zwischen Hafen und Alster, und da kommen auf die Entfernung einige in Betracht. Genauso verhält es sich mit den STS auf den Chromosomen – der Wissenschaftler weiß jetzt, dass ein EST zwischen zwei STS liegt, aber die STS selbst liegen vielleicht 20.000 Basenpaare auseinander!

Mit einem EST als Startpunkt können Genetiker die DNA in beide Richtungen vom EST ausgehend sequenzieren. Dies nennt man *Chromosomenwanderung*. Im Grunde genommen müssen die Genetiker genug Sequenzinformationen bis zu den nächsten STS (in beide Richtungen) sammeln. Um bei dem Hamburg-Beispiel zu bleiben, kann man sich Chromosomenwanderung so vorstellen, als ob man die Kartenausschnitte vom Hafenviertel (dem EST), der Reeperbahn (STS) und rund um die Alster (STS) so aneinanderlegt, dass die beiden Orientierungspunkte (STS) miteinander verbunden werden. Durch die Chromosomenwanderung erhält man die letzten beiden entscheidenden Teile des Puzzles: erstens die genaue Position des Gens in Bezug auf das gesamte Chromosom und (schließlich und endlich!) die komplette Gensequenz, die durch das EST dargestellt wurde.

Die Genkartierung wird durch neue Technologien und Kenntnisse des Genoms zunehmend einfacher. Durch Projekte wie HapMap (wird in Kapitel 17 behandelt) wurden Unterschiede auf der Ebene einzelner Nukleotide identifiziert (blättern Sie zurück zu Kapitel 7, um sich über die Struktur dieser Baublöcke zu erkundigen). Diese winzigen Unterschiede, *SNPs* genannt und »snips« ausgesprochen (aus dem Englischen von *single-nucleotide polymorphism* und auf gut Deutsch Einzelnukleotid-Polymorphismus), stellen eine derartig gute Methode zur Genkartierung dar, dass die Erstellung einer Bibliothek vermutlich überflüssig wird.

Nachdem Wissenschaftler nun ein Gen genau kartiert haben, werden die Gensequenzen von vielen verschiedenen Personen (mit und ohne eine bestimmten Krankheit) miteinander verglichen, um exakt sagen zu können, was die eigentliche Mutation ist (wie sich also das Gen betroffener Personen von dem nicht betroffener Personen unterscheidet). All diese Informationen landen schließlich in der *Datenbank für mendelsche Vererbung beim Menschen* (*OMIM* für *Online Mendelian Inheritance in Man*).

Nachdem das Gen lokalisiert ist, können viele Tausend Kopien seiner gesünderen Variante mittels *Polymerase-Kettenreaktion* hergestellt werden, die auch beim genetischen Fingerabdruck Verwendung findet (siehe Kapitel 18). Wissenschaftler stecken die Kopien des gesunden Gens dann in die Vektoren für die Gentherapie – unter Verwendung derselben Methoden wie bei der Erstellung von cDNA-Bibliotheken, die ich hier beschrieben habe.

Fortschritt an der Gentherapie-Front

Als sich mit dem Humangenomprojekt (HGP) die Träume der Genetiker weltweit zu erfüllen begannen, schienen die Verheißungen der Gentherapie in greifbare Nähe gerückt. Tatsächlich verliefen die ersten Versuche in den 1990er-Jahren erfolgversprechend.

In diesen ersten Versuchen der Gentherapie erhielten zwei Patienten, die an derselben Immunstörung litten, Infusionen mit Zellen, die die Gene für die fehlenden Enzyme trugen. Die Störung war eine Form des *schweren kombinierten Immundefekts* (kurz *SCID* für den englischen Begriff »severe combined immunodeficiency«), die auf den Verlust eines bestimmten Enzyms, der *Adenosin-Desaminase (ADA)*, zurückzuführen ist. SCID hat schwerwiegende Folgen: Die betroffenen Personen besitzen so gut wie keine Immunabwehr und müssen deshalb in einer komplett sterilen Umgebung leben, ohne direkten Kontakt zur Außenwelt, da sogar die kleinste Infektion den Tod bedeuten kann. Da bei SCID nur ein Gen betroffen ist, eignet sich dieses sehr gut als Versuchskandidat für die Gentherapie. Im Rahmen des HGP erhielten die beiden betroffenen Kinder eine Infusion mit Retroviren, die mit einem gesunden ADA-Gen bestückt waren. Die Ergebnisse waren vielversprechend: Beide Kinder wurden geheilt und konnten fortan ein normales Leben führen. Seit 2016 ist diese Gentherapie unter dem Marktnamen »Strimvelis« zugelassen, um diese seltene Krankheit (pro Jahr etwa 15 Erkrankungen in Europa) zu heilen.

Andere Anwendungen der Gentherapie hatten unterschiedliche Erfolge zu verbuchen. Mindestens 17 Kinder wurden aufgrund einer X-gekoppelten Version von SCID einer Gentherapie unterzogen. Alle Kinder erhielten ein in ein Retrovirus geladenes gesundes Gen und waren offensichtlich geheilt. Jedoch erkrankten kurz nach der Behandlung vier Kinder an Blutkrebs

(Leukämie). Das Virus, das das Gen lieferte, fügte seine eigene DNA mitten in ein Proto-Onkogen ein und schaltete es dauerhaft »ein« (mehr über Onkogene lesen Sie in Kapitel 14).

Der vielleicht bekannteste Rückschlag in der Gentherapie war der Fall von Jesse Gelsinger, der 1999 freiwillig als 18-Jähriger an einer Studie zur Gentherapie der Stoffwechselstörung *Ornithin-Transcarbamylase-Defizienz (OTCD)* teilnahm. Aufgrund dieser Störung sammelte sich bei Jesse eine sehr große Menge Ammonium im Körper an. Ammonium entsteht beim Abbau von Proteinen im Körper, kann aber bei OTCD-Patienten in der Leber nicht abgebaut werden, da das Enzym *OTC* fehlt, das die Verarbeitung von stickstoffhaltigen Abbauprodukten im Blut übernimmt. Jesse hatte seine Krankheit durch strenge Diät und Medikamente gut im Griff, doch viele andere Kinder starben an dieser Stoffwechselstörung. Die Forscher benutzten ein Adenovirus (siehe den Abschnitt »Unentschieden für Adenoviren« weiter vorn in diesem Kapitel), um das normale OTC-Gen direkt in Jesses Leber zu bringen. Das Virus entkam jedoch in Jesses Blutkreislauf und verbreitete sich über seinen gesamten Körper. Sein Körper reagierte mit einer starken Immunreaktion auf diese scheinbar massive Infektion. Jesse bekam Schmerzen, hohes Fieber, die Organe versagten und nur vier Tage nachdem er die Infusion erhalten hatte, die ihn eigentlich hätte heilen sollen, starb er. Vermutlich hatten die Ärzte die Dosis für ihn falsch eingeschätzt, aber merkwürdigerweise zeigte ein anderer Patient, der ebenfalls an der Studie teilgenommen hatte und dieselbe Dosis von Viren injiziert bekam, keine Krankheitssymptome.

Die erste zugelassene Gentherapie erfolgte 2012 zur Behandlung der seltenen familiären *Lipoproteinlipase-Defizienz (LPLD)* bei Erwachsenen. In Europa leiden nur etwa 200 Menschen an dieser Erkrankung. Allerdings zeigte sich, dass das Medikament »Glybera« nur beschränkt wirksam ist; erfolgreich behandelt wird bisher nur eine Patientin, sodass die Zulassung für Glybera in Europa 2017 nicht verlängert worden ist. Mittlerweile wurden etwa 2.000 Gentherapie-Studien durchgeführt, unter anderem gegen Augenleiden, Stoffwechseldefekte, Erkrankungen des Knochenmarks und Blutkrebs. Auch Aids könnte mit einer Gentherapie behandelt werden, doch fast alle dieser Therapien sind derzeit noch im Versuchsstadium.

Die Entwicklung ist zeitaufwendig, da die Sicherheit der Patienten Vorrang hat und strenge Vorsichtsmaßnahmen verlangt, denn Gentherapien sind potenziell gefährlich – sie können Krebs auslösen. Mindestens 15 Patienten sind bereits an Blutkrebs erkrankt, einige auch daran gestorben.

Die veränderten Viren bergen eben auch die Gefahr, dass bei ihrer Verwendung als Transportvehikel Krebsgene aktiviert werden können. Obwohl die jüngsten Ergebnisse Anlass zur Hoffnung geben, geht die Suche nach geeigneten Vektoren weiter. Die Zukunft der Gentherapie wird noch durch die Entdeckung verkompliziert, dass die meisten Gendefekte mehrere Gene auf verschiedenen Chromosomen betreffen. Und nicht nur das: Viele verschiedene Gene können eine bestimmte Krankheit auslösen (Diabetes zum Beispiel wird mit Genen auf mindestens fünf verschiedenen Chromosomen in Verbindung gebracht), was es ungleich schwerer macht zu entscheiden, welches Gen für die Behandlung anvisiert werden soll. Schließlich sind einige Gene auch noch so groß, wie zum Beispiel das Gen, das der *Muskeldystrophie des Typs Duchenne* zugrunde liegt, dass herkömmliche Vektoren sie nicht transportieren können.

Genetische Informationen für die Präzisionsmedizin nutzen

Präzisionsmedizin (auch als *personalisierte Medizin* bezeichnet) ist ein Ansatz zur Förderung der Gesundheit eines Menschen, der auf dessen Genetik, Lebensstil und die besonderen Umwelteinflüsse, denen dieser Mensch ausgesetzt ist, gründet. Während der Begriff *personalisierte Medizin* andeutet, dass Behandlungsmethoden speziell für jeden Patienten entwickelt werden könnten, gibt der Begriff *Präzisionsmedizin* einen genaueren Eindruck von diesem Ansatz. Bei diesem Verfahren handelt es sich nicht um die Entwicklung von neuen Medikamenten für jeden einzelnen Patienten. Stattdessen ist die Behandlung der Patienten allgemein mehr auf die einzelnen Personen zugeschnitten. Das heißt zum Beispiel, dass ein Medikament, das einer Person verschrieben wird, bei einer anderen Person nicht eingesetzt wird, da diese beiden Personen Unterschiede in ihrer Genetik und anderen Aspekten ihres Lebens aufweisen. In diesem Abschnitt stelle ich Ihnen die neuesten Trends in der Präzisionsmedizin vor. Obwohl Lebensstil- und Umweltfaktoren die Hauptrollen auf diesem Gebiet spielen, werde ich mich jedoch besonders auf die Rolle der Genetik konzentrieren.

Pharmakogenetik (und Pharmakogenomik)

Im Laufe der ganzen bisherigen Geschichte der Medizin sind Entscheidungen für oder gegen eine Therapie immer nur auf der Grundlage der Diagnose einer Person gefällt worden. Ihnen wird zum Beispiel aufgrund Ihrer Symptome ein bestimmtes Medikament verschrieben – ein Medikament, das bei den meisten Menschen hilft. Dann, wenn das Medikament bei Ihnen nicht wirkt oder sich starke Nebenwirkungen einstellen, wechselt Ihr Arzt vielleicht zu einem anderen Medikament. Und wenn das bei Ihnen auch nicht wirkt, sind Sie zurück auf null. Bei der Präzisionsmedizin geht man davon aus, dass wir unsere genetische Information nutzen können, um zu bestimmen, welches Medikament bei uns am besten helfen würde, welche Dosis wir brauchen, damit es wirkt, und mit welcher Wahrscheinlichkeit wir unter Nebenwirkungen leiden werden, und das ohne all die Ausprobiererei.

Die *Pharmakogenetik* ist ein wichtiger Bestandteil der Präzisionsmedizin. Pharmakogenetik bedeutet zu untersuchen, wie Veränderungen in den Genen die Verstoffwechslung von Medikamenten beeinflussen. Pharmakogenetisches Testen beinhaltet das Testen der Gene, die mit dem Umsatz (Metabolismus) von Medikamenten zu tun haben. Es ist gezeigt worden, dass Varianten bestimmter Gene dazu führen, dass der Körper eines Menschen bestimmte Arzneimittel anders abbaut, was zumindest zum Teil die Unterschiede in der Wirkung bei verschiedenen Menschen erklären kann. Der Begriff Pharmakogenomik wird oft gleichbedeutend mit dem Wort Pharmakogenetik gebraucht. Jedoch beschäftigt sich die *Pharmakogenetik* in erster Linie mit speziellen genverändernden Interaktionen, während sich die *Pharmakogenomik* eher mit dem allgemeinen Einfluss des Genoms auf die Reaktion auf Medikamente befasst. Die Pharmakogenomik kann auch dazu dienen, den Effekt von Unterschieden in der Gen*expression* (im Gegensatz zu Unterschieden in der Gen*sequenz*) auf die Sicherheit und Wirksamkeit von medizinischen Therapien zu beschreiben.

Im Jahr 1957 berichtete Arno Motulsky erstmals von der Erblichkeit von unerwünschten Reaktionen auf bestimmte Medikamente. Motulsky bemerkte, dass schwere Nebenwirkungen bei der Einnahme von Primaquin (zur Behandlung von Malaria) und Suxamethonium (ein Muskelrelaxans) in manchen Familien häufiger auftraten. Er berichtete außerdem, dass diese schlechten Reaktionen die Folge von beeinträchtigten Aktivitäten bestimmter Enzyme zu sein schienen, die beim Abbau dieser Medikamente eine Rolle spielen.

Cytochrom P450 und der Abbau von Medikamenten

Die Cytochrom-P450-Enzyme bilden eine große Familie von Proteinen, die beim Abbau einer ganzen Bandbreite von chemischen Verbindungen beteiligt sind. Die Cytochrome P450 sind hauptsächlich in den Zellen der Leber tätig, sie werden aber auch in anderen Zellen überall im Körper gefunden. Es gibt viele Gene für die verschiedenen Cytochrom-P450-Proteine, die jeweils mit CYP beginnen (Kurzform für C̱ytochrom P̱450), gefolgt von einer Zahl, die die jeweilige Cytochrom-P450-Familie markiert, und einem Buchstaben für die Unterfamilie und einer weiteren Zahl, die das Mitglied in dieser Unterfamilie bezeichnet. Zum Beispiel ist *CYP2D6* das Gen, das für die Cytochrom-P450-Familie 2, Unterfamilie D, Proteinmitglied 6 codiert. Zurzeit umfassen die Cytochrom-P450-Proteine 80 Prozent der Enzyme, die am Abbau von Medikamenten beteiligt sind.

Ein wichtiges Beispiel für den Effekt von Genvarianten auf den Abbau von Medikamenten ist die Rolle von CYP2D6 beim Abbau von Codein, ein häufig als Schmerzmittel verschriebenes Opiat. Erst im Körper wird Codein zu seiner aktiven Form, Morphin, abgebaut. Morphin ist die Substanz, die tatsächlich für die Schmerzlinderung bei den Menschen, die Codein einnehmen, verantwortlich ist. Die Mehrheit der Allgemeinbevölkerung metabolisiert Codein auf die erwartete Weise (als *extensive Metabolisierer* bezeichnet) (siehe Tabelle 16.2). Bei diesen Personen sollte die Standarddosis sicher und effektiv sein. Ungefähr

	Ultraschneller Metabolisierer	Extensiver Metabolisierer	Intermediärer Metabolisierer	Schlechter Metabolisierer
Effekt auf den Abbau des Medikaments	Erhöhte Enzymaktivität führt zu einem schnellen Abbau des Medikaments in seine aktive Form	Normale Enzymaktivität und normaler Abbau des Medikaments in seine aktive Form	Mit einer leicht erniedrigten Enzymaktivität und einem etwas langsameren Abbau des Medikaments in seine aktive Form	Mit einer stark erniedrigten Enzymaktivität und einem gestörten Abbau des Medikaments in seine aktive Form
Effekt auf den Patienten	Reagiert auf eine geringere Dosis; erhöhtes Risiko für Toxizitäten und unerwünschte Nebenwirkungen	Die Standarddosis ist normalerweise sicher und effektiv	Die Standarddosis kann unwirksam sein, eine höhere Dosis kann notwendig sein	Die Standarddosis ist unwirksam, eine höhere Dosis oder ein anderes Medikament können notwendig sein

Tabelle 16.2: Abbau von Medikamenten durch das Enzym CYP2D6

1 bis 2 Prozent der Menschen sind sogenannte *ultraschnelle Metabolisierer*. Der schnelle Umsatz von Codein führt in diesen Personen zu höheren Morphinspiegeln in kürzerer Zeit und damit zu einem höheren Risiko einer Arzneimittelvergiftung. Der verbleibende Anteil der Allgemeinbevölkerung ist entweder ein *schlechter Metabolisierer* (bei dem es zu einer unzureichenden Schmerzlinderung mit der Standarddosis kommen kann und möglicherweise ein anderes Medikament nötig wird) oder ein *intermediärer Metabolisierer* (der möglicherweise eine höhere Dosis für eine angemessene Schmerzlinderung braucht).

Viele verschiedene Allele (verschiedene Versionen eines Gens aufgrund von Änderungen in der DNA-Sequenz) des *CYP2D6*-Gens sind gefunden worden. Die Kombination der Allele in einer Person (ihr Genotyp) bestimmt darüber, wie sie bestimmte Arzneimittel metabolisiert (umsetzt oder abbaut). Einige Allelkombinationen führen dazu, dass die Person zu einem extensiven Metabolisierer von Arzneimitteln wird, die von diesem Enzym umgesetzt werden (einschließlich Codein). Andere Kombinationen führen dazu, dass die Person entweder ein ultraschneller Metabolisierer oder ein schlechter Metabolisierer von Medikamenten ist, die von CYP2D6 umgesetzt werden. Ein Gentest zur Auffindung von Varianten des *CYP2D6*-Gens ist verfügbar und kann auf der Basis der beiden Allele, die Sie tragen (eines von der Mutter geerbt, das andere vom Vater), darüber Auskunft geben, welcher Typ von Metabolisierer Sie sind. Wenn Sie zwei Allele tragen, die mit einem normalen Arzneimittelabbau assoziiert sind, sind Sie ein extensiver Metabolisierer und Ihnen sollte die Standarddosis des jeweiligen Medikaments verschrieben werden. Wenn Sie zwei variante Allele tragen, die mit einer signifikant *erhöhten* CY2D6-Aktivität verknüpft sind, dann sind Sie ein ultraschneller Metabolisierer und Sie sollten entweder geringere Dosen (zusammen mit einer engmachingen Beobachtung auf unerwünschte Reaktionen) oder ein anderes Medikament verschrieben bekommen.

Die möglichen Konsequenzen, die daraus entstehen können, wenn eine Person nicht weiß, wie sie bestimmte Medikamente metabolisiert, sind in einem Fallbericht von 2006 beschrieben. In diesem Fall war einer Frau kurz nach der Niederkunft Codein zur Schmerzlinderung gegeben worden. Die junge Mutter stillte ihr Kind. Und diejenigen, die für ihre Gesundheitsversorgung tätig waren, wussten nicht, dass sie ein ultraschneller Metabolisierer von Codein war. Sie hatte deshalb hohe Morphinspiegel in ihrem System, die über die Muttermilch an ihr Kind weitergegeben wurden und aufgrund einer Morphinvergiftung zum Tod des Babys führten. Leider ist dies nicht der einzige Todesfall durch eine Morphinüberdosis bei einem Kleinkind einer stillenden Mutter, die mit einem opiathaltigen Schmerzmittel behandelt wurde.

Das Nebenwirkungsrisiko einer Behandlung herabsetzen

Ein weiteres Beispiel dafür, wie die Pharmakogenetik eingesetzt werden kann, um das Risiko für unerwünschte Nebenwirkungen zu minimieren, ist die Anwendung von Abacavir bei der Behandlung einer Infektion mit dem HIV (humanes Immundefizienzvirus). Während Abacavir vielen HIV-Patienten hilft, führt es leider bei manchen Personen auch zu schweren und möglicherweise lebensbedrohlichen Nebenwirkungen, einschließlich

Atembeschwerden, Erbrechen, Fieber und Ausschlag. Beim Vergleich von Sequenzvarianten zwischen Patienten, die unter diesen Nebenwirkungen leiden, und solchen, die dies nicht tun, wurde entdeckt, dass Personen mit einem bestimmten varianten Allel des Gens für das humane Leukozytenantigen B (*HLA-B*) ein beträchtlich erhöhtes Risiko für Probleme nach der Einnahme von Abacavir haben. Das vom *HLA-B*-Gen codierte Protein arbeitet im Immunsystem, indem es dabei hilft, fremde Pathogene zu erkennen und darauf zu reagieren. Die Zulassung der FDA (US Food and Drug Administration) für Abacavir empfiehlt nun, dass alle Patienten, die mit diesem Medikament behandelt werden sollen, vorher auf die Variante des *HLA-B*-Gens getestet werden sollen und dass für Träger dieses Allels ein anderes Medikament in Betracht gezogen werden sollte.

Die Wirksamkeit einer Behandlung erhöhen

Das genaue Anpassen von Behandlungen, um die Wirksamkeit zu maximieren, lässt sehr gut auf dem Gebiet der Krebstherapien veranschaulichen. Ein Beispiel ist die Entwicklung und Anwendung von Trastuzumab, ein Medikament gegen Brustkrebsarten, die einen bestimmten Rezeptor auf der Oberfläche der Tumorzellen überexprimieren. Trastuzumab wurde 1998 von der FDA zur Behandlung von metastasiertem Brustkrebs, der positiv auf den humanen epidermalen Wachstumsfaktorrezeptor 2 (HER2) getestet wurde, zugelassen. Dies stellt ein Paradebeispiel für den Einsatz der Pharmakogenomik in der Praxis dar.

Bei Frauen mit metastasiertem Brustkrebs werden die Tumoren auf die Überexpression des *HER2*-Gens getestet, indem das HER2-Protein auf den Tumorzellen nachgewiesen wird oder durch die Suche nach überzähligen Kopien des Gens selbst. In manchen Tumoren ereignet sich eine Amplifikation des *HER2*-Gens (in Kapitel 14 erläutert), was zu einer erhöhten Anzahl an Kopien und damit einer erhöhten Expression dieses Gens führt. Ungefähr 20 Prozent der Brusttumoren weisen erhöhte HER2-Level auf, was zu einer erhöhten Anzahl von Zellteilungen und zu stärkerem Tumorwachstum beiträgt.

Für die Durchführung des Tests wird eine Tumorprobe durch eine Biopsie oder während einer Operation entnommen. Diese Probe kann genutzt werden, um nach überzähligen Kopien des *HER2*-Gens zu suchen, indem man die Chromosomen mittels Fluoreszenz-in-situ-Hybridisierung (die in Kapitel 15 erklärt wird) anschaut. Alternativ kann die Probe jedoch auch genutzt werden, um nach überschüssigem HER2-Protein auf den vorliegenden Tumorzellen mittels Immunhistochemie (IHC) zu suchen. Bei der IHC werden Tumorzellen auf Objektträgern mit einem markierten Antikörper gefärbt, der zur Identifizierung des HER2-Proteins konstruiert worden ist. Der Marker auf dem Antikörper ermöglicht eine genaue Einschätzung der Proteinmenge in der Tumorprobe, die dann mit der Menge, die in normalem Brustgewebe zu finden ist, verglichen werden kann.

Patienten, bei denen eine Überexpression von *HER2* gefunden wurde, können dann mit Trastuzumab behandelt werden. Die Behandlung mit Trastuzumab wird als gezielte Therapie betrachtet, da der Antikörper gegen das HER2-Protein gerichtet ist. Bei normalen Zellen bindet ein Wachstumsfaktor (genauer, der epidermale Wachstumsfaktor) an den Rezeptor HER2, was schließlich dazu führt, dass bestimmte Gene aktiviert werden und die Zellteilung stimuliert wird (siehe

Kapitel 11, um zu erfahren, wie Gene ein- und ausgeschaltet werden). In Tumorzellen, die zu viel HER2 haben, ist das Signal zum Einschalten von Genen immer aktiv, was zu unkontrollierter Zellproliferation führt. Trastuzumab kann an den Rezeptor binden, wodurch es die Bindung des epidermalen Wachstumsfaktors blockiert und so die Tumorzellen von der Teilung abhält. Außerdem kann dieser Antikörper das körpereigene Immunsystem dabei unterstützen, Krebszellen anzugreifen und zu zerstören. Patienten, die für HER2 negativ getestet wurden, reagieren nicht auf diese Therapie und sollten deshalb mit einem anderen Medikament oder einem anderen therapeutischen Ansatz behandelt werden.

> **IN DIESEM KAPITEL**
>
> Zusammenhänge: die Genetik des Einzelnen und die Genetik von Gruppen
>
> Beschreibung: genetische Vielfalt
>
> Erläuterung: Evolutionsgenetik

Kapitel 17
Die Geschichte der Menschheit und die Zukunft unseres Planeten

Man kann den Einfluss der Genetik auf unseren Planeten nicht hoch genug schätzen. Das Leben eines jeden Lebewesens ist von seiner DNA abhängig und alle Lebewesen, die Menschen eingeschlossen, haben DNA-Sequenzen gemein. Die erstaunlichen Ähnlichkeiten zwischen Ihrer DNA und der DNA anderer Lebewesen lässt vermuten, dass alle Lebewesen einen gemeinsamen Ursprung haben. So sind im wahrsten Sinne des Wortes alle Kreaturen irgendwie miteinander verwandt.

Die genetische Grundlage allen Lebens kann auf vielerlei Weise erforscht werden. Eine schlagkräftige Methode, die in Ihrer DNA versteckten Muster zu durchschauen, ist, die DNA von vielen Individuen einer Gruppe zu betrachten. Dieses Spezialfach, die *Populationsgenetik*, ist ein mächtiges Werkzeug. Die Genetiker untersuchen auf diese Art nicht nur die Menschen, sondern wenden sie auch bei Tierpopulationen an, um beispielsweise zu verstehen, wie man bedrohte Arten besser schützen kann. Durch den Vergleich von DNA-Sequenzen verschiedenster Arten können Wissenschaftler außerdem Rückschlüsse darauf ziehen, wie die natürliche Selektion zur Evolution beigetragen hat. In diesem Kapitel erfahren Sie, wie Wissenschaftler die Genetik von Populationen und Arten analysieren, um zu verstehen, woher wir kommen und wohin wir gehen.

Genetische Variation ist überall

Wenn Sie das nächste Mal vor dem Fernseher sitzen und durch die Kanäle zappen, halten Sie mal für einen Moment bei den Naturdokus und Tiersendungen an. Die Vielfalt des

Lebens auf unserem Planeten ist wirklich erstaunlich! Tatsache ist, dass die Wissenschaftler noch lange nicht alle Arten auf unserer Erde entdeckt haben: Die riesigen südamerikanischen Regenwälder, die Tiefseegräben der Ozeane und sogar Vulkane verbergen noch unentdeckte Pflanzen- und Tierarten. Schätzungen zufolge kennen wir gerade einmal 10 bis 15 Prozent der auf unserem Planeten existierenden Arten!

Die Vernetzung aller Lebewesen stellt auch aus wissenschaftlicher Perspektive einen enorm hohen Wert dar. Die Variabilität aller lebenden Organismen und Ökosysteme dieses Planeten wird als biologische Vielfalt oder *Biodiversität* bezeichnet. Die Biodiversität erhält sich selbst und macht das Leben an sich aus. Die Lebewesen der Erde sorgen für Sauerstoff für Ihre Atmung (und auch für die aller anderen Lebewesen), für Kohlendioxid, um die Pflanzen am Leben zu halten, für die Regulation von Temperatur und Wetter, für Regenwasser für Sie und Ihre Nahrungsmittel, für die Aufrechterhaltung der Nährstoffkreisläufe, um jede einzelne lebende Kreatur auf Erden zu versorgen, und für zahlreiche andere wichtige Dinge.

Die Biodiversität bietet so viele lebenswichtige Dienste (auch *Ökosystemdienstleistungen* genannt) für das menschliche Leben, dass diese mit einem Geldwert von über 27 Billionen Euro pro Jahr (ja, Billionen – eine 27 mit 12 Nullen) veranschlagt werden. (Falls Sie sich über solche Angaben wundern – Wirtschaftswissenschaftler schaffen es tatsächlich, allen natürlichen Ereignissen einen monetären Wert zuzuweisen, zum Beispiel dem Niederschlag, der Sauerstoffproduktion, dem Nährstoffkreislauf, der Bodenbildung oder der Bestäubung von Pflanzen, um nur ein paar zu nennen.)

Der Biodiversität unserer Welt liegt die *genetische Variation* zugrunde. Wenn Sie sich mal die Menschen um sich herum anschauen, sehen Sie enorme Unterschiede in der Körpergröße, Haar- und Augenfarbe, Hauttönung, Körperform – was auch immer. Diese phänotypischen (oder physischen) Unterschiede weisen darauf hin, dass die Personen auch genetisch verschieden sind. Ebenso unterscheiden sich alle Individuen in Populationen von Organismen, die sich sexuell vermehren, sowohl phänotypisch als auch genotypisch voneinander. Die Wissenschaftler beschreiben die genetische Variation in *Populationen* (definiert als Gruppen von Organismen mit freier Anpaarung, die räumlich und zeitlich in einem Zusammenhang stehen) auf zwei verschiedene Arten:

✔ **Allelfrequenz:** Wie oft kommen bestimmte Allele (alternative Versionen eines bestimmten DNA-Abschnitts) in der Population vor?

✔ **Genotypfrequenz:** Welcher Anteil der Population hat einen bestimmten Genotyp?

Allelfrequenzen und Genotypfrequenzen sind zwei verschiedene Größen, mit denen der Inhalt eines Genpools gemessen wird. Der *Genpool* bezeichnet die Gesamtheit aller möglichen Allele sämtlicher Gene, die sämtliche Individuen einer bestimmten Art zusammen in einen Topf werfen. Gene werden in Form von Allelen von den Eltern an die Nachkommen durch die sexuelle Reproduktion weitergegeben. (Natürlich lassen sich Gene auch ohne Sex weitergeben – Viren hinterlassen ihre Gene überall. Schauen Sie in Kapitel 14 nach, um zu sehen, wie Viren ihre Gene vermehren.)

Allelfrequenzen

Allele sind verschiedene Versionen eines bestimmten Abschnitts auf der DNA, wie zum Beispiel die Allele für unterschiedliche Augenfarben (in Kapitel 3 finden Sie eine Erklärung dieser Begriffe aus der Genetik). Die meisten Gene haben viele verschiedene Allele. Zur Untersuchung von Genen und zur Bestimmung, wie viele Allele es von einem Gen gibt, benutzen die Genetiker die DNA-Sequenzierung (siehe auch Kapitel 8). Um die Allele zu zählen, nehmen sie die DNA vieler verschiedener Individuen und suchen nach Unterschieden in der Abfolge der Basen – der A, G, T und C –, aus denen die DNA besteht. In der Populationsgenetik suchen die Wissenschaftler auch nach Unterschieden in der »Junk-DNA« (mehr zur nichtcodierenden DNA lesen Sie in Kapitel 18).

Einige Allele sind sehr häufig, andere wiederum sehr selten. Um Häufigkeit und Seltenheit zu erfassen und zu beschreiben, berechnen Populationsgenetiker die Allelfrequenzen. Sie wollen dabei wissen, wie oft ein bestimmtes Allel in der Population vorkommt. Diese Informationen können sehr wichtig für die menschliche Gesundheit werden. Zum Beispiel haben Genetiker herausgefunden, dass manche Menschen ein Allel haben, das sie immun gegenüber einer HIV-Infektion macht, das Virus, das die Immunschwächekrankheit Aids verursacht. Bei diesen Menschen kann das Immunsystem den Ausbruch der Krankheit verhindern oder zumindest für lange Zeit verzögern.

Die Allelfrequenz, also die Häufigkeit eines Allels in einer Population, ist ziemlich simpel zu berechnen. Teilen Sie einfach die Anzahl der Kopien eines Allels in einer Gruppe durch die Gesamtzahl der Kopien aller Allele des fraglichen Gens in der Gruppe.

Wenn Sie die Anzahl von *Homozygoten* (Individuen mit zwei identischen Kopien eines Gens) und *Heterozygoten* (Individuen mit zwei unterschiedlichen Kopien eines Gens) kennen, können Sie die Allelfrequenzen ziemlich leicht mit den Gleichungen $p + q = 1$ oder $q = 1 - p$ berechnen. Die Frequenz des einen Allels wird mit dem kleinen Buchstaben p angegeben und die Frequenz des anderen Allels mit dem kleinen Buchstaben q. Wichtig: Die Summe von p und q ist immer 1 (oder 100 Prozent). Nehmen wir der Einfachheit halber ein Gen, von dem es nur zwei Allele gibt. Ein Beispiel: Wir wollen die Allelfrequenz des dominanten Allels für runde Erbsen (R) in einer Population von Erbsenpflanzen, wie sie auch Mendel untersucht hat, errechnen (mehr zu Mendel und seinen Experimenten in Kapitel 3). Sie wissen, dass Sie 60 RR-Pflanzen besitzen, 50 Rr und 20 rr. Um die Allelfrequenz des Allels R (mit p bezeichnet) zu errechnen, nehmen Sie die Anzahl der RR-Pflanzen mal zwei (jede RR Pflanze hat ja zwei R-Allele) und addieren die Anzahl der Rr-Pflanzen (bei denen das Allel nur einmal vorkommt) hinzu: $2 \times 60 + 50 = 170$. Diese Zahl, 170, teilen Sie durch das Doppelte der Pflanzenzahl in der Population (denn jede Erbsenpflanze hat zwei Allele), also 260 (Kopien aller Allele), dann ergibt sich: 170 geteilt durch 260 = 0,65. Dieses Ergebnis bedeutet, dass es sich bei 65 Prozent der Allele in der Population um das Allel R handelt, oder die Frequenz das Allels R in der Population ist 65 Prozent. Um die Frequenz des Allels r (wird dann mit q bezeichnet) zu berechnen, müssen Sie nur noch die 0,65 von 1 subtrahieren: $1 - 0{,}65 = 0{,}35$ oder 35 Prozent.

Die ganze Berechnung wird mathematisch sehr kompliziert, wenn es viele Allele gibt. Aber das, was Sie sich bezüglich der Allelfrequenz merken müssen, bleibt gleich: Die Allelfrequenz bezeichnet die Häufigkeit des Auftretens eines bestimmten Allels in der Population und alle Allelfrequenzen eines Gens in der besagten Population müssen zusammengezählt immer 1 ergeben (oder auch 100 Prozent – was immer Sie lieber wollen).

Genotypfrequenzen

Die meisten Organismen besitzen zwei Kopien ihrer Gene (das heißt, sie sind *diploid*). Da diese beiden Kopien nicht unbedingt identisch sein müssen, können die Individuen entweder heterozygot oder homozygot für ein bestimmtes Gen sein. Wie auch die Allele können die Genotypen in der Häufigkeit variieren. Die Genotypfrequenzen geben an, welcher Anteil in einer Population welchen Genotyp besitzt, also wie viele Individuen für ein Merkmal homozygot oder heterozygot sind. Abhängig davon, wie viele Allele in einer Population vorkommen, können viele verschiedene Genotypen vorkommen. Unabhängig davon ist die Summe aller Genotypfrequenzen für einen Locus (dem Ort eines Gens auf einem Chromosom, siehe Kapitel 2) immer gleich 1 (oder 100 Prozent, wenn Sie lieber mit Prozentwerten arbeiten).

Um eine Genotypfrequenz auszurechnen, müssen Sie die Gesamtzahl der Individuen mit einem bestimmten Genotyp kennen. Nehmen wir an, Sie haben eine Population mit 100 Individuen: 45 Individuen sind homozygot dominant (AA), 25 Individuen homozygot rezessiv (aa), 30 sind heterozygot (Aa). Die Frequenzen für diese drei Genotypen (unter der Annahme, dass es nur zwei Allele, A und a, gibt) errechnen Sie jetzt einfach, indem Sie die Anzahl der verschiedenen Genotypen durch die Gesamtzahl aller Individuen teilen, und zwar wie folgt, wobei die Gesamtpopulation mit dem Buchstaben N bezeichnet wird:

Frequenz von AA = Anzahl der AA-Individuen/N

Frequenz von Aa = Anzahl der Aa-Individuen/N

Frequenz von aa = Anzahl der aa-Individuen/N

Allel- und Genotypfrequenzen stehen sehr eng miteinander in Beziehung, da sich die Genotypen ja aus der Kombination der Allele ableiten. Mit Bezug auf die mendelschen Regeln (siehe Kapitel 3) und die Stammbaumanalyse (siehe Kapitel 12) lässt sich leicht erkennen, dass der Anteil der homozygoten Individuen für ein Allel sehr hoch ist, wenn dieses Allel sehr häufig vorkommt. Es stellt sich heraus, dass der Zusammenhang zwischen der Allelfrequenz und dem Homozygotiegrad (dem Anteil der homozygoten Individuen) recht vorhersehbar ist. Meistens kann man die Genotypfrequenzen gut anhand der Allelfrequenzen schätzen, indem man die genetischen Verhältnisse aus dem *Hardy-Weinberg-Gesetz* der Populationsgenetik anwendet, das ich im nächsten Abschnitt behandele.

Das Hardy-Weinberg-Gesetz der Populationsgenetik

Godfrey Hardy und Wilhelm Weinberg haben sich nie getroffen und doch sind ihre Namen in der Genetik für immer vereint. Im Jahr 1908 veröffentlichten beide unabhängig voneinander die Gleichung, die beschreibt, wie Genotypfrequenzen zu Allelfrequenzen im Verhältnis stehen. Die eleganten und einfachen Gleichungen beschreiben die Populationsgenetik bei den meisten Organismen. Hardy und Weinberg erkannten, dass in einem System mit zwei Allelen, in dem bestimmte Bedingungen eingehalten werden, sich Homozygotie und Heterozygotie die Balance halten. Abbildung 17.1 zeigt das *Hardy-Weinberg-Gleichgewicht*, wie dieser genetische Balanceakt genannt wird, in einer Grafik.

Die Beziehung von Allelen und Genotypen

Ein *Gleichgewicht* hat man nur dann, wenn etwas ausbalanciert ist. Genetisch gesehen besteht ein Gleichgewicht, wenn bestimmte Werte über lange Zeit unverändert bleiben. Das *Hardy-Weinberg-Gesetz* sagt aus, dass Allel- und Genotypfrequenzen über Generationen unverändert bleiben, wenn bestimmte Bedingungen erfüllt werden. Damit sich Populationen im Hardy-Weinberg-Gleichgewicht befinden, muss Folgendes zum Tragen kommen:

- ✔ **Der Organismus muss sich sexuell vermehren und diploid sein.** Die sexuelle Fortpflanzung bietet die Möglichkeit, verschiedene Allelkombinationen zu erzielen. Das ganze Modell basiert auf dem paarweisen Vorkommen der Allele (es können aber mehr als zwei Allele verwendet werden).

- ✔ **Die Allelfrequenzen müssen bei beiden Geschlechtern gleich sein.** Wenn Allele komplett davon abhängig sind, ob ein Lebewesen männlich oder weiblich ist, können die Beziehungen zwischen Allelen und Genotyp nicht gelten, da nicht alle Nachkommen die gleiche Chance haben, ein Allel zu erben. Allele auf dem Y-Chromosom (siehe Kapitel 5) sind vom Hardy-Weinberg-Gleichgewicht ausgenommen.

- ✔ **Die Loci müssen sich unabhängig voneinander aufspalten.** Die unabhängige Aufteilung der Genloci ist eine der mendelschen Regeln und das Hardy-Weinberg-Gleichgewicht wurde direkt daraus abgeleitet.

- ✔ **Die Anpaarung muss zufällig in Bezug auf den Genotyp sein.** Eine zufällige Anpaarung bedeutet, dass jedes Individuum die gleiche Möglichkeit hat, sich zu paaren und Nachkommen zu zeugen.

Das Hardy-Weinberg-Gleichgewicht geht noch von weiteren Annahmen aus (keine Selektion, kein Zu- oder Abwandern, keine Mutationen und ausreichende Populationsgröße), ist aber hier eher tolerant gegenüber Regelbruch. Die oben genannten vier Punkte sind jedoch unabdingbare Voraussetzungen. Trifft einer dieser vier Punkte nicht zu, zerfallen die Beziehungen zwischen Allel- und Genotypfrequenz.

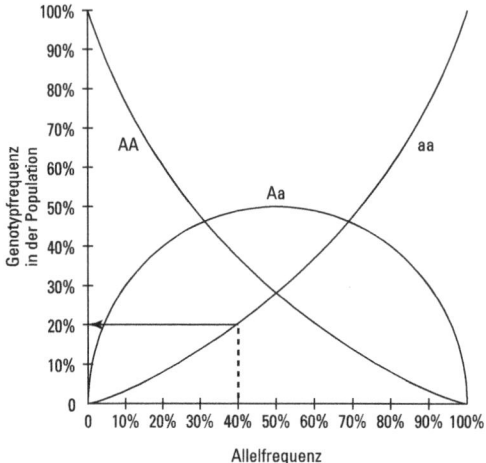

Abbildung 17.1: Die Hardy-Weinberg-Grafik zeigt die Beziehung zwischen Allel- und Genotypfrequenzen.

Das Hardy-Weinberg-Gleichgewicht wird oft durch eine Grafik dargestellt und ist sehr einfach zu interpretieren. Die y-Achse in der Grafik in Abbildung 17.1 stellt die Genotypfrequenz dar (als Prozent der Gesamtpopulation, von 0 am unteren Ende bis 100 Prozent am oberen). Auf der x-Achse wird die Frequenz des rezessiven Allels, zum Beispiel a (ebenfalls von 0 bis 100 Prozent, von links nach rechts gelesen) dargestellt. Um das Verhältnis zwischen Genotypfrequenz und Allelfrequenz gemäß Hardy-Weinberg-Gleichgewicht zu finden, gehen Sie einfach von einem bestimmten Wert auf der x-Achse senkrecht nach oben, und sobald Sie die Kurve erreicht haben, lesen Sie den Wert auf der y-Achse ab. Wenn Sie beispielsweise wissen wollen, welchen Anteil in der Population die Homozygoten aa haben, wenn die Frequenz des Allels a 40 Prozent entspricht, gehen Sie an der 40-Prozent-Markierung der x-Achse senkrecht nach oben (wird in Abbildung 17.1 mit einer gestrichelten Linie dargestellt), bis Sie auf die Kurve, die mit aa gekennzeichnet ist, treffen (diese beschreibt die Genotypfrequenz für aa). Hier gehen Sie waagrecht nach links zur y-Achse (in der Grafik mit einem Pfeil dargestellt) und lesen die Genotypfrequenz ab. In diesem Beispiel steht zu erwarten, dass 20 Prozent der Population aa sind, wenn die Allelfrequenz des a-Allels in der Population 40 Prozent ist.

Es ist logisch, dass der Genotyp aa sehr selten ist, wenn schon das Allel a sehr selten ist. Je häufiger das Allel a ist, desto häufiger wird man auch den homozygoten Genotyp aa finden, allerdings nimmt dessen Häufigkeit nicht so stark zu wie die des Allels. Die Frequenz des homozygoten dominanten Genotyps AA verhält sich wie ein Spiegel zu dem von aa, da die Allelfrequenzen direkt voneinander abhängen: $p + q$ muss immer 1 ergeben. Ist also p sehr groß, muss q sehr klein sein, und umgekehrt.

Schauen Sie sich nun die gebogene Linie in der Mitte von Abbildung 17.1 an. Dies ist die Frequenz des heterozygoten Genotyps Aa. Der Anteil der Heterozygoten in der Population kann höchstens 50 Prozent sein. Da sind Sie sicher auch selbst draufgekommen, wenn Sie die monohybriden Kreuzungen aus Kapitel 3 Revue passieren lassen. Egal wie Sie es drehen und wenden, bei jeder Kombination, die Sie versuchen (AA mit aa, Aa mit Aa, Aa mit aa und so weiter), liegt der höchste Anteil an Aa-Nachkommen, den Sie erhalten werden, bei 50 Prozent. Wenn in einer Population 50 Prozent der Individuen heterozygot sind, sagt das Hardy-Weinberg-Gleichgewicht voraus, dass 25 Prozent homozygot für das Allel *A* sein werden und 25 Prozent homozygot für das Allel *a*. Diese Situation entsteht nur, wenn *p* und *q* gleich groß sind – mit anderen Worten: *p* ist gleich *q* ist gleich 50 Prozent.

Viele Loci gehorchen dem Hardy-Weinberg-Gesetz, obwohl die Annahmen, die für die Berechnungen getroffen werden, nicht erfüllt sind. Eine dieser grundlegenden Annahmen, die beim Menschen oft nicht gegeben ist, ist die zufällige Anpaarung. Menschen neigen dazu, ihren Partner aufgrund von Gemeinsamkeiten auszusuchen, wie dem gleichen religiösen Hintergrund, der gleichen Hautfarbe oder ethnischen Herkunft. Zum Beispiel heiraten Menschen mit dem gleichen sozioökonomischen Hintergrund öfter, als man es der reinen Wahrscheinlichkeit nach erwarten dürfte. Trotzdem befinden sich viele menschliche Gene noch im Hardy-Weinberg-Gleichgewicht. Das kommt daher, dass die Entscheidung für die Anpaarung von bestimmten Voraussetzungen abhängt, genetisch betrachtet aber unabhängig erfolgt. Das CCR5-Gen, das eine gewisse HIV-Immunität liefert, ist ein gutes Beispiel für einen Locus, der dem Hardy-Weinberg-Gesetz unterliegt, obwohl seine Frequenz von einer tödlichen Krankheit beeinflusst wird.

Gesetzesverletzung

Populationen können aus den verschiedensten Gründen aus dem Hardy-Weinberg-Gleichgewicht geraten. Eine der häufigsten Abweichungen ist die *Inzucht*. Einfach gesagt entsteht Inzucht, wenn sich nah verwandte Individuen paaren und Nachkommen produzieren. Züchter reinrassiger Hunde kennen das Problem oft zu genau, weil bestimmte Rüden sehr oft in der Zucht eingesetzt werden und viele Welpen zeugen. Einige Generationen später werden dann die Nachkommen dieser Rüden wieder miteinander gepaart. (Tatsächlich sind durch gezielte Inzucht viele Hunderassen entstanden.) Das Problem der Inzucht taucht bei fast allen domestizierten und züchterisch bearbeiteten Tieren auf. In der Holstein-Zucht (bei den schwarz-weißen Kühen also) lassen sich beispielsweise die meisten Tiere auf drei Bullen zurückverfolgen.

Durch die Inzucht häufen sich einige Allele mit der Zeit und bringen so das Hardy-Weinberg-Gleichgewicht ins Wanken. Zusätzlich steigt auch der Homozygotiegrad (der Anteil homozygoter Individuen und Loci) in der Population stark an, während die Zahl der Heterozygoten stetig abnimmt. Schließlich können vermehrt rezessive Merkmale auftauchen. Die Taubheit bei Dalmatinern ist zum Beispiel das Ergebnis von Inzucht über viele Generationen hinweg, genauso wie die CVM-Störung beim Rind (siehe Kapitel 4).

Die Häufigkeit von bestimmten Erbkrankheiten in einigen Bevölkerungsgruppen, wie zum Beispiel bei den Amischen (siehe Kapitel 12), ist auch eine Folge von Inzucht. Selbst wenn die einzelnen Gruppenmitglieder heute nicht mehr nah miteinander verwandt sind, sind sie, wenn die Gruppe von einer sehr kleinen Anzahl von Menschen gegründet wurde, auf irgendeine Weise miteinander verwandt. (Eine solche Verwandtschaft zeigt sich auch bei großen Bevölkerungsgruppen; mehr dazu erfahren Sie im Abschnitt »Kartierung des Genpools« weiter hinten in diesem Kapitel.)

Der Verlust der Heterozygotie ist ein Gefahrensignal für Populationen. Populationen mit einem niedrigen Heterozygotiegrad sind anfälliger für Krankheiten und Stress, was die Aussterbewahrscheinlichkeit erhöht. Das meiste, was wir heute über den Verlust von Heterozygotie und die daraus resultierende Zunahme von Gesundheitsproblemen wissen – was bezeichnenderweise *Inzuchtdepression* genannt wird –, stammt aus Beobachtungen von Tieren in Gefangenschaft, also in Zoos beispielsweise. Viele Zootiere stammen aus Populationen in Gefangenschaft, die ihrerseits schon von einer sehr geringen Anzahl an Gründertieren gezogen wurden. Zum Beispiel stammen sämtliche Schneeleoparden, die heute in Gefangenschaft gehalten werden, von nur sieben Tieren ab.

Aber dieses Risiko besteht nicht nur für Tiere in Gefangenschaft. Je mehr natürliche Habitate der Tiere durch den Menschen verändert werden, desto mehr Populationen werden voneinander getrennt, isoliert und schrumpfen im Umfang. Naturschutzgenetiker wie ich arbeiten daran, die Auswirkungen der menschlichen Aktivitäten auf die natürlichen Populationen von Tieren und Pflanzen zu verstehen. Lesen Sie im Kasten »Genetik und die moderne Arche« mehr darüber, wie Zoos und Naturschutzgenetiker versuchen, seltene Tierarten vor Inzuchtdepression zu schützen und vor dem Aussterben zu bewahren.

> ### Genetik und die moderne Arche
>
> Mit dem Wachstum der menschlichen Bevölkerung weltweit werden die natürlichen Pflanzen- und Tierpopulationen zunehmend verdrängt. Eine der größten Herausforderungen der modernen Biologie ist es, einen Weg zu finden, die weltweite Biodiversität zu sichern. Der Schutz der Artenvielfalt wird heute auf zweierlei Weise betrieben: durch die Errichtung von geschützten Gebieten und durch die Weiterzucht in zoologischen und botanischen Gärten.
>
> In geschützten Gebieten wie Nationalparks werden auf See und an Land Gebiete ausgewiesen, die alle Kreaturen (Pflanzen und Tiere) innerhalb der Grenzen schützen. Einige der schönsten Beispiele dafür sind unter den amerikanischen Nationalparks zu finden. Doch obwohl diese speziell ausgewiesenen Gebiete die Biodiversität schützen, führen solche Inseln zur Isolation der darin wohnenden Populationen. Bei diesen isolierten, kleinen Populationen ist Inzucht schließlich unvermeidbar, was wiederum zu genetischen Defekten führt, die ein Aussterben der Population wahrscheinlicher werden lassen. Manchmal müssen die Naturschutzgenetiker einschreiten und den isolierten Populationen zur Hand gehen, um die unmittelbare Bedrohung abzuwenden. Die großen Präriehühner waren beispielsweise früher im Mittleren Westen der USA sehr häufig. Um 1990 gab es nur noch kleine und isolierte Populationen. Durch die auf die Isolation zurückzuführende Inzuchtdepression schlüpften keine Küken mehr. Um beim Wiederaufbau einer gesunden Population zu helfen, schafften die Genetiker Vögel aus verschiedenen Populationen herbei mit dem Ziel, die genetische Vielfalt zu steigern. Die Strategie ging auf – aus den Eiern schlüpfen heute wieder gesunde Küken, die hoffentlich die Population vor dem Aussterben retten können.

Die Zucht von bedrohten Arten in Zoos, Wildparks und botanischen Gärten dient auch dem Artenschutz. 25 Arten, die in der Wildnis ausgestorben sind, haben in Zoos dank Erhaltungszuchtprogrammen überlebt. Die meisten Programme sind dabei so aufgebaut, dass nicht nur die Art erhalten wird, sondern die Tiere irgendwann wieder ausgewildert werden können. Leider stammen die Zoopopulationen oft von nur sehr wenigen Gründertieren ab, was große Inzuchtprobleme mit sich bringt. Inzuchtdepression zeichnet sich in erster Linie durch Fruchtbarkeitsstörungen und Totgeburten oder auch eine geringe Überlebensrate der Nachkommen aus – womit sich ein Teufelskreis schließt. In den letzten 20 Jahren arbeiten die Zoos deswegen verstärkt mit Stammbäumen (lesen Sie dazu Kapitel 12) und tauschen auf internationaler Ebene Tiere aus, um die Anpaarungsmöglichkeiten so groß wie möglich zu halten.

Kartierung des Genpools

Wenn der Austausch von Allelen oder der *Genfluss* zwischen zwei Gruppen begrenzt wird, entwickeln sich in jeder Gruppe einzigartige genetische Charakteristika. Generell entwickeln sich diese aus Mutationen (siehe Kapitel 13). Wenn Populationen räumlich voneinander getrennt sind und selten Anpaarungspartner austauschen, werden mutierte Allele in den einzelnen Populationen immer häufiger. So entstehen einige Allele nur in der einen Gruppe, und das gibt ihr eine eigene genetische Identität. Nach einiger Zeit erreichen diese Allele das Hardy-Weinberg-Gleichgewicht, wie im Abschnitt »Das Hardy-Weinberg-Gesetz der Populationsgenetik« weiter vorn in diesem Kapitel erläutert wird. Genetiker erkennen solche genetischen Signaturen von einzigartigen Allelen in bestimmten Genmustern und bestimmten Abschnitten der nichtcodierenden DNA.

Mutierte Allele, die außerhalb ihrer üblichen Population auftauchen, lassen vermuten, dass ein oder mehrere Individuen »umgezogen« sind oder »sich unters andere Volk gemischt« haben. Genetiker benutzen die Hinweise, um die Bewegungen von Pflanzen, Tieren und auch Menschen rund um den Erdball zu verfolgen. In den folgenden Abschnitten behandele ich einige der jüngsten Untersuchungen auf diesem Gebiet.

Eine große, glückliche Familie

Das Humangenomprojekt (siehe Kapitel 11) hat den Populationsgenetikern eine Schatztruhe an Informationen zum Durchwühlen an die Hand gegeben. Durch neue Technologien lernen die Forscher mehr denn je über die Unterschiede zwischen den verschiedenen Völkern. Ein solches Projekt ist das HapMap-Projekt (*Hap* steht für *Haplotyp*, was nichts anderes besagt als »Inventar der menschlichen Allele«, und *Map* ist das englische Wort für »Karte«). Die Allele, die im HapMap-Projekt untersucht werden, sind nicht unbedingt Allele von Genen an sich, viele Allele liegen auch im Bereich der nichtcodierenden DNA. Das HapMap-Projekt untersucht vor allem Einzelbasenaustausche in der DNA, sogenannte SNPs (single-nucleotide polymorphism oder Einzelnukleotid-Polymorphismen, siehe hierzu Kapitel 18), die das Ergebnis von Tausenden solcher Austauschmutationen sind.

Die meisten dieser kleinen Änderungen haben keine Auswirkungen auf den Phänotyp, aber insgesamt betrachtet variieren sie zwischen den Populationen und ermöglichen es den Genetikern, die genetische Signatur jeder Population zu unterscheiden.

Nachdem die Genetiker verstanden haben, welche Unterschiede im Haplotyp zwischen den Populationen bestehen, arbeiten sie nun an genetischen Karten, um die SNP-Allele geografisch einzuordnen. Genetisch betrachtet sind die Menschen hauptsächlich auf drei Kontinenten verbreitet: Afrika, Asien und Europa. So überraschend ist das nicht – Menschen besiedelten den amerikanischen Kontinent zum Beispiel erst vor rund 10.000 Jahren. Als die genetischen Eigenheiten der Völker der alten Welt beschrieben wurden, untersuchten die Wissenschaftler die Bevölkerung des nordamerikanischen Kontinents und andere immigrierte Populationen, um herauszufinden, ob sich anhand ihrer Genetik ableiten ließ, woher die Menschen stammen. So konnte man zum Beispiel mithilfe von Gentests einiger Immigranten in Los Angeles bestimmen, von welchem Kontinent sie ursprünglich stammten. Einige Genetiker glauben sogar, dass es möglich ist, die genetischen Karten noch zu präzisieren und die Menschen dann auch dem Land oder gar der Stadt zuordnen zu können, wo ihre Vorfahren einst lebten. Ziel des HapMap-Projekts ist es, die Haplotypen den Populationen zuzuweisen und mit Informationen aus Umwelt, Familiengeschichten und Medizin zu ergänzen, um maßgeschneiderte Behandlungen für Krankheiten entwickeln zu können.

Da Menschen gerne reisen, haben Genetiker die Wanderungsbewegungen von Männern und Frauen verglichen. Eigentlich ging man davon aus, dass Männer weiter herumgekommen sind als Frauen (man denke da an Christoph Kolumbus oder Alexander von Humboldt). Bei den DNA-Untersuchungen hat man jedoch herausgefunden, dass die Männer doch nicht so stark zum Umherstreifen neigen, wie man bisher vermutet hatte. Die Genetiker verglichen die mitochondriale DNA (die nur von der Mutter an die Nachkommen weitergegeben wird) mit der DNA auf dem Y-Chromosom (die nur vom Vater zum Sohn weitergegeben wird). Es scheint so, dass Frauen achtmal häufiger von einem Kontinent zum anderen gewandert sind als Männer. Dazu hat sicherlich die Tradition beigetragen, dass Frauen ihre Familie verlassen, um sich ihren Ehemännern anzuschließen (oder schlichtweg dazu gezwungen wurden). Aber eine andere Erklärung ist auch möglich: das Modell der *Polygamie*, also Männer, die Kinder von mehr als einer Frau haben.

Herkunftsanalyse

Ein weites Gebiet, das sich durch das vermehrte Wissen über die Populationsgenetik aufgetan hat, ist die Herkunftsanalyse (auch bekannt als *genetische Genealogie* oder DNA-Genealogie). Abstammungstests können nun von verschiedenen Firmen bezogen werden und Millionen von Personen haben sich inzwischen in der Hoffnung testen lassen, mehr über ihre Familien zu erfahren und darüber, woher ihre Vorfahren stammen.

Bei der Herkunftsanalyse werden Unterschiede in DNA-Sequenzen untersucht, um die Abstammung einer Person zu ermitteln. Bestimmte Varianten kommen bei Personen gemeinsamer Abstammung oft in gleicher Weise vor, da diese Varianten von einer Generation an die nächste weitergegeben werden. Abstammungstests erfordern die Analyse einer hohen Anzahl von SNPs (siehe oben). In den meisten Fällen müssen mehr als 600.000 verschiedene SNPs, die über das gesamte Genom verteilt sind, analysiert werden. SNPs sind Variationen in DNA-Sequenzen, die am häufigsten in den nichtcodierenden Regionen des Genoms gefunden werden. Zum Beispiel kann eine Person ein Adenin an einer bestimmten Stelle des Genoms haben, während andere genau dort ein Cytosin haben. SNPs können für ein Individuum einzigartig sein oder sie können in bestimmten Populationen sehr häufig auftreten. Die meisten der analysierten SNPs befinden sich auf den Autosomen. Einige der untersuchten DNA-Varianten liegen jedoch auf dem Y-Chromosom und werden genutzt, um die väterliche Abstammungslinie zu verfolgen (da nur männliche Individuen ein Y-Chromosom haben und alle männlichen Individuen ihr Y-Chromosom von ihrem Vater erhalten). Varianten in der mitochondrialen DNA (mtDNA), die getrennt von der Kern-DNA vorliegt, werden ebenfalls untersucht. Wie in Kapitel 5 erläutert, wird die mtDNA immer von der Mutter vererbt, was bedeutet, dass Varianten in der mtDNA dazu genutzt werden können, die mütterliche Abstammungslinie einer Familie zu verfolgen. Mehr über SNPs und mtDNA lesen Sie in Kapitel 18.

Sobald die DNA einer Person getestet worden ist, werden die Ergebnisse mit denen einer Referenzgruppe mit bekannter Abstammung verglichen, um den ethnischen Hintergrund dieser Person einschätzen zu können. Diese Art von Analyse ist in ihrer Aussagekraft jedoch begrenzt, da jede Firma ihre eigene Datenbank hat, mit der sie die Ergebnisse vergleicht, und ein großer Teil der Informationen zur Herkunft beruht auf Selbstauskünften. Außerdem kann ein Abstammungstest Ihnen zwar verraten, wie viel an DNA Sie jeweils von Vorfahren verschiedener ethnischer Gruppe geerbt haben, aber er kann Ihnen nicht genau sagen, wo sie gelebt haben. Möglich ist auch, dass eine Person Ergebnisse erhält, die sich von denen eines nahen Verwandten, beispielsweise eines Bruder oder einer Schwester, unterscheiden. Dies liegt daran, dass Sie einen DNA-Abschnitt geerbt haben könnten, der zum Beispiel von einem italienischen Vorfahren stammt, während Ihr Bruder oder Ihre Schwester einen anderen Abschnitt geerbt hat, der zum Beispiel von einem nordeuropäischen Vorfahren stammt. Jeder Elternteil gibt ja nicht *all* seine DNA an seine Kinder weiter, sondern nur die Hälfte. Und welche Teile ein Elternteil an jedes seiner Kinder weitergibt, ist bei jedem Kind anders (es sei denn, es handelt sich um eineiige Zwillinge).

Ein weiteres wichtiges Thema in puncto Abstammungstests ist, dass diejenigen, die sich testen lassen, damit rechnen müssen, dass sie in ihren Testergebnissen auf unerwartete Informationen stoßen werden. Dinge wie nicht bekannt gegebene Adoptionen oder die Entdeckung, dass ein anderer Mann der biologische Vater sein muss, können bei den Herkunftstests ans Licht kommen, und wenn diese Details erst einmal bekannt sind, können sie nicht mehr zurückgenommen werden. In Kapitel 21 wird noch mehr über die ethischen Aspekte von Gentests für den Hausgebrauch berichtet.

Das geheime Sozialleben der Tiere

Der Genfluss kann bei seltenen oder vom Aussterben bedrohten Tierarten einen gewaltigen Einfluss haben. Vor Kurzem haben zum Beispiel Forscher in Skandinavien eine isolierte Gruppe von Grauwölfen untersucht. Genetisch betrachtet herrschte in der Population starke Inzucht, da alle Tiere von demselben Wolfspaar abstammen. Die Heterozygotie war sehr niedrig und infolgedessen auch die Anzahl der Geburten. Als die Population plötzlich anwuchs, staunten die Wissenschaftler nicht schlecht. Anscheinend war ein männlicher Wolf aus rund 800 Kilometer Entfernung in die Population eingewandert und Vater von einigen

Wolfswelpen geworden. Nur ein Tier brachte genügend frische Gene mit, um die Population vor dem Aussterben zu bewahren.

Die Anpaarungsmuster verschiedener Tierarten überraschen die Biologen oft. Da Menschen gerne in Monogamie leben, haben Wissenschaftler Vögel und Menschen aufgrund ihres anscheinend gleichen Paarungsverhaltens verglichen. Heraus kam, dass Vögel doch nicht so monogam sind, wie es vielleicht scheint. Bei den meisten Singvogelarten (wie Amseln oder Spatzen, um nur zwei bekanntere zu nennen) haben 20 Prozent der Nachkommen einen anderen Vater als denjenigen, mit dem das Weibchen die meiste Zeit verbringt. Indem es die Vaterschaft auf verschiedene Väter verteilt, sichert das Vogelweibchen die genetische Diversität seiner Nachkommen. Und die ist sehr wichtig für die Resistenz gegenüber Stress und Krankheiten.

Die Genetik zeigt, dass einige Vogelarten sogar recht ausgelassen leben. Zum Beispiel leben Staffelschwänze – winzige, brillant glänzende, blaue Singvögel – in Australien in großen Gruppen. Einem Vogelweibchen machen mehrere Männchen ihre Aufwartung und unterstützen es bei der Aufzucht der Jungen. Aber keiner dieser männlichen Vögel ist tatsächlich der Vater der Jungen – die weiblichen Vögel reisen weit, um sich mit männlichen Vögeln aus entfernten Gebieten zu paaren. Andere Vögel bilden Familiengruppen. Die in Florida lebenden Buschtölpel – schöne Vögel mit aquamarinfarbenem Federkleid – bleiben zu Hause und helfen Vater und Mutter bei der Aufzucht ihrer jüngeren Geschwister. Später erbt der ältere Nachwuchs das Territorium der Eltern. Eine andere Vogelart, die australischen weißgeflügelten Dohlen, ziehen da eine andere Form der »Kinderarbeit« zur Aufzucht des eigenen Nachwuchses vor: Sie kidnappen den Nachwuchs der Nachbarn und lassen diesen ihre Jungen aufziehen.

Es zeigt sich, dass Menschen nicht die einzigen Lebewesen sind, die während ihres ganzen Lebens in enger Verbundenheit zu ihren Eltern, Brüdern und Schwestern stehen. Einige Walarten leben auch in Gruppen zusammen, die bei diesen Tieren als »Schulen« bezeichnet werden: Mütter, Schwestern, Brüder, Tanten und Cousins bilden eine Schule, aber nicht die Väter. Für die Paarung treffen sich die verschiedenen Schulen und die Brüder/Söhne der einen Familie paaren sich mit den Schwestern/Töchtern der anderen. Die männlichen Tiere haben Nachkommen in anderen Familien, bleiben aber ihr ganzes Leben in ihrer eigenen Familie. Leider lernten die Genetiker die Familienstrukturen und das Paarungsverhalten der Wale erst durch den Walfang kennen. Hoffentlich tragen die so ermittelten Erkenntnisse einmal zum Schutz der Wale bei, damit auch die kommenden menschlichen Generationen die erstaunliche Biodiversität auf unserem Planeten bewundern können.

Allmähliche Formvollendung: Evolutionsgenetik

Evolution oder die Art und Weise, wie Lebewesen sich über die Zeit hinweg entwickeln, ist ein fundamentales biologisches Prinzip. Als Charles Darwin seine Beobachtungen über die natürliche Selektion veröffentlichte, war die genetische Basis der Vererbung noch unbekannt. Heute, mit leistungsstarken Werkzeugen wie der DNA-Sequenzierung (diese ist in Kapitel 8 näher beschrieben), können Wissenschaftler die Evolution in Echtzeit dokumentieren und auch aufdecken, dass Arten vor langer, langer Zeit gemeinsame Vorfahren hatten.

Mit dem Auftreten genetischer Variation (bedingt durch Mutationen, die ich in Kapitel 13 behandele) entstehen neue Allele. Bestimmte genetische Variationen werden dann durch *natürliche Selektion* aufgrund von verbesserten Überlebenschancen und Reproduktionsvorteilen der so mutierten Lebewesen gegenüber anderen verbreitet. In diesem Abschnitt lernen Sie, warum Genetik und Evolution untrennbar miteinander verstrickt sind.

Der Schlüssel heißt: Genetische Variation

Evolution ergibt sich aus der *genetischen Variation*, die aufgrund von Mutationen entsteht. Ohne genetische Variation keine Evolution. Obwohl viele Mutationen eindeutig schlecht sind (diese bespreche ich in Kapitel 13), bringen einige Mutationen einen Vorteil für den Mutanten, wie zum Beispiel eine Krankheitsresistenz.

Unabhängig davon, wie eine Mutation entsteht oder welche Auswirkungen sie hat: Die Änderung muss erblich sein, also von den Eltern an die Nachkommen weitergegeben werden können, um die Evolution voranzutreiben.

Bis vor Kurzem war es nicht möglich, erbliche Variationen direkt zu untersuchen. Stattdessen diente die *phänotypische Variation* als Indikator dafür, wie viel genetische Variation vielleicht existiert. Mithilfe der DNA-Sequenzierung wurde den Wissenschaftlern klar, dass genetische Variation weitaus komplexer ist, als sich irgendjemand überhaupt vorstellen konnte.

Erbliche genetische Variation allein heißt noch lange nicht, dass auch Evolution stattfinden wird. Das letzte Stück im Evolutionspuzzle ist die *natürliche Selektion*. Einfach ausgedrückt findet natürliche Selektion dort statt, wo unter bestimmten Umständen Individuen mit einem bestimmten Merkmal favorisiert werden. Mit »favorisiert« ist gemeint, dass diese Individuen sich leichter reproduzieren können und bessere Überlebenschancen haben als Individuen mit anderen Merkmalsausprägungen. Dieser Erfolg wird bisweilen auch als *Fitness* beschrieben, was nichts anderes ist als die Erfolgsquote eines bestimmten Genotyps in der Fortpflanzung. Hat ein Lebewesen eine große Fitness, werden seine Gene erfolgreich an die nächste Generation weitergegeben. Die natürliche Selektion leitet durch diesen Fitnesseffekt einen *Adaptationsprozess* ein, oder anders gesagt: Es kristallisieren sich Eigenschaften heraus, die das Überleben der Art sichern. Das weiße Fell der Eisbären, das es ihnen ermöglicht, optisch mit der Schneelandschaft der Arktis zu verschmelzen, ist ein Beispiel für Adaptation.

Wo neue Arten herkommen

Seit Anbeginn der Zeit (oder zumindest seit Anbeginn der Menschheit) klassifizieren und benennen Menschen die Kreaturen in ihrer Umgebung. Die formale Nomenklatur der Arten heißt bei den Wissenschaftlern *Taxonomie*. Die Taxonomie konzentrierte sich lange

Zeit auf äußerliche, physische Unterschiede und Gemeinsamkeiten zwischen den Lebewesen, um die Arten einzuteilen. Zum Beispiel sind die Elefanten Afrikas und die Elefanten Asiens offensichtlich beide Elefanten, aber in ihren physischen Eigenschaften neben anderen Dingen so unterschiedlich, dass man sie nicht als eine Art bezeichnen kann. In den letzten 50 Jahren hat sich die Klassifizierung der Arten in dem Maße geändert, in dem Wissenschaftler genetische Informationen über die einzelnen Organismen hinzugewonnen haben.

Eine Methode, eine Art zu klassifizieren, ist das *Konzept der biologischen Art*, das auf dem Prinzip der reproduktiven Kompatibilität basiert: Organismen, die sich erfolgreich miteinander fortpflanzen können, werden als eine Art angesehen, können sie es nicht, gehören sie zu verschiedenen Arten. Diese Definition lässt aber noch viel zu wünschen übrig, weil sich nah verwandte Arten oft noch miteinander fortpflanzen können, obwohl sie sich so deutlich voneinander unterscheiden, dass man sie als zwei verschiedene Arten bezeichnen muss.

Eine weitere Methode, die Arten einzuteilen, funktioniert etwas besser. Sie besagt, dass eine Art eine Gruppe von Organismen ist, die eine eigene Persönlichkeit aufweist – in genetischer, physischer und geografischer Hinsicht –, und das über Zeit und Raum. Ein gutes Beispiel für die Klassifizierung einer Art nach dieser Definition sind Hunde und Wölfe. Beide gehören einer Gattung an, und zwar der Gattung *Canis*. Der gleiche Gattungsname deutet schon an, dass sich die Organismen sehr ähnlich und nahe miteinander verwandt sind. Aber sie gehören zu unterschiedlichen Arten, was man dann auch am Artzusatz, der dem Gattungsnamen nachgestellt ist, sehen kann: Hunde gehören allesamt zur Art *Canis familiaris*. Bei den Wölfen gibt es verschiedene Arten, die in ihrem Artnamen zwar alle mit *Canis* beginnen, aber verschiedene Artzusätze haben, mit denen die Arten eindeutig voneinander unterschieden werden, wie zum Beispiel der Grauwolf (*Canis lupus*) und der Rotwolf (*Canis rufus*). Genetisch betrachtet sind Wölfe und Hunde sehr verschieden, aber wieder nicht so verschieden, dass sie sich nicht paaren könnten. Hunde und Wölfe paaren sich gelegentlich und zeugen Nachkommen miteinander, sich selbst überlassen würden sie das allerdings nicht tun.

Wenn Populationen fortpflanzungstechnisch voneinander getrennt werden (soll heißen, sie können sich nicht mehr paaren), werden die nun getrennten Populationen jeweils ihre eigene Evolution durchlaufen. Verschiedene Mutationen werden sich einstellen und durch natürliche Selektion wird mit der Zeit eine unterschiedliche Adaptation stattfinden. Auf diese Weise können nach vielen Generationen aus einer ursprünglichen Population verschiedene Arten entstehen.

Ein berühmtes Beispiel für diese Art der Evolution sind die treffenderweise nach Darwin benannten Darwinfinken, eng miteinander verwandte Vogelarten, die auf den Galapagos-Inseln, einer Inselgruppe vor der Küste Südamerikas, leben. Genetische Untersuchungen brachten zutage, dass alle Darwinfinken von einer einzigen Ahnenart abstammen, die vor drei oder vier Millionen Jahren auf einer der Inseln gelandet ist. Während die einzelnen Inseln aufgrund vulkanischer Aktivitäten entstanden und wieder verschwanden, wanderten die Vögel von Insel zu Insel und immer wieder wurden Populationen isoliert. Dadurch konnten evolutionäre Kräfte und natürliche Selektion verschiedene Arten formen. So haben einige Darwinfinken große Schnäbel, um harte Samen aufbrechen zu können, wohingegen andere eher zierliche, schmale Schnäbel haben, um in Spalten nach Insekten suchen zu können. Abbildung 17.2 gibt Ihnen einen Überblick über die Vielfalt und die Beziehungen dieser faszinierenden Finken.

KAPITEL 17 Die Geschichte der Menschheit und die Zukunft unseres Planeten

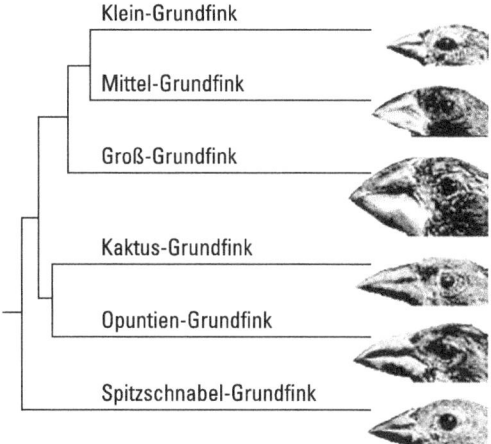

Abbildung 17.2: Darwinfinken geben ein gutes Beispiel ab, wie natürliche Selektion den Phänotyp formt und neue Arten entstehen lässt.

So wächst der phylogenetische Baum

Einer der Grundsätze der Evolution ist, dass Lebewesen Gemeinsamkeiten aufgrund ihrer Abstammung von einem gemeinsamen Urahn aufweisen. Genetik und DNA-Sequenzierung haben es den Wissenschaftlern ermöglicht, diese evolutionären Beziehungen, auch *Phylogenese* genannt, zwischen Lebewesen zu untersuchen. Zum Beispiel können die DNA-Sequenzen eines bestimmten Gens zwischen vielen Organismen verglichen werden. Falls ein Gen sehr ähnlich oder unverändert zwischen zwei Arten ist, werden diese Arten als enger miteinander verwandt betrachtet (im evolutionären Sinn) als Arten, die viele Mutationen im selben Gen akkumuliert haben.

Evolutionäre Beziehungen zueinander können beispielsweise durch ein Baumdiagramm – auch *phylogenetischer Baum* genannt – dargestellt werden. Ähnlich wie Stammbäume genutzt werden, um die Genetik innerhalb von Familien zu untersuchen (blättern Sie zurück zu Kapitel 12, um mehr darüber zu lesen), zeigen phylogenetische Bäume wie der in Abbildung 17.2 die »familiären Beziehungen« zwischen Arten. Der Stamm eines phylogenetischen Baums repräsentiert dabei den gemeinsamen Urahn, von dem alle in dem Baum dargestellten Arten abstammen. Die Äste des Baums zeigen die evolutionären Beziehungen zwischen den Arten. Ganz allgemein signalisieren kürzere Äste eine engere Verwandtschaft zwischen den Arten.

Teil IV
Genetik und Ihre Welt

IN DIESEM TEIL ...

Die Technologie in der Genetik mag sehr verwirren. Deshalb soll dieser Teil mehr zum Verständnis der komplexen Abläufe beitragen und Ihnen so den Schrecken nehmen.

In diesem Teil zeige ich, wie man mithilfe der Genetik die Geschichte der Menschheit zurückverfolgen kann und wie die Aktivitäten der Menschen die Genetik der Tier- und Pflanzenwelt weltweit beeinflussen. Falls Sie sich schon immer gewundert haben, wie Verbrechen mithilfe der forensischen Genetik gelöst werden können, bekommen Sie hier alle Informationen über den Beitrag der DNA in der Verbrechensbekämpfung. Mit derselben Technologie, die bei der forensischen Analyse angewendet wird, kann man auch Gene von einem in einen anderen Organismus verpflanzen. Ich erkläre hier auch die Risiken und die Fortschritte in den Bereichen der Gentechnologie und des Klonens. Und schließlich, da sich mit dem Wissen um die Genetik auch eine ganz neue Welt an Möglichkeiten eröffnet, beleuchte ich auch das Für und Wider in Fragen der Ethik.

IN DIESEM KAPITEL

DNA-Fingerabdrücke herstellen

Mit DNA Verbrecher überführen

Mit DNA Personen identifizieren

Kapitel 18
Geheimnisse lüften mit der DNA

Kein Polizeidrama oder Krimi, die im Fernsehen gezeigt werden, kommt heutzutage ohne die Rechtsmedizin aus, aber wo finden wir diese Rechtsmediziner im wahren Leben? Generell wird die *Rechtsmedizin*, oder auch *Forensik*, als Wissenschaft so verstanden, dass damit Verbrecher gefasst und überführt werden können. Sie beinhaltet den Ursprungsnachweis von Teppichfasern und Haaren genauso wie den Vaterschaftstest. Technisch betrachtet ist die Forensik die Anwendung wissenschaftlicher Methoden für juristische Zwecke. Folglich ist die *forensische Genetik* die Suche nach DNA-Beweismitteln – wer ist es, wer hat es getan und wer ist Ihr Vater?

So wie jeder Mensch seinen eigenen Fingerabdruck hat, so ist auch jeder Mensch (mit Ausnahme von eineiigen Zwillingen) genetisch einzigartig. Der *genetische Fingerabdruck* oder das *DNA-Profil* ist ein individuelles Muster in der DNA und das Herzstück der forensischen Genetik. Er wird oft in folgenden Zusammenhängen genutzt:

✔ zur Bestätigung, dass eine Person an einem bestimmten Ort war

✔ zur Feststellung der Identität (und des Geschlechts)

✔ zum Nachweis der Vaterschaft

In diesem Kapitel betreten Sie ein Genlabor und erleben, wie Wissenschaftler forensische Geheimnisse wie die Personenidentifikation oder familiäre Beziehungen mithilfe der Genetik lüften.

Die Erkenntnis, dass der Fingerabdruck eines jeden Menschen einzigartig ist, ist wahrscheinlich so alt wie die Menschheit selbst. Aber Edward Henry war der erste Polizist, der 1899 die Schleifen, Bogen und Windungen an den Fingerspitzen zur Identifikation von Personen und zur Aufklärung von Verbrechen benutzte.

Ihre Identität steckt im DNA-Schrott

Wenn man sich umguckt, ist es offensichtlich: Jeder Mensch ist einzigartig. Aber an den *Genotyp* (genetische Merkmale) hinter dem *Phänotyp* (physische Merkmale) heranzukommen, ist ein kniffliges Unterfangen, da Ihre DNA fast deckungsgleich mit denen aller anderen Menschen ist. Die DNA regelt natürlich hauptsächlich die Körperfunktionen, und diese Funktionen sind bei jedem Menschen genau gleich. Würden Sie die ungefähr drei Milliarden Basenpaare Ihrer DNA (mehr zum Aufbau der DNA in Kapitel 6) mit denen Ihres Nachbarn vergleichen, würden Sie herausfinden, dass 99,999 Prozent der DNA exakt übereinstimmen.

Also, warum sehen Sie so ganz anders aus als Ihr Nachbar oder sogar als Ihre Mutter oder Ihr Vater? Ihre genetische Einzigartigkeit ist das Ergebnis der sexuellen Reproduktion (wie das genau funktioniert, also das mit der Einzigartigkeit, lesen Sie in Kapitel 2). Bevor das menschliche Genom sequenziert wurde, waren die kleinen Unterschiede, die durch Rekombination und Meiose entstehen und Ihre Einzigartigkeit ausmachen, sehr schwer zu isolieren. 1985 fand ein Team britischer Wissenschaftler heraus, wie man diese kleinen Unterschiede in einem Profil zum genetischen Fingerabdruck zusammenfasst. Überraschenderweise werden dazu jedoch nicht die Informationen aus den Genen verwendet, die Sie einzigartig machen, sondern man nutzt dafür den Teil des Genoms, der für nichts gut zu sein scheint: die Junk-DNA.

Weniger als 2 Prozent des menschlichen Genoms codieren die eigentlichen physischen Merkmale, also all Ihre Körperteile und wie sie funktionieren. Das ist schon ziemlich erstaunlich, wenn man bedenkt, wie riesig das menschliche Genom ist. Also wozu ist dann die ganze überschüssige DNA in den Zellen gut? Die Wissenschaftler suchen immer noch nach der Antwort auf diese Frage. Was sie aber wissen, ist, dass sich der »DNA-Schrott«, also die Junk-DNA, zum Teil sehr gut für die Identifikation von Personen verwenden lässt.

Auch beim Vergleich der Junk-DNA sind sich die Menschen sehr, sehr ähnlich. Aber es gibt dort kurze Abschnitte der DNA, die sich von einer Person zur anderen stark unterscheiden. *Short Tandem Repeats (STRs)* – kurze, hintereinander auftretende, sich wiederholende Stückchen – sind Abschnitte in der DNA, in denen eine kurze Abfolge von Basen immer wieder wiederholt wird. Ein normales Stück Junk-DNA sieht in etwa so aus wie im folgenden Beispiel (die Leerzeichen zwischen den Buchstaben dienen einzig und allein der Lesbarkeit, in Wirklichkeit gibt es keine Lücken in der DNA):

TGCT AGTC AAAG TCTT CGGT TCAT

Ein kurzer STR sieht hingegen vielleicht so aus:

TCAT TCAT TCAT TCAT TCAT TCAT

Die Anzahl der Wiederholungen der kurzen Sequenz in den STR-Paaren variiert dabei von Person zu Person. Diese Variationen werden ebenfalls als *Allele* bezeichnet (mehr zu Allelen lesen Sie in Kapitel 3). In Abbildung 18.1 können Sie sehen, wie sich die gleichen STRs auf den Chromosomenpaaren zweier Verdächtiger unterscheiden. Das eine dargestellte Chromosomenpaar hat zwei Loci (in Wirklichkeit besitzt ein Chromosom mehrere Hundert

STR-Loci, aber wir schauen uns nur die zwei als Beispiel an). Beim ersten Verdächtigen hat der STR-Marker am Locus A auf beiden Chromosomen dieselbe Länge, was bedeutet, dass der erste Verdächtige (V1) am Locus A homozygot ist (*homozygot* heißt, dass die beiden Allele an diesem Locus identisch sind). Am Locus B hat V1 zwei Allele mit verschiedenen Längen, was bedeutet, dass er heterozygot für diesen Locus ist (*heterozygot* heißt, dass sich die beiden Allele unterscheiden). Nun schauen wir uns das STR-DNA-Profil des zweiten Verdächtigen (V2) an. Es zeigt dieselben beiden Loci, aber die Muster sind verschieden. Am Locus A ist V2 heterozygot und ein Allel ist kürzer als das von V1. Am Locus B ist V2 homozygot und er hat zudem noch ein komplett anderes Allel als V1.

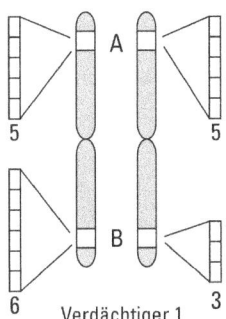 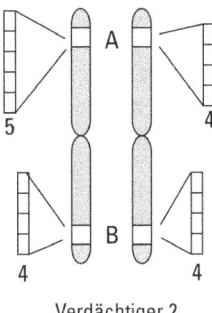

Abbildung 18.1: Die Allele zweier STR-Loci auf den Chromosomen zweier Verdächtiger (V1 und V2)

 Eine Variation von Allelen wird *Polymorphismus* genannt (*poly-* heißt »viel« und *morph* heißt »Form« oder »Typ«), egal ob in der codierenden DNA oder im DNA-Schrott. STR-Polymorphismen entstehen durch Fehler beim Kopierprozess der DNA (*Replikation* genannt, siehe Kapitel 7). Normalerweise wird die DNA während der Replikation fehlerfrei kopiert. Bei den STRs können die Enzyme, die die DNA kopieren, aber aufgrund der vielen Wiederholungen etwas durcheinanderkommen und eine Wiederholung – wie ein TCAT im vorigen Beispiel – im STR übersehen oder zu viel einfügen. Im Endergebnis ist die DNA-Sequenz vor und hinter dem STR bei jeder Person dieselbe, nur die Länge, also die Anzahl der Wiederholungen *innerhalb* der STRs, unterscheidet sich. Im DNA-Schrott verursachen diese Mutationen jede Menge Variationen in der Anzahl an Wiederholungen. (Variationen oder Mutationen von Genen können harmlos sein oder schwerwiegende Konsequenzen haben, siehe Kapitel 13.)

Die einzelnen STRs, die in der Forensik verwendet werden, werden *Loci* oder *Marker* genannt. Loci ist der Plural von Locus, lateinisch für »Ort«. (Gene werden oft auch als Loci bezeichnet, siehe Kapitel 3.) Jeder Mensch, auch Sie, hat Hunderte verschiedener STR-Marker auf jedem einzelnen Chromosom. Diese Loci werden mit Buchstaben und Zahlen benannt, zum Beispiel D5S818 oder VWA.

 Ihr STR-DNA-Fingerabdruck unterscheidet sich komplett von dem jedes anderen Menschen auf dieser Welt (mit Ausnahme von dem Ihres eineiigen Zwillings, falls Sie einen haben). Die Wahrscheinlichkeit, dass irgendjemand anders dieselben Allele wie Sie an jedem einzelnen seiner oder ihrer Loci besitzt, ist ungeheuer gering.

Viele andere Organismen besitzen ebenfalls STR-Loci in ihrer DNA und haben logischerweise auch einen eigenen genetischen Fingerabdruck. Hunde, Katzen, Pferde, Fische, Pflanzen – in der Tat besitzen fast alle Eukaryoten eine Menge STR-DNA. Dadurch werden die STR-DNA-Fingerabdrücke zu einem mächtigen Werkzeug, mit dem viele biologische Fragestellungen gelöst werden können. (Wie andere biologische Mysterien mit STR-Fingerabdrücken gelöst werden, erfahren Sie in Kapitel 17.)

Spurensuche am Tatort: Wo ist die DNA?

Wenn ein Verbrechen geschieht, sind der Rechtsmediziner und die Spezialisten der Tatortsicherung besonders an biologischen Beweismitteln interessiert, da Zellen DNA enthalten. Zu den biologischen Beweismitteln zählen Blut, Speichel, Sperma und Haare.

Tiere und Pflanzen spielen Detektiv

DNA-Beweismittel jeden Ursprungs können oft wertvolle Hinweise auf den Täter eines Verbrechens geben. Zum Beispiel wurde ein besonders brutaler Mord in Seattle allein durch die DNA-Analyse des Hundes des Opfers aufgeklärt. Nachdem zwei Menschen und ihr Hund in ihrem Haus erschossen wurden, verhaftete man zwei Verdächtige, in deren Besitz blutbefleckte Kleidung gefunden wurde. Das einzige Blut auf der Kleidung stammte von einem Hund, und tatsächlich konnten die Verdächtigen nur über das Hundeblut mit dem Tatort in Verbindung gebracht werden. Mit Markern, die ursprünglich für den Vaterschaftsnachweis bei Hunden entwickelt worden waren, konnten die Ermittler einen DNA-Fingerabdruck des getöteten Hundes erstellen und diesen mit dem Blut auf der Kleidung vergleichen. Die Abdrücke stimmten überein und der Beweis reichte für eine Verurteilung.

Praktisch jede Art biologisches Material kann genug DNA liefern, um einen Verbrecher mit seinem Verbrechen in Verbindung zu bringen. Bei einem Mordfall trat der Täter in einen Hundehaufen nahe des Tatorts. Man fand Beweismaterial am Schuh eines Verdächtigen, konnte dieses mittels DNA-Fingerabdruck mit der Probe nahe des Tatorts in Übereinstimmung bringen und den Täter überführen. In einem anderen Fall pinkelte der Hund eines Vergewaltigungsopfers an das Auto des Angreifers, womit die Ermittler den Hund mit dem Auto in Verbindung bringen konnten. Der Verdächtige war sofort geständig.

Auch Pflanzen können zur DNA-Beweisermittlung beitragen. 1992 wurde in Arizona zum ersten Mal eine Pflanze als DNA-Beweisstück vor Gericht verwendet. Ein Mordopfer wurde in der Nähe eines Wüstenbaums, einer *Parkinsonia* (ein Johannisbrotgewächs, auch Palo Verde genannt), gefunden. Die Samen eines solchen Baums wurden ebenfalls auf der Ladefläche eines Pick-ups gefunden, der einem Verdächtigen in dem Fall gehörte.

> Dieser jedoch stritt ab, sich jemals in der Gegend aufgehalten zu haben. Die Samen, die auf der Ladefläche gefunden wurden, stammten jedoch exakt von dem Baum, neben dem das Opfer gefunden wurde – dies ergab der genetische Fingerabdruck der Pflanze. Zwar konnten die Samen nicht die Anwesenheit des Verdächtigen am Tatort nachweisen, jedoch die seines Kleinlasters. Dieser Beweis war überzeugend genug, um eine Verurteilung des Täters herbeizuführen.

Sammlung von biologischen Beweismitteln

Alles, was von einem Lebewesen stammt, kann DNA enthalten, die für die DNA-Analyse nützlich ist. Zusätzlich zu den biologischen Beweisstücken menschlichen Ursprungs (Blut, Speichel, Sperma oder Haare) können auch Pflanzenteile (wie Samen, Blätter und Pollen) oder Proben von Tieren (wie Haare und Blut) eine Verbindung zwischen Täter und Opfer herstellen. (Lesen Sie im Kasten »Tiere und Pflanzen spielen Detektiv« mehr darüber, wie nichtmenschliche DNA bei der Ermittlung von Verbrechen genutzt werden kann.)

Um brauchbare Proben für die DNA-Untersuchung zu erhalten, müssen die Spurensicherer sehr, sehr vorsichtig vorgehen, damit sie die DNA vom Tatort nicht mit ihrer eigenen vermischen. Daher tragen sie Handschuhe, vermeiden es zu niesen oder zu husten und bedecken ihre Haare (das ist kein Witz – auch Schuppen enthalten DNA).

Für eine »wasserdichte« Ermittlung muss die Spurensicherung alles am Tatort (oder beim Verdächtigen) sammeln, was vielleicht als Beweisstück dienen könnte. DNA wurde bereits aus Knochen, Zähnen, Haaren, Urin, Kot, Kaugummi, Zigarettenstummeln, Zahnbürsten und sogar aus Ohrenschmalz isoliert! Blut ist jedoch das brauchbarste Beweismittel, da sogar der kleinste Tropfen Blut bis zu 80.000 weiße Blutkörperchen enthalten kann. Der Zellkern jeder weißen Blutzelle enthält das gesamte Genom des Spenders, und das ist mehr als genug für eine Identifizierung mittels genetischen Fingerabdrucks. (Rote Blutzellen taugen dazu hingegen nicht, denn die enthalten keine DNA mehr!) Aber schon eine einzige Hautzelle genügt, um einen genetischen Fingerabdruck zu erstellen (siehe auch den Abschnitt »Die PCR – Hauptwerkzeug der Genetiker« weiter hinten in diesem Kapitel). Hautzellen an einem Zigarettenstummel oder an der Gummierung eines Briefumschlags können schon der Beweis sein, der den Verdächtigen überführt. Auch DNA aus dem Inneren von Schusswaffen kann wertvolle Hinweise auf den Täter geben.

Um aus der DNA Informationen zu gewinnen und daraus die richtigen Schlüsse ziehen zu können, muss der Ermittler Proben vom Opfer oder den Opfern, Verdächtigen und Zeugen miteinander vergleichen. Die Spurensicherer sammeln Proben von Hauspflanzen, Haustieren oder anderen lebenden Dingen in unmittelbarer Nähe, um deren DNA-Fingerabdruck zum Vergleich mit den DNA-Beweismitteln heranzuziehen. Mit den Proben unterm Arm ist es Zeit für den Ermittler, ins Labor zu gehen.

Abbau der DNA

Die DNA kann, wie alle anderen biologischen Moleküle auch, in einem Prozess namens *Degradierung* abgebaut werden. *Exo-* und *Endonukleasen*, eine bestimmte Sorte Enzyme, deren einzige Funktion darin besteht, DNA abzubauen, gibt es praktisch überall: auf Ihrer Haut, auf den Oberflächen, die Sie berühren, und auch in Bakterien. Jedes Mal, wenn die DNA mit den Enzymen in Berührung kommt, nimmt ihre Qualität deutlich ab, da das DNA-Molekül in immer kleinere Stücke zerbrochen wird. Degradierung ist schlecht für die Beweisführung, da sich die DNA zersetzt, sobald die Zellen (wie Haut- oder Blutzellen) vom lebenden Organismus getrennt werden. Um die DNA nach dem Aufsammeln als Beweismittel zu schützen, wird die Probe in einem sterilen (enzymfreien!) Behälter trocken gelagert. Solange die Probe nicht hohen Temperaturen, Feuchtigkeit oder starkem Licht ausgesetzt wird, kann man die DNA noch über 100 Jahre als Beweisstück nutzen. Auch bei »ungünstigen« Bedingungen kann sich die DNA jahrhundertelang halten.

Auf ins Labor!

Biologische Proben enthalten neben der DNA noch viel anderes Zeug. Deswegen ist das Erste, was die Ermittler im Labor machen, die Extraktion der DNA aus der Probe. (Eine Anleitung zur DNA-Extraktion aus einer Erdbeere finden Sie in Kapitel 6.) Es gibt verschiedene Methoden der DNA-Extraktion, aber drei Schritte sind eigentlich immer gleich:

1. Die Zellen werden aufgebrochen, um die DNA aus den Zellkernen zu befreien (dies nennt man auch *Zell-Lyse*).

2. Die Proteine (die den größten Anteil der Probe ausmachen) werden durch ein verdauendes Enzym abgebaut und entfernt.

3. Die DNA wird durch Alkohol aus der Lösung gefällt.

Nachdem die DNA aus der Probe isoliert wurde, erfolgt die Analyse in einem Prozess, der *Polymerase-Kettenreaktion (PCR)* genannt wird. Dies ist inzwischen das Hauptwerkzeug der Genetiker und steht im Mittelpunkt vieler molekularbiologischer Verfahren. Neuere Hochdurchsatz-Verfahren mit der direkten PCR kommen sogar ohne vorherige DNA-Isolierung aus.

Die PCR – Hauptwerkzeug der Genetiker

Das Ziel der PCR sind Tausende Kopien eines bestimmten Teils des DNA-Moleküls – im Falle der Rechtsmedizin sind das mehrere STR-Loci, die dann zur Erstellung eines genetischen Fingerabdrucks verwendet werden. (Das Kopieren des gesamten DNA-Moleküls würde wenig Sinn machen, da die Einzigartigkeit der Person weiterhin in der DNA versteckt wäre.) Die vielen Kopien der verschiedenen Zielsequenzen werden aus zwei Gründen gebraucht:

✔ Die vorwiegend für den genetischen Fingerabdruck verwendete Technologie erfordert größere Mengen an DNA, die entsprechend in einer PCR hergestellt werden.

✔ Die Übereinstimmungen beim genetischen Fingerabdruck und in der Rechtsmedizin müssen über jeden Zweifel erhaben sein, schließlich hängen menschliche Schicksale davon ab. Zur Vermeidung falscher Identifizierungen müssen viele STR-Loci aus jeder Probe untersucht werden.

Mittlerweile können in einem Reaktionslauf bis zu 17 STR-Loci gleichzeitig untersucht werden. Dazu gehören auch Loci auf der mitochondrialen DNA und auf dem Y-Chromosom, um zu erkennen, ob die Probe von einem Mann oder einer Frau stammt. In den USA ist die Durchführung der PCR zur Identitätsfeststellung stark reglementiert, damit der genetische Fingerabdruck auch vor Gericht Bestand hat. Dort sind 13 Standardmarker plus einer zur Feststellung des Geschlechts vorgeschrieben. Die Marker sind in der Datenbank CODIS (Combined DNA-Index-System des FBI) gelistet. Das Pendant heißt in Deutschland DAD (DNA-Analyse-Datei) und wurde 1988 vom Bundeskriminalamt eingerichtet.

Und so funktioniert die PCR (siehe dazu auch Abbildung 18.2):

1. Um die DNA replizieren zu können, muss der Doppelstrang des DNA-Moleküls (aus der Probe) in seine Einzelstränge getrennt werden. Dieser Vorgang wird auch *Denaturierung* genannt. Bei der doppelsträngigen DNA liegt die Information innen, geschützt vom Zucker-Phosphat-Rückgrat (siehe Kapitel 6) der Doppelhelix. Die komplementären Basen der DNA, in denen alle Informationen enthalten sind, sind sozusagen weggeschlossen. Um das Schloss zu knacken, an den genetischen Code zu gelangen und eine DNA-Kopie herstellen zu können, muss die Doppelhelix also aufgebrochen werden. Die Wasserstoffbrückenbindungen, die die beiden Stränge zusammenhalten, sind relativ stark, können aber leicht durch Erhitzen bis knapp unter den Siedepunkt von Wasser (circa 96 Grad Celsius) geöffnet werden. Bei dieser Hitze lösen sich die einzelnen Stränge voneinander, weil hier die Wasserstoffbrücken »schmelzen«. Das Rückgrat aus den Zucker-Phosphat-Molekülen wird durch die Hitze nicht beschädigt, sodass die Einzelstränge mit den Basen in ihrer ursprünglichen Reihenfolge erhalten bleiben.

2. Nach der Denaturierung wird das Gemisch langsam auf eine Temperatur zwischen 55 und 65 Grad Celsius abgekühlt. Durch das Abkühlen können sich kleine komplementäre DNA-Stückchen, sogenannte *Primer*, an die DNA aus der Probe binden. Dieser Schritt nennt sich auch *Primerhybridisierung*. Die Primer heften sich nur dort an den DNA-Strang, wo sie exakt hinpassen. Gibt es keine passende Stelle, kann der nächste Schritt der PCR nicht stattfinden, da ohne die Primer der Kopierprozess nicht starten kann (lesen Sie in Kapitel 7, warum man Primer benötigt, um DNA aus dem Nichts aufzubauen). Die Primer, die in der PCR verwendet werden, sind mit Spezialfarben markiert, die leuchten, wenn sie unter Licht mit bestimmter Wellenlänge gehalten werden (ähnlich fluoreszierender Farbe bei Schwarzlicht). STRs gleicher Länge (obwohl sie tatsächlich auf komplett verschiedenen Chromosomen liegen können, siehe Abbildung 18.1) werden mit verschiedenen Farben markiert. So hat jeder Locus eine andere Farbe, wenn der genetische Fingerabdruck gelesen wird. (Lesen Sie hierzu mehr im Abschnitt »Und so wird ein Fingerabdruck draus« weiter hinten in diesem Kapitel.)

3. Nachdem die Primer ihre passende Position auf der DNA-Vorlage gefunden haben, beginnt die *Taq-Polymerase* mit ihrer Arbeit. Die Taq-Polymerase ist eine thermostabile DNA-Polymerase, die bei den wiederholten Denaturierungsschritten (bei 96 Grad Celsius) ihre Aktivität nicht verliert.

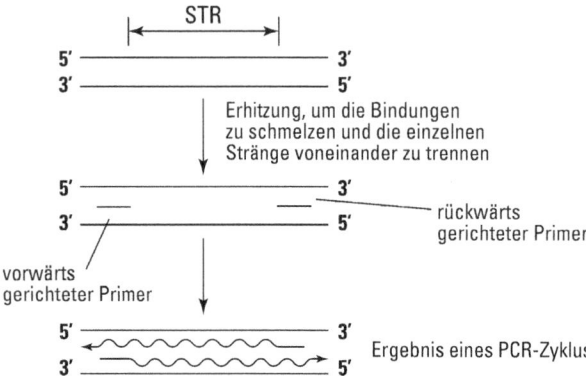

Abbildung 18.2: Der PCR-Prozess

Die Polymerase beginnt damit, am 3'-Ende (wie die Enden der DNA benannt werden, lesen Sie in Kapitel 6) des Primers neue Basen hinzuzufügen – diese Phase wird *Elongation* genannt. Dabei liest sie die Basen am Vorlagenstrang ab und fügt die jeweils komplementäre hinzu. Dies geschieht an beiden Strängen gleichzeitig, sodass am Ende der Elongation zwei neue Doppelstränge vorliegen. Die neu replizierten Stränge bleiben doppelsträngig, da die Temperatur der Elongationsphase (72 Grad Celsius) nicht ausreicht, die Stränge voneinander zu trennen.

Ein Zyklus der PCR produziert zwei identische Kopien des gewünschten STR. Zwei Kopien sind aber bei Weitem nicht genug, um von den Lasern, die den DNA-Fingerabdruck ablesen, erkannt zu werden (siehe den Abschnitt »Und so wird ein Fingerabdruck draus« weiter hinten in diesem Kapitel). Man braucht Hunderttausende Kopien von jedem STR, weswegen der PCR-Zyklus von Denaturierung, Hybridisierung und Elongation zigmal wiederholt wird.

In Abbildung 18.3 sehen Sie, wie schnell viele Kopien entstehen – nach nur fünf Zyklen sind von den beiden Strängen bereits 32 Kopien vorhanden. Normalerweise besteht eine PCR-Reaktion aus 30 Zyklen. Aus einer Probe mit nur einer doppelsträngigen Vorlage können so 230 = 1.073.741.824 Kopien des gewünschten STR entstehen (die Primer und die Sequenz dazwischen). Normalerweise bestehen die Proben aus mehr als einer Zelle, man beginnt wahrscheinlich mit rund 80.000 Vorlagen statt mit einer. Nach 30 PCR-Zyklen haben Sie dann ... ich warte, Sie rechnen, lassen Sie sich ruhig Zeit ... na ja, jede Menge DNA jedenfalls. Das ist die große Stärke der PCR: Aus einem kleinen Tropfen Blut oder einem einzigen Haar kann man genug DNA gewinnen, um einen genetischen Fingerabdruck zu erstellen, der den Unschuldigen entlastet und den Schuldigen hinter Schloss und Riegel bringt.

Die Erfindung der PCR hat die Methoden zur Untersuchung der DNA revolutioniert. Die PCR ist so etwas wie ein Kopiergerät für DNA, allerdings mit einem großen Unterschied: Ein Kopierer erstellt eben nur eine Kopie, eine naturgetreue Nachbildung des Originals. Bei der PCR entsteht echte DNA. Bevor die PCR aufkam, mussten die Wissenschaftler für einen genetischen Fingerabdruck immer große Mengen an DNA direkt vom Tatort zur Verfügung haben. Aber häufig kann ein Täter im wahrsten Sinne des Wortes nur um Haaresbreite mit dem Tatort in Verbindung gebracht werden – findet man meistens doch nur sehr kleine Mengen an DNA, zum Beispiel ein einziges Haar! Der größte Vorteil der PCR ist, dass man selbst mit dieser kleinen Menge an DNA – und sei es nur die von einer einzigen Zelle! – eine große Menge exakter Kopien einer STR-Region für die Erstellung eines genetischen Fingerabdrucks herstellen kann (was ein STR ist, erfahren Sie im Abschnitt »Ihre Identität steckt im DNA-Schrott« weiter vorn in diesem Kapitel). Mehr über die Entdeckung der PCR erfahren Sie in Kapitel 22.

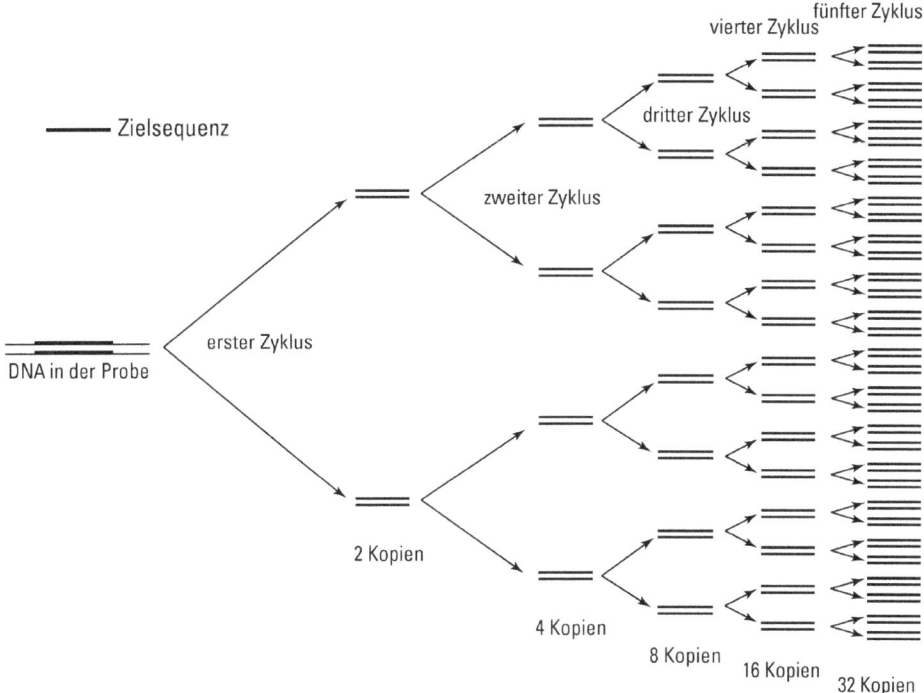

Abbildung 18.3: Nach nur fünf PCR-Zyklen entstehen 32 Kopien der Zielsequenz.

Und so wird ein Fingerabdruck draus

Bei jeder DNA, die als forensischer Beweis untersucht wird, werden mehrere STR-Loci gleichzeitig in der PCR untersucht. Bei dieser Untersuchung kommt ein Muster aus Farben und Größen der STRs zustande – dieses Muster ist der eigentliche genetische Fingerabdruck der Person, von der die Probe stammt.

Die Fingerabdrücke werden mittels *Elektrophorese* »gelesen«, die sich die negative Ladung der DNA zunutze macht. Eine elektrische Spannung wird an eine Substanz angelegt, die eine dem Wackelpeter vergleichbare Konsistenz hat. In dieses Gel wird nun das Endprodukt der PCR gegeben. Durch ihre negative elektrische Ladung wandert die DNA durch das Gel in Richtung des positiven Pols (deshalb »Elektrophorese«). Kleine STR-Fragmente bewegen sich dabei schneller durch das Gel als größere und so sortieren sich die STRs von selbst der Größe nach (siehe Abbildung 18.4). Da die Fragmente mit einem Farbstoff markiert sind, erkennt ein computergetriebener Apparat mit einem Laser diese Fragmente anhand ihrer Größe *und* Farbe. Die STR-Fragmente erscheinen nacheinander als Peaks, wie in

Abbildung 18.4 zu sehen ist. Die Ergebnisse werden dann im Computer zur späteren Analyse der Muster gespeichert.

Die Technologie, die derzeit beim genetischen Fingerabdruck verwendet wird, erlaubt eine schnelle Verarbeitung von der DNA-Extraktion bis zur Erstellung des Fingerabdrucks. Wenn alles gut läuft, dauert es keine 24 Stunden, bis ein genetischer Fingerabdruck erstellt ist.

Der genetische Fingerabdruck wurde in Deutschland das erste Mal 1988 als Beweis in einem Strafprozess zugelassen. Die Methode wurde eher zufällig 1984 von dem britischen Genetiker Alec John Jeffreys entdeckt, der eigentlich an Minisatelliten forschte (hypervariablen DNA-Bereichen im menschlichen Genom). Bei der Untersuchung von Blutproben verschiedener Familienmitglieder auf diese Minisatelliten erkannte er, dass sie wie ein Strichcode jeder einzelnen Person zugeordnet werden können, sich aber auch Familienverhältnisse ablesen lassen. 1992 wurde die hier vorgestellte STR-Methode entwickelt.

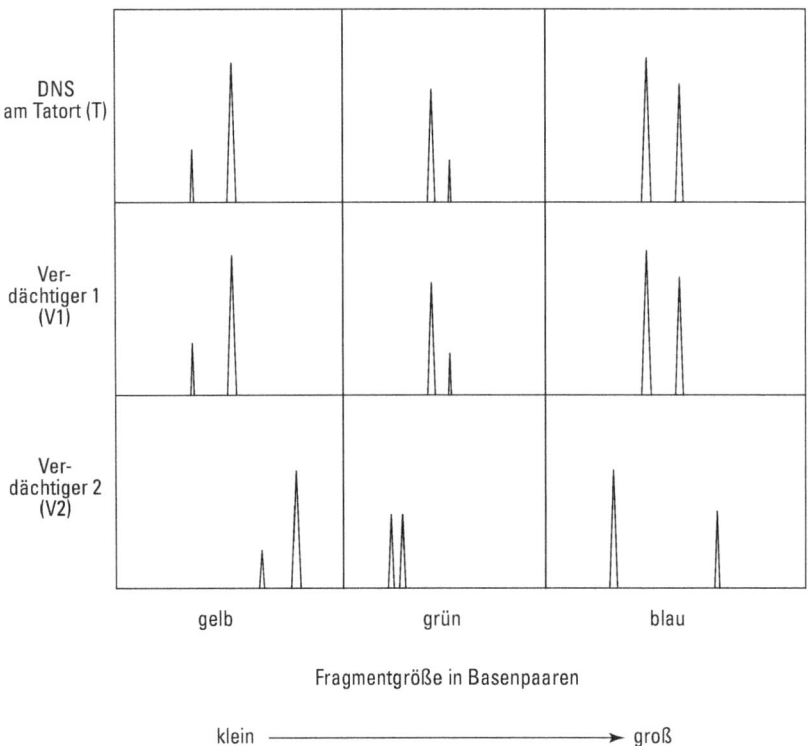

Abbildung 18.4: Die DNA-Fingerabdrücke zweier Verdächtiger (V1 und V2) verglichen mit der DNA-Probe vom Tatort

Mithilfe von DNA Verbrecher dingfest machen (oder Unschuldige wieder auf freien Fuß setzen)

Nachdem der genetische Fingerabdruck von verschiedenen Proben erstellt wurde, werden im nächsten Schritt die Ergebnisse verglichen. Die meisten Informationen aus den Fingerabdrücken erhält man durch folgende Vergleiche:

- ✔ zwischen der DNA des Verdächtigen und der DNA, die beim Opfer gefunden wurde (nicht die vom Opfer selbst), an seiner Kleidung oder seinen Besitztümern oder auch an einem Ort, an dem sich das Opfer bekanntermaßen aufgehalten hat

- ✔ zwischen der DNA des Opfers und der DNA, die am Körper des Verdächtigen gefunden wird, aber auch an seiner Kleidung und anderen Besitzgegenständen oder an einem Ort, mit dem der Verdächtige in Verbindung gebracht wird

Böse Jungs mit Beweisen festnageln

In Abbildung 18.4 können Sie erkennen, dass exakte genetische Fingerabdrücke auffällig sind wie ein bunter Hund. Wenn man aber nun eine Übereinstimmung zwischen zwei DNA-Fingerabdrücken gefunden hat, wie kann man dann sicher sein, dass niemand sonst als der Verdächtige den gleichen Fingerabdruck besitzt?

Mit einem übereinstimmenden genetischen Fingerabdruck allein kann man sich noch lange nicht sicher sein, dass der Verdächtige wirklich schuldig ist, aber man kann zumindest die Wahrscheinlichkeit ausrechnen, dass jemand anders den gleichen Abdruck besitzt. Da dieses Buch nicht *Quantitative Genetik für Dummies* heißt, übergehe ich die Details der Berechnung. Stattdessen erzähle ich Ihnen jetzt einfach, dass die Wahrscheinlichkeit, dass Locus 1 in Abbildung 18.4 bei zwei Menschen identisch ist, 1:45 beträgt, die für Locus 2 1:70 und die für Locus 3 1:50. Um die Gesamtwahrscheinlichkeit für einen identischen Fingerabdruck zu berechnen, müssen Sie einfach die Wahrscheinlichkeiten multiplizieren: 1:45 × 1:70 × 1:50 = 1:157.500. Mal angenommen, es gibt nur diese drei Loci, dann ist die Wahrscheinlichkeit, dass eine weitere Person dasselbe DNA-Muster wie der Verdächtige 1 hat, 1:157.500.

Meistens werden viel mehr als drei Loci ausgewertet. So werden in der deutschen DNA-Analyse-Datei (DAD) des Bundeskriminalamts mindestens acht Loci ausgewertet (eine Kurzdarstellung finden Sie im Internet unter https://www.bka.de/DE/UnsereAufgaben/Ermittlungsunterstuetzung/DNA-Analyse/dna-analyse_node.html). Die Wahrscheinlichkeit einer Übereinstimmung beträgt dann 1:700.000.000 (700 Millionen, wer keine Nullen zählen will). In den USA sind sogar 13 Marker erfasst und die Wahrscheinlichkeit einer Übereinstimmung beträgt – halten Sie sich fest – 1:53 Trillionen! Diese Zahl mit 18 Nullen sagt Ihnen nichts? Vielleicht hilft das: Auf der Welt gibt es »nur« knapp acht Milliarden Menschen (eine Zahl mit nur neun Nullen). Oder mit anderen Worten: Die Wahrscheinlichkeit, dass Sie mal vom Blitz getroffen werden, liegt deutlich höher (1:3.000)!

Forensische DNA-Phänotypisierung

In Deutschland mehren sich die Diskussionen, die forensische DNA-Phänotypisierung (»Forensic DNA Phenotyping«) als Ermittlungsinstrument zuzulassen – dieses Verfahren ist bereits seit vielen Jahren in den Niederlanden und einigen Bundesstaaten der USA erlaubt, in Deutschland aber aufgrund des Persönlichkeitsrechts verboten. Was ist damit gemeint? Die DNA enthält noch weitaus mehr Informationen über einen Menschen, als eine reine STR-Analyse erfasst. Beispielsweise könnte eine DNA-Analyse Aussagen über das ungefähre Alter des Täters, seine Haar-, Augen- und Hautfarbe, mögliche Krankheiten oder eine Neigung zu früher Glatzenbildung anzeigen. Anhand dieses DNA-Passfotos ließe sich der Kreis der Verdächtigen erheblich einschränken.

 In den USA reicht ein genetischer Fingerabdruck allein aber schon aus, um einen Verdächtigen zu verurteilen. In Deutschland ist der genetische Fingerabdruck nur als ergänzendes Beweismittel zugelassen. Hier reichen schon kleinere Übereinstimmungswahrscheinlichkeiten (wie 1:10.000) – aber nur, wenn die Zahl der Verdächtigen aufgrund anderer Beweise schon stark eingegrenzt ist. Und das hat gute Gründe: Lange wurde nach dem »Phantom von Heilbronn« gefahndet, einer Frau, die angeblich etliche Kapitalverbrechen quer durch Frankreich, Deutschland und Österreich begangen haben sollte. Die Lösung war ebenso simpel wie peinlich für die Ermittler, denn zur Probenentnahme an den verschiedenen Standorten wurden immer Wattestäbchen verwendet, die mit der DNA einer Verpackungsmitarbeiterin verunreinigt waren!

Im wirklichen Leben ist das alles selbstverständlich komplizierter, als es in Abbildung 18.4 dargestellt ist. Biologische Beweisstücke sind oft gemischt und enthalten die DNA von mehr als einer Person. Da Menschen *diploid* sind (das heißt, die Chromosomen kommen in Paaren vor, siehe Kapitel 2), sind solche gemischten Proben einfach zu erkennen – darin können drei oder mehr Allele an einem Locus vorkommen. Durch den Vergleich der Proben können die Rechtsmediziner analysieren, welche DNA zu wem gehört, und sie können auch bestimmen, von wem wie viel DNA in der Probe dabei war.

Verbrechen mit DNA aufklären

1998 wurde in Deutschland beim Bundeskriminalamt (BKA) die DNA-Analyse-Datei (DAD) eingerichtet. Ende 2015 waren rund 1.133.970 Datensätze in der Datenbank vorhanden. Davon waren etwa 850.000 Einträge von Personen und rund 284.000 Spurendatensätze von Tatorten. Die Datenbank gehört zu den effektivsten Hilfsmitteln bei der Verbrechensaufklärung. Seit der Einrichtung der DAD wurden über 166.000 Treffer erzielt, das heißt, es konnte ein Tatzusammenhang (derselbe Täter, verschiedene Tatorte) festgestellt oder ein Täter mit einem Tatort in Verbindung gebracht werden. Besonders erfolgreich war man in diesem Kontext bei Eigentumsdelikten.

Der wohl bekannteste Fall war jedoch kein Diebstahl, sondern der Mord an Rudolph Moshammer. Der Münchener Modezar wurde am 14. Januar 2005 von seinem Fahrer in seiner Villa tot aufgefunden und bereits am folgenden Tag stand der Täter fest. DNA-Spuren vom Tatort waren mit denen in der DAD abgeglichen worden. Hier war der Täter gespeichert, weil er 2004 im Zusammenhang mit zwei Verfahren wegen gefährlicher Körperverletzung und einem Sexualdelikt eine Speichelprobe abgegeben hatte.

Mit diesem Ermittlungserfolg wurde der Ruf nach einer Ausweitung der DNA-Tests immer lauter. Die Speicherung der Daten beim Bundeskriminalamt ist in der Strafprozessordnung geregelt (§ 81g Absatz 5 StPO). Ab dem 1. November 2005 wird für anonyme Spuren keine richterliche Genehmigung mehr benötigt. Außerdem wurde die Bandbreite der Straftaten erweitert. DNA-Proben dürfen nicht nur bei erheblichen Straftaten wie Sexualdelikten, Mord und Gewaltverbrechen genommen werden, sondern sind auch bei wiederholten, nicht erheblichen Straftaten erlaubt. Trotzdem kann aber der genetische Fingerabdruck aus verfassungsrechtlichen Gründen die herkömmlichen Personenfeststellungsmaßnahmen nicht ersetzen, weshalb bei personalisierbaren Proben immer noch eine richterliche Anordnung notwendig ist.

Was aber passiert, wenn kein Verdächtiger vorhanden ist? Mitte 2006 führten Ermittler die größte Massenuntersuchung in der deutschen Kriminalgeschichte durch: Mehr als 120.000 männliche Personen zwischen 25 und 45 Jahren zwischen Coswig und Dresden wurden zur Aufklärung von Vergewaltigungen an zwei minderjährigen Mädchen untersucht. Leider konnte der mutmaßliche Vergewaltiger erst knapp zwei Jahre später aufgrund klassischer Polizeiarbeit festgenommen werden.

Fehlurteile aufdecken

Nicht alle, die wegen eines Verbrechens verurteilt wurden, sind wirklich schuldig. Eine Untersuchung in den USA zeigte, dass pro Jahr ungefähr 7.500 Personen unschuldig verurteilt werden. Aus welchen Gründen auch immer jemand unschuldig hinter Gittern landet – Tatsache ist: Niemand sollte eine Strafe für eine Tat verbüßen, die er nicht begangen hat.

1992 gründeten Barry Scheck und Peter Neufeld in den USA das »Innocence Project« (Projekt Unschuld) mit dem Ziel, den Freispruch unschuldig verurteilter Männer und Frauen zu bewirken. Das Projekt basiert auf DNA-Beweismitteln und ist kostenlos für alle, die daran teilnehmen können.

Eine der mittlerweile 249 durch das Projekt freigesprochenen Personen (Stand Januar 2010) ist Walter D. Smith. Er wurde 1985 fälschlicherweise wegen Vergewaltigung dreier Frauen zu 78 bis 190 Jahren Freiheitsstrafe verurteilt. Obwohl Smith seine Unschuld immer wieder beteuerte, wurde er aufgrund eines Augenzeugenberichts verurteilt. Während seiner elfjährigen Haft machte Smith einen Abschluss in Wirtschaftslehre und kam von seiner Drogensucht ab. 1996 wurde er aufgrund eines DNA-Tests des Innocence Projects freigesprochen.

> **Das war doch mein Bruder!**
>
> In der Vergangenheit stießen forensische Untersuchungen immer dann an ihre Grenzen, wenn es darum ging, den Täter im Falle von eineiigen Zwillingen zu identifizieren. Mit den Standardmethoden der STR-Analyse lassen sich die fast identischen Genome kaum unterscheiden.
>
> Spektakulär war der Einbruch in das Berliner Kaufhaus KaDeWe 2009, bei dem ein Täter etwa 2 Millionen Euro erbeutete. Der Täter hatte einen Zwillingsbruder und es konnte nie eindeutig geklärt werden, wer den Überfall begangen hatte. Die Anklage musste damals fallen gelassen werden. Mit der hochauflösenden »Schmelzkurvenanalyse« (HRMA für »high-resolution melt curve analysis«) lässt sich dieses Dilemma heute lösen, denn aufgrund der unterschiedlichen Lebenssituationen von Zwillingen sind die DNAs meistens unterschiedlich methyliert, und das wiederum beeinflusst die Schmelztemperatur einer DNA.

Familienfragen

In der Rechtsmedizin spielen Familienbeziehungen eine wichtige Rolle, zum Beispiel bei Vaterschaftsfragen vor Gericht oder der Identifikation von Opfern nach Katastrophen. Personen, die nahe miteinander verwandt sind, haben Kopien der gleichen Chromosomen, da jeweils die Hälfte der Chromosomen von den Eltern an die Kinder vererbt wird (siehe Kapitel 5). In einem Stammbaum sind die genetischen Gemeinsamkeiten, oder einfacher, ist das *Verwandtschaftsverhältnis* zwischen den Personen leicht vorhersagbar. Wenn Vater und Mutter nicht miteinander verwandt sind (was man wohl annehmen darf), haben Vollgeschwister ungefähr zur Hälfte das gleiche Erbgut, weil sie ihre DNA von den gleichen Eltern geerbt haben.

Vaterschaftstest

Überraschenderweise (oder auch nicht, je nachdem, wie viele Talkshows Sie sich ansehen) haben 15 Prozent der Kinder in Wirklichkeit einen anderen Vater als in der Geburtsurkunde angegeben. Deswegen stoßen Vaterschaftstests auf ein ungemeines Interesse. Der Vaterschaftstest wird oft bei Scheidungs- oder Sorgerechtsverfahren, Erbschaftsangelegenheiten und zur Klärung vieler anderer rechtlicher Verhältnisse oder gesellschaftlicher Umstände angewendet.

Der Vaterschaftstest mit Anwendung der STR-Loci ist mittlerweile weit verbreitet und relativ kostengünstig. Die Methoden dabei sind dieselben wie bei der Erstellung von genetischen Fingerabdrücken (siehe den Abschnitt »Die PCR – Hauptwerkzeug der Genetiker« weiter vorn in diesem Kapitel). Der einzige Unterschied besteht darin, wie die Ergebnisse interpretiert werden. Da die STR-Allele auf den Chromosomen liegen (siehe den Abschnitt »Ihre Identität steckt im DNA-Schrott« weiter vorn in diesem Kapitel), trägt die Mutter die eine Hälfte der STR-Allele bei und der Vater die andere. In Abbildung 18.5 können Sie sehen, dass diese Beiträge wie ein DNA-Fingerabdruck aussehen. Die Allele werden auch hier als Peaks dargestellt und die Pfeile zeigen die Allele der Mutter. Unter der Annahme, dass Mutter und Vater nicht miteinander verwandt sind, kommt die andere Hälfte der Allele von Vater 2, der somit sehr wahrscheinlich der leibliche Vater ist.

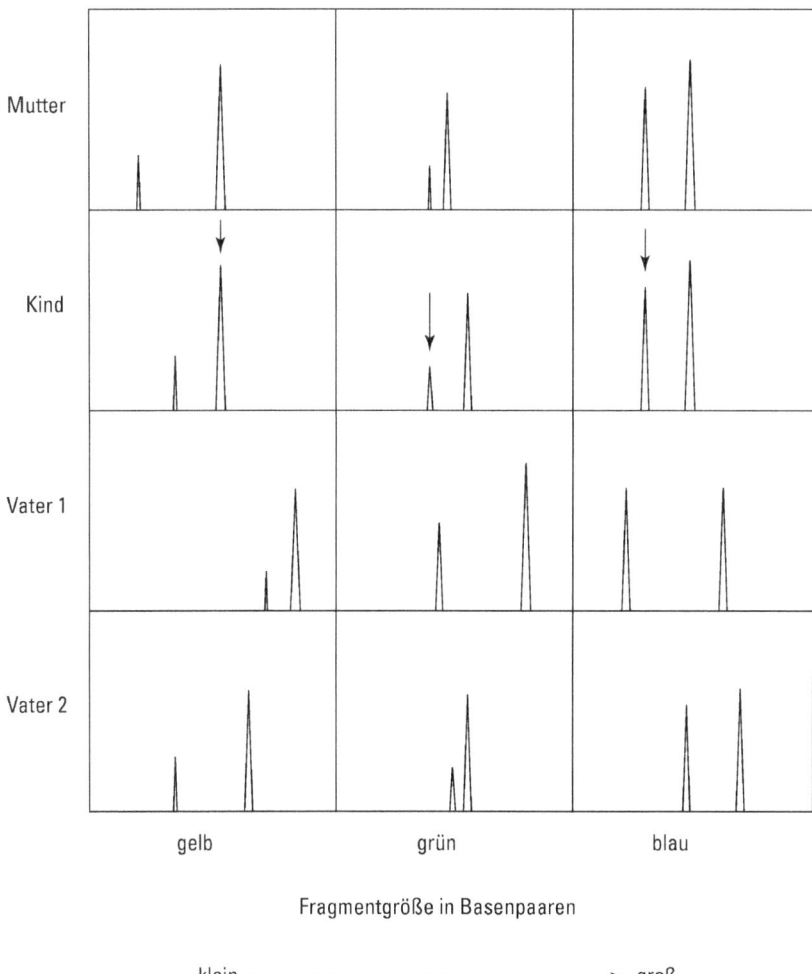

Abbildung 18.5: Der Vaterschaftstest durch Bestimmung der STR-Loci

Bei Vaterschaftstests durch genetische Fingerabdrücke werden oft zwei Werte angegeben:

✔ Der **Vaterschaftsindex** zeigt die Wichtung des Beweises an. Je höher der Vaterschaftsindex, desto wahrscheinlicher ist es, dass die getestete Person der genetische Vater ist. Der Vaterschaftsindex ist ein genauerer Schätzwert als die Wahrscheinlichkeit der Vaterschaft.

✔ Die **Wahrscheinlichkeit der Vaterschaft** zeigt die Wahrscheinlichkeit, mit der eine bestimmte Person dasselbe Muster wie im DNA-Fingerabdruck beigetragen haben könnte. Diese Wahrscheinlichkeitsrechnungen sind erheblich komplizierter als das Multiplizieren von Wahrscheinlichkeiten (siehe auch den Abschnitt »Böse Jungs mit Beweisen festnageln« weiter vorn in diesem Kapitel), da eine heterozygote Person beide Allele mit gleicher Wahrscheinlichkeit vererbt. Die Wahrscheinlichkeit, dass ein bestimmter Mann der Vater ist, hängt auch davon ab, wie häufig das Allel in der Bevölkerung insgesamt vorkommt (was auch für die Berechnung der Wahrscheinlichkeiten im Abschnitt »Böse Jungs mit Beweisen festnageln« gilt; wie solche Berechnungen angestellt werden, lesen Sie auch in Kapitel 17).

Die Ergebnisse eines Vaterschaftstests werden in der Praxis oft als »Beweis« für die oder »Ausschluss« der Vaterschaft bezeichnet. Diese Bezeichnungen sind aber leider nicht präzise. Bei genetischen Vaterschaftstests wird nichts *bewiesen*. Es wird lediglich eine hohe Wahrscheinlichkeit ermittelt, dass eine bestimmte Interpretation des Ergebnisses korrekt ist.

Thomas Jeffersons Sohn und andere berühmte Beispiele

Jungen erhalten ihr einziges Y-Chromosom vom Vater (siehe Kapitel 5). Deshalb kann der Vaterschaftstest bei männlichen Nachkommen auf Marker auf dem Y-Chromosom beschränkt werden. Diese Erkenntnis führte zur Aufklärung eines lange Zeit ungeklärten Mysteriums um den dritten US-Präsidenten, Thomas Jefferson. Im Jahr 1802 wurde Thomas Jefferson angeklagt, eine seiner Sklavinnen, Sally Hemings, geschwängert zu haben. Jefferson machte damals keine Angaben dazu. Die einzigen bekannten und anerkannten Nachkommen Jeffersons, die das Erwachsenenalter erlebt haben, waren Töchter. Von Jeffersons Onkel väterlicherseits aber gab es überlebende männliche Nachkommen in einer ungebrochenen Linie männlicher Nachfahren. So nahm man an, dass die Y-Chromosom-DNA dieser Familienmitglieder im Grunde genommen die gleiche sein musste, die Jefferson selbst von seinem Großvater väterlicherseits erhalten hat – die DNA nämlich, die der Großvater an seinen Sohn (Jeffersons Vater) weitergegeben hat. Fünf Männer, von denen bekannt war, dass sie von Jeffersons Onkel abstammten, stimmten einer DNA-Probe zu, um diese mit der des einzigen verbliebenen männlichen Nachkommens von Sally Hemings jüngstem Sohn zu vergleichen. Insgesamt wurden 19 Proben untersucht, wobei auch Proben von Nachfahren anderer möglicher Väter aus dieser Zeit sowie von nicht verwandten Personen zum Vergleich herangezogen wurden. Insgesamt wurden 19 Marker, die nur auf dem Y-Chromosom zu finden sind, untersucht (von den CODIS-Markern befindet sich keiner auf dem Y-Chromosom, da sie logischerweise beim Vergleich mit weiblicher DNA nicht zu gebrauchen wären). Die DNA-Proben von Hemings Nachkommen und die der Nachkommen von Jeffersons Onkel stimmten in allen 19 Markern überein. Nach der Veröffentlichung der Ergebnisse der Genanalyse wurden die historischen Aufzeichnungen auf zusätzliche Beweise für Jeffersons Vaterschaft von Sally Hemings Sohn, Eston, untersucht. So war Jefferson zum Beispiel als einziges männliches Familienmitglied zum Zeitpunkt von Estons Empfängnis anwesend. Interessanterweise brachte diese Untersuchung zutage, dass Jefferson vermutlich sogar der Vater von allen sechs Kindern von Sally Hemings war. Diese Vermutung bleibt jedoch weiterhin umstritten.

Aber auch in Deutschland konnten dank moderner Vaterschaftstests einige berühmte Mysterien gelüftet werden.

Am 26. Mai 1828 tauchte in Nürnberg ein etwa 16-jähriger Junge auf, der einige kaum verständliche Sätze stammelte und nicht recht wusste, wer er war und woher er kam. Aus einem Brief, den er bei sich trug, ging sein Vorname, »Kaspar«, hervor und auf der Polizeistation erhielt er den Nachnamen »Hauser«. Erst mit der Zeit lernte er wie ein Kind zu sprechen, später auch zu lesen und zu schreiben. Man vermutete, dass Kaspar Hauser lange Zeit einsam in einem Verlies gefangen gehalten worden war. Am 17. Dezember 1833 fiel Kaspar Hauser einem Attentat zum Opfer. Das Geheimnis seiner Herkunft wurde niemals aufgeklärt. Seitdem ranken sich Gerüchte um die Herkunft des Jungen. Es wurde vermutet, dass Kaspar Hauser ein Sohn des Markgrafen Karl Friedrich von Baden gewesen sein könnte, der zusammen mit seinem Bruder von der Gräfin von Hochberg, der zweiten Ehefrau des Markgrafen, beseitigt wurde, damit sie ihren eigenen Sohn auf den Thron hieven konnte. In Ansbach wurden nach dem Attentat die Gegenstände Kaspar Hausers aufbewahrt, darunter auch die blutbefleckte Kleidung, die er bei dem Anschlag trug. 1996 nahm sich das Magazin »Der Spiegel« der Legende Kaspar Hausers an und ließ die mitochondriale DNA (mtDNA – siehe Kapitel 6) aus dem Blut in der Unterhose Kaspar Hausers mit der einer heute noch lebenden Verwandten der vermuteten Mutter Kaspar Hausers, Stéphanie de Beauharnais, vergleichen. Das Ergebnis: Wegen großer Unterschiede konnte der Blutfleck nicht von einem Verwandten von Stéphanie de Beauharnais stammen. Damit schien der Mythos Kaspar Hauser geklärt. Im Jahr 2002 wiederholte das Institut für Rechtsmedizin der Universität Münster den Versuch mit einer Haarlocke aus dem Kaspar-Hauser-Museum in Ansbach und auch mit Körperzellen aus dem Schweißband des Zylinderhuts Kaspars. Bis auf eine Stelle waren die Abschnitte der mtDNA mit der heute lebenden Verwandten identisch. Es fanden sich jedoch sechs Unterschiede zwischen den jetzt verwendeten Zellen und den Blutspuren auf der Hose. Ob Kaspar Hauser Mitglied des Hauses Baden war, ist also weiterhin offen.

1920 tauchte in Berlin eine junge Frau auf, die behauptete, die jüngste Zarentochter Anastasia Romanowa zu sein und die brutale Ermordung der Familie im Jahr 1918 überlebt zu haben. Jahrzehntelang war nicht klar, ob Anna Anderson, wie sich die Frau forthin nannte, wirklich ein Familienmitglied der Romanows (siehe auch Kapitel 12) war. 1984 verstarb Anna Anderson. Erst im Jahr 1994 wurde das Geheimnis gelüftet. In einem amerikanischen Krankenhaus, in dem Anna Anderson an einem Tumor operiert worden war, hatte man ein Stück ihres Darms in Paraffin gelagert. Außerdem wurden sechs Haare von ihr zur Untersuchung herangezogen. Durch den Vergleich der mtDNA und einiger STRs konnte man sicherstellen, dass diese von derselben

> Person stammten. Als man jedoch fünf STRs Anna Andersons mit denen aus der DNA der Familie Romanow aus dem 1979 gefundenen Grab (siehe Kapitel 12) verglich, konnte eine Verwandtschaft ausgeschlossen werden. Tatsächlich handelte es sich bei Anna Anderson um die polnische Landarbeiterin Franziska Schanzkowska, was ebenfalls durch einen DNA-Vergleich mit ihrem Großneffen Karl Maucher herausgefunden wurde.

Verwandtschaftstests

Nicht nur durch Vaterschaftstests können familiäre Beziehungen genetisch nachgewiesen werden. Auch historische Untersuchungen (einige berühmte Beispiele finden Sie im Kasten »Thomas Jeffersons Sohn und andere berühmte Beispiele«) können mit der DNA vererbte Muster verwenden, um zu zeigen, wie nah Menschen miteinander verwandt waren, und um sterbliche Überreste zu identifizieren. Bei Katastrophen wie Flugzeugabstürzen oder der Tsunami-Katastrophe im Indischen Ozean Weihnachten 2004 kann man sich nur noch auf Gentests stützen, um die Identität der Todesopfer festzustellen. Dabei werden verschiedene Techniken angewendet wie die in diesem Kapitel beschriebene STR-Methode, die Untersuchung der mitochondrialen DNA (lesen Sie in Kapitel 6 weitere Details über mtDNA) oder des Y-Chromosoms (ähnlich wie die im Kasten beschriebenen Fälle).

Verschiedene Umstände erschweren die DNA-Identifikation von Opfern bei großen Katastrophen. Die Körper sind oft sehr entstellt und zerstückelt und die Verwesung schädigt die in den Zellen verbliebene DNA. Oft existieren auch keine Referenzproben der verstorbenen Personen, sodass es notwendig wird, Rückschlüsse aus Proben eng verwandter Personen zu ziehen.

Rekonstruktion einzelner Genotypen

Vieles von dem, was die Forensik über die Identifikation von Katastrophenopfern weiß, hat sie aus Flugzeugabstürzen gelernt. 1998 stürzte der Swissair-Flug 111 kurz vor der Küste von Halifax (Provinz Neuschottland, Kanada) in den Atlantischen Ozean. Diese Katastrophe gab den Anstoß für den ungewöhnlichen Versuch, alle Opfer über die DNA zu identifizieren, der nun als Modell für Rechtsmediziner bei ähnlichen Fällen überall auf der Welt gilt.

Insgesamt wurden 1.200 Proben von 229 geborgenen Leichen des Swissair-Flugs 111 genommen. Nur ein Körper konnte mithilfe von Fotos identifiziert werden. Die Ermittler entnahmen 397 Referenzproben aus dem persönlichen Besitz der Opfer (wie zum Beispiel Zahnbürsten) oder aus dem Besitz von Familienmitgliedern. Da die meisten Referenzproben der Opfer selbst beim Absturz verloren gingen, mussten 93 Prozent der Identifikationen aus DNA-Proben der Eltern, Kinder und Geschwister der Toten abgeleitet werden. Da die Anzahl der in der Familie vorhandenen gemeinsamen Allele sehr gut abschätzbar ist, war es den Ermittlern möglich, viele Opfer durch eine Elternschaftsanalyse aufgrund von passenden Allelen zu identifizieren. Im Swissair-Flug 111 befanden sich 43

Familiengruppen unter den Opfern (darunter auch sechs Familien mit beiden Eltern und einigen oder allen ihren Kindern), sodass die Analyse durch die Verwandtschaftsbeziehungen unter den Opfern verkompliziert wurde.

Es entstanden 228 verschiedene genetische Fingerabdrücke (ein Zwillingspaar war unter den Opfern). Die genetischen Fingerabdrücke wurden nach dem amerikanischen CODIS-Standard des FBI erstellt. Die Methoden sind mit denen, die ich weiter vorn in diesem Kapitel im Abschnitt »Mithilfe von DNA Verbrecher dingfest machen (oder Unschuldige wieder auf freien Fuß setzen)« beschreibe, identisch. Alle gewonnenen Daten wurden in ein Computerprogramm eingegeben, das speziell dafür entwickelt worden war, eine große Anzahl genetischer Fingerabdrücke zu vergleichen. Das Programm suchte folgende Übereinstimmungen heraus:

✔ eine perfekte Übereinstimmung zwischen den Proben eines Opfers und einer von einem persönlichen Gegenstand gewonnenen Referenzprobe

✔ Übereinstimmungen zwischen den Proben von Opfern, die auf die Zugehörigkeit zu einer Familiengruppe hinweisen (Eltern, Kinder und Geschwister)

✔ Übereinstimmungen zwischen den Proben und lebenden Familienangehörigen

Der Computer erzeugte daraufhin Berichte für alle Übereinstimmungen innerhalb der vorhandenen Proben. Zwei Ermittler überprüften unabhängig voneinander jeden Bericht und bestätigten die Identifikation nur dann offiziell, wenn die Wahrscheinlichkeit einer Falschidentifikation kleiner als eins zu einer Million war. Insgesamt wurden über 180.000 Vergleiche angestellt, um die 229 Opfer identifizieren zu können.

Dabei konnten 47 Opfer durch den direkten Vergleich mit persönlichen Referenzproben identifiziert werden, die übrigen 182 wurden durch den Vergleich mit Genotypen lebender Familienangehöriger identifiziert. Ohne hocheffiziente Methoden wie die PCR oder den Einsatz von modernen Datenbanken wären der Vergleich der vielen Loci und die Identifikation aller Opfer undenkbar gewesen.

Klarheit in Zeiten der Trauer

Am 11. September 2001 flogen zwei Verkehrsflugzeuge in die beiden Türme des World Trade Centers in New York. Der Aufprall der Flugzeuge verursachte Großbrände, die wiederum die beiden Türme zum Einsturz brachten. Bei dieser Katastrophe starben über 2.700 Menschen. Über 20.000 Körperteile wurden später aus den Trümmern geborgen. So sahen sich die Ermittler einer doppelten Herausforderung gegenüber: Zum einen mussten sie die Opfer identifizieren und zum anderen die Körperteile den einzelnen Personen für die Bestattung zuordnen. Im Gegensatz zum Swissair-Flug 111 waren nur wenige Opfer miteinander verwandt. Jedoch erschwerten andere Umstände die Ermittlungen. Viele Körper waren extremer Hitze ausgesetzt und andere wurden erst einige Wochen nach der Katastrophe aus den Trümmern geborgen. Dadurch war bei einigen Proben nur noch sehr wenig DNA für die Analysen brauchbar.

Die Referenzproben der vermissten Personen wurden aus persönlichen Gegenständen wie Zahnbürsten, Rasierern oder Kämmen gesammelt. Dabei machten Hautzellen von Zahnbürsten ungefähr 80 Prozent des Referenzprobenmaterials für den Vergleich aus. Aus den Proben wurden mithilfe der PCR anhand der 13 Marker des CODIS-Standards genetische Fingerabdrücke erstellt – die genauen Methoden finden Sie im Abschnitt »Mithilfe von DNA Verbrecher dingfest machen (oder Unschuldige wieder auf freien Fuß setzen)« weiter vorn in diesem Kapitel. Im Juli 2002 waren ungefähr 300 Opfer anhand der direkten Referenzproben identifiziert worden. Weitere 200 Opfer konnten anhand von Vergleichen zu lebenden Familienangehörigen identifiziert werden, wobei dieselben Methoden wie beim Swissair-Absturz verwendet wurden (siehe den vorherigen Abschnitt »Rekonstruktion einzelner Genotypen«).

Zwei Jahre später (im Juli 2004) waren insgesamt 1.500 Opfer identifiziert worden, der weitere Fortschritt stellte sich danach nur sehr langsam ein. Die übrigen Proben waren so beschädigt, dass die DNA in zu kurzen Bruchstücken vorlag, um eine STR-Analyse zu ermöglichen. So blieben nur noch zwei Möglichkeiten für zusätzliche Identifikationen:

✔ **Mitochondrien-DNA (mtDNA)** ist aus zwei Gründen für die Identifikation nützlich:

- Die DNA liegt in vielen Kopien vor, da eine Zelle mehrere Mitochondrien besitzt und jedes Mitochondrium sein eigenes mtDNA-Molekül hat.

- Die mtDNA ist ringförmig, was sie etwas stabiler gegenüber Abbauprozessen macht, da die meisten Nukleasen an den Enden eines Moleküls ansetzen (siehe auch den Abschnitt »Sammlung von biologischen Beweismitteln« weiter vorn in diesem Kapitel), und ein Kreis hat ja keine Enden.

mtDNA wird nur von der Mutter direkt an das Kind vererbt und somit können nur Verwandte in der mütterlichen Linie passende DNA-Proben liefern. Im Gegensatz zu STR-Markern werden bei der mtDNA üblicherweise die Nukleotidsequenzen der verschiedenen Proben miteinander verglichen (mehr zur Sequenzierung und Analyse der DNA lesen Sie in Kapitel 11). Der Sequenzvergleich ist komplizierter als der Vergleich von STR-Markern. Man benötigt mehr Zeit, erhält aber auch sehr genaue Ergebnisse.

✔ Die **Einzelnukleotid-Polymorphismus(SNP)-Analyse** basiert auf der Tatsache, dass die DNA einige Arten der Mutation toleriert, ohne dass der Organismus Schaden nimmt (mehr zu Mutationen in Kapitel 13). SNPs entstehen, wenn eine Base durch eine andere ersetzt wird, was auch als *Punktmutation* bezeichnet wird. Generell wird A durch ein T und G durch ein C ersetzt oder auch umgekehrt (wie die DNA aus Basen zusammengesetzt ist, lesen Sie in Kapitel 6). Solche kleinen Änderungen geschehen recht häufig (einige Schätzungen gehen von einer Änderung je 100 Basenpaare aus). Wenn man viele SNPs miteinander vergleicht, entsteht ein einzigartiges DNA-Profil, ähnlich wie bei einem genetischen Fingerabdruck.

Der Nachteil bei der SNP-Analyse ist, dass die Punktmutationen keine offensichtlichen Größenänderungen nach sich ziehen, die mittels einer Gelelektrophorese wie beim herkömmlichen DNA-Fingerabdruck festgestellt werden können. Deswegen müssen, um das SNP-Profil einer Person zu erstellen, die Sequenzen ermittelt oder DNA-Chips eingesetzt werden (mehr dazu in Kapitel 23). Da die SNP-Analyse auch mit nur sehr kleinen DNA-Bruchstücken funktioniert, erlaubte sie es den Ermittlern, mehr Identifikationen durchzuführen, als es sonst möglich gewesen wäre. Trotzdem konnten nicht alle Toten des Terroranschlags vom 11. September identifiziert werden und die Bemühungen wurden im Februar 2005 eingestellt.

Der Tsunami im Indischen Ozean tötete am 26. Dezember 2004 über 300.000 Menschen. Zur Ermittlung der Identität deutscher Touristen reiste eigens ein 42-köpfiges Team des BKA nach Phuket in Thailand. Die Identifizierung der Opfer erfolgte in den meisten Fällen mittels Gebiss- oder Fingerabdrücken. Die Suche über genetische Merkmale galt als die aufwendigere Option, die dann zum Einsatz kam, wenn die anderen Methoden kein Ergebnis brachten. Mitte 2005 ging man von 557 deutschen Opfern aus, wobei noch 41 Fälle von Vermissten offen sind. Insgesamt konnten bis Ende 2016, also 12 Jahre nach der Katastrophe, 400 Opfer noch immer nicht identifiziert werden.

> **IN DIESEM KAPITEL**
>
> Spurensuche: Entwicklung gentechnisch veränderter Organismen
>
> Einsichtnahme: Wie Gentransfer funktioniert
>
> Abwägung: Vor- und Nachteile gentechnischer Veränderungen
>
> Veränderungen: Was geschieht beim Gen-Editing?

Kapitel 19
Genetische Veränderung: Neue Gene in Pflanzen und Tiere einbauen

Eine der am kontroversesten geführten Diskussionen über die Gentechnologie (neben dem Klonen, das ich in Kapitel 20 behandele) ist vermutlich der Transfer von Genen von einem Organismus zu einem anderen. Dieser Prozess ist allgemein als *genetische Veränderung (GV)* bekannt. Genauer ist jedoch die Bezeichnung *gentechnische Veränderung* – das ist ein kleiner, aber durchaus wichtiger Unterschied. Durch den Gentransfer von einer Art zu einer anderen können viele Medikamente leichter hergestellt, pestizidresistente Pflanzen gezüchtet und sogar Tiere geschaffen werden, die im Dunklen leuchten (kein Scherz, lesen Sie dazu den Kasten »Transgene Haustiere: Nicht nur Spiel und Spaß«). In diesem Kapitel entdecken Sie, wie Wissenschaftler DNA hin und her bugsieren und damit Pflanzen, Tiere, Bakterien und Insekten mit neuen Genkombinationen und Merkmalen ausstatten.

Genetisch veränderte Organismen sind überall

 In den Nachrichten kommen beinahe täglich Berichte über diese oder jene neue genetische Veränderung und fast alle Nachrichten befassen sich mit Protesten, Verboten und Rechtsstreitigkeiten. Trotz des ganzen Traras ist das genetisch modifizierte »Zeugs« weder komplett gefährlich noch selten. Tatsache ist, dass in den meisten verarbeiteten Lebensmitteln, die Sie zu sich nehmen, mindestens eine Zutat von einem gentechnisch veränderten Organismus stammt.

Falls Sie sich nach dieser Enthüllung Sorgen machen, achten Sie bei Ihren Lebensmitteleinkäufen auf Bio- beziehungsweise Ökosiegel (unter »Öko« fallen landläufig alle Produkte, die ohne chemische Stoffe wie Insektizide, Herbizide oder künstliche Zusätze hergestellt wurden) oder auf den Aufdruck »gentechnikfrei«. Die Kennzeichnung ist in Deutschland im »Gesetz zur Regelung der Gentechnik« beschrieben. Seit August 2009 gibt es sogar ein Logo, das Lebensmittel entsprechend »ohne Gentechnik« kennzeichnen soll. Kritiker behaupten, dass aufgrund der zulässigen Ausnahmen das Label eher »wenig Gentechnik« heißen sollte – immerhin ist eine Kontamination von 0,9 Prozent erlaubt (ausführliche Informationen finden Sie im Internet unter www.transgen.de/). Im ökologischen Landbau wird bei der Erzeugung von Lebensmitteln auf gentechnologisch veränderte Betriebs- oder Futtermittel verzichtet. Sie bekommen damit zumindest eine kleine Sicherheit, dass keine transgenen Organismen – also Organismen, denen durch künstlich rekombinierte DNA (beschrieben in Kapitel 16) Gene eingesetzt wurden – in diesem Lebensmittel verarbeitet wurden. Mit zunehmender Verbreitung transgener Pflanzen und Tiere wird sich dies allerdings aufgrund unvermeidlicher Verunreinigungen und Beimischungen immer schlechter durchsetzen lassen.

In Wirklichkeit können Sie genetisch veränderten Organismen in Ihrem täglichen Leben nicht aus dem Weg gehen. Jede domestizierte Tier- und Pflanzenart wurde über Jahrtausende hinweg vom Menschen genetisch modifiziert – sei es durch einfache Selektion oder gar künstlich induzierte Mutationen. Des Weiteren ist die Fähigkeit, Gene von einem Organismus zu einem anderen zu übertragen, nicht neu – Bakterien und Viren machen das die ganze Zeit. Es ist schon ein wenig mysteriös, warum der Gentransfer weniger akzeptabel sein soll als induzierte Mutationen oder künstliche Selektion, denn egal wie man es nennt, all das ist genetische Veränderung.

Nur eine Bemerkung am Rande: »Genfreie« Lebensmittel werden Ihnen gelegentlich im Supermarkt begegnen, aber sofern es sich nicht um sterilisiertes Wasser, Salze oder technisch gereinigte Pflanzenöle handelt, ist der Begriff nicht mehr als ein Marketingversuch von Menschen, die sich mit der Sache überhaupt nicht auskennen. Jedes Lebensmittel enthält Gene! Wo immer pflanzliche, tierische oder bakterielle Produkte verwendet werden, ist es praktisch unmöglich, die Gene dieser Organismen aus dem Endprodukt zu entfernen. Gemeint ist hier »gentechnikfrei« – und Sie können gerne etwas schmunzeln, wenn Sie bei Ihrem nächsten Einkauf diese Werbung entdecken.

Die Bezeichnungen GV oder GVO (gentechnisch veränderter Organismus) beziehungsweise GM und GMO (für »genetically modified organism«) werden Sie überall finden. In diesem Kapitel werde ich sie jedoch nicht verwenden, sondern stattdessen den Ausdruck *transgene Organismen*, weil die Menschen schon seit langer Zeit Organismen auf verschiedene Art und Weise genetisch verändern.

Genetische Veränderung auf dem Bauernhof

Vor vielen Jahrhunderten begannen die Menschen, Tiere und Pflanzen zu domestizieren (lesen Sie den Kasten »Der gezähmte Mais«, um zu erfahren, wie das Grünzeug von einst heute den Tisch bereichert). Schon immer haben Landwirte lieber die Pflanzen angebaut, die bestimmte gewünschte Merkmale hatten, zum Beispiel süßere Früchte oder Weizen mit mehr Körnern pro Ähre. Praktisch alle Getreidesorten, die der menschlichen Ernährung dienen, sind das Ergebnis einer selektiven Hybridisierung, die Polyploidien hervorgerufen hat (mehrfache Chromosomensätze, siehe Kapitel 15). Polyploide Pflanzen haben größere Früchte, einen höheren Ertrag und sind somit kommerziell lukrativer (und schmecken auch besser – probieren Sie mal eine wilde Erdbeere, wenn Sie mir nicht glauben).

Tiere wurden zum Beispiel gezielt über Inzucht vermehrt, um bestimmte Merkmale zu verbessern, wie die Milchleistung bei Kühen oder das Apportieren bei bestimmten Hunderassen (was eigentlich eine Manie, also eine psychische Störung ist!). (Durch Inzucht können auch erhebliche Probleme entstehen, mehr dazu lesen Sie in den Kapiteln 13 und 17.)

Der gezähmte Mais

Pflanzen verlassen sich auf zahlreiche Helfer, um ihre Samen zu verbreiten. Wind, Vögel und Wasser tragen die Pflanzensamen von Ort zu Ort. Dabei kommen die meisten Pflanzen auch prima ohne menschliche Hilfe aus. Nicht so der Mais. Der Mais ist bei seiner Samenverbreitung *komplett* vom Menschen abhängig. Archäologische Funde zeigen, dass der Mais nur dort auftaucht, wo der Mensch ihn hinbrachte. Das eigentlich Interessante an dieser Geschichte ist, dass Genetiker die Mutationen ausmachen konnten, die der Mensch für sich genutzt hat, womit der Mais zu einer der am häufigsten angebauten Feldfrüchte weltweit wurde.

Die Wildform des Maises tauchte zum ersten Mal vor circa 9.000 Jahren in Guatemala und Mexiko auf. Sein Vorgänger ist die Graspflanze *Teosinte*. Man braucht schon viel Vorstellungskraft, um sich beim Anblick einer Samenstaude der Teosinte einen Maiskolben vorstellen zu können. Die Ähnlichkeit ist bestenfalls als vage zu bezeichnen, noch dazu ist die Teosinte kaum essbar – sie hat nur wenige steinharte Körner auf den Kolben. Trotzdem gehören Mais und Teosinte (die unter dem gleichen wissenschaftlichen Namen *Zea mays* laufen) zur selben Art.

Die fünf Mutationen, die die Teosinte zu Mais gemacht haben, sind auf natürlichem Wege entstanden und haben die Teosinte in mehrfacher Hinsicht so verändert, dass das Gras zu einer schmackhaften Nahrungsquelle wurde:

✔ Ein Gen kontrolliert, wo die Kolben an der Pflanze erscheinen: Beim Mais wachsen die Kolben direkt am Stamm, bei der Teosinte jedoch auf langen Ästen.

✔ Drei Gene kontrollieren den Zucker- und Stärkegehalt in den Körnern: Mais ist leichter zu verdauen und schmeckt besser als Teosinte.

✔ Ein Gen kontrolliert die Größe und die Position der Körner am Kolben: Im Gegensatz zur Teosinte hat der Mais größere Kolben mit ringförmig angeordneten Körnern.

> Anscheinend verwendeten die Menschen die Teosinte bereits, bevor diese Mutationen auftraten, also haben sie die Veränderungen mit Sicherheit schnell bemerkt. Diese Mutationen wurden durch Selektion und durch gezielten Anbau der neuen Variante im Genom zementiert. Die Menschen haben bewusst nur die mutierten Pflanzen vermehrt und der Mais hat es einzig und allein dem Menschen zu verdanken, dass er heute so verbreitet ist. Das erste Mal wurde Mais in dieser Form vor 6.250 Jahren in Mexiko angebaut. Da er eine beliebte Nahrungsergänzung in dieser Gegend war, breitete sich der Anbau rasch aus. Archäologische Funde in den USA zeigen, dass dort vor 3.200 Jahren zum ersten Mal Mais angebaut wurde. Als die Europäer den amerikanischen Kontinent entdeckten, bauten die meisten Ureinwohner des Kontinents bereits Mais zur Ergänzung ihrer Ernährung an.

Anwendung von Strahlen oder Chemikalien

Zusätzlich zur Domestizierung und selektiven Zucht haben Menschen auch mit anderen Mitteln genetisch veränderte Organismen erzeugt. Mehr als 70 Jahre lang wurden neue Pflanzensorten durch vorsätzlich induzierte, wenn auch zufällige Mutationen erzeugt. Im Wesentlichen wurden Pflanzen Strahlungen (wie Röntgen-, Gamma- oder Neutronenstrahlen) oder chemischen Stoffen ausgesetzt, um Mutationen zu erzeugen, die gewünschte Merkmale hervorrufen (wie Strahlung Mutationen in der DNA verursacht, erfahren Sie in Kapitel 13). Folgende Pflanzen werden häufig mit Strahlung und Chemikalien behandelt:

- ✔ **Kulturpflanzen:** Früchte, Gemüse und Getreide werden oft mutiert, um Krankheitsresistenzen zu schaffen oder um Größe, Geschmack und Reifezeit der Früchte zu verändern. Über 2.000 verschiedene Pflanzenarten werden so genetisch modifiziert. Ob Sie es glauben oder nicht, Sie essen täglich solche modifizierten Pflanzen. Kennen Sie die Rio-Red-Grapefruit? Wenn ja, haben Sie eine Frucht gegessen, die ihre dunkelrote Farbe durch eine mit Neutronenstrahlung induzierte Mutation erhielt.

- ✔ **Zierpflanzen:** Viele der ungewöhnlichen Zierpflanzen, die Ihnen vielleicht sehr gefallen, sind das Ergebnis von künstlich induzierter Mutation. Rosen, Tulpen und Chrysanthemen werden alle bestrahlt, um neue Farben hervorzubringen.

Ungewollte genetische Veränderung

Menschen mutieren Pflanzen vorsätzlich, aber wir führen auch ständig unbeabsichtigt genetische Mutationen an natürlichen Populationen durch, zum Beispiel an Moskitos und Bakterien:

- ✔ *Anopheles*-**Mücke (Malaria-Überträger):** Der übermäßige und leichtfertige Gebrauch von Pestiziden machte die meisten *Anopheles*-Populationen resistent gegenüber DDT.

✔ **Bakterien:** Viele häufig benutzte Antibiotika werden unwirksam, da die anfälligen Bakterien ausgelöscht werden und nur die resistenten Bakterien überleben. Ein großes Problem in diesem Zusammenhang sind Methicillin-resistente *Staphylococcus aureus*-Stämme (abgekürzt mit MRSA), vor allem in Krankenhäusern. Diese sind kaum mehr mit den verfügbaren Antibiotika zu bekämpfen. Derzeit sterben weltweit etwa 700.000 Menschen jährlich an multiresistenten Keimen.

Diese Änderungen in den Bakterien- und *Anopheles*-Populationen entstehen durch Evolution. Im Grunde genommen helfen die Menschen der natürlichen Selektion durch die Änderung der Umwelt. Eine weitere »ungewollte« genetische Veränderung erfolgt dann, wenn Transgene von kontrollierten Gruppen auf wild lebende Pflanzen überspringen – was sie wahrscheinlich häufig und sehr effizient tun. Die Wildpflanzen sind dann ebenfalls modifiziert. Diese Wildpflanzen, die ungewollt die biotechnologische Behandlung erfahren haben, sind dann nicht weniger transgen als die transgenen Kulturpflanzen (siehe auch den Abschnitt »Entkommene Transgene« weiter hinten in diesem Kapitel).

Auch ohne Gentechnik erfolgreich: Präzisionszucht

Das, was Menschen schon seit Jahrhunderten praktizieren – die Auswahl geeigneter Pflanzen oder Tiere für die Zucht –, lässt sich mit den heute verfügbaren Techniken der Molekularbiologie um einiges optimieren. Präzisionszucht, SMART-Breeding (»Selection with Markers and Advanced Reproductive Technologies«) oder MAS (»Marker-Assisted Selection«) bedeuten alle das Gleiche: Hier wird das Erbgut auf bestimmte Merkmale hin analysiert, um danach die besten Kreuzungspartner auszuwählen. Dabei entstehen keine transgenen Pflanzen, denn es werden lediglich ohnehin vorhandene Genkombinationen ausgewählt. Ein weiterer Vorteil dieser Methode: Früher mussten Bauern warten, bis eine Pflanze so weit herangewachsen war, um das gewünschte Merkmal zu zeigen, aber die molekularbiologische Analyse enthüllt schon beim Keimling, ob er die entsprechenden Eigenschaften hat oder nicht. Mit dem SMART-Breeding konnte zum Beispiel eine Sojasorte entwickelt werden, die weniger Linolensäure produziert. Linolensäure wird bei der Verarbeitung von Soja in die schädlichen *Trans*-Fettsäuren umgewandelt und ist daher unerwünscht. Es konnten Reissorten erzeugt werden, die gegen Überschwemmungen, Trockenheit und Versalzung der Felder widerstandsfähiger sind. Und für die Ketchup-Industrie wurden mit dieser Methode Tomaten mit einem höheren Zuckergehalt gezüchtet, um nur drei von zahlreichen Anwendungen zu nennen.

Alte Gene an neuen Orten

Wenn die genetischen Veränderungen sowieso überall vorkommen, was ist dann das Problem bei transgenen Organismen? Die Menschen führen diese Modifizierungen doch schon seit Jahrhunderten durch, oder? Stimmt nicht so ganz. Historisch betrachtet haben die Menschen die Gene der Organismen durch kontrollierte Anpaarungen von Tieren und Pflanzen modifiziert, bei denen im Vorfeld eine genetische Kompatibilität gegeben war.

Transgene Organismen werden oft mit Genen ganz anderer Arten ausgestattet. Ein Beispiel ist das Gen aus dem Bakterium *Bacillus thuringiensis*, das auf Mais übertragen wird, um diesen resistent gegenüber pflanzenfressenden Insekten zu machen. Der sogenannte Bt-Mais produziert nun Giftstoffe (Toxine), die Insekten nicht mögen. Transgene Organismen enthalten grundsätzlich immer Gene, die sie niemals ohne beachtliche Hilfe der Wissenschaftler allein hätten bekommen können (oder nur durch riesigen Zufall, lesen Sie mehr Informationen dazu in dem Kasten »Gene auf Reisen«).

Nachdem diese »fremden« Gene in den Organismus gebracht wurden, bleiben sie nicht unbedingt an Ort und Stelle. Einer der größten Diskussionspunkte bei transgenen Pflanzen ist der ungewollte Transfer der Gene auf andere Arten. Ein weiterer kontrovers diskutierter Punkt bei transgenen Organismen ist die Genexpression: Viele Menschen befürchten, dass die transferierten Gene in landwirtschaftlichen Produkten zu neuartigen Proteinen werden, die die Nahrung möglicherweise vergiften und Allergien oder Krebs verursachen können.

Um die Verheißungen und Fallstricke des Gentransfers zu erkennen, müssen Sie erst einmal verstehen, wie und warum Gene transferiert werden. Die *rekombinante DNA-Technologie* umfasst in einem Ausdruck alle Methoden für die Anwendung des Gentransfers. In Kapitel 16 beschreibe ich, wie Gene gefunden, aus ihrem ursprünglichen Platz herausgeschnitten und an neuer Stelle wieder eingefügt werden (wie zum Beispiel in Virenvektoren für die Gentherapie). Diese Technologie, die speziell zur Erzeugung transgener Organismen verwendet wird, wird im Allgemeinen als *Gentechnologie* bezeichnet. Die Gentechnologie ermöglicht die direkte Manipulation von Genen, um den Phänotyp auf eine bestimmte Art zu verändern. Deswegen wird die Gentechnologie auch bei der Gentherapie angewendet, um gesunde Gene in den Körper zu bringen und den Auswirkungen von Mutationen entgegenzuwirken.

Gene auf Reisen

Gene werden üblicherweise durch Meiose und Mitose weitergegeben, den normalen Erbmechanismen also. Beim *horizontalen Gentransfer* können Gene jedoch ohne Paarung oder Zellteilung ausgetauscht werden. Bakterien können beispielsweise ringförmige DNA-Elemente (Plasmide), die oft Gene für Antibiotikaresistenzen tragen, miteinander austauschen oder auch DNA-Fragmente »gestorbener« Bakterien aus der Umgebung aufnehmen und in das eigene Genom einbauen. Diese »Genwanderung« mag zwar fiktiv klingen, ist jedoch keineswegs selten.

Auch bei mehrzelligen Lebewesen funktioniert dieses Prinzip (einige Fruchtfliegenarten haben so ihre Gene miteinander geteilt). Einige Wissenschaftler haben sogar bewiesen, dass horizontaler Gentransfer schon geschehen kann, wenn man DNA nur *verspeist*. Ja, Sie lesen richtig. Die Wissenschaftler fütterten die Mäuse mit einer Mischung, die DNA-Sequenzen enthielten, die nirgendwo sonst im Mäusegenom vorkommen. Später fanden die Wissenschaftler dann diese Sequenzen im Blut ihrer Mäuse, was bedeutet, dass bereits ein horizontaler Gentransfer stattgefunden haben muss. Tatsächlich hat auch Ihr eigenes Genom vermutlich einen Teil seiner Größe und Komplexität direkt von Bakterien erhalten. Es besteht ganz real die Möglichkeit, dass Gene an unerwarteten Orten auftauchen.

Transgene Pflanzen lassen Kontroversen wachsen

Pflanzen sind ganz anders als Tiere, aber jetzt nicht so, wie Sie vielleicht denken. Pflanzenzellen sind *totipotent*, das heißt, dass aus praktisch jeder Pflanzenzelle jede Art Pflanzengewebe entstehen kann, also Wurzeln, Blätter oder Samen. Tierzellen verlieren während der Embryonalphase ihre Totipotenz für immer (die DNA in jeder Zelle bleibt jedoch potenziell totipotent, mehr dazu in Kapitel 20). Für die Gentechniker bietet die Totipotenz der Pflanzenzellen jede Menge Möglichkeiten zur genetischen Manipulation.

Viele Arbeiten zum Thema Gentransfer beschäftigten sich mit dem Einbau von Genen aus Bakterien, Pflanzen und sogar aus Tieren in das Genom anderer Pflanzen, um verschiedene Ziele wie die Steigerung des Nährwerts, zum Beispiel beim Reis, zu erreichen. Der meiste Aufwand wird jedoch betrieben, um bestimmte Nutzpflanzen resistent gegenüber Herbiziden zu machen, die dann gegen Konkurrenzpflanzen eingesetzt werden, oder vor pflanzenfressenden Insekten zu schützen.

Der Prozess des Gentransfers bei Pflanzen

Generell sind für die Entwicklung transgener Pflanzen für kommerzielle Zwecke drei Schritte notwendig:

1. Gene, die bestimmte Merkmale wie Herbizidresistenz kontrollieren, finden (oder verändern)

2. Transgene in ein geeignetes Transportvehikel (einen *Vektor*) stecken

3. transgene Pflanzen erzeugen, die das neue Gen auch mit ihren Samen weitergeben

Das neue Gen entdecken

Der Vorgang des Auffindens und Kartierens von Genen ist bei jedem Organismus recht ähnlich (siehe Kapitel 16). Nachdem die Wissenschaftler ein Gen identifiziert haben, müssen sie es so abwandeln, dass es auch außerhalb des ursprünglichen Organismus funktioniert. Jedes Gen braucht dafür eine *Promotorsequenz*, also genetische Orientierungspunkte, die den Anfang eines Gens kennzeichnen und bestimmen, wie und wann die Transkription beginnen soll (wie die Transkription funktioniert, lesen Sie in Kapitel 9). Bei transgenen Pflanzen kann die ursprüngliche Promotorsequenz in der neuen Pflanze unwirksam sein, deshalb muss vielleicht auch eine neue Promotorsequenz an das Gen gebunden werden, die sicherstellt, dass das Gen zur richtigen Zeit und am richtigen Ort angeschaltet wird.

Das Gen an die neue Umgebung anpassen

Die Promotorsequenzen, die die Genetiker heutzutage beim Gentransfer verwenden, sind immer eingeschaltet. Deswegen erscheinen die Produkte des Transgens in allen Teilen und Zelltypen der Pflanze, in die das Transgen eingefügt wurde. Ein oft benutzter Allzweck-Promotor stammt von einem Virus, dem *Blumenkohl-Mosaik-Virus (CaMV)*. CaMV (von englisch *cauliflower mosaic virus*) scheint überall zu funktionieren und wird als zuverlässiger »Anschalter« für die mit ihm verbundenen transferierten Gene benutzt. Wird eine exaktere Steuerung des Transgens benötigt, können die Wissenschaftler einen anderen Promotor verwenden, der zum Beispiel auf Umweltbedingungen anspricht (wie Umweltreize Gene kontrollieren, lesen Sie in Kapitel 11).

Zusätzlich zum Promotor müssen die Gentechniker ein weiteres »Begleit-Gen« – ein sogenanntes *Markergen* – finden, das dem Transgen Gesellschaft leistet. Der Marker zeigt mit einem starken und verlässlichen Signal an, dass die ganze Einheit (also das Transgen und der Marker) an Ort und Stelle ist und funktioniert. Häufig bestehen die Marker aus Genen, die eine Resistenz gegenüber einem Antibiotikum mit sich bringen. Also kultivieren Genetiker Zellen transgener Pflanzen in einem Medium, das das Antibiotikum enthält. Nur die Zellen, die resistent sind, überleben. Dies ist eine schnelle und einfache Möglichkeit, die Zellen mit dem Transgen (lebend) von denen ohne (tot) zu unterscheiden.

Das neue Gen in der Pflanze platzieren

Um neue Gene in die Pflanzen zu bringen, verwenden Gentechniker hauptsächlich zwei Methoden:

✔ **Ein häufig vorkommendes Bakterium – das *Agrobakterium* – wird als Vektor benutzt.** *Agrobacterium tumefaciens* ist ein Pflanzenpathogen, das bei infizierten Pflanzen *Gallen* – große, hässliche, tumorartige Wucherungen – verursacht. In Abbildung 19.1 können Sie sehen, wie eine Galle aussieht. Die Galle entsteht, wenn Gene des Agrobakteriums in das Genom der betroffenen Pflanzenzellen eingefügt werden. Das Bakterium gelangt durch Wunden, wie Brüche im Stamm, in die Pflanze. Die Pflanze ist normalerweise durch eine holzartige Zellschicht vor der Außenwelt geschützt (wie auch Ihre Haut Sie schützt). Die Bakterien dringen nun in die Pflanzenzellen ein (wie sie das genau machen, wissen die Wissenschaftler noch nicht). Einmal in den Pflanzenzellen angekommen, fügt sich DNA der Bakterien-*Plasmide* – ringförmige DNA-Strukturen außerhalb des Bakteriengenoms – in das Genom der Wirtszelle ein. Die Bakterien-DNA platziert sich mehr oder weniger zufällig und lässt sich durch die Wirtszelle immer wieder replizieren. Genau wie Genetiker Viren als Vektoren für die Gentherapie verwenden (siehe Kapitel 16), schneiden sie die für die Gallenbildung verantwortlichen Gene aus den Plasmiden des Agrobakteriums heraus und ersetzen sie durch Transgene. Die Wirtszellen der Pflanzen werden im Labor kultiviert und dann mit den modifizierten Agrobakterien infiziert. Da Pflanzenzellen totipotent sind, kann aus ihnen eine komplette Pflanze – mit Wurzeln, Blättern und allem – wachsen und jede Zelle enthält das transferierte Gen. Wenn die Pflanze dann Samen trägt, enthalten diese ebenfalls das Transgen, womit sichergestellt ist, dass es auch an die Nachkommen weitergeben wird.

✔ **Die Pflanzenzellen werden mit einer *Genkanone* beschossen, wobei kleinste Partikel aus Gold oder anderen Metallen die Transgene mit Gewalt bis in den Zellkern tragen.** Für den Gentransfer bei Pflanzen sind Genkanonen nicht ganz so zuverlässig wie die Agrobakterien. Manche Pflanzen sind jedoch resistent gegenüber dem Agrobakterium, was die Genkanone zu einer nützlichen Alternative werden lässt. Die Idee hinter einer Genkanone ist, kleinste mikroskopische Pellets, die mit vielen Kopien des Transgens beschichtet wurden, mit Gewalt (meistens Druckluft) direkt in die Zellkerne zu schießen. Es bleibt jedoch dem Zufall überlassen, ob sich die Transgene in das Pflanzengenom einfügen.

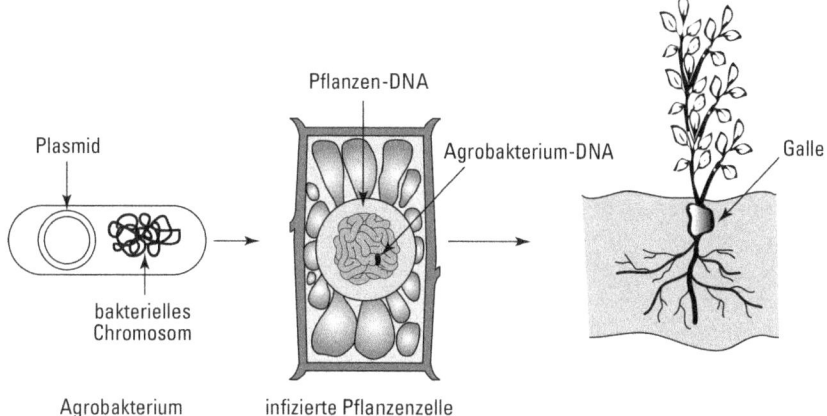

Abbildung 19.1: Das Agrobakterium fügt seine Gene in die DNA von Pflanzenzellen ein und verursacht dabei eine Gallenbildung.

Mögliche kommerzielle Anwendungen

Transgene Pflanzen haben in der Landwirtschaft hohe Wellen geschlagen. Bis jetzt konzentriert sich die Anwendung dieser Technologie hauptsächlich auf die zwei größten Bedrohungen für Nutzpflanzen:

✔ **Unkraut:** Durch das Hinzufügen von Genen, die Nutzpflanzen resistent gegenüber Herbiziden (Unkrautvernichtungsmitteln) machen, haben die Landwirte die Möglichkeit, Herbizide auf ihren Feldern auszubringen, ohne sich über Schäden an den Nutzpflanzen Sorgen machen zu müssen. Das Unkraut konkurriert mit den Nutzpflanzen um Wasser, Nährstoffe, Raum und Licht und senkt die Erträge dramatisch. Soja, Baumwolle und Raps (aus dessen Samen Öle gewonnen werden) sind nur einige Kulturpflanzen, die mittels Gentransfer resistent gegenüber bestimmten Herbiziden gemacht wurden.

Einige Chemiekonzerne sind in das Geschäft mit transgenen Pflanzen eingestiegen. Sie produzieren Pflanzen, die resistent gegenüber Herbiziden der eigenen Produktpalette sind und vermarkten das Saatgut zusammen mit ihren Chemikalien.

✔ **Schadinsekten:** Durch das Hinzufügen von Transgenen, die Pflanzen mit eigenen Insektenbekämpfungsmechanismen ausstatten, kann man Ertragsausfälle durch pflanzenfressende Insekten sehr effektiv senken. Die Genetiker verwenden dazu ein Gen des *Bacillus thuringiensis* (auch als *Bt* bekannt). Biogärtner entdeckten die Pestizideigenschaften des im Boden vorkommenden Bakteriums schon vor Jahren. Bt produziert ein Protein, das *Cry* genannt wird. Frisst ein Insekt diese Bodenbakterien, bildet sich bei der Verdauung von Cry ein Toxin, das die Insekten kurz nach der Mahlzeit vergiftet. Transgener Mais (Bt-Mais) und Baumwolle haben das *Cry*-Gen des Bt-Bakteriums. Es gab auch eine Kartoffelversion, aber der Anbau wurde gestoppt, da Fast-Food-Ketten und Hersteller von Kartoffelchips die Abnahme dieser transgenen Kartoffeln verweigerten.

Monsanto, Mais und Roundup

Die Firma Monsanto wurde 1901 ursprünglich als Chemieunternehmen im US-Bundesstaat Missouri gegründet und hat heute als Mischkonzern Niederlassungen in 61 Ländern. Seit den 1990er-Jahren sind verschiedene gentechnisch veränderte Produkte von Monsanto auf dem Markt, die überaus kontroverse Diskussionen hervorgerufen haben. Eines der Produkte betrifft gentechnisch veränderte Pflanzen und Breitbandherbizide mit dem umstrittenen Wirkstoff Glyphosat (Roundup). Das Saatgut von Mais, Soja, Raps und Baumwolle wurden so modifiziert, dass diese Pflanzen gegen das Herbizid resistent sind. Der Trick ist einfach – Roundup auf die Felder, und nur die resistenten Pflanzen können überleben. Das Herbizid hemmt die Synthese der aromatischen Aminosäuren in der Pflanze. Die Resistenz der gentechnisch veränderten Pflanzen beruht darauf, dass diese ein Gen für ein bakterielles Enzym tragen, das nicht gegen Glyphosat empfindlich ist.

Ob Roundup jedoch ganz so unbedenklich ist, wie Monsanto behauptet, wird derzeit noch diskutiert. Während die Internationale Agentur für Krebsforschung (IARC) Glyphosat 2015 als »wahrscheinlich krebserregend« klassifizierte, kam die Europäische Chemikalienagentur (ECHA) 2017 zu dem Ergebnis, dass dieser Wirkstoff nicht krebserregend ist.

Abwägung der Streitpunkte

Nur sehr wenige Themen der Genetik haben derartige, fast schon hysterische Reaktionen hervorgerufen wie die Auseinandersetzung über transgene Pflanzen. Versuche, transgene Kulturpflanzen in Europa zu etablieren, sind in den letzten mehr als zehn Jahren auf heftigen Widerstand gestoßen. 2007 haben nichtsdestotrotz 23 Länder den Anbau transgener Nutzpflanzen innerhalb ihrer Ländergrenzen genehmigt. Es gibt Berichte, dass in einigen Entwicklungsländern transgene Samen auf dem Schwarzmarkt hoch gehandelt werden. Die Argumente der Gegner fallen dabei in vier verschiedene Kategorien, die ich in den folgenden Abschnitten bespreche.

Lebensmittelsicherheit

Normalerweise ist die Genexpression streng reguliert und gewebespezifisch, was bedeutet, dass Proteine, die normalerweise in Pflanzenblättern produziert werden, nicht in den

Früchten erscheinen. Durch die Art, wie die Gene in die Pflanzen eingefügt werden, steht deren Expression nicht unter dieser strengen Kontrolle (die Gene sind andauernd eingeschaltet, wie im Abschnitt »Der Prozess des Gentransfers bei Pflanzen« weiter vorn in diesem Kapitel dargestellt). Gegner befürchten, dass durch Transgene erzeugte Proteine giftig sind und dass Lebensmittel, die aus diesen Pflanzen produziert werden, nicht sicher sind. Normalerweise kontrollieren Wissenschaftler die Auswirkungen von Chemikalien oder auch Medikamenten, indem sie Tieren (meistens Ratten und Mäusen) steigende Konzentrationen der Chemikalie verabreichen, bis sie Auswirkungen beobachten. Nahrungsmittel sind aber sehr schwierig zu überprüfen, da die Tiere nicht nur das Protein des Transgens aufnehmen, sondern auch die Nahrung selbst. Dadurch kann man die Auswirkungen nicht unbedingt auf einen bestimmten Inhaltsstoff zurückführen. Statt die Auswirkungen von hohen Dosen in Tierversuchen zu testen, basieren die Untersuchungen über die Lebensmittelsicherheit von transgenen Nutzpflanzen auf dem Konzept der substanziellen Äquivalenz.

Die *substanzielle Äquivalenz* ist ein detaillierter Vergleich von Produkten transgener Pflanzen mit denen von nichttransgenen Pflanzen. Dieser Vergleich enthält auch eine chemische Untersuchung und eine Nährwertanalyse einschließlich Tests auf toxische Inhalte. Tritt beim transgenen Produkt ein nachweisbarer Unterschied auf, wird dieses Merkmal weiter untersucht. Die substanzielle Äquivalenz basiert auf der Annahme, dass jede Zutat oder jeder Bestandteil nichttransgener Produkte ungefährlich ist und man nur die Unterschiede untersuchen muss, die die transgenen Pflanzen aufweisen. Zum Beispiel geht man bei den transgenen Kartoffeln davon aus, dass von unveränderten Kartoffeln keine Gefahr ausgeht und nur das Bt einer Untersuchung zu unterziehen ist. Trotz der vielen Vergleichstests konnten Wissenschaftler bisher noch keine schädlichen Nebenwirkungen bei Nahrungsmitteln aus transgenen Pflanzen feststellen. Millionen Menschen essen jährlich auf solche Weise produzierte Nahrungsmittel und bisher sind keine Nebenwirkungen beobachtet worden.

Ein 1999 veröffentlichtes Forschungsprojekt dokumentierte eine mögliche Gefahr transgener Lebensmittel. Kurz gesagt zeigte die Studie, dass das Immunsystem und die Organe von Ratten durch den Verzehr von transgenen Kartoffeln geschädigt wurden. Nach ihrer Veröffentlichung verursachte diese Untersuchung eine kontroverse Diskussion, und zwar vor allem, weil ein Autor Teile der Untersuchung veröffentlichte, bevor das Manuskript für eine Publikation von einem wissenschaftlichen Journal akzeptiert wurde. Das klingt jetzt zwar nicht wahnsinnig wichtig, heißt aber, dass die Ergebnisse vor der Veröffentlichung nicht von Experten auf diesem Gebiet überprüft wurden. Diese Überprüfung der Ergebnisse vor einer Veröffentlichung nennt man auch *Peer-Review* (im Grunde genommen ein Expertengutachten). Dadurch soll verhindert werden, dass falsche oder gefälschte Ergebnisse als Tatsache dargestellt werden. Im Fall des Streits um die transgenen Kartoffeln wurde der redselige Wissenschaftler von der wissenschaftlichen Gemeinschaft schwer bestraft, da er seine Ergebnisse als gültig postuliert hatte, bevor eine Überprüfung durch andere stattfinden konnte. Die Arbeit wurde schließlich publiziert, die Schlussfolgerungen ließen sich aber nicht einfach wiederholen, was vermuten lässt, dass die Ergebnisse nicht (end-)gültig sind.

Entkommene Transgene

Oft befürchteten Gegner auch, dass Transgene in andere Wirte entwischen. Ein gutes Beispiel dafür, wie schnell sich solche Gene verbreiten können, zeigt ein Vorfall mit Rapspflanzen in Kanada. Dort wurde 1996 zum ersten Mal herbizidresistenter Raps verkauft. Bereits 1998 konnte man bei wilden Rapspflanzen, die auf Feldern wuchsen, wo niemals transgene Pflanzen angebaut worden waren, nicht nur ein, sondern direkt *zwei* verschiedene Gene für Herbizidresistenz nachweisen. Dieser Fund war deswegen besonders überraschend, da kein kommerziell erhältlicher transgener Raps mit diesen zwei Genen gleichzeitig ausgestattet war. Es ist höchst wahrscheinlich, dass die eher zufällig transgenen Pflanzen ihre neuen Gene durch Pollenflug erhalten haben.

Im Jahr 2002 haben einige Unternehmen in den USA diverse gesetzliche Auflagen zum Schutz vor der Verbreitung von Transgenen bei Maispflanzen durch Pollenflug oder versehentliches Auflaufen von transgenem Saatgut nicht eingehalten. Diese Fehler führten zu Geldstrafen – und zur unbeabsichtigten Entlassung von Transgenen in die Umwelt.

Das Entkommen von Transgenen wird zurzeit nicht umfassend dokumentiert, aber die Abkapselung von Transgenen ist geradezu unmöglich. Die *Introgression*, also der Transfer von Transgenen von einer Pflanze zur anderen, kann sehr häufig passieren. Raps, Sonnenblumen, Weizen, Zuckerrüben, Luzerne und Hirse teilen ihre Gene bereitwillig mit anderen verwandten Pflanzen. Die meisten dieser Pflanzen werden durch den Wind bestäubt, was bedeutet, dass reife Pflanzen mit jedem Windzug ihre Gene über ein großes Gebiet verbreiten können. Eine transgene Grassorte, die auf Golfplätzen eingesetzt wird, konnte zum Beispiel ihr Transgen für Herbizidresistenz einem wilden Gras vermachen, das sage und schreibe nahezu 20 Kilometer weit entfernt wuchs!

Diese Übertragung ist fatal für ökologisch und biologisch wirtschaftende landwirtschaftliche Betriebe, denn sie haben sich verpflichtet, keine Produkte aus transgenen Pflanzen einzusetzen. Werden nun auf einem benachbarten Feld transgene Pflanzen angebaut, könnten auch im ökologisch erzeugten Produkt Transgene nachgewiesen werden. Der Landwirt verliert seinen Status und die ökologisch erzeugten Produkte sind nicht mehr frei von Transgenen.

Die Bedrohung durch die Übertragung von Genen für Insekten- oder Herbizidresistenzen erscheint allerdings im Angesicht der neuesten Entwicklung bei transgenen Pflanzen harmlos: dem *Gen-Pharming*. Der Gedanke hinter dem Gen-Pharming ist, mit Pflanzen Proteine zu produzieren, deren Herstellung bisher sehr schwierig oder unerschwinglich teuer war. Medikamente zur Krankheitsbehandlung, essbare Impfstoffe und Industriechemikalien sind nur einige Möglichkeiten. Feldversuche für diese transgenen Pflanzen sind jedoch umstritten. Die Konsequenzen der unkontrollierten Verbreitung der Transgene von diesen Pflanzen wären schlimm – und offen gesagt sprechen die bisherigen Erfahrungen mit der Abkapselung von Transgenen nicht gerade für den Erfolg zukünftiger Versuche in diese Richtung. Und im Gegensatz zum Cry-Protein und Herbizidresistenzen wären die pharmazeutischen Produkte beim Menschen wirklich biologisch aktiv und definitiv gesundheitsschädlich.

Entwicklung von Resistenzen

Das dritte Argument der Gegner von transgenen Pflanzen – die Entwicklung von zusätzlichen Resistenzen – ist eng mit der Verbreitung der Transgene verbunden. Der Grund für die Entwicklung der transgenen Pflanzen ist, Schädlings- und Unkrautbekämpfung zu vereinfachen. Zusätzlich kann bei diesen transgenen Pflanzen (insbesondere bei der transgenen Baumwolle) der Chemikalieneinsatz stark reduziert werden, was sich auch positiv auf die Umwelt auswirkt. Wenn sich nun aber bei Unkräutern und Insekten Resistenzen gegen die Auswirkungen der Transgene einstellen, werden die Pflanzenschutzmittel, die zur Unterstützung der transgenen Pflanzen eingesetzt werden sollen, nutzlos. Andererseits könnten die Resistenzgene auch auf Unkrautpflanzen übertragen werden, was die ganze Aktion ebenfalls sinnlos machen würde.

Eine vollständige Resistenz entsteht durch eine künstliche Selektion aufgrund eines Pflanzenschutzmittels oder durch die Pflanze selbst. Die Resistenz entwickelt und verbreitet sich, wenn die Insekten, die anfällig für das transgene Produkt sind, absterben und – Sie können es sich schon denken – die wenigen Insekten, die überleben und sich reproduzieren, in der Lage sind, das Pestizidtransgen zu tolerieren. Da Insekten Hunderttausende Nachkommen produzieren, dauert es auch nicht lange, bis eine anfällige Population durch eine resistente ersetzt worden ist. Um der Resistenzbildung entgegenzuwirken, sprechen sich die Anwender von transgenen Pflanzen für nichttransgene Schutzzonen aus – Orte, an denen keine transgenen Pflanzen angebaut werden, um dort die Population der anfälligen Insekten aufrechtzuerhalten. Dadurch würden die Resistenzgene durch weiter vorhandene Gene nicht resistenter Insekten verdünnt. Bisher zeigt das Einrichten von Schutzzonen nur begrenzt Erfolg. Aller Voraussicht nach werden sie die Verbreitung von resistenten Insekten nur verlangsamen, nicht aber stoppen können.

Unbeabsichtigte Schäden

Ein weiteres Argument gegen transgene Pflanzen ist, dass andere Nichtzielorganismen dadurch Schäden erleiden könnten. Als zum Beispiel der Bt-Mais (siehe den Abschnitt »Mögliche kommerzielle Anwendungen« weiter vorn in diesem Kapitel) eingeführt wurde, entstand eine Kontroverse über mögliche Schäden bei Nutzinsekten (die, die andere Insekten fressen) oder gern gesehenen Insekten wie Schmetterlingen. Tatsächlich ist das Cry-Protein für einige dieser Arten toxisch, aber es ist noch unklar, wie viel Schaden natürliche Insektenpopulationen durch Bt-Pflanzen wirklich nehmen. Der größte Schaden für die Monarch-Schmetterlinge entsteht beispielsweise eher durch die Zerstörung der Winterhabitate in Mexiko als durch Bt-Mais.

Folgenabschätzung

 Es scheint, dass transgene Pflanzen den Einsatz von Pflanzenschutzmitteln reduzieren könnten, das aber auch nur zu einem sehr geringen Teil (zwischen 1 und 3 Prozent). Seit der Entwicklung von transgenen Pflanzen ist der Herbizideinsatz vielmehr gestiegen, da nun die Chemikalien ohne jede Rücksicht auf die Nutzpflanze ausgebracht werden können. Allerdings wirkt sich der Einsatz von herbizidresistenten Pflanzen bei pflugloser Bodenbearbeitung, wobei der Boden nicht mehr umgebrochen wird und so Erosion und Bodenverluste vermindert werden, positiv aus. So haben viele Landwirte in den USA auf pfluglose Bewirtschaftung umgestellt, nachdem sie transgene Pflanzen angebaut hatten. Sobald aber das Unkraut die Transgene ebenfalls übernimmt, kehrt sich dieser Vorteil zum Nachteil. Tatsächlich konnten die Erträge durch den Einsatz transgener Pflanzen nicht erhöht werden. Trotz der relativ geringen Vorteile und der extrem starken Opposition (besonders hier in Europa), bleiben die Fürsprecher transgener Pflanzen optimistisch und hoffen auf eine landwirtschaftliche Revolution.

Die größten Vorteile durch transgene Pflanzen haben wohl die chemische Industrie und die Saatgutproduzenten. Eine weitere, recht profitable, aber auch recht heftig diskutierte Entwicklung bei transgenen Pflanzen sind sogenannte *Terminator-Gene* (V-GURT – Genetic Use Restriction Technology). Der gar nicht mal so abwegige Gedanke dahinter war eigentlich der Schutz geistigen Eigentums. Sie müssen bedenken, dass private Firmen jedes Jahr hohe Summen in die Forschung und Entwicklung neuer Sorten investieren. Damit diese Investitionen sich lohnen und der Gewinn durch den Verkauf dieser neuen Sorten maximiert werden kann, hat man, einfach ausgedrückt, ein Transgen in die Pflanzen eingebaut, die eine Wiederaussaat und die Verbreitung der Sorten unterminiert, zum Beispiel durch Entwicklungshemmer oder Sterilisation. Der Landwirt kann also nicht mehr sein eigenes Saatgut erzeugen, sondern wird gezwungen, jedes Jahr neues Saatgut zu kaufen. Na und? Wenn nun in den unkontrollierten Märkten der Entwicklungsländer solche Produkte auftauchen – etwa über Nahrungsmittellieferungen –, kann das katastrophale Folgen haben, wenn nach der Aussaat dieser »Saatkörner« die Ernte ausbleibt. Nun ja, an dieser Stelle könnte man auch eine Diskussion über Patente in der Landwirtschaft, Zugangsrechte und Rechte am Leben an sich entfesseln, die den Rahmen dieses Buches sprengen würden. Wenn es Sie interessiert, können Sie auf den folgenden Seiten mehr lesen: auf der Seite des Bundesministeriums für Ernährung, Landwirtschaft und Verbraucherschutz www.bmel.de/DE/Landwirtschaft/Pflanzenbau/Gentechnik/_Texte/Gentechnik_Wasgenauistdas.html, beim Bundesministerium für Bildung und Forschung www.biosicherheit.de/ oder etwas kontroverser bei Greenpeace www.greenpeace.de/themen/landwirtschaft/gentechnik/.

Ein Blick in den GVO-Zoo

Transgene Viecher sind überall präsent. Tiere, Insekten und Bakterien sind allesamt bei dem Spaß dabei. In diesem Abschnitt machen Sie einen Ausflug in den Transgen-Zoo.

Transgene Tiere

Die meisten Versuche zur Entwicklung von transgenen Tieren wurden bisher mit Mäusen gemacht. Die Wissenschaftler entdeckten, dass Gene während der Befruchtung der Eizelle in das Genom von Mäusen eingeschleust werden können. Bevor ein Spermium mit der Eizelle verschmilzt, gibt es für einen kurzen Zeitraum zwei Zellkerne (*Vorkerne*) mit zwei

DNA-Sätzen (je einer vom Vater und einer von der Mutter). Genetiker entdeckten, dass ein Transgen manchmal in die Chromosomen des Embryos integriert wird, wenn man viele Kopien des Transgens (mit seinem Promotor und manchmal auch mit einem Markergen, siehe den Abschnitt »Das Gen an die neue Umgebung anpassen« weiter vorn in diesem Kapitel) direkt in den männlichen Vorkern injiziert (siehe Abbildung 19.2). (Der männliche Vorkern wird gewählt, weil er etwas größer ist und damit leichter zu treffen. Das Transgen kann zwar auch in Zygoten injiziert werden, wenn die beiden Vorkerne also schon verschmolzen sind, dabei ist die Integration des Transgens aber weniger effizient.)

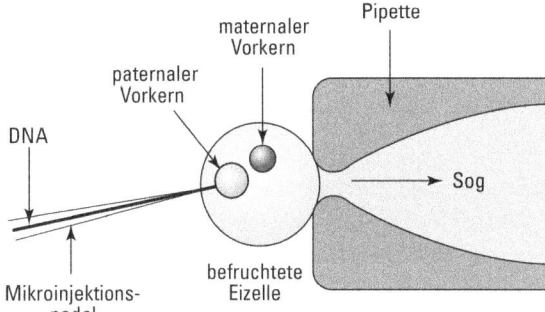

Abbildung 19.2: Vor der Verschmelzung der Vorkerne fügen Forscher Transgene in künstlich befruchtete Eizellen ein.

Nicht alle Embryonalzellen enthalten das Transgen, da die Integration des Transgens in das Erbgut während der Zellteilung stattfindet. Manchmal sind schon einige Zellteilungen vonstattengegangen, bevor das Transgen fest in das Erbgut integriert werden kann. Die transgenen Zellen enthalten dann oft mehrere Kopien des Transgens in ihrem Erbgut (merkwürdigerweise hängen die in der gleichen Reihenfolge hintereinander) und die Aufnahme in die Mäuse-Chromosomen passiert nach dem Zufallsprinzip. Durch diese verspätete und nur teilweise Integration entsteht eine *Chimäre* oder ein *Mosaik*. Bei der Mosaikbildung werden die Gene in einigen, aber nicht allen Zellen eines Individuums exprimiert und die Genexpression wird dadurch lückenhaft. Je früher das Transgen in das Erbgut einer Embryonalzelle integriert wird, desto größer ist der Anteil der Zellen, die das Transgen exprimieren (weil einfach vorher weniger Zellteilungen stattgefunden haben). Um ein komplett transgenes Tier zu erhalten, muss man viele dieser Chimären miteinander kreuzen in der Hoffnung, daraus ein vollständig homozygotes transgenes Tier zu erhalten. Nachdem die Forscher ein homozygotes Tier erhalten haben, isolieren sie die homozygote Linie, sodass keine heterozygoten Tiere mehr durch Anpaarung mit nichttransgenen Tieren entstehen können.

Nach der erfolgreichen Erstellung von transgenen Mäusen gingen die ersten Versuche dahin, Gene für Wachstumshormone in Nutztiere zu transferieren. Gene für Wachstumshormone von Ratte, Mensch und Rind wurden erfolgreich in Mäuse transferiert und die Mäuse, die daraus entstanden, waren weit größer als normal. Daraus entstand die Idee, diese Gene auch bei den folgenden Masttieren einzusetzen, was eine schnellere Produktion von größeren Tieren mit höherem Fleischanteil bewirken könnte:

- ✔ **Schweine und Rinder:** Die Versuche mit transgenen Schweinen sind nicht gerade vielversprechend gelaufen. Die transgenen Tiere wuchsen zwar schneller als ihre unbehandelten Artgenossen, das aber auch nur, wenn sie mit einem speziellen proteinreichen Futter gemästet wurden. Weibliche transgene Schweine stellten sich als steril heraus. Bei allen Schweinen zeigte sich eine Muskelschwäche und bei vielen traten Arthritis und Geschwüre auf. Bei Rindern waren die Ergebnisse auch nicht besser. Bis jetzt werden keine auf mehr Wachstum zugeschnittene transgenen Schweine oder Rinder kommerziell gehandelt. In den USA liegt seitens der Behörden auch keine Freigabe für die Verwendung dieser Tiere in der Nahrungsmittelkette vor (Stand 2009).

- ✔ **Fische:** Im Gegensatz zu Rindern oder Schweinen kommen Fische sehr gut mit Transgenen zurecht. (Im Kasten »Transgene Haustiere: Nicht nur Spiel und Spaß« erfahren Sie mehr über eine andere Anwendung für transgene Fische.) Transgene Lachse wachsen sechsmal schneller als ihre nichttransgenen Vettern und setzen ihr Futter viel effizienter in Körpermasse um, was bedeutet: Weniger Futter gibt größeren Fisch. Atlantische Lachse werden für den Transfer von Wachstumsgenen anvisiert, die transgenen Fische sind aber bisher nur in Kanada (seit 2017) und den USA kommerziell erhältlich. Würden die transgenen Fische in größeren, abgetrennten Tanks, jedoch innerhalb größerer Wasserkörper gehalten, wäre ein Entkommen einiger dieser Fische in die freie Wildbahn vorprogrammiert. Außerdem sind die natürlichen Lachspopulationen durch Überfischung stark dezimiert. Fische von Fischfarmen neigen zu einer höheren Aggressivität und man befürchtet, dass die transgenen Fische ihre natürlichen, wilden Verwandten vollkommen verdrängen könnten. Deshalb stellen entkommene transgene Lachse eine Bedrohung für die natürlichen Populationen sowohl ihrer eigenen Art als auch die anderer Arten dar.

Auch an Primaten wurden Versuche mit Transgenen unternommen, um damit menschliche Funktionsstörungen wie etwa das Altern, neurologische Krankheiten und Störungen des Immunsystems zu untersuchen. Der erste transgene Affe wurde im Jahr 2000 geboren. Der Rhesusaffe Andi wurde mit einem einfachen Markergen ausgestattet, um zu sehen, ob der Gentransfer beim Affen überhaupt funktioniert. Das Markergen wurde Quallen entnommen, in denen es ein grün fluoreszierendes Protein produziert. Dieses Gen wurde bereits erfolgreich in Pflanzen, Frösche und Mäuse eingesetzt, aber die Träger leuchten nur sehr selten grün, Andi war da keine Ausnahme. Ihre Chromosomen hatten zwar das Gen integriert, aber es wurde kein funktionierendes fluoreszierendes Protein produziert. Der Erfolg stellte sich erst gut neun Jahre später und auf der anderen Seite des Pazifiks ein: In Japan wurde Weißbüschelaffen erfolgreich das Fluoreszenzgen implantiert, das sie an ihre Nachkommen weitergegeben haben.

Transgene Haustiere: Nicht nur Spiel und Spaß

Kennen Sie die Poster, die im Dunkeln unter Schwarzlicht leuchten? Jetzt können Sie das Schwarzlicht in Ihr Aquarium einbauen – hier könnte schon bald ein neuer Fisch Einzug halten! Der Zebrabärbling ist ein kleiner schwarz-weiß gestreifter Fisch, der ursprünglich aus dem Ganges in Indien stammt. Die nun leuchtenden Versionen, in Amerika unter dem Markennamen (!) *GloFish* erhältlich, tragen ein Gen, das sie fluoreszieren lässt. Das kleine, im Dunkeln rot leuchtende Wunder (in einigen Berichten wird er auch als »Frankenfish« bezeichnet, frei nach einem US-amerikanischen Horrorfilm) ist das erste kommerziell erhältliche transgene Haustier.

Zebrabärblinge sind altgediente Laborveteranen – sie haben sogar ihr eigenes wissenschaftliches Journal! Entwicklungsbiologen lieben Zebrabärblinge, da man die Embryonalentwicklung in ihren durchsichtigen Eiern sehr gut beobachten kann. Genetiker benutzen sie, um die Funktion aller möglichen Gene zu entschlüsseln, da viele auch bei anderen Arten Gegenstücke besitzen, auch beim Menschen. Auch Gentechniker haben den Zebrabärbling für sich entdeckt. Wissenschaftler in Singapur benutzen ihn als Indikator für Verschmutzungen. Dafür haben sie ihm ein Gen aus einer Qualle eingesetzt, womit der Zebrabärbling unter besonderen Umständen im Dunkeln leuchtet. Das Fluoreszenzgen wird nur bei bestimmten Umweltreizen (wie Hormonen, Toxinen oder Temperaturschwankungen; siehe auch Kapitel 11, wie Umweltreize Gene einschalten) aktiviert, was zur Produktion des fluoreszierenden Proteins führt. Der transgene Zebrabärbling sendet ein schnell und einfach verständliches Signal: Leuchtet er, ist irgendeine Verschmutzung vorhanden.

Natürlich ist ein leuchtender Fisch so einzigartig, dass einige Unternehmer den Spaß nicht den Wissenschaftlern allein überlassen wollten. Folglich sind diese »überarbeiteten« Zebrabärblinge auch in Zoohandlungen aufgetaucht. Bei vielen Wissenschaftlern hörte der Spaß allerdings beim Handel mit transgenen Fischen auf. So hat der Staat Kalifornien den Verkauf dieser Fische kurzerhand verboten und zumindest eine größere Zoohandlungskette der USA verweigert den Verkauf. Der Hauptgrund dafür scheint bislang ein ethischer zu sein – die Gegner wollen nicht, dass Gentechnologie für banale Anwendungen missbraucht wird (siehe Kapitel 21 zu Ethik und Genetik). Die Lebensmittelüberwachungs- und Arzneimittelzulassungsbehörde der Vereinigten Staaten (US Food and Drug Administration, US FDA) hat 2003 den leuchtenden Zebrabärbling als sicher eingestuft (er ist nicht giftig, und nein, man leuchtet nicht, wenn man ihn isst) und er darf ohne Genehmigung vertrieben werden. In der Europäischen Union hingegen sind Handel und Zucht gentechnisch veränderter Tiere weiterhin verboten. Nichtsdestotrotz tauchten 2007 die ersten *GloFish*-Exemplare in Deutschland auf.

Ein ernsteres und biologisch relevantes Argument gegen exotische, leuchtende Fische könnte die Bedrohung durch invasive Arten sein. Invasive Arten stellen alle möglichen fiesen Probleme für die Umwelt dar. Der in Deutschland beheimatete Europäische Flusskrebs (oder auch Edelkrebs) beispielsweise wurde fast völlig durch die sogenannte Krebspest ausgerottet. Die Pilzerkrankung wird vom eingeführten Amerikanischen Flusskrebs (oder Kamberkrebs) übertragen, der selbst allerdings resistent ist. Eingeführte Pflanzen und Tiere – insbesondere Insekten – stellen eine große und äußerst kostspielige Bedrohung für die Landwirtschaft weltweit dar. Normale Zebrabärblinge leben schon zuhauf in den warmen Gewässern Floridas neben einer schwindelerregenden Anzahl anderer nichtheimischer Arten, die zusammen die heimische Fischwelt stark bedrohen. Leuchtende Fische sind, nebenbei bemerkt, dabei nur der Anfang. Es gibt Berichte, dass an einem im Dunkeln leuchtenden Rasen oder Gräsern mit ungewöhnlichen Farben gearbeitet wird. Und bemerkenswerte, ungewöhnliche Farben sind nur eine Möglichkeit. Ein Unternehmen hat bereits antiallergische Katzen angekündigt. (Aber hier ist doch noch etwas Geduld gefordert: Tiere reagieren sehr schlecht auf zufällig eingefügte Gene in ihren Chromosomen, so bleibt das Niesreiz-freie Kätzchen noch ein weit entfernter Traum.)

Kleinigkeiten: Transgene Insekten

Eine ganze Reihe Einsatzmöglichkeiten von transgenen Insekten tut sich scheinbar am Horizont auf. Malaria und andere von Stechmücken übertragene Krankheiten stellen weltweit ein großes Gesundheitsproblem dar. Der Einsatz von Pestiziden zur Moskitobekämpfung wird aber als sehr problematisch angesehen, da resistente Populationen die empfänglichen in sehr kurzer Zeit ersetzen. Und eigentlich sind die Mücken dabei auch gar nicht das Problem (auch wenn Sie mir das in Anbetracht des nervigen Gesummes und der Mückenstiche jetzt nicht glauben). Das Problem sind die Parasiten und Viren, die die Moskitos mit sich tragen und bei ihren Stichen übertragen. Zur Lösung dieses Problems entwickeln Wissenschaftler transgene Moskitos, die keine Parasiten und Viren mehr übertragen können, was ihre Stiche vielleicht immer noch jucken lässt, aber sonst harmlos machen würde. Leider ist nicht klar, ob und wie die transgenen Moskitos die natürlichen Populationen, die die Krankheiten übertragen, ersetzen können.

Andere Versuche von Wissenschaftlern zur biologischen Insektenkontrolle hatten bisher nur begrenzten Erfolg. Dabei wurden üblicherweise Millionen sterile Insekten in die Umwelt entlassen, die die fruchtbaren anlocken sollten. Das Ergebnis einer solchen Paarung sind unbefruchtete Eier und infolge eine Reduzierung der Zielpopulation. Ein Nachteil dieser umweltfreundlichen Insektenbekämpfung ist, dass die Sterilität durch Strahlung herbeigeführt wird. Den bestrahlten Insekten fehlt die Libido, um sich auf dem Markt als Paarungspartner wirklich durchzusetzen. Eine transgene Unfruchtbarkeit würde das Problem beheben. Der Prozess an sich wäre derselbe, aber die unfruchtbaren transgenen Insekten hätten immer noch genug Energie, sich einen Partner zu suchen, was zu einer effektiveren Bekämpfung führen würde. Das ist eine sehr attraktive Idee, wenn sie der Bekämpfung von invasiven Arten dienen würde, die bei ihren Vernichtungszügen bei Nutzpflanzen ungeheure wirtschaftliche Schäden anrichten.

Die transgene Pestizidresistenz könnte auch dazu genutzt werden, die natürliche Schädlingsbekämpfung mit Nutzinsekten durchzuführen (also mit denen, die andere Insekten fressen). Die Idee dabei ist, Nutzinsekten mit einem Transgen für eine Pestizidresistenz auszustatten. Die Landwirte könnten dann die für Pestizide anfälligen Insekten bekämpfen und anschließend Nutzinsekten den Rest erledigen lassen. Mit dieser Strategie könnte man den Pestizideinsatz erheblich reduzieren und transgene insektenresistente Pflanzen wären hinfällig.

Ein anderes aktuelles Projekt mit transgenen Insekten befasst sich mit Seidenraupen, die mit einem Gen zur Produktion menschlicher Hautproteine ausgestattet werden. Die Intention dabei ist, große Mengen dieses Proteins zu produzieren, das dann bei Hauttransplantationen zur Behandlung von Brandwunden und zur Wundheilung eingesetzt werden kann.

An transgenen Bakterien herumfummeln

Bakterien sind sehr empfänglich für Gentransfer. Im Gegensatz zu anderen Organismen können bei Bakterien Gene mit hoher Präzision eingefügt werden, was es viel einfacher macht, die Expression zu kontrollieren. Auf diese Weise können mit Bakterien viele Produkte unter kontrollierten Bedingungen hergestellt werden, was besonders die Gefahr der

Freisetzung von Transgenen reduziert. (Die Techniken, mit denen Gene in Bakterien eingefügt werden, sind mit denen bei der Gentherapie identisch, die ich in Kapitel 16 beschreibe.)

Viele wichtige Medikamente werden mit rekombinanten Bakterien hergestellt, wie zum Beispiel Insulin für Diabetes, Gerinnungsfaktoren für die Bluterkrankheit oder Wachstumsfaktoren für die Behandlung einiger Formen des Zwergenwuchses. Neben den medizinischen Möglichkeiten gibt es einige positive Nebeneffekte:

- ✔ Mit transgenen Bakterien können größere Mengen an Protein hergestellt werden als mit konventionellen Methoden.

- ✔ Produkte aus Bakterien sind viel sicherer als tierische Ersatzstoffe wie zum Beispiel Insulin aus Schweinen, das sich vom menschlichen Insulin ein wenig unterscheidet und allergische Reaktionen hervorrufen kann.

- ✔ Transgene Bakterien werden nicht so kontrovers diskutiert wie andere transgene Organismen und ihr Einsatz für die Herstellung von medizinischen Substanzen ist allgemein akzeptiert.

Die Produkte von transgenen Bakterien werden auch in der Landwirtschaft eingesetzt. *Bovines Somatotropin*, ein Wachstumshormon, besser bekannt vielleicht als *Rinder-Somatotropin* oder bovines Somatotropin (*bST*), steigert die Milchproduktion bei Kühen. Transgene Bakterien produzieren große Mengen dieses Hormons (das heißt dann *rbGH*, rekombinantes bovines Wachstumshormon, vom englischen Begriff »recombinant bovine growth hormone«), das Milchkühen injiziert werden kann, um die Milchproduktion zu steigern. In Europa ist der Einsatz dieses Hormons verboten (obwohl die größte Menge davon in Österreich hergestellt wird). Trotz vieler anderslautender Behauptungen ist bST beim Menschen inaktiv, das heißt, es hat auf den Menschen keine Auswirkungen, selbst wenn man es ihm direkt injiziert. Des Weiteren lässt sich die Milch von mit rbGH behandelten Kühen chemisch nicht von der Milch von Kühen unterscheiden, denen das ursprüngliche Hormon injiziert wurde. Der Vorteil ist, dass die gleiche Menge Milch mit weniger Kühen produziert werden kann – eine gute Sache, denn weniger Kühe produzieren weniger Kuhfladen, deren Auswaschungen Grundwasser und Flüsse belasten, ergo: weniger Kühe, weniger Umweltbelastungen. Der Nachteil bei der Hormonbehandlung ist, dass die höhere Milchleistung eine höhere Anfälligkeit für Euterkrankheiten mit sich bringt, weshalb der Einsatz von Antibiotika steigt und damit das Risiko von antibiotikaresistenten Keimen zunimmt.

Jüngste Fortschritte in der Biotechnologie könnten auch weitere Fortschritte beim Umweltschutz nach sich ziehen. Zum Beispiel gibt es schon biologisch abbaubare Kunststoffe aus von Bakterien produzierten Chemikalien, sogenannten *Polyhydroxyalkanoaten (PHA)*. PHA sind natürlich vorkommende Polyester (also »Kunststoffe«), die von Bakterien zur Energiespeicherung (die bei uns, leider, das Fett übernimmt) hergestellt werden und den allseits bekannten Kunststoffen aus Erdöl sehr ähnlich sind. Forscher haben das Gen, das für die PHA-Produktion verantwortlich ist, in *E.-coli*-Bakterien eingefügt, die genug PHA produzieren, um damit beliebige Produkte herzustellen. PHA kommen derzeit als Verpackungsmaterial in der Lebensmittelindustrie zum Einsatz, sind aber auch als vom Körper resorbierbare Materialien wie Nahtmaterialien, Implantate und pharmazeutische Depotpräparate für die Medizinindustrie von Interesse.

Die Blaupause verändern durch Gen-Editing

Eines der meistdiskutierten Themen dieser Tage ist das Gen-Editing (auch als Genom-Editing bekannt). *Gen-Editing* umfasst eine Gruppe von Technologien in der Gentechnik, die es den Wissenschaftlern ermöglichen, eine bestimmte Sequenz innerhalb des Genoms zu verändern. Jede dieser Technologien benutzt ein gentechnisch nutzbar gemachtes Enzym, eine *Nuklease*, die DNA zerschneiden kann, und das zusammen mit einer Art von Lotsen, der das Enzym an die richtige Stelle im Genom führt. Anschließend kann die zelleigene DNA-Reparaturmaschinerie die Bruchstelle reparieren, wobei ein neuer DNA-Abschnitt eingefügt werden kann, wenn ein Stück DNA mit der gewünschten Sequenz zur Verfügung gestellt wird.

Gen-Editing könnte auf verschiedene Weise eingesetzt werden. Zunächst einmal könnte es genutzt werden, um eine Sequenz mit einer krankheitsverursachenden Mutation durch die normale Sequenz zu ersetzen, wodurch die der Krankheit eines Patienten zugrunde liegende Ursache korrigiert werden würde. Eine weitere Anwendung könnte zur Zerstörung eines sonst exprimierten Gens führen, sodass es abgeschaltet wird. Dies wäre bei Krankheiten hilfreich, bei denen eine Überexpression zu dieser Erkrankung beiträgt, wie zum Beispiel durch Onkogene bei Krebs (siehe Kapitel 14).

Die Technologien zur Durchführung von Gen-Editing gibt es schon seit mehr als 20 Jahren, die verschiedenen Techniken unterscheiden sich jedoch in ihrer Effektivität. Folgende Gen-Editing-Techniken sind bisher entwickelt worden:

- **Zinkfinger-Nukleasen (ZFNs):** ZFNs nutzen eine bestimmte Art von DNA-bindender Domäne (als Zinkfingermotiv bezeichnet), um die Zielsequenz zu erkennen. Obwohl sie erfolgreich zur Veränderung verschiedener Pflanzen eingesetzt worden sind, werden sie meist nicht mehr verwendet, da sie oft die falschen Sequenzen beeinflussen.

- **Transkriptionsaktivator-artige Effektornukleasen (TALENs):** TALENs nutzen eine DNA-bindende Domäne, die der einer Transkriptionsaktivator-ähnlichen Effektornuklease entspricht und die so angepasst werden kann, dass sie gezielt eine bestimmte Sequenz bindet. TALENs sind effektiver als ZFNs und sind bei verschiedenen Organismen eingesetzt worden, um deren Genome zu verändern. Die Technik ist außerdem in Experimenten zur Korrektur von Mutationen, die beim Menschen Krankheiten auslösen, verwendet worden.

- **CRISPR/Cas9 (ausgesprochen »*crisper cass* 9«):** Das CRISPR/Cas9-System (das im nächsten Abschnitt näher beschrieben wird) ist die bisher neueste Technik und scheint von allen Methoden die höchste Genauigkeit aufzuweisen. Anhand einer individuell angepassten RNA-Sequenz findet das System gezielt die Sequenz, die editiert werden soll, und schleppt das CRISPR-assoziierte Protein (Cas) gleich mit. Aufgrund ihrer Effizienz und Genauigkeit ist diese Methode schnell zur meistgebrauchten Technik zur Durchführung des Gen-Editings geworden.

  Das CRISPR/Cas9-Gen-Editing-System ist außerdem die Methode, die in die Schlagzeilen gekommen ist. Die Grundlagen des Systems werden im nächsten Abschnitt beschrieben. Da das System sowohl auf somatische Zellen (alle Zellen des Körpers außer den Ei- und Samenzellen und ihre Vorläufer) wie auch auf die Keimbahn (die Geschlechtszellen – Ei- und Samenzellen) angewendet werden kann, wird außerdem die Wichtigkeit dieser

Unterscheidung besprochen. Die Verheißungen, die das CRISPR/Cas9-System für die zukünftige Behandlung von genetisch bedingten Krankheiten bereithält, haben auch einige schwerwiegende Vorbehalte hervorgebracht, die im Abschnitt »Debatte zur Ethik des Gen-Editings« weiter hinten in diesem Kapitel erläutert werden.

CRISPR/Cas9-Gen-Editing

CRISPR kommt von »clustered regularly interspersed short palindromic repeats«, und *Cas9* ist das CRISPR-assoziierte Protein Nummer 9. CRISPR/Cas9 basiert auf einem Verteidigungssystem, das in einigen Bakterien natürlich vorkommt.

Wissenschaftler haben entdeckt, dass die DNA dieser Bakterien viele kurze palindromische Sequenzen enthält. Palindrome sind Wörter oder Sequenzen, die vorwärts und rückwärts gelesen dieselbe Bedeutung haben, wie zum Beispiel das Word *Rentner* oder die DNA-Sequenz *CATAATAC*.

In den Bakterien flankieren diese kurzen palindromischen Sequenzen DNA-Abschnitte aus einem Virus, das zuvor die Zelle infiziert hat. Grundsätzlich bewahrt ein Bakterium jedes Mal, wenn es von einem Virus infiziert wurde (und die Infektion überlebt hat), ein Stück der Virus-DNA auf, indem es dieses Stück zwischen diese palindromischen Sequenzen einfügt. Es kann ausgehend von dieser Sequenz ein kleines Stück RNA (siehe Kapitel 7 mit mehr Informationen zur RNA) herstellen, das dann am Cas-Protein befestigt wird, was daraufhin die entsprechende DNA finden und in kleine Stücke zerschneiden kann. Wenn das Bakterium erneut von demselben Virus infiziert wird, kann das bewaffnete Cas-Protein die virale DNA erkennen und sofort zerstören.

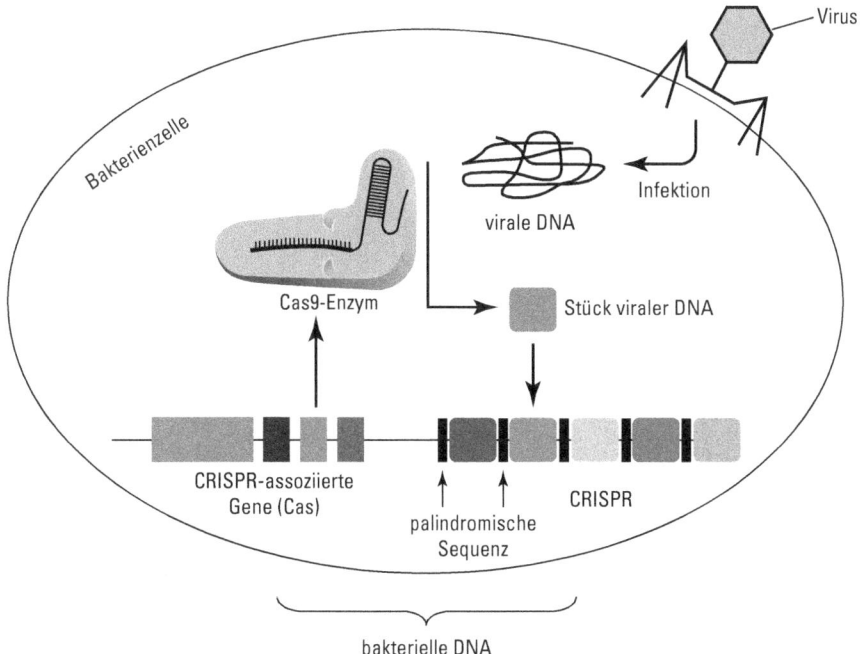

Abbildung 19.3: Das CRISPR/Cas9-System in Bakterien

Das CRISPR/Cas9-System, das für das Gen-Editing eingesetzt wird, nutzt kurze RNA-Sequenzen als Lotsen, die an entsprechende spezifische Zielsequenzen im Genom (siehe Abbildung 19.4) binden. Diese Lotsen-RNA bindet auch an das Cas9-Protein. Um dieses System zur Korrektur eines Gens zu nutzen, das bekanntermaßen eine Mutation trägt, kann das Cas9-Protein mit der daran befestigten Lotsen-RNA in eine Zelle mit dem defekten Gen eingebracht werden, zusammen mit DNA-Fragmenten, die die normale Gensequenz enthalten. Sobald der Lotsen-RNA/Cas9-Komplex an seine Zielsequenz im Genom bindet, kann das Cas9-Protein die DNA am Zielort schneiden. Die zelleigene DNA-Reparaturmaschinerie kann dann dazu eingesetzt werden, um die defekte Kopie der Gensequenz mit der korrekten Version (ohne Mutation und deshalb funktionstüchtig) zu ersetzen. Eine weitere mögliche Anwendung dieses Systems wäre, Gene, die Probleme verursachen, zu zerstören. Wenn zum Beispiel ein Gen einen Wachstumsfaktor produziert, der zur Zellteilung und Proliferation von Krebszellen beiträgt, kann die Lotsensequenz auf dieses Gen abzielen und das lotsengebundene Cas-Protein könnte dieses Gen zerschneiden und es damit von der weiteren Produktion des Wachstumsfaktors abhalten.

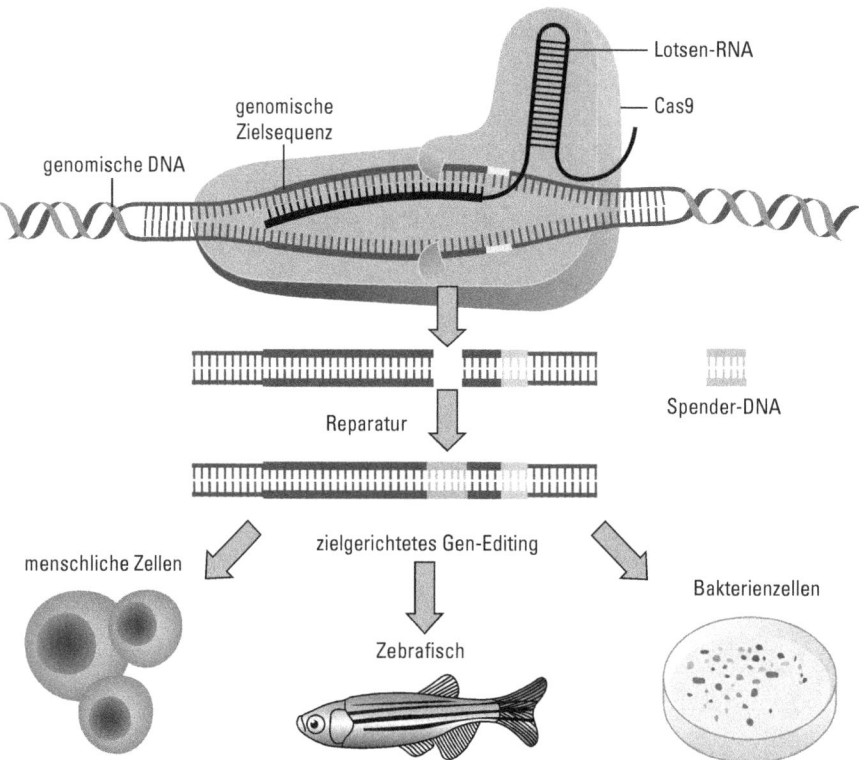

Abbildung 19.4: Gen-Editing mit dem CRISPR/Cas9-System

Keimbahn-Gen-Editing versus somatisches Gen-Editing

Gen-Editing kann in einer somatischen Zelle (Körperzelle, die weder eine Eizelle oder eine Samenzelle (oder deren Vorläufer) ist) eingesetzt werden, sodass die editierte Sequenz schließlich nur im beabsichtigten Gewebe erscheint. In diesem Fall würde die genetische

Veränderung nicht an die folgenden Generationen weitergegeben werden. Alternativ dazu könnte das Gen-Editing in einer Weise ausgeführt werden, die dazu führt, dass die veränderte Sequenz in allen Zellen des Körpers zu finden ist. In diesem Fall müsste das Gen-Editing bei einer Keimzelle (wie eine Ei- oder Samenzelle) oder in einer Zygote (einzelliges befruchtetes Ei) vorgenommen werden. Dies würde zu einer Genomveränderung führen, die an zukünftige Generationen weitergegeben wird, ein Umstand, der mit einer besonderen Reihe ethischer Fragen verbunden ist.

Debatte zur Ethik des Gen-Editings

Gen-Editing löst sowohl in Bezug auf die Keimzellen also auch auf somatische Zellen ethische Bedenken aus. In beiden Fällen ergeben sich Sorgen wegen eines möglichen fehlgeleiteten Editings (Off-target-Editing, also wenn die falschen Sequenzen verändert werden, möglicherweise mit verheerenden Folgen). Und wie bei jeder neuen Technologie gibt es offenkundige Bedenken, die die allgemeine Sicherheit eines solchen Verfahrens betreffen wie auch die Folgen für die Gesundheit des Organismus, bei dem das Editing durchgeführt wurde (und für den möglichen zukünftigen Nachwuchs, falls ein Keimbahn-Editing durchgeführt wurde).

Außerdem gibt es wie bei allen anderen Technologien zur Genmanipulation und einigen Ansätzen für Gentests die Sorge um die möglichen Folgen, wenn diese Techniken dazu genutzt werden, die genetischen Eigenschaften von Personen zu verbessern, statt eine genetisch bedingte Krankheit zu behandeln.

Die Einverständniserklärung (in Kapitel 21 genauer beschrieben) weckt in diesem Falle einige sehr reale Befürchtungen, denn die Modifikation der Keimbahn eines Menschen bedeutet ja, dass die Veränderung vorgenommen wird, bevor ein anderer Mensch überhaupt geboren wird und somit bevor dieser seine Zustimmung erteilen kann.

Aus der gesellschaftlichen Perspektive sind Bedenken erhoben worden, die den gleichen, gerechten Zugang zu solchen Technologien betreffen, und es sind auch Befürchtungen laut geworden, wie genetisch bedingte Krankheiten oder Eigenschaften dann eingeschätzt werden. Wenn auf Gen-Editing basierende Therapien erst einmal in der klinischen Praxis zur Verfügung stehen, wird sich jeder diese Art von Behandlung leisten können? Wird dies zu einer abwertenden Einstellung zu manchen genetisch bedingten Krankheiten oder Eigenschaften (und ihren Trägern) führen? Und dem Versuch, sie aus der Gesellschaft zu entfernen?

Die meisten dieser Bedenken sind mit dem Bericht in den Vordergrund gerückt, der als Erster zeigte, dass Genome-Editing bei einem menschlichen Embryo möglich ist. Dieser Bericht war von einer chinesischen Gruppe 2015 veröffentlicht worden. Diese Studie verwendete allerdings einen Embryo, der sich nicht bis zur Geburt des Babys hätte entwickeln können. Später im Jahr 2015 gab es einen Aufruf zu einem weltweiten freiwilligen Aufschub der Nutzung von CRISPR/Cas9 für die Änderung des Keimbahngenoms beim Menschen. Dessen ungeachtet beschrieb ein späterer Bericht aus China 2018 den Einsatz von Gen-Editing zur Erzeugung von Zwillingen, die immun gegen HIV-Infektionen waren. Jedoch wurde der genetische Status dieser beiden Individuen nicht nachgewiesen.

Als dieses Buch aktualisiert wurde, konnten durch eine Suche auf der clinicaltrials.gov-Website (die zukünftige, laufende und abgeschlossene klinische Studien aufführt) 19 verschiedene Studien identifiziert werden, die darauf ausgerichtet waren, Gen-Editing in somatischen Zellen anhand des CRISPR/Cas9-Systems zu untersuchen. Darunter waren Studien zur Behandlung der Sichelzellenanämie, der Beta-Thalassämie und von Blutkrebs (wie zum Beispiel Leukämie), und mindestens drei dieser Studien hatten ihre Untersuchungsstandorte in den Vereinigten Staaten. Aus diesen Studien ist bisher wenig veröffentlicht worden, ein Forscher hat jedoch angegeben, dass der erste von ihm behandelte Beta-Thalassämie-Patient in den vier Monaten nach Behandlungsbeginn keine Bluttransfusion gebraucht hätte. Es konnten keine Studien gefunden werden, bei denen es um die Veränderung der menschlichen Keimbahn gehen würde.

> **IN DIESEM KAPITEL**
>
> Was ist eigentlich Klonen?
>
> Wie funktioniert das Klonen?
>
> Welche Anomalien können beim Klonen entstehen?
>
> Was spricht für, was gegen das Klonen?

Kapitel 20
Klone: Sie sind ein echtes Unikat

Es klingt schon ein wenig nach Science-Fiction: Sie nehmen Ihre genetischen Informationen, implantieren diese in eine Eizelle und nach neun Monaten erblickt ein neues Wesen das Licht der Welt – ein Wesen mit dem sprichwörtlichen kleinen, aber feinen Unterschied: Es ist ein Klon.

Abhängig von Ihrer Einstellung ist »Klonen« für Sie entweder ein Albtraum oder die Erfüllung eines Traums. Was auch immer Sie darüber denken, Klonen ist keine Zukunftsmusik mehr! Entscheidungen über das experimentelle Klonen werden gerade jetzt und tagtäglich getroffen. Dieses Kapitel befasst sich mit dem Klonen – was es ist, wie es gemacht wird und was es biologisch betrachtet für Auswirkungen haben wird. In diesem Kapitel erfahren Sie vieles über die Probleme, die mit dem Klonen zusammenhängen, und ich zeige Ihnen auch die Argumente auf, die für und gegen das Klonen (nicht nur das von Menschen, sondern auch von Tieren und Pflanzen) sprechen. Machen Sie sich bereit für eine interessante Geschichte und denken Sie daran: Sie ist nicht frei erfunden!

Einsatz der Klone

 Ein *Klon* ist nichts anderes als eine identische Kopie. Wenn Genetiker über das Klonen reden, meinen sie fast immer das Kopieren eines Stücks DNA (meistens ein Gen). Genetiker klonen DNA tagtäglich in ihren Laboren – die Technik ist einfach, Routine und nicht besonders bemerkenswert. Das Klonen von Genen ist ein wichtiger Bestandteil der:

✔ DNA-Sequenzierung (siehe Kapitel 8)

✔ Untersuchung der Genfunktionen (siehe Kapitel 11)

✔ Erschaffung rekombinanter Organismen (siehe Kapitel 16)

✔ Entwicklung der Gentherapie (siehe Kapitel 16)

Die andere Bedeutung von »Klon« ist die Kopie eines gesamten Organismus im Sinne der Reproduktion. Wenn ich hier von einem kompletten Lebewesen im Gegensatz zu Teilen der DNA spreche, meine ich damit, ein Klon ist ein Organismus, der asexuell gezeugt wurde, dass also Nachkommen entstehen, ohne dass sich Eltern gepaart haben. Klone entstehen jederzeit auch auf natürliche Weise bei Bakterien, Pflanzen, Insekten, Fischen und Echsen. Eine Form der asexuellen Reproduktion ist die *Parthenogenese*, wobei sich eine Eizelle zu einem Nachkommen entwickelt, ohne dass eine Befruchtung stattgefunden hat (vermutlich finden einige der weiblichen Leser den Gedanken jetzt ziemlich attraktiv). Wenn also die Reproduktion durch Klonen ein natürlicher biologischer Prozess ist, was ist dann so besonders am Klonen von Organismen mithilfe von Technik?

Klonen von Tieren: Aus der Brust geschnitten

Das Klonen von Tieren kam 1997 mit der Geburt von Dolly, einem unscheinbaren Finn-Dorset-Schaf, in den Medien ganz groß heraus. Nach der bekannten Countrysängerin Dolly Parton benannt, war Schaf Dolly ein Klon aus einer Euterzelle ihrer genetischen Mutter. (Falls Sie jetzt noch überlegen sollten – das Euter ist die Brust des Schafes. Der Name ist eine Anspielung auf die nicht unbeträchtliche Oberweite der Sängerin.) Der Begriff »Mutter« ist bei Dolly etwas ungenau, denn Dolly hatte insgesamt drei Mütter: Ihre genetische Mutter lieferte eine Euterzelle, eine Eizellenspenderin die Eizelle inklusive dazugehöriger Mitochondrien-DNA und eine Leihmutter hat Dolly schließlich ausgetragen und geboren.

Ihr Name sollte ein Witz sein, aber angesichts der Tatsache, dass ein Tier geklont worden war, blieb einigen das Lachen im Halse stecken. Viele sahen eine Zukunft, in der Menschenklone in Massen hergestellt werden. Klone sind keine einzigartigen Individuen und werden, wie in Dollys Fall, technisch hergestellt. Deswegen erheben Menschenrechtler und Sprecher von Religionsgemeinschaften aus ethischen oder moralischen Gründen oft Einwände gegenüber dem Klonen (siehe den Abschnitt »Argumente gegen das Klonen« weiter hinten in diesem Kapitel).

Trotz ihres normalen Aussehens war Dolly einzigartig in der Hinsicht, dass noch nie zuvor ein Säugetier aus einer somatischen Zelle (also einer Körperzelle) geklont wurde (siehe den Abschnitt »Was an Dolly wirklich einzigartig ist« weiter hinten in diesem Kapitel). Aber Dolly war nicht das erste geklonte Tier überhaupt.

Klonen vor Dolly: Klonen mit Geschlechtszellen

Die ersten Klonversuche fanden in den 1950er-Jahren statt. 1952 übertrugen Forscher einen Zellkern aus einem Froschembryo in eine entkernte Froscheizelle. Dieses und weitere Experimente wurden allerdings nicht dazu angestellt, um Frösche zu klonen, sondern um die Grundlagen der *Totipotenz* zu erforschen. Aus *totipotenten Zellen* kann jede beliebige Körperzelle multizellulärer Lebewesen werden. Die Totipotenz ist die Grundlage der Entwicklungsgenetik.

Bei den meisten Organismen beginnt sich die Zygote nach der Befruchtung der Eizelle durch Zellteilung weiterzuentwickeln, wie ich in Kapitel 2 erkläre. Der Organismus durchläuft verschiedene Zellteilungsstadien mit zwei, vier, acht und 16 Zellen und so weiter. Mit fortschreitender Anzahl von Zellteilungen und zwischen 16 bis 32 Zellen spricht man von einer *Morula* (»Maulbeerstadium«), danach bilden die Zellen einen Hohlraum, der mit Flüssigkeit gefüllt ist, die *Blastozyste*. In Abbildung 20.1 sehen Sie die verschiedenen Entwicklungsstadien vom Zweizeller bis hin zur Blastozyste.

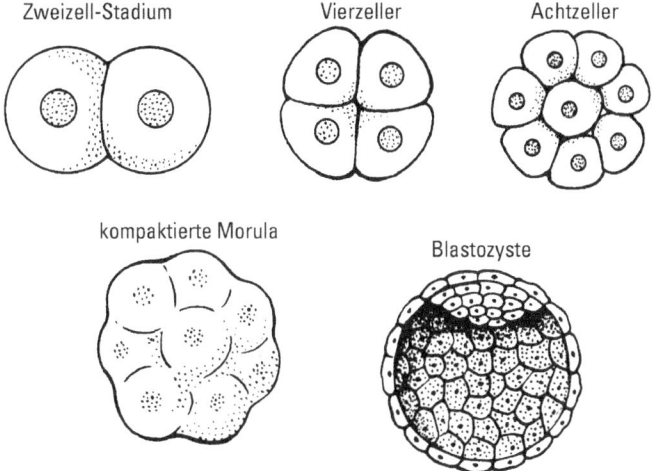

Abbildung 20.1: Die Entwicklung eines Säugetierembryos vom Zweizell-Stadium bis hin zur Blastozyste

 Während der Embryonalentwicklung der Säugetiere teilen sich nicht alle Zellen gleichzeitig oder in der gleichen Reihenfolge. Statt ordentliche Zweier-, Vierer- oder Achterpartien beobachtet man auch häufig krumme Zellzahlen. Die Zygoten der Säugetiere durchlaufen als Einzige die sogenannte *Kompaktierung*, während der sich die Zellen von separaten kleinen Bällen zu einem zusammenhängenden Gebilde vereinigen (siehe Abbildung 20.1). Die Kompaktierung findet je nach Art in unterschiedlichen Stadien statt. Beim Menschen etwa im Achtzell-Stadium im Alter von zwei Tagen, beim Rind im Morula-Stadium bei etwa 20 bis 30 Zellen im Alter von fünf Tagen. Nach der Kompaktierung teilen sich die Zellen weiter, bis etwa 16 Zellen vorhanden sind. Es bilden sich zwei Gewebeformen: die *innere Zellmasse* und der *Trophoblast*. Aus der inneren Zellmasse entwickelt sich der spätere Embryo, der Trophoblast bildet einen Teil der Plazenta. Innerhalb der Blastozyste entwickelt sich ein Hohlraum, in den Flüssigkeit von außen hineingepumpt wird.

Nach weiteren Zellteilungen arrangieren sich die Zellen zu einer dreilagigen Kugel, der *Gastrula*. Die innerste Schicht der Gastrula ist das *Endoderm* (wörtlich übersetzt: die »innere Haut«), die mittlere Schicht das *Mesoderm* (die »mittlere Haut«) und die äußerste Schicht ist das *Ektoderm* (die »äußere Haut«). Jede Schicht besteht aus verschiedenen Zellen, also ist ab hier vorprogrammiert, welche Funktionen die Zellen übernehmen können, je nachdem in welcher Schicht sie sich befinden. Mit anderen Worten: Die Zellen sind nicht mehr totipotent, sie übernehmen bestimmte Funktionen.

Warum nun ist die Totipotenz so wichtig? Der gesamte Bauplan des Körpers ist in der DNA codiert und praktisch jede Zelle besitzt eine vollständige Kopie dieses Bauplans, die im Zellkern liegt (wie die DNA und eine Zelle aufgebaut sind, lesen Sie in Kapitel 6). Aber obwohl der gesamte Plan in jeder Zelle vorliegt, werden aus Augenzellen nur Augenzellen und nicht Muskel- oder Blutzellen. Alle Zellen entstehen aus totipotenten Zellen, werden jedoch zu *nullipotenten* Zellen – sie können nur Zellen ihresgleichen produzieren. In der Totipotenz liegt der Schlüssel zur Genexpression und zum An- und Ausschalten der Gene (mehr dazu in Kapitel 11). Das Verständnis der Totipotenz hätte einen gewaltigen Einfluss auf die Krebsforschung (siehe Kapitel 14) oder würde vollkommen neue Heilungsmethoden mit Stammzellen ermöglichen, wie zum Beispiel bei Rückenmarksverletzungen (siehe Kapitel 23) oder bei der Heilung von Erbkrankheiten (siehe Kapitel 15).

Was an Dolly wirklich einzigartig ist

Der wissenschaftliche Durchbruch bei Klonschaf Dolly ist nicht das Klonen selbst, sondern dass Dolly aus einer nullipotenten Zelle entstand. Viele Jahre lang waren sich die Wissenschaftler nicht sicher, ob der Verlust der Totipotenz nicht mit irgendwelchen Änderungen auf genetischer Ebene einherging. Mit anderen Worten: Man wusste nicht, ob die DNA selbst verändert wird, wenn sich die totipotente Zelle in eine nullipotente wandelt. Dolly brachte jedoch den unumstößlichen Beweis, dass die Zellkern-DNA unverändert (oder genauer, vollständig) bleibt, egal aus welchem Zelltyp sie stammt (mehr über die DNA im Zellkern lesen Sie in Kapitel 6). Theoretisch kann *jeder* Zellkern wieder totipotent werden. Und das könnte eine wirklich gute Nachricht sein.

Das *therapeutische Klonen* verspricht einiges, zum Beispiel dass Ihnen eines Tages Ärzte Körperzellen entnehmen und Ihre DNA dazu verwenden könnten, um totipotente Zellen herzustellen, mit denen dann lebensbedrohliche Krankheiten geheilt oder Rückenmarksschäden behoben werden können. Allerdings ist die Erstellung totipotenter Zellen aus nullipotentem Ausgangsmaterial zur Heilung von Verletzungen oder Krankheiten nicht nur schwierig, sondern löst auch grundlegende ethische Debatten aus (mehr dazu weiter hinten in diesem Kapitel im Abschnitt »Die Klonkriege«). Um das Potenzial des therapeutischen Klonens auszuschöpfen, muss wahrscheinlich noch ein weiter Weg zurückgelegt werden. In der Zwischenzeit wirbelt das *reproduktive Klonen* – also die asexuelle Produktion von Nachkommen – genug Staub auf. Wenn Sie ein Gefühl für die ganze Aufregung darum kriegen wollen, lesen Sie dazu den Kasten »Ein Klon aus dem All?«.

Ein Klon aus dem All?

Als im Jahr 2002 die Geburt eines menschlichen Klons vermeldet wurde, traf die Nachricht die Welt nicht unerwartet. Ein Unternehmen namens Clonaid (etwas frei übersetzt: »Klonhilfe«) machte die Meldung und, so sagte man, auch den Klon. Das Unternehmen gab bekannt, dass ein geklontes Kind geboren und weitere unterwegs seien. Die Frage war nur: Auf dem Weg von woher? Wie sich später herausstellte, wurde die Firma Clonaid von der Raelianer-Sekte gegründet. Die Raelianer glauben, dass alle Menschen vor 25.000 Jahren von Außerirdischen geklont worden sind. Dies behauptet zumindest ihr Gründer Rael, der glaubt, dies auf einem außerirdischen Raumschiff erfahren zu haben, während er von sexy Robotern verwöhnt wurde.

Aber die Meldungen von Clonaid (alle, auch die von den sexy Robotern) sind nicht bestätigt worden. Kurz nach der Bekanntgabe des ersten erfolgreich geklonten Menschen wurde Clonaid dazu aufgefordert, Proben für Gentests zur Verfügung zu stellen, damit ihre Behauptungen untermauert werden könnten. Clonaid lehnte dies mit der Begründung ab, die Privatsphäre der Eltern des Klonkindes schützen zu wollen. Es gibt auch keine Auskünfte darüber, wie viele Mütter das Kind hat (die Eizell-Mutter, der oder die Zellspender/-in und die Leihmutter – es könnten also mindestens drei verschiedene Personen sein!). Unter all den Leckerbissen auf ihrer inzwischen veralteten Website finden sich Gerüchte über das Klonen des »King of Pop« – Michael Jackson – oder Informationen über noch lebende Zellen, die die Firma angeblich in einer vier Monate alten Leiche gefunden hat und die Hoffnung machen sollen auf, ja, auf was bloß? Zumindest liefert diese Nachricht eine völlig neue Interpretation des Begriffs »lebende Tote«.

Klone erzeugen

Trotz der Tatsache, dass bereits Ratten, Mäuse, Ziegen, Rinder, Pferde, Schweine, Hunde und Katzen geklont wurden, ist Klonen weder einfach noch Routine. Die Effizienz (die Anzahl lebend geborener Klone pro Klonversuch) ist noch sehr gering. Dolly war zum Beispiel das einzige lebend geborene Schaf bei 277 Versuchen. Beim Klonen ergeben sich noch viele weitere biologische Probleme, die Sie erst verstehen können, wenn Sie wissen, wie Klone hergestellt werden. (Auf die Probleme komme ich dann weiter hinten in diesem Kapitel im Abschnitt »Probleme beim Klonen« wieder zu sprechen.)

Zwillings-Klon

Ein einfacher Weg, einen Klon zu produzieren, ist die natürliche Zwillingsbildung. Eineiige Zwillinge entstehen aus ein und derselben befruchteten Eizelle, der *Zygote* (siehe den Abschnitt »Klonen vor Dolly: Klonen mit Geschlechtszellen« weiter vorn in diesem Kapitel). Die Zygote geht durch einige Runden der Zellteilung, dann spalten sich die Zellen in zwei Gruppen auf und entwickeln sich getrennt zu je einem Nachkommen weiter.

Das künstliche Herstellen von Zwillingen ist relativ einfach und wurde zum ersten Mal erfolgreich 1979 bei Schafen praktiziert. Dazu wurde eine befruchtete Eizelle (Zygote) benutzt, die Nachkommen waren also das Ergebnis einer sexuellen Reproduktion. Die Zygoten wurden den Mutterschafen entnommen und bis zum 16-Zell-Stadium kultiviert (siehe den Abschnitt »Klonen vor Dolly: Klonen mit Geschlechtszellen« weiter vorn in diesem Kapitel), die 16 Zellen wurden danach in zwei Gruppen aufgeteilt (der Embryo wurde »gesplittet«). Die einzelnen Zellgruppen teilten sich weiter und wurden wieder in die Gebärmutter des Mutterschafes eingesetzt. Daraufhin wurden Zwillinge geboren. Die Zwillinge waren genetisch identisch, da sie aus derselben befruchteten Eizelle stammten.

Bei Rindern führen circa 25 Prozent der künstlichen Teilungen von Embryonen zu Zwillingsgeburten und 75 Prozent nur zu einem Kalb. Trotzdem ist dies eine erfolgreiche Methode, die Anzahl der geborenen Kälber um 50 Prozent gegenüber nicht gesplitteten Embryonen zu erhöhen. Diese Art des »Klonens« ist also schon Routine in der landwirtschaftlichen Praxis und hat überraschenderweise fast keine Diskussion über das Klonen hervorgerufen. Die Tatsache, dass die Klone aus einer befruchteten Eizelle stammen, mögen die Gemüter wohl etwas beruhigt haben.

Klone aus Körperzellen

Körperzellen oder auch *somatische Zellen* sind typischerweise nullipotent, das heißt, dass sie nur denselben Zelltyp durch Mitose herstellen können (mehr zur Mitose in Kapitel 2). Aus Knochenzellen entstehen nur Knochenzellen, Blutzellen können nur Blutzellen herstellen und so weiter. Die meisten somatischen Zellen besitzen Zellkerne, in denen sich die gesamte Information für die Herstellung eines kompletten Organismus befindet – in diesem Fall ein Klon des Zelleigentümers (manchmal auch als *Zellspender* bezeichnet).

Gewinnung der Spenderzelle

Die Wahl des Zelltyps, der zum Klonen verwendet wird, ist keineswegs banal. Die Zellen müssen sehr gut *in vitro* (übersetzt »im Glas«, soll heißen im Reagenzglas oder, was bei Zellkulturen wahrscheinlicher ist, in einer Petrischale) wachsen können. Dazu eignen sich scheinbar die Zellen aus den weiblichen Geschlechtsorganen (also Brust-, Gebärmutter- und Eierstockzellen) am besten. Sorry, Jungs, aber bislang gibt es nicht allzu viele männliche Klone.

Da Körperzellen sich oft gerade in der Zellteilung befinden (Mitose), muss die Spenderzelle so behandelt werden, dass die Zellteilung gestoppt und die Zelle im Go-Stadium des Zellzyklus angehalten wird (mehr zum Zellzyklus in Kapitel 2). In diesem Stadium sind die Chromosomen der Zellen »entspannt« und die DNA wird nicht repliziert. Nachdem die Zelle inaktiviert wurde, wird der Zellkern der Spenderzelle mitsamt all seinen Chromosomen eingesammelt. Dazu wird der Zellkern meist mit einer Pipette angesaugt. Die Zellkernentnahme nennt man auch *Entkernung*, der Rest der Spenderzelle ist *entkernt* (ohne Zellkern also).

Gewinnung der Eizelle

Um einen Klon mit der somatischen Methode herzustellen, benötigt man aber noch eine weitere Zelle: die Eizelle. Eizellen sind generell die größten Zellen im Körper. Tatsächlich kann man Säugetiereizellen mit dem bloßen Auge erkennen, sie haben die Größe eines Staubkorns, wenn es durch die Luft fliegt und sich das Sonnenlicht daran bricht (0,1 bis 0,2 Millimeter, um genau zu sein; wenn sie in einer Petrischale liegen, erkennt man sie als kleine Punkte).

Um die Eizellen zu gewinnen, wird ein weibliches Tier (hier *Eizell-Mutter* genannt) mit Hormonen behandelt, um die Ovulation zu stimulieren. (Bei Nutztieren macht man sich oft gar nicht die Mühe, die Eier bei lebenden Tieren zu gewinnen, sondern holt Eierstöcke von frisch geschlachteten Tieren und gewinnt die Eizellen daraus.) Wenn die Eizell-Mutter Eizellen produziert, handelt es sich um *Oozyten*, die Eizellen sind noch nicht reif (lesen Sie in Kapitel 2 mehr über die Gametogenese). In diesem Stadium hat die Eizelle nur die erste Teilung der Meiose (Meiose I) hinter sich und kann noch nicht befruchtet werden. Die Oozyten werden entnommen und alle Chromosomen entfernt (Oozyten haben keine Zellkerne), wie bei der Entkernung somatischer Zellen; übrig bleibt nur das Zytoplasma (siehe Abbildung 20.2). Darüber hinaus finden sich im Zytoplasma noch die Mitochondrien, die eine Kopie der mtDNA der Eizell-Mutter enthalten (lesen Sie hierzu Kapitel 6) – also gibt es streng genommen beim Klonen zwei genetische Mütter: Die eine überträgt die Zellkern-DNA und die andere die Mitochondrien-DNA. Nachdem der Klon erstellt wurde, könnten sich die Zellkern- und die Mitochondrien-DNA gegenseitig beeinflussen (siehe den Abschnitt »Probleme beim Klonen« weiter hinten in diesem Kapitel).

Wie sich herausstellte, sind einige Eizellen sehr vielseitig einsetzbar. So wurden zum Beispiel Eizellen von Kaninchen dazu verwendet, Katzenklone herzustellen. Trotzdem bleibt man besser innerhalb einer Art, Katzenklone funktionieren am besten mit Katzeneizellen (mehr über das Klonen von Haustieren lesen Sie im Kasten »Mach Platz, Klon!«).

Mach Platz, Klon!

Ja, liebe Leser, auch Katzen und Hunde können auf Bestellung geklont werden. Das Unternehmen »Genetic Savings and Clone« bietet diese Dienstleistung an. Die erste Katze wurde 2002 an der Texas A&M University geklont und hieß CC für Copy Cat. Die Arbeit wurde von dem Milliardär John Sperling gesponsert, der eigentlich einen Klon von seiner geliebten, im Jahr 2002 verstorbenen Hündin Missy haben wollte. Wie bei den meisten Klonversuchen war auch hier die Erfolgsrate gering. 87 Versuche wurden benötigt, um ein lebendes Kätzchen herzustellen. Der Name CC war scheinbar Programm, denn es stellte sich heraus, dass Katzen aus diversen Gründen scheinbar einfacher zu klonen sind als Hunde. Die Reproduktionsorgane lassen sich bei Hunden nur sehr schwer zu einer für die Eizellenentnahme erforderlichen künstlichen Ovulation bewegen. Scheinbar war aber die Nachfrage nach geklonten Haustieren nicht so riesig – Genetic Savings and Clone musste 2006 seine Geschäfte einstellen. Falls Sie trotzdem Interesse haben sollten und Ihnen die Sache 90.000 Euro wert ist, sollten Sie Ihren toten Liebling auf keinen Fall einfrieren, sondern in feuchte Tücher wickeln und für maximal fünf Tage im Kühlschrank lagern.

Beides zusammenfügen

Hat man nun sowohl die Spenderzelle als auch die Eizelle so weit bearbeitet, wird der Zellkern der Spenderzelle in die entkernte Eizelle injiziert (siehe Abbildung 20.2). Die Spenderzelle wird dann mit einem kurzen Elektroschock mit der Eizelle fusioniert. Dieser kleine Schock »simuliert« quasi die Befruchtung. Die Eizelle teilt sich und beginnt mit der Embryonalentwicklung. Nachdem die Zellteilung begonnen hat, wird der geklonte Embryo in ein weibliches Tier (die Leihmutter) übertragen und bleibt dort für den Rest der Trächtigkeit. Das geklonte Schaf Dolly wurde nach 148 Tagen Trächtigkeit geboren und hat damit etwa fünf Tage länger gebraucht, um auf die Welt zu kommen, als das durchschnittliche Finn-Dorset-Schaf.

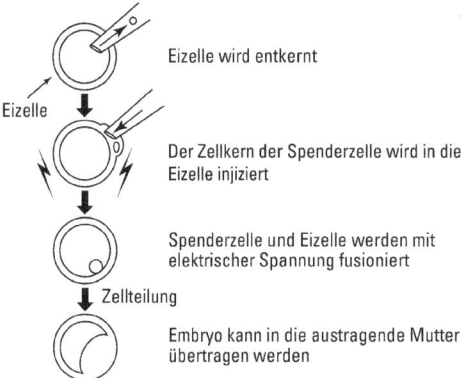

Abbildung 20.2: So wird ein Klon mit einer somatischen Zelle hergestellt.

Probleme beim Klonen

Nach der Geburt schien sich bei Dolly alles normal zu entwickeln. Sie wuchs ins Erwachsenenalter, paarte sich mit einem Bock und hatte eigene Lämmer (insgesamt sechs Stück während ihres ganzen Lebens). Dolly lebte jedoch nur sechs Jahre. Andere Finn-Dorset-Schafe leben normalerweise elf bis zwölf Jahre. Dolly erkrankte an der Lunge und wurde schließlich eingeschläfert, um sie von ihrem Leiden zu erlösen. Der erste Hinweis, dass Dolly nicht völlig normal war, war ihre Arthritis. Ihre Gelenke entzündeten sich, als sie erst vier Jahre alt war. Arthritis ist bei Schafen zwar nicht ungewöhnlich, kommt aber nur bei sehr alten Tieren vor.

 Es stellte sich heraus, dass einige Anomalien bei Klonen gehäuft auftreten. Klone leiden an verschiedenen physischen Gebrechen wie Herzmissbildungen, hohem Blutdruck, Nierendefekten, Immunschwäche, Leberstörungen, der Zuckerkrankheit, Fettleibigkeit und haben nicht selten missgebildete Körperteile. Die folgenden Abschnitte behandeln die häufigsten physischen Probleme der Klone.

Schnelleres Altern

Bevor sich die Zellen durch die Mitose teilen, muss zuerst die DNA repliziert werden (wie das genau vor sich geht, lesen Sie in Kapitel 7). Jedes Chromosom wird dabei kopiert, mit

Ausnahme der Chromosomenenden, der *Telomere*, die nicht vollständig repliziert werden. Das Resultat: Bei jeder Mitose geht ein kleines Stück von den Telomeren verloren. Die Verkürzung der Telomere ist eng mit dem Altern verbunden, da beides im Laufe der Zeit passiert (siehe dazu auch den Kasten »Ihre alternde DNA«). Das Verkürzen der Telomere könnte für die Klone, die durch somatischen Zellkerntransfer hergestellt wurden, ein Problem darstellen, da sie ihr Leben bereits mit »betagter« DNA beginnen.

Klonschaf Dolly hatte unnormal kurze Telomere, was Anlass zu der Befürchtung gab, dass alle Klone an degenerativen Krankheiten infolge des verfrühten Alterns leiden könnten. Nachforschungen bei anderen Klonen haben jedoch widersprüchliche Ergebnisse gebracht: Einige hatten, wie Dolly auch, verkürzte Telomere, andere hatten überraschenderweise die Folgen des Alterns rückgängig gemacht. Im Einzelnen wurden hier die Telomere repariert und waren länger als die der Spenderzelle. Wegen dieser Änderungen vermutet man, dass Embryonen ein Enzym namens *Telomerase* besitzen, das mithilfe von RNA die Telomere während der Replikation neu aufbaut (mehr über die Telomerase und ihre Funktion während der Replikation lesen Sie in Kapitel 7). Letztendlich ist die Gefahr des frühzeitigen Alterns für Klone offensichtlich real, aber scheinbar sind nicht alle Klone zwingend davon betroffen.

Ihre alternde DNA

Wenn Sie älter werden, verändert sich Ihr Körper: Sie bekommen Falten, die Haut verliert ihre Spannkraft und das Haar wird grau. Schließlich werden die Chromosomen in einigen Ihrer Zellen so kurz, dass die Zellen nicht mehr länger funktionieren können und absterben. Man vermutet, dass dieser fortschreitende Zelltod die Ursache für all diese Ihnen nur zu gut bekannten, unbeliebten Altersanzeichen ist. Tatsächlich ist das Verkürzen der Telomere bei den meisten Tieren so berechenbar, dass sich dadurch das Alter der Tiere leicht bestimmen lässt.

Alle Ihre Zellen besitzen das Gen für die Telomerase (siehe Kapitel 7). Dieses Gen ist jedoch nur in bestimmten Zelltypen aktiv: Keimzellen (aus denen Spermien und Eizellen werden), Zellen des Knochenmarks, Hautzellen, Haarfollikelzellen und Zellen der Darmwand (also alle Zellen, die sich häufig teilen). Krebszellen besitzen ebenfalls Telomeraseaktivität, was mit ein Grund für das unregulierte, rasante Tumorwachstum ist, das zum Tod führen kann (mehr zu Krebs und seiner Beziehung zur Genetik in Kapitel 14).

In Experimenten alterten Mäuse ohne funktionierende Telomerase schneller als normale Mäuse. Diese Erkenntnis führte einige Wissenschaftler zu dem Umkehrschluss, dass man mit Telomerase vielleicht den Alterungsprozess beim Menschen umkehren oder verhindern könnte. Neue Forschungen zeigen jedoch, dass die Länge der Telomere nur ein Teil der ganzen Wahrheit ist. Die Telomere verbinden sich mit Proteinen, die sie bedecken und so als Schutz fungieren. Fehlt dieser Schutz, wird der Zellzyklus gestört und kommt sogar zum Erliegen, was zum verfrühten Zelltod führen kann. Schließlich spielt auch Stress eine große Rolle dabei, wie schnell sich die Telomere verkürzen. Bei einer Untersuchung von Müttern mit chronisch kranken Kindern zeigte sich, dass die Alterungsanzeichen bei Müttern kranker Kinder weiter fortgeschritten waren als bei gleichaltrigen Müttern mit gesunden Kindern. Die gestressten Mütter hatten verkürzte Telomere und waren aus zellulärer Sicht zehn Jahre älter als ihrem Lebensalter entsprechend. Obwohl Telomerase vielleicht einmal in der Behandlung von Stress- und Alterssymptomen zum Einsatz kommen könnte, zeigt die Forschung, dass die klassischen Stressbekämpfungsmethoden erst einmal bessere Erfolgsaussichten haben: Ruhe und Entspannung.

Größere Nachkommen

Klone sind tendenziell überdurchschnittlich groß. Schon bei ihrer Geburt sind sie größer und schwerer als normal gezeugte Nachkommen. Viele Klone, insbesondere von Rindern und Schafen, müssen durch Kaiserschnitt auf die Welt gebracht werden, weil sie für eine normale Geburt zu groß sind. Zum Teil ist ihre übernatürliche Größe auf die längere Trächtigkeit zurückzuführen. Das Klonschaf Dolly zum Beispiel kam fünf Tage nach dem errechneten »Fälligkeitstermin« auf die Welt. Findet die Geburt nicht zeitnah nach dem errechneten Termin statt (beim Menschen länger als zwei Wochen), besteht ein erhöhtes Risiko für Totgeburten oder andere Komplikationen wie Atemschwierigkeiten. Klone haben zudem eine größere *Plazenta* (das Organ, das den Fötus mit der Mutter verbindet und die Sauerstoff- und Nahrungsversorgung sicherstellt), was ebenfalls zu ihrer Größe beitragen könnte. Die genaueren Ursachen für die längeren Trächtigkeiten sind aber noch unklar.

Das Problem mit den übergroßen Klonen ist so tiefgreifend, dass es dafür einen eigenen Ausdruck gibt: *Large Offspring Syndrome (LOS)*. Viele *in vitro* befruchtete Nachkommen, auch beim Menschen (die sogenannten *Reagenzglas-Babys*), haben ebenfalls das LOS, was nahelegt, dass es sich dabei nicht um ein Problem des Klonens an sich handeln muss. Stattdessen ergibt sich das LOS vermutlich durch die Manipulation der Embryonen. Die Manipulation ändert die Expression der wachstumsregulierenden Gene (auf welche Weise die Genexpression beeinflusst werden kann, lesen Sie in Kapitel 11).

Bei der *genomischen Prägung* wird die Expression der Gene davon beeinflusst, von welchem Elternteil sie stammen (mehr über die genomische Prägung lesen Sie auch im Kasten »Für ein Baby braucht es immer zwei«). Im Fall von LOS scheint es so, dass die Gene des letzten männlichen Vorfahren dem Embryo sagen, dass er schneller wachsen und größer werden soll als normal. Normalerweise betrifft die genomische Prägung weniger als 1.000 Gene (von den insgesamt rund 21.000 Genen beim Menschen – siehe Kapitel 8). Wie diese »väterlichen« Gene eingeschaltet werden, weiß man nicht, aber das Zusammenspiel zwischen Spermium und Eizelle während der Befruchtung scheint dabei ein Teil der Lösung des Problems zu sein. Durch das LOS sind die Nachkommen bei der Geburt größer und haben infolgedessen oft viele verschiedene Geburtsdefekte inklusive eines höheren Risikos für bestimmte Krebsformen. Man schätzt, dass circa 5 Prozent der *in vitro* befruchteten Babys von LOS betroffen sind (bei natürlich gezeugten Babys liegt der Anteil der von LOS betroffenen Kinder bei weniger als 1 Prozent).

Für ein Baby braucht es immer zwei

Dass man für ein Baby Mama und Papa braucht, klingt einleuchtend, aber die Wunder der Gentechnik eröffnen andere Möglichkeiten (Dolly hatte immerhin drei Mütter und keinen Vater). Für die erfolgreiche Reproduktion wird – zumindest bei Säugetieren – wegen der genomischen Prägung sowohl maternale als auch paternale DNA benötigt. Die genomische Prägung wurde zuerst bei Forschungsarbeiten mit Mäusen entdeckt. Die Forscher erschufen Mäuseembryonen mit DNA von entweder weiblichen oder männlichen Mäusen, aber nicht von beiden zusammen. Embryonen mit ausschließlich paternaler *oder* maternaler DNA entwickelten sich nicht normal, was zeigt, dass beide DNA-Quellen für eine erfolgreiche Embryonalentwicklung benötigt werden. In anderen Untersuchungen wurden Mäusen bestimmte Gene eingebaut (mehr zu transgenen Tieren lesen Sie in Kapitel 19). Die Expression der Gene in den Nachkommen der transgenen Mäuse hing davon ab, ob Vater Maus oder Mutter Maus die Gene vererbt hatte. Alle Nachkommen erbten zwar die Gene, aber nur wenn sie der Vater vererbte, wurden sie auch exprimiert. Andere Gene wurden wiederum nur dann exprimiert, wenn sie von der Mutter kamen. Deshalb werden Gene, die das Wachstum und die Entwicklung steuern, nur deswegen eingeschaltet, weil sie von Mutter oder Vater kommen. Diese Gene ziehen dann an einem Strang, um die normale Entwicklung des Embryos zu steuern.

Entwicklungsstörungen

Der Anteil an Lebendgeburten bei Klonversuchen ist extrem gering. Generell müssen die Wissenschaftler Hunderte Zellkerntransfers durchführen, um einen Nachkommen zu klonen. Die meisten Klone gehen sofort zugrunde, da sie sich niemals im Uterus der Leihmutter einnisten. Wenn sie es denn tun und mit der Entwicklung fortfahren, sterben mehr als die Hälfte vor der Geburt. In vielen Fällen ist die Plazenta fehlgebildet, wodurch der Fötus nicht genügend Nahrung und Sauerstoff bekommt.

Bei den meisten Klonversuchen sind mindestens zwei weibliche Tiere einbezogen. Die Eizelle eines Tieres wird in ein anderes zum Austragen eingesetzt. Deswegen kann ein Grund für den frühen Tod vieler Klone die Abstoßung des Embryos durch die Leihmutter sein. In diesen Fällen erkennt das Immunsystem der Leihmutter den Embryo als fremd (was er ja auch ist) und produziert Antikörper, um ihn zu zerstören. *Antikörper* sind vom Immunsystem produzierte Proteine, die gegen Bakterien, Viren und andere fremde Gewebe vorgehen, um Krankheiten zu verhindern.

Einige Probleme bei der Entwicklung von Klonen können sich auch daraus ergeben, dass die DNA von Mitochondrien und Zellkern nicht zusammenpasst. Wenn die Eizelle von einem anderen Tier stammt als demjenigen, das geklont werden soll (der Zellspenderin also, siehe den Abschnitt »Klone aus Körperzellen« weiter vorn in diesem Kapitel), enthält die Eizelle ungefähr 100.000 Kopien der mtDNA der Eizellenspenderin. Wenn die Spenderzelle jetzt nicht der Schwester der Eizellenspenderin entnommen wurde, stammt der Zellkern aus einer Körperzelle mit einem komplett anderen mitochondrialen Genom. Diese Diskrepanz bedeutet auch, dass der Klon kein perfekter Klon ist – denn seine DNA unterscheidet sich ein wenig von der des Spendertiers. Bei Mäusen fand man heraus, dass Klone mit ungleicher Kern- und Mitochondrien-DNA langsamer wachsen als Mäuse mit übereinstimmenden Genomen.

Umwelteffekte

Klone sind *niemals* exakte Kopien des Spenderorganismus, da die Gene in einzigartiger Weise mit der Umwelt zusammen den Phänotyp oder die physischen Eigenschaften bilden. Wenn Sie eineiige Zwillinge kennen, werden Sie wissen, wie unterschiedlich sie sein können. *Monozygote* (ein anderes Wort für identisch und wörtlich übersetzt »ein Ei«) Zwillinge haben unterschiedliche Fingerabdrücke, entwickeln sich unterschiedlich schnell, haben unterschiedliche Vorlieben und erreichen nicht das gleiche Lebensalter. Genetisch identisch heißt also nicht, 100 Prozent identisch zu sein.

Die Einflussnahme der Umwelt ist vielleicht am besten anhand von Pflanzenexperimenten darstellbar. Nehmen wir einmal an, dass zwei Ableger einer Pflanze an zwei verschiedenen Stellen Wurzeln schlagen und wachsen. Diese Ableger sind ja im Grunde genommen Klone der einen Ursprungspflanze. Wäre die genetische Kontrolle zu 100 Prozent wirksam, würden wir erwarten, dass sich die neuen Pflanzen genau gleich entwickeln, unabhängig von ihrer Umwelt. Allerdings entwickeln sich die Pflanzen in unserem Experiment vollkommen unterschiedlich voneinander, je nachdem, wo sie wachsen. Mit anderen Worten: Identische Pflanzen entwickeln sich unter unterschiedlichen Umweltbedingungen anders. Genauso wahrscheinlich können genetisch identische Mäuse, die unter verschiedenen Bedingungen aufgezogen wurden, unterschiedlich auf die gleiche Dosis eines Medikaments reagieren.

Alle Organismen reagieren auf ihre Umwelt in einer einzigartigen und nicht vorhersagbaren Weise. Von Anfang an entwickeln sich Tiere unter einzigartigen Bedingungen im Mutterleib. Die Auswirkungen verschiedener Hormone während der Schwangerschaft haben große Bedeutung für den sich entwickelnden Organismus. Zum Beispiel sind weibliche Ferkel, die zwischen zwei männlichen Ferkeln in der Gebärmutter lagen, als erwachsene Tiere aggressiver als jene, die zwischen ihren Schwestern lagen. Dies kommt durch die Testosteronproduktion der männlichen Ferkel – ein Hormon, das aggressives Verhalten fördert.

Versuche, einen Organismus exakt zu replizieren, sind zum Scheitern verurteilt. Die Genetik kontrolliert nicht das Schicksal, da Gene in nicht vorhersagbarer Weise exprimiert werden. Personen mit bestimmten Mutationen erkranken nicht mit 100-prozentiger Wahrscheinlichkeit an den entsprechenden Krankheiten (siehe Kapitel 13). Genauso werden Klone ihre Gene nicht exakt so wie der Spenderorganismus exprimieren. Nimmt man die Effekte der unterschiedlichen Mitochondrien-DNA, der Bedingungen in der Gebärmutter (Klone wachsen üblicherweise in verschiedenen Gebärmüttern heran) und die unterschiedlichen Zeiträume zu den übrigen Umwelteffekten hinzu, ist die einzige Schlussfolgerung die, dass ein Klon seine Umwelt nie in derselben Weise erfahren wird, wie es der Spenderorganismus tat.

Die Klonkriege

Es gibt zahlreiche Argumente für und gegen das Klonen. In den folgenden Abschnitten will ich die Hauptargumente der Gegner sowie der Befürworter vorstellen. Während Sie das lesen, werden Sie merken, dass dies nicht *meine* Meinungen und Argumente sind. Ich fasse nur zusammen, was andere vor mir diskutiert haben, und versuche, beide Seiten gleich und fair darzustellen, damit Sie sich Ihre eigene Meinung über das Klonen bilden können und auch beide Seiten dieses kontroversen Themas kennen. Weitere ethische Überlegungen zur Genetik finden Sie in Kapitel 21.

Argumente für das Klonen

Wie bei jeder anderen wissenschaftlichen Entdeckung auch, kann mit dem Klonen viel Gutes vollbracht werden. Das Klonen für medizinische und therapeutische Zwecke könnte es gelähmten Menschen ermöglichen, wieder zu gehen, und an muskulärer Dystrophie oder Diabetes unheilbar Erkrankte könnten dadurch geheilt werden. Durch das Klonen wurden wichtige Fragen über die Funktion der Genetik geklärt. Vor diesen Entdeckungen glaubte man, dass die Änderungen während der Entwicklung vom Embryo bis zum ausgereiften Lebewesen permanente Änderungen der DNA zur Folge haben. Wir wissen nun, dass dem nicht so ist. Da jede DNA die Möglichkeit hat, zur Totipotenz zurückzukehren, haben nun Ärzte die einmalige Möglichkeit, genetische Defekte zu korrigieren und verheerende, fortschreitende Krankheiten zu heilen.

Ein weiterer Pluspunkt für das Klonen ist, dass man genetisch identische Organismen herstellen kann, die die Erforschung der Ursache und der Heilung von Krankheiten wie zum Beispiel Krebs erleichtern. Da Vergleiche mit genetisch gleichen Organismen eine höhere Aussagekraft besitzen, werden für solche Forschungen weniger Versuchstiere benötigt. Dies wäre ein entscheidender Fortschritt gegenüber jetzigen Forschungsmethoden und würde die Bedingungen für Versuchstiere weitaus verbessern.

Das fortschreitende Wissen über Genetik kann nicht nur für die Menschen, sondern auch für den ganzen Planeten Vorteile bieten. Das Klonen könnte die letzte Hoffnung für einige aussterbende Arten sein. Sind nur einige wenige Individuen übrig, könnte man durch das Klonen zusätzliche Individuen herstellen, damit Populationen überleben können. Angesichts der Tatsache, dass auf der Erde das größte Artensterben seit Urzeiten stattfindet, könnte das Klonen einen signifikanten Fortschritt in Sachen Naturschutz bringen. *Cryo-Brehm* (Deutsche Zellbank für Wildtiere »Alfred Brehm«) ist das erste deutsche Gen-Archiv, in dem Zellkulturen gefährdeter Tierarten gelagert werden. Weitere Informationen dazu finden Sie unter www.cryo-brehm.de/. Ähnliche Projekte sind der »Frozen Zoo« in San Diego oder »The Frozen Ark« der University of Nottingham.

Argumente gegen das Klonen

Obwohl das Klonen jede Menge Möglichkeiten bietet, sind diese auch mit Gefahren verbunden. Zum ersten Mal in der Geschichte besitzt der Mensch die Möglichkeit, genetisch modifizierte Organismen herzustellen. Diese Möglichkeit besteht nicht nur bei Pflanzen und Tieren, sondern auch beim Menschen. Darüber hinaus wird auch die genetische Vielfalt, die der Erde ihre Vielfältigkeit und ihren Abwechslungsreichtum verleiht, durch eine einzigartige Bedrohung gefährdet – die Erschaffung genetisch identischer Organismen.

Wie ich auch in Kapitel 17 beschreibe, ist die genetische Vielfalt auf der Erde extrem wichtig, um die Gesundheit und das Wohlergehen der Populationen zu schaffen und zu erhalten. Forschungen zeigen, dass genetisch vielfältigere Populationen weniger anfällig für Stressfaktoren aus der Umwelt sind und Krankheiten besser widerstehen können. Folglich sind Populationen genetisch ähnlicher Lebewesen einem erhöhten Krankheitsrisiko ausgesetzt. Fehlende genetische Diversität bei anderen Lebewesen kann schlussendlich auch den Menschen gefährden. So könnten genetisch identische Nutzpflanzen alle derselben Krankheit zum Opfer fallen, wodurch die Nahrungsversorgung der Menschheit gefährdet wäre (das ist gar nicht so weit hergeholt, wie es klingt). Tatsächlich wird ein hoher Aufwand betrieben, um genetisch unterschiedliche Pflanzensorten mit bestimmten genetischen Eigenschaften wie Krankheitsresistenzen zu erhalten, die wir in Zukunft vielleicht brauchen könnten.

2008 wurde nördlich des Polarkreises im norwegischen Spitzbergen die *Weltsaatgutbank* (Svalbard Global Seed Vault) des Global Crop Diversity Trust eröffnet. Dieses Projekt dient zur langfristigen Einlagerung von Saatgut zum Schutz der Arten- und Sortenvielfalt der Nutzpflanzen. Rund 500.000 Samenproben aus aller Welt haben bereits eine (vorläufige) letzte Ruhestätte hoch im Norden gefunden. Wenn Sie sich anschauen möchten, was dort alles zu finden ist, können Sie die Datenbank von NordGen, dem Betreiber der Saatgutbank, unter www.nordgen.org/sgsv/ durchsuchen.

Außerdem ist das Klonen auch mit Problemen behaftet, für die es keine guten Lösungen gibt. Bis jetzt werden für das Klonen Eizellen benötigt, für deren Gewinnung umfangreiche hormonelle Behandlungen der weiblichen Lebewesen vonnöten sind, um eine Ovulation zu stimulieren. Diese Behandlungen strapazieren die weiblichen Reproduktionsorgane enorm und erhöhen das Zellwachstum in den Eierstöcken. Einige Untersuchungen zeigen, dass die Ovulationsstimulation das Risiko für Eierstockkrebs deutlich erhöht. Und das ist ja noch nicht alles: Die Eizellen müssen auch noch dem Körper entnommen werden. Oft ist dafür ein chirurgischer Eingriff unter Narkose nötig. Unabhängig von den Vorsichtsmaßnahmen werden dem weiblichen Organismus Schmerzen zugefügt. Tiere können noch nicht einmal wählen, ob sie sich so einer Prozedur unterziehen wollen oder nicht.

Nachdem die Eizellen gewonnen und nach der Zellkerninjektion mit den Spenderrestzellen fusioniert wurden, beginnt die Embryonalentwicklung. Die meisten Versuche, unabhängig von ihrem Zweck, enden mit dem Absterben der Embryonen. Soweit den Wissenschaftlern bekannt ist, besitzen diese zwar noch kein Nervensystem und kein Bewusstsein, trotzdem werden viele Lebewesen produziert, die keine Aussicht auf Überleben haben.

Sind Klone erfolgreich erschaffen worden, könnte ihre Lebensqualität schlecht sein. Klone leiden oft an mehreren Störungen, deren Ursachen unbekannt sind. Sie können zu schnell altern und haben ein erhöhtes Risiko, an Störungen zu leiden, die bis jetzt noch nicht mit dem Klonen in Verbindung gebracht werden. Genauso wie die Versuchstiere für die Eizellgewinnung, können auch die geklonten Tiere den Untersuchungen weder zustimmen noch sich ihnen widersetzen.

Der umstrittenste Punkt beim Klonen ist jedoch die Tatsache, dass auch Menschen geklont werden könnten. Genau wie die Embryonen der Tiere hätten auch viele menschliche Embryonen keine Aussicht auf Überleben. Frauen müssten sich schmerzhaften und vielleicht riskanten Prozeduren zur Eizellgewinnung unterziehen und einige Frauen müssten die Kinder austragen und dabei das emotionale Trauma einer Fehl- oder Totgeburt riskieren. Emotional betrachtet wären Kinder, die auf diese Weise entstehen, genetisch mit einer lebenden oder bereits verstorbenen Person identisch. Der daraus entstehende Druck, im Grunde genommen »jemand anders« zu sein, wäre ohne Zweifel enorm. Und weiter wäre das geklonte Individuum aufgrund seiner genetischen Übereinstimmung mit einer anderen Person vielleicht unrealistischen Erwartungen der Eltern und der Gesellschaft ausgesetzt. Und hat nicht jeder Mensch ein Recht auf seine genetische Einzigartigkeit? Vielleicht eine schwierige Frage, auf die wir aber bald eine Antwort finden müssen, bevor das Klonen von Menschen zur Realität wird.

> **IN DIESEM KAPITEL**
>
> Die dunkle Seite der Genetik
>
> Die Grenzen der Einverständniserklärung
>
> Der Schutz genetischer Privatsphäre
>
> Ethische Fragen zu Gentests

Kapitel 21
Ethische Gesichtspunkte

Das Arbeitsfeld der Genetik wächst und ändert sich fortwährend. Wenn Sie die Nachrichten verfolgen, werden Sie wahrscheinlich innerhalb von nur einer Woche von mehreren neuen Entdeckungen hören. In der Genetik ist die Menge an Information verwirrend und die Möglichkeiten sind endlos. Wenn Sie schon viele Kapitel in diesem Buch gelesen haben, werden Sie bereits einen Überblick über die vielen Möglichkeiten und Fragestellungen erhalten haben, die sich aus der aufstrebenden neuen Technologie um unsere Gene herum ergeben.

Auf einem so weitreichenden und schnell wachsenden Gebiet wie der Genetik tauchen hinter jeder Ecke ethische Fragen und Diskussionen über die Anwendungsmöglichkeiten und Verfahren auf. Im gesamten Buch habe ich diese Fragen immer wieder beleuchtet. Fragen zum Tierschutz (im Zusammenhang mit dem Klonen) behandele ich in Kapitel 20. Der Umweltschutz und der Schutz bedrohter Arten ist eine zentrale Frage der Populationsgenetik in Kapitel 17. In Kapitel 19 werden die Gefahren durch transgene Organismen für Mensch und Umwelt angesprochen. Die genetische Beratung und pränatale Gentests werden in Kapitel 12 behandelt und in Kapitel 16 erörtere ich das Thema Gentherapie als eine Behandlungsform, die sich noch in der Versuchsphase befindet.

Ich kann die Diskussion über aktuelle Fragen der Genetik aber nicht ohne ein paar Kommentare über die ethischen Probleme abschließen, die der genetische Fortschritt aufwirft. In diesem Kapitel erfahren Sie, wie Genetik missverstanden, falsch interpretiert und auch missbraucht wird, um Menschen aufgrund ihrer ethnischen Herkunft oder ihres sozioökonomischen Status Schaden zuzufügen. Das schnell wachsende Gebiet der Genetik trägt Ideen dazu bei, wie der moderne Mensch die Zukunft seiner Nachkommen gestalten könnte. Dieses Kapitel räumt mit dem Mythos über die Designerbabys auf. Sie werden sehen, wie die Informationen, die Sie herausgeben oder erhalten, für oder gegen Sie verwendet werden können. Schließlich erfahren Sie etwas über die Folgegeneration der Forschungsarbeiten nach dem Humangenomprojekt und den damit verbundenen ethischen Fragen, die sich aus der Kartierung der menschlichen Vielfalt ergeben.

Analyse des genetischen Rassismus

Eines der heißesten Themen in der Genetik war schon immer die *Eugenik*. Kurz gesagt verbirgt sich hinter der Eugenik die Idee, dass sich der Mensch selektiv paaren sollte, um seine Spezies gezielt zu »verbessern«. Wenn Sie bereits Kapitel 19 gelesen haben, wissen Sie schon, wie man mit Gentechnik Lebewesen modellieren kann, und haben vielleicht schon eine Ahnung, was Eugenik heutzutage bedeuten könnte (transgene Babys auf Bestellung vielleicht?). Betrachtet man die Beispiele für Eugenik historisch gesehen, erhält man ein erschütterndes Bild, denn sie wird als Rechtfertigung für die Völkermorde weltweit herangezogen (und das vielleicht schändlichste Beispiel dürfte der Holocaust des Naziregimes in Deutschland sein).

Die Geschichte der Eugenik beginnt 1883, als der ansonsten ehrenwerte Francis Galton den Begriff prägte. (Galton ist vor allem durch die Entwicklung der Verbrechensaufklärung und die Identifikation mittels Fingerabdruck bekannt. Mehr dazu und über den modernen genetischen Fingerabdruck erfahren Sie in Kapitel 18.) Im Gegensatz zur US-amerikanischen Verfassung (und auch zum heutigen deutschen Grundgesetz und zur Menschenrechts-Charta der Vereinten Nationen) war sich Galton sicher, dass die Männer (ich betone hier, dass er insbesondere auf Männer fixiert war, Frauen hatten zu seiner Zeit fast keine gesellschaftliche Bedeutung) eben *nicht* alle gleich sind. Stattdessen glaubte er, dass einige Männer anderen weitaus überlegen sind. Als Konsequenz daraus versuchte er nachzuweisen, dass »Genie« erblich ist. Die Ansicht, dass überlegene Intelligenz erblich ist, ist auch heute noch weit verbreitet, obwohl es genug Beweise für das Gegenteil gibt. So zeigten schon Zwillingsstudien aus den 1930er-Jahren, dass genetisch identische Personen eben nicht intellektuell gleich sind.

Galton, der ein Cousin von Charles Darwin war, gab zwar der Eugenik ihren Namen, aber die Ideen waren weder einzigartig noch revolutionär. Im frühen 20. Jahrhundert, als die mendelsche Genetik (siehe Kapitel 3) Fahrt aufnahm, wurde die Eugenik von vielen Leuten als vortreffliches Forschungsgebiet betrachtet. Charles Davenport war einer von ihnen. Er hat den zweifelhaften Ruhm, als Vater der amerikanischen eugenischen Bewegung zu gelten (einer seiner Texte trägt die Überschrift »Die Wissenschaft zur Verbesserung der Menschheit durch bessere Zucht«). Die Grundidee Davenports ist, dass »degenerierte« Menschen sich nicht fortpflanzen sollten. Diese Vorstellung entspringt den sogenannten *Degenerationstheorien*, die besagen, dass »untaugliche« Menschen bestimmte, unerwünschte Merkmale durch schlechten Einfluss erlangen und diese Merkmale dann vererben. Zu diesen »minderwertigen« Erbanlagen gehörten nach Ansicht jener Eugeniker unter anderem auch Unbeholfenheit, Schwachsinn und Armut.

Während die Briten, Galton eingeschlossen, sich für anhaltend gute »Zucht« einsetzten (zusammen mit Wohlstand und Privilegien), wandten viele Amerikaner ihr Hauptaugenmerk der Verhinderung der *Kakogenik* zu, der Erosion genetischer Qualitäten und »Entartung«. Deshalb plädierten sie dafür, unerwünschte oder lediglich unbequeme Personen zwangssterilisieren zu lassen. Erschreckenderweise sind die Sterilisationsgesetze aus dieser Zeit in den USA nie abgeschafft worden und bis in die 1970er-Jahre hinein war es durchaus üblich, geisteskranke Menschen ohne ihre Zustimmung zu sterilisieren – von diesen Gräueltaten waren in den Vereinigten Staaten schätzungsweise 60.000 Menschen betroffen.

Die »Sterilisationsgesetze« fassten bald auch in Europa Fuß. 1934 wurde im Dritten Reich das »Gesetz zur Verhütung erbkranken Nachwuchses« erlassen, wobei die Zielgruppe der »Erbkranken« recht schwammig definiert war. Was wohl auch die hohe Zahl der bis 1945 tatsächlich durchgeführten 400.000 Zwangssterilisationen erklärt (nebenbei bemerkt starben bei den Eingriffen rund 6.000 Menschen). Das Gesetz wurde durch die Besatzungsmächte nach 1945 außer Kraft gesetzt, aber erst 1974 aufgehoben. In der Schweiz wurde das entsprechende Gesetz erst 1985 abgeschafft und Zwangssterilisationen davor noch bis in die 1980er-Jahre hinein durchgeführt. In Schweden wurden bis zu seiner Abschaffung 1975 rund 63.000 Zwangssterilisationen durchgeführt. In Dänemark wurde ein entsprechendes Gesetz 1929 eingeführt. Bis zur Aufhebung wurden hier rund 15.000 Menschen sterilisiert. Und noch weiter im Norden Europas, in Finnland, wurden bis 1979 rund 11.000 Personen, überwiegend Frauen, zwangssterilisiert.

 Aber auch heute noch werden bedauerlicherweise die gewaltsamen Formen der Eugenik wie Völkermord, Vergewaltigung und Zwangssterilisation überall auf der Welt angeordnet und praktiziert. Aber nicht alle Formen der Eugenik sind so leicht zu erkennen wie diese extremen Beispiele. Zu einem gewissen Grad hat die Eugenik auch mit anderen Zwickmühlen zu tun, die ich in diesem Kapitel anspreche. Mit etwas Fantasie kann man sich wohl vorstellen, dass auch Gentherapie (siehe Kapitel 16), Gentransfer (siehe Kapitel 19) oder der genetische Fingerabdruck (siehe Kapitel 18) für die Zwecke der Eugenik missbraucht werden können.

Das perfekte Kind

Eines der vielen umstrittenen Themen der Genetik mit Ursprung in der Eugenik ist die Kombination aus pränataler Diagnostik (siehe Kapitel 13) mit der Vorstellung, ein perfektes Kind zu schaffen – das Designerbaby. Theoretisch könnte man so ein Baby direkt nach den Wünschen der Eltern gestalten: das »richtige« Geschlecht, die passende Haar- und Augenfarbe und vielleicht auch bestimmte (sportliche?) Fähigkeiten.

Designerbaby auf Bestellung

Der Begriff *Designerbaby* wird derzeit stark strapaziert. Was damit gemeint ist, sind Embryonen, die aufgrund bestimmter Kriterien (Gesundheit, Geschlecht) ausgewählt werden oder auch gezielt so verändert werden, dass sie über bestimmte gewünschte Eigenschaften verfügen. Während der erste Punkt schon länger realisierbar ist, schien die gezielte Veränderung von Embryonen lange noch in weiter Zukunft zu liegen. Dieses ist allerdings durch neue Techniken der Genmanipulation heute in greifbare Nähe gerückt. 2015 erzeugten Wissenschaftler in China das erste »echte« Designerbaby mit dem CRISPR/Cas9-System (mehr dazu finden Sie in Kapitel 19 und 23). Ziel der Forschung war zu untersuchen, ob sich genetische Defekte im frühen Embryonalstadium gentechnisch beheben lassen, und die Antwort darauf ist: Ja, aber ...!

Mit dem CRISPR/Cas9-System lässt sich die DNA an einer beliebigen Stelle schneiden und nach Wunsch verändern. Die Technik an sich ist vergleichsweise einfach, doch ihre

Anwendung am Menschen wirft ethische Fragen auf. Im oben genannten Experiment überlebten von 86 menschlichen Embryonen 71, aber nur ein Bruchteil davon (genaue Zahlen sind nicht bekannt) hatte nach dem Eingriff die gewünschte Änderung in der DNA. Zudem war die Mutationsrate sehr viel höher als die Wissenschaftler aufgrund vorheriger Versuche mit Mäusen erwartet hätten. Noch ist diese Technik längst nicht ausgereift, aber sie eröffnet tatsächlich den Weg zum »Baby auf Bestellung«. Es bleibt die Frage, was mit den anderen Embryonen geschieht und wie Eltern damit umgehen, dass ihr Kind vielleicht durch nicht erkannte Mutationen bei dieser Prozedur doch nicht so »designt« ist, wie sie sich das vorgestellt haben. Rückgaberecht innerhalb von vier Wochen? Was für ein schrecklicher Gedanke.

Die Vorstellung, Designerbabys erzeugen zu können, basiert, wie das Klonen auch, auf dem Trugschluss des *biologischen Determinismus* (auf dem, nebenbei erwähnt, auch viele Lügen der Eugenik basieren, siehe dazu auch den Abschnitt »Analyse des genetischen Rassismus« weiter vorn in diesem Kapitel). Der biologische Determinismus besagt, dass Gene auf voraussagbare Weise und wiederholbar exprimiert werden – anders gesagt: Genetik ist Identität ist Genetik. Diese Annahme ist jedoch falsch. Die Genexpression hängt sehr stark unter anderem von der Umwelt ab (in Kapitel 11 erfahren Sie mehr über die Details der Genexpression).

Des Weiteren spielt bei der gegenwärtigen Umsetzung der fraglichen Wissenschaft die *In-vitro-Fertilisation (IVF)* eine tragende Rolle (siehe nächsten Abschnitt), und IVF ist, um es mal vorsichtig auszudrücken, eine unzuverlässige und schwierige Prozedur – fragen Sie mal ein Paar, das sich dieser Behandlung unterzogen hat, um vielleicht ein Kind zu bekommen. Die IVF ist teuer, invasiv und schmerzhaft. Die Frauen müssen zahlreiche starke und potenziell gefährliche Fruchtbarkeitsmedikamente einnehmen, um eine genügend hohe Anzahl an Eizellen zu produzieren – nur, um am Ende festzustellen, dass der größte Anteil der Befruchtungen doch nicht zur erhofften Schwangerschaft führt.

Föten als Ersatzteillager?

Zugegeben, die Überschrift ist provokant, aber das trifft auf das Thema insgesamt durchaus auch zu. 2013 gelang es erstmalig, das Genom von Hautzellen aus Kindern in eine entkernte Spendereizelle einzusetzen. Die Embryonen entwickelten sich normal und wären vermutlich ganz normal herangewachsen, aber nach sieben Tagen wurde das Experiment abgebrochen. Bei dem Forschungsprojekt ging es letztendlich um die Frage, ob sich so menschliches Gewebe oder sogar Organe erzeugen lassen, mit denen an einer schweren Krankheit leidenden Kindern geholfen werden kann. Doch dieses sogenannte therapeutische Klonen wirft große ethische Fragen auf: Darf man einen Menschen erzeugen, allein mit dem Ziel, Gewebe oder Organe für einen anderen Menschen zu erhalten?

Schon Realität: Präimplantationsdiagnostik (PID)

Mit der *pränatalen genetischen Diagnostik (PGD)* lässt sich mit mehr oder weniger invasiven Methoden bereits in frühen Stadien nach der Befruchtung feststellen, ob der Fötus gesund ist oder nicht (mehr dazu in Kapitel 12). Die *Präimplantationsdiagnostik (PID)* arbeitet mit den gleichen Methoden (Fluoreszenz-in-situ-Hybridisierung oder FISH und der Polymerase-Kettenreaktion oder PCR, siehe Kapitel 20), um die Embryonen nach einer In-vitro-Fertilisation genetisch zu untersuchen, bevor der »passende« Embryo zur Einnistung in die Gebärmutter gebracht wird. Getestet wird auf Chromosomenanomalien und auch bestimmte Erbkrankheiten, wenn diese in der Familie gehäuft aufgetreten sind. Theoretisch lassen sich mit dieser Methode aber auch alle anderen genetischen Marker untersuchen – das Geschlecht beispielsweise. In China und Indien ist es bereits häufige Praxis, das Geschlecht des Embryos vor der Implantation zu bestimmen und gezielt nur männliche Föten auszuwählen. Mit der PID können auch sogenannte »Retter-Geschwister« ausgewählt werden, die dann als genetisch kompatible Spender von Blut, Knochenmark oder Stammzellen für ein unheilbar erkranktes Geschwisterkind geeignet sind. Nun ist die Heilung von Kindern zweifellos ein löbliches Ziel – doch was macht man mit den Embryonen, die die erwünschten Kriterien nicht erfüllen (zum Beispiel weil die Kompatibilität des benötigten Gewebes nicht gegeben ist)? Wenn auch für betroffene Eltern verständlich, bleibt doch immer die Frage, wie das »Retter-Kind« später die Tatsache psychisch verkraften wird, dass es bereits als Embryo instrumentalisiert worden ist.

Die Durchführung der PID ist technisch kompliziert. Zuerst müssen unbefruchtete Eizellen von einer Spenderin gewonnen werden. Danach wird eine In-vitro-Fertilisation durchgeführt (also der Prozess, bei dem die Reagenzglas-Babys entstehen). Die befruchteten Eizellen werden auf Mutationen und Erbfehler untersucht. Selbst nach einer Übertragung wachsen die meisten der befruchteten Eizellen nicht an und sterben ab. Obwohl auch natürlich gezeugte Embryonen nicht anwachsen und absterben können, bleibt es eine schwierige Entscheidung, was mit den übrigen Embryonen geschieht. Zu den Möglichkeiten gehören die Spende an andere Paare, die Spende für Forschungszwecke oder aber ihre Vernichtung.

In Deutschland ist die In-vitro-Fertilisation einschließlich Stammzellforschung und Klonen im Embryonenschutzgesetz (http://bundesrecht.juris.de/eschg/) geregelt. Es ist hierzulande verboten, Embryonen zum Zwecke der Stammzellgewinnung zu erzeugen oder zu klonen. Seit 2011 ist es erlaubt, im Rahmen der Präimplantationsdiagnostik Embryonen dann genetisch zu untersuchen, wenn eine begründete Sorge besteht, dass aufgrund der genetischen Disposition der Eltern bei dem Embryo schwerwiegende Erbkrankheiten vorliegen könnten. Ansonsten ist die Präimplantationsdiagnostik rechtswidrig. Eine kurze Übersicht zur Stammzellforschung bietet Spiegel online unter www.spiegel.de/thema/stammzellforschung/. Die Internationale Gesellschaft für Stammzellforschung (ISSCR, www.isscr.org) hat ihre Leitlinie für Experimente mit menschlichen Embryonen im Mai 2021 aktualisiert. Wie und ob sich dies im deutschen Recht niederschlagen wird, bleibt abzuwarten.

Durch die PGD und die PID oder andere Formen der pränatalen Diagnostik haben Eltern die Wahl, zukünftiges Leiden zu verhindern oder zu mildern (entweder das eigene oder das von jemand anderem). Aber genauso wie bei der Entscheidung über das Schicksal der überzähligen Embryonen ist auch hier das Wasser tief und trübe. Ohne allzu philosophisch zu werden, kann man sagen, dass Leid eine sehr persönliche Erfahrung ist. Wo der eine leidet, scheint es für jemand anderen vielleicht ganz in Ordnung. Ein Beispiel dafür ist die vererbte

Taubheit. Wenn zum Beispiel ein taubes Paar sich für PGD entscheidet, was wäre deren Wunsch? Ein taubes Kind fände sich besser in der Welt seiner Eltern zurecht, ein gesundes Kind besser in der Welt der Hörenden. Sie sehen, wie komplex die Entscheidungen in der pränatalen Diagnostik sein können. Es scheint, dass sich die richtigen Antworten, sofern es welche gibt, nur sehr schwer finden lassen.

Wer weiß? Die Sache mit der Einverständniserklärung

Die Einverständniserklärung zu medizinischen Behandlungen ist aus ethischer und rechtlicher Sicht eine schwierige Angelegenheit. Die Grundidee dabei ist, dass jemand nur eine Entscheidung über eine Behandlung treffen kann, wenn er vollständig über alle Fakten, Risiken und Nutzen aufgeklärt wurde. Die Erklärung kann nur von der betroffenen Person oder dem gesetzlichen Vertreter unterschrieben werden. Im Allgemeinen trifft der gesetzliche Vertreter die Entscheidung in den Fällen, wenn der/die Behandelte zu jung ist, die Entscheidung selbst zu treffen, oder er oder sie geistig dazu nicht in der Lage ist. Hierbei wird natürlich angenommen, dass dem gesetzlichen Vertreter die Interessen seines Schutzbefohlenen am Herzen liegen.

Bei den Diskussionen um die Einverständniserklärung wird über folgende Hauptfragen diskutiert:

- ✔ Viele Gentests sind recht breit angelegt (wie die Gesamtexom-Sequenzierung, die alle codierenden Regionen im gesamten Genom analysiert, siehe Kapitel 22) und die daraus erhältlichen Ergebnisse sind weitreichend und komplex. Unerwartete Ergebnisse sind sicher möglich.

- ✔ Die Resultate genetischer Tests betreffen nicht nur den Patienten selbst, sondern auch seine Familienmitglieder. Diese möchten die durch den Test erhaltenen Informationen unter Umständen gar nicht wissen oder lehnen schon die Erhebung der Daten, also den Test selbst, ab.

- ✔ Proben können von Embryonen, von Toten oder auch bei jeder einfachen medizinischen Untersuchung gewonnen werden, sodass genetische Information über Personen generiert werden kann, die nie ihr Einverständnis dazu gegeben haben (oder die später als Erwachsene diese Informationen gar nicht hätten wissen wollen).

- ✔ Bei experimentellen genetischen Behandlungen (wie zum Beispiel der Gentherapie – siehe Kapitel 16) sind die Ergebnisse naturbedingt nicht voraussagbar, wodurch das Risiko für den Behandelten nur sehr schwer abzuschätzen ist.

- ✔ Nachdem die Proben gewonnen und ausgewertet wurden, sind die Datenspeicherung und der Datenschutz sehr problematisch.

Restriktionen für Gentests

 Gentests wie der genetische Fingerabdruck, die SNP-Analyse (siehe Kapitel 18) oder die Gensequenzierung (siehe Kapitel 8) sind, unter anderem, mittlerweile Routine, schnell und relativ günstig. Dabei kann aus jeder noch so kleinen Gewebeprobe eine Unmenge an Informationen gewonnen werden – vom Geschlecht bis hin zur ethnischen Herkunft. Genauso können Mutationen, die Erbfehler verursachen, entdeckt werden. Wenn also Ihre DNA so viele persönliche Informationen trägt, sollten Sie dann nicht auch die Kontrolle darüber haben, ob und was getestet wird? Die Antwort auf diese Frage wird immer strittiger, je weiter die Definition und die Grenzen der Einverständniserklärung untersucht werden. Dabei stehen die Rechte sowohl der Lebenden als auch der Toten zur Debatte.

Beispielsweise konnten die Nachkommen von Thomas Jefferson oder des Fürstentums Baden in den jeweiligen Untersuchungen ihre Zustimmung geben (siehe den Kasten »Thomas Jeffersons Sohn und andere berühmte Beispiele« in Kapitel 18). Im Jefferson-Fall war es jedoch nicht nur akademisches Interesse, sondern auch eine Frage des Rechts auf Bestattung im Familiengrab der Jeffersons in Monticello.

Der Streit um die Einverständniserklärung oder das Fehlen derselben wird durch die Möglichkeit, Proben sehr lange aufbewahren zu können, noch verkompliziert. In einigen Fällen wurde die Erklärung von Patienten oder deren Vertretern zu bestimmten Untersuchungen gegeben, aber nicht zu denen, die damals noch nicht entwickelt waren. Einige Institutionen bewahren routinemäßig Proben sehr lange auf, was oft zu Streitigkeiten in Bezug auf die Einverständniserklärung führt. Zum Beispiel wurde ein Kinderkrankenhaus in Großbritannien zur Rede gestellt, weil dort Organe, die bei Autopsien entnommen wurden, aufbewahrt wurden, statt sie zur Beisetzung zurückzugeben. Die Eltern hatten zwar den Autopsien, aber nicht der Aufbewahrung von Gewebeproben zugestimmt.

Biologen verwenden gelagerte Gewebeproben auch zur Erzeugung von *Zelllinien*, aus diesen Geweben kultivierte, sich unbegrenzt fortpflanzende lebende Zellen, die auf Zellkulturplatten zu Forschungszwecken wachsen können. Die ursprünglichen Zellspender sind oft schon vor längerer Zeit an der zu untersuchenden Krankheit verstorben. Zelllinien sind nicht schwierig herzustellen und am Leben zu halten (wenn man weiß, was man tut). Die Herstellung von Zelllinien wirft aber die Frage auf, ob der Spender Eigentumsrechte an den Zellen, die aus seinem Gewebe stammen, besitzt. Die Forschungen an solchen Zelllinien führen manchmal auch zu lukrativen Behandlungsmethoden. Sollten die Spender dieser Zellen oder ihre Erben dafür Lizenzgebühren erhalten oder nicht? (Ein kalifornisches Gericht beantwortete diese Frage mit »Nein«.)

Darüber hinaus werden für die Entwicklung einiger Zelllinien unbefruchtete menschliche Eizellen verwendet, woraus sich eine weitere ethische Zwickmühle ergibt. Ein Zweig der Stammzellforschung fusioniert eine Eizelle (deren Zellkern entfernt wurde) mit einer adulten Körperzelle, um eine Linie aus Stammzellen zu produzieren, die mit dem Gewebe des Spenders der Körperzelle übereinstimmt. Diese Art Forschung erfordert eine große Anzahl menschlicher Eizellen. In einem umstrittenen Schritt stimmte die Ethikkommission der New Yorker Stammzellen-Stiftung dafür, dass Frauen eine Bezahlung für die ihnen entnommenen Eizellen erhalten sollten. Obwohl die Bezahlung sich auf eine Entschädigung für

Nur noch sichere Gentherapie

Wenn Sie jemals eine Einverständniserklärung für eine medizinische Behandlung unterschreiben mussten, werden Sie wissen, dass das eine ziemlich ernüchternde Erfahrung ist. Fast alle Formulare enthalten irgendwelche Sätze, die Ihren möglichen Tod nicht ausschließen. Die meisten von uns schlucken, unterschreiben und hoffen das Beste. Bei Routineeingriffen und -behandlungen haben wir meist berechtigterweise Hoffnung und leben in der Regel auch gesund und munter weiter. Aber Behandlungen, die sich noch in der Versuchsphase befinden, sind schwieriger zu beurteilen, und es ist auch sehr schwierig, jemanden über alle möglichen Konsequenzen vollständig aufzuklären.

1999 brachte der Fall von Jesse Gelsinger (mehr Details dazu in Kapitel 16) die Problematik von Einverständniserklärungen bei Behandlungen in der Versuchsphase sehr deutlich zutage. Jesse starb infolge der experimentellen Behandlung einer Erbkrankheit, die für sich genommen für ihn wahrscheinlich nicht lebensgefährlich war. Seine Behandlung gehörte zu einer klinischen Studie dieser Therapie, die darauf abzielte, mögliche Schwierigkeiten bei relativ gesunden Personen aufzudecken, bevor ernste Fälle (in diesem Beispiel Kinder mit homozygoten Allelen) mit zweifellos tödlichem Verlauf behandelt werden sollten. Was die Forscher über die möglichen Risiken wussten und wie gut die Familie Gelsinger vor der Behandlung aufgeklärt wurde, ist zweifelhaft.

Seitdem diskutiert jeder Fachzeitschriftenartikel über Gentherapie dieses Thema und den Fall Gelsinger. Tatsächlich teilen die meisten Forscher auf diesem Gebiet die Entwicklung der Gentherapie in zwei Phasen ein: vor und nach Gelsinger. Leider hat Jesse Gelsingers Tod nicht gerade viel zum tieferen Verständnis der Gentherapie beigetragen. Stattdessen sind seit dem Fall klinische Versuche schwerer in die Wege zu leiten, die Kriterien für die Aufnahme und Ablehnung von Patienten erhöht und die Auskunfts- und Berichtspflicht strenger. Diese Maßnahmen sind zweischneidig: Die neuen Regeln schützen zwar die Rechte der Patienten, verringern aber gleichzeitig die Wahrscheinlichkeit, dass Behandlungen für Patienten entwickelt werden, die sie verzweifelt benötigen. Wie bei vielen ethischen Fragen scheint eine sichere und effektive Lösung schwer erreichbar.

Für sich behalten

Ein weiterer Streitpunkt bei der Einverständniserklärung ist die Privatsphäre. Wenn Gentests durchgeführt werden, werden dabei auch die komplette medizinische Geschichte und persönliche Informationen gespeichert, mit deren Hilfe Forscher und Ärzte die genetischen Daten interpretieren können. So weit, so gut. Aber was passiert mit all den Informationen? Wer hat Einblick in diese Informationen? Wo werden sie gespeichert? Und wie lange?

Die Privatsphäre ist für den Menschen sehr wichtig, gerade in den westlich geprägten Kulturkreisen. Es existieren Gesetze zum Datenschutz über medizinische Informationen, den finanziellen Status und, wenn vorhanden, Jugendstrafen. Jeder Einzelne ist vor unbefugten

Such- und Überwachungsmaßnahmen geschützt und hat das Recht, unerwünschte Personen von seinem Privatbesitz fernzuhalten. Die genetische Information fällt höchstwahrscheinlich unter den bereits existierenden Schutz medizinischer Informationen, aber es gibt ein Problem: Genetische Informationen beziehen sich auch auf die Zukunft, nicht nur auf die Vergangenheit.

Stellen Sie sich vor, Sie tragen eine Mutation für eine erhöhte Anfälligkeit für Brustkrebs, Sie haben also eine höhere Wahrscheinlichkeit, diesen Krebs zu bekommen als andere Personen, die dieses Allel nicht haben (siehe Kapitel 14). Dieses Allel sagt allerdings nicht, dass Sie mit Sicherheit einmal Brustkrebs bekommen werden, es ist nur wahrscheinlicher. Wenn nach einem Test dieses Allel bei Ihnen gefunden wird, wird dies in Ihre medizinische Akte eingetragen. Wer könnte nun außer Ihrem Arzt oder dem medizinischen Personal davon erfahren? Ihre Krankenversicherung zum Beispiel. Bis jetzt sind Situationen wie diese noch nicht zum Problem geworden, da nur sehr wenige Menschen solche Gentests haben durchführen lassen. Diese Tests sind noch teuer und nicht Bestandteil der üblichen medizinischen Vorsorgeroutine, aber die Technologie macht Fortschritte, wird billiger (wie zum Beispiel Microarrays, siehe Kapitel 23) und so werden Gentests vermutlich auch immer häufiger. Und dies könnte zum Segen und zum Fluch werden.

Als Patient ist es gut, über Mutationen und ihre möglichen Auswirkungen Bescheid zu wissen, weil sie vielleicht behandelbar sind oder eine Früherkennung ernstere Folgen verhindern kann. Krebs hat zum Beispiel, wenn er früh erkannt wird, bessere Heilungschancen, als wenn er spät erkannt wird. Wenn jedoch Versicherungen von solchen Mutationen erfahren, können sie Ihre Policen ändern oder kündigen, was Ihre medizinische Versorgung unfairerweise begrenzt. Leider verstoßen auch manche Arbeitgeber gegen das Recht auf Privatsphäre: Einer wurde dabei ertappt, wie er seine Angestellten ohne ihr Wissen einem Gentest auf eine Veranlagung für eine bestimmte Verletzung unterziehen lassen wollte (in diesem Falle das Karpaltunnelsyndrom, eine Nervenschädigung in Hand und Unterarm).

Das Thema »genetische Privatsphäre« füttert auch die Kontroversen um das Humangenomprojekt und die Bemühungen, Humanpopulationen genetisch zu charakterisieren. Kritiker befürchten, dass, sofern bestimmte Mutationen oder Gesundheitsprobleme bekanntermaßen genetisch einer bestimmten Volksgruppe zugeordnet werden können, Diskriminierung und Voreingenommenheit die Folge sein könnten. Zum Glück hat sich der Staat des Problems bereits angenommen. Der ehemalige US-Präsident George W. Bush unterzeichnete 2008 in den Staaten den »Genetic Information Nondiscrimination Act«, der Krankenversicherungen und Arbeitgebern die Diskriminierung von Personen auf Basis vorliegender Ergebnisse von Gentests verbietet. In Deutschland hat der Bundestag 2009 das sogenannte »Gendiagnostik-Gesetz« verabschiedet. Damit sind Gentests bei Arbeitssuchenden und Versicherungskunden verboten.

Zufallsbefunde

Wenn Patienten früher zu einem Genetiker gingen, weil bei ihnen Symptome eines genetisch bedingten Symptoms auftraten, wurden sie einer vollständigen körperlichen Untersuchung unterzogen, einer Familienanamnese und meist auch noch weiteren medizinischen Begutachtungen (wie Röntgenuntersuchungen oder das Blutbild). In manchen Fällen führte dies zu einer Diagnose, in anderen Fällen wurden Gentests empfohlen. Im Allgemeinen stand dieser im speziellen Fall empfohlene Test auf der Grundlage der besonderen Eigenschaften des Patienten. Dies führte dazu, dass viele Patienten eine diagnostische Odyssee durchliefen, bei der sie einen Gentest nach dem anderen absolvierten, bis sie schließlich, hoffentlich, eine Diagnose erhielten. In vielen Fällen erhielten die Patienten jedoch leider nie eine abschließende Diagnose und ihnen wurde mitgeteilt, dass sie ein »unbekanntes genetisches Syndrom« haben, wahrscheinlich als Resultat eine Genveränderung, für die es noch keinen Test gab.

Heutzutage sind viele Gentests sehr breit angelegt. Zum Beispiel wird bei der Gesamtexom-Sequenzierung die Abfolge der Nukleotide in allen codierenden Regionen des Genoms (den Exons) ermittelt, also von allen Teilen der Gene, die Anleitungen zur Herstellung von Proteinprodukten beinhalten. Der häufigste Grund, warum heute eine Gesamtexom-Sequenzierung durchgeführt wird, ist, um eine seltene genetisch bedingte Krankheit bei Patienten diagnostizieren zu können, die die oben erwähnte diagnostische Odyssee oft schon hinter sich gebracht haben. Nun, mit der Gesamtexom-Sequenzierung lassen Sie ja praktisch alle Gene gleichzeitig testen. Während dies bestimmt die Zeit zwischen der anfänglichen Untersuchung bis zur letztendlichen Diagnose verkürzen kann, bringt dieser Ansatz neue und sehr wichtige Themen zur Sprache. Und leider ist er immer noch keine Garantie für eine Diagnosefindung.

Eines der Hauptprobleme mit dieser Art von Test ist die Möglichkeit, dass Sie Informationen erhalten, die Sie nicht erwartet haben und die in keinerlei Zusammenhang damit stehen, warum der Test eigentlich durchgeführt wurde. Diese Informationen werden als *Zufallsbefunde* bezeichnet. Zum Beispiel könnte die Gesamtexom-Sequenzierung bei einem Kind mit Entwicklungsstörungen und zu geringem Wachstum aufdecken, dass das Kind eine Mutation trägt, die zu einem erhöhten Risiko für Krebsentwicklung im Erwachsenenalter beiträgt. Versehentlich wurde das Kind so auf eine genetisch bedingte Krankheit mit Eintreten im Erwachsenenalter getestet (und so diagnostiziert), ein Vorgehen, von dem die meisten in der Genetik Tätigen und auch andere Mediziner dringend abraten.

Als Hilfe zum Umgang mit Zufallsbefunden hat das American College of Medical Genetics and Genomics eine Liste mit 59 Genen aufgestellt, für die sie eine Empfehlung aussprechen, dass »medizinisch verfolgbare« Veränderungen dem Patienten mitgeteilt werden sollten, wenn sie bei der Gesamtexom- oder Gesamtgenom-Sequenzierung gefunden werden sollten. Bei jedem dieser Gene würden Veränderungen zu einer Erkrankung führen, für die eine Krankheitsüberwachung durchgeführt werden sollte oder für die eine Behandlung sogar schon in der Kindheit verfügbar ist.

Es wird jedoch noch heiß debattiert, ob *jeglicher* Zufallsbefund weitergegeben werden sollte, besonders da bei einigen Personen mit Veränderungen in diesen Genen die entsprechende Krankheit niemals ausbrechen wird. Dies ist wahrscheinlich ein Thema, über das in Zukunft noch lange debattiert werden wird, und es ist eher unwahrscheinlich, dass eine für alle gültige Übereinstimmung darüber gefunden werden wird, was das »richtige« Vorgehen sein wird.

Ein weiteres Problem mit genomweiten Gentests und Zufallsbefunden ist, wie man sicherstellen soll, dass der Patient (oder die Eltern beziehungsweise der Vormund) angemessen über all die *möglichen* Ergebnisse solcher Tests informiert wird. Es wäre unmöglich, eine potenzielle Testperson zu all den möglichen genetisch bedingten Erkrankungen, die aufgrund der Durchführung des Tests diagnostiziert werden könnten, zu beraten. In diesem Fall müsste die Einverständniserklärung ziemlich breit gefasst werden und nur ganz allgemein erläutern, welche möglichen Ergebnisse dabei herauskommen könnten.

Direct-to-Consumer-Gentests

Da Gentests inzwischen einfacher und billiger geworden sind, war es nur eine Frage der Zeit, wann sie auch direkt für den Verbraucher (ohne ärztliche Vermittlung) kommerziell erhältlich sein würden. Und genau das sind sie inzwischen. Überall, wo man nur hinschaut, gibt es Werbung für solche Direct-to-Consumer-Gentests. Manche dieser Tests sind darauf angelegt, Ihnen eine Idee davon zu geben, wo Ihre Vorfahren herkamen. Andere liefern Ihnen Schätzungen zu den Risiken für bestimmte Erkrankungen oder genetisch bedingte Merkmale. Einige liefern all diese Informationen. Ungeachtet der Art solch eines Tests hat dieses Direct-to-Consumer-Testing deutliche Einschränkungen und auch mögliche Risiken für den Verbraucher.

Auch wenn diese kommerziellen Gentests Ihnen interessante Informationen liefern können, sind sie nicht darauf ausgelegt, um auf ihrer Basis medizinische Entscheidungen zu treffen oder eine Diagnose zu stellen. In diese Direct-to-Consumer-Testprozedur ist kein Arzt mit eingebunden und diese Tests sind auch nicht im selben Maße gesetzmäßig reguliert wie klinische Gentests. Eine Studie hat außerdem gezeigt, dass die Rohdaten, die die Verbraucher nach dem Testen herunterladen können (und die dann an einen Auswertungsservice als dritte Partei eingeschickt werden können), eine sehr hohe Falsch-positiv-Rate hatten. Das heißt im Besonderen, dass 40 Prozent der krankheitsassoziierten Varianten, die in diesen Rohdaten als vorhanden gemeldet wurden, gar nicht wirklich da waren.

Direct-to-Consumer-Tests lassen auch Sorgen um den Datenschutz bezüglich der genetischen Informationen des Verbrauchers aufkommen. Wem gehören die Informationen, nachdem solch ein Test durchgeführt wurde? Wird die Firma diese Informationen für andere Zwecke nutzen, wie Forschung oder Werbung? Wird die Firma die Probe der jeweiligen Person zerstören, wenn der Test abgeschlossen ist, oder wird sie sie aufbewahren? Es gibt viele verschiedene Fragen, die man sich stellen sollte, bevor man einen Direct-to-Consumer-Gentest irgendwo in Auftrag gibt.

Menschen, die sich dafür entscheiden, sollten sich auch der Möglichkeit bewusst sein, dass sie unerwartete Ergebnisse erhalten können. Es gab schon Fälle, bei denen eine Person herausfand, dass die Person, die sie für ihren Vater gehalten hatte, nicht wirklich ihr biologischer Vater war. Erwachsene Menschen haben über solche Tests auch herausgefunden, dass sie adoptiert worden waren. Die psychologischen Auswirkungen solcher unerwarteter Entdeckungen und deren Folgen für die Familienbeziehungen können katastrophal sein.

Eigentumsrechte an Genen

Nach europäischem Recht gibt ein Patent seinem Besitzer das exklusive Recht, seine Erfindung für eine bestimmte Zeit (meistens 20 Jahre) allein zu vermarkten. An und für sich klingt das erst einmal banal, beängstigend wird es aber dann, wenn Unternehmen Gene patentieren – DNA-Sequenzen, die die Bauanleitung für Lebewesen enthalten. Und es sind nicht irgendwelche Gene, es sind *Ihre* Gene, die patentiert werden.

Patente werden meistens ihren *Erfindern* zugesprochen, aber die Unternehmen, die Gene patentieren, haben die Gene, die natürlicherweise bei Lebewesen vorkommen, nicht erfunden. Den meisten Rechtsexperten zufolge sind Gene »unpatentierbare natürliche Produkte«. Aber bislang haben amerikanische und europäische Patentbehörden Gene genauso wie vom Menschen hergestellte Chemikalien behandelt. Die Unternehmen sequenzieren die Gene, die sie gefunden haben, und wandeln sie in cDNA um (»c« steht dabei für »komplementär«, siehe Kapitel 16). Diese cDNA wird dann patentiert und nicht das Gen selbst. Eine andere Vorgehensweise zur Erlangung eines Patents ist, dass ein Unternehmen ein Gen findet (oder die krankheitsverursachende Version davon) und dann vom Gen abhängige Produkte wie Diagnosetests erstellt.

Wie nun ein Unternehmen Rechte an Ihren Genen besitzen und ausüben kann, ist etwas schwer zu verstehen. Ein Beispiel, wie Genpatentierung funktioniert, zeigt die Erfindung der PCR (die ganze Geschichte finden Sie in Kapitel 22). Bei der PCR wird ein Enzym benötigt, das von besonderen Bakterien produziert wird. Das Gen, das das Enzym (die sogenannte *Taq-Polymerase*) codiert, kann leicht mit rekombinanten DNA-Techniken (siehe Kapitel 16) in andere Bakterien wie *E. coli* verschoben werden. *E. coli* produzieren dann dieses Enzym, das für die PCR eingesetzt werden kann. Wenn jetzt aber ein Genetiker auf die Idee kommt, das Gen für die Taq-Polymerase selbst zu verwenden, muss er Lizenzgebühren an das Unternehmen zahlen, das dieses Gen patentiert hat (in diesem Fall an den weltweit operierenden Pharmakonzern Hoffmann-La Roche mit Hauptsitz in der Schweiz, wer es gerne wissen möchte – übrigens noch besser bekannt als Hersteller von Tamiflu®). Selbstverständlich gehört dieses Unternehmen zu den größten Produzenten der Taq-Polymerase weltweit und macht Milliardengewinne damit. Mittlerweile wurde dem Unternehmen das Patent nach jahrelangem Rechtsstreit entzogen.

Hier sind ein paar Beispiele, wie übel sich Genpatente auswirken können:

✔ Im Jahr 2001 erteilte das Europäische Patentamt dem US-Unternehmen Myriad Genetics ein Patent für das *BRCA1*-Gen (das Brustkrebsgen, siehe Kapitel 14). Eine Mutation dieses Gens kann Brustkrebs zur Folge haben. Wer möchte sich schon einen Fall von Brustkrebs kaufen, warum also das Ganze auch noch patentieren? Weil dann das Unternehmen, das das Patent innehat, hohe Lizenzgebühren für entsprechende Gentests kassieren kann. In der weiteren Entwicklung wurde dem fraglichen Unternehmen zwar 2004 die Lizenz wieder entzogen, allerdings gab es die Rechte dazu an die University of Utah ab, die erneut erfolgreich das Patent in Europa beantragt hat und jetzt die Lizenzgebühren für den kombinierten *BRCA1/2*-Gentest einstreichen kann.

✔ Ein Pharmaunternehmen besitzt das Patent für einen Gentest, mit dem vorhergesagt werden kann, ob bei der Testperson ein vom Unternehmen hergestelltes Medikament wirken wird. Das Unternehmen entwickelt und vermarktet allerdings diesen Test nicht, da dies die Verkaufszahlen des Medikaments schmälern könnte.

✔ Unternehmen patentieren Gene von krankheitsverursachenden Bakterien und Viren, um die Diagnose und Behandlung zu blockieren, bis eine heftige Lizenzgebühr bezahlt wurde.

Ein solcher Missbrauch von Patenten behindert die Forschung an der Heilung von Krankheiten und den Zugang zur medizinischen Versorgung. Aus diesen Gründen stößt die Patentierung von Genen zunehmend auf große und lautstarke Gegnerschaft.

Genpatente können Ihre Gesundheit auch auf andere Weise bedrohen:

✔ Erhalten Wirtschaftsunternehmen genetische Informationen, betrachten sie diese als ihr persönliches Eigentum. Deshalb berichten sie auch nicht immer über Gensequenzen und Versuchsergebnisse in der einschlägigen wissenschaftlichen Literatur (womit sie die Ergebnisse der Begutachtung und Verifikation durch Experten auf diesem Gebiet entziehen). Um diese Produkte dann zu vermarkten, müssen die Unternehmen zwar die üblichen Zulassungsverfahren im Sinne des Verbraucherschutzes durchlaufen, aber der reguläre Prüfprozess weist in der letzten Zeit doch erhebliche Unzulänglichkeiten auf, besonders dann, wenn die Produkte das Verfahren zu einer Zeit durchlaufen, in der Interessenkonflikte bestehen (denken Sie nur mal an Aktienkurse, was infolge der Umbesetzung am US-Nationalinstitut für Gesundheit im Jahr 2005 geschehen war).

✔ Leider machen auch Universitäten dabei mit. In einem Fall wurde die Forschung nach den ursächlich für Autismus verantwortlichen Genen verzögert, da mehrere Universitäten sich weigerten, Informationen mit den Eltern autistischer Kinder – ausgerechnet! – auszutauschen. Jede Universität wollte die erste sein beim (nun raten Sie mal) Patentieren des »Autismus-Gens«. Weil solche Handlungsweisen die Offenlegung wissenschaftlicher Forschungsergebnisse torpedieren, wurde daraufhin eine unabhängige Stiftung gegründet, die einen öffentlich zugänglichen Informationsspeicher für genetische Informationen über Autismus erstellt.

Die Tage der Genpatente könnten jedoch gezählt sein. 2009 hat die Krebspatientin Genae Girard mit vier weiteren Patienten, Genforschern und anderen Patentgegnern Klage eingereicht gegen die Firma, die das Patent für zwei Gene innehat, die mit Brustkrebs in Verbindung gebracht werden. 2013 entschied der amerikanische Supreme Court den Fall zu Girards Gunsten und stellte fest, dass die Patentierung von in der Natur existierenden Dingen verfassungswidrig ist und die Kosten für den damals patentgeschützten Test (mit immerhin 3.500 US-Dollar) unangemessen hoch angesetzt waren. Der Oberste Gerichtshof der Vereinigten Staaten hat infolge dieser Entscheidung 2013 zudem einstimmig beschlossen, dass natürliche menschliche Gene oder Gensequenzen generell nicht patentierbar sind.

Teil V
Der Top-Ten-Teil

 Besuchen Sie uns auf www.fuerdummies.de!

IN DIESEM TEIL …

Genetik hat zugleich eine großartige Vergangenheit und eine aufregende Zukunft. Die Entdeckungen in der Vergangenheit basierten auf dem Genie vieler einzelner Personen. Genauso wird die Zukunft der Genetik von vielen Teams aus Wissenschaftlern und Unternehmern gestaltet.

Dieser Teil gibt Ihnen einen Einblick in die Geschichte der Genetik und erlaubt Ihnen auch einen kurzen Blick in deren Zukunft. Ich stelle Ihnen die zehn bedeutendsten Menschen und Entdeckungen vor, die die Genetik von heute geprägt haben. Dann zeige ich Ihnen die nächsten großen Herausforderungen am Genetik-Horizont. Und schließlich lasse ich noch die Puppen tanzen mit zehn unglaublichen (aber dennoch wahren!) Genetik-Geschichten.

> **IN DIESEM KAPITEL**
>
> Die Geschichte der Genetik
>
> Die Menschen hinter den großen Entdeckungen

Kapitel 22
Zehn entscheidende Ereignisse in der Genetik

Die Geschichte der Genetik hat viele Meilensteine. Die hier ausgewählten Ereignisse sind ungefähr in ihrer historischen Reihenfolge aufgelistet. Das Humangenomprojekt wird in Kapitel 8 mit noch mehr historischen Details behandelt.

Darwins Publikation »Über die Entstehung der Arten«

Auf Erdbeben folgen Nachbeben – kleine Mini-Erdbeben, die dem Hauptbeben folgen. Auch geschichtliche Ereignisse haben manchmal Nachbeben. Die Publikation des Lebenswerkes eines Mannes war so ein Ereignis. Von dem Moment an, als Charles Darwins *Über die Entstehung der Arten* 1859 erschien, war diese Arbeit heftig umstritten (und ist es bis heute).

Die Grundidee der Evolution ist so elegant wie einfach: Die einzelnen Organismen unterscheiden sich in ihrer Fähigkeit zu überleben und sich zu vermehren. Zum Beispiel sterben bei einem plötzlichen Kälteeinbruch die meisten Individuen einer Vogelart, weil sie den Temperatursturz nicht verkraften. Einige Vögel dieser Art kommen aber mit dem unerwarteten Frost zurecht, überleben und vermehren sich weiter. Wenn die Fähigkeit, mit Temperaturstürzen klarzukommen, erblich ist, wird dieses Merkmal an die zukünftige Generation weitergegeben und immer mehr Vögel erben diese Eigenschaft. Wenn Gruppen von Individuen voneinander getrennt werden, werden sie verschiedenen Ereignissen (wie extremen Wetterlagen) ausgesetzt. Nach vielen, vielen Jahren führen die durch Umwelteinflüsse, wie die oben beschriebenen Temperaturstürze, schrittweise veränderten vererbten Merkmale dazu, dass aus den Populationen mit gemeinsamen Vorfahren verschiedene Arten werden.

Darwin schloss daraus, dass alles Leben auf der Erde miteinander verwandt ist und einen gemeinsamen Ursprung hat. Er kam zu dieser Erkenntnis nach jahrelangem Studium von

Pflanzen und Tieren auf der ganzen Welt. Was ihm jedoch fehlte, war eine überzeugende Erklärung dafür, wie die Individuen ihre vorteilhaften Merkmale erben, dabei lag die Erklärung fast buchstäblich nur eine Handbreit entfernt. Gregor Mendel hat seine Vererbungsregeln ungefähr zu der Zeit erarbeitet, als Darwin sein Buch verfasste (siehe Kapitel 3). Scheinbar hat Darwin es versäumt, Mendels Veröffentlichung zu lesen – er kritzelte Notizen in wissenschaftliche Abhandlungen, die sowohl vor als auch nach Mendels Arbeit veröffentlicht wurden, ließ jedoch Mendels Arbeit ohne Bemerkungen links liegen. In Darwins üppigen Notizen findet sich kein einziger Hinweis darauf, dass er die Arbeit Mendels überhaupt zur Kenntnis genommen hatte. Beide Wissenschaftler waren visionär und hätten gemeinsam die Genetik revolutioniert, aber damals fehlte vielleicht auch einfach nur das Internet, in dem wir heute so selbstverständlich neue Entdeckungen nachlesen können. Früher war der Zugang zu wissenschaftlichen Publikationen alles andere als einfach und zumeist auch sehr teuer.

Aber auch ohne das Wissen darüber, wie Vererbung funktioniert, konnte Darwin drei Prinzipien ableiten, die durch die Genetik bestätigt wurden:

- ✔ **Die Variation ist *zufällig* und nicht vorhersehbar.** Untersuchungen von Mutationen bestätigen dieses Prinzip (siehe Kapitel 13).

- ✔ **Die Variation ist *erblich* (sie kann von einer Generation zur nächsten weitergegeben werden).** Mendels eigene Forschung – und viele Tausende Untersuchungen danach – bestätigen die Vererbung. Durch den genetischen Fingerabdruck kann die genetische Information von den Eltern auf die Nachkommen verfolgt werden (siehe Kapitel 18, wie bei Vaterschaftstests mit genetischen Markern bestimmt wird, wer nun der Vater eines Kindes ist).

- ✔ **Die Variation *ändert* sich im Laufe der Zeit in ihrer Häufigkeit.** Das Hardy-Weinberg-Gesetz wurde Anfang des 20. Jahrhunderts offiziell in Form der Populationsgenetik anerkannt (siehe Kapitel 17). In den 1970er-Jahren konnte mit der DNA-Sequenzierung und anderen Methoden bestätigt werden, dass sich die genetische Variation innerhalb einer Population durch Mutation, Unfälle und geografische Isolation (um nur einige zu nennen) ändert.

Wie Sie es auch betrachten – die Veröffentlichung von Darwins *Über die Entstehung der Arten* ist der Dreh- und Angelpunkt in der Geschichte der Genetik. Gäbe es keine Variation, wäre alles Leben auf der Erde völlig identisch. Variation gibt der Welt die Vielfalt und die Komplexität und macht Sie selbst so einzigartig.

Die Wiederentdeckung von Mendels Arbeit

1866 schrieb Gregor Mendel die Zusammenfassung seiner Versuche mit Erbsen (Details dazu in Kapitel 3). Seine Arbeit wurde unter dem Titel *Versuche über Pflanzen-Hybriden* veröffentlicht und setzte fast 40 Jahre lang Staub an. Obwohl Mendel nicht gut in der Selbstvermarktung war, schickte er doch Kopien seiner Arbeit an zwei namhafte Wissenschaftler seiner Zeit. Eine der beiden Kopien ging verloren und wurde bis heute nicht gefunden. Die andere wurde verschlossen aufgefunden – die Seiten waren nicht beschnitten. Damals waren gedruckte Seiten zusammengefaltet und gebunden. Man musste die einzelnen Seiten aufschneiden, um sie lesen zu können. So wurden seine Erkenntnisse zwar veröffentlicht und verbreitet (in begrenztem Umfang zumindest), aber nicht einmal die Gutachter haben die Tragweite von Mendels Entdeckung erkannt oder sich nicht die Mühe gemacht, die Arbeiten dieses Hobbywissenschaftlers zu lesen. Was für ein Fehler!

Mendels Arbeit blieb so lange unbeachtet, bis drei Botaniker – Hugo de Vries, Erich Tschermak und Carl Correns – Mendels Rad sozusagen noch einmal erfunden haben. Diese drei Botaniker führten Experimente durch, die Mendels Experimenten glichen. Auch ihre Schlussfolgerungen waren ähnlich – alle drei »entdeckten« die Vererbungsregeln. De Fries (er prägte, nebenbei gesagt, auch den Begriff *Mutation*) fand Mendels Arbeit in der Quellenangabe einer Publikation eines Autors namens Focke von 1881. Focke fasste Mendels Arbeit zwar zusammen, hatte aber keinen blassen Schimmer von deren Bedeutung. De Vries interpretierte Mendels Arbeit allerdings korrekt und zitierte sie in seiner eigenen Arbeit, die im Jahr 1900 veröffentlicht wurde. Kurz danach entdeckten auch Tschermak und Correns Mendels Arbeit aufgrund der Veröffentlichung von de Vries und zeigten, dass auch ihre eigenen, unabhängigen Arbeiten Mendels Rückschlüsse bestätigten.

Der Held in dieser Geschichte ist allerdings William Bateson. Er war zu der Zeit, als er de Vries Veröffentlichung mit dem Hinweis auf Mendels Arbeit las, unglaublich einflussreich und im Gegensatz zu vielen anderen Wissenschaftlern um ihn herum erkannte er, dass die mendelschen Regeln revolutionär und absolut korrekt waren. Bateson verbreitete diese Erkenntnis mit Feuereifer. Er prägte die Begriffe *Genetik*, *Allel* (Kurzform des Originalbegriffs *Allelomorph*), *homozygot* und *heterozygot*. Bateson war auch der Entdecker der genetischen Kopplung (siehe Kapitel 4), die später durch die Experimente von Morgan und Bridges nachgewiesen wurde.

Das transformierende Prinzip

Frederick Griffith wollte eigentlich nicht die DNA entdecken. Wir schreiben das Jahr 1928 und die Spanische Grippe von 1918 war immer noch frisch in jedermanns Gedächtnis. Griffith untersuchte die Lungenentzündung mit dem Ziel, zukünftige Epidemien zu vermeiden. Er wollte ganz speziell wissen, warum einige Bakterienstämme krank machen und andere, scheinbar gleiche, nicht. Um der Sache auf den Grund zu gehen, führte er eine Reihe von Experimenten mit zwei Stämmen der gleichen Bakterienart, *Streptococcus pneumoniae*, durch. Die beiden Stämme wuchsen in der Petrischale sehr unterschiedlich: Ein Stamm hatte eine glatte und der andere eine raue Oberfläche. Injizierte man Mäusen die »glatten« Bakterien, so starben die Mäuse, die »rauen« Bakterien waren hingegen harmlos.

Um herauszufinden, warum ein Stamm harmlos und ein Stamm tödlich ist, führte Griffith eine Reihe von Experimenten durch. Er injizierte einigen Mäusen durch Hitze abgetötete glatte Bakterien, die sich als harmlos herausstellten. Anderen Mäusen injizierte er jedoch abgetötete glatte Bakterien und zusätzlich lebende raue Bakterien, was wiederum tödlich für die Mäuse war. Griffith begriff schnell, dass irgendein Bestandteil der glatten Bakterien die rauen zu Killern machte oder *transformierte*. Aber welcher Bestandteil sollte das sein? Weil Griffith darauf keine Antwort hatte, nannte er diesen Faktor das *transformierende Prinzip* (was heute wie ein guter Titel für einen Diätratgeber klingt).

In den 1940er-Jahren fanden Oswald Avery, Maclyn McCarty und Colin MacLeod heraus, dass Griffiths transformierendes Prinzip die DNA war. Das Trio machte diese Entdeckung nach einem hartnäckigen Ausschlussprinzip. Sie zeigten, dass Fette und Proteine diese Umwandlung nicht zustande bringen können und nur die DNA glatter Bakterien die rauen Bakterien mit dem Nötigen ausstattet, was sie gefährlich macht. Sie publizierten ihre Ergebnisse 1944 und, wie Mendels Arbeit fast 100 Jahre davor, wurden diese zunächst verworfen …

… bis Erwin Chargaff die Arbeit entdeckte und dem transformierenden Prinzip die nötige Anerkennung zuteilwurde. Chargaff war von der Entdeckung so beeindruckt, dass er seine ganzen Forschungstätigkeiten auf die DNA konzentrierte. Schließlich entdeckte Chargaff die Verhältnisse der einzelnen Basen in der DNA, was Watson und Crick wiederum zu ihrer bahnbrechenden Entdeckung der DNA-Doppelhelixstruktur verhalf (mehr dazu lesen Sie in Kapitel 6).

Die Entdeckung der springenden Gene

Nach dem, was man so hörte, war Barbara McClintock beides: genial und ein wenig merkwürdig. Ein Freund hat sie einmal als jemanden, den man weder täuscht noch zum Narren hält, beschrieben. McClintock war unorthodox – sowohl in Bezug auf ihre Forschungen als auch in Bezug auf ihre Ansichten, da sie die meiste Zeit ihres Lebens allein lebte und arbeitete. Ihre Karriere begann in den frühen 1930er-Jahren und führte sie in eine Männerwelt (nur sehr wenige Frauen arbeiteten zu dieser Zeit in der Forschung).

1931 arbeitete McClintock mit Harriet Creighton zusammen, um zu zeigen, dass die Gene auf den Chromosomen liegen. Was heute so selbstverständlich klingt, war damals eine revolutionäre Idee. McClintock und Creighton zeigten, dass sich die Chromosomen des Maises während der Meiose rekombinieren (mehr zur Rekombination und zur Meiose lesen Sie in Kapitel 2). Durch Verfolgen der Vererbung verschiedener Merkmale konnten sie herausfinden, welche Gene bei Translokationen (siehe Kapitel 15) verschoben werden. Bei *Translokationen* wandern große Stücke von Chromosomen dorthin, wo sie nicht sein sollten. Chromosomen mit Translokationen sehen völlig anders aus als normale Chromosomen, was die Verfolgung ihrer Vererbung einfach macht. Durch die Verknüpfung physischer Merkmale mit bestimmten Chromosomenteilen konnten Creighton und McClintock zeigen, dass beim Crossing-over Gene von einem zu einem anderen Chromosom verschoben werden.

Aber McClintocks Beiträge zur Genetik gehen noch viel weiter, als Gene auf Chromosomen zu lokalisieren. Sie entdeckte auch reisende Stückchen von DNA, die auch als *springende Gene* bekannt sind (mehr dazu in Kapitel 11). 1948 veröffentlichte McClintock ihre unabhängig erarbeiteten Ergebnisse, die zeigen, dass bestimmte Gene beim Mais zwischen den Chromosomen *ohne* Translokation umherspringen. Ihre Veröffentlichung fand zuerst kein großes Echo. Die Leute dachten zwar nicht, dass sie falsch lag, nur war sie ihren Kollegen um Jahre voraus und diese konnten ihre Entdeckungen schlichtweg nicht verstehen. Alfred Sturtevant (der für die Entdeckung der Genkartierung verantwortlich ist) sagte einmal: »Ich habe nicht ein Wort von dem verstanden, was sie sagte. Aber wenn sie sagt, dass es so ist, muss es so sein!«

Es dauerte beinahe 40 Jahre, bevor die restliche genetische Welt Barbara McClintock eingeholt hatte und ihr schließlich 1983 der Nobelpreis für Medizin verliehen wurde. Bis dahin wurden springende Gene bei vielen Organismen gefunden, auch beim Menschen. Lebhaft bis zum Ende verstarb die große Dame der Genetik im Jahr 1992 im Alter von 90 Jahren.

Die Geburt der Sequenzierung

Viele Erfindungen in der Genetik legten den Grundstein für künftige Entdeckungen. Frederick Sangers Methode der DNA-Sequenzierung mittels einer Kettenabbruchreaktion (siehe Kapitel 8) ist eine solche grundlegende Erfindung. 1980 erhielt Sanger zusammen mit Walter Gilbert seinen zweiten Nobelpreis (in Chemie) für ihre Arbeit zur DNA-Sequenzierung. Sanger bekam schon 1958 einen Nobelpreis in Chemie für seine Pionierarbeit über die Struktur des Peptidhormons Insulin. (*Insulin* wird von der Bauchspeicheldrüse produziert und reguliert den Blutzucker.)

 Sanger hat den kompletten Prozess der DNA-Sequenzierung ausgeknobelt. Jedes einzelne Genetikprojekt, das irgendwie mit DNA zu tun hat, benutzt Sangers Methode. Das *Kettenabbruchverfahren*, wie Sangers Methode auch genannt wird, benutzt dieselben Mechanismen wie die Replikation der DNA in Ihren Zellen (wie die funktioniert steht in Kapitel 7). Sanger fand heraus, dass er den Aufbauprozess der DNA kontrollieren kann, indem er ein Sauerstoffatom von den Bausteinen für die DNA (den Desoxyribonukleosid-Triphosphaten, dNTPs) entfernt und so die Reaktion nach dem Einbau dieser Didesoxy-NTPs (ddNTPs) beendet wird. Die darauf basierende Methode ermöglicht die Identifikation jeder einzelnen Base und ihrer Reihenfolge in einem DNA-Strang, was zu einer Revolution im Verständnis der Funktionsweise von Genen führte. Dadurch wurden erst weitere Entwicklungen wie das Humangenomprojekt, der genetische Fingerabdruck (siehe Kapitel 18), Gentechnik (siehe Kapitel 19) und Gentherapie (siehe Kapitel 16) möglich.

Die Erfindung der PCR

Als Kary Mullis 1983 mitten in der Nacht durch Kalifornien fuhr, hatte er einen Geistesblitz, wie man die DNA-Replikation in einem Reagenzglas durchführen könnte (mehr zur Replikation finden Sie in Kapitel 7). Seine Idee führte zur Erfindung der *Polymerase-Kettenreaktion (PCR)* (englisch »polymerase chain reaction«), einer der wohl einflussreichsten Erfindungen in der Geschichte der Genetik.

Ich beschreibe den gesamten Prozess der PCR detailliert in Kapitel 18 in den Abschnitten über den genetischen Fingerabdruck. Im Grunde genommen funktioniert die PCR wie ein DNA-Kopierer. Sogar der kleinste Abschnitt von DNA kann millionenfach kopiert werden. Dies ist insofern wichtig, weil die Wissenschaftler derzeit noch sehr viele Kopien des gleichen Moleküls benötigen, damit genug Masse vorhanden ist, um die DNA erkennen und untersuchen zu können. Ohne PCR bräuchte man große Mengen an Original-DNA, um einen genetischen Fingerabdruck zu erstellen, an vielen Tatorten werden aber nur kleinste Mengen DNA gefunden – im Prinzip reicht sogar ein einziges Molekül als Ausgangsmaterial. So aber verwendet jedes rechtsmedizinische Labor heutzutage die PCR, die ein mächtiges Werkzeug ist, um die DNA an Tatorten zu untersuchen, genetische Fingerabdrücke zu erstellen, Erreger im Blut nachzuweisen oder das Geschlecht von Vögeln (Papageien!) zu bestimmen, um nur einige wenige der zahlreichen Anwendungen zu nennen.

Mullis' geniale Idee wurde zu einem Milliardengeschäft. Er selbst wurde mit bescheidenen 10.000 US-Dollar für seine Erfindung abgespeist, während der Pharmakonzern Hoffmann-La Roche für das Patent geschätzte 300 Millionen US-Dollar hingeblättert haben soll. 1993 erhielt Mullis immerhin den Nobelpreis für Chemie (sozusagen als Trostpreis).

Die Entwicklung der rekombinanten DNA-Technologie

1970 entdeckte Hamilton O. Smith die *Restriktionsenzyme*, die als chemische Scheren die DNA an ganz bestimmten Gensequenzen zerschneiden. In einem Forschungsprojekt brachte Smith Bakterien und Viren, die Bakterien angreifen, zusammen. Die Bakterien gaben aber nicht kampflos auf – sie produzierten ein Enzym, das die Viren-DNA in kleine Stücke zerschnitt und das angreifende Virus effektiv zerstörte. Smith fand heraus, dass das heute als *HindII* bekannte Enzym (benannt nach dem Ursprungsbakterium *Haemophilus influenzae* Rd) die DNA nur dort und immer in gleicher Weise schneidet, wo es eine bestimmte Basensequenz findet.

Diese glückliche (und komplett zufällige!) Entdeckung war der Auslöser für eine Revolution in der Erforschung der DNA. Einige Restriktionsenzyme schneiden die DNA nicht glatt durch, sondern erzeugen einzelsträngige, überhängende Enden. Diese überhängenden Enden erlauben es Genetikern, verschiedene DNA-Stücke beliebig auszuschneiden und einzufügen, was die Grundlage für die *rekombinante DNA-Technologie* ist.

Die Gentherapie (siehe Kapitel 16) und die Erstellung transgener Organismen (siehe Kapitel 19) sowie fast alle anderen Fortschritte auf dem Gebiet der Genetik dieser Tage basieren darauf, DNA in Stücke schneiden zu können und an neuen Stellen einzufügen, ohne die Gene funktionsunfähig zu machen. Dies ist nur dank der Restriktionsenzyme möglich.

Heute nutzen Forscher Tausende verschiedener Restriktionsenzyme, um Gene auf Chromosomen zu kartieren, die Funktion einzelner Gene zu bestimmen und DNA zur Diagnose und Behandlung von Krankheiten zu manipulieren. Smith teilte sich den Nobelpreis für Physiologie oder Medizin 1978 mit den Genetikern Daniel Nathans und Werner Arber für ihre Beiträge zur Entdeckung der Restriktionsenzyme.

Die Erfindung des DNA-Fingerabdrucks

Sir Alec Jeffreys hat Tausende Verbrecher hinter Gitter gebracht. Gleichzeitig befreite er Hunderte Unschuldige aus dem Gefängnis. Nicht schlecht für einen Mann, der die meiste Zeit im Labor verbringt.

Jeffreys erfand 1985 den *genetischen Fingerabdruck*. Er behandelte menschliche DNA mit Restriktionsenzymen und fand bei der Untersuchung der Muster heraus, dass die DNA bei jedem Menschen ein individuelles Muster aus verschieden großen Fragmenten (Tausende an der Zahl) ergibt.

Jeffreys Erfindung hat seither einige Verfeinerungen durchlaufen. Heute werden die Restriktionsenzyme durch die PCR und die Verwendung von STRs (Short Tandem Repeats) ersetzt. Die modernen Methoden zur Erstellung des genetischen Fingerabdrucks haben eine hohe Wiederholbarkeit und sind extrem genau, was bedeutet, dass ein genetischer Fingerabdruck genauso nützlich werden kann wie ein Abdruck der Fingerkuppe. Allein in den USA benutzen mindestens 100 Labore die Methoden, zu denen Jeffreys den Grundstein legte. In Deutschland gibt es rund 30 Institute für Rechtsmedizin. Die Informationen werden in der Datenbank des Bundeskriminalamts gespeichert (siehe hierzu auch Kapitel 18).

1994 wurde Jeffreys von Königin Elizabeth II. für seine Beiträge zur Verbrechensbekämpfung und seine Leistungen in der Genetik zum Ritter geschlagen.

Die Entdeckungen in der Entwicklungsgenetik

Wie ich in Kapitel 8 erkläre, besitzt jede Zelle in Ihrem Körper einen vollständigen Bauplan Ihres kompletten Körpers. Der Bauleitplan, wie der Körper also anhand genetischer Informationen zusammengebaut wird, blieb lange Zeit ein Geheimnis, bis Christiane Nüsslein-Volhard und Eric Wieschaus 1980 die Gene identifizierten, die den Bauleitplan von Fruchtfliegen enthalten und während der Embryonalentwicklung aktiv werden.

Fruchtfliegen und andere Insekten bestehen aus ineinander verzahnten Stücken oder Segmenten. Eine Gengruppe (die sogenannten *Segmentierungsgene*) sagt den Zellen, welches Körpersegment wo hingehört. Diese Gene geben zusammen mit anderen Genen sowohl die Lage der Zellen (oben, unten, vorn und hinten) als auch die Reihenfolge der Körpersegmente vor. Nüsslein-Volhard und Wieschaus machten ihre Entdeckung, indem sie Gene mutierten und dann nach den Auswirkungen der »defekten« Gene suchten. Wenn Segmentierungsgene mutiert werden, können bei der Fliege ganze Körperteile oder wichtige Organe fehlen.

Eine andere Gruppe von Genen (die *homöotischen Gene*) kontrollieren die Platzierung aller Organe und Fortsätze der Fliege wie Flügel, Beine und Augen. Ein solches Gen ist *eyeless*. Im Gegensatz zu dem, was jetzt logisch erscheint, codiert das *eyeless* für die normale Augenentwicklung. Mit derselben rekombinanten DNA-Technologie mit Restriktionsenzymen (siehe den Abschnitt »Die Entwicklung der rekombinanten DNA-Technologie« weiter vorn in diesem Kapitel) verschoben Nüsslein-Volhard und Wieschaus das *Eyeless*-Gen auf verschiedene Chromosomen, wodurch es in Zellen eingeschaltet wurde, in denen es normalerweise auf »Aus« steht. Die Fliegen, die daraus entstanden, hatten die Augen an den seltsamsten Stellen – auf den Flügeln, an den Beinen, am Hintern, wo auch immer. Diese Forschung zeigte, dass durch die Zusammenarbeit der Segmentierungsgene und der homöotischen Gene alle Körperteile am richtigen Ort sind. Auch die Menschen besitzen Versionen dieser Gene; die Gene Ihres Bauleitplans wurden durch den Vergleich der Fruchtfliegengene mit der menschlichen DNA gefunden. (Wie Genome anderer Organismen bei der Entschlüsselung des menschlichen Genoms helfen können, lesen Sie in Kapitel 8.)

Die Arbeit von Francis Collins und das Humangenomprojekt

1989 identifizierten Francis Collins und Lap-Chee Tsui das Gen, das für die zystische Fibrose verantwortlich ist. Im folgenden Jahr startete offiziell das Humangenomprojekt (HGP). Mit zweifachem Doktorgrad (Dr. med. und Ph.D.) ersetzte Collins später James Watson als Vorsitzenden des Nationalen Humangenom-Forschungsinstituts (National Human Genome Research Institute) der USA und überwachte das Rennen um die Sequenzierung des menschlichen Genoms von Anfang bis Ende. 2009 wurde Collins Direktor der US-amerikanischen Nationalen Gesundheitsbehörde. Collins erhielt zahlreiche Auszeichnungen für seine Arbeit, unter anderem 2007 die »Presidential Medal of Freedom« (die als höchste zivile Auszeichnung der USA gilt) und 2010 den »Albany Medical Center Prize« der USA.

Collins ist einer der wahren Helden der modernen Genetik. Er konnte das HGP vor der geschätzten Zeit abschließen und blieb dabei unter dem Budget. Noch heute tritt er für den freien Zugang zu allen Daten aus dem HGP ein, was ihn zu einem couragierten Gegner von Genpatenten und sonstigen Praktiken macht, die den Zugang zu Entdeckungen und medizinischer Versorgung behindern, und ist gleichermaßen ein Verfechter des Schutzes der genetischen Privatsphäre (mehr dazu finden Sie in Kapitel 21). Obwohl das Humangenomprojekt damals noch ein gutes Stück vom komplett sequenzierten humanen Genom entfernt war, wäre das Projekt ohne die rastlose Arbeit von Collins nie so erfolgreich abgeschlossen worden.

IN DIESEM KAPITEL

Potenzielle Fortschritte in der Medizin und gegen Alterserscheinungen

Stammzellforschung und Antibiotikaresistenz

Das CRISPR/Cas9-System: neue Möglichkeiten und Gefahren

Kapitel 23
Heiße Themen in der Genetik

Die Genetik ist ein Gebiet, das jeden Tag wächst und sich verändert. Die bedeutendsten wissenschaftlichen Fachzeitschriften (*Nature* und *Science*) sind jede Woche voll mit neuen Entdeckungen. Dieses Kapitel beleuchtet die heißesten Themen und die nächsten Herausforderungen in dieser sich fortwährend ändernden wissenschaftlichen Landschaft.

Personalisierte Medizin

Nebenwirkungen oder »unbeabsichtigte Arzneimittelwirkungen« von Medikamenten sind eine häufige Todesursache. Schätzungen zufolge kommt es bei insgesamt 5 Prozent aller medikamentös behandelten Patienten in Deutschland zu unerwünschten Effekten, was für jährlich etwa 17.000 Patienten in Deutschland tödlich endet. Aber warum ist das so? Dieser Frage wollen Wissenschaftler mit der *Pharmakogenomik* nachgehen. Sie beschäftigt sich mit der Analyse des menschlichen Genoms und der Vererbung im Hinblick darauf, wie Medikamente bei einzelnen Personenkreisen wirken. Schon allein Frauen und Männer reagieren anders auf pharmazeutische Wirkstoffe, und noch einmal ganz anders reagiert der Stoffwechsel von Kindern. Der Grund, warum manche Menschen Medikamente vertragen und andere nicht, ist in der DNA zu finden. Menschen bauen Medikamente unterschiedlich schnell ab, weil ihre Enzyme anders arbeiten oder ihnen bestimmte Enzyme fehlen. Wenn Forscher einen einfachen Test entwickeln könnten, der diese Unterschiede in der DNA sichtbar macht, würden die Ärzte von vornherein keine unwirksamen, unverträglichen oder zu hoch dosierten Medikamente verschreiben. Das allumfassende Ziel der personalisierten Medizin ist eine völlig neue Art der medizinischen Versorgung, die auf jede einzelne Person abgestimmt werden kann und exakt zu ihrer genetischen Veranlagung passt.

Das ist die gute Neuigkeit. Die schlechte Nachricht ist, dass niemand genau weiß, wie viele Gene bei der Entstehung von Krankheiten mitwirken, wobei viele verschiedene Gene ein und dieselbe Krankheit auslösen können. Und nicht nur das. Die *Epigenetik* (lesen Sie hierzu in Kapitel 4 nach) sorgt darüber hinaus für weitere Komplikationen, indem Gene in unvorhersehbarer Weise an- und abgeschaltet werden. All dies trägt eher noch weiter zur Verwirrung und weniger zur Weiterentwicklung genetisch basierter Behandlungen bei, was bedeutet, dass sich die Verheißungen einer personalisierten Medizin (auch aus Kostengründen!) nur langsam erfüllen werden.

Direct-to-Consumer-Gentests

Es ist noch gar nicht so lange her, dass Gentests eher ungewöhnlich und mit einem Besuch bei einem Genetiker, einem genetischen Berater oder einem anderen Spezialisten im Gesundheitssystem verbunden waren. Inzwischen reicht ein Gang zur Apotheke und ein bisschen Spucke in einem Röhrchen, das man in die Post gibt, und das war's auch schon. Ein paar Wochen oder Monate vergehen und man lernt sich selbst genau kennen! Na ja, so einfach ist es natürlich nicht.

Direct-to-Consumer-Tests (kommerzielle Gentests ohne ärztliche Vermittlung) gibt es in verschiedenen Varianten. Beim gebräuchlichsten dieser Tests geht es um die Testung der genetischen Abstammung. Bei diesen genetischen Abstammungstests werden Personen auf Sequenzvariationen im gesamten Genom getestet. Die Häufigkeit bestimmter Varianten unterscheidet sich bei Bevölkerungsgruppen verschiedener Herkunft. Und deshalb kann die Analyse der Varianten, die eine Person trägt, im Vergleich mit Menschen von bekannter Abstammung, die sich vorher schon haben testen lassen, Hinweise darauf geben, wo die Vorfahren dieser Person herkamen. Um mehr über genetische Abstammungstests zu erfahren, können Sie zu Kapitel 17 zurückblättern.

Beliebte Direct-to-Consumer-Gentests umfassen auch solche, die auf Gesundheitsrisiken und allgemeine Merkmale testen. Die Firmen, die diese Tests anbieten, liefern Risikoeinschätzungen für bestimmte Erkrankungen auf der Grundlage der spezifischen Sequenzvariante, die eine Person trägt. Zum Beispiel ist eine spezifische Variante des Gens für Apolipoprotein E (*APOE*) mit einem höheren Risiko für eine spät einsetzende Alzheimer-Krankheit assoziiert worden. Träger eines *APOE*-e4-Allels scheinen ein erhöhtes Risiko für die Entwicklung der Alzheimer-Krankheit im hohen Alter zu haben, Träger von zwei Kopien dieses Allels haben sogar ein noch höheres Risiko dafür.

Wichtig ist zu bemerken, dass dies *kein* prädiktiver Test ist. Er kann nicht genau (vorher-) sagen, ob Sie die Alzheimer-Krankheit bekommen oder nicht, sondern nur, dass Sie ein erhöhtes Risiko haben, je nach den Versionen des *APOE*-Gens, die Sie tragen. Ähnliche Tests können Ihnen über das *Risiko* für Erkrankungen wie Zöliakie, Morbus Parkinson, Diabetes und andere Auskunft geben, sie können Ihnen aber nicht genau sagen, ob Sie diese Krankheiten bekommen werden oder nicht.

Mindestens eine Firma bietet einen Test auf drei Varianten der Brustkrebsgene *BRCA1* und *BRCA2* an (mehr Details dazu in Kapitel 14). Die drei Varianten, die Teil dieses Tests sind, kommen sehr viel öfter bei Personen mit aschkenasisch-jüdischen Vorfahren (aus dem osteuropäischen Raum) vor. Träger einer dieser drei *BRCA1/2*-Genvarianten haben ein signifikant erhöhtes Risiko für Brust- und Eierstockkrebs.

Was für viele Patienten bezüglich der durchgeführten *BRCA1/2*-Tests schwer zu verstehen ist, ist, dass sie auf die große Mehrheit der Mutationen in diesen Genen (Tausende davon sind gefunden worden) gar nicht getestet werden. Wenn eine getestete Person also nicht eine der drei im Test eingeschlossenen Mutationen trägt, ist die Möglichkeit, dass sie eine andere Mutation in diesen Genen hat, nicht ausgeschlossen. Und wenn diese Person nicht von aschkenasisch-jüdischer Abstammung ist, macht dieser Teil des Tests wenig Sinn, da dann sowieso eine geringe Wahrscheinlichkeit besteht, dass sie eine dieser drei Mutationen trägt.

Gesamtexom-Sequenzierung

Das Genom umfasst den kompletten Chromosomensatz eines Organismus, einschließlich aller codierenden und nichtcodierenden DNA-Sequenzen. Das *Exom* beinhaltet alle codierenden Sequenzen innerhalb des Genoms, das heißt alle Exons von allen Genen. Das Exom, das auf weniger als 2 Prozent des Genoms geschätzt wird, liefert die Anleitungen zur Herstellung aller Proteine des Körpers. Die meisten Mutationen, die genetisch bedingte Krankheiten verursachen, befinden sich im Exom.

Durch die Fortschritte bei den DNA-Sequenzierungstechnologien (in Kapitel 8 erläutert) ist es nun relativ einfach (und nicht wahnsinnig teuer), das Exom von Personen auf der Suche nach einer genetischen Diagnose zu sequenzieren. Deshalb ist die Gesamtexom-Sequenzierung nun in die Genetikroutine übergegangen und wird vermehrt bei Patienten eingesetzt, die vermutlich unter einem genetisch bedingten Syndrom leiden, das aber noch diagnostisch festgestellt werden muss. In vielen Fällen haben solche Personen eine lange diagnostische Odyssee mit vielfältigen medizinischen Untersuchungen, Chromosomenanalysen und Einzelgentests hinter sich, bisher ohne Erfolg. Die Gesamtexom-Sequenzierung ermöglicht das Testen aller bekannten Gene gleichzeitig, unabhängig von den klinischen Besonderheiten, die diese Person aufweisen könnte.

Die Gesamtexom-Sequenzierung liefert nicht nur eine Diagnose für Personen, die vorher als »mit einen unbekannten genetischen Syndrom« diagnostiziert worden waren (und viele Antworten auf die vielen Fragen frustrierter Eltern), es bietet auch viele Informationen zu der Bandbreite von Merkmalen, die mit einer bestimmten Krankheit verbunden sein können. Es wird immer deutlicher, dass die Symptome genetisch bedingter Krankheiten sehr verschieden sein können. Das bedeutet, dass jemand eine Krankheit haben kann, die man vorher nicht vermutet hätte, weil er Besonderheiten aufweist, die ganz anders sind als die Eigenschaften, die man sonst typischerweise bei Betroffenen mit dieser Krankheit sieht.

Eine der Einschränkungen der Gesamtexom-Sequenzierung ist das Auffinden von Zufallsbefunden (in Kapitel 21 beschrieben) oder von genetischen Veränderungen mit unklaren Konsequenzen. Zufallsbefunde haben mit dem Grund, warum der Test durchgeführt wurde, nichts zu tun, wie zum Beispiel die Entdeckung einer Genveränderung, die das Risiko für die Alzheimer-Krankheit erhöht, bei einem Kind, das wegen geistiger Behinderungen getestet wurde. Genetische Veränderungen, bei denen die Auswirkungen nicht klar sind, werden normalerweise als Varianten mit unklarer Signifikanz bezeichnet. Es ist möglich, dass solche Veränderungen irgendeine Krankheit verursachen, aber sie können auch völlig harmlos sein. Das Problem ist, dass nicht genügend Informationen zu ihnen vorliegen, um zu wissen, welche von beiden Möglichkeiten zutrifft. Und es ist auch nicht immer klar, ob die medizinische Versorgung einer Person auf der Basis der Entdeckung einer Variante, deren Effekt nicht sicher bekannt ist, geändert werden sollte.

Die Gesamtexom-Sequenzierung wird außerdem bei großen Gruppen von Individuen ohne genetisch bedingte Krankheiten durchgeführt, um herauszufinden, wie häufig bestimmte Varianten in der Bevölkerung vorkommen. Das Exome Aggregation Consortium (ExAC) und das 100.000-Genome-Projekt sind zwei Kooperationsprojekte, die Exom- und/oder Genomdaten einer großen Anzahl von Individuen verschiedenster ethnischer Herkunft sammeln. Aufgrund von solcherlei Daten können Varianten, die mal als pathogen (das heißt als krankheitsverursachende Mutation) eingestuft wurden, nun als benigne umklassifiziert werden, weil man nun weiß, dass diese Varianten in der Allgemeinbevölkerung recht häufig vorkommen (und es deshalb unwahrscheinlich ist, dass sie irgendwelche Probleme verursachen).

Gesamtgenom-Sequenzierung

Während bei der Gesamtexom-Sequenzierung die Abfolge der Nukleotide in allen Exons im Genom ermittelt wird, werden bei der *Gesamtgenom-Sequenzierung* die Nukleotidsequenzen des gesamten Genoms bestimmt. Eine Gesamtgenom-Sequenzierung war genau das, was während des Humangenomprojekts vorgenommen wurde. Und seit der Zeit, da das Humangenomprojekt abgeschlossen wurde, haben die Leichtigkeit, mit der Sequenzierungen durchgeführt werden können, und die damit verbundenen wesentlich niedrigeren Kosten dazu geführt, dass die Gesamtgenom-Sequenzierung nun auch in die klinische Praxis Einzug gehalten hat (genau wie die Gesamtexom-Sequenzierung).

Die Idee hinter der Gesamtgenom-Sequenzierung ist, dass es damit theoretisch möglich sein sollte, die Ursache aller seltenen genetisch bedingten Erkrankungen zu identifizieren, die mit traditionelleren Methoden nicht diagnostiziert werden können, noch nicht einmal mit der Gesamtexom-Sequenzierung. Wissenschaftler schätzen, dass ungefähr 85 Prozent aller krankheitsverursachenden Mutationen in den codierenden Sequenzen des Genoms liegen. Von den restlichen 15 Prozent wird erwartet, dass sie sich innerhalb der nichtcodierenden Sequenzen befinden, die noch nicht von einer anderen Art von Gentest abgedeckt sind. Eine Gesamtgenom-Sequenzierung könnte die zuvor nicht identifizierbaren Mutationen bei Patienten mit einem nicht diagnostizierten genetischen Syndrom aufdecken. Tatsächlich ermöglicht ein Projekt in Großbritannien die Durchführung einer Gesamtgenom-Sequenzierung bei allen Kindern mit schweren Krankheiten. Bis jetzt wurde in diesem Programm herausgefunden, dass bei ungefähr einem von vier schwer kranken Kindern ein zugrunde liegendes genetisches Syndrom vorlag. In einem Fall handelte es sich um ein Mädchen mit einer seltenen und schweren Form von Epilepsie, und sofort nach Erstellung ihrer Diagnose erkannte man, dass das Kind ein Medikament eingenommen hatte, von dem man wusste, dass es diese Art von Epilepsie verschlimmert. Die Mutation, die diese Erkrankung verursacht, hätte auch mit traditionelleren Methoden gefunden werden können, doch die Gesamtgenom-Sequenzierung konnte das Ergebnis in wenigen Wochen liefern, ohne dass eine diagnostische Odyssee hätte durchlaufen werden müssen.

Wie bei der Gesamtexom-Sequenzierung sind die Zufallsbefunde und das Auffinden von Varianten mit unklarer klinischer Signifikanz zwei der Hauptbedenken bei der Gesamtgenom-Sequenzierung (im vorherigen Abschnitt und in Kapitel 21 erläutert).

Stammzellforschung

Embryonale Stammzellen sind vielleicht der Schlüssel zur Heilung von Hirn- und Rückenmarksverletzungen oder Organschäden; sie können auch zur Behandlung bestimmter Krebsarten beitragen. Die Forschung mit diesen Zellen steht allerdings im Mittelpunkt heftiger ethischer und politischer Kontroversen. In Deutschland ist die embryonale Stammzellforschung durch das *Embryonenschutzgesetz* und das *Stammzellgesetz* strikt geregelt; in anderen Ländern, wie zum Beispiel China, sind die Bestimmungen deutlich lockerer.

Stammzellen sind ein heißes Forschungsthema, weil sie totipotent sind. *Totipotenz* heißt, dass aus Stammzellen jede Art von Gewebe werden kann, also Nerven-, Muskel- oder Knochengewebe, um nur ein paar zu nennen. Es ist nicht wirklich überraschend, dass Stammzellen die Zellen sind, die in sehr frühen Embryonen vorliegen, in der inneren Zellmasse der Blastozyste. Ab einem bestimmten Punkt der Entwicklung bekommen alle Zellen ihre Aufgabe zugewiesen und danach ist es vorbei mit der Totipotenz für die Zelle (aber nicht für ihre DNA, die erstaunlicherweise ihre Flexibilität behält – die Totipotenz der DNA ermöglicht das Klonen, siehe Kapitel 20).

Sie haben es sich wahrscheinlich schon gedacht (oder auch gewusst), dass die Stammzellen für die Forschung im Idealfall aus embryonalem Gewebe gewonnen werden – und genau das ist der Haken bei der Sache. Bis jetzt haben die Wissenschaftler noch keinen Weg gefunden, Stammzellen zu gewinnen, ohne Embryonen zu opfern oder zu schädigen. Die Forscher können Stammzellen zwar auch von Erwachsenen gewinnen (aus mehreren Quellen, einschließlich dem Blut), aber den adulten Stammzellen fehlt zum Teil die Totipotenz und es gibt auch nur sehr wenige Gewebe, die sich für bestimmte Anwendungen eignen. Dies macht die Benutzung von adulten Stammzellen problematisch. Nichtsdestoweniger könnten adulte Stammzellen für therapeutische Zwecke mitunter besser als embryonale Stammzellen funktionieren, weil sie vom zu behandelnden Patienten selbst gewonnen werden, dann umgewandelt und wieder zurückgeführt werden können, was das Risiko einer Abstoßung eliminieren würde (über die Schattenseiten der Gentherapie lesen Sie in Kapitel 16). Allerdings lassen sich adulte Stammzellen derzeit noch nicht unbegrenzt vermehren, was ihre Anwendung wiederum einschränkt.

Stammzellen aus der Nabelschnur?

Eine seit etlichen Jahren existierende Option ist die Gewinnung und langfristige Lagerung von Stammzellen aus dem Nabelschnurblut oder Nabelschnurgewebe (mesenchymale Stammzellen) eines Neugeborenen, das Eltern auf eigene Kosten lagern lassen können. Diese Zellen sind noch sehr jung und unbeschadet, ihre Gewinnung ist sehr einfach und mit keinen Schmerzen oder Risiken für Mutter und Kind verbunden. Firmen wie die Stammzellbank Vita34 bieten die Entnahme und Lagerung der Gewebe Ihres Kindes (bei −196 Grad in flüssigem Stickstoff) für 20 bis 25 Euro pro Monat an. Ob das sinnvoll ist oder nicht, ist eine schwer zu beantwortende Frage. Stammzellen aus Nabelschnurblut werden sehr erfolgreich eingesetzt, um Leukämie (Blutkrebs) bei Kindern zu behandeln. Nur – meistens geht das nicht bei Ihrem eigenen Kind, weil die Vorläufer der Krebszellen oft schon im Nabelschnurblut vorhanden sind. Das Gleiche gilt für die Behandlung von Erbkrankheiten: Das eigene Blut trägt ja den gleichen genetischen Defekt und ist daher zur Behandlung ungeeignet. Größeres Potenzial mögen da die Stammzellen aus dem Nabelschnurgewebe haben, die sich theoretisch zur Regeneration von Organen einsetzen lassen. Noch sehen Ärzte nicht so recht den Nutzen der Einlagerung der eigenen Nabelschnurstammzellen, aber das könnte sich mit dem Stand der Forschung in den nächsten Jahren durchaus ändern. Derzeit ist es sicherlich noch sinnvoller, das Nabelschnurblut kostenlos einer öffentlichen Nabelschnurblutbank zu spenden, um damit vielleicht anderen Kindern das Leben zu retten.

Das ENCODE-Projekt

Ziel des Humangenomprojekts war die Sequenzierung des gesamten menschlichen Genoms. Im Jahr 2001 wurde ein erster Entwurf der Sequenz des Humangenoms veröffentlicht. Und nach ungefähr dreizehn Jahren von Anfang bis Ende (zwei Jahre vor dem geplanten Termin) wurde das Projekt als abgeschlossen erklärt. Als Ergebnis des Projekts wissen wir nun, dass es ungefähr 21.000 Gene gibt (im Vergleich zu der ursprünglichen Vorhersage von 100.000 Genen) und dass die codierenden Sequenzen (die Sequenzen, die tatsächlich für die Proteinprodukte dieser Gene codieren) weniger als 2 Prozent des gesamten menschlichen Genoms ausmachen. Wir verfügen nun auch über viele neue oder verbesserte Methoden zur Analyse genetischer Daten. Was wir noch nicht wussten, war die Funktion der mehr als 98 Prozent der Sequenzen – der nichtcodierenden Sequenzen, die früher mal als *Junk-DNA* (DNA-Müll) bezeichnet wurden.

Das ENCODE-Projekt (Encyclopedia of DNA Elements) ist ein Nachfolgeprojekt des Humangenomprojekts. Es umfasst mehr als 30 Forschungsgruppen und mehr als 400 Wissenschaftler weltweit. Hauptziel dieses Projekts ist die Erforschung und Bestimmung der Funktion der nichtcodierenden Sequenzen des humanen Genoms. Dem heutigen Forschungsstand nach ist zu vermuten, dass mehr als 80 Prozent der nichtcodierenden Sequenzen bei der Regulation der Genexpression (die in Kapitel 11 erläutert wird) eine Rolle spielen.

Die wissenschaftliche Forschung versucht auch zu ermitteln, ob Unterschiede in der Expression bestimmter Gene (im Gegensatz zu Unterschieden in der Gensequenz) mit der

Entwicklung bestimmter genetisch bedingter Krankheiten in Verbindung gebracht werden können. Während die meisten krankheitsverursachenden Mutationen in den aminosäurecodierenden Anteilen der Gene (den Exons) gefunden werden, befinden sich andere in den nichtcodierenden Regionen der Gene (wie in den Promotoren oder den Introns, die in Kapitel 9 erläutert werden).

Wissenschaftler gehen auch davon aus, dass Sequenzvarianten in anderen nichtcodierenden Regionen, einschließlich solcher Regionen, die sich in großem Abstand zum eigentlichen Gen befinden (wie die Enhancer oder Silencer; siehe Kapitel 9), die Genexpression beeinflussen und dadurch zur Entwicklung genetisch bedingter Erkrankungen führen können.

Alternde Gene

Altern ist nichts für eitle Leute – jeder will alt werden, keiner will es sein. Die Haut wird faltig, das Haar grau und die Gelenke schmerzen. Klingt nicht gerade erstrebenswert, oder? Die Auswirkungen sind zwar offensichtlich, aber der eigentliche Vorgang der *Seneszenz* (ein originelleres Wort für Altern) gibt immer noch Rätsel auf. Die Wissenschaftler wissen, dass die Enden der Chromosomen (*Telomere* genannt) meistens kürzer werden, wenn man älter wird (siehe Kapitel 7). Sie wissen aber nicht, ob das die Änderungen sind, die alte Leute alt aussehen lassen. Bekannt ist aber, dass die Zelle abstirbt, wenn die Telomere zu kurz werden, und der Zelltod ganz bestimmt ein Teil des Alterungsprozesses ist.

Das Enzym, das verhindert, dass sich die Telomere verkürzen, ist die *Telomerase* (siehe Kapitel 7). Damit scheint sie als Ziel der Altersforschung prädestiniert. Zellen, bei denen die Telomerase aktiv ist, sterben nicht wegen verkürzter Telomere. Krebszellen zum Beispiel haben eine hohe Telomeraseaktivität, während normale Zellen keine besitzen. So trägt die Telomerase zur unerwünschten Langlebigkeit der Krebszellen bei (mehr zu Krebs in Kapitel 14). Würden die Genetiker die Telomerase unter Kontrolle bekommen – ohne dass sie Krebs verursacht –, dann würde der Alterungsprozess vielleicht kontrollierbar.

Zudem haben Genetiker herausgefunden, dass alte Zellen wieder munter werden, wenn sie mit jungen Zellen zusammengebracht werden. Das zeigt, dass sich Zellen regenerieren können – sie brauchen bloß einen kleinen Anstoß. Eine andere, kürzlich veröffentlichte Untersuchung besagt, dass eine kalorienarme Ernährung die Alterungsprozesse verzögert. Die Forscher fanden heraus, dass bei Mäusen, die auf einer kalorienarmen Diät sind, ein Gen in Aktion tritt, das den programmierten Zelltod (*Apoptose* genannt, siehe Kapitel 14) verzögert.

Neuere Informationen darüber, wie man das Altern umgeht, sind sehr gefragt. Wenn man jung bleibt, indem man einfach die Zeit mit Jüngeren verbringt und weniger isst, dann ist das Älterwerden vielleicht nicht so schlimm, wie es scheint.

Proteomik

Die *Genomik*, also die Lehre von der Gesamtheit der Genome, wird bald Platz machen für das nächste heiße Eisen: die *Proteomik* – die Lehre von der Gesamtheit an Proteinen, die eine Zelle herstellt. Proteine verrichten die ganze Arbeit im Körper, sie führen fast alle

Funktionen aus, die in den Genen codiert sind. Wenn ein Gen mutiert, wird also in erster Linie das Protein verändert (oder verschwindet ganz). Warum ist das wichtig? Stellen Sie sich vor, Sie wären ein Bibliothekar. Sie haben 21.000 Bücher im Regal, aber Sie möchten wissen, welche Bücher davon überhaupt für welche Nutzergruppen interessant sind und wie oft bestimmte Bücher ausgeliehen werden. Genau das untersucht die Proteomik – welche Proteine werden wann in einer Zelle gebildet und in welchen Mengen? Aufgrund der Verbindung zwischen Genen und Proteinen können die Forscher durch die Erforschung der Proteine gegebenenfalls mehr über Gene lernen als von den Genen selbst!

Proteine sind dreidimensionale Strukturen (mehr zu Proteinen lesen Sie in Kapitel 9). Sie werden bei ihrer Herstellung nicht nur in komplexe Formen gefaltet, sondern verbinden sich auch mit anderen Proteinen oder auch Cofaktoren wie Metallen. (In Kapitel 9 lesen Sie mehr darüber, wie aus einfachen Aminosäureketten komplexe Proteine gebaut werden.) Warum ist das Proteom so wichtig? Ganz einfach: Durch das alternative Spleißen (siehe Kapitel 9) können aus einem Gen viele unterschiedliche Proteine entstehen. Gene werden zu unterschiedlichen Zeiten in der Zelle abgelesen, aber nur das Proteom zeigt genau an, wann welche Gene aktiv sind und welche nicht. Das Genom mag zwar interessant sein, aber wichtiger ist eigentlich die Frage, welche Proteine eine Zelle tatsächlich synthetisiert.

Das Transkriptom umfasst die Summe aller mRNAs einer Zelle, während das Proteom die Summe aller Proteine in der Zelle darstellt. Transkriptom und Proteom sind zwei verschiedene Dinge, denn auch die vorhandene mRNA einer Zelle unterliegt einer strikten Regulation. Längst nicht jede mRNA wird auch in ein Protein übersetzt, während andere mRNAs sehr langlebige, stabile Moleküle sein können, die als Vorlage für die Produktion großer Mengen des jeweiligen Proteins dienen. So gesehen ist mit der Analyse des Proteoms eine genauere Aussage im Hinblick auf die Gesamtaktivität einer Zelle möglich.

Das Katalogisieren aller Proteine Ihres Proteoms ist nicht ganz einfach, denn die Wissenschaftler müssen dafür jedes einzelne Gewebe untersuchen, um alle Proteine aufzuspüren. Nichtsdestotrotz könnte die Belohnung durch die Entdeckung neuer Medikamente und Behandlungen für vormals unheilbare Krankheiten die Anstrengungen rechtfertigen. Die Proteomik hat allerdings bis jetzt noch nicht für viel Furore in den Krankenzimmern gesorgt – die Komplexität und die technologischen Rückschläge bremsen den Fortschritt momentan noch ziemlich aus.

Bioinformatik

Sie leben im Informationszeitalter und alles, was Sie wissen wollen, ist dank Internet zum Greifen nah. Wenn irgendwo die Genetik ins Spiel kommt, drohen wir allerdings eher, in Informationen unterzugehen – Tausende und Abertausende an DNA-Sequenzen, Massen an Proteinen und Tonnen von Daten. Da weiß man nicht, wo man anfangen und wie man sich durch den Wust wühlen soll, um die Informationen zu finden, die man wirklich braucht (eine gute Empfehlung ist der *Wiley-Schnellkurs Bioinformatik für Anwender* von Röbbe Wünschiers).

In der *Bioinformatik* werden riesige biologische Datenbanken per Computer durchsucht. Jeder, der einen Internetanschluss besitzt, hat mit einem Mausklick Zugriff auf diese Datenbanken (zum Beispiel auf die Website des National Center for Biotechnology Information in den USA unter www.ncbi.nlm.nih.gov/).

Suchen Sie auf dieser Website nach den Ergebnissen des Humangenomprojekts, schauen Sie sich die neuesten Genkarten an und erfahren Sie alles über jede genetisch verursachte Krankheit.

Aber nicht nur das. Die Bioinformatik bietet Ihnen Zugang zu leistungsstarken Analysewerkzeugen, die auch die Profis benutzen. »Genjäger« nutzen diese Werkzeuge dafür, die menschlichen DNA-Sequenzen mit denen von Tieren abzugleichen, Genomgrößen zu bestimmen oder Verwandtschaftsverhältnisse zu analysieren. Die nächste große Herausforderung für die Bioinformatik besteht darin, die Ergebnisse aller Genetiker in der Welt zu katalogisieren, weiterzuverfolgen, zu kombinieren und dafür die notwendigen Werkzeuge zur Verfügung zu stellen. Dann können diese Daten für alle in diesem Buch besprochenen Anwendungen genutzt werden – von der genetischen Beratung bis hin zum Klonen und darüber hinaus.

Genchips – DNA ist nicht alles

Die Technik ist das Herzstück der modernen Genetik, und eine der nützlichsten Neuentwicklungen in der Gentechnik ist der *Genchip*. Auch unter der Bezeichnung *Microarray* bekannt, ermöglichen Genchips den Wissenschaftlern die schnelle Ermittlung von Genen, die in einer bestimmten Zelle aktiv sind (also die Genexpression – siehe Kapitel 11 für eine vollständige Beschreibung, wie die Genexpression funktioniert). Jede Zelle hat im Prinzip die komplette Ausstattung an DNA – aber was davon nutzt eine Zelle überhaupt? Welche Gene sind wichtig, werden wie oft in eine mRNA übersetzt und wie stabil ist die mRNA dann überhaupt?

Die Genexpression hängt von der Boten-RNA (mRNA) ab, die während der Transkription (siehe Kapitel 9) hergestellt wird. Die mRNA wird im Zellkern zurechtgemacht und ins Zytoplasma geschickt, um dort in Protein übersetzt zu werden (in Kapitel 10 lesen Sie mehr über die Translation – die Übersetzung von RNA in Proteine). Die verschiedenen mRNA-Moleküle in einer Zelle zeigen an, wie viele und genau welche der Tausende von Genen in einer Zelle zu einem bestimmten Zeitpunkt gerade aktiv sind. Zusätzlich ist die Anzahl der Kopien eines mRNA-Moleküls ein Maß für die Stärke der Genexpression (mehr dazu in Kapitel 11). Je mehr Kopien einer bestimmten mRNA vorliegen, desto stärker ist die Aktivität des entsprechenden Gens.

Auf einem Genchip befinden sich viele kurze DNA-Stücke, die komplementär zu mRNA-Molekülen sind, die die Wissenschaftler in der Zelle zu finden erwarten (wie man mRNA-Moleküle in erster Linie erkennt, erläutere ich in Kapitel 16). Und so funktioniert es: Die DNA-Stückchen werden in einer bestimmten Anordnung (Array) auf eine kleine Glasplatte aufgebracht. Nun wird eine Lösung mit den cDNA-Molekülen, die durch reverse Transkription aus den mRNA-Molekülen aus den untersuchten Zellen gewonnen wurden, auf den Genchip gegeben und die cDNA-Moleküle binden sich an die komplementären DNA-Stückchen auf dem Chip. Danach messen die Genetiker, ob und wie viele cDNA-Moleküle sich an bestimmten Stellen des Chips gebunden haben. Sie erfahren dadurch, welche Gene in der Zelle aktiv sind und wie stark deren Aktivität ist.

Genchips sind recht preiswert herzustellen. Mit ihnen können mehrere Hundert mRNAs (beziehungsweise cDNAs) parallel getestet werden, was sie zu einem wertvollen Werkzeug für die Entdeckung und Kartierung von Genen macht. Wissenschaftler verwenden Microarrays auch, um schnell Gene auf Mutationen oder Chromosomenanomalien (wie diejenigen, die ich in Kapitel 15 beschreibe) zu untersuchen, die Krankheiten verursachen könnten. Eine Möglichkeit, diese Untersuchung durchzuführen, ist, die mRNA normaler Zellen mit der mRNA entarteter Zellen (wie zum Beispiel Krebszellen) zu vergleichen. Durch den Vergleich der aktiven oder auch inaktiven Gene beider Zellen können die Genetiker darauf schließen, welche Gene für die Krebserkrankung verantwortlich sind und wie sich die Krankheit möglicherweise behandeln lassen könnte.

Die Evolution der Antibiotikaresistenzen

Leider verbrennt man sich an manchen heißen Themen der Genetik auch die Finger. Antibiotika werden schon seit fast 100 Jahren zur Bekämpfung von Krankheiten eingesetzt, die durch Bakterien verursacht werden – und das hat lange Zeit ja auch wunderbar funktioniert. Ein paar Worte zur Geschichte: Eigentlich hatte der Chirurg Theodor Billroth in Wien bereits 1874 bemerkt, dass bestimmte Pilze das Wachstum von Bakterien verhindern können. Die Ehre der Entdeckung fiel dann allerdings 1928 Alexander Fleming zu – auch das war eher ein Zufallsprodukt, aber Fleming deutete seine Beobachtungen einfach richtig. Das erste Antibiotikum – Penicillin – wurde zur »Wundermedizin«, die im Zweiten Weltkrieg Tausende Menschenleben rettete. Heute sind jedoch die meisten alten Antibiotika nutzlos, denn Bakterien sind Überlebenskünstler und passen sich immer wieder den Gegebenheiten an. Je mehr Antibiotika (oft unnütz) verwendet werden, desto mehr entwickeln Bakterien auch mehrfache *Antibiotikaresistenzen*.

Bakterien vermehren sich nicht geschlechtlich, trotzdem können sie ihre Gene weitergeben. Die Bakterien schaffen das, indem sie kleine ringförmige DNA-Stücke, *Plasmide* genannt, weiterreichen. Fast jede Art von Bakterien kann ihre Plasmide auf jede andere Art übertragen. So können Bakterien, die gegen ein bestimmtes Antibiotikum resistent sind, ihre Resistenz durch den simplen Austausch ihrer Plasmide an Bakterien weitergeben, die nicht resistent sind. Antibakterielle Seifen und fahrlässig verschriebene Antibiotika verschlimmern die Situation, da hier nichtresistente Bakterien getötet und die resistenten zurückgelassen werden.

Resistente Bakterien tauchen aber nicht nur in Krankenhäusern auf, sondern überall in der Umwelt. Landwirte pumpen ihre Tiere regelrecht mit Antibiotika voll, in der Hoffnung, sie auf diese Weise vor Krankheiten zu schützen. So landen resistente Bakterien in der Gülle oder Jauche, die als Dünger auf die Felder ausgebracht wird und mit dem Regenwasser ins Grundwasser oder die Flüsse gelangt. Irgendwann tauchen diese Bakterien, die auch für den Menschen krankheitserregend sind, im Trinkwasser auf. Weil sie aber schon von Anfang an gegen viele Antibiotika resistent sind, wird die Behandlung der durch Bakterien verursachten Krankheiten zunehmend schwieriger. In der Zwischenzeit arbeiten die Wissenschaftler daran, neue, leistungsstärkere Antibiotika mit den neuen Methoden des »Drug Designs« zu entwickeln, in der Hoffnung, den Bakterien weiterhin einen Schritt voraus zu bleiben.

Antibiotika verhindern aber nicht nur das Wachstum von Schadkeimen, sondern wurden auch als sogenannte *antibiotische Wachstumsförderer* in Futtermitteln eingesetzt. Aus den oben beschriebenen Gründen ist deren Einsatz seit Anfang 2006 in der EU nicht mehr erlaubt. Davon abgesehen sind aber trotzdem die meisten Antibiotikaresistenzen hausgemacht. Schon bei einfachen

Erkrankungen wie einem Schnupfen werden häufig Antibiotika geschluckt, wobei dann auch noch gerne eine geringere Dosis als die verschriebene eingenommen wird. Durch ein solches Verhalten schicken Sie Ihre Keime allerdings ins »Trainingslager« à la »Was uns nicht umbringt, härtet uns ab«.

Genetik der Infektionskrankheiten

Ich gehe mal davon aus, dass Sie noch zu jung sind, um sich an die weltweite Grippeepidemie (die Spanische Grippe) von 1918 erinnern zu können (ich bin es jedenfalls). Meine Tante war 1918 Lehrerin an einer kleinen Landschule in Louisiana und erzählte mir, dass die Hälfte der Schüler und der anderen Lehrer an dieser Schule der Krankheit zum Opfer fielen. Weltweit starben über 20 Millionen Menschen während dieser schrecklichen Pandemie – viele Menschen, die sich morgens infiziert hatten, waren bereits am Abend desselben Tages tot.

Ein angsteinflößender Nachfahre des Virus, das 1918 die Pandemie auslöste, weilt immer noch unter uns. Die sogenannte »Schweinegrippe« wurde im Juni 2009 zu einer Pandemie erklärt und betraf Tausende Menschen weltweit. Zum Glück hatte dieses neue Virus, auch bekannt als *H1N1*, nicht so schwerwiegende Folgen wie sein Vorgänger und verursachte in den meisten Fällen lediglich Spontanerkrankungen.

Grippeviren sind ursprünglich meist Verursacher von Geflügelkrankheiten (sie hausen in der Regel in den Eingeweiden des Hausgeflügels) und wandern vom Federvieh zu einem neuen Wirt. Die Grippeviren ziehen diese Transformation durch, indem sie entweder die DNA ihres neuen Wirts oder die DNA anderer Viren aufnehmen. Das heißt, die Grippeviren entwickeln sich stetig weiter, wobei sich ihre Oberflächenproteine so verändern, dass sie neue Wirtszellen (wie die von Schweinen oder Menschen) und andere Organsysteme (wie Atemwege oder Lunge) befallen können.

Das Virus der Schweinegrippe von 2009 enthält Gene von zwei verschiedenen Schweinegrippeviren (das heißt, von Viren, die bei Schweinen Grippe auslösen). Das Ungewöhnliche bei Schweinen ist in diesem Zusammenhang, dass sie sich als Wirt die Grippeviren von Menschen, Vögeln und anderen Schweinen einfangen können. Nach einer Infektion können Schweinezellen also gleichzeitig Wirt für verschiedene Viren sein, was es wiederum den Viren ermöglicht, sich relativ einfach neue Gene anzueignen. Das Problem dabei ist das sogenannte *Reassortment*, also die Vermischung von Genomen, wenn eine Zelle von mehr als einem Virus befallen ist. Viren sind geradezu Meister darin, ihr Genom immer wieder neu mit dem Genom anderer Viren zu kombinieren. Und damit können auch völlig neue Übertragungswege und ganz andere Eigenschaften der Viren entstehen. Vermutlich stammte auch das H1N1-Virus, das 1918/1919 so viele Menschen tötete, ursprünglich aus dem Schwein.

Bioterrorismus

Nach den Anschlägen am 11. September 2001 ist der Terrorismus bei vielen Menschen ins Bewusstsein gerückt. Auf den Fersen der Katastrophe in New York folgte im gleichen

Jahr eine andere terroristische Bedrohung in Form von mit Anthrax-Erregern durchtränkten Briefen (*Anthrax* oder auch *Milzbrand* ist eine durch ein Bodenbakterium übertragene Krankheit, die für Menschen meist tödlich endet). Gedacht waren diese Briefe für einige US-amerikanische Politiker, gestorben sind aber die Postangestellten, die diese Briefe geöffnet hatten.

Bacillus anthracis und andere infektiöse Organismen sind potenzielle Waffen, die von Terroristen benutzt werden könnten, und zwar in Form von biologischer Kriegsführung oder *Bioterrorismus*. Und über Nacht wurden die Forscher, die sich in einer unterbezahlten Schattenwelt mit der Erforschung von Anthrax herumquälten, zu nationalen Ikonen. Die durch die US-Regierung zur Verfügung gestellten Mittel für die Bekämpfung des Bioterrors schossen in die Höhe. Seit 2001 wurden in den USA 50 Milliarden US-Dollar für die sogenannte Bioverteidigung ausgegeben, einschließlich der Untersuchungen für Infektionskrankheiten und Maßnahmen zum Schutz der öffentlichen Gesundheit. Dank dieser Ausgaben können Wissenschaftler nun auch schnell Pathogene bestimmen, die nicht mit dem Bioterror in Zusammenhang stehen. Zum Beispiel identifizierten die Forscher während eines Ebola-Ausbruchs in Uganda 2008 eine neue Spezies des Erregers (der eine fast immer tödlich endende Form von hämorrhagischem Fieber hervorruft).

Die Kritiker meinten damals, dass durch die Forcierung der Forschung auf dem Gebiet der Bioverteidigung viele wichtigere und dringendere Probleme ungelöst blieben. Solange die Technologie zur Herstellung biologischer Waffen noch vergleichsweise schwierig war, schien diese Bedrohung in weiter Ferne. Das sollte sich jedoch schnell ändern, als eine neue Technologie die Bühne betrat: das CRISPR/Cas9-System (lesen Sie im nächsten Abschnitt weiter). Diese Technologie ist billig, einfach und birgt enormes Potenzial für Missbrauch, weil sich damit zielgenau und vergleichsweise einfach Änderungen im Erbgut erzeugen lassen.

Kinderleicht crispern am Küchentisch?

Die Frage, ob nun »böse« oder »gut«, was erlaubt sein sollte und was nicht, betrifft auch eine der heißesten genetischen Entwicklungen der letzten Jahre. *CRISPRs* (die Abkürzung für »clustered regularly interspaced short palindromic repeats«) sind kurze Abschnitte sich wiederholender DNA, die im Erbgut vieler Prokaryoten zu finden sind. Diese kurzen Abschnitte von etwa 30 Nukleotiden wurden bereits 1987 in *E.-coli*-Bakterien entdeckt und gelten als eine Art »Immunsystem« der Prokaryoten, mit denen diese sich gegen fremde DNA (beispielsweise der DNA aus Viren) schützen können. Bakterien können damit gezielt fremde DNA entdecken und dann zerschneiden.

Dieses System des zielgenauen Aufspürens einer Sequenz und dem präzisen Schneidevorgang (*Gen-Editing*) bildet die Grundlage der *CRISPR/Cas9-Methode* zur Erzeugung von gentechnisch veränderten Organismen, wie 2012 von Emmanuelle Charpentier und Jennifer Doudna erstmalig gezeigt wurde. Basis dieser neuen wirklich revolutionären Technologie ist eine in die Zelle injizierte RNA und das Cas9-Protein, das als Endonuklease doppelsträngige DNA an genau der Stelle schneidet, die komplementär zu dem RNA-Molekül ist. Diese wird auch als gRNA (guide-RNA, Lotsen-RNA) bezeichnet, weil sie die Nuklease an die richtige Stelle im Genom bringt. Den Rest erledigt die zelluläre Reparaturmaschinerie, die anhand der gRNA den Strang wieder repariert. Mit dieser Art des »Genom-Editings« lassen sich im Prinzip mit deutlich weniger Aufwand als bisher Änderungen auch am menschlichen Genom durchführen – und damit steht das Designerbaby einmal mehr in der Debatte.

Die möglichen Anwendungen sind vielfältig. Die Bill-und-Melinda-Gates-Stiftung hat beispielsweise 2015 für die »Target-Malaria-Initiative« 75 Millionen US-Dollar bereitgestellt, um das bisher größte Gene-Drive-Experiment zur Bekämpfung der Malaria durchzuführen. Weibliche *Anopheles*-Mücken sollen genetisch so verändert werden, dass eine Unfruchtbarkeitsmutation bei weiblichen Mücken entsteht und die Verbreitung der Malaria langfristig bekämpft werden kann.

Abgesehen davon, dass mit dieser neuen Technologie auch Erbkrankheiten »geheilt« werden können, bleibt doch die Frage, was passiert, wenn das Enzym eben einmal nicht da schneidet, wo es schneiden soll (und damit ungewollt Mutationen entstehen, was anscheinend derzeit noch ein großes Problem bei der Anwendung ist). Und – auch das ist ein Thema für die Zukunft – was passiert, wenn jeder so einfach Mutationen erzeugen und die gentechnisch veränderten Organismen dann freisetzen kann? Wie verändern sich Ökosysteme und wer kontrolliert, was freigesetzt werden darf und was nicht? Die Zukunft wird in der Hinsicht jedenfalls spannend.

Mutter Natur einfach umgehen

Während Ihre Kern-DNA (Ihre Autosomen und Geschlechtschromosomen) sowohl von Ihrer Mutter als auch von Ihrem Vater stammen, kommt Ihre mitochondriale DNA (mtDNA) ausschließlich von Ihrer Mutter. Deshalb können Erkrankungen, die das Ergebnis von Veränderungen in der mtDNA sind, nur von der Mutter ererbt worden sein. Und wenn Mama eine Mutation in ihrer mtDNA trägt, hat jedes ihrer Kinder das Risiko, diese Mutation zu erben und eine mitochondrial bedingte Störung zu entwickeln, von denen viele ziemlich schwer und potenziell tödlich sind. Nun, eine relativ neue Methode zur Verhinderung der Vererbung einer Mitochondrien-bedingten Störung ist der *Mitochondrientransfer* (oder die *Mitochondrienersatztherapie*).

Um die Gefahr zu verringern, dass ein Kind die mütterliche mtDNA-Mutation erbt und deshalb eine mitochondriale Störung zeigt, haben Wissenschaftler ein Verfahren entwickelt, bei dem die Mitochondrien der Mutter mit den Mitochondrien eines Spenders ersetzt werden können, sodass das Kind wohl die mütterliche Kern-DNA erbt, aber die Mitochondrien-DNA von jemand anderem. 2016 wurde über die Geburt eines Kindes berichtet, das aus diesem Verfahren entstanden war. Die Familie hatte schon zwei Kinder gehabt, die an der Leigh-Syndrom genannten mitochondrialen Störung gestorben waren. Der aus einer Eizelle der Mutter gewonnene Zellkern (der die Kern-DNA enthält) war in eine Spendereizelle transferiert worden, aus der der Zellkern vorher entfernt worden war. Die Eizelle war dann mit dem Samen des Vaters befruchtet und in die Mutter implantiert worden. Das Paar bekam so einen gesunden Sohn, der nur ganz geringe Mengen der mütterlichen mtDNA-Mutation aufwies und keinerlei klinische Symptome des Leigh-Syndroms zeigte.

Genetik aus der Ferne

Für viele Menschen bedeutet die Überweisung an einen Genetiker oder einen genetischen Berater, dass eine vielstündige Reise (möglichweise in ein anderes Land) nötig wird, an deren Ende man sich oft noch in einer großen unbekannten Stadt zurechtfinden muss. Außerdem kann dies noch eine sehr lange Wartezeit zwischen dem Zeitpunkt der Überweisung und dem eigentlichen Untersuchungstermin mit sich bringen. Im gesamten Staat Alaska gibt es derzeit eine einzige auf die Genetik spezialisierte Klinik mit einem einzigen in der klinischen Praxis tätigen Genetiker. Und in einigen Staaten übertrifft die Nachfrage das Angebot bei Weitem, sodass die Wartezeit bis zum Termin 12 bis 18 Monate dauern kann. Um den Zugang zu genetischen Dienstleistungen zu erleichtern, hat sich der Einsatz der Telegenetik inzwischen stark erhöht.

Telegenetik heißt, dass für das Treffen eines Patienten mit einem Anbieter von Genetikdienstleistungen entweder das Telefon oder eine Videoschaltung eingesetzt wird. Für den virtuellen Patientenbesuch bei einem klinischen Genetiker stellt sich der Patient in der Praxis eines ortsansässigen Arztes ein. Für die Verbindung mit dem Genetiker werden ein Computer, eine schnelle Internetverbindung, eine gute Kamera, eine paar spezielle medizinische Werkzeuge und ein Helfer vor Ort (Krankenpflegepersonal oder ein genetischer Berater) zur Unterstützung benötigt. Der Genetiker kann so eine gründliche Untersuchung vornehmen, obwohl er Hunderte von Kilometern weit weg ist. Noch viel üblicher sind heutzutage genetische Beratungsgespräche über das Telefon. Genetische Berater können so alle Aspekte der genetischen Unterweisung (einschließlich Prä- und Post-Test-Beratungen) erfüllen, während der Patient bequem zu Hause bleiben kann.

> **IN DIESEM KAPITEL**
>
> Tiere, die von der genetischen Norm abweichen
>
> Weitere unglaubliche Geschichten aus der Welt der Genetik
>
> Wilde, schräge und haarige – aber wahre – Geschichten aus dem Genlabor

Kapitel 24
Kaum zu glauben: Zehn Genetik-Geschichten

Genmix: Wie das Schnabeltier mit allen Regeln bricht

Es hat einen Schnabel wie eine Ente und legt Eier, es hat ein Fell und gibt Milch. Für die Fortpflanzung und die Exkremente wird dieselbe Öffnung verwendet (es ist ein Kloakentier). Diese Kreatur aus dem Osten Australiens produziert zudem auch noch Gift wie Schlangen, das das Männchen aus einem Sporn an seinen Hinterbeinen absondert. Hatte ich schon erwähnt, dass das Viech hervorragend schwimmen kann und elektrische Felder im Wasser ortet, um Fische zu fangen? Ist es ein Säugetier? Ein Reptil?

Es handelt sich um das *Schnabeltier* (englisch platypus), das nicht nur mit einer wahrlich eigentümlichen Merkmalskombination aus Vogel, Reptil und Säugetier daherkommt, sondern auch eines der bizarrsten Systeme der Geschlechtsdetermination aufweist. Schnabeltiere haben sage und schreibe zehn Geschlechtschromosomen und sind diploid. Männliche Tiere haben 21 Chromosomenpaare plus zehn Geschlechtschromosomen, fünf X- und fünf Y-Chromosomen. Weibliche Tiere haben ebenfalls 21 Chromosomenpaare (die denen der männlichen Tiere entsprechen) plus zehn X-Chromosomen. Hier hört der Spaß aber noch längst nicht auf. Das *SRY*-Gen, das normalerweise das männliche Geschlecht bei Säugetieren festlegt – ja, nun wissen Sie es, das Schnabeltier ist ein Säugetier –, fehlt. Stattdessen haben Schnabeltiere eine Version des geschlechtsbestimmenden Gens, das man normalerweise bei Vögeln findet, und zwar auf einem der fünf X-Chromosomen.

Die DNA-Sequenz des Schnabeltiergenoms zeigt, dass dieses unglaubliche Wesen Gene mit Reptilien, Säugetieren und Vögeln gemein hat. Die Ergebnisse lassen darauf schließen, dass Schnabeltiere von entfernten (wir sprechen hier von 166 Millionen Jahren in der Vergangenheit) gemeinsamen reptilischen Vorfahren der Säugetiere und Vögel abstammen. Während die Wissenschaftler noch dabei sind, dem Schnabeltier seine vielen genetischen Geheimnisse zu entlocken, arbeiten Naturschützer mit Hochdruck daran, das Habitat der einzigen noch lebenden Art zu erhalten, das unter anderem vom Klimawandel bedroht wird.

Ein Name sagt mehr als tausend Worte

Was kann man sich besser merken: Lunatic Fringe oder LFNG *O*-Fucosylpeptid-3-beta-*N*-acetylglucosaminyltransferase? Ich schätze mal, Sie haben sich für erstere Variante entschieden, oder? Wenn Wissenschaftler ein neues Gen entdecken, dürfen sie es auch benennen. Viele Namen der Gene der Fruchtfliegen sind witzig, einfach zu behalten und informativ. Nehmen Sie zum Beispiel den Komiker Groucho Marx, bei dem Sie sicher in erster Linie an die buschigen Augenbrauen und den markanten Schnurrbart denken: Die Fliege mit dem *Groucho*-Gen hat bezeichnenderweise viele Borsten im Gesicht. *Cheap Date* (»billige Verabredung«, gemeint ist hier allerdings »verträgt keinen Alkohol«) ist eine Mutation, die eine außergewöhnliche Empfindlichkeit für Alkohol zur Folge hat und die bezeichnenderweise auch *Amnesiac* (»Amnesiekranker«) heißt. Oder *Out Cold* (»kalt erwischt«)? Wenn es fröstelt, werden Fliegen mit dieser Mutation ohnmächtig.

Nicht alle Wissenschaftler finden das witzig. Das Nomenklatur-Komitee des Humangenomprojekts (das, nebenbei bemerkt, seinen eigenen Namen mal überdenken sollte) fand einige dieser Namen »unangemessen, erniedrigend und geringschätzig«. Das liegt daran, dass es von den Genen einige Entsprechungen beim Menschen gibt. Um die Gefühle von Ärzten und Patienten zu schonen, benennt das Komitee einige der Gene um, und sie erhalten statt der einfachen, leicht zu merkenden und amüsanten Spitznamen lange, vielsilbige und, nun ja, langweile Bezeichnungen. Verabschieden Sie sich von »Cheap Date« und begrüßen Sie das Gen für das Hypophysen-Adenylatzyklase aktivierende Polypeptid (PACAP): *ADCYAP1*!

Second Life

Lange der Gegenstand von Science-Fiction ist die Vorstellung von künstlich erzeugten Lebensformen vielleicht gar nicht mal mehr so weit hergeholt. 2008 gab ein Team des JCVI (J. Craig Venter Institute) bekannt, dass es erfolgreich ein ganzes Genom synthetisiert hatte (Venter ist einer der Pioniere des Humangenomprojekts). Das neu kreierte Genom ist ein Modell der *Mycoplasma genitalium*-Gensequenz. Dieser Erreger verursacht Harnröhreninfektionen und besitzt ein extrem kleines Genom. Um zu verhindern, dass die künstliche Version aus dem Labor entkommt und Schwierigkeiten macht, haben die Forscher ein Gen hinzugefügt, das das Bakterium von einem Antibiotikum abhängig macht, ohne das es nicht wachsen und überleben kann. Außerdem haben sie noch ihren sogenannten »Friedrich Wilhelm« daruntergesetzt: Die Namen der Teammitglieder und des Instituts wurden in DNA-Code übertragen. *Mycoplasma laboratorium* oder JCVI-syn1.0 heißt diese neue Kreation. Im Mai 2010 wurde das synthetische Genom erfolgreich in eine entkernte Bakterienzelle eingebracht und vermehrte sich auch entsprechend – aber trotz dieses Fortschritts handelt es sich dabei nicht um echtes künstliches Leben, da für die Vermehrung die gesamte Maschinerie der Bakterienzelle zur Verfügung stand. 2016 präsentierte das JCVI ein noch kleineres Genom – JCVI-syn3.0 – mit nur 531.560 Basenpaaren und 473 Genen. Was lernen wir daraus? Es braucht nur wenige Gene, um einen Organismus am Leben zu erhalten. Aber die Natur ist uns nach wie vor um so vieles voraus!

Lausige Chromosomen

Die Menschenlaus, *Pediculus humanus*, ein winziger Blutsauger, hat den größten Anspruch auf genetische Berühmtheit. Sie kommt mit insgesamt 18 mitochondrialen Chromosomen daher. Die meisten Tiere haben nur ein einziges, ringförmiges mitochondriales Chromosom, das von der Mutter an die Nachkommen vererbt wird. Aber diese Laus hat viele Mini-Chromosomen, die ein bis drei Gene beherbergen. Setzt man sie alle zusammen, kommt man mit den 18 Chromosomen (mehr oder weniger) auf den Umfang eines üblichen Chromosoms mit 37 Genen.

Nicht sie selbst: DNA-Chimären

Stellen Sie sich vor, Sie selbst wären Mutter und man würde Ihnen erzählen, dass zwei Ihrer Söhne, die Sie selbst zur Welt gebracht haben, nicht Ihre eigenen Kinder sind. Genau das ist am Beth Israel Deaconess Medical Center in Boston, Massachusetts, USA, passiert. Auf der Suche nach einem möglichen Spender für eine Nierentransplantation erfuhr die 52-jährige Frau – wir nennen sie mal Sally –, dass ihre beiden Söhne nicht ihre eigenen Kinder waren, obwohl ihr Mann gleichwohl der Vater war.

Nach vielen Spekulationen und DNA-Tests haben die Forscher herausgefunden, dass Sallys Gewebe zwei verschiedene Signaturen aufwies, die so grundverschieden waren, dass sie genauso gut zwei verschiedenen Personen gehören könnten. Und so war es dann auch: zwei Embryonen, nicht identische Zwillingsschwestern, die während der Entwicklung zu einer Person zusammengeschmolzen sind – Sally. Sally wurde dadurch zu einer *tetragametischen Chimäre* oder, einfacher ausgedrückt, einer Fusion aus zwei Eizellen, die von zwei verschiedenen Spermien befruchtet wurden (daher *tetragametisch*, also *vier Gameten*). Das Wort *Chimäre* ist ein Begriff aus der Fabelwelt und bezeichnet eine mythische Figur mit einem Löwenkopf und Ziegenkörper. Seitdem sind mindestens 30 ähnliche Fälle bekannt – die Dunkelziffer dürfte noch weit darüber liegen, weil die meisten Menschen nie herausfinden werden, dass sie eigentlich eine Chimäre sind.

Es stellte sich heraus, dass Chimären, vom genetischen Standpunkt aus gesehen, wohl relativ häufig vorkommen. Untersuchungen zufolge haben viele Frauen die weißen Blutkörperchen von ihrer Mutter, da sie offensichtlich während der Schwangerschaft von der Mutter auf das Kind übertragen werden. Diese Zellen sorgen dafür, dass der wachsende Fötus gesund bleibt, seine Zellen sich weiter teilen und Krankheiten zeit seines Lebens abgewehrt werden, obwohl sie die ganze Zeit über den DNA-Fingerabdruck einer ganz anderen Person aufweisen. Mit Vorliegen immer neuer Beweise stellt sich diese Art des Chimärismus als die Norm und nicht mehr länger die Ausnahme heraus, soll heißen, wir sind weniger wir selbst, als wir bisher vielleicht angenommen haben.

Gene, die nur eine Mutter lieben kann

Mutterliebe bewirkt etwas mehr als nur, dass Sie sich gut fühlen. Sie hat auch Auswirkungen auf Ihre Gene. 2004 entdeckte eine Gruppe von Genetikern, dass sich das epigenetische Muster von Ratten, die als Jungtiere gut von ihren Müttern umsorgt worden sind, von dem derjenigen Ratten unterschied, die als Jungtiere von ihren Müttern vernachlässigt worden waren. Die unterschiedliche Behandlung durch die Mütter führte zu Modifikationen in der DNA der Hirnzellen der Ratten und sie waren infolge mehr oder weniger stressanfällig, je nachdem, wie sich Muttern früher um sie gekümmert hatte.

Die Wissenschaftler haben sich danach natürlich gefragt, ob beim Menschen ähnliche epigenetische Änderungen hervorgerufen werden. Sie verglichen die Gehirne von Menschen, die als Kind missbraucht worden waren und später Selbstmord begangen haben, mit denen von Menschen ohne Missbrauchsvorgeschichte, die an einer anderen Todesursache gestorben sind. Die Ergebnisse waren verblüffend. Bei den Selbstmordopfern konnten genetische Veränderungen in der DNA des Hirns nachgewiesen werden und diese Änderungen waren darüber hinaus in den Regionen des Hirns zu finden, die für die Ausschüttung von Stresshormonen verantwortlich sind. Dies bedeutet, dass Ihre Genexpression viel formbarer ist und empfindlicher auf Ihre Erfahrungen reagiert, als vormals angenommen. So eröffnen sich auch Möglichkeiten für die Entdeckung der Gründe für Geisteskrankheiten sowie für deren Behandlung und Vorbeugung.

Ein Gen, sie alle zu beherrschen

Ein einziges Gen kontrolliert das Schmerzempfinden. Es wurde entdeckt, als ein Junge in Pakistan den medizinischen Behörden bekannt wurde. Als Straßenkünstler ging das Kind über heiße Kohlen und stach sich selbst mit Messern – nicht getrickst, beides ganz real. Es stellte sich heraus, dass das Kind und viele seiner Verwandten keinen wie auch immer gearteten Schmerz empfinden konnten. Die Wissenschaftler haben dies auf eine Genmutation zurückgeführt, die alles Schmerzempfinden kontrolliert. Dies sind aufregende Neuigkeiten, weil Wissenschaftler nun gegebenenfalls ein Medikament entwickeln können, das genau auf dieses Gen abzielt und den Schmerz bei Patienten stillt, die von Krankheiten stark gezeichnet sind.

Warum Alligatoren uns alle überleben könnten

Alligatoren sind Überlebenskünstler. Sie leben an unwirtlichen Orten, essen Kadaver und scheinen sich von nichts und niemandem sonderlich abschrecken zu lassen. Für die meisten Kreaturen gilt, dass ein Individuum sich erst einmal mit einem Krankheitserreger auseinandergesetzt haben muss, um dagegen immun zu werden. Dies gilt nicht für Alligatoren. Jüngste Forschungen haben ergeben, dass sie neben ihrem Zahnpastawerbungslächeln auch mit Blutproteinen gesegnet sind, die alle möglichen Infektionen abwehren, ob diese nun von Bakterien, Pilzen oder Viren übertragen werden und auch unabhängig davon, ob sie selbst dem Erreger schon einmal ausgesetzt waren. Bei Tests haben die Alligator-Proteine sogar antibiotikaresistente »Superbazillen« getötet, die für den Tod von Tausenden von Menschen jedes Jahr verantwortlich sind. Die Wissenschaftler arbeiten jetzt daran herauszufinden, wie man auf Basis der chemischen Struktur von Alligatorblut entsprechende Medikamente herstellen kann.

Genetik Marke Eigenbau

Gentests waren früher auf Spezialfälle und Notlagen beschränkt. Heute nicht mehr. Heute ist ein Gentest, bei dem Sie alle möglichen genetischen Informationen herausfinden können – von der Krebswahrscheinlichkeit bis hin zur männlichen Kahlköpfigkeit –, eine simple Sache. Einige geschäftstüchtige Leute bieten sogar Gentests für den Hausgebrauch an. Ausrangierte Laborausrüstung kann man über diesen berühmten Online-Marktplatz erstehen, die Laborprotokolle gibt es im Internet und dann ist es relativ einfach, Ihre eigenen Gene zu untersuchen.

In Amerika, wo bekanntlich alles möglich ist, gibt es sogar eine Organisation namens »DIY (do it yourself) bio«, deren Mitglieder so eine Art Tupper-Party für DNA-Tests veranstalten (das erfinde ich wirklich nicht) und mit Informationen und Quellen für die Biotechnologie zu Hause aufwarten ... und wie man sie dort anwendet.

Für derzeit 69 Euro können Sie Ihr Genom testen lassen und beispielsweise bei www.myheritage.de herausfinden, welche Krankheiten Sie potenziell in sich tragen und mit wem Sie verwandt sind. Das Problem dabei ist die mangelnde Aufklärung und der fehlende medizinische Beistand im Zweifelsfall. Selbst wenn Sie wissen, dass Sie vielleicht ein höheres Risiko für Brustkrebs oder eine andere Erkrankung haben, bedeutet das noch lange nicht, dass Sie auch Brustkrebs bekommen werden. Bitte sprechen Sie auf jeden Fall mit Ihrem Hausarzt, wenn Sie Ihr Genom untersuchen lassen sollten, um sich nicht unnötig beunruhigen zu lassen!

Schrott ist gut – alles Ansichtssache

 Meine Eltern haben früher viele wunderschöne Bauernmöbel und Haushaltsgegenstände ihrer Eltern und Großeltern entsorgt, weil sie der Meinung waren, dass dieser Schrott niemanden mehr interessiert. Heute könnte man mit dem »Schrott« allerdings hohe Preise auf Auktionen erzielen. Warum ich das erzähle? Weil sich der Wert des »Schrotts« nicht immer sofort zeigt. Und das ist bei der DNA nicht anders. Forscher entdecken auch erst nach einiger Zeit, dass der sogenannte »DNA-Schrott« oder die »Junk-DNA« bei Weitem nützlicher und von grundlegenderer Bedeutung für das An- und Ausschalten von Genen ist, als vorher überhaupt nur erahnt. Darüber hinaus könnte es sogar eben dieser DNA-Schrott gewesen sein, der es Primaten wie uns ermöglicht hat, Werkzeuge in die Hand zu nehmen und aufrecht zu gehen. Ein bestimmter Abschnitt der nichtcodierenden DNA, *HACNS1*, gibt Genen den Startschuss, die für die Entwicklung von Daumen und großem Zeh verantwortlich sind. Dies hat Wissenschaftler zu der Erkenntnis geführt, dass die Junk-DNA für die Evolution eine mindestens genauso große Bedeutung hatte wie die Gene selbst. Die Evolution hat so viele Erfindungen gemacht und oft auch ganz schnell wieder verworfen, dass sich wirklich der Gedanke lohnt, warum nun ausgerechnet diese riesige Menge an Junk-DNA die Jahrtausende überdauert hat. Da muss doch was dran sein … wir sollten auf jeden Fall noch einmal genauer hinsehen.

Dummies Junior – die frechen »… für Dummies« für interessierte Kids und Jugendliche

- » Projekte zum Ausprobieren, Programmieren und Experimentieren
- » Mit pädagogischem Konzept
- » Viele Abbildungen
- » Verständliche Texte
- » In Workshops erprobt

C. Ermel, N. Rosenfeld

Spaß mit Elektronik für Dummies Junior

1. Auflage 2020   **ISBN:** 978-3-527-71705-7

198 Seiten

Format: 176 mm x 240 mm

Ladenpreis: 15,– €*

In diesem Buch lernst du, Schaltungen für coole Gadgets aufzubauen: eine Glückwunschkarte, die leuchtet, eine blinkende Weihnachtsbaumkugel, einen klingenden Draht und anderes mehr.

M. Ponce Kärgel

Hörspiel und Podcast selber machen für Dummies Junior

1. Auflage 2020   **ISBN:** 978-3-527-71704-0

192 Seiten

Format: 176 mm x 240 mm

Ladenpreis: 16,– €*

Sein eigener Produzent sein, wer will das nicht? Steig ein in die Welt der Hörspiele und Podcasts. Dieses Buch zeigt dir Schritt für Schritt, wie du deine eigenen Audiobeiträge produzieren und veröffentlichen kannst.

* Der €-Preis gilt nur für Deutschland. Preisänderungen und Irrtümer vorbehalten.

U. Schmid, K. Weitz, M. Siebers

Künstliche Intelligenz selber programmieren für Dummies Junior

1. Auflage 2019 **ISBN:** 978-3-527-71573-2

134 Seiten

Format: 140 mm x 216 mm

Ladenpreis: 12,99 €*

Mit diesem Buch verstehst du, was Künstliche Intelligenz ist. Du findest heraus, ob es Künstliche Intelligenz bereits gibt. Und das Beste: Mit Hilfe kleiner Programme erkennst du, wie durch Computerprogramme Künstliche Intelligenz entsteht

V. Borngässer

Stop-Motion-Trickfilme selber machen für Dummies Junior

1. Auflage 2018 **ISBN:** 978-3-527-71484-1

144 Seiten

Format: 140 mm x 216 mm

Ladenpreis: 11,99 €*

Schritt für Schritt zum eigenen Stop-Motion-Video mit der richtigen Beleuchtung, krassen Geräuschen und Spezialeffekten. Hier erfährst du, wie es geht.

N. Bergner, Th. Leonhardt

Eigene Apps programmieren für Dummies Junior

2. Auflage 2019 **ISBN:** 978-3-527-71596-1

136 Seiten

Format: 140 mm x 216 mm

Ladenpreis: 11,99 €*

Hast du Lust, deine eigene App zu programmieren, die dann auch wirklich auf einem Android-Smartphone läuft? Mit dem kostenlosen App Inventor ist das gar nicht schwer.

* Der €-Preis gilt nur für Deutschland. Preisänderungen und Irrtümer vorbehalten.

Stichwortverzeichnis

Symbole
1000-Genome-Projekt 149
5-Bromuracil (5-BU) 238

A
Abacavir 301
A-Bindungsstelle 182
Abstammungstest 314
Achondroplasie 218, 235
Adaptation 317
Adenom 263
Adenosin-Desaminase (ADA) 297
Adenosintriphosphat (ATP) 46, 115
Adenovirus 290
Agouti 83
Agrobacterium tumefaciens 352
Aids 254, 290
Akzeptorarm 181
Albino 79, 82
Alkylierung 239
Allel 49, 63, 242, 307
   letales 80
Allelfrequenz 306
   Berechnung 308
Alligator 427
Alpha-Globin-Kette 189
Alpha-Hämoglobin 192
Alpha-Helix 187
Alu-Element 173
Aminoacyl-tRNA-Synthetase 181
Aminogruppe 187
Aminosäure
   Eigenschaften 187
   proteinogene 187
Aminosäurerest 187
Amische 220, 311
Amöbe 146
Amplifikation 255
Anabolika 201
Anaphase 55, 59
Anderson, Anna 339
Aneuploidie 269
Angelman-Syndrom 89
Angiogenese 251
Anopheles-Mücke 348
Anpaarungsmuster 316
Anthrax 419
Antibiotika 418
Antibiotikaresistenz 418
Anticodon 181
Antigen 77
Antikörper 379
antiparallel 118
Antizipation 89, 236, 279
Apomixis 273
Apoptose 141, 256–257, 415
   BAX-Protein 257
   p53 257
Äquatorialebene 55
Äquivalenz
   substanzielle 355
Arber, Werner 406
Archaeon 43
Argonaut 204
Aromatase 98
array comparative genomic hybridization (aCGH). *siehe* Microarray-Analyse
Artdefinition 318
Arten
   invasive 361
Aschkenasim 246
Aubergine 76
Auerbach, Charlotte 238, 241
Ausprägungsgrad. *siehe* Expressivität
Aussterbewahrscheinlichkeit 312
Austauschmutation 237
Autismus 280, 397
Autoklav 36
Autosom 47
autosomal-dominant 217
autosomal-rezessiv 219
Avery, Oswald 123, 404

B
Bacillus thuringiensis (Bt) 350, 354
Bakteriophage 123, 294
   Klonierung 294
Bakterium
   transgenes 362
Barr, Murray 100
Barr-Körperchen 100
Basallamina 250
Basenanaloga 238
Basenaustausch
   Mutation 232
   Reparatur 243
Basenpaarung 118
Bateson, William 403
Baum
   phylogenetischer 319
BAX 257
Beadle, George 186
Bench 35
Berater
   genetischer 40, 213
Bestäubung 62
Beta-Faltblatt 187
Beta-Globin-Kette 189
Beta-Hämoglobin 192
Biene
   Geschlecht 97
Billroth, Theodor 418
Biodiversität 306
   Artenschutz 313
Bioinformatik 152, 416
Bioterrorismus 419
Bioverteidigung 420
Blastozyste 371
Blaukopf-Junker 97
Blue Moon 272
Blumenkohl-Mosaik-Virus (CaMV) 352
Bluterkrankheit 104, 222
   Typ A 280
Blutgruppe
   AB0-System 76

bovines Somatotropin (bST) 363
BRCA-Gen 261
    BRCA1 77
    Gentest 396
Bridges, Calvin 269, 271
Bronchialkarzinom
    kleinzelliges 264
    nichtkleinzelliges 264
Brustkrebs 262, 302
Brustkrebsgen 229, 262
BSE (bovine spongiforme Enzephalopathie) 207
Buschtölpel 316

C

Caenorhabditis elegans 150
Callipyge 88
cAMP 200
Canis 318
Cap-Struktur 171
Carboxylgruppe 187
Carlin-M Ivanhoe Bell 80
Cas9-Protein 420
CCR5-Gen 311
cDNA 396
    Bibliothek 293
CFTR 245
Chaperon 189
Chargaff, Erwin 123, 404
    Regel 118, 123
Charpentier, Emmanuelle 420
Chase, Martha 123
Cheap-Date-Gen 424
Chemotherapie 250
Chimäre 359
    genetische 425
Chloroplast 45–46
Chloroplasten-DNA (cpDNA) 122
Chorion 226
Choriongonadotropin 228
Chorionzottenbiopsie 226
Chromatide 54
Chromatin 195
    remodulierender Komplex 196
Chromosom 47, 111
    autosomales. siehe Autosom
    gonosomales. siehe Geschlechtschromosom
    Untersuchung 283

Chromosomenanomalie 258, 267
    strukturelle 279
Chromosomenwanderung 296
Code
    genetischer 175, 179
Codein
    Metabolisierer 300
CODIS (Combined DNA-Index-System) 329
Codon 176
Collins, Francis 408
complex vertebral malformation (CVM) 80, 311
Copy Cat 375
Correns, Carl 403
cpDNA 122
Creighton, Harriet 404
Creutzfeldt-Jakob-Krankheit (CJK) 207
Crick, Francis 124, 128, 186
CRISPR/Cas9 364, 365, 387, 420
Crossing-over. siehe Rekombination
    Rate 86
Crossover. siehe Rekombination
Cry (Protein) 354
Cryo-Brehm 381
CVM-Gen 80
Cyclin 52
Cyclin-abhängige Kinase (CDK) 52
Cytochrom-P450 300

D

Darmkrebs 263
Darmpolyp 263
Darmspiegelung 264
Darwin, Charles 316, 401
Darwinfink 318
Datenschutz 392
Davenport, Charles 386
DAX1-Gen 94
ddNTP 154
Degenerationstheorie 386
degeneriert 176
Degradierung 328
Deletion 232, 281
Denaturierung 193, 329
Depurinierung 237

Desaminierung 237–238
Designerbaby 387
Desoxyribonuklease (DNAse) 196
Desoxyribonukleinsäure (DNA) 109
Desoxyribonukleosid-Triphosphat (dNTP) 132, 161
Desoxyribose 115, 160
Determinismus
    biologischer 388
Dicer 204
Dictyostelium 147
Didesoxyribonukleosid-Triphosphat (ddNTP) 154
dihybrid 81
Dimer 240
Dioxin 201
Diözie 92
diploid 48, 92
Diplotän 275
Direct-to-Consumer-Gentest 395
Direct-to-Consumer-Test 410
Diversität
    genetische 382
DNA 109
    Altern 376
    Basen 114
    Beweismittel 326
    Bibliothek 293
    Chloroplasten (cpDNA) 122
    Extraktion 328
    Furche 119
    Kern 120
    mitochondriale (mtDNA) 120
    nichtcodierende 141, 147
    Phänotypisierung 334
    Profil 323
    Reparatur 243
    Replikation 131
    ringförmige 143
DNA-Analyse-Datei (DAD) 329, 333–334
DNA-Genealogie 314
DNA-Polymerase 134, 137, 234
    Exonuklease-Aktivität 139
    Korrekturfunktion 139
DNA-Sequenzer 155

DNA-Sequenzierung 145, 154, 405
DNA-Technologie
  rekombinante 293, 350, 406
dNTP 154
Dogma
  zentrales der Genetik 186
Dohle 316
Dolly 370, 372, 376
dominant 66
Dominanz
  unvollständige 76
  vollständige 75
Dominanzhierarchie 79
Doping 201
Doppelhelix 110
Dosiskompensation 99
Doudna, Jennifer 420
Down-Syndrom 203, 274
Drosophila 102
Drug Design 418
DSCAM-Gen 203
D-Schleife 144
Duchenne-Muskeldystrophie (DMD) 165, 298
Duplikation 280
Dysplasie 249

E

Edelkrebs 361
Edwards-Syndrom 277
Effekt
  anaboler 201
  androgener 201
Ein-Gen-ein-Polypeptid-Hypothese 186
Einverständniserklärung 390
Einzelnukleotid-Polymorphismus(SNP)-Analyse 342
Einzelstrang stabilisierendes Protein (ESP) 135
Einzelstrangaustausch-Reparatur 244
Eisbär 317
Ektoderm 371
Electronic Laboratory Notebook (ELN) 36
Elektrophorese 155, 331
Elongation 330
Embryonalentwicklung 371

Embryonenschutzgesetz 389, 413
ENCODE-Projekt 414
Endoderm 371
Endonuklease 171, 328
Endosymbiont 45
Endosymbiontenhypothese 45, 121
endosymbiotisch 121
Enhanceosom 197
Enhancer 168, 197
Entkernung 374
Entwicklungsstörung 88
Enzephalopathie 207
Enzym 128, 134
Epigenetik 87, 410
Episom 289–290
Epistase. siehe Epistasie
Epistasie 82
  dominante 82
  rezessive 83
Epsilon-Hämoglobin 192
Erbfehler
  autosomal-dominanter 217
  autosomal-rezessiver 219
  X-gekoppelt dominanter 223
  X-gekoppelt rezessiver 221
  Y-gekoppelter 224
Erbgang
  intermediärer 76
Erbkrankheit 231
Erkennungsstelle (tRNA) 181
Ersttrimesterscreening (EST) 227
Erythrozyt 77, 246
Escherichia coli 143
Ethidiumbromid 239
Euchromatin 151
Eugenik 386
Eukaryot 43
  Aufbau 45
Euploidie 269, 271
Eva
  mitochondriale 121
Evolution 316, 401
Evolutionsgenetik 316
Exit-Stelle 182
Exon 170, 202
Exonuklease 328
  Aktivität 139

Expressed Sequence Tag (EST) 294
Expressivität 78
  variable 218
Eyeless-Gen 407

F

F1-Generation 65
F2-Generation 65
Fadenwurm 150
Familienstammbaum 215
Fehlgeburt 383
Fehlpaarungsreparatur 139, 243
Fehlsegregation 99, 235, 269
Filialgeneration 65
Fingerabdruck 323
Fire, Andrew Z. 204
Fisch
  transgener Organismus 360
Fisher, Ronald A. 83
Fitness (Evolution) 317
Flagelle 46
Flagellum. siehe Flagelle
Fleming, Alexander 418
Fliegenzimmer 271
Fluoreszenzfarbstoff 155–156
Fluoreszenz-in-situ-Hybridisierung (FISH) 283, 296
Flusskrebs
  amerikanischer 361
  europäischer 361
fMet 182
FMR1-Gen 279
Folgestrang 138
Folsäure 162
Forensik 323
Fortpflanzung
  sexuelle 47
Fotosynthese 46, 122
Fragiles-X-Syndrom 278
Franklin, Rosalind 124
Fremdbestäubung 63
Frozen Ark 381
Frozen Zoo 381
Fruchtfliege 203, 270–271, 407
  Geschlecht 96
Fruchtknoten 62
Fruchtwasseruntersuchung 226

G

G1-Cyclin 52
G1-Phase 52
G2-Phase 53
Gain-of-function 242
Galaktosämie 228
Galton, Francis 386
Gametogenese 59
Gamma-Hämoglobin 192
Gangliosid 246
Gastrula 371
Geißel 46
Gelsinger, Jesse 298, 392
Gen 49, 63, 111, 145
   DSCAM 203
   homöotisches 407
   Patentierung 396
Genchip 417
Gendefekt 287
Gendiagnostik-Gesetz 393
Gen-Editing 364, 420
   Ethik 367
Gene Drive 421
Genetic Information Nondiscrimination Act 393
Genetic Use Restriction Technology (GURT) 358
Genetik
   forensische 323
   quantitative 35
Genetiklabor 35
genetische Genealogie 314
Genexpression 191
   Regulation 194
Genfluss 313
genfrei 346
Genitalspalte 93
Genkanone 353
Genkarte 86
   Umrechnungsfaktor 86
Gennetzwerk 149
Genom 120, 145
   Huhn 151
Genotyp 63
Genotypfrequenz 306
   Berechnung 308
Gen-Pharming 356
Genpool 306
Gentechnisch veränderter Organismus (GVO) 346
Gentechnologie 350
Gentest 225, 391, 427
Gentherapie 287, 297, 392
Gentransfer
   horizontaler 350
   Pflanzen 351
Gepard 34
Gesamtexom-Sequenzierung 411
Gesamtgenom-Sequenzierung 412
Geschlechtschromosom 47
Geschlechtsdetermination
   chromosomale 92
   genetische 92
   Insekten 96
   Menschen 92
   Reptilien 98
   Schnabeltier 423
   Vögel 97
Geschlechtszelle 47
Gilbert, Walter 405
Glioblastom 258
GloFish 361
Glybera 298
Gonade
   bipotenziale 93
Gonosom. *siehe* Geschlechtschromosom
Grashüpfer 146
Grauwolf 315
Griffith, Frederick 123, 403
Groucho-Gen 424
guide-RNA (gRNA) 420
Guthrie-Test 87
Gyrase 134, 136
   Hemmstoffe 136

H

H1N1 419
Haarausfall 202
HACNS1-Gen 428
Haemophilus influenzae Rd 406
Häm-Gruppe 189
Hämoglobin 189
   Typen 192
haploid 48
Haplotyp 313
HapMap-Projekt 297, 313
Hardy, Godfrey 309
Hardy-Weinberg-Gesetz 309, 402
   Abweichungen 311
Hauser, Kaspar 339
Haushuhn 150
Hautkrebs 240, 265
Hefe 148
Helfer 289
Helikase 134–135
Hemings, Eston 338
Hemings, Sally 338
hemizygot 103, 224
Henking, Hermann 94
Henry, Edward 323
Herbizidresistenz 353
Heritabilität 35
Herkunftsanalyse 314
Hermaphroditismus 98
Hershey, Alfred 123
Heterochromatin 292
heterogametisch 96
heterozygot 64, 217
Hexosaminidase A (HEXA) 246
HindII 406
Histon 110, 142
   Histon H1 110
Hitzeschock-Protein (HSP) 193
HIV 254
   Genom 146
Hochdurchsatz-Sequenzierung 157
Hoffmann-La Roche 396
Holoenzym 167, 196
Holstein (Rind) 80, 311
Homo
   neanderthalensis 113
   sapiens 113
homogametisch 96
homolog 48
homozygot 64, 217
Hormon 200
Hormon-Antwort-Element (HRE) 202
HPV 254
HRAS1-Gen 255
HRMA 336
Hughes, Walter 129
Huhn 150
humanes Choriongonadotropin (hCG) 228
Humanes Papillomavirus (HPV) 254

Humangenomprojekt 148, 151, 156, 292, 408, 424
Huntington-Krankheit 80, 89, 218, 236
Hybridisierung 273, 296
hydrophil 119
hydrophob 119
Hypothalamus 97
Hypothyreose 228

I

Ichthyoxenus fushanensis 98
Idaho Gem 272
Ideochromosom 94
Imprinting. *siehe* Prägung, genomische
in vitro 374
Induktion 192
Initiationsfaktor 182
Initiatorprotein 135
Inkubator 36
Innocence Project 335
Insekt
  transgener Organismus 362
Insertion 232
Insulin 405
Interkalation 239
Interkinese 58
Interleukin 26 151
Interphase 52
Introgression 356
Intron 95, 170, 202
Inversion 280
In-vitro-Fertilisation (IVF) 388
Inzucht 221, 311
Inzuchtdepression 312
Isolator 197

J

Japanische Einbeere 146
Jefferson, Thomas 338
Jeffreys, Alec John 332, 407

K

Kahlköpfigkeit 104
Kakogenik 386
Kamberkrebs 361
Kaninchen
  Fellfarbe 79
  Himalajafärbung 89

Kapillar-Elektrophorese 156
Karyogramm 47, 268, 296
Karyotypisierung 268, 283
karzinogen 238
Karzinom 250, 263
  kolorektales 263
Katzenleukämie 254
Katzenschrei-Syndrom 281
Keimbahn-Gen-Editing 366
Keratin 151
Kern-DNA 120
Kernmembran 45
Kettenabbruchmethode 154, 405
Kinase 52
kleine interferierende RNA (siRNA) 204
Klinefelter-Syndrom 101
Klon 369–370
  Altern 376
  Embryonensplitting 374
  Entwicklungsstörung 379
  Geschlechtszelle 370
  Körperzelle 374
  Übergröße 378
  Umwelteffekte 380
Klonen 272, 369
  reproduktives 372
  therapeutisches 372
Knudson, Alfred 256
kodominant 76
Koffein 114
Kompaktierung 371
komplementär 118
Königin Victoria 104, 222
Konsensus-Sequenz 165
konservativ (Replikation) 128–129
Konzept der biologischen Art 318
Kopplung 84, 148
Kopplungsanalyse 84, 291
Korrekturlesen 139
KRAS-Gen 265
Krause 272
Krebs
  erblich 259
  familiär 259
  sporadisch 259
Krebserkrankung 247
  erbliche 261
Krebsgenom-Atlas 149

Kreuzung
  dihybride 73, 81
  monohybride 65, 72
Krokodil
  Geschlecht 98
Kulturpflanze 348

L

Laborbuch 36
Labortechniker 37
Lachs 360
Laktose 228
  Intoleranz 113
Large Offspring Syndrome (LOS) 378
  genomische Prägung 378
Lebensform
  künstliche 424
Lebensmittelsicherheit 354
Leitstrang 138
Lentivirus 290
Leseraster 178
  Verschiebung 232
Leukämie 250, 414
  chronische myeloische 258
Ligase 135, 139
Lipoproteinlipase-Defizienz (LPLD) 298
Locus 50, 63
Loss-of-function 242
Loy, Thomas 113
Lungenkrebs 264
Lymphknoten 250
Lymphom 250

M

MacLeod, Colin 404
Mais 198, 347
  Bt-Mais 350
Malaria 362
Malignes Melanom. *siehe* Hautkrebs
Marfan-Syndrom 218, 235
Marker 325
Markergen 352
Marmorierter Lungenfisch 146
MAS (Marker-Assisted Selection) 349
Maucher, Karl 340
Maulesel 272
Maultier 272

Maus 379
Maus-Brustkrebsvirus (MMTV) 254
McCarty, Maclyn 404
McClintock, Barbara 198, 404
McClung, Clarence 94, 96
Medizin
　personalisierte. *siehe* Präzisionsmedizin
Meiose 47, 51, 55
　I 56–57
　II 56, 59
Melatonin 193
Mello, Craig 204
Mendel, Gregor 62, 402
Menschenlaus 425
Merkmal
　geschlechtsbeeinflusstes 104
　geschlechtslimitiertes 104
　X-gekoppeltes 102
　Y-gekoppeltes 105
Mesoderm 371
Metabolismus 52
Metabolom 292
Metaphase 55
　I 58
　II 59
Metastase 249–250
Methionin 177
Methylgruppe 87, 162
Microarray-Analyse 284
Miescher, Johann Friedrich 122
Mikroreaktionsgefäß 36
Mikrotiterplatte 36
Minisatellit 332
mischerbig 64
Missense-Mutation 242
mitochondriale DNA (mtDNA) 120
Mitochondrienersatztherapie 421
Mitochondrium 45–46, 120
Mitose 46–47, 50–51, 53
Molekulargenetik 33
Moloney murine leukemia virus (MLV) 290
Monosomie 273–274
Monosomie X. *siehe* Turner-Syndrom

Monözie 92
Morgan, Thomas Hunt 269, 271
Morula 371
Mosaikbildung 278, 359
Moshammer, Rudolph 335
Motulsky, Arno 300
mRNA 161, 163
　Lebensdauer 205
mRNA-Stilllegung 203
MRSA 349
mtDNA 120
　Analyse 342
Muller, Hermann 241
Mullis, Kary 405
Mundhöhlenkrebs 265
Mutagen 238
　chemisches 238
Mutante 79
Mutation 218, 231
　Gain-of-function 242
　induzierte 238
　in-frame (im Leseraster) 232
　Keimbahn 232
　Loss-of-function 242
　neutrale 242
　somatische 231
　spontane 233
　stille 242
Mutationsfrequenz 233
Mutationsrate 233
Mutter
　genetische 375
Mycoplasma
　genitalium 424
　laboratorium 425
Myelom 250

N
n (Ploidiegrad) 48
Nachkomme
　rekombinanter 86
Nackentransparenzmessung 227
Nanoporen-Sequenzierung 157
Nathans, Daniel 406
Neandertaler 113
Nebenwirkungen
　vermeiden 301
Neufeld, Peter 335

Neugeborenenscreening 228
Neurospora crassa 186
Next Generation Sequencing (NGS) 157
N-Formylmethionin 182
nichtinvasives vorgeburtliches Testen NIPT 284
Nonsense-Mutation 242
NT-Screening. *siehe* Nackentransparenzmessung
Nuklease 162
Nuklein 122
Nukleinsäure 122
Nukleosom 110, 140, 142
Nukleotid 113
　Aufbau 115
nullipotent 372
Nullisomie 273
Nüsslein-Volhard, Christiane 407
nvCJK 207

O
OH-Gruppe 133
Okazaki, Reiji 138
Okazaki-Fragment 138
Ökosystemdienstleistung 306
Onkogen 253
Onkoretrovirus 289
Online Mendelian Inheritance in Man 261, 297
Oogonium 60
Oozyte 375
Orexin 220
Organelle 46
Organismus
　transgener 346, 359
Ornithin-Transcarbamylase-Defizienz (OTCD) 298
Osteosarkom 256
Östrogen 94, 201
OTC 298
Ötzi 113
Out-Cold-Gen 424
Ovarium 62
Ovarsyndrom
　polyzystisches 104

P
p21 257
p53 257
Pääbo, Svante 113

Palindrom 255, 295
Pantoffelschnecke 97
Papanicolaou, George 254
PAPP-A 227
Paprika
  Farbvarianten 81
Pap-Test 249, 254
parazentrisch 280
Parenteralgeneration 65
Paris japonica 146
p-Arm 268
Parthenogenese 370
Pätau-Syndrom 277
Patentrecht 396
P-Bindungsstelle 182
Peer-Review 355
Penetranz 77, 104
  reduzierte 218
  unvollständige 77, 218
  vollständige 77
Penicillin 418
Pepsin 134
Period (Gen) 193
perizentrisch 280
Pestizidresistenz 362
Pferd
  Fellfarbe 82
Pflanze
  transgene 351
Phagozyt 257
Phänotyp 50, 63
  intermediärer 76
  letaler 80
Pharmakogenetik 299
pharmakogenetische Test 230
Pharmakogenomik 299, 409
Phenylalanin 228
Phenylketonurie (PKU) 87, 228
Philadelphia-Chromosom 258
Phosphodiesterbindung 117, 134
Phylogenese 319
Physarum polycephalum 147
Pipette 36
Plaque 295
Plasmamembran 44–45
Plasmid 418
Plazenta 378
Pleiotropie 81, 87
Ploidie 147, 267–268

Ploidiegrad 48
Podisma pedestris 146
Polkörperchen 60
Pollen 62
Poly-A-Schwanz 171, 294
  Eigenschaften 205
  Lebensdauer 205
Polydaktylie 78, 218, 277
Polygamie 314
Polygenie 81
Polyhydroxyalkanoate (PHA) 363
Polymerase-Kettenreaktion (PCR) 153, 297, 328, 405
Polymorphismus 325
Polynukleotidstrang 116
Polyploidie 272, 278
Poly-T-Nukleotid 294
Poly-X-Syndrom 101
Population 306
Populationsgenetik 34, 305
Prader-Willi-Syndrom 88, 282
Prädiktives Testen 229
Prädispositionstests 229
Prägung
  genomische 88, 378–379
Präimplantationsdiagnostik (PID) 229, 388
Pränataldiagnostik
  invasive 226
  nichtinvasiv 285
  nichtinvasive 227
Pränatale genetische Diagnostik (PGD) 388
Präriehuhn 312
Präzisionsmedizin 299
Präzisionszucht 349
pRB 256
PRCA1-Gen 261
Pribnow-Box 165
Primärstruktur 162, 187
Primase 134, 136
Primer 136, 329
Primerhybridisierung 329
Prinzip
  transformierendes 404
Prion 207
Progerie 235
Prokaryot 43
  Aufbau 44
Promotor 165, 196

Promotorsequenz 351
Prophase 54, 57
Prostatakrebs 261
Prostataspezifisches Antigen (PSA) 261
Protein
  p27 201
Proteinfaltung 189
proteinogen 187
Proteom 292
Proteomik 415
Protonierung 234
Proto-Onkogen 253
Protopterus aethiopicus 146
Prozessieren
  mRNA 171
PSA-Test 261
Pseudogen 148, 153
Pubertät
  verfrühte 104
Punktmutation 232, 342
  Transition 232
  Transversion 232
Purin 114
Pyrimidin 114
Pyrosequenzierung 157

Q

q-Arm 268
Quartärstruktur 189

R

Radikal
  freies 239
Raps
  herbizidresistenter 356
ras-Gen 255
Rasputin, Grigori 223
Rasterverschiebung 243
RB1-Gen 256
rbGH 363
Reagenzglas-Baby 378
Reaktionsgruppe 115, 133, 160
Reassortment 419
redundant 176
reinerbig 64
rekombinant 293
Rekombination 43, 56, 58, 84
Replikation 43, 120, 127, 131
  D-Schleife 144
  konservative 128–129

Rolling Circle 144
semikonservative 128–129
Theta 143
Replikationsgabel 136
Replikationsursprung 135
Repressor 196–197
Restriktionsenzym 295, 406
Retinoblastom 256
Retrotransposon 198
Retrovirus 186, 254, 290
Retter-Geschwister 389
Reverse Transkriptase 294
Rezeptorprotein 200
rezessiv 67
Rhesusaffe Andi 360
Rhythmus
zirkadianer 193
Ribonukleosid-Triphosphat (rNTP) 161, 167
Ribose 115, 160
Nummerierung der C-Atome 115
Ribosom 179
Assembly 182
große Untereinheit 182
kleine Untereinheit 182
ribosomale RNA (rRNA) 163, 179
Rickettsia 121
Rind
transgener Organismus 360
RNA 109, 159
Eigenschaften 159
RNA-Interferenz (RNAi) 203–204
RNA-Polymerase 167
Robertson-Translokation 276
Rolling-Circle-Prinzip 144
Romanowa, Anastasia 339
Röntgenstrahlung 238
Rous, Peyton 254
Rous-Sarkom-Virus 254
rRNA 163

S

Saccharomyces cerevisiae 148
Sanger, Frederick 154, 405
Sarkom 250
Schadinsekt 353
Scheck, Barry 335
Schilddrüsenhormon 228

Schildkröte
Geschlecht 98
Schizophrenie 89
Schlaufenbildung 236
Schmelzkurvenanalyse 336
Schmerzempfinden 426
Schnabeltier 423
Schwein
transgener Organismus 360
Schweinegrippe 419
Schweißtest (zystische Fibrose) 245
Schwerer kombinierter Immundefekt (SCID) 297
Schwesterchromatide 53, 129
Scrapie 207
Screening 294
Second Messenger 200
Segmentierungsgen 407
Segregation 67
Seidenraupe 362
Sekundärstruktur 162, 187
Selbstbestäubung 63
Selektion
natürliche 316–317
semikonservativ (Replikation) 128–129
Seneszenz 415
Senfgas 239, 241
sequence-tagged sites (STS) 296
Sequenz
repetitive 147
Sequenzierung
Humangenom 151
Short Tandem Repeat (STR) 324, 407
Sichelzellenanämie 245
Sigma-Faktor 168
Signaltransduktion 200
Silencer 197
Silencing (mRNA). *siehe* mRNA-Stilllegung
Single Nucleotide Polymorphism (SNP) 297, 313
DNA-Analyse 342
small interfering RNA (siRNA) 204
SMART-Breeding 349
Smith, Hamilton O. 406
Smith, Walter D. 335

Sonde 295
Sonnenbrand 257
Spanische Grippe 403, 419
Speichelprobe 225
Spermatid 60
Spermatogonium 59
Spermatozyt 60
S-Phase 53
Spindelfaser 55
Spleißen 172, 202
alternatives 172
Spleißosom 172, 203
Spleißstellenvariante 233
Spleißvariante. *siehe* Spleißstellenvariant
SRY-Gen 95, 423
Stadium
undifferenziertes 93
Staffelschwanz 316
Stammzelle
mesenchymale 414
Stammzellforschung 413
Stammzellgesetz 413
Staphylococcus aureus 349
Startcodon 178
Staubblatt 62
Sterilisationsgesetz 386
Stevens, Nettie 91, 271
Stoppcodon 178
Strang
codogener 166
Streptococcus pneumoniae 403
Strimvelis 297
stromabwärts 166
Sturtevant, Alfred 271, 405
Substitutionsfehler 237
Supercoiling 110, 142, 195
Svalbard Global Seed Vault 382
Swissair-Flug 111 340

T

Taq-Polymerase 154, 329, 396
Target-Malaria-Initiative 421
TATA-Box 165
Tatum, Edward 186
Taxonomie 317
Taylor, J. Herbert 129
Tay-Sachs-Syndrom 246
Telegenetik 422

Telomer 49, 140, 377, 415
Telomerase 135, 141, 377, 415
Telophase 55
  I 58
  II 59
Template 132
Teosinte 347
Terminationsfaktor 170, 184
Terminator 165
Terminator-Gen 358
Tertiärstruktur 189
Testkreuzung 69
Testosteron 201
Tetraploidie 278
Tetrasomie 273
The Cancer Genome Atlas 149
Theta-Replikation 143
Thymin 129
Thymin-Dimer 240
Tochterzelle 47
Topoisomerase 136, 169
Totgeburt 383
totipotent 191, 351, 370, 413
TP53 265
TP53-Gen 257
Transgen
  Resistenzentwicklung 357
  Schäden 357
  Verbreitung 356
Transitionsmutation 232
Transkription 163
  Ablauf 164
  aktivierender Faktor 196
  Elongation 169
  Genortung 165
  Initiation 168
  Matrizenstrang 166
  reverse 186, 198, 290, 294
  Termination 170
  Vorlagenstrang 166
Transkriptionsaktivator-artige Effektornukleasen (TALENs) 364
Transkriptionsblase 168–169
Transkriptionseinheit 165
Transkriptom 292
Translation
  Ablauf 180
  Elongation 183
  Initiation 180

Termination 184
Translationsfaktor 206
Translationskontrolle 206
Translokation 274, 276, 404
  nichtreziproke 282
  reziproke 282
  Ribosom 184
Translokations-Down-Syndrom 276
transmissible spongiforme Enzephalopathie (TSE) 208
Transmissionsgenetik 33
Transposon 198
Transversion 246
Transversionsmutation 232
Tricolor-Katze 100
Trinukleotid-Repeat 89
Triplett 176
Triploidie 278
Triplo-X-Syndrom 101
Trisomie 273–274
tRNA 163
  Akzeptorarm 181
  Anticodon 181
Trockenschrank 36
Trophoblast 371
Tschermak, Erich 403
Tsui, Lap-Chee 408
Tsunami-Katastrophe 343
Tumor
  bösartiger 249
  gutartiger 248
Tumorsuppressor 78
Tumorsuppressorgen 253, 256
  p27 201
Turner-Syndrom 94, 101, 274
Typhus 121

U

Überträger 217
Ultraschall 227
Unabhängigkeitsregel 58, 69
  Kopplung 84
universell (Code) 177
Uracil 159, 161
UV-Strahlung 238, 240

V

Variation
  genetische 306, 317, 402
  phänotypische 317

Vaterschaftstest 336
  Vaterschaftsindex 337
  Wahrscheinlichkeit der Vaterschaft 337
Vektor 288
Venter, J. Craig 424
Veränderung
  genetische 345
Vererbung
  einfache 64
  geschlechtsgekoppelte 102
  Prinzipien 402
  Umwelteffekt 89
Vererbungsmuster 217
Verwandtschaftstest 340
Vogelgrippe 151
Vorlagenstrang 132
Vortexer 36
Vries, Hugo de 403

W

Wachstumsförderer
  antibiotische 418
Wahrscheinlichkeitsrechnung
  Additionsregel 70
  Multiplikationsregel 70
Warkany-Syndrom 2 277
Wasserstoffbrückenbindung 118, 134
Watson, James 124, 128, 152
Weinberg, Wilhelm 309
Weißbüschelaffe 360
Weltsaatgutbank 382
Wespe
  Geschlecht 97
Wiederholung
  invertierte 255
Wieschaus, Eric 407
Wildtyp 79
Wilkins, Maurice 124
Wilson, Edmund B. 94
Wirksamkeit
  maximieren 302
WNT4-Gen 94
Wobble-Basenpaarung 178, 234
Woods, Philip 129
World Trade Center 341

X

X:A-Verhältnis 96
X-Chromosom 47, 93
  zusätzliches 101

X-gekoppelt dominant 223
   rezessiv 221
X-Inaktivierung 99
XIST-Gen 100
XX/XY-System 94
XX-X0-System 96

Y

Y-Chromosom 47, 94
   Adam 122
Y-gekoppelt 224

Z

Zea mays 347
Zebrabärbling 361
Zelle
   somatische 46
Zellkern 45
Zelllinie 391
Zell-Lyse 328
Zellmasse
   innere 371
Zellpol 55
Zellwand 44–45
Zellzyklus 51
Zentrifuge 36
Zentromer 49
Zervix-Abstrich 254
Zierpflanze 348
Zilie 46
Zinkfinger-Nukleasen (ZFNs) 364
zirkadian 193
Zuchtwertschätzung 90
Zufallsbefund 394
   Umgang 394
Zwergenwuchs 218
Zwicke 96
Zygote 59
Zystische Fibrose 219, 244
Zytogenetik 267
Zytokinese 55, 58
Zytoplasma 46

Diese Bücher könnten Sie auch interessieren

J. T. Moore und R. Langley

Biochemie für Dummies

3. Auflage 2019 **ISBN:** 978-3-527-71662-3
352 Seiten

Format: 176 mm x 240 mm
Ladenpreis: 19,99 €*

Stehen Sie auf Kriegsfuß mit der Biochemie? Kein Problem! Dieses Buch erklärt Ihnen, was Sie über Biochemie wissen müssen und führt Sie so einfach wie möglich und so komplex wie nötig in die Welt der Kohlenhydrate, Lipide, Proteine, Nukleinsäuren, Vitamine, Hormone und Co. ein.

P. Neis-Beeckmann

Molekularbiologie für Dummies

3. Auflage 2020 **ISBN:** 978-3-527-71757-6
438 Seiten

Format: 176 mm x 240 mm
Ladenpreis: 25,- €*

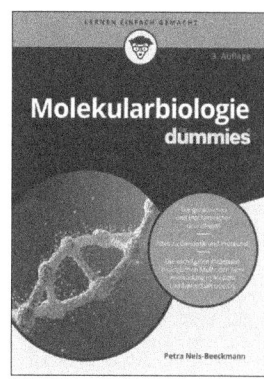

Vom Bakterium bis zum Elefanten - jede Art von Leben gründet sich auf DNA, RNA und Proteine. Dieses Buch erklärt Ihnen alles, was Sie über diese Moleküle wissen müssen. Neben theoretischer Genomik und Proteomik werden auch alle wichtigen molekularbiologischen Methoden besprochen.

B. Häcker

Immunologie für Dummies

2. Auflage 2021 **ISBN:** 978-3-527-71805-4
384 Seiten

Format: 176 mm x 240 mm
Ladenpreis: 27,- €*

Die Immunologie ist wichtig, aber leider nicht immer leicht zu verstehen. Dr. Bärbel Häcker gibt Ihnen einen leicht verständlichen Einblick in die Materie. So können Sie sich ohne Fieberschübe mit der Immunologie beschäftigen.

*Der €-Preis gilt nur für Deutschland. Preisänderungen und Irrtümer vorbehalten.

Diese Bücher könnten Sie auch interessieren

J. Stearns, M. Surette und J. C. Kaiser

Mikrobiologie für Dummies

1. Auflage 2020   **ISBN:** 978-3-527-71748-4

344 Seiten

Format: 176 mm x 240 mm

Ladenpreis: 20,- €*

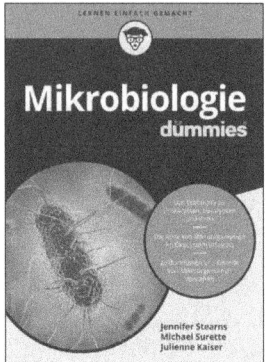

In diesem Buch lernen Sie, wie Mikroorganismen aufgebaut sind, in welche Gruppen man sie einteilen kann und welche typischen Eigenschaften zu dieser Klassifizierung führen. Egal ob Eukaryoten, Prokaryoten oder Viren, Sie finden zu allem die wichtigsten Infos.

T. Räsch

Übungsbuch Mathematik für Naturwissenschaftler für Dummies

1. Auflage 2018   **ISBN:** 978-3-527-71317-2

404 Seiten

Format: 176 mm x 240 mm

Ladenpreis: 22,99 €*

In diesem Buch wiederholt Thoralf Räsch kurz die wichtigsten Formeln, Definitionen und Rechenregeln, sodass Sie sich gleich auf die vielen passenden Übungsaufgaben mit ausführlichen Lösungen stürzen können. So können Sie sich perfekt auf die nächste Prüfung vorbereiten.

H. Hetznecker

Relativitätstheorie für Dummies

1. Auflage 2018   **ISBN:** 978-3-527-71326-4

424 Seiten

Format: 176 mm x 240 mm

Ladenpreis: 19,99 €*

Angefangen bei den Grundlagen der Relativitätstheorie erklärt Ihnen Dr. Helmut Hetznecker anschaulich, einfach und mit einer großen Portion Witz, was es bedeutet, wenn sich Zeit ausdehnt, sich Raum verkürzt, sich Massen vergrößern oder das Universum expandiert.

*Der €-Preis gilt nur für Deutschland. Preisänderungen und Irrtümer vorbehalten.